ESTÁTICA
MECÂNICA PARA ENGENHARIA
VOLUME 1

IRVING H. SHAMES

Department of Civil, Mechanical and Environmental Engineering
Universidade George Washington

Tradução e revisão técnica
Marco Túlio Corrêa de Faria
Professor Adjunto
Departamento de Engenharia Mecânica da
Universidade Federal de Minas Gerais

© 2002 by Pearson Education do Brasil
Título Original: *Engineering Mechanics: Statics – Fourth Edition*
© 1996 by Prentice Hall, Inc.
Publicação autorizada a partir da edição original em inglês,
publicada pela Pearson Education, Inc. sob o selo Prentice Hall
Todos os direitos reservados
Editor: Roger Trimer
Gerente de Produção: Silas Camargo
Produtora Editorial: Salete Del Guerra
Capa (sobre o projeto original): Marcelo da Silva Françozo
Editoração Eletrônica: ERJ Composição Editorial e Artes Gráficas Ltda.
Impressão: São Paulo – SP

Dados Internacionais de Catalogação na Publicação (CIP)
(Câmara Brasileira do Livro, SP, Brasil)

Shames, Irving H.
 Estática : mecânica para engenharia, vol. 1 /
Irving H. Shames ; tradução e revisão técnica Marco Túlio
Corrêa de Faria. -- 4. ed. -- São Paulo :
Pearson Education do Brasil, 2002.
 ISBN 978-85-87918-13-0
 Título original: Engineering mechanics
statics.

 1. Engenharia mecânica 2. Estática 3. Mecânica
aplicada I. Título.

02-2846   CDD-620.103

Índices para catálogo sistemático:

1. Estática : Mecânica para engenharia :
   Tecnologia   620.103

Direitos exclusivos cedidos à
Pearson Education do Brasil Ltda.,
uma empresa do grupo Pearson Education
Avenida Santa Marina, 1193
CEP 05036-001 - São Paulo - SP - Brasil
Fone: 11 2178-8609 e 11 2178-8653
pearsonuniversidades@pearson.com

Distribuição
Grupo A Educação
www.grupoa.com.br
Fone: 0800 703 3444

À minha querida e
admirável esposa, Sheila

Sumário

Prefácio		XI
Capítulo 1.	**Fundamentos da Mecânica**	1
	1.1 Introdução	1
	1.2 Dimensões e unidades fundamentais da mecânica	2
	1.3 Grandezas dimensionais secundárias	5
	1.4 Lei da homogeneidade dimensional	6
	1.5 Relação dimensional entre força e massa	7
	1.6 Unidades de massa	8
	1.7 Idealizações da mecânica	10
	1.8 Grandezas escalares e vetoriais	12
	1.9 Igualdade e equivalência de vetores	15
	1.10 Leis da mecânica	16
	1.11 Considerações finais	19
Capítulo 2.	**Elementos de Álgebra Vetorial**	21
	2.1 Introdução	21
	2.2 Módulo e multiplicação de um vetor por um escalar	21
	2.3 Adição e subtração de vetores	22
	2.4 Decomposição de vetores: componentes escalares	28
	2.5 Vetores unitários	31
	2.6 Maneiras práticas de representação de vetores	33
	2.7 Produto escalar de dois vetores	39
	2.8 Produto vetorial de dois vetores	45
	2.9 Produto escalar triplo	49
	2.10 Um comentário sobre notação vetorial	52
	2.11 Considerações finais	54
Capítulo 3.	**Grandezas Vetoriais Importantes**	59
	3.1 Vetor posição	59
	3.2 Momento de uma força em relação a um ponto	60
	3.3 Momento de uma força em relação a um eixo	67
	3.4 Binário e momento do binário	75
	3.5 O momento do binário como um vetor livre	77
	3.6 Adição e subtração de binários	78
	3.7 Momento de um binário em relação a uma linha	80
	3.8 Considerações finais	87
Capítulo 4.	**Sistemas de Forças Equivalentes**	91
	4.1 Introdução	91
	4.2 Translação de uma força para uma posição paralela	92
	4.3 Resultante de um sistema de forças	100

	4.4	Resultantes de sistemas particulares de forças 104
	4.5	Sistemas de forças distribuídas 115
	4.6	Considerações finais 141

Capítulo 5. Equações de Equilíbrio 149
    5.1   Introdução 149
    5.2   Diagrama de corpo livre 150
    5.3   Corpos livres com forças internas 152
    5.4   Preparando o futuro — volumes de controle 156
    5.5   Equações gerais de equilíbrio 160
    5.6   Problemas de equilíbrio I 162
    5.7   Problemas de equilíbrio II 181
    5.8   Carregamentos equivalentes 197
    5.9   Problemas em estruturas 198
    5.10 O conceito de problemas estaticamente indeterminados 202
    5.11 Considerações finais 208

Capítulo 6. Introdução à Mecânica Estrutural 219
    Parte A: Treliças 219
    6.1   O modelo estrutural 219
    6.2   A treliça simples 222
    6.3   Solução para treliças simples 223
    6.4   Método dos nós 223
    6.5   Método das seções 236
    6.6   Preparando o futuro — Deflexão de uma treliça simples linearmente elástica 240
    Parte B: Forças internas em vigas 245
    6.7   Introdução 245
    6.8   Força cortante, força axial e momento de flexão 245
    6.9   Relações diferenciais de equilíbrio 257
    Parte C: Correntes e cabos 264
    6.10 Introdução 264
    6.11 Cabos coplanares: carregamento dependente da posição 264
    6.12 Cabos coplanares: carregamento devido ao peso próprio ... 268
    6.13 Considerações finais 275

Capítulo 7. Forças de Atrito 279
    7.1   Introdução 279
    7.2   Lei de atrito de Coulomb 280
    7.3   Um comentário sobre a aplicação da lei de Coulomb 282
    7.4   Problemas de atrito de contato simples 282
    7.5   Problemas de atrito de contato em superfícies complexas . 297
    7.6   Atrito em correias 299
    7.7   O parafuso de rosca quadrada 315
    7.8   Resistência ao rolamento 317
    7.9   Considerações finais 321

Capítulo 8. Propriedades de Superfícies Planas 329
    8.1   Introdução 329
    8.2   Primeiro momento de inércia de área e o centróide 329
    8.3   Outros centros 340
    8.4   Teoremas de Pappus-Guldinus 345

8.5	Segundos momentos de inércia e o produto de inércia de área de uma superfície plana	353
8.6	Teorema dos eixos paralelos	354
8.7	Cálculo dos segundos momentos de inércia e produtos de inércia de área	355
8.8	Relação entre segundos momentos de inércia e produtos de inércia de área	364
8.9	Momento polar de inércia de área	367
8.10	Eixos principais	368
8.11	Considerações finais	373

Capítulo 9. Momentos e Produtos de Inércia de Massa 377

9.1	Introdução	377
9.2	Definição de grandezas associadas à massa de um corpo	377
9.3	Relação entre os momentos de inércia de massa e de área	384
9.4	Translação de eixos do sistema de coordenadas	390
9.5	Propriedades de transformação de momentos e produtos de inércia de massa	393
9.6	Preparando o futuro: tensores	398
9.7	O elipsóide de inércia e os momentos principais de inércia de massa	405
9.8	Considerações finais	408

Capítulo 10. Métodos do Trabalho Virtual e da Energia Potencial Estacionária . 411

10.1	Introdução	411
	Parte A: Método do trabalho virtual	412
10.2	Princípio do trabalho virtual para uma partícula	412
10.3	Princípio do trabalho virtual para corpos rígidos	413
10.4	Graus de liberdade e solução de problemas	416
10.5	Preparando o futuro: sólidos deformáveis	422
	Parte B: Método da energia potencial total	430
10.6	Sistemas conservativos	430
10.7	Condição de equilíbrio para um sistema conservativo	432
10.8	Estabilidade	439
10.9	Preparando o futuro – mais sobre a energia potencial total	441
10.10	Considerações finais	444

Apêndice I Fórmulas de Integração **447**

Apêndice II Cálculo dos Momentos Principais de Inércia **449**

Respostas **451**

Anexo **459**

Índice Remissivo **465**

Prefácio

Com a publicação de sua quarta edição, este livro completa quatro décadas de existência. O livro vem apresentando seguidas evoluções, sendo que sua primeira edição já introduziu algumas inovações para um texto introdutório em mecânica para engenharia, entre elas:

a) O primeiro texto com tratamento de mecânica espacial.
b) A primeira aplicação de volumes de controle na análise da quantidade de movimento linear em fluidos.
c) O primeiro texto com uma introdução do conceito de tensor.

Leitores das primeiras edições terão a satisfação de constatar que a quarta edição segue a mesma abordagem em mecânica para engenharia usada nas versões anteriores. A meta dessa abordagem tem sido sempre trabalhar em problemas imediatamente após a introdução dos princípios teóricos. Os exemplos são cuidadosamente escolhidos para cada tópico apresentado, estabelecendo-se uma continuidade de exposição dos tópicos em consonância com a gradual evolução da teoria. Então, depois de um conjunto de tópicos relacionados ser discutido com exatidão, problemas pertinentes a eles são propostos. Além disso, no final de cada capítulo, há muitos problemas que requerem o estudo de várias seções do capítulo. É recomendável que o professor utilize esses problemas à medida que avança pelos tópicos do capítulo. Diferentemente de muitos livros adotados em mecânica para engenharia, este texto não está direcionado para a exposição de diversos procedimentos e métodos de análise, com breve introdução de sua teoria e um grande número de problemas selecionados para cada um desses procedimentos e métodos. Em primeiro lugar, a organização desta e das edições anteriores tenta desencorajar o vínculo automático e excessivo entre os problemas propostos e os exemplos resolvidos. Em segundo lugar, busca reduzir a necessidade de memorização de métodos específicos e estimular a absorção dos princípios fundamentais.

Uma nova característica desta edição é uma série de seções denominadas *Preparando o Futuro*. Essas seções apresentam de forma sucinta tópicos que aparecerão em futuras disciplinas da engenharia e que possuem algum vínculo direto ou indireto com o assunto em estudo. Por exemplo, após a discussão sobre os diagramas de corpo livre, há uma breve seção *Preparando o Futuro* na qual o uso de volumes de controle é apresentado em conjunto com alguns conceitos de sistema que surgirão em mecânica dos fluidos e termodinâmica. No capítulo sobre trabalho virtual para partículas e corpos rígidos, há uma rápida apresentação dos métodos dos deslocamentos e das forças para corpos deformáveis, que aparecerão mais tarde nas disciplinas de mecânica dos sólidos. Após a determinação das forças em treliças simples, existe uma seção *Preparando o Futuro* que aborda de forma rápida os fundamentos de alguns procedimentos para a determinação dos deslocamentos em treliças. A experiência com esse tipo de seção nos cursos de mecânica para engenharia tem sido positiva; muitos estudantes conseguem perceber as fortes conexões entre os cursos básicos de mecânica para engenharia e outras disciplinas fundamentais mais avançadas, tais como mecânica dos fluidos e mecânica dos sólidos, por meio dos tópicos discutidos nessas seções especiais.

Mais de 400 problemas novos foram adicionados à quarta edição, igualmente distribuídos entre os livros de estática e dinâmica. O site do livro www.prenhall.com/shames_br traz todas as figuras do livro em formato Power Point, para uso de alunos e professores.

Uma outra característica importante desta quarta edição é a nova organização do texto, que permite ao leitor estudar os capítulos fora da ordem normal sem que isso afete a compreensão dos tópicos.

Houve um aumento no espaço destinado à análise e aos problemas em hidrostática. O número de exemplos e problemas de estática direcionados para futuros cursos de mecânica dos sólidos também foi ampliado.

É importante observar que a notação utilizada no texto acompanha a dos cursos mais avançados em engenharia. Assim, momentos e produtos de inércia de massa I utilizam os símbolos I_{xx}, I_{yy}, I_{xz} etc., em vez de I_x, I_y, P_{xy} etc. A mesma notação é empregada para momentos e produtos de inércia de área. A experiência demonstra que os estudantes não têm dificuldade em distinguir entre momentos de inércia de massa e de área, apesar da mesma notação; o contexto da aplicação é suficiente para a distinção entre essas grandezas. O conceito de tensor é apresentado em uma forma que vem sendo utilizada com sucesso para alunos de segundo ano em engenharia. Noções sobre tensores em cursos introdutórios de mecânica para engenharia auxiliam os estudantes na transição para cursos mais avançados, propiciando uma continuidade dentro da cadeia de disciplinas da mecânica. A convenção de sinais para momento de flexão, força cortante e tensão baseia-se na convenção que considera tanto a direção do vetor normal ao elemento de área quanto à direção da componente de momento, ou de força ou de tensão. Todos os passos seguidos pelo livro visam a promover uma transição suave aos cursos mais avançados em mecânica.

Em suma, dois objetivos são pretendidos com esta edição:

1. Encorajar o trabalho em problemas a partir dos princípios teóricos e, conseqüentemente, minimizar a excessiva associação entre exemplos resolvidos e problemas propostos e desencorajar o aprendizado de procedimentos e métodos específicos para solução de grupos de problemas.
2. Estender o material para outros cursos em engenharia, efetuando uma transição suave e contínua entre os cursos básicos de mecânica para engenharia e cursos mais avançados de mecânica. Além disso, a proposta é estimular o interesse e a curiosidade dos alunos para estudos avançados de outros cursos de mecânica.

Durante os 13 anos seguintes à primeira edição deste texto, o autor lecionou mecânica para grandes turmas de segundo ano na Universidade do Estado de Nova York (SUNY), em Buffalo, e, posteriormente, para turmas regulares na Universidade George Washington, onde havia um corpo expressivo de estudantes estrangeiros com grande diversidade de preparação. Ao longo desses anos, o autor trabalhou em melhorias na clareza e na qualidade deste livro sob as mais variadas condições de sala de aula. O autor acredita que esta edição seja o resultado de muitas melhorias efetuadas sobre as edições anteriores e constitui-se em uma forte opção de livro-texto para muitas escolas que desejam um tratamento mais maduro da mecânica para engenharia.

O autor acredita, também, que os cursos de mecânica para engenharia sejam provavelmente os mais importantes nos currículos de engenharia, pois a maioria das disciplinas depende fortemente desses cursos. Em quase todos os programas de engenharia, os cursos de mecânica são em geral os primeiros realmente voltados para engenharia, e nos quais os estudantes podem e devem ser criativos e inventivos na solução de problemas. Os velhos hábitos de aprendizado baseados na associação entre métodos e procedimentos e seus problemas não são suficientes para que os alunos adquiram um bom embasamento teórico em mecânica para engenharia. Os alunos devem aprender a enxergar a mecânica como uma ciência completa. A abordagem empregada nos problemas de mecânica para engenharia deve ser a mesma utilizada em disciplinas mais avançadas do curso e na futura vida profissional do engenheiro. Nenhuma outra matéria envolve de maneira tão abrangente conceitos de matemática, de física e de computação. Os problemas são desafios que despertam interesse e estimulam o aprimoramento do senso prático em engenharia. Os estudantes devem tirar o máximo proveito dos cursos de mecânica para engenharia tanto para desenvolver suas habilidades como futuros engenheiros quanto na preparação para disciplinas mais avançadas dentro do currículo de engenharia.

Mesmo correndo o risco de tornar-se inconveniente, o autor apresenta a seguir uma extensa seção de agradecimentos. Ele gostaria de agradecer à Universidade do Estado de Nova York, em Buffalo, por 31 anos venturosos de trabalho e muitos livros escritos. O autor saúda os milhares (cerca de 5 mil) de excelentes alunos que assistiram às suas aulas durante esse longo período. Agradecimentos ao colega e eminente professor Shahid Ahmad, que, dentre muitas coisas, lecionou as disciplinas de mecânica para engenharia em conjunto com o autor e ainda as leciona. E, também, ao professor Ahmad que fez uma revisão completa desta quarta edição com valiosas sugestões. O autor gostaria de agradecer particularmente ao professor Michael Symans, da Universidade do Estado de Washington, em Pullman, por sua grande contribuição a todo o texto. O autor transferiu-se para a Universidade George Washington a convite de um velho amigo e ex-colega em Buffalo, o diretor Gideon Frieder, e dos professores do departamento de engenharia civil, mecânica e ambiental. Nesse local, ele estabeleceu contatos com renomados estudiosos da engenharia, que já eram conhecidos desde o início de sua carreira, a saber, o professor Hal Liebowitz (presidente eleito da Academia Nacional de Engenharia) e o professor Ali Cambel (autor de recente e bem aceito livro sobre caos). O autor gostaria de expressar seus sinceros agradecimentos ao chefe de seu departamento na Universidade George Washington, professor Sharam Sarkani, que permitiu que ele exercesse um importante papel no planejamento acadêmico do departamento. Esse papel permitirá a continuidade nos trabalhos de redação de textos didáticos para engenharia. Duas prezadas senhoras da secretaria desse departamento não podem ser excluídas da lista de agradecimentos: sra. Zephra Coles, por sua maneira eficiente e decisiva em antecipar e atender a todas as dificuldades enfrentadas pelo autor, e sra. Joyce Jeffress, por seus préstimos e bom humor durante a preparação desta obra.

O autor teve a grande sorte de contar com a ajuda dos seguintes professores no processo de revisão deste texto:

Prof. Shahid Ahmad, Universidade do Estado de Nova York, Buffalo
Prof. Ravinder Chona, Universidade A&M do Texas

Prof. Bruce H. Karnopp, Universidade de Michigan
Prof. Richard F. Keltie, Universidade do Estado da Carolina do Norte
Prof. Stephen Malkin, Universidade de Massachusetts
Prof. Sudhakar Nair, Instituto de Tecnologia de Illinois
Prof. Jonathan Wickert, Universidade Carnegie Mellon

O autor deseja agradecer a todos esses senhores por sua valiosa ajuda e encorajamento.

Ainda não foram citadas duas pessoas muito importantes na elaboração desta obra. A primeira é o grande amigo professor Bob Jones, do Instituto Politécnico da Virgínia, que deu um grande auxílio na elaboração da terceira edição, com centenas de excelentes problemas, e examinou com o autor todo o manuscrito. A nova edição ainda se beneficia da ajuda e das sugestões dadas pelo professor Jones à terceira edição. E, por fim, a pessoa mais importante de todas, a querida esposa Sheila. Ela deu integral apoio ao autor deste livro, um compenetrado e compulsivo trabalhador. Tudo o que ele realizou de importante em sua longa carreira se deve a ela.

Capítulo 1

Fundamentos da Mecânica

†1.1 Introdução

Mecânica é a ciência física que se concentra no estudo do comportamento dinâmico (que é diferente do comportamento químico ou térmico) de corpos sob a ação de perturbações mecânicas, como as forças. Como esse comportamento está envolvido em quase todas as situações na vida profissional de um engenheiro, a mecânica consiste no núcleo principal de grande parte da análise em engenharia. Na realidade, nenhuma outra ciência física exerce papel tão importante na engenharia quanto a mecânica, a mais antiga de todas as ciências físicas. Os escritos de Arquimedes sobre o empuxo e o princípio da alavanca são anteriores ao ano 200 a.C. O conhecimento moderno de gravidade e de movimento foi estabelecido por Isaac Newton (1642-1727), cujas leis alicerçaram a mecânica newtoniana, assunto a ser tratado neste texto.

Em 1905, Einstein demonstrou as limitações das formulações de Newton por meio de sua teoria da relatividade e, dessa maneira, abriu as portas para o desenvolvimento da mecânica relativística. Entretanto, os resultados das novas teorias diferem daqueles obtidos pelas formulações de Newton apenas quando a velocidade de um corpo se aproxima da velocidade da luz (300.000 km/s). Essas velocidades são encontradas em fenômenos de grande escala da astronomia dinâmica. Além disso, no estudo de fenômenos de pequena escala que envolvem partículas subatômicas, a mecânica quântica deve ser empregada no lugar da mecânica newtoniana. Apesar dessas limitações, a mecânica newtoniana continua aplicável à grande gama de problemas da engenharia.

O leitor deve ler com atenção a Seção 1.9, pois ela é fundamental para a compreensão da estática e da mecânica em geral.

---

† Este símbolo junto ao título da seção indica que questões específicas relativas ao conteúdo tratado que requerem respostas discursivas estão contidas no final do capítulo. O professor pode pedir que os alunos as resolvam como trabalho extra em conjunto com as listas de exercícios normalmente solicitadas.

†1.2 Dimensões e unidades fundamentais da mecânica

Para o estudo da mecânica, algumas abstrações devem ser estabelecidas na descrição das características de interesse de um corpo. Elas são chamadas *dimensões*. As dimensões independentes de todas as outras são denominadas *dimensões primárias* ou *fundamentais*, e as que são obtidas a partir da combinação de dimensões fundamentais são denominadas *dimensões secundárias*. Entre os possíveis conjuntos de dimensões fundamentais que podem ser empregados na mecânica, a análise se limita ao conjunto que inclui as dimensões de comprimento, tempo e massa. Outros conjuntos adequados serão examinados posteriormente.

Comprimento: um conceito para a descrição quantitativa de tamanho.
Na determinação do tamanho de um objeto, um segundo objeto de tamanho conhecido deve ser colocado próximo a ele para comparação. Assim, fotografias e desenhos de máquinas geralmente mostram uma pessoa ao lado do dispositivo; sem esse recurso, seria difícil mensurar o tamanho de uma máquina desconhecida. Embora o modelo humano sirva como um padrão de medida, é possível, naturalmente, obter apenas uma idéia aproximada do tamanho da máquina. As pessoas possuem alturas diferentes e constituição física bastante complexa, fazendo com que esse procedimento de medição do tamanho da máquina seja impreciso. Então, torna-se necessário que algum objeto tenha forma constante e, além disso, seja de concepção simples. Dessa maneira, é conveniente que se escolha um objeto unidimensional, em vez de um tridimensional[1], para a medida de tamanho. Portanto, princípios conhecidos de geometria podem ser utilizados para estender a medida de tamanho efetuada em uma dimensão para o espaço tridimensional, requerido para a caracterização de um corpo qualquer. Uma barra metálica graduada, mantida em condições térmicas e físicas uniformes (como, por exemplo, a barra métrica mantida em Sèvres, França), serve como simples padrão invariante de tamanho para uma dimensão. Pode-se então calcular a distância ao longo de uma direção de um objeto ao contar o número de medidas e frações, que estão marcadas sobre o padrão utilizado, naquela direção. Essa distância serve como referência para o comprimento, embora o termo "comprimento" possa ser também aplicado ao conceito mais geral de tamanho. Outros aspectos de tamanho, tais como volume e área, podem ser formulados em termos do padrão estabelecido, com a utilização dos métodos da geometria plana e espacial.

Uma unidade é o nome dado a uma medida aceita de uma dimensão. muitos sistemas de unidades são correntemente utilizados ao redor do mundo, sendo que o sistema internacional de unidades (SI) vem sendo consagrado como o mais importante de todos. Por exemplo, a unidade de comprimento no SI é o metro (m), enquanto no sistema americano é o pé (ft). Neste livro, o SI será utilizado em consonância com os esforços internacionais de unificação de todos os sistemas de unidades.

Tempo: um conceito para o ordenamento da seqüência de eventos.
Ao observar a fotografia de uma máquina com um homem ao lado, pode-se, algumas vezes, estimar a época em que essa fotografia foi tirada, obser-

---

[1] A palavra "dimensional" é empregada aqui no sentido usual da matemática e não no sentido apresentado nesta seção.

vando-se o estilo das roupas utilizadas pelo homem. Mas como a data exata pode realmente ser determinada? Talvez seja possível afirmar que foi "durante a década de 1930, já que as pessoas geralmente usavam o tipo de chapéu que o homem na fotografia estava usando". Em outras palavras, o "quando" está relacionado a certos eventos que foram vivenciados ou são conhecidos pela pessoa que observa a fotografia. Para uma descrição mais precisa do "quando", deve-se encontrar um fato ou uma ação que possam ser integralmente repetidos. Conseqüentemente, os eventos podem ser ordenados com a contagem do número desses fatos repetidos e das frações que ocorrem enquanto os eventos estão acontecendo. A rotação da Terra é um evento que serve como uma boa medida de tempo — o dia. Entretanto, são necessárias unidades muito menores para a maioria dos trabalhos em engenharia, e, por isso, os eventos são associados ao segundo, que é um intervalo de tempo que se repete 86.400 vezes por dia.

Massa: uma propriedade da matéria. O estudante, em geral, não tem dificuldade para compreender os conceitos de comprimento e tempo porque exercita periodicamente sua percepção do tamanho das coisas pela visão e pelo tato e conhece bem o tempo ao observar a seqüência de eventos de sua vida cotidiana. O conceito de massa, entretanto, não é de fácil percepção, pois não afeta diretamente a experiência diária de todas as pessoas.

Massa é uma propriedade da matéria que pode ser determinada a partir da análise de *dois* tipos de ações sobre os corpos. Na análise da primeira ação, consideram-se dois corpos rígidos de diferentes composição, tamanho, forma, cor etc. Se esses corpos forem conectados a duas molas idênticas, como mostrado na Figura 1.1, cada mola se alongará como resultado da força da gravidade que atua sobre os corpos. Retirando-se material do corpo que causa a maior extensão na mola, pode-se induzir o mesmo valor de deflexão às duas molas. Então, se as molas forem colocadas a uma maior distância da superfície da Terra, o que leva à redução de sua deformação, as extensões permanecerão as mesmas para ambos os corpos graças à ação da gravidade. Como as deformações nas molas são similares, pode-se concluir que os corpos possuem determinada propriedade equivalente. A propriedade de cada corpo que se manifesta pela *quantidade de atração gravitacional* é denominada *massa*.

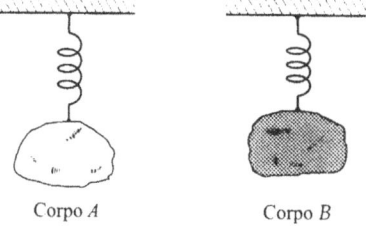

Figura 1.1: Corpos suportados por molas idênticas.

A equivalência desses corpos, após a mencionada operação de retirada de massa do corpo que causa maior alongamento na mola, pode ser demonstrada por meio de uma segunda ação. Se os corpos forem deslocados para baixo à mesma distância, esticando-se cada mola, e, então, soltos ao mesmo tempo, eles começarão a se mover de maneira idêntica (exceto por pequenas variações devido a diferenças no atrito causado pelo vento e pelas deformações dos corpos). De fato, terá sido imposta a mesma perturbação mecânica em cada corpo e terá sido gerada a mesma resposta dinâmica. Conseqüentemente, apesar de haver muitas diferenças entre os corpos, mais uma vez eles demonstram certa equivalência.

A propriedade de massa, então, caracteriza um corpo tanto na ação da atração gravitacional quanto na resposta a uma perturbação mecânica.

Para a definição quantitativa dessa propriedade, pode-se escolher algum corpo de referência adequado e compará-lo a outros corpos, analisando-se as duas ações citadas anteriormente. As duas unidades fundamentais geralmente utilizadas na prática da engenharia americana para medir massa são a *libra-massa* (lbm), definida em termos da atração da gravidade para um corpo-padrão em um local determinado, e o *slug*, definido em termos da resposta dinâmica do corpo-padrão a uma perturbação mecânica-padrão. Uma similar dualidade de unidade de massa não existe no SI. Nesse sistema, apenas o *quilograma* (kg) é utilizado como unidade fundamental de massa. Ele é medido em termos da resposta de um corpo a uma perturbação mecânica. Ambos os sistemas de unidade serão discutidos mais adiante.

Até o momento, já foram estabelecidas as três dimensões fundamentais independentes utilizadas na descrição de muitos fenômenos físicos. A forma adequada de identificação dessas dimensões é apresentada da seguinte maneira:

$$\text{Comprimento} \quad [L]$$
$$\text{Tempo} \quad [t]$$
$$\text{Massa} \quad [M]$$

Essas expressões, que identificam dimensões fundamentais e outros grupos de dimensões, apresentadas na Seção 1.3 para dimensões secundárias, são chamadas "representações dimensionais".

Freqüentemente, há situações em que se deseja efetuar uma mudança de unidades durante os cálculos. Por exemplo, pode-se querer a mudança de pé para polegadas ou milímetros. Nesse caso, a unidade em questão deve ser substituída por um número *fisicamente equivalente* de novas unidades. Por isso, um pé é substituído por 12 polegadas ou 305 milímetros. Uma lista de sistemas de unidades utilizados em engenharia é apresentada na Tabela 1.1, e algumas relações de equivalência entre unidades podem ser encontradas no final deste livro (Anexo). As relações de equivalência entre unidades são escritas da seguinte maneira:

$$1 \text{ ft} \equiv 12 \text{ in} \equiv 305 \text{ mm}$$

As três barras horizontais não são utilizadas para denotar equivalência *algébrica*; pelo contrário, elas são empregadas para indicar equivalência física. Uma outra maneira de expressar as relações de equivalência entre unidades é mostrada a seguir.

$$\left(\frac{1 \text{ ft}}{12 \text{ in}}\right) \equiv 1, \quad \left(\frac{1 \text{ ft}}{305 \text{ mm}}\right) \equiv 1$$
$$\left(\frac{12 \text{ in}}{1 \text{ ft}}\right) \equiv 1, \quad \left(\frac{305 \text{ mm}}{1 \text{ ft}}\right) \equiv 1 \quad (1.1)$$

Tabela 1.1 Sistemas de unidades.

cgs		*SI*	
Massa	Grama	Massa	Quilograma
Comprimento	Centímetro	Comprimento	Metro
Tempo	Segundo	Tempo	Segundo
Força	Dina	Força	Newton
Inglês		*Sistema Americano*	
Massa	Libra-massa	Massa	Slug ou libra-massa
Comprimento	Pé	Comprimento	Pé
Tempo	Segundo	Tempo	Segundo
Força	Poundal	Força	Libra-força

O valor unitário no lado direito das Equações 1.1 indica que o numerador e o denominador, dados no lado esquerdo, são fisicamente equivalentes e, por isso, têm uma razão de 1:1. Essa notação será útil quando for analisada, na próxima seção, a mudança de unidades de dimensões secundárias.

†1.3 Grandezas dimensionais secundárias

Quando grandezas físicas são descritas em termos de dimensões fundamentais por meio de definições apropriadas (por exemplo, velocidade[2] é definida como a distância percorrida pelo intervalo de tempo), elas são denominadas *grandezas dimensionais secundárias*. Na Seção 1.4, veremos que essas grandezas também podem ser estabelecidas como uma conseqüência de leis naturais. A representação dimensional de grandezas secundárias é efetuada em termos das dimensões fundamentais que aparecem em sua formulação. Por exemplo, a representação dimensional da velocidade é:

$$[\text{velocidade}] \equiv \frac{[L]}{[t]}$$

Em outras palavras, a representação dimensional de velocidade é a dimensão de comprimento dividida pela dimensão de tempo. As unidades de uma grandeza secundária são então expressas em termos das unidades das dimensões fundamentais envolvidas. Dessa maneira,

$$[\text{unidades de velocidade}] \equiv \frac{[\text{ft}]}{[\text{s}]}$$

Uma *mudança* de unidades de um sistema para outro normalmente acarreta uma mudança na escala de medida das grandezas secundárias envolvidas no problema. Desse modo, uma unidade-padrão de velocidade no sistema americano é 1 pé por segundo, enquanto no SI é 1 metro por segundo. Como esses padrões de unidades podem ser corretamente relacionados no caso de grandezas secundárias mais complicadas? No caso simples da velocidade, quantos metros por segundo são equivalentes a 1 pé por segundo? Expressões formais de representação dimensional podem ser utilizadas para a obtenção dessas relações. Do procedimento para a conversão de unidades constam os seguintes passos: expressar dimensionalmente a grandeza dependente, substituir as unidades presentes por dimensões fundamentais e, finalmente, mudar essas unidades pelos números equivalentes de unidades no novo sistema. O resultado fornece o número de unidades da grandeza no novo sistema de unidades que é equivalente a 1 unidade dessa grandeza no sistema antigo. Efetuando essas operações para velocidade, tem-se:

$$1\left(\frac{\text{ft}}{\text{s}}\right) \equiv 1\left(\frac{0{,}305\ \text{m}}{\text{s}}\right) \equiv 0{,}305\left(\frac{\text{m}}{\text{s}}\right)$$

o que significa que 0,305 unidades-padrão de velocidade no SI equivale a 1 unidade padrão no sistema americano.

---

[2] Uma definição mais precisa de velocidade será apresentada no DINÂMICA – Mecânica para Engenharia, Vol. 2.

Uma outra maneira de efetuar a mudança de unidades, quando dimensões secundárias estão presentes, consiste em utilizar regras do tipo ilustrado nas Equações 1.1. Para mudar a unidade em uma expressão, basta multiplicar essa unidade pela razão fisicamente equivalente à nova unidade, como discutido anteriormente, de modo que a unidade antiga seja cancelada, restando apenas a unidade desejada com um coeficiente numérico adequado. No exemplo de velocidade, pode-se substituir ft/s por m/s da seguinte maneira:

$$1\left(\frac{ft}{s}\right) \equiv \left(\frac{1\,ft}{s}\right)\cdot\left(\frac{0,305\,m}{1\,ft}\right) \equiv 0,305\left(\frac{m}{s}\right)$$

Deve ficar claro que, quando essas razões são multiplicadas para se realizar uma mudança de unidades como a mostrada anteriormente, a magnitude (ou o módulo) da *grandeza física real* representada pela expressão não é alterada. Estudantes devem empregar as técnicas aqui apresentadas ao longo do curso de mecânica, pois o uso de métodos menos formais geralmente conduz a erros na determinação de unidades de grandezas secundárias.

†1.4 Lei da homogeneidade dimensional

Sabendo-se que determinados aspectos da natureza podem ser descritos de maneira quantitativa por meio de dimensões fundamentais e secundárias, podemos, agora, aprender a relacionar algumas das grandezas físicas em forma de equações por meio da observação detalhada dos fenômenos físicos e da experimentação. Em relação a isso, existe uma lei importante, a lei da *homogeneidade dimensional*, que impõe uma restrição sobre a formulação dessas equações. Essa lei estabelece que, uma vez que os fenômenos naturais ocorrem independentemente das unidades criadas pelo homem, *as equações fundamentais que representam fenômenos físicos devem ser válidas para todos os sistemas de unidades*. Segundo esse princípio, a equação do período de um pêndulo simples, $t = 2\pi\sqrt{\frac{L}{g}}$, deve valer para todos os sistemas de unidades e pode ser chamada de *dimensionalmente homogênea*. Conseqüentemente, as equações fundamentais da física são dimensionalmente homogêneas e todas as equações obtidas de modo analítico a partir dessas leis fundamentais devem ser dimensionalmente homogêneas.

Que tipo de restrição essa condição impõe a uma equação física? Para responder a essa questão, a equação a seguir é examinada:

$$x = ygd + k$$

Para que essa equação seja dimensionalmente homogênea, a igualdade numérica entre os termos dos lados direito e esquerdo deve ser mantida para todos os sistemas de unidades. Dessa forma, a mudança na escala de medida de cada grupo de termos deve ser a mesma quando houver uma mudança de unidades. Ou seja, se a medida numérica de um grupo, tal como ygd, for duplicada para um novo sistema de unidades, o mesmo deverá ocorrer para as grandezas x e k. *Para que isso ocorra em todos os sistemas de unidades, é necessário que cada grupo de termos na equação tenha a mesma representação dimensional.*

Para elucidar esse ponto, considera-se a representação da equação citada anteriormente da seguinte maneira:

$$[x] = [ygd] + [k]$$

Ao usar o conceito de homogeneidade dimensional, é solicitado que:

$$[x] \equiv [ygd] \equiv [k]$$

Como ilustração, considere a representação dimensional de uma equação que não é dimensionalmente homogênea:

$$[L] = [t]^2 + [t]$$

Quando as unidades dessa equação são transformadas do sistema americano para o SI, as unidades de pé dão lugar às unidades de metro, mas não existe mudança na unidade de tempo. Torna-se evidente que o valor numérico do lado esquerdo se altera, enquanto o valor do lado direito permanece inalterado. Essa equação, então, passa a ser inválida no novo sistema de unidades; portanto, não é derivada das leis fundamentais da física. Neste livro, equações dimensionalmente homogêneas são invariavelmente o foco das atenções. Como medida de precaução, todas as equações devem ser dimensionalmente analisadas para auxiliar na identificação de possíveis erros.

†1.5 Relação dimensional entre força e massa

A lei da homogeneidade dimensional é empregada para a obtenção de uma nova dimensão secundária, a *força*. A lei de Newton é utilizada para esse fim. Em uma seção posterior, ela será apresentada detalhadamente. Entretanto, para alcançar o objetivo desta seção, é suficiente saber que a aceleração de uma partícula[3] é inversamente proporcional à sua massa para uma dada perturbação. Matematicamente, isso é escrito como:

$$a \propto \frac{1}{m} \tag{1.2}$$

onde $\propto$ é o símbolo de proporcionalidade. Inserindo-se a constante de proporcionalidade (F) nessa expressão e efetuando-se um rearranjo em seus termos, obtém-se:

$$F = ma \tag{1.3}$$

A perturbação mecânica, representada por F e denominada *força*, deve ter a seguinte representação dimensional, de acordo com a lei da homogeneidade dimensional:

$$[F] \equiv [M]\frac{[L]}{[t]^2} \tag{1.4}$$

O tipo de perturbação para a qual a relação 1.2 é válida geralmente consiste na ação gerada pela interação entre corpos por meio do contato. Entretanto, outras ações, tais como as ações magnéticas, eletrostáticas e gravitacionais entre corpos, também geram efeitos mecânicos válidos na equação de Newton.

---

[3] A definição de Partícula será apresentada na Seção 1.7.

O estudo da mecânica poderia também ser iniciado se considerássemos *força* uma dimensão fundamental, cuja manifestação pode ser medida pelo alongamento de uma mola-padrão a uma dada temperatura. Experimentos poderiam mostrar que para determinado corpo a aceleração é proporcional à força aplicada. Matematicamente,

$$F \propto a; \text{ portanto, } F = ma$$

sendo que a constante de proporcionalidade agora representa a propriedade de massa. Aqui, a massa passa a ser uma grandeza secundária, cuja representação dimensional é obtida pela lei de Newton:

$$M \equiv [F]\frac{[t]^2}{[L]} \qquad (1.5)$$

Como foi mencionado na Seção 1.2, existem outros conjuntos de dimensões fundamentais. Esta seção mostra a possibilidade de escolha entre os dois sistemas de dimensões fundamentais apresentados: o sistema *MLt* ou o sistema *FLt*. De modo geral, físicos preferem o primeiro sistema, enquanto engenheiros optam pelo segundo.

1.6 Unidades de massa

Como foi visto nas seções anteriores, o conceito de massa surge de dois tipos de ações: as associadas ao movimento e as associadas à atração gravitacional. No sistema americano, unidades de massa são baseadas em ambas as ações, o que algumas vezes pode gerar certa confusão. Na análise a seguir, considera-se o sistema *FLt* de dimensões fundamentais. A unidade de força pode ser tomada como libra-força, definida como a força capaz de causar determinado alongamento em uma mola-padrão sob um valor estabelecido de temperatura. Empregando-se a lei de Newton, um slug é definido como a quantidade de massa que sofrerá uma aceleração de 1 pé por segundo ao quadrado (ft/s^2) quando sujeita a uma força de 1 libra-força (lbf).

Por outro lado, uma outra unidade de massa é determinada a partir da ação da gravidade. Nesse caso, uma libra-massa (lbm) é a quantidade de matéria atraída pela gravidade em direção à Terra por uma força de 1 libra-força (lbf), em dada posição sobre sua superfície.

As duas unidades de massa são formuladas por meio de duas diferentes ações e, para relacioná-las, elas devem estar sujeitas à *mesma* ação. Dessa maneira, seleciona-se 1 libra-massa e observa-se qual a fração, ou o múltiplo dela, será acelerada em 1 ft/s^2 sob a ação de 1 libra-força. Essa fração ou múltiplo representará o número de unidades de libra-massa que são equivalentes a 1 slug. Esse coeficiente é igual a g_0, sendo que g_0 assume o valor correspondente à aceleração da gravidade a uma dada posição sobre a superfície da Terra, na qual a libra-massa foi padronizada. Considerando-se três algarismos significativos, o valor de g_0 é 32,2. Portanto, a equivalência entre as unidades de massa no sistema americano pode ser escrita como:

$$1 \text{ slug} \equiv 32,2 \text{ libras-massa}$$

Para usar a unidade de libra-massa na lei de Newton, é necessário efetuar a divisão da massa por g_0 a fim de se obterem as unidades de massa, que foram derivadas a partir dessa lei. Dessa maneira,

$$F = \frac{m}{g_0} a \qquad (1.6)$$

sendo que a unidade de m é libra-massa e de m/g_0, slug. Efetuando-se apropriadamente a inserção da unidade de libra-massa na lei de Newton, a partir do ponto de vista da equivalência física, pode-se, agora, analisar a homogeneidade dimensional da equação resultante. O lado direito da Equação 1.6 deve possuir a representação dimensional de F e, como a unidade de F aqui é libra-força, ele deve ter essa unidade. O exame das unidades do lado direito dessa equação indica que as unidades de g_0 devem ser:

$$[g_0] \equiv \frac{[\text{lbm}][\text{ft}]}{[\text{lbf}][\text{s}]^2} \qquad (1.7)$$

Como o peso se encaixa nesse contexto? Peso é definido como *a força da gravidade sobre um corpo*. Seu valor depende da posição do corpo em relação à superfície da Terra. Em uma posição sobre a superfície da Terra, onde a libra-massa é padronizada, uma massa de 1 libra (lbm) tem o peso de 1 libra (lbf). Mas, à medida que a distância em relação à Terra aumenta, o peso se torna menor que 1 libra (lbf). A massa, entretanto, permanece com o valor de 1 libra-massa (lbm). Se essa distância não for muito grande, a medida de peso (em lbf) será praticamente igual à medida de massa (em lbm). Portanto, trata-se de uma prática equivocada em engenharia considerar que o peso em posições diferentes da posição sobre a superfície da Terra é igual à medida de massa. Por isso, emprega-se erroneamente o símbolo W para representar tanto lbm quanto lbf. Na atual era dos mísseis e foguetes, cabe aos professores e estudantes zelar pelo uso correto das unidades de massa e peso.

Se o peso de um corpo em algum ponto é conhecido, pode-se determinar facilmente sua massa em slugs, desde que o valor da aceleração da gravidade (g) seja conhecido nesse ponto. Assim, de acordo com a lei de Newton,

$$W(\text{lbf}) = m(\text{slugs}) \times g(\text{ft/s}^2)$$

Portanto,

$$m(\text{slugs}) = \frac{W(\text{lbf})}{g(\text{ft/s}^2)} \qquad (1.8)$$

Até este ponto, apenas o sistema americano de unidades foi utilizado para a representação de massa. No SI de unidades, um *quilograma* é a quantidade de massa que sofrerá uma aceleração de 1 m/s^2 sob a ação de uma força de 1 newton. Nesse sistema não existem problemas associados a duas unidades de massa — o quilograma é a única unidade fundamental de massa. Entretanto, também há o problema de utilização equivocada do quilograma como uma medida de força, cuja unidade é o newton. Um quilograma-força é o peso de 1 quilograma de massa sobre a superfície da Terra, onde a aceleração da gravidade (isto é, a aceleração devido à força da gravidade) vale 9,81 m/s^2. Um newton, por outro lado, é a força que faz com que 1 quilograma de massa tenha uma aceleração de 1 m/s^2. Conseqüentemente, 9,81 newtons equivalem a 1 quilograma-força. Ou seja,

$$9{,}81 \text{ newtons} \equiv 1 \text{ quilograma (força)} \equiv 2{,}205 \text{ lbf}$$

Ao observar essa equação, percebe-se que o newton é uma força comparativamente pequena, sendo equivalente a um quinto de uma libra. Um quilonewton (1.000 newtons), que será utilizado com bastante freqüência, é aproximadamente igual a 200 lbf. Neste texto, o quilograma não será utilizado como unidade de força. Entretanto, estudantes devem ter consciência de que muitas pessoas o utilizam dessa maneira[4].

Observe que a expressão para determinar o peso W de uma massa M na superfície da Terra é:

$$W(\text{newtons}) = [M(\text{quilogramas})](9{,}81)(\text{m/s}^2) \qquad (1.9)$$

Conseqüentemente,

$$M(\text{quilogramas}) = \frac{W(\text{newtons})}{9{,}81 \ (\text{m/s}^2)} \qquad (1.10)$$

Em pontos distantes da superfície da Terra, a aceleração da gravidade g deve ser empregada nessas equações em vez da constante 9,81.

1.7 Idealizações da mecânica

As seções anteriores mostraram que as dimensões fundamentais e secundárias podem ser algumas vezes relacionadas em equações que representam uma ação física de interesse. A representação de uma ação, ao utilizar as leis conhecidas da física, e a obtenção, quando possível, de equações simples, que possam ser matemática ou numericamente manipuladas, são dois requisitos desejados no estudo da mecânica. Invariavelmente, deve-se substituir o problema real da ação física e dos corpos envolvidos por problemas idealizados obtidos por meio de hipóteses simplificativas. Deve-se ter certeza, naturalmente, de que os resultados alcançados por meio dessas substituições tenham boa correlação com a realidade. Ciências físicas analíticas precisam recorrer a esse tipo de procedimento de simplificação. Conseqüentemente, nessas ciências, os cálculos não são automáticos, requerem considerável dose de imaginação, engenhosidade e boa percepção do comportamento físico em estudo. Nesta seção, as idealizações fundamentais mais relevantes da mecânica são apresentadas e um pouco da filosofia envolvida na análise científica é discutida.

Continuum (meio contínuo). A representação simplificada da matéria em moléculas, átomos, elétrons e outros elementos minúsculos é ainda bastante complexa para muitos problemas da mecânica aplicada à engenharia. Na maioria dos problemas, há interesse apenas pelas manifestações globais desses corpos elementares, obtidas pela média estatística de suas manifestações mensuráveis. Pressão, densidade e temperatura são, na realidade, os efeitos médios das ações de muitas moléculas e átomos. Essas grandezas podem ser convenientemente consideradas fruto da hipotética distribuição contínua de matéria, a qual é denominada *continuum* (meio contínuo), em vez de um conglomerado de corpos minúsculos e discretos. Sem esse artifício, a ação de cada um desses corpos elementares deveria ser levada em consideração, o que poderia consistir em uma intransponível dificuldade analítica para muitos problemas.

Corpo rígido. Em muitos problemas em que ocorre a ação de uma força sobre um corpo, pode-se efetuar uma simplificação adicional sobre

---

[4] Isso é muito comum no mercado de produtos e serviços, em que a palavra "quilos" é bastante utilizada.

o conceito de "continuum". O caso mais elementar é o corpo rígido, constituído de um continuum (meio contínuo) que, teoricamente, não sofre qualquer deformação. Na realidade, todo corpo deve apresentar certo grau de deformação sob a ação de forças, mas, em muitos casos, a deformação é muito pequena e não afeta a análise desejada. Então, é preferível considerar o corpo rígido e proceder com as análises e os cálculos baseados nessa simplificação. Por exemplo, analisa-se a determinação das forças transmitidas por uma viga ao solo como resultado de uma carga P (Figura 1.2). Se a força P for muito pequena, a viga sofrerá pequena deflexão e será possível efetuar uma análise simples e direta do problema ao se considerar a *geometria indeformada* como se o corpo fosse rígido. Se for solicitada uma análise mais precisa, até mesmo quando maior precisão não é requerida, deve-se conhecer a posição exata que a carga assume em relação à viga depois de a deformação ter ocorrido, como se vê, de maneira exagerada, na Figura 1.3.

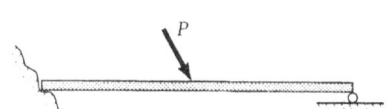

Figura 1.2: Hipótese de corpo rígido — uso da geometria indeformada original.

Figura 1.3: Corpo deformável.

Uma análise muito precisa é uma tarefa bastante difícil, especialmente quando se considera que os suportes também sofrem alterações em sua configuração. Embora a alternativa de análise baseada em modelos mais complexos possa conduzir a cálculos virtualmente impossíveis, há situações nas quais modelos mais realistas devem ser empregados para se obter alguma precisão nos resultados. Por exemplo, quando é preciso determinar a distribuição de forças internas em um corpo, a deformação deve ser incluída no modelo. Muitas vezes, entretanto, ela é de pequena magnitude. Outros casos serão apresentados nas seções posteriores. *O princípio fundamental é efetuar simplificações que sejam consistentes com a precisão requerida para os resultados.*

Força pontual. Uma força finita exercida por um corpo sobre outro provoca uma quantidade finita de deformação e sempre cria uma área finita de contato, por meio da qual a força é transmitida. Entretanto, pela formulação do conceito de corpo rígido, pode-se imaginar uma força finita sendo transmitida por meio de uma área infinitesimal ou um ponto. Essa simplificação de distribuição de força é chamada *força pontual*. Em muitos casos, em que a área real de contato é muito pequena, mas não é conhecida com exatidão, o uso do conceito da força pontual resulta em uma perda muito pequena de precisão na análise. Nas Figuras 1.2 e 1.3, são apresentadas, na verdade, representações gráficas de força pontual.

Partícula. A *partícula* é definida como um objeto que não tem dimensão física alguma, mas possui massa. Talvez esse conceito não pareça ser de grande utilidade para engenheiros, mas, na verdade, é um dos conceitos mais úteis em mecânica. Na trajetória de um planeta, por exemplo, a característica mais importante é a massa do planeta, e não seu tamanho. Por isso, os planetas são considerados partículas nos cálculos efetuados em mecânica celeste. Por outro lado, pode-se pensar no problema de um patinador que efetua rodopios sobre o gelo. As revoluções do patinador são controladas harmoniosamente pela orientação de seu corpo. Nesse movimento, o tamanho e a distribuição de seu corpo são relevantes e, como por definição uma partícula não pode ter qualquer distribuição, obviamente o patinador não pode ser representado por uma partícula. Se, entretanto, o patinador fosse usado como uma "bala de canhão humana sobre patins", projetado por um grande canhão de ar comprimido, seria possível considerá-lo uma partícula ao longo de sua trajetória, pois o movimento de seus braços e de suas pernas teria pequeno efeito sobre o movimento descrito pela parte principal de seu corpo. Nessas circunstâncias, o emprego da definição de partícula para o patinador seria conveniente, ao contrário de quando o patinador faz seus exercícios sobre o gelo.

Posteriormente, será visto que o *centro de massa* é um ponto hipotético no qual a massa do corpo está concentrada para determinadas análises e cálculos em dinâmica. De fato, nos exemplos anteriores do planeta e da "bala de canhão humana sobre patins", a partícula refere-se na verdade ao centro de massa, cujo movimento é suficiente para a obtenção da informação requerida. Assim, quando o movimento do centro de massa do corpo já basta para a análise desejada, o corpo pode ser substituído por uma partícula denominada centro de massa.

Muitas outras simplificações fazem parte dos problemas da mecânica. O corpo perfeitamente elástico, o fluido sem viscosidade, e assim por diante, são conceitos que se tornarão familiares aos estudantes durante os vários cursos em mecânica.

†1.8 Grandezas escalares e vetoriais

Alguns conjuntos de dimensões fundamentais e secundárias já foram apresentados para a descrição de certos fenômenos da natureza. No entanto, torna-se necessário mais do que a simples identificação dimensional e o número de unidades para se efetuar uma análise adequada. Por exemplo, para a especificação completa do movimento de um carro, que pode ser representado por uma partícula no caso em estudo, as seguintes questões devem ser respondidas:

1. Quão veloz?
2. Em qual direção?

O conceito de velocidade requer as informações levantadas nas questões 1 e 2. A primeira questão ("Quão veloz?") é respondida pela leitura do velocímetro, que fornece o valor da velocidade em milhas por hora ou em quilômetros por hora. A segunda questão ("Em qual direção?") é mais complicada, pois envolve dois fatores relevantes. Em primeiro lugar, deve-se especificar a orientação angular da velocidade em relação ao sistema de referência. Em segundo, devem-se especificar a direção e o sentido da velocidade, que mostram se o veículo está se movendo *para ou de* um dado ponto. Os conceitos de orientação angular, sentido e direção de velocidade são conjuntamente designados pelo *sentido* da velocidade. Um segmento de linha com indicação de direção (uma seta) pode ser empregado graficamente na descrição da velocidade do carro. O comprimento da seta fornece informação sobre a velocidade de movimento do carro e representa o "módulo" dessa velocidade. A orientação angular e a posição da seta fornecem informações sobre a direção seguida pelo carro, ou seja, o sentido e a direção da velocidade. A seta é chamada de vetor velocidade, enquanto seu comprimento representa o módulo desse vetor.

Muitas grandezas físicas são representadas por um segmento de linha com direção (uma seta) e devem ser descritas por meio da especificação de seu módulo (ou sua magnitude), sua direção e seu sentido. O exemplo mais comum é a força, cuja magnitude é a medida da intensidade da força, e sua direção e seu sentido tornam-se evidentes por meio da observação de como a força é aplicada. Um outro exemplo é o *vetor des-*

locamento entre dois pontos sobre a trajetória de uma partícula. O módulo do vetor deslocamento corresponde à distância entre esses dois pontos tomada sobre uma *linha reta*, e a direção e o sentido são definidos pela orientação dessa linha em relação ao sistema de referência. Dessa maneira, ρ_{AB} (veja a Figura 1.4) é o vetor deslocamento do ponto A ao ponto B (enquanto ρ_{BA} vai de B até A).

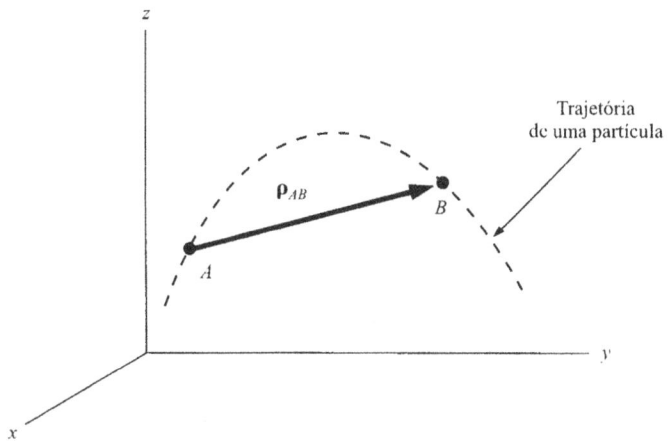

Figura 1.4: Vetor deslocamento ρ_{AB}.

Há um modo especial de somar grandezas com diferentes módulos, direções e sentidos. O efeito combinado de duas forças que agem sobre um partícula, como mostrado na Figura 1.5, corresponde a uma única força que é igual à diagonal do paralelogramo formado pela representação gráfica dessas duas forças. Ou seja, as grandezas são adicionadas de acordo com a *lei do paralelogramo*. Todas as grandezas que possuem módulo, direção e sentido e que são adicionadas de acordo com a lei do paralelogramo são chamadas *grandezas vetoriais*. As grandezas que possuem apenas módulo, tais como temperatura e trabalho, são chamadas *grandezas escalares*. Uma grandeza vetorial será indicada por letra em itálico e em negrito e, como ilustração, a força torna-se ***F***.[5]

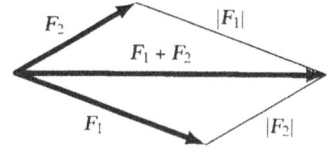

Figura 1.5: Lei do paralelogramo.

O leitor pode perguntar-se: todas as grandezas que possuem módulo e sentido são associadas de acordo com a lei do paralelogramo e, portanto, tornam-se grandezas vetoriais? Não, nem todas são grandezas vetoriais. Um exemplo muito importante será discutido após a análise da Figura 1.5. Na construção do paralelogramo, não é relevante saber qual força é representada graficamente em primeiro lugar. Em outras palavras, "F_1 combinada com F_2" dá o mesmo resultado que "F_2 combinada com F_1". Em suma, a combinação é *comutativa*. Se a combinação não for comutativa, ela em geral não poderá ser representada por uma operação em paralelogramo e, conseqüentemente, a grandeza envolvida não será um vetor. Com isso em mente, analisa-se o ângulo *finito* de rotação (deslocamento angular) de um corpo sobre um eixo. Pode-se associar um módulo (graus ou radianos) e uma direção e um sentido (o eixo e a orientação horária ou anti-horária) a essa grandeza. No entanto, o ângulo finito de rotação não pode ser considerado um vetor porque, em geral, duas rotações finitas sobre diferentes eixos não podem ser substituídas por uma única rotação

---

5 Não será fácil representar o uso do negrito para a notação de vetores nem no quadro-negro nem no caderno. Então, o estudante pode utilizar uma seta sobrescrita ou barra, isto é, $\vec{F}$ ou $\bar{F}$ ($\underrightarrow{F}$ ou $\underline{F}$ são outras possibilidades).

finita consistente com a lei do paralelogramo. A maneira mais fácil de confirmar esse fato é mostrar que a combinação dessas rotações não é comutativa. Na Figura 1.6a, um livro sofre duas rotações: uma rotação anti-horária de 90° sobre o eixo x e uma rotação horária de 90° sobre o eixo z, ambas observadas em relação à origem. Isso é feito nas Figuras 1.6b e 1.6c. Na Figura 1.6c, a seqüência da combinação é trocada em relação à Figura 1.6b e é possível ver como essa alteração modifica a orientação final do livro. Rotação angular finita, portanto, não é uma grandeza vetorial, uma vez que a lei do paralelogramo não é válida para essa combinação[6].

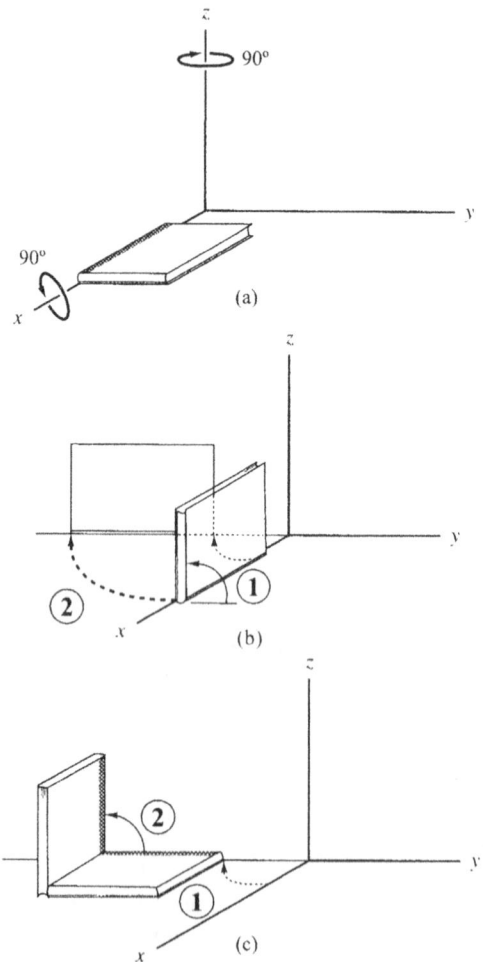

Figura 1.6: Rotações sucessivas não são comutativas.

---

6 Contudo, rotações infinitesimais ou bastante pequenas podem ser consideradas vetores, pois a lei da comutatividade se aplica a essas rotações. Uma prova desse fato consta do Apêndice V. O fato de rotações infinitesimais serem vetores é muito importante para a discussão de velocidade angular no Capítulo 15.

Pode-se perguntar por que a lei do paralelogramo foi utilizada para a definição de vetor e, desse modo, excluiu as rotações finitas dessa categoria. Como resposta a essa pergunta podemos afirmar que, no próximo capítulo, serão apresentados vários conjuntos de operações bastante úteis da *álgebra vetorial*, e essas operações serão geralmente válidas *somente* se a lei do paralelogramo for satisfeita, como será visto neste capítulo. Portanto, foi necessário restringir a definição de vetor no intuito de permitir a aplicação desse tipo de operação para grandezas vetoriais. Deve ser mencionado, também, que uma terceira definição de vetor, coerente com a última apresentada, será discutida posteriormente. Essa terceira definição terá algumas vantagens, como se verá nos próximos capítulos.

Antes de encerrar esta seção, uma outra definição importante é apresentada. A *linha de ação* de um vetor é uma linha reta hipotética infinita colinear com o vetor (veja a Figura 1.7). Desse modo, as velocidades de dois carros que se movem em faixas diferentes de uma rodovia reta possuem diferentes linhas de ação. É importante perceber que a linha de ação não apresenta características particulares de um vetor da maneira em que a direção e o sentido mostram. Conseqüentemente, um vetor V' colinear com V, na Figura 1.7, mas em sentido oposto, teria portanto a mesma linha de ação de V.

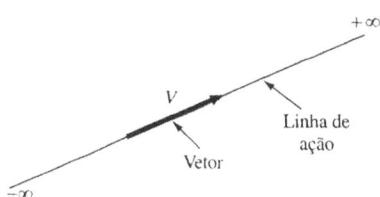

Figura 1.7: Linha de ação de um vetor.

1.9 Igualdade e equivalência de vetores

Para evitar muitos problemas no estudo da mecânica, uma distinção bastante clara entre igualdade e equivalência de vetores deve ser feita.

Dois vetores são iguais se eles possuem a mesma dimensão, módulo, direção e sentido. Na Figura 1.8, os vetores velocidade das três partículas possuem o mesmo comprimento, são igualmente inclinados em relação à referência *xyz* e têm o mesmo sentido. Embora esses vetores possuam diferentes linhas de ação, eles são iguais de acordo com a definição anterior.

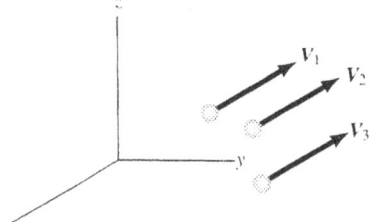

Figura 1.8: Vetores com velocidade igual.

Dois vetores são equivalentes quanto a determinada propriedade se cada um deles produz o mesmo efeito sobre essa propriedade. Se o critério, na Figura 1.8, for a modificação da elevação das partículas ou a distância total percorrida por elas, todos os três vetores terão o mesmo resultado. Além de iguais, eles são equivalentes quanto a essas propriedades. Se a altura absoluta das partículas em relação ao plano *xy* fosse a questão em foco, esses vetores não seriam equivalentes apesar de sua igualdade. Portanto, deve ser enfatizado que *vetores iguais nem sempre são equivalentes; a equivalência depende inteiramente da situação em análise*. Além disso, vetores que não são iguais podem ainda ser equivalentes quanto a alguma propriedade. Por exemplo, na viga da Figura 1.9, as forças F_1 e F_2 são diferentes, pois suas magnitudes são iguais a 50 N e 100 N, respectivamente. Entretanto, usando-se os conceitos básicos da física elementar, pode-se mostrar claramente que os momentos dessas forças em relação à base da viga são iguais e que, então, as forças têm a mesma ação de flexão sobre a extremidade da viga. Em relação a essa propriedade — momento em relação à base —, essas duas forças são equivalentes. Se, no entanto, a propriedade de interesse for a deflexão da extremidade livre da viga causada pelas forças, não haverá equivalência entre as forças, pois cada uma causará um valor diferente de deflexão.

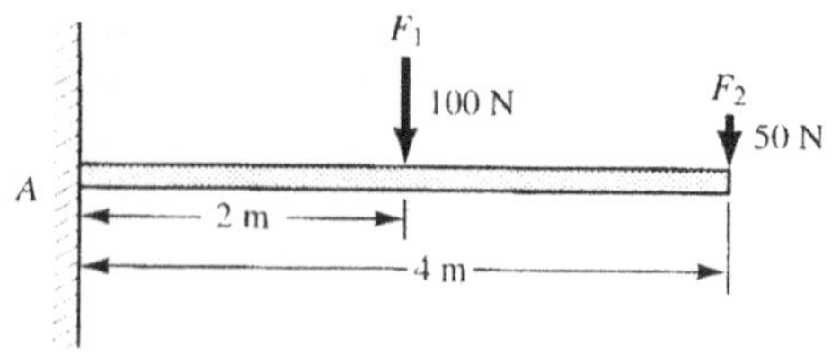

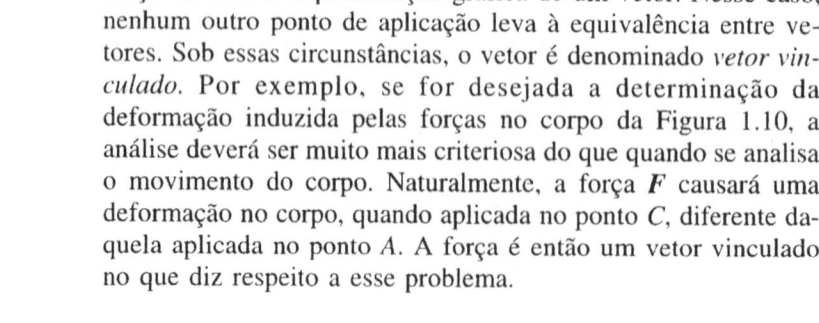

Figura 1.9: As forças F_1 e F_2 são equivalentes em relação ao momento sobre A.

Em suma, a *igualdade* de dois vetores é determinada pelos próprios vetores, e a *equivalência* entre dois vetores é determinada pela ação causada por esses vetores.

Nos problemas de mecânica, pode ser bastante útil o delineamento de três classes de situações relacionadas à equivalência de vetores:

1. *Situações nas quais os vetores podem ser posicionados em qualquer local do espaço sem perda ou mudança de significado físico, desde que módulo, direção e sentido permaneçam inalterados.* Sob essas circunstâncias, os vetores são denominados *vetores livres*. Por exemplo, os vetores velocidade na Figura 1.8 são vetores livres se considerarmos a distância total percorrida.
2. *Situações nas quais os vetores podem mover-se ao longo de suas linhas de ação sem mudança de significado físico.* Sob essas circunstâncias, os vetores são denominados *vetores deslizantes*. Por exemplo, ao puxarmos o objeto mostrado na Figura 1.10, podemos aplicar a força em qualquer ponto ao longo da corda AB ou podemos empurrá-lo no ponto C. O movimento resultante será o mesmo em todos os casos, assim a força é um vetor deslizante em relação a esse propósito.
3. *Situações nas quais os vetores devem ser aplicados em pontos definidos.* O ponto pode ser representado pela ponta ou pelo começo da seta na representação gráfica de um vetor. Nesse caso, nenhum outro ponto de aplicação leva à equivalência entre vetores. Sob essas circunstâncias, o vetor é denominado *vetor vinculado*. Por exemplo, se for desejada a determinação da deformação induzida pelas forças no corpo da Figura 1.10, a análise deverá ser muito mais criteriosa do que quando se analisa o movimento do corpo. Naturalmente, a força F causará uma deformação no corpo, quando aplicada no ponto C, diferente daquela aplicada no ponto A. A força é então um vetor vinculado no que diz respeito a esse problema.

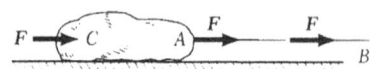

Figura 1.10: F é um vetor deslizante no reboque do objeto.

Ao longo do texto, o foco das atenções estará na consideração de equivalência.

†1.10 Leis da mecânica

A estrutura da mecânica baseia-se, relativamente, em poucas leis fundamentais. Contudo, é necessário muito estudo para que compreendamos essas leis, a ponto de trabalharmos de maneira satisfatória os problemas que serão apresentados.

Será apresentada uma breve discussão das seguintes leis, consideradas a base fundamental da mecânica:

1. Primeira e segunda leis de movimento de Newton.
2. Terceira lei de Newton.
3. A lei da atração gravitacional.
4. A lei do paralelogramo.

Primeira e segunda leis de movimento de Newton. Essas leis foram inicialmente enunciadas por Newton da seguinte maneira:

Toda partícula tende a permanecer em um estado de repouso ou de movimento uniforme sobre uma linha reta, a menos que seja forçada a mudar seu estado devido à ação de forças impostas sobre ela.

A mudança de movimento é proporcional à força imposta e ocorre na direção da linha reta sobre a qual a força é imposta.

Note-se que as palavras "repouso", "movimento uniforme" e "mudança de movimento" aparecem nos enunciados anteriores. Para que a informação contida nessas leis seja significativa, deve-se ter algum sistema de referência em relação ao qual esses estados de movimento possam ser descritos. Pode-se perguntar: em relação a qual referência no espaço toda partícula permanece em "repouso" ou "move-se uniformemente em linha reta" na ausência de quaisquer forças? Ou, no caso de uma força que atua sobre uma partícula, em relação a qual referência no espaço a "mudança de movimento é proporcional à força"? Experimentos mostram que as estrelas "fixas" constituem um sistema de referência em relação ao qual a primeira e a segunda leis de Newton são altamente precisas. Posteriormente, será visto que qualquer outro sistema de referência que se move uniformemente e sem rotação em relação às estrelas fixas pode ser empregado como um sistema de referência de grande precisão. Todas essas referências são denominadas *sistemas de referência inerciais*. Costuma-se usar a superfície da Terra como uma referência em engenharia. Devido à rotação da Terra e às variações de seu movimento em torno do Sol, a Terra não é, precisamente falando, uma referência inercial. Contudo, a simplificação de que ela é uma referência inercial não acarreta prejuízos para a maioria das situações (exceções são o movimento de mísseis teleguiados e o de naves espaciais), sendo que o erro de aproximação é bem pequeno. Portanto, em geral considera-se que a superfície da Terra seja uma referência inercial, mas deve-se estar ciente de que essa hipótese representa uma simplificação da natureza.

Como resultado do parágrafo anterior, pode-se definir *equilíbrio* como *o estado de um corpo no qual todas as suas partículas constitutivas estão em repouso ou em movimento retilíneo uniforme em relação a uma referência inercial*. O inverso da primeira lei de Newton, então, determina que, para o estado de equilíbrio ocorrer, não deve existir qualquer força (ou deve existir a ação equivalente à de nenhuma força) atuando sobre o corpo. Muitas situações encaixam-se nessa categoria. O estudo dos corpos em equilíbrio é chamado *estática* e será objeto de maior importância neste texto.

Além das limitações associadas ao sistema de referência, uma forte limitação dessas leis surgiu no começo do século XX. Como foi citado no início deste capítulo, o trabalho pioneiro de Einstein revelou que as leis de Newton se tornam progressivamente imprecisas à medida que a velocidade do corpo aumenta. Próximo à velocidade da luz, as leis de Newton não são aplicáveis. Na grande maioria dos cálculos e das análises em engenharia, a velocidade do corpo é muito pequena em comparação com a velocidade da luz e, conseqüentemente, as diferenças geradas pelo uso das leis de Newton, causadas pelos *efeitos relativísticos*, podem ser integralmente desprezadas sem perda de precisão na análise. Entretanto, os efeitos relativísticos não podem ser desprezados na análise do movimento de alta energia de partículas que ocorre em fenômenos nucleares. E, para finalizar, quando se analisam problemas de distâncias minúsculas, tais como as existentes entre prótons e nêutrons no núcleo de um átomo, constata-se que a mecânica newtoniana não consegue explicar muitos dos fenômenos observados. Nesse caso, deve-se recorrer à mecânica quântica, substituindo as leis de Newton pela equação de Schrödinger.

Terceira lei de Newton. Enunciou Newton sua terceira lei como:

Para toda ação existe sempre uma reação igual e contrária ou as ações mútuas entre dois corpos são sempre iguais e direcionadas em sentidos opostos.

Isso está ilustrado graficamente na Figura 1.11, na qual a ação e a reação entre dois corpos surgem pelo contato entre eles. Outras ações importantes, nas quais a terceira lei de Newton se aplica, são as atrações gravitacionais (tópico do próximo item) e as forças eletrostáticas entre duas partículas com carga. Deve ser mencionado que existem ações que não seguem essa lei, como por exemplo as forças eletromagnéticas entre corpos móveis com carga[7].

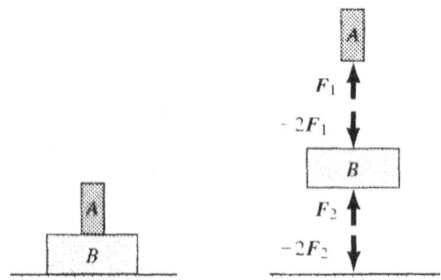

Figura 1.11: Terceira lei de Newton.

Lei da atração gravitacional. Já foi discutido em seções anteriores que existe uma atração entre a Terra e os corpos em sua superfície, tal como ocorre com os corpos A e B na Figura 1.11. Essa atração é mútua, e a terceira lei de Newton pode ser aplicada. Há também uma atração entre os corpos A e B, mas essa força é de pequena grandeza por

---

[7] Forças eletromagnéticas entre partículas móveis com carga são iguais e opostas, mas não são colineares; portanto, não estão "direcionadas em sentidos opostos".

causa das pequenas dimensões desses corpos. No entanto, o mecanismo de atração mútua entre a Terra e cada corpo é o mesmo da atração entre os corpos. Essas forças de atração podem ser obtidas pela *lei da atração gravitacional*:

> *Duas partículas são atraídas entre si, ao longo da linha imaginária que as conecta, por uma força que é diretamente proporcional ao produto de suas massas e inversamente proporcional ao quadrado da distância entre elas.*

Evitando o uso de notação vetorial por enquanto, pode-se afirmar que:

$$F = G \frac{m_1 m_2}{r^2} \tag{1.11}$$

onde G é chamada *constante gravitacional universal*. Devido à grande dimensão da Terra em relação aos corpos em sua superfície, cada corpo pode ser considerado uma partícula, com sua massa concentrada em seu centro de gravidade[8]. Então, se as várias constantes na Equação 1.11 são conhecidas, pode-se calcular o peso de uma dada massa em diferentes alturas em relação à Terra.

Lei do paralelogramo. Stevinius (1548-1620) foi o primeiro a demonstrar que as forças poderiam ser combinadas mediante sua representação por setas em uma escala apropriada, formando-se com elas, então, um paralelogramo cuja diagonal representa a soma de duas forças. Como explicado anteriormente, todos os vetores devem ser combinados dessa maneira.

1.11 Considerações finais

Neste capítulo, foram apresentadas as dimensões fundamentais que podem auxiliar na descrição quantitativa de fenômenos da natureza. As dimensões fundamentais podem ser combinadas para gerar as dimensões secundárias e relacionadas por meio de equações dimensionalmente homogêneas que, com as devidas idealizações, podem representar inúmeras ações que ocorrem na natureza. As leis fundamentais da mecânica foram também discutidas. Como as equações compreendidas nessas leis relacionam grandezas vetoriais, no Capítulo 2 será examinado um conjunto de operações vetoriais úteis para a manipulação dessas leis e para a assimilação dos conceitos fundamentais da mecânica. Essas operações constituem o que geralmente se denomina *álgebra vetorial*.

---

8 Esse assunto será tratado no Capítulo 4.

Questões de revisão para as seções marcadas com †

1.1 Quais são os dois tipos de limitações da mecânica newtoniana?

1.2 Quais são os dois fenômenos nos quais a massa exerce papel fundamental?

1.3 Se a libra-força é definida pela extensão de uma mola padrão, defina a libra-massa e o slug.

1.4 Expresse dimensionalmente a densidade de massa. Quantas unidades de densidade de massa (massa por unidade de volume) no SI de unidades são equivalentes a 1 unidade no sistema americano usando a) slugs, pés e segundos, e b) lbm, pés e segundos?

1.5 a) Qual a condição necessária para a *homogeneidade dimensional* em uma equação?

b) Na lei da viscosidade newtoniana, a resistência por atrito τ (força por unidade de área) em um fluido é proporcional à taxa de variação de velocidade dV/dy. A constante de proporcionalidade μ é chamada coeficiente de viscosidade. Qual é a representação dimensional de μ?

1.6 Defina uma grandeza vetorial e uma grandeza escalar.

1.7 O que significa a *linha de ação* de um vetor?

1.8 O que é um vetor *deslocamento*?

1.9 O que é um *sistema de referência inercial*?

Capítulo 2

Elementos de Álgebra Vetorial

†2.1 Introdução

Como foi visto no Capítulo 1, uma grandeza escalar é adequadamente representada por um módulo, enquanto grandezas vetoriais necessitam da especificação de uma direção e de um sentido. As operações algébricas básicas para manipulação de grandezas escalares são familiares aos estudantes desde os primeiros anos de escola. No caso de grandezas vetoriais, essas operações podem tornar-se bastante trabalhosas, pois os sentidos e as direções devem ser levados em consideração. Por isso, ferramentas algébricas simples têm sido desenvolvidas para manipulação de vetores. O emprego da álgebra vetorial não se baseia meramente em sua eficiência ou sofisticação. Na verdade, pode-se atingir um bom nível de percepção e compreensão do assunto — especialmente em dinâmica — empregando-se os métodos abrangentes e descritivos da álgebra vetorial, apresentados neste capítulo.

É importante que o leitor entenda a Seção 2.4, "Decomposição de Vetores: Componentes Escalares", e a Seção 2.6, "Maneiras Práticas de Representação de Vetores".

†2.2 Módulo e multiplicação de um vetor por um escalar

O módulo de uma grandeza, em linguagem matemática apropriada, é sempre um número *positivo* de unidades cujo valor corresponde à medida numérica da grandeza. Assim, o módulo de uma quantidade com medida de −50 unidades é +50 unidades. Observe-se que o módulo de uma grandeza é seu valor absoluto. O símbolo matemático para representar o módulo de uma grandeza é um conjunto de barras verticais que contém a grandeza. Por exemplo,

|− 50 unidades| = valor absoluto (− 50 unidades) = + 50 unidades

---

† Novamente, como foi dito no Capítulo 1, o símbolo † junto ao título da seção indica que ao final do capítulo se encontram questões específicas relativas ao seu conteúdo, que requerem respostas discursivas. O professor poderá solicitar, como trabalho extra, a leitura dessas seções em conjunto com a solução das questões associadas ao final do capítulo.

De maneira similar, o módulo de uma grandeza vetorial é um número positivo de unidades correspondente ao comprimento do vetor nessas unidades. Empregando-se os símbolos adotados no texto para vetores, tem-se:

$$\text{Módulo do vetor } A = |A| \equiv A$$

Assim, A é uma grandeza escalar positiva. Pode-se, então, analisar a multiplicação de um vetor por um escalar.

A definição do produto do vetor A pelo escalar m, representado simplesmente como mA, é dada da seguinte maneira:

> mA é um vetor que tem a mesma direção do vetor A e módulo igual ao valor do produto escalar entre os módulos de m e A. Se m for negativo, o vetor mA terá um sentido oposto ao do vetor A.

O vetor $-A$ pode ser considerado o produto entre o escalar -1 e o vetor A. Desse modo, de acordo com o enunciado anterior, observa-se que $-A$ difere do vetor A em sentido. Além disso, essas operações não têm qualquer relação com a linha de ação de um vetor, tal que A e $-A$ podem ter diferentes linhas de ação. Esse será o caso do binário a ser estudado no Capítulo 3.

†2.3 Adição e subtração de vetores

Na adição de vetores, pode-se empregar repetidamente a lei do paralelogramo. Isso pode ser realizado graficamente por meio da seleção apropriada de uma escala para os comprimentos das setas de acordo com os módulos das grandezas representadas. O módulo da seta final pode, então, ser interpretado em termos de seu comprimento empregando-se o fator de escala escolhido. Como exemplo, selecionam-se os vetores coplanares[1] A, B e C mostrados na Figura 2.1a. A adição dos vetores A, B e C é realizada de duas maneiras. Na Figura 2.1b, primeiramente adicionam-se os vetores B e C e, em seguida, o vetor resultante dessa operação (linha tracejada) ao vetor A. Essa combinação pode ser representada pela notação $A + (B + C)$. Na Figura 2.1c, adicionam-se os vetores A e B e, então, o vetor resultante (linha tracejada) a C. A representação dessa combinação é dada como $(A + B) + C$. Observe que o vetor final é idêntico para ambas as operações. Conseqüentemente,

$$A + (B + C) = (A + B) + C \qquad (2.1)$$

Quando as grandezas envolvidas em uma operação algébrica podem ser agrupadas sem restrição, a operação é chamada *associativa*. Desse modo, a adição de vetores é tanto comutativa, conforme se explicou no capítulo anterior, quanto associativa.

Para determinar a soma de dois vetores sem a utilização de recursos gráficos, é necessário apenas fazer um simples esboço dos vetores em escala. Utilizando-se relações trigonométricas, pode-se obter um resultado direto para a soma. Isso é demonstrado nos exemplos a seguir.

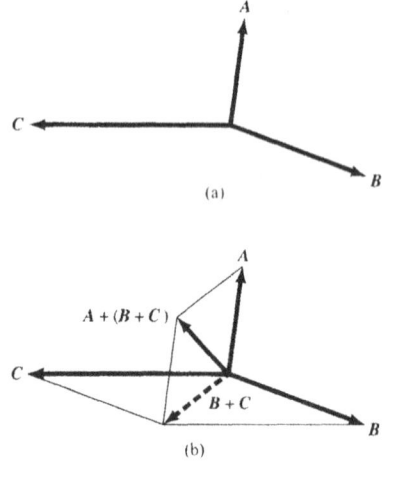

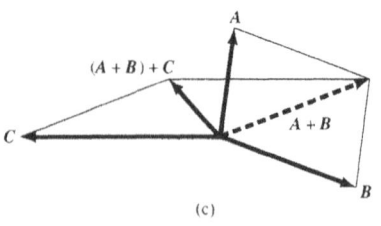

Figura 2.1: Adição de acordo com a lei do paralelogramo.

---

[1] Coplanar é uma palavra freqüentemente usada em mecânica e significa "no mesmo plano".

Exemplo 2.1

Adicione as forças que atuam sobre uma partícula localizada na origem do sistema de coordenadas bidimensional (Figura 2.2). Uma força tem o módulo de 10 N, que age no sentido positivo do eixo x, enquanto a outra possui módulo de 5 N, direcionada sobre uma linha que faz 135° com o sentido positivo do eixo x.

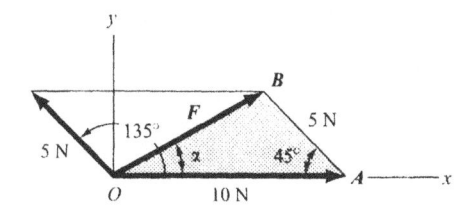

Figura 2.2: Determinação de F e α utilizando a trigonometria.

Para se obter a soma (dada por F), deve-se empregar a lei dos cossenos[2] para um dos triângulos do paralelogramo. Assim, usando o triângulo OBA,

$$|F| = [10^2 + 5^2 - (2)(10)(5) \cos 45°]^{1/2}$$
$$= (100 + 25 - 70{,}7)^{1/2} = \sqrt{54{,}3} = 7{,}37 \text{ N}$$

A direção e o sentido do vetor podem ser descritos pelo ângulo e pela orientação. O ângulo é determinado empregando a lei dos senos[3] para o triângulo OBA.

$$\frac{5}{\text{sen } \alpha} = \frac{7{,}37}{\text{sen } 45°}$$

$$\text{sen } \alpha = \frac{(5)(0{,}707)}{7{,}37} = 0{,}480$$

Portanto,

$$F = 7{,}37 \text{ N}$$
$$\alpha = 28{,}6°$$

O sentido é mostrado por meio de uma seta.

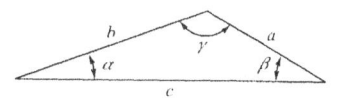

2 O leitor deve relembrar a trigonometria, em que a *lei dos cossenos* para o lado b de um triângulo é dada como:
$$b^2 = a^2 + c^2 - 2ac \cos \beta$$
3 A *lei dos senos* é expressa da seguinte forma no caso de um triângulo:
$$\frac{a}{\text{sen } \alpha} = \frac{b}{sen \beta} = \frac{c}{sen \gamma}$$

Exemplo 2.2

Um estilingue (veja a Figura 2.3) está pronto para ser acionado. Se a tira de borracha necessitar de 0,5 N/mm para seu alongamento, qual a força que ela exercerá sobre a mão do atirador? O comprimento total indeformado da tira de borracha é de 125 mm.

A vista superior do estilingue é mostrada na Figura 2.4. A variação do comprimento da tira de borracha (ΔL) a partir de sua configuração indeformada é:

$$\Delta L = 2(37,5^2 + 200^2)^{1/2} - 125 = 282 \text{ mm}$$

A tração ao longo da tira de borracha estendida é, então, calculada como (282)(0,5) N. Conseqüentemente, a força transmitida (F) através de *cada metade* da tira de borracha é dada por:

$$F = (282)(0,5) = 141 \text{ N}$$

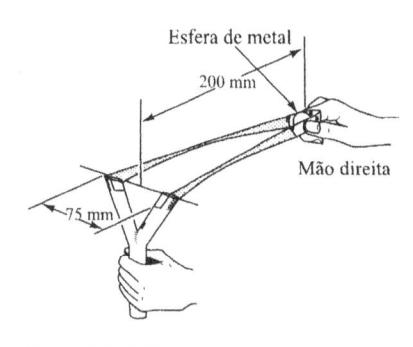

Figura 2.3: Estilingue.

e o valor de θ é calculado como:

$$\theta = \tan^{-1}\left(\frac{37,5}{200}\right) = 10,62°$$

Na Figura 2.5, é mostrado um paralelogramo que envolve as forças F e a resultante R, sendo R a força que a tira de borracha exerce sobre a mão do atirador. Pode-se empregar a lei dos cossenos sobre um dos triângulos para se obter R. Dessa maneira,

$$R^2 = 141^2 + 141^2 - (2)(141)(141) \cos \alpha$$

Observa-se que $\alpha = 180° - (2)(10,62°) = 158,8°$ e então:

$$R = [(2)(141)^2(1 - \cos 158,8°)]^{1/2} = 277,2 \text{ N}$$

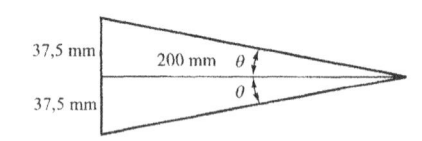

Figura 2.4: Vista superior do estilingue.

Um procedimento mais direto de cálculo pode ser empregado considerando os triângulos retângulos formados pelo paralelogramo. Então, ao utilizar os conceitos de trigonometria elementar, obtém-se:

$$R = (2)(141) \cos (10,62°) = 277,2 \text{ N}$$

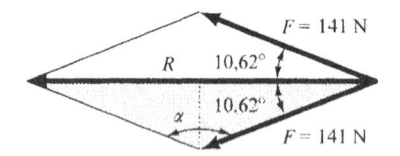

Figura 2.5: Paralelogramo de forças.

Deve ser enfatizado que a adição de vetores **A** e **B** envolve apenas os vetores em si, e *não* suas linhas de ação ou seus pontos de aplicação ao longo de suas respectivas linhas de ação. Ou seja, suas linhas de ação podem ser modificadas e os vetores podem ser deslocados ao longo de suas respectivas linhas de ação, de maneira que seja possível construir um paralelogramo cujos dois lados sejam esses vetores. Nos conceitos de álgebra vetorial apresentados neste capítulo, será levado em consideração esse tipo de liberdade no tratamento dos vetores envolvidos.

Podemos também efetuar a adição de vetores movendo-os sucessivamente para posições paralelas, de modo que a ponta de um vetor seja conectada à extremidade inicial do próximo vetor, e assim por diante. A soma de vetores será, então, um vetor cuja extremidade inicial coincida com a extremidade inicial do primeiro vetor e cuja ponta coincida com a ponta do último vetor. Dessa maneira, será formado um polígono com os vetores a serem adicionados, e o vetor soma será aquele que "fecha o polígono". Com isso, ao adicionarmos o vetor 10 N ao vetor 5 N da

Figura 2.2, poderemos formar os lados OA e OB de um triângulo. O vetor soma F completa o triângulo e é representado por OB. Em um outro exemplo, na Figura 2.6a, são apresentados três vetores coplanares, F_1, F_2 e F_3. Os vetores são conectados como descrito na Figura 2.6b. A soma dos vetores é dada pelo vetor tracejado que fecha o polígono. Na Figura 2.6c, os três vetores F_1, F_2 e F_3 são conectados de maneira diferente. Entretanto, a soma é representada pelo mesmo vetor tracejado obtido na Figura 2.6b. Naturalmente, a ordem de colocação dos vetores no polígono não é significante.

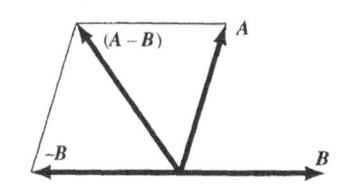

Figura 2.7: Subtração de vetores.

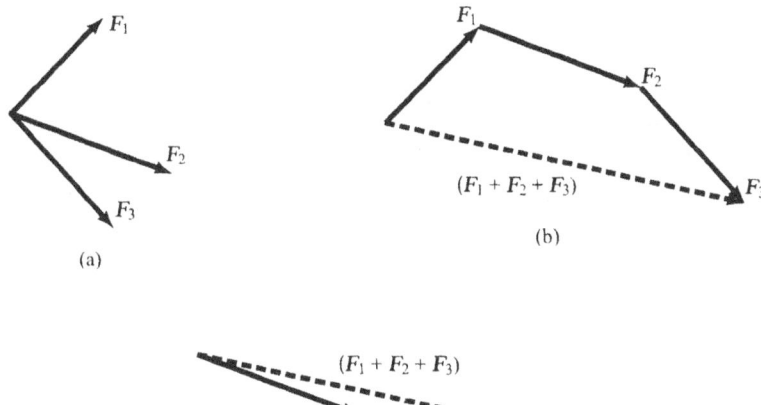

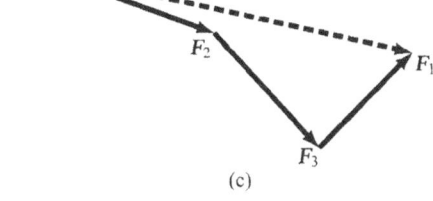

Figura 2.6: Adição com a utilização do polígono de vetores.

Uma simples interpretação física para o polígono de vetores é que o vetor soma pode ser formado por vetores, dos quais cada um representa um movimento de certa distância e certo sentido (isto é, um vetor deslocamento). Assim, ao percorrermos o sistema de vetores, iniciamos o percurso em determinado ponto (a extremidade inicial do primeiro vetor) e finalizamos em um outro (a extremidade final ou a ponta do último vetor). O vetor soma que completa o polígono é equivalente ao sistema de vetores dados, pois ele começa no mesmo ponto inicial e termina no mesmo ponto final do sistema de vetores.

O processo de adição do polígono de vetores, da mesma maneira que a lei do paralelogramo, pode ser empregado como um processo gráfico ou, até melhor, usado para efetuar cálculos analíticos com a ajuda da trigonometria. A extensão desse procedimento para a adição de qualquer número de vetores é simples.

O processo de *subtração* de vetores é definido da seguinte maneira: para subtrairmos o vetor B do vetor A precisamos inverter o sentido de B (isto é, multiplicá-lo por -1) e, então, adicionar o novo vetor ao vetor A (Figura 2.7).

A adição pode também ser efetuada por meio da construção do polígono de vetores. Desse modo, selecionamos os vetores coplanares A, B, C e D mostrados na Figura 2.8a. Para realizarmos a operação $A + B - C - D$, procederemos como mostrado na Figura 2.8b. Novamente, a ordem no processo não é significante, como pode ser observado na Figura 2.8c.

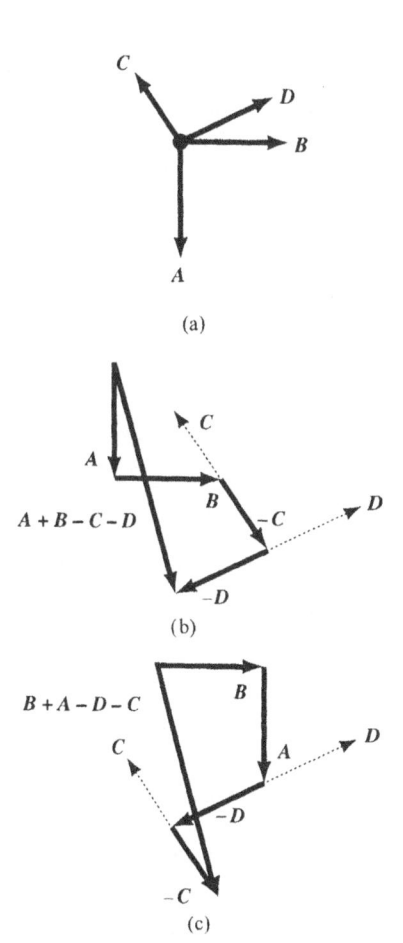

Figura 2.8: Adição e subtração usando a construção do polígono de vetores.

Problemas

2.1 Adicione uma força de 20 N que aponte no sentido positivo do eixo *x* a uma força de 50 N, direcionada ao longo da linha fazendo 45° com o sentido positivo do eixo *x*.

2.2 Subtraia a força de 20 N, do Problema 2.1, da força de 50 N.

2.3 Adicione os vetores no plano *xy*. Efetue, em primeiro lugar, a operação graficamente, utilizando o polígono de vetores, e, então, analiticamente.

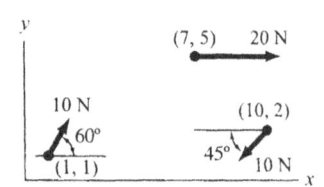

Figura P.2.3

2.4 Uma aeronave leve de fabricação doméstica está sendo observada enquanto voa a uma altitude constante, mas em uma série de direções. No início, ela voa na direção leste por 5 km. Então, voa para o norte por 7 km, percorre 4 km na direção sudeste e, finalmente, percorre 8 km na direção sudoeste. Determine graficamente a menor distância entre o ponto de partida e o ponto final, considerando as observações efetuadas. Veja a Figura P.2.4.

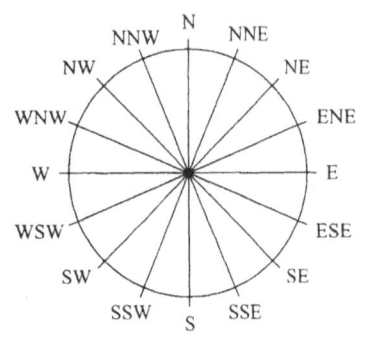

Figura P.2.4

2.5 Um pombo-correio é solto em um ponto *A* e é observado ao longo de seu vôo. Ele voa 10 km para o sul e, então, percorre 15 km para o leste. Posteriormente, voa 10 km para o sudeste e, finalmente, 5 km para o sul até atingir seu destino em *B*. Determine graficamente a mínima distância entre *A* e *B*. Despreze a curvatura da Terra.

2.6 As forças *A* (dada como uma força horizontal de 10 N) e *B* (vertical) são adicionadas à força *C*, de módulo de 20 N. Qual o módulo da força *B* e a direção da força *C*?

(A maneira mais simples de obter a resposta é empregar o polígono de vetores, que nesse caso é um triângulo retângulo.)

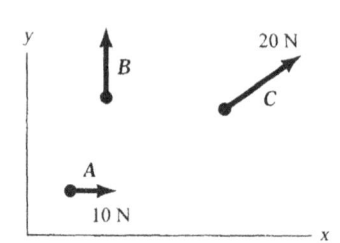

Figura P.2.6

2.7 O cabo de um jipe é conectado à extremidade de uma estrutura inclinada *A* e sofre a ação de uma força de 450 N ao longo de seu comprimento. Um tronco de madeira de 1.000 kg é suspenso por um segundo cabo, o qual está amarrado à extremidade da estrutura *A*. Qual a força total exercida pelos cabos sobre a estrutura *A*?

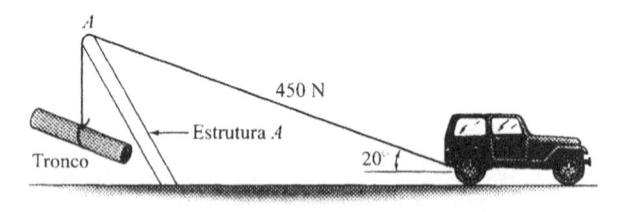

Figura P.2.7

2.8 Encontre o módulo, a direção e o sentido das forças que atuam sobre cada uma das polias, as quais podem girar livremente. O peso de 100 N encontra-se em estado estacionário.

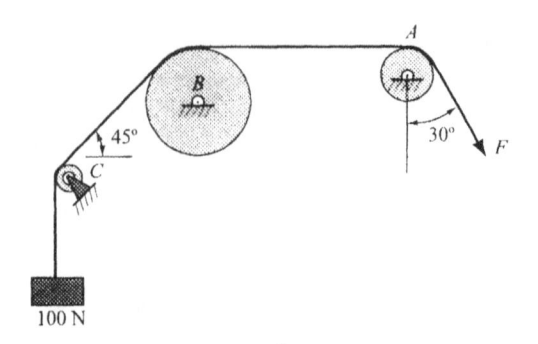

Figura P.2.8

2.9 Se a diferença entre as forças *B* e *A* da Figura P.2.6 é uma força *D* que tem módulo de 25 N, qual o módulo da força *B* e a direção da força *D*?

2.10 Qual é a soma das forças transmitidas pelas barras ao pino A?

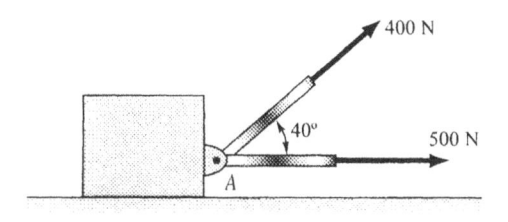

Figura P.2.10

2.11 Suponha que no Problema 2.10 seja requerido que a força total transmitida pelas barras ao pino A tenha uma inclinação de $12°$ em relação à horizontal. Se a força transmitida pela barra horizontal não for alterada, qual deverá ser a nova força para que a outra barra permaneça a $40°$ em relação à horizontal? Qual será a força total?

2.12 Empregando a lei do paralelogramo, encontre a força de tração no cabo AC, T_{AC}, e o ângulo α. (Este problema será analisado de forma diferente no Exemplo 5.4.)

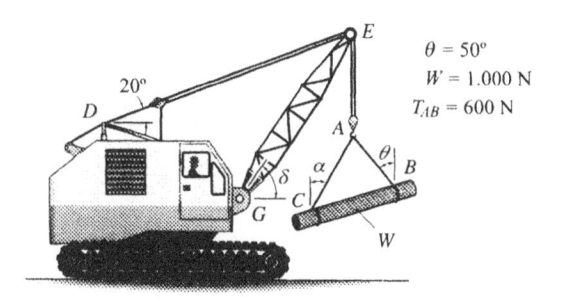

$\theta = 50°$
$W = 1.000$ N
$T_{AB} = 600$ N

Figura P.2.12

2.13 No problema anterior, qual deveria ser o ângulo δ para que a soma das forças dos cabos DE e EA fosse colinear com o mastro GE? Verifique: $\delta = 55°$.

2.14 Três forças atuam sobre um bloco sólido. As forças de 500 N e 600 N atuam, respectivamente, sobre as faces superior e inferior do bloco, enquanto a força de 1.000 N atua ao longo de uma das arestas. Encontre o módulo da soma dessas forças utilizando a lei do paralelogramo duas vezes.

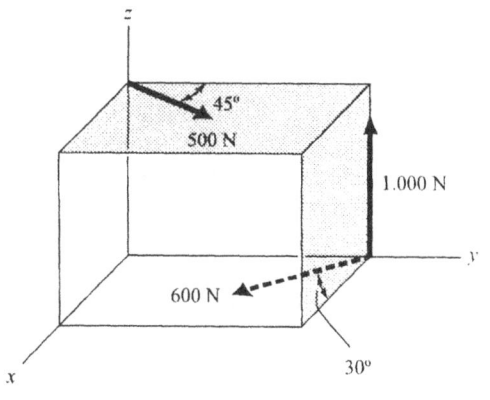

Figura P.2.14

2.15 Um homem puxa com uma força W uma corda que passa por uma polia, sem atrito, erguendo um peso W. Qual a força total exercida sobre a polia?

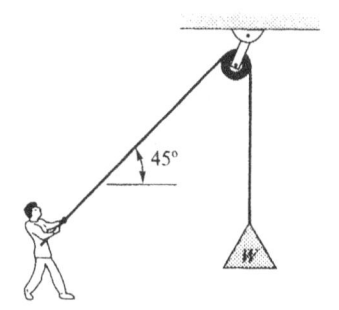

Figura P.2.15

2.16 Adicione os três vetores empregando a lei do paralelogramo por duas vezes. A força de 100 N está no plano xz, enquanto as outras duas forças são paralelas ao plano yz e não existe qualquer ponto de interseção entre elas. Determine o módulo da soma das forças e o ângulo que ela faz com o eixo x.

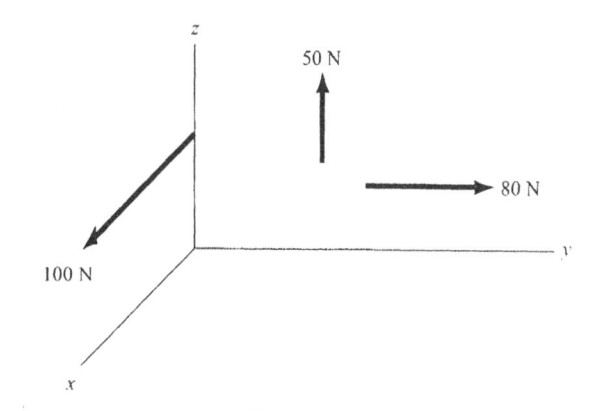

Figura P.2.16

2.17 Uma massa M é suportada pelos cabos (1) e (2). A tração no cabo (1) é de 200 N, enquanto a tração no cabo (2) é o suficiente para manter a configuração ilustrada. Qual é a massa de M em quilogramas? (Quanto ao equilíbrio, logo se pecebe que o peso de M deve ser igual e contrário ao vetor soma das forças de suporte.)

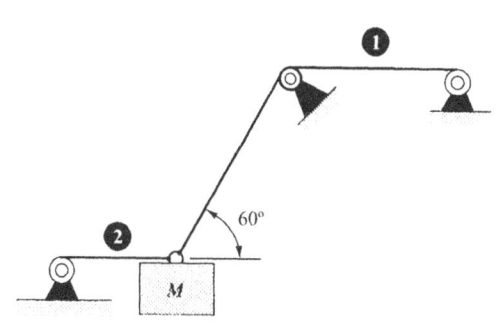

Figura P.2.17

2.18 Dois jogadores de futebol americano empurram uma barreira. O jogador A empurra a barreira com uma força de 500 N, enquanto o jogador B a empurra com uma força de 750 N, sendo que essas forças passam pelo ponto C. Qual a força total exercida sobre a barreira pelos jogadores?

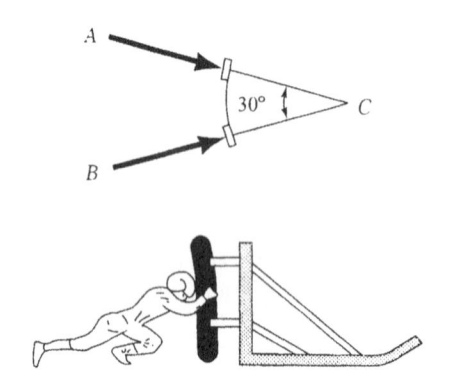

Figura P.2.18

2.19 Quais os valores das forças F_1 e F_2 e do ângulo β, para um valor conhecido do ângulo α, que anulam os efeitos da força da gravidade W do bloco C sobre A? Os roletes laterais do bloco não contribuem para o suporte vertical. Os cabos são conectados ao centro do bloco C. O peso W é de 500 N. Obtenha as três equações independentes em função de um dado α para as incógnitas F_1, F_2 e β.

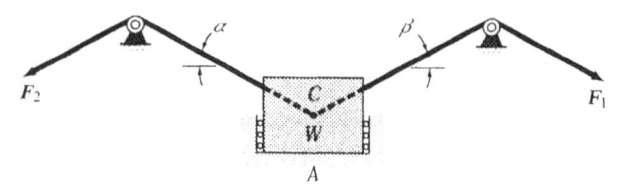

Figura P.2.19

2.20 Resolva o Problema 2.19 e, então, elabore um programa computacional interativo, pedindo ao usuário que entre com o valor de um ângulo α em radianos e forneça os valores correspondentes de F_1, F_2 e β.

2.21 Dois jogadores de futebol se aproximam de uma bola localizada a 3 m do gol. No mesmo instante, o jogador do time O (ataque) chuta a bola com uma força de 450 N, enquanto o jogador do time D (defesa) a chuta com uma força de 320 N. O ataque consegue ou não fazer o gol (considere que o goleiro está dormindo)?

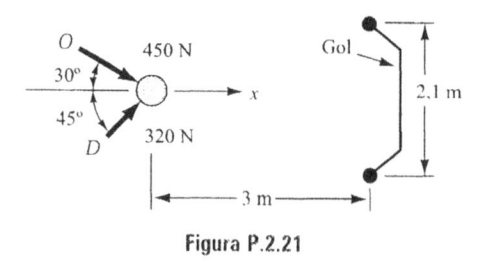

Figura P.2.21

2.4 Decomposição de vetores: componentes escalares

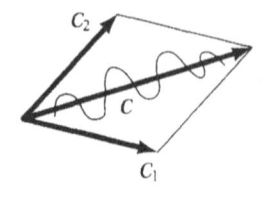

A operação oposta à adição de vetores é denominada *decomposição*. Assim, para um dado vetor **C**, podemos encontrar um par de vetores em quaisquer duas direções coplanares a **C**, tal que esses dois vetores, denominados *componentes*, possam ser adicionados para produzir o vetor original. Essa é uma decomposição *bidimensional* que envolve 2 vetores *coplanares* ao vetor original. A decomposição tridimensional que envolve 3 vetores não-coplanares será vista posteriormente nesta seção. A decomposição bidimensional pode ser realizada pela construção gráfica de paralelogramos ou pelo uso de esboços esquemáticos em conjunto com relações trigonométricas. Um exemplo de decomposição bidimensional é apresentado na Figura 2.9. Os vetores C_1 e C_2 construídos dessa maneira são os vetores componentes. Freqüentemente um vetor é substituído por suas componentes, pois elas são sempre equivalentes ao vetor original na mecânica de corpos rígidos. Quando se efetua esse procedimento, geralmente é útil indicar que o vetor original não é mais utilizado nos cálculos, desenhando uma linha em forma de onda sobre o vetor original, como mostra a Figura 2.10.

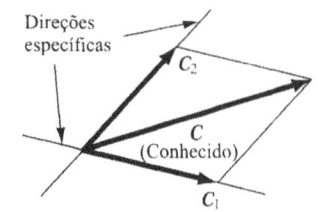

Figura 2.9: Decomposição bidimensional do vetor **C**.

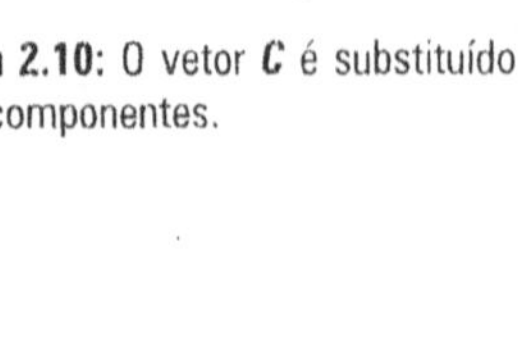

Figura 2.10: O vetor **C** é substituído por suas componentes.

Exemplo 2.3

Um barco à vela não consegue movimentar-se diretamente contra o vento, mas deve efetuar movimentos laterais sucessivos, como ilustra a Figura 2.11, em que o barco se desloca da bóia A para a bóia B, a 5 km de distância uma da outra. Qual a distância adicional ΔL, além dos 5 km, que o barco deve percorrer para ir de A para B?

O vetor deslocamento[4] ρ_{AB} é equivalente à soma vetorial dos vetores ρ_{AC} e ρ_{CB}, onde o ponto inicial A e o ponto final B envolvidos são os mesmos. Desse modo, os vetores ρ_{AC} e ρ_{CB} são componentes bidimensionais do vetor ρ_{AB}. De acordo com esse raciocínio, podemos mostrar um paralelogramo para aqueles vetores, no qual um triângulo ABC é formado pela metade desse paralelogramo (veja a Figura 2.12). Cabe ao leitor verificar os vários ângulos mostrados no paralelogramo. Na solução do problema, empregaremos inicialmente a *lei dos senos*:

$$\frac{AC}{\operatorname{sen}\beta} = \frac{5 \times 10^3}{\operatorname{sen}\alpha}$$

$$\therefore AC = \frac{5 \times 10^3 \operatorname{sen} 20°}{\operatorname{sen} 135°} \cong 2{,}418 \text{ km}$$

e

$$\frac{BC}{\operatorname{sen}\gamma} = \frac{5 \times 10^3}{\operatorname{sen}\alpha}$$

$$\therefore AC = \frac{5 \times 10^3 \operatorname{sen} 25°}{\operatorname{sen} 135°} \cong 2{,}988 \text{ km}$$

Conseqüentemente, o aumento na distância percorrida ΔL é:

$$\Delta L = (2{,}418 + 2{,}988) - 5 = \quad 406 \text{ m}$$

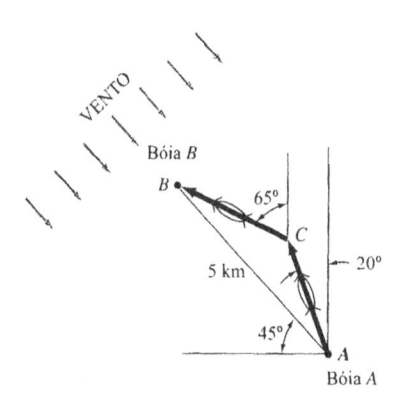

Figura 2.11: Trajeto do barco a vela.

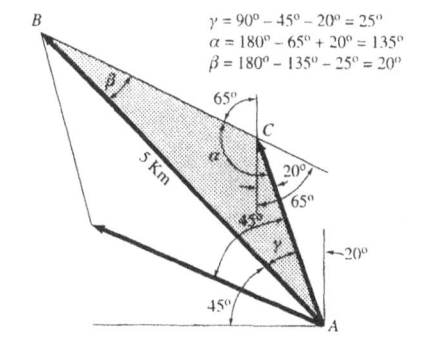

Figura 2.12: Paralelogramo ampliado.

---

4 Um *vetor deslocamento* conecta dois pontos A e B no espaço e é representado por ρ_{AB}. A ordem dos subscritos fornece o sentido do vetor, que neste caso é de A para B.

É possível determinar as *três* componentes *localizadas em diferentes planos* de um vetor C, que, quando adicionadas, produzem esse vetor. Esse é o processo de decomposição tridimensional citado anteriormente. As três direções ortogonais[5] para a decomposição do vetor C, localizado no primeiro quadrante, são especificadas na Figura 2.13. A decomposição pode ser efetuada em dois passos. Projeta-se C sobre a direção z e sobre o plano xy. Esse primeiro passo consiste em uma decomposição bidimensional, com o paralelogramo tornando-se um retângulo devido à ortogonalidade entre o eixo z e o plano xy. Assim são obtidos dois vetores ortogonais, C_3 e C_4, que substituem o vetor original C. O próximo passo consiste em projetarmos o vetor C_4 sobre os eixos x e y, por meio de

---

5 Embora o vetor possa ser decomposto em três direções quaisquer (conseqüentemente não-ortogonais), as direções ortogonais são as mais empregadas na prática da engenharia.

Figura 2.13: Componentes ortogonais ou retangulares.

uma segunda decomposição bidimensional formando os vetores C_1 e C_2, que podem substituir o vetor C_4. Podemos ver claramente que os vetores ortogonais C_1, C_2 e C_3 são somados para a obtenção de C e, dessa maneira, podem substituí-lo sob quaisquer circunstâncias. Então, C_1, C_2 e C_3 são denominadas *componentes vetoriais ortogonais* ou *retangulares* do vetor C.

A direção e o sentido de um vetor C em relação a um sistema de referência ortogonal são obtidos pelos cossenos dos ângulos formados pelo vetor e pelos respectivos eixos coordenados. Esses cossenos são chamados *cossenos diretores* e podem ser representados como:

$$\cos(C, x) = \cos\alpha \equiv l$$
$$\cos(C, y) = \cos\beta \equiv m \qquad (2.2)$$
$$\cos(C, z) = \cos\gamma \equiv n$$

onde α, β e γ estão associados aos eixos x, y e z, respectivamente. Agora podemos analisar o triângulo retângulo, cujos lados são o vetor C e a componente C_3, mostrado pela área sombreada da Figura 2.13. Torna-se evidente, usando as relações trigonométricas sobre esse triângulo, que para o primeiro quadrante:

$$|C_3| = |C|\cos\gamma = |C|n \qquad (2.3)$$

Se efetuássemos primeiramente a projeção de C sobre a direção y em vez de z, seria obtida uma geometria que levaria à relação $|C_2| = |C|m$. De maneira similar, poderíamos obter $|C_1| = |C|l$. Podemos, então, expressar $|C|$ em termos de suas componentes ortogonais da seguinte maneira, utilizando o teorema de Pitágoras[6]:

$$|C| = [(|C|l)^2 + (|C|m)^2 + (|C|n)^2]^{1/2} \qquad (2.4)$$

A partir dessa equação podemos definir as *componentes escalares ortogonais* ou *retangulares* do vetor C tendo *qualquer* orientação como:

$$C_x = |C|l, \qquad C_y = |C|m, \qquad C_z = |C|n \qquad (2.5)$$

Note-se que C_x, C_y e C_z podem ser negativas, dependendo do sinal dos cossenos diretores. Finalmente, deve ser observado que, *embora C_x, C_y e C_z estejam associadas a determinados eixos e, por isso, a determinadas direções, elas são escalares e devem ser manipuladas como escalares.* Assim sendo, uma equação do tipo $10V = V_x \cos\beta$ não é correta, pois o lado esquerdo é um vetor e o lado direito é um escalar. Esse fato deve despertar no leitor a observação cuidadosa da notação utilizada.

Algumas vezes apenas *uma* das componentes escalares ortogonais de um vetor (freqüentemente chamada de componente escalar retangular) é desejada. Então, especificamos apenas uma direção, como mostra a Figura 2.14. Assim, a componente escalar retangular C_s é dada por $|C|\cos\delta$. Observe que um par de outras componentes retangulares está sendo mostrado como vetores tracejados na Figura 2.14. Entretanto, somente a componente C_s é utilizada, desconsiderando-se outras componentes. O triângulo formado pelo vetor e sua componente escalar retangular será sempre um triângulo retângulo. A obtenção de C_s, portanto, é feita "traçando-se uma perpendicular de C até s" ou "projetando-se o vetor ao longo de s".

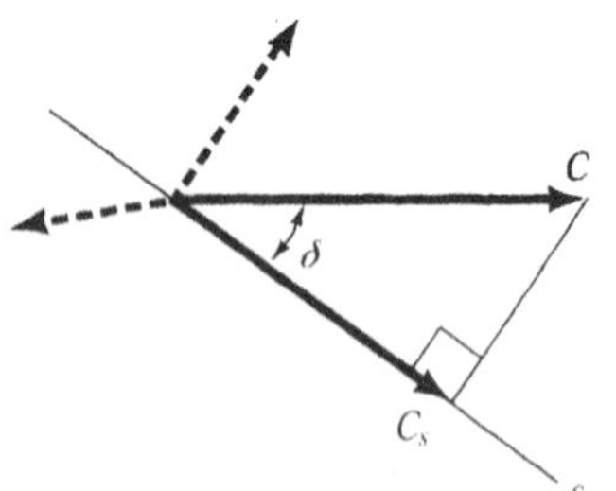

A componente escalar retangular C_s poderia também ser obtida por uma decomposição *bidimensional* ortogonal, onde a outra componente es-

Figura 2.14: Componentes retangulares de C.

---

[6] Por meio da Equação 2.4 podemos concluir que $l^2 + m^2 + n^2 = 1$, que é uma relação geométrica bem conhecida.

taria no plano de C e C_s e seria perpendicular a C_s. É importante lembrar, entretanto, que uma componente de uma decomposição bidimensional *não-ortogonal* não é uma componente retangular.

Para encerrar esta seção, examinaremos os vetores A e B, os quais, em conjunto com a direção s, formam um plano, como se vê na Figura 2.15. A soma dos vetores A e B é obtida pela lei do paralelogramo e é igual a C. Veremos agora que a projeção de C sobre a direção s é a soma das projeções das componentes vetoriais bidimensionais A e B ao longo da direção s. Isto é:

$$C_s = A_s + B_s$$

Pela figura, podemos verificar a seguinte relação:

$$ac = ad + ab \qquad (a)$$

mas

$$ac = ab + bc \qquad (b)$$

Também, é evidente que:

$$ad = bc \qquad (c)$$

Ao introduzirmos as Equações b e c na Equação a, obtemos uma identidade que confirma o fato de que a projeção da soma de dois vetores é igual à soma das projeções desses dois vetores.

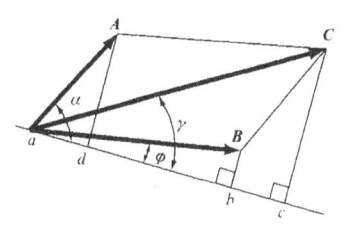

Figura 2.15: $C_s = A_s + B_s$.

2.5 Vetores unitários

Algumas vezes é conveniente expressar o vetor C como o produto de seu módulo por um vetor a de módulo unitário que tenha direção correspondente ao vetor C. O vetor a é denominado *vetor unitário*. O vetor unitário é também algumas vezes representado por $\hat{a}$. (O leitor o escreverá como $\hat{a}$.) Ele não tem dimensões. Esse vetor pode ser formulado como:

$$a \text{ (vetor unitário na direção } C) = \frac{C}{|C|} \qquad (2.6)$$

Essa expressão satisfaz a definição apresentada para um vetor unitário. Assim, o vetor C pode ser expresso na forma:

$$C = |C|a \qquad (2.7)$$

O vetor unitário, uma vez definido, não possui em si uma linha de ação inerente. Esta será determinada inteiramente pela aplicação. Na equação anterior, o vetor unitário a pode ser considerado colinear com o vetor C. Entretanto, podemos representar um vetor D ilustrado na Figura 2.16 como paralelo a C, usando o vetor unitário a da seguinte forma:

$$D = |D|a \qquad (2.7a)$$

Figura 2.16: Vetor unitário a.

Esse vetor age como um vetor livre. Ocasionalmente, é mais prático representar um vetor unitário com a mesma letra utilizada para representar o vetor associado, mas empregando letras minúsculas. Nesse caso, um vetor unitário tem a mesma linha de ação do vetor associado. Portanto, nas Equações 2.7 e 2.7a, os vetores unitários poderiam ser representados por *c* e *d*, respectivamente, em vez de por *a* (para o leitor seriam $\hat{c}$ e $\hat{d}$). Ao longo deste livro, se um dado vetor for representado por letras minúsculas, como por exemplo o vetor *r*, então utilizaremos o acento circunflexo para indicar o vetor unitário associado. Assim,

$$r = |r|\hat{r} \qquad (2.7b)$$

Vetores unitários de uso especial são aqueles direcionados ao longo dos eixos coordenados de um sistema de coordenadas retangulares (ou cartesianas), onde *i*, *j* e *k* (o professor irá provavelmente utilizar a notação $\hat{i}$, $\hat{j}$ e $\hat{k}$) correspondem às direções *x*, *y* e *z*, como mostra a Figura 2.17[7].

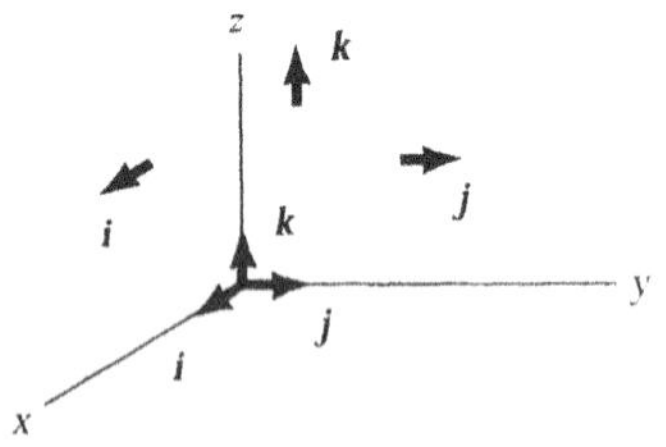

Como a soma de um conjunto de vetores concorrentes é equivalente ao vetor original em todas as situações, a substituição do vetor *C* por suas componentes escalares retangulares pode ser sempre efetuada da seguinte forma:

$$C = C_x i + C_y j + C_z k \qquad (2.8)$$

No Capítulo 1, foi visto que vetores iguais têm o mesmo módulo, direção e sentido. Então, se *A* = *B*, podemos afirmar que:

$$A_x i + A_y j + A_z k = B_x i + B_y j + B_z k \qquad (2.9)$$

Conseqüentemente, como vetores unitários possuem direções mutuamente diferentes, concluímos que:

$$A_x i = B_x i$$
$$A_y j = B_y j$$
$$A_z k = B_z k$$

Portanto, temos:

$$A_x = B_x$$
$$A_y = B_y$$
$$A_z = B_z$$

Dessa maneira, a equação vetorial *A* = *B* resulta em três equações escalares, que equivalem integralmente ao enunciado de igualdade vetorial. Assim, a lei de Newton em forma vetorial seria dada por:

$$F = ma \qquad (2.10a)$$

e suas equações escalares correspondentes seriam:

$$F_x = ma_x, \qquad F_y = ma_y, \qquad F_z = ma_z \qquad (2.10b)$$

Figura 2.17: Vetores unitários para os eixos *xyz*.

---

[7] Sistemas de coordenadas curvilíneas possuem conjuntos associados de vetores unitários tal como os sistemas de coordenadas retangulares. Contudo, como será visto mais adiante, certos vetores unitários não têm direções fixas no espaço para uma dada referência como têm os vetores *i*, *j* e *k*.

2.6 Maneiras práticas de representação de vetores

Com freqüência utilizamos um paralelepípedo na representação de um vetor com o objetivo de mostrar graficamente sua linha de ação. Os lados do paralelepípedo são orientados paralelamente aos eixos coordenados e posicionados em algum ponto ao longo da linha de ação do vetor representado (veja a Figura 2.18), tal que a linha de ação coincida com a diagonal do paralelepípedo. A proposta desse paralelepípedo e de sua diagonal é facilitar a determinação da orientação da linha de ação de um vetor. Na Figura 2.18, *AB* representa a diagonal usada para a determinação da linha de ação do vetor **F**. Os números são em geral mostrados ao longo dos lados do paralelepípedo sem unidades. *Qualquer* conjunto de números pode ser usado desde que as *razões* entre esses números permaneçam aquelas requeridas para a adequada determinação da orientação do vetor. Essa determinação é efetuada, primeiramente, pela substituição do *vetor deslocamento* ρ_{AB}, do vértice *A* ao vértice *B*, por um conjunto de três vetores deslocamentos localizados ao longo das arestas do paralelepípedo indo de *A* a *B*. Podemos, então, substituir o vetor ρ_{AB} pela soma de suas componentes retangulares. Assim, para o exemplo da Figura 2.18, podemos afirmar que[8]:

$$\rho_{AB} = 10j - 4i + 6k = -4i + 10j + 6k$$

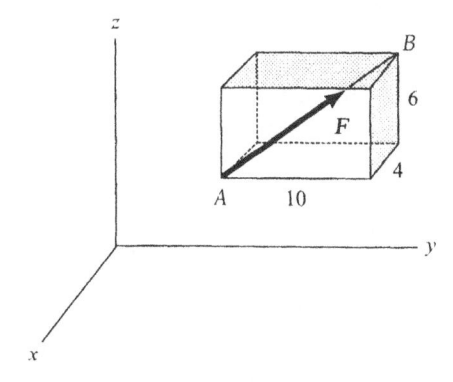

Figura 2.18: Paralelepípedo usado para a determinação da direção de um vetor.

Utilizando o teorema de Pitágoras, divide-se o vetor ρ_{AB} pelo seu módulo $\sqrt{4^2 + 10^2 + 6^2}$ para obter o vetor unitário $\hat{\rho}_{AB}$. Assim,

$$\hat{\rho}_{AB} = \frac{\rho_{AB}}{|\rho_{AB}|} = \frac{-4i + 10j + 6k}{\sqrt{4^2 + 10^2 + 6^2}} = -0,3244i + 0,8111j + 0,4867k$$

---

8 Imagine que você esteja "caminhando" de *A* a *B*, mas que seus movimentos devam ser realizados ao longo das direções dos eixos coordenados. Esse movimento é equivalente ao movimento de *A* até *B* realizado sobre a linha reta que conecta *A* e *B*.

Como passo final, escrevemos o vetor **F** da seguinte forma:

$$F = F(-0{,}3244i + 0{,}8111j + 0{,}4867k)$$

Se $F = 100$ N, obtém-se que:

$$F = -32{,}44i + 81{,}11j + 48{,}67k \text{ N}$$

Note-se que o paralelepípedo pode estar localizado em qualquer lugar ao longo da linha de ação de **F**, incluindo os casos onde **F** não esteja dentro do paralelepípedo ou se estenda além do paralelepípedo (veja a Figura 2.19). No caso bidimensional, um triângulo retângulo serve à mesma proposta do paralelepípedo em três dimensões. Isso é o que ilustra a Figura 2.20, onde o vetor **V** está no plano *xy*. Assim,

$$V = V\left[\frac{9}{\sqrt{2^2 + 9^2}}i + \frac{2}{\sqrt{2^2 + 9^2}}j\right] = V(0{,}9762i + 0{,}2169j)$$

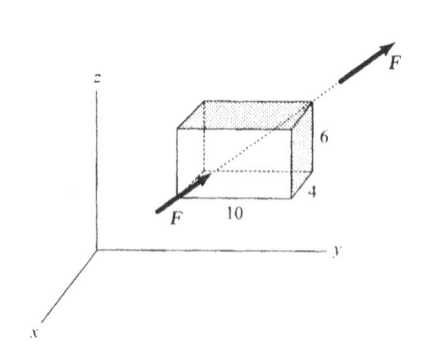

Figura 2.19: Outras maneiras de utilização de um paralelepípedo.

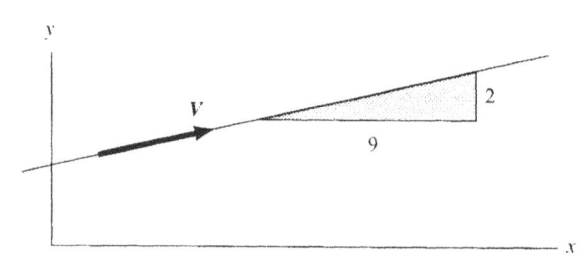

Figura 2.20: Triângulo retângulo utilizado para a determinação da direção de um vetor bidimensional.

Existem ocasiões em que o paralelepípedo não é mostrado explicitamente. Todavia, o comprimento das arestas pode ser dado tal que a representação do vetor deslocamento por meio de suas componentes ortogonais possa ser efetuada prontamente. O procedimento mais simples é deslocar do ponto inicial da diagonal ao ponto final sempre sobre as direções dos eixos coordenados ou, em outras palavras, sempre se deslocando ao longo das arestas do paralelepípedo imaginário. Desse modo, na Figura 2.21, na representação do vetor F_1 considera-se que AB seja a diagonal de um paralelepípedo imaginário. Portanto, para deslocar de A até B, efetua-se um deslocamento inicial de uma quantidade -1 na direção de x; então desloca-se na direção y uma quantidade de 1,5 e, finalmente, efetua-se um deslocamento de uma quantidade 3 na direção z. Isso representaria um deslocamento do ponto inicial A ao ponto final B. O vetor deslocamento correspondente seria dado por:

$$\rho_{AB} = -1i + 1{,}5j + 3k$$

O exemplo seguinte ilustrará o uso da decomposição ortogonal, assim como o uso das componentes ortogonais de vetores.

Exemplo 2.4

Um guindaste (não mostrado) suporta um engradado de 2 kN (veja a Figura 2.21) por meio de três cabos: AB, CB e DB. Observe que D está no centro da aresta externa do engradado; C está a 1,6 m do vértice dessa aresta; e B está exatamente acima do centro do engradado. Quais as forças F_1, F_2 e F_3 transmitidas pelos cabos?

O bom senso indica que a soma vetorial das forças F_1, F_2 e F_3 seja igual a $2k$ kN, fato que será formalmente estudado em capítulos posteriores. Primeiramente, os três vetores força são expressos em termos de suas componentes retangulares. Assim,

$$F_{AB} = F_1\left(\frac{\rho_{AB}}{|\rho_{AB}|}\right) = F_1\left[\frac{-1i + 1,5j + 3k}{\sqrt{1^2 + 1,5^2 + 3^2}}\right]$$

$$= F_1(-0,2857i + 0,4286j + 0,8571k) \text{ N}$$

$$F_{DB} = F_2\left(\frac{\rho_{DB}}{|\rho_{DB}|}\right) = F_2\left[\frac{1i + 0j + 3k}{\sqrt{1^2 + 3^2}}\right] = F_2(0,3162i + 0,9487k) \text{ N}$$

$$F_{CB} = F_3\left(\frac{\rho_{CB}}{|\rho_{CB}|}\right) = F_3\left[\frac{-0,6i - 1,5j + 3k}{\sqrt{0,6^2 + 1,5^2 + 3^2}}\right]$$

$$= F_3(-0,1761i - 0,4402j + 0,8805k) \text{ N}$$

Pode-se, agora, efetuar a soma das três forças, que deve ser igual a $2k$ kN:

$$F_1(-0,2857i + 0,4286j + 0,8571k) + F_2(0,3162i + 0,9487k)$$
$$+ F_3(-0,1761i - 0,4402j + 0,8805k) = 2k$$

Obtivemos assim três equações escalares a partir do sistema anterior:

$$-0,2857 F_1 + 0,3162 F_2 - 0,1761 F_3 = 0$$
$$0,4286 F_1 + 0 - 0,4402 F_3 = 0$$
$$0,8571 F_1 + 0,9487 F_2 + 0,8805 F_3 = 2$$

Ao resolvermos esse sistema linear de três equações algébricas, os valores para os módulos das forças são obtidos:

$$F_1 = 648,1 \text{ N}$$
$$F_2 = 937,1 \text{ N}$$
$$F_3 = 631,1 \text{ N}$$

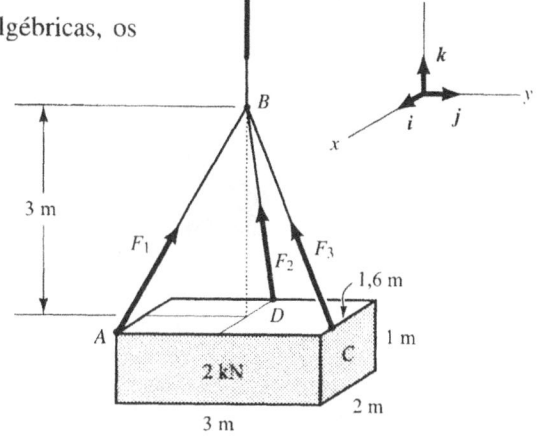

Figura 2.21: Um engradado suportado por três forças.

Problemas

2.22 Projete a força de 500 N na direção da junta translacional (fenda onde está localizada a mola) e na direção vertical.

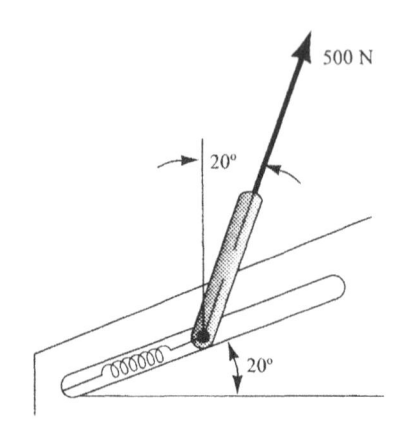

Figura P.2.22

2.23 Um fazendeiro precisa construir uma cerca desde o canto de seu celeiro até o canto de seu galinheiro, a 30 m de distância na direção nordeste. Porém, ele quer cercar o máximo possível de suas terras. Assim, continua a cerca a partir do canto de seu celeiro até a divisa de sua propriedade seguindo a direção leste e, então, da divisa até o canto de seu galinheiro na direção nor-nordeste. Qual o comprimento da cerca?

2.24 Projete a força F em uma componente perpendicular a AB e em uma componente paralela a BC.

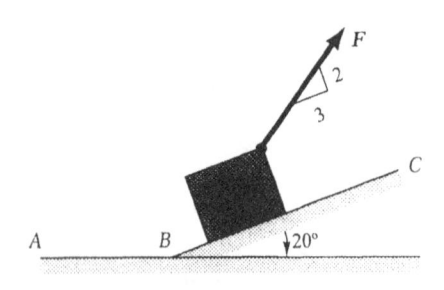

Figura P.2.24

2.25 Uma treliça simples (que será estudada posteriormente com mais detalhes) suporta duas forças. Se as forças nos membros da treliça forem colineares às suas barras, que forças atuarão nesses membros? (*Dica*: As forças nos membros devem possuir um vetor soma igual e contrário ao vetor soma de F_1 e F_2. O sistema de forças é coplanar.)

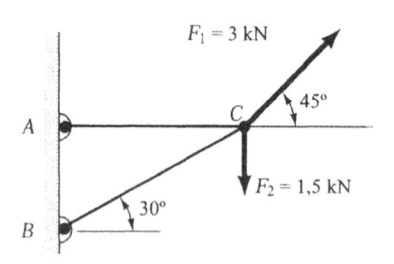

Figura P.2.25

2.26 Dois barcos rebocadores estão efetuando manobras em um navio. A força total desejada é de 13,5 kN a um ângulo de 15°. Considerando as direções das forças dos rebocadores mostradas na Figura P.2.26, quais devem ser os valores de F_1 e F_2?

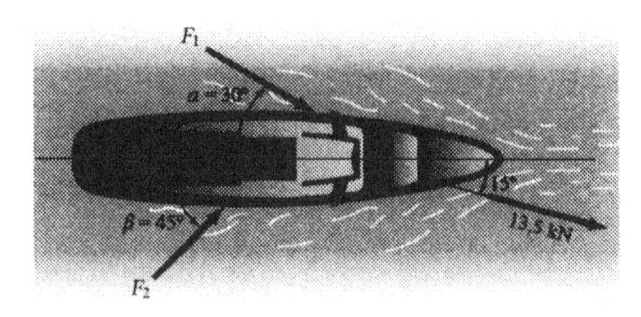

Figura P.2.26

2.27 No problema anterior, se $F_2 = 4,5$ kN e $\beta = 40°$, qual deveria ser o valor de F_1 e α para que $F_1 + F_2$ produzisse a força indicada de 13,5 kN?

2.28 Uma força de 1.000 N é projetada em componentes ao longo de AB e AC. Considerando que a componente na direção de AB é de 700 N, determine o ângulo α e o valor da componente ao longo da direção AC.

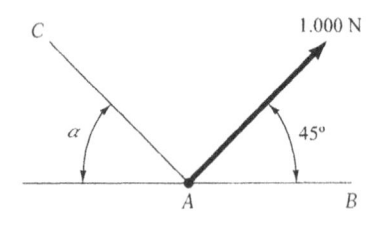

Figura P.2.28

2.29 Dois homens estão tentando puxar uma caixa que não se moverá até que uma força de 700 N seja aplicada em uma direção qualquer. O homem A pode puxar a caixa em uma direção a 45° da direção desejada do movimento da caixa, enquanto o homem B pode puxá-la a 60° da direção desejada. Qual a força que cada homem deve exercer para que a caixa se mova na direção mostrada na figura?

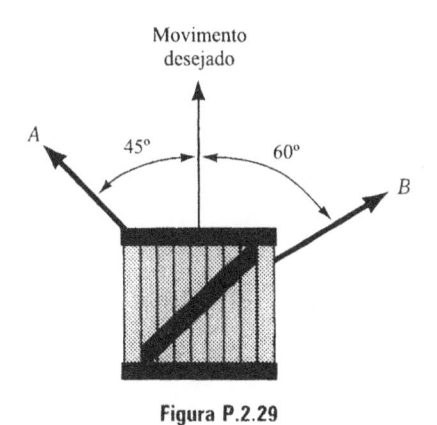

Figura P.2.29

2.30 Qual a soma das três forças mostradas? A força de 2 kN está no plano yz.

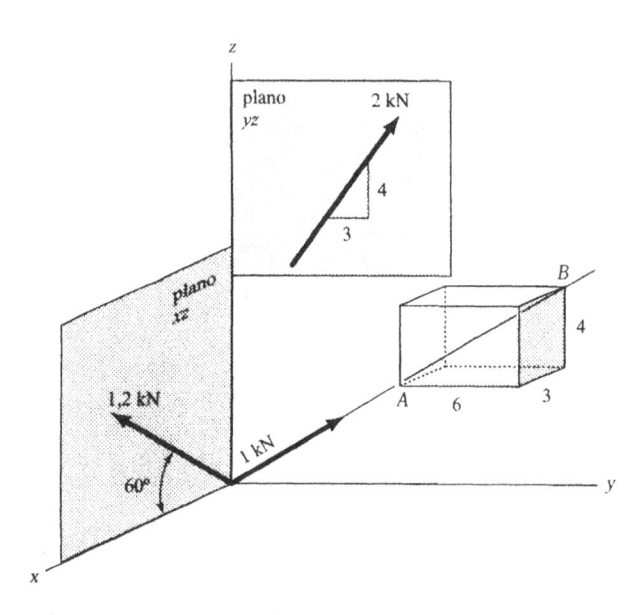

Figura P.2.30

2.31 A força de 500 N deve ser decomposta em componentes ao longo das direções AC e AB no plano xy, dadas pelos ângulos α e β. Considerando que as componentes nas direções AC e AB devem ser iguais a 1.000 N e 800 N, respectivamente, calcule α e β.

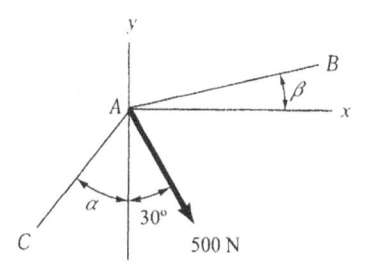

Figura P.2.31

2.32 Considere as seguintes componentes ortogonais de uma força:
componente x de 10 N no sentido positivo de x
componente y de 20 N no sentido positivo de y
componente z de 30 N no sentido negativo de z.
a) Qual o módulo da força?
b) Quais são os cossenos diretores da força?

2.33 Quais são as componentes ortogonais da força de 100 N? Quais são os cossenos diretores para essa força?

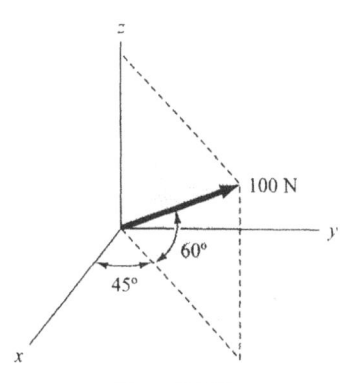

Figura P.2.33

2.34 A força de 1 kN é paralela ao vetor deslocamento $\overrightarrow{OA}$, enquanto a força de 2 kN é paralela ao vetor deslocamento $\overrightarrow{CB}$. Qual é o vetor soma dessas forças?

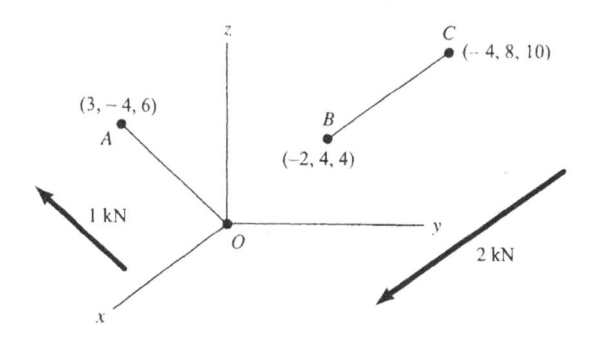

Figura P.2.34

2.35 O membro diagonal OE de 50 m, em uma estrutura espacial, está inclinado de $\alpha = 70°$ e $\beta = 30°$ em relação aos eixos x e y, respectivamente. Qual é o valor de γ? Quais são os comprimentos dos membros OA, AC, OB, BC e CE?

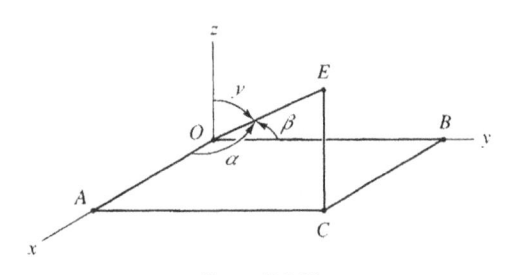

Figura P.2.35

2.36 Qual é a componente ortogonal na direção x da força total transmitida ao pino A de uma treliça pelos quatro membros? Qual é a componente da força total na direção y?

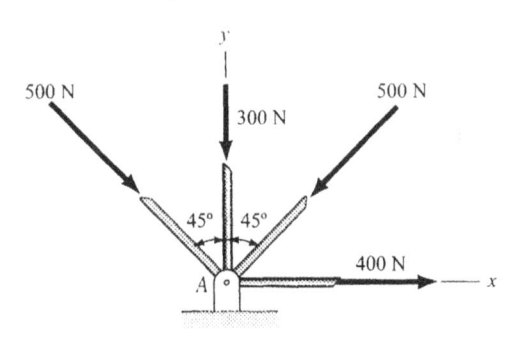

Figura P.2.36

2.37 Um tanque de 30 toneladas é descarregado de um navio por meio dos cabos AB e BC. Quais são as forças nesses cabos? Use um esboço de paralelogramo para a representação dos vetores. Calcule também as componentes retangulares da força total.

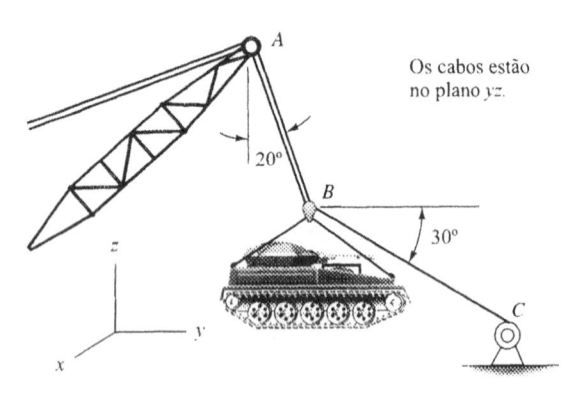

Figura P.2.37

2.38 Considerando que os dois pontos A e B estejam especificados no espaço e que um vetor velocidade V seja colinear à linha de ação do vetor deslocamento $\boldsymbol{\rho}_{AB}$ mostrado na figura, expresse V em termos de suas componentes retangulares.

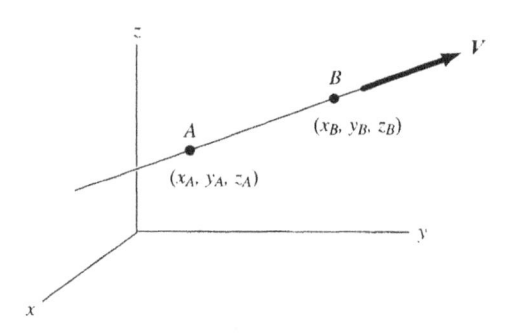

Figura P.2.38

2.39 A seguinte força é expressa como uma função da posição:
$$F = (10x - 6)i + x^2 z j + xy k$$

Quais são os cossenos diretores da força na posição $(1, 2, 2)$? Qual é a posição ao longo da coordenada x na qual $F_x = 0$? Desenhe um gráfico de F_y versus a coordenada x para uma elevação $z = 1$.

2.40 Qual é a soma do seguinte conjunto de três vetores?
$A = 6i + 10j + 16k$ N
$B = 2i - 3j$ N
C é um vetor no plano xy com inclinação de $45°$ em relação ao eixo positivo de x; o módulo de C é 25 N

2.41 Qual é o vetor unitário para o vetor deslocamento do ponto $(2, 1, 9)$ ao ponto $(7, 4, 2)$? Expresse um vetor de módulo de 10 m na mesma direção e sentido em termos de i, j e k.

2.42 Um vetor A tem uma linha de ação que passa através das coordenadas $(0, 2, 3)$ e $(-1, 2, 4)$. Considerando que o módulo desse vetor seja de 10 unidades, expresse o vetor em termos dos vetores unitários i, j e k.

2.43 Expresse a força F em termos dos vetores unitários i, j e k.

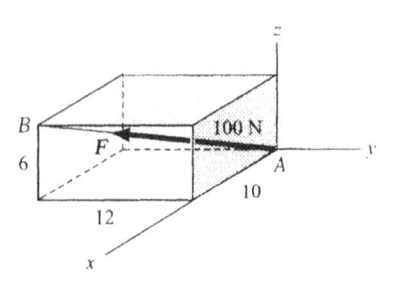

Figura P.2.43

2.44 Expresse a força de 100 N em termos dos vetores unitários i, j e k. Qual é o vetor unitário na direção da força de 100 N? Considere que a força passa pela diagonal AB.

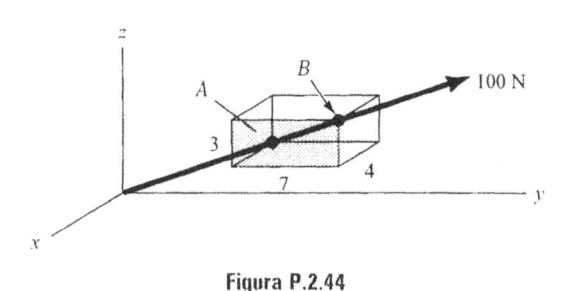

Figura P.2.44

2.45 Escreva os vetores unitários i, j e k em termos dos vetores unitários ϵ_r, ϵ_θ e ϵ_z. (Esses são os três vetores unitários em *coordenadas cilíndricas*.) Expresse a força de 1 kN saindo da origem e passando pelo ponto (2, 4, 4) em termos dos vetores unitários i, j, k e ϵ_r, ϵ_θ, ϵ_z com $\theta = 60°$ (Veja a nota de rodapé da pág. 32.)

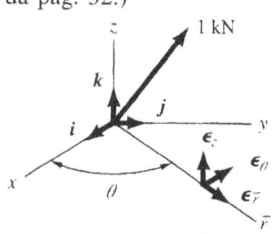

Figura P.2.45

2.7 Produto escalar de dois vetores

Na física elementar, o trabalho é definido como o produto de uma componente do vetor força, na direção do deslocamento realizado, pelo deslocamento. De fato, dois vetores, força e deslocamento, são empregados para gerar um escalar, o trabalho. Em outros problemas da física, vetores são associados da mesma maneira, produzindo uma grandeza escalar. Uma operação vetorial que representa tais associações é o produto escalar[9], que pode ser expresso do seguinte modo para os vetores A e B da Figura 2.22:

$$A \cdot B = |A| |B| \cos \alpha \tag{2.11}$$

onde α é o ângulo entre os dois vetores. Note que o produto escalar pode envolver vetores de diferentes representações dimensionais e pode ser negativo ou positivo, dependendo do valor do ângulo α. Note também que $A \cdot B$ equivale a, primeiramente, projetar o vetor A sobre a linha de ação do vetor B (isto dá $|A| \cos \alpha$) e, então, multiplicar essa projeção pelo módulo do vetor B (ou vice-versa). O sinal apropriado deve, naturalmente, ser positivo se a componente projetada do vetor A e do vetor B possuírem o mesmo sentido; caso contrário, deverá ser negativo.

O conceito de trabalho de uma força atuando sobre uma partícula que se move ao longo de uma trajetória descrita por s pode ser expresso como:

$$W = \int F \cdot ds$$

onde ds é o deslocamento sobre a trajetória ao longo da qual a partícula se move.

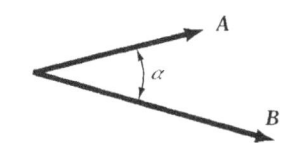

Figura 2.22: α é o menor ângulo entre A e B.

---

[9] Para evitar confusão entre o produto escalar de dois vetores e o produto ordinário de dois escalares, o leitor deve interpretar a operação $A \ A \cdot B = X \cdot B = C$ como "A projetado em B produz C".

De maneira similar à adição e à subtração de vetores, o produto escalar envolve apenas os vetores, e não suas respectivas linhas de ação. Desse modo, para o produto escalar de dois vetores, podemos movê-los de tal maneira que suas extremidades iniciais coincidam, como ilustrado na Figura 2.22. Devemos tomar cuidado para não alterarmos os módulos e as direções dos vetores nessa operação.

Analisemos agora o produto escalar de $m\mathbf{A}$ e $n\mathbf{B}$. O produto escalar entre esses dois vetores é realizado como:

$$(m\mathbf{A}) \cdot (n\mathbf{B}) = |m\mathbf{A}|\,|n\mathbf{B}|\cos(m\mathbf{A}, n\mathbf{B}) \qquad (2.13)$$
$$= (mn)|\mathbf{A}||\mathbf{B}|\cos(\mathbf{A}, \mathbf{B}) = (mn)(\mathbf{A} \cdot \mathbf{B})$$

Conseqüentemente, os coeficientes escalares no produto escalar de dois vetores são multiplicados na forma de um produto comum, enquanto os vetores são multiplicados de maneira vetorial.

A partir da definição de produto escalar, nota-se claramente que essa operação é comutativa, pois o número $|\mathbf{A}||\mathbf{B}|\cos(\mathbf{A}, \mathbf{B})$ é independente da ordem da multiplicação dos termos. Assim,

$$\mathbf{A} \cdot \mathbf{B} = \mathbf{B} \cdot \mathbf{A} \qquad (2.14)$$

A operação $\mathbf{A} \cdot (\mathbf{B} + \mathbf{C})$ é analisada a seguir. Por definição, podemos efetuar a projeção do vetor $(\mathbf{B} + \mathbf{C})$ sobre a linha de ação de $\mathbf{A}$ e, então, multiplicar o módulo de $\mathbf{A}$ pela projeção de $(\mathbf{B} + \mathbf{C})$, utilizando o sinal apropriado. Entretanto, na Seção 2.4, vimos que a projeção da soma de dois vetores é igual à soma das projeções dos vetores, o que significa que:

$$\mathbf{A} \cdot (\mathbf{B} + \mathbf{C}) = \mathbf{A} \cdot \mathbf{B} + \mathbf{A} \cdot \mathbf{C} \qquad (2.15)$$

Uma operação de soma de grandezas que produz um resultado igual à soma das operações das grandezas é denominada *distributiva*. Portanto, o produto escalar é distributivo.

O produto escalar entre vetores unitários pode ser também analisado. O produto $\mathbf{i} \cdot \mathbf{j}$ é 0, pois o ângulo α entre esses vetores é de 90° na Equação 2.11, fazendo $\cos \alpha = 0$. Por outro lado, $\mathbf{i} \cdot \mathbf{i} = 1$. Podemos concluir que o produto escalar de vetores ortogonais unitários iguais para uma dada referência é igual à unidade, e o de vetores unitários diferentes é zero.

Se os vetores $\mathbf{A}$ e $\mathbf{B}$ forem escritos em componentes cartesianas quando o produto escalar for efetuado, teremos:

$$\mathbf{A} \cdot \mathbf{B} = (A_x \mathbf{i} + A_y \mathbf{j} + A_z \mathbf{k}) \cdot (B_x \mathbf{i} + B_y \mathbf{j} + B_z \mathbf{k}) \qquad (2.16)$$
$$= A_x B_x + A_y B_y + A_z B_z$$

Assim, observamos que o produto escalar de dois vetores é a soma dos produtos ordinários de suas respectivas componentes[10].

Se for efetuado o produto escalar de um vetor por ele mesmo, o resultado será o quadrado do módulo desse vetor. Isto é:

$$\mathbf{A} \cdot \mathbf{A} = |\mathbf{A}|\,|\mathbf{A}| = A^2 \qquad (2.17)$$

---

10 Portanto, o produto ordinário entre dois números, por exemplo, $(a)(b)$, é o caso especial do produto escalar $\mathbf{a} \cdot \mathbf{b}$, em que os vetores têm a mesma direção e sentido. Assim:
$$a\mathbf{i} \cdot b\mathbf{i} = (a)(b)$$

De maneira inversa, o quadrado de um número pode ser considerado o produto escalar de dois vetores iguais com o módulo igual ao do número. Isto é:

$$\mathbf{A} \cdot \mathbf{A} = A_x^2 + A_y^2 + A_z^2 = A^2 \tag{2.18}$$

Podemos concluir a partir da Equação 2.18 que:

$$A = \sqrt{A_x^2 + A_y^2 + A_z^2}$$

o que está de acordo com o teorema de Pitágoras.

O produto escalar pode ser usado na obtenção da componente retangular de um vetor ao longo de uma dada direção, como discutido na Seção 2.4. Em referência à Figura 2.14, podemos relembrar que a componente do vetor $\mathbf{C}$ sobre a direção s é dada por:

$$C_s = |\mathbf{C}| \cos \delta$$

Consideremos agora um vetor unitário s ao longo da direção da linha s. Se for efetuado o produto escalar de $\mathbf{C}$ e s de acordo com a definição apresentada, o resultado será:

$$\mathbf{C} \cdot \mathbf{s} = |\mathbf{C}| |\mathbf{s}| \cos \delta$$

Mas como $|\mathbf{s}|$ é igual à unidade, ao se compararem as duas equações anteriores, fica evidente que:

$$C_s = \mathbf{C} \cdot \mathbf{s}$$

De maneira similar, são válidas as seguintes relações:

$$C_x = \mathbf{C} \cdot \mathbf{i}, \quad C_y = \mathbf{C} \cdot \mathbf{j}, \quad C_z = \mathbf{C} \cdot \mathbf{k}$$

Finalmente, podemos expressar um vetor unitário $\hat{r}$, com o sentido a partir da origem (veja a Figura 2.23), em termos das componentes escalares ortogonais:

$$\hat{r} = (\hat{r} \cdot \mathbf{i})\mathbf{i} + (\hat{r} \cdot \mathbf{j})\mathbf{j} + (\hat{r} \cdot \mathbf{k})\mathbf{k}$$

mas

$$\hat{r} \cdot \mathbf{i} = |\hat{r}| |\mathbf{i}| \cos(\hat{r}, x) = l$$

De maneira similar, $\hat{r} \cdot \mathbf{j} = m$ e $\hat{r} \cdot \mathbf{k} = n$. Conseqüentemente, podemos escrever:

$$\hat{r} = l\mathbf{i} + m\mathbf{j} + n\mathbf{k} \tag{2.19}$$

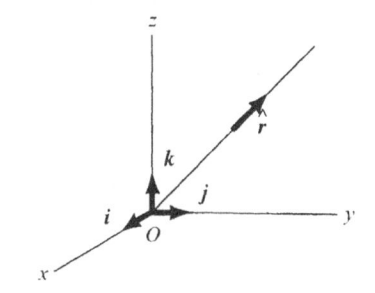

Figura 2.23: Vetor unitário r direcionado a partir de O.

Assim, as componentes escalares ortogonais de um vetor unitário são os co-senos diretores do vetor unitário. Então, calculando o quadrado do módulo do vetor $\hat{r}$, temos:

$$|\hat{r}|^2 = 1 = l^2 + m^2 + n^2 \tag{2.20}$$

Desse modo, chegamos à relação geométrica em que a soma dos quadrados dos co-senos diretores de um vetor é igual a 1.

Exemplo 2.5

Os cabos GA e GB (veja a Figura 2.24) são partes de um sistema de cabos que suportam duas torres de transmissão de rádio. Quais são os valores dos comprimentos de GA e GB e do ângulo α entre eles?

Os vetores $\vec{GA}$ e $\vec{GB}$ podem ser facilmente obtidos pela inspeção do diagrama mostrado na Figura 2.24. Assim, movendo ao longo das direções dos eixos coordenados, escrevemos:

$$\vec{GA} = 300j - 400i + 500k \text{ m}$$
$$\vec{GB} = 300j + 100i + 500k \text{ m}$$

Com o emprego do teorema de Pitágoras, os comprimentos de $\vec{GA}$ e $\vec{GB}$ podem ser calculados:

$$GA = (300^2 + 400^2 + 500^2)^{1/2} = 707 \text{ m}$$
$$GB = (300^2 + 100^2 + 500^2)^{1/2} = 592 \text{ m}$$

Usaremos, agora, a definição do produto escalar para encontrarmos o ângulo.

$$\vec{GA} \cdot \vec{GB} = (GA)(GB) \cos \alpha$$

Portanto,

$$\cos \alpha = \frac{\vec{GA} \cdot \vec{GB}}{(GA)(GB)} = \frac{90.000 - 40.000 + 250.000}{(707)(592)}$$
$$= 0,717$$

Assim,

$$\alpha = 44,18°$$

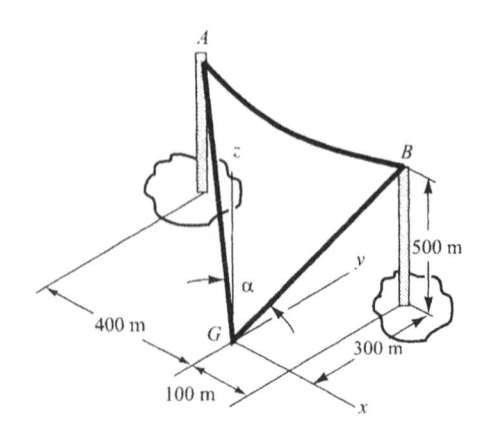

Figura 2.24: Torres de transmissão de rádio.

Problemas

2.46 Considerando os seguintes vetores:
$$A = 10i + 20j + 3k$$
$$B = -10j + 12k$$
qual é o valor de $A \cdot B$? Quanto vale cos (A, B)? Qual a projeção de A sobre B?

2.47 Considerando os seguintes vetores:
$$A = 16i + 3j, \quad B = 10k - 6i, \quad C = 4j$$
determine:
(a) $C(A \cdot C) + B$
(b) $-C + [B \cdot (-A)]C$

2.48 Considerando os seguintes vetores:
$$A = 6i + 3j + 10k$$
$$B = 2i - 5j + 5k$$
$$C = 5i - 2j + 7k$$
que vetor D fornece os seguintes resultados?
$$D \cdot A = 20$$
$$D \cdot B = 5$$
$$D \cdot i = 10$$

2.49 Um barco a vela está enfrentando um vento de 10 m/s. O barco tem uma componente de velocidade ao longo de seu eixo de 3 m/s, mas, devido ao deslizamento lateral e a correntes aquáticas, tem também uma velocidade de 0,1 m/s na direção transversal a seu eixo (veja a Figura P.2.49). Quais são as componentes x e y da velocidade do vento e da velocidade do barco? Qual o ângulo entre a velocidade do vento e a velocidade do barco?

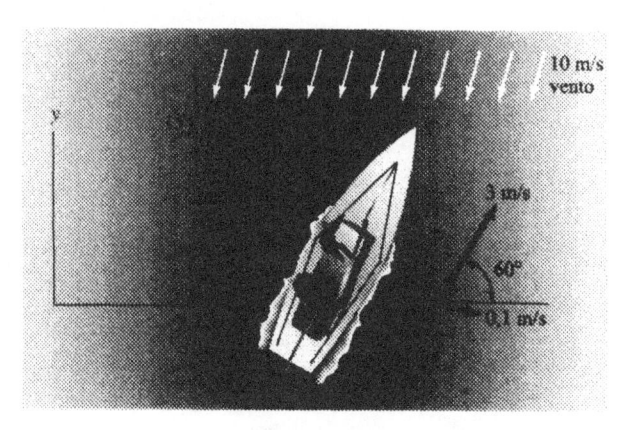

Figura P.2.49

2.50 Demonstre que:
$$\cos(A, B) = ll' + mn' + nn'$$
onde (l, m, n) e (l', m', n') são os cossenos diretores de A e B, respectivamente, em relação a uma dada referência xyz.

2.51 Explique por que as seguintes operações não possuem qualquer sentido:
(a) $(A \cdot B) \cdot C$
(b) $(A \cdot B) + C$

2.52 Um bloco A é forçado a se mover ao longo de um plano inclinado a $20°$ do eixo y no plano yz. Quão distante o bloco se move considerando que o trabalho da força F seja de 10 J?

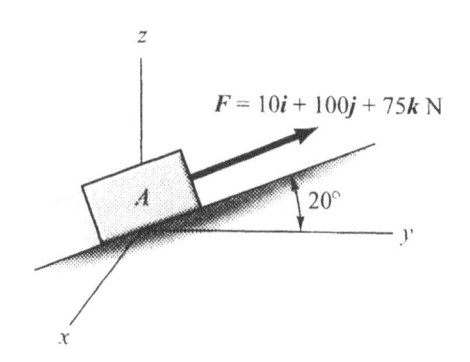

Figura P.2.52

2.53 Um campo eletrostático E exerce uma força sobre uma partícula carregada de qE, onde q é a carga da partícula. Considerando que E é dado por:
$$E = 60i + 30j + 20k \ \mu N/c$$
qual o trabalho feito pelo campo sobre a partícula com carga unitária movendo-se ao longo de uma linha reta a partir da origem em direção à posição $x = 20$ mm, $y = 40$ mm e $z = -40$ mm?

2.54 Um vetor força de módulo 100 N tem uma linha de ação com cossenos diretores $l = 0,7$, $m = 0,2$ e $n = 0,59$, em relação à referência xyz. Qual a componente do vetor força ao longo da direção a, que possui cossenos diretores $l = -0,3$, $m = 0,1$ e $n = 0,95$ na referência xyz? (*Dica*: Quando uma componente de um vetor é pedida no enunciado do problema, trata-se quase sempre da componente *retangular*.)

2.55 Qual é o ângulo entre a força de 1.000 N e o eixo AB? A força está contida no plano diagonal GCDE.

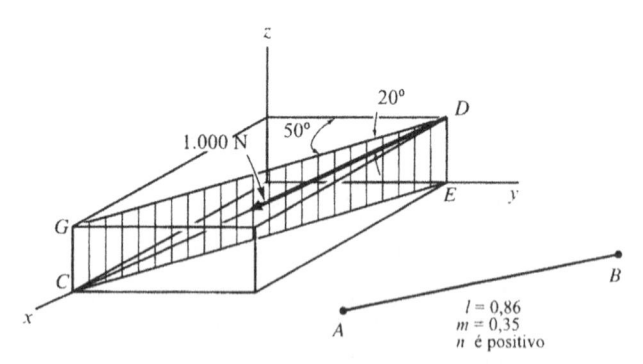

Figura P.2.55

$l = 0,86$
$m = 0,35$
n é positivo

2.56 Considere uma força $F = 10i + 5j + Ak$ N. Se essa força tiver uma componente retangular de 8 N ao longo da linha com vetor unitário $\hat{r} = 0,6i + 0,8k$, qual deverá ser o valor de A? Qual o ângulo entre F e $\hat{r}$?

2.57 Para a força $Ai + Bj + 20k$ N, quais são os valores de A e B para que a força tenha uma componente retangular de 10 N na direção:

$$\hat{r}_1 = 0,3i + 0,6j + 0,742k$$

e também uma componente de 18 N na direção:

$$\hat{r}_2 = 0,4i + 0,9j + 0,1732k$$

2.58 Encontre o produto escalar dos vetores representados pelas diagonais AF e DG. Qual é o ângulo entre elas?

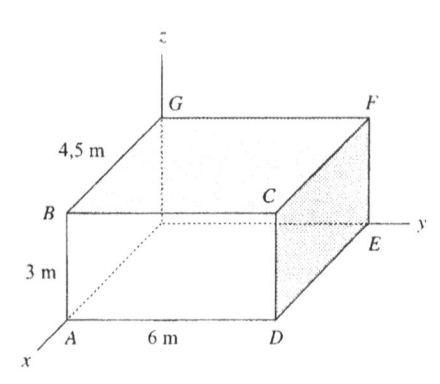

Figura P.2.58

2.59 Uma força F é dada por:

$$F = 800i + 600j - 1.000k \text{ N}$$

Qual é a *componente retangular* dessa força ao longo do eixo A-A, que está igualmente inclinado em relação aos eixos positivos x, y e z?

2.60 Qual é a componente retangular da força de 500 N ao longo da diagonal de B até A?

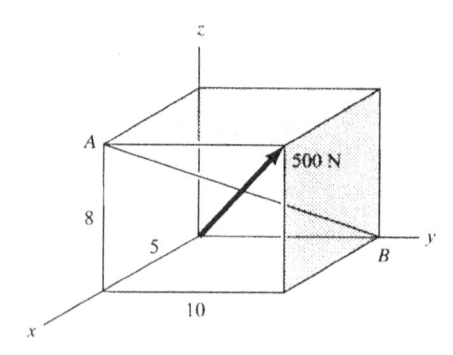

Figura P.2.60

2.61 Uma torre de rádio é suportada por cabos. Considerando que AB seja movido até a interseção com CD, permanecendo paralelo à sua direção original, qual será o ângulo entre AB e CD?

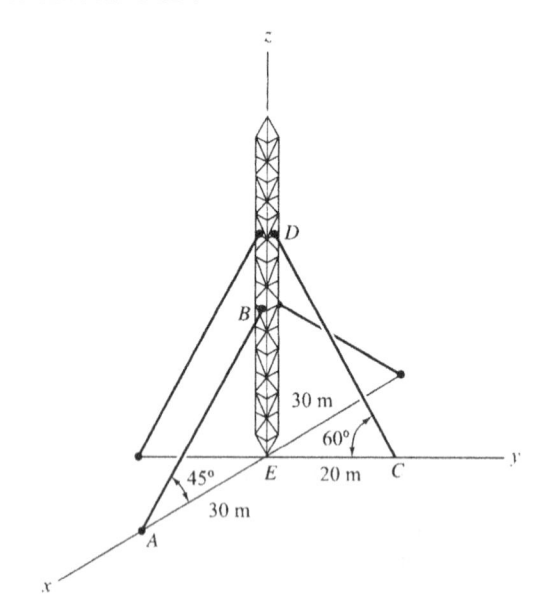

Figura P.2.61

2.62 Qual é o ângulo entre a força de 1.000 N e o vetor posição r?

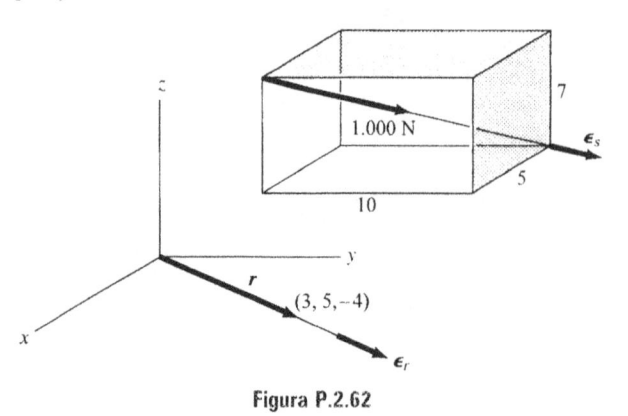

Figura P.2.62

2.8 Produto vetorial de dois vetores

Existem interações entre grandezas vetoriais que resultam em grandezas vetoriais. Uma dessas interações é o momento de uma força, que envolve um produto especial da força pelo vetor posição (a ser estudado no Capítulo 3). A fim de estabelecer uma operação apropriada para essas situações, empregamos o *produto vetorial*. Para dois vetores (podendo ter diferentes dimensões), ilustrados na Figura 2.25 como A e B, a operação produto vetorial[11] é definida como:

$$A \times B = C \qquad (2.21)$$

em que C tem o módulo dado por:

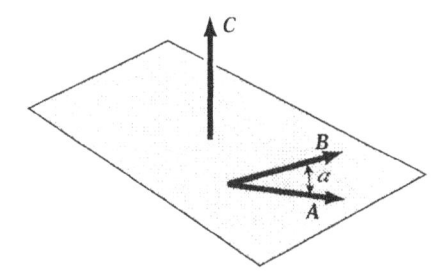

$$|C| = |A|\ |B|\ \text{sen}\ \alpha \qquad (2.22)$$

Figura 2.25: $A \times B = C$

O ângulo α é o menor dos dois ângulos entre os vetores, o que faz com que sen α seja sempre positivo. O vetor C tem uma orientação normal ao plano dos vetores A e B. Além disso, seu sentido corresponde ao avanço de um parafuso girando sobre a direção de C, em movimento de rotação de A a B de um ângulo α (regra da mão direita). Isto é, inicia-se o movimento de rotação a partir do primeiro vetor na expressão do produto vetorial e chega-se ao segundo vetor por meio do menor ângulo entre eles. Na Figura 2.25, o parafuso avança para cima ao rodar de A para B. O leitor pode facilmente verificar esse fato. A descrição do vetor C torna-se completa, pois seu módulo, sua direção e seu sentido são agora conhecidos. A linha de ação de C não é determinada pelo produto vetorial; ela dependerá da aplicação do vetor C.

Novamente o leitor deve estar atento ao fato de que o produto vetorial, assim como outras operações algébricas, não envolve linhas de ação. Assim, ao efetuarmos um produto vetorial de dois vetores, podemos mover as extremidades iniciais dos vetores para uma posição em comum, como mostra a Figura 2.25.

Como no caso do produto escalar, os coeficientes dos vetores serão multiplicados como escalares. Isso pode ser visto pela definição apresentada. Entretanto, a lei *comutativa* não é válida nessa operação. Podemos verificar, analisando cuidadosamente a definição do produto vetorial, que:

$$(A \times B) = -(B \times A) \qquad (2.23)$$

É possível demonstrar sem dificuldade que o produto vetorial, da mesma maneira que o produto escalar, é uma operação distributiva. Para tanto, analisemos, na Figura 2.26, o prisma *mnopqr* com arestas coinci-

---

[11] O leitor deve interpretar a operação $A \times B = C$ como "A multiplicado vetorialmente por B produz C".

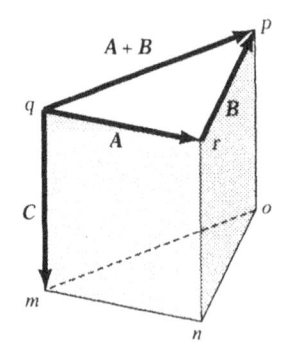

Figura 2.26: Prisma formado por *A*, *B* e *C*.

dentes com os vetores *A*, *B*, *C* e (*A* + *B*). Podemos representar a área de cada face do prisma como um vetor cujo módulo é igual à área dessa face e cuja direção é normal à face com sentido direcionado para o exterior do corpo. A representação de cada um desses vetores está na Figura 2.27. Como o prisma é uma superfície fechada, a área projetada em qualquer direção deve ser zero* e, portanto, o vetor área total deve ser zero. Então,

$$(A + B) \times C \times \tfrac{1}{2} A \times B + \tfrac{1}{2} B \times A + C \times A + C \times B = 0$$

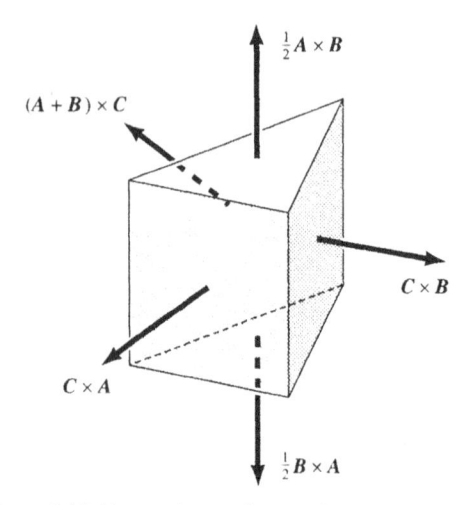

Figura 2.27: Vetores áreas referentes às faces do prisma.

Note que o segundo e o terceiro termos da expressão anterior são cancelados e, então, rearranjando os termos, obtemos:

$$C \times (A + B) = C \times A + C \times B \qquad (2.24)$$

Dessa forma, está demonstrada a propriedade *distributiva* do produto vetorial.

Analisemos agora o produto vetorial de dois vetores unitários. O produto de dois vetores iguais aqui é zero porque α e sen α são zeros. O produto $i \times j$ tem módulo igual a 1 e, por causa da regra do parafuso (ou regra da mão direita), deve ser paralelo ao eixo *z*. Se o eixo *z* for estabelecido em um sentido consistente com a regra da mão direita, a referência será chamada *tríade da mão direita* (veja a Figura 2.28a) e poderemos escrever:

$$i \times j = k$$

Se uma tríade da mão esquerda for utilizada, o resultado desse produto vetorial será –*k* (veja a Figura 2.28b). Neste livro, a tríade da mão direita será empregada como referência para os eixos coordenados. Pela facilidade na determinação dos produtos vetoriais de vetores unitários em tais referências (tríade da mão direita), um esquema de permutação para esses vetores unitários pode ser bastante útil. Na Figura 2.29, os vetores unitários *i*, *j* e *k* são apresentados em um círculo em sentido horário. O produto

---

* N.R.T.: Para auxiliar na compreensão desse ponto, observando a Figura 2.27, constata-se que a soma das áreas de duas faces opostas do prisma (superfície fechada), tais como $\tfrac{1}{2} A \times B$ e $\tfrac{1}{2} B \times A$, deve ser zero, pois trata-se da adição de dois vetores de mesmo módulo e direção, mas com sentidos opostos.

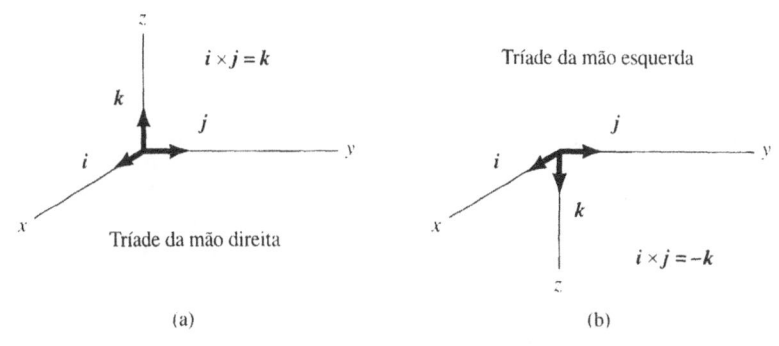

Figura 2.28: Diferentes tipos de referências.

vetorial de um par de vetores unitários resultará em um terceiro vetor unitário positivo se a seqüência da operação puder ser representada por um movimento horário no círculo da permutação, indo de um primeiro vetor para o segundo vetor. Caso contrário, o vetor resultante será negativo. Assim,

$$k \times j = -i, \quad k \times i = j \quad \text{etc.}$$

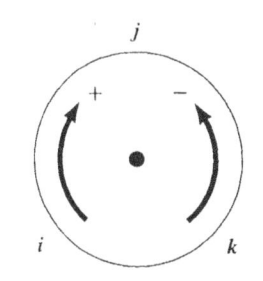

O produto vetorial de dois vetores em termos de suas componentes retangulares é dado por:

$$A \times B = (A_x i + A_y j + A_z k) \times (B_x i + B_y j + B_z k) \quad (2.25)$$
$$= (A_y B_z - A_z B_y)i + (A_z B_x - A_x B_z)j + (A_x B_y - A_y B_x)k$$

Figura 2.29: Esquema de permutação

Uma outra forma de efetuar essa extensa operação é calcular o seguinte determinante:

$$\begin{vmatrix} A_x & A_y & A_z \\ B_x & B_y & B_z \\ i & j & k \end{vmatrix} \quad (2.26)$$

Uma forma simples para o cálculo desse determinante é apresentada a seguir. Repetimos as duas primeiras linhas logo abaixo do determinante e, então, efetuamos os produtos das diagonais da matriz ampliada.

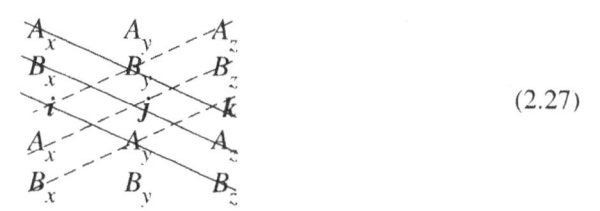

$$\begin{matrix} A_x & A_y & A_z \\ B_x & B_y & B_z \\ i & j & k \\ A_x & A_y & A_z \\ B_x & B_y & B_z \end{matrix} \quad (2.27)$$

Para os produtos associados às diagonais indicadas pelas linhas tracejadas, multiplicamos o produto por -1. Então efetuamos a adição dos 6 produtos indicados na Equação 2.27 da seguinte forma:

$$A_x B_y k + B_x A_z j + A_y B_z i - A_z B_y i - B_z A_x j - A_y B_x k$$
$$= (A_y B_z - A_z B_y) i + (A_z B_x - A_x B_z) j + (A_x B_y - A_y B_x) k$$

É claro que esse resultado é igual ao obtido por meio da Equação 2.25. É importante enfatizar que esse método só é aplicável a matrizes 3×3. Se o produto vetorial de 2 vetores envolver menos do que 6 componentes diferentes de zero, tal como no seguinte produto vetorial:

$$(6i + 10j) \times (5j - 3k)$$

é aconselhável efetuar a multiplicação direta das componentes e, então, associar os termos como na Figura 2.25.

Exemplo 2.6

Uma pirâmide é mostrada na Figura 2.30. Considerando uma altura de 90 m, encontre o ângulo entre as normais aos planos ABD e BDC[12] direcionadas para fora da pirâmide.

Em primeiro lugar, calcularemos as normais unitárias aos planos desejados. Então, efetuaremos o produto vetorial entre essas normais, para determinar o ângulo pedido.

Para a determinação da normal unitária n_1 ao plano ABD, calculamos, inicialmente, o vetor área A_1 relativo a esse plano. Assim, a partir da trigonometria simples e da definição de produto vetorial, temos:

$$A_1 = \frac{1}{2}\vec{AB} \times \vec{AD}$$

Note-se que:

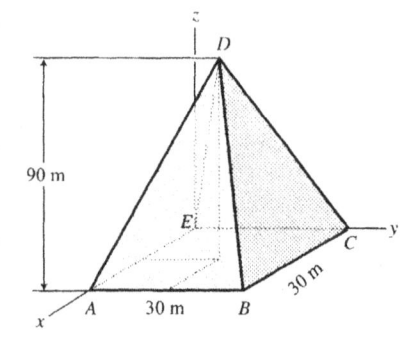

$$\vec{AB} = 30\boldsymbol{j} \text{ m}$$

Figura 2.30: Pirâmide.

Além disso, o vetor $\vec{AD}$ pode ser expresso em componentes retangulares movendo-se de A a D ao longo das direções dos eixos coordenados, como é mostrado a seguir:

$$\vec{AD} = 15\boldsymbol{j} - 15\boldsymbol{i} + 90\boldsymbol{k} \text{ m}$$

Assim,

$$A_1 = \frac{1}{2}(30\boldsymbol{j}) \times (-15\boldsymbol{i} + 15\boldsymbol{j} + 90\boldsymbol{k})$$

$$= 1.350\boldsymbol{i} + 225\boldsymbol{k} \text{ m}^2$$

então,

$$\boldsymbol{n}_1 = \frac{A_1}{|A_1|} = \frac{1.350\boldsymbol{i} + 225\boldsymbol{k}}{\sqrt{1.350^2 + 225^2}} \quad \text{(a)}$$

$$= 0{,}9864\boldsymbol{i} + 0{,}1644\boldsymbol{k}$$

O vetor normal unitário $\boldsymbol{n}_2$ associado ao plano BDC é calculado de maneira similar. O vetor área desse plano é representado por A_2 e pode ser expresso como:

$$A_2 = \frac{1}{2}\vec{BC} \times \vec{BD}$$

Note-se que:

$$\vec{BC} = -30\boldsymbol{i} \text{ m}$$

E, novamente, movendo-se ao longo das direções coordenadas, obtém-se o vetor $\vec{BD}$:

$$\vec{BD} = 15\boldsymbol{j} - 15\boldsymbol{i} + 90\boldsymbol{k} \text{ m}$$

---

12 π menos este ângulo é igual ao ângulo entre os planos.

Exemplo 2.6 (continuação)

Assim,

$$A_2 = \frac{1}{2}(-30i) \times (-15i - 15j + 90k)$$

$$= 1.350j + 225k \text{ m}^2$$

dessa maneira,

$$n_2 = \frac{A_2}{|A_2|} = \frac{1.350j + 225k}{\sqrt{1.350^2 + 225^2}} \quad \text{(b)}$$

$$= 0,9864j + 0,1644k$$

Agora, efetuamos o produto vetorial entre n_1 e n_2. Assim,

$$n_1 \cdot n_2 = \cos\beta \quad \text{(c)}$$

onde β é o ângulo entre as normais aos planos desejados. Substituindo as Equações a e b na c, obtemos:

$$\cos\beta = 0,0270$$

portanto,

$$\beta = 88,5°$$

Observamos por meio desse exemplo que uma superfície plana pode ser representada por um vetor e, se essa superfície plana fizer parte de uma superfície fechada, por convenção, o vetor área estará na direção da normal orientada para a parte externa da superfície.

2.9 Produto escalar triplo

Uma operação bastante útil na mecânica é o produto escalar triplo, que pode ser definido para um conjunto de vetores A, B e C da seguinte forma:

$$(A \times B) \cdot C \quad (2.28)$$

Esse produto evidentemente é uma grandeza escalar.

Um significado geométrico simples pode ser associado a essa operação. Na Figura 2.31, é apresentado um conjunto de vetores concorrentes A, B e C. Selecionamos uma referência xyz tal que os vetores A e B estejam no plano xy. Um paralelogramo $abcd$ no plano xy também é mostrado na figura. Podemos dizer que:

$$|A \times B| = |A||B| \text{ sen } \alpha = \text{área de } abcd$$

Além disso, a direção de $A \times B$ está na direção de z. Obviamente, quando a Equação 2.28 é empregada, multiplicamos a componente escalar de C na direção z pela área do paralelogramo mencionado anteriormente. Assim, usando a Equação 2.28, temos:

$$(A \times B) \cdot C = (\text{área de } abcd)(C_z)$$

Mas C_z é a altura do paralelepípedo formado pelos vetores A, B e C (veja a Figura 2.31). Então concluímos, a partir da geometria do sólido gerado, que *o produto escalar triplo é o volume do paralelepípedo formado pelos vetores concorrentes nessa operação*.

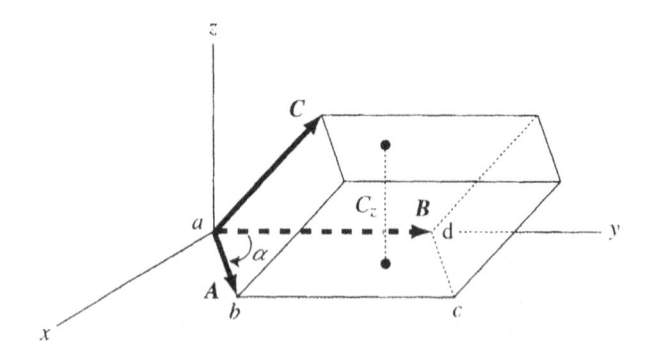

Figura 2.31: *A* e *B* no plano *xy*.

Utilizando essa interpretação geométrica do produto escalar triplo, o leitor pode facilmente concluir que:

$$(A \times B) \cdot C = -(A \times C) \cdot B = -(C \times B) \cdot A \qquad (2.29)$$

O cálculo do produto escalar triplo é um processo extremamente simples. Será deixado como um exercício (Problema 2.72) a demonstração de que:

$$(A \times B) \cdot C = \begin{vmatrix} A_x & A_y & A_z \\ B_x & B_y & B_z \\ C_x & C_y & C_z \end{vmatrix} \qquad (2.30)$$

Nos capítulos seguintes será utilizado o produto escalar triplo, mas nem sempre ele será associado à interpretação geométrica aqui apresentada.

Uma outra operação envolvendo 3 vetores é o produto vetorial triplo, que é definido para os vetores A, B e C como $A \times (B \times C)$. O produto vetorial triplo é uma grandeza vetorial e aparecerá com grande freqüência nos estudos em dinâmica. É deixada ao leitor a tarefa de demonstrar que:

$$A \times (B \times C) = B\,(A \cdot C) - C\,(A \cdot B) \qquad (2.31)$$

Observe-se que o produto vetorial triplo pode ser efetuado utilizando apenas produtos escalares.

Exemplo 2.7

No Exemplo 2.6, qual é a área projetada pelo plano ADE sobre um plano infinito que está igualmente inclinado em relação aos eixos x, y e z?

A normal n ao plano infinito deve possuir três cossenos diretores iguais. Por isso, conhecendo a Equação 2.20 para a soma dos quadrados de um grupo de cossenos diretores, podemos escrever:

$$l^2 = m^2 = n^2 = \frac{1}{3}$$

portanto,

$$l = m = n = \frac{1}{\sqrt{3}}$$

Assim,

$$n = \frac{1}{\sqrt{3}}i + \frac{1}{\sqrt{3}}j + \frac{1}{\sqrt{3}}k$$

A área projetada é dada, então, como:

$$A_n = \left(\frac{1}{2}\overrightarrow{AD} \times \overrightarrow{AE}\right) \cdot n$$

$$= \left[\frac{1}{2}(-15i + 15j + 90k) \times (-30i)\right] \frac{1}{\sqrt{3}}(i + j + k)$$

O resultado anterior é o produto escalar triplo, que pode ser facilmente calculado da seguinte forma (desconsiderando o sinal da operação):

$$A_n = \frac{1}{2\sqrt{3}} \begin{vmatrix} -15 & 15 & 90 \\ -30 & 0 & 0 \\ 1 & 1 & 1 \\ -15 & 15 & 90 \\ -30 & 0 & 0 \end{vmatrix} = 649{,}5 \text{ m}^2$$

2.10 Um comentário sobre notação vetorial

Quando as *equações* de determinado problema físico são escritas, devemos representar claramente as grandezas escalares e vetoriais e manipulá-las de maneira apropriada. Entretanto, quando as grandezas são simplesmente identificadas em uma *análise* ou em uma *figura*, em vez do uso da representação vetorial **F**, podemos utilizar apenas F. Por outro lado, F será compreendida como a representação do módulo do vetor **F** em uma equação. Por isso, usando *f* como o vetor unitário na direção de **F**, podemos escrever:

$$\mathbf{F} = F\mathbf{f}$$
$$= F[\cos(\mathbf{F}, x)\mathbf{i} + \cos(\mathbf{F}, y)\mathbf{j} + \cos(\mathbf{F}, z)\mathbf{k}]$$

Em um outro exemplo, podemos analisar a força **F**, mostrada no diagrama coplanar da Figura 2.32a, aplicada em um ponto *a* com uma dada inclinação. Uma correta representação dessa força em uma equação vetorial seria $F(-\cos\alpha\mathbf{i} + \text{sen}\,\alpha\mathbf{j})$.

Para as componentes escalares de qualquer vetor **F**, adotamos o seguinte procedimento. A notação F_x, F_y ou F_z representa o módulo de uma das componentes escalares do vetor **F** nas direções x, y ou z. Assim, na Figura 2.32b, as duas componentes mostradas são iguais em módulo, mas opostas em sentido. Todavia, ambas são representadas por F_x. Entretanto, em uma equação que envolve essas grandezas, seus sentidos devem ser apropriadamente considerados pelo uso adequado de sinais.

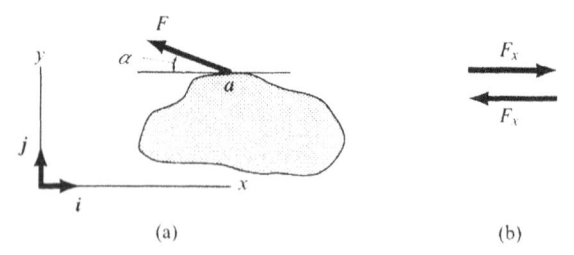

Figura 2.32: Notação em diagramas.

Problemas

2.63 Considerando que $A = 10i + 6j - 3k$ e $B = 6i$, determine $A \times B$ e $B \times A$. Qual é o módulo do vetor resultante? Quais são os seus cossenos diretores relativos à referência xyz, na qual A e B estão expressos?

2.64 Quais são os produtos escalares e vetoriais entre os vetores A e B dados como:

$$A = 6i + 3j + 4k$$
$$B = 8i - 3j + 2k$$

2.65 Considerando que os vetores A e B no plano xy têm um produto escalar de 50 unidades e que seus módulos são 10 unidades e 8 unidades, respectivamente, qual o valor de $A \times B$?

2.66 (a) Se $A \cdot B = A \cdot B'$, B será necessariamente igual a B'? Explique.
(b) Se $A \times B = A \times B'$, B será necessariamente igual a B'? Explique.

2.67 Qual é o produto vetorial entre o vetor deslocamento de A a B e o vetor deslocamento de C a D?

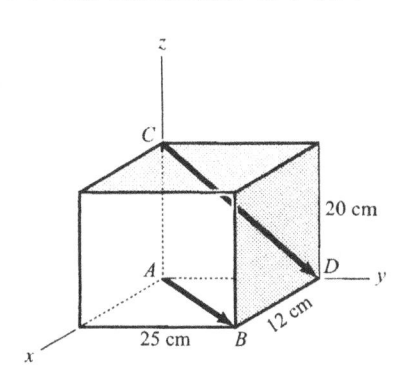

Figura P.2.67

2.68 Utilizando o produto vetorial, obtenha o vetor unitário n normal à superfície inclinada ABC.

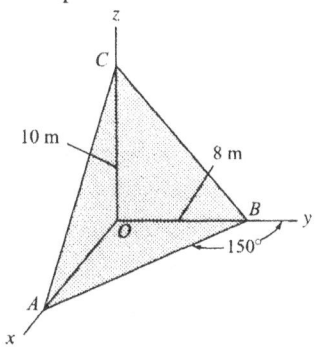

Figura P.2.68

2.69 Considerando que as coordenadas do vértice E da pirâmide inclinada são (5, 50, 80) m, qual será o ângulo entre as normais às faces ADE e BCE?

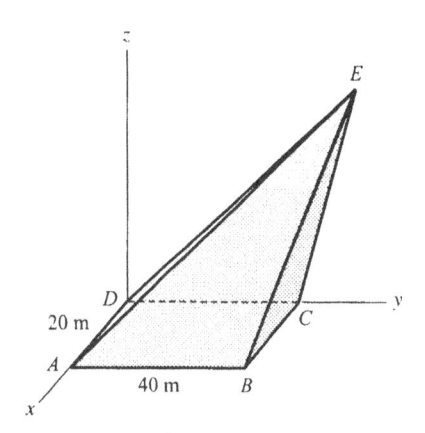

Figura P.2.69

2.70 No Problema 2.69, qual a área da face ADE da pirâmide? Qual é a projeção da área da face ADE sobre o plano cuja normal está direcionada na direção de ε, onde:

$$\varepsilon = 0,6i - 0,8j$$

2.71 (a) Calcule o produto:

$$(A \times B) \cdot C$$

em termos das componentes ortogonais.
(c) Calcule $(C \times A) \cdot B$ e compare com o resultado da questão a.

2.72 Calcule o determinante:

$$\begin{vmatrix} A_x & A_y & A_z \\ B_x & B_y & B_z \\ C_x & C_y & C_z \end{vmatrix}$$

onde cada linha representa, respectivamente, as componentes escalares de A, B e C. Compare esse resultado com o cálculo de $(A \times B) \cdot C$ empregando as operações de produto escalar e produto vetorial.

2.73 No Exemplo 2.5, qual é o vetor área para GAB considerando que uma linha reta conecta os pontos A e B? Apresente os resultados em quilômetros quadrados.

2.74 Qual é a componente do produto vetorial $A \times B$ ao longo da direção n, onde:

$$A = 10i + 16j + 3k$$
$$B = 5i - 2j + 2k$$
$$n = 0,8i + 0,6k$$

2.75 A superfície *abcd* do paralelepípedo está no plano *xz*. Calcule o volume usando análise vetorial.

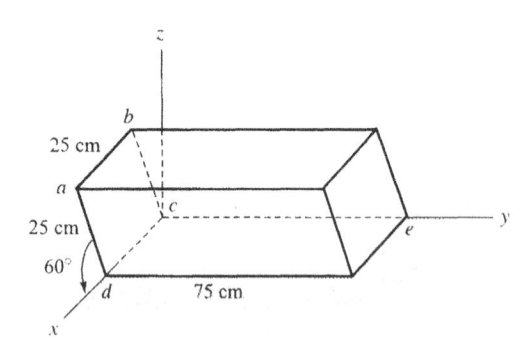

Figura P.2.75

2.76 Sejam dados os vetores:
$$A = 10i + 6j$$
$$B = 3i + 5j + 10k$$
$$C = i + j - 3k$$
determine:
(a) $(A + B) \times C$
(b) $(A \times B) \cdot C$
(c) $A \cdot (B \times C)(A \cdot B \times C)$

2.77 Um sistema de espelhos é utilizado para transmitir um sinal de raio laser da montanha *M* à colina *H*. A montanha tem altura de 5 km e está localizada a 20 km na direção noroeste (NW) do local do espelho *S*, enquanto a colina tem altura de 200 m e está a 15 km a lés-nordeste (ENE) do ponto *S*. Obtenha, sem necessariamente resolvê-las, as equações para a determinação da direção do espelho que de forma adequada transmite o sinal. Lembre-se de que

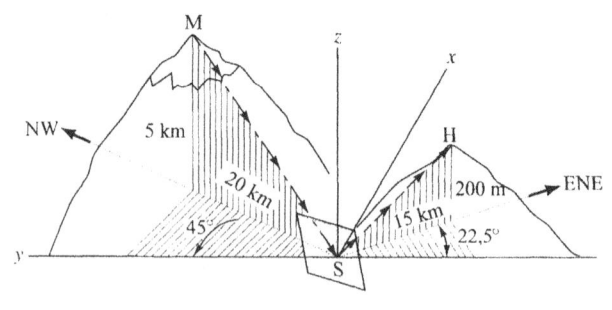

Figura P.2.77

o ângulo de reflexão para um espelho é igual ao ângulo de incidência e que os raios incidente, refletido e normal ao espelho são coplanares.

2.11 Considerações finais

Neste capítulo, foram apresentados os símbolos e as notações utilizados na descrição de vetores. Além disso, várias operações vetoriais foram formuladas com o intuito de auxiliar na representação matemática de fenômenos da natureza. Com essa fundamentação, é possível estudar determinadas grandezas vetoriais que são de importância essencial na mecânica. Alguns desses vetores serão formulados em termos das operações descritas neste capítulo.

Questões de revisão para as seções marcadas com ★

2.1 O que significa o *módulo* de um vetor? Qual sinal ele deve ter?

2.2 É possível multiplicar um vetor *C* por um escalar *s*? Em caso afirmativo, mostre o resultado.

2.3 Qual é a *lei dos cossenos* e qual a *lei dos senos*?

2.4 O que significa a lei *associativa* da adição?

2.5 Descreva duas maneiras de adicionar graficamente três vetores.

2.6 Como pode ser efetuada a subtração de um vetor *D* do vetor *F*?

2.7 Para determinado vetor *D*, como seria um vetor *unitário* colinear a *D*?

2.8 Quais são as equações escalares da seguinte equação vetorial?
$$Di + Ej - 16k = 20i + (15 + G)k$$

Problemas

2.78 O vôo 304 de Dallas segue na direção nordeste (NE) para Chicago, que fica a 1.440 km de distância. Para evitar uma tempestade violenta, o piloto decide voar na direção norte para Topeka, Kansas, e, então, na direção lés-nordeste (ENE) até Chicago (veja a Figura P.2.4, que mostra os pontos cardeais na bússola). Quais são as distâncias que ele deve percorrer de Dallas a Topeka e de Topeka a Chicago?

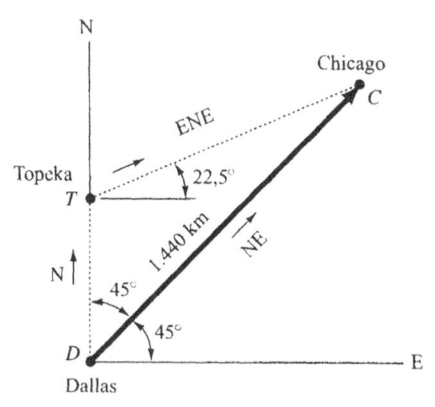

Figura P.2.78

2.79 Qual é o produto vetorial entre a força de 1.000 N e o vetor deslocamento ρ_{AB}?

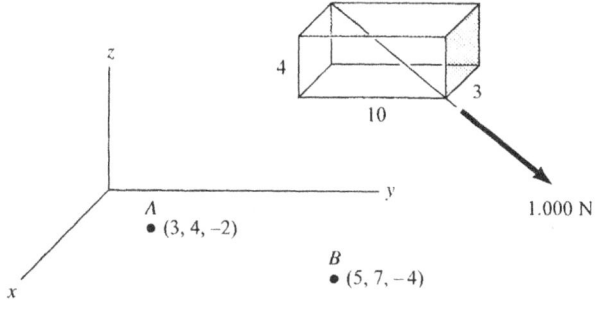

Figura P.2.79

2.80 Quatro componentes de uma estrutura espacial suportam determinada carga, como mostra a Figura P.2.80. Quais são as componentes escalares ortogonais das forças que atuam sobre a junta esférica O? A força de 1.000 N passa pelos pontos D e E do paralelepípedo.

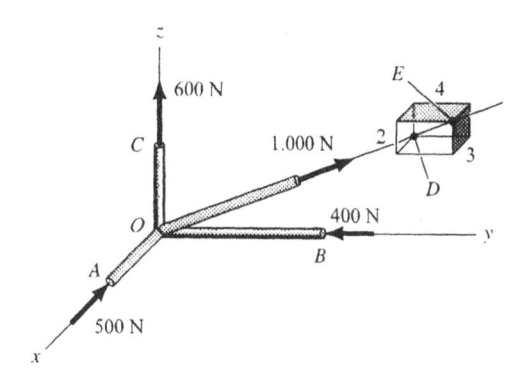

Figura P.2.80

2.81 Empreiteiros encontraram um pântano durante a construção de uma estrada que liga a cidade T à cidade C, localizada a 50 km SE. Para evitar o pântano, eles construíram a estrada na direção SSW a partir de T e, então, na direção ENE até C. Qual a extensão da rodovia? (*Dica*: Veja o diagrama da bússola apresentado na Figura P.2.4.)

2.82 Some todas as forças que atuam sobre o bloco. O plano A é paralelo ao plano xy. Posteriormente, serão estudadas as propriedades de duas forças paralelas (chamadas *binário*) que possuem o mesmo módulo e direção, mas com sentidos contrários.

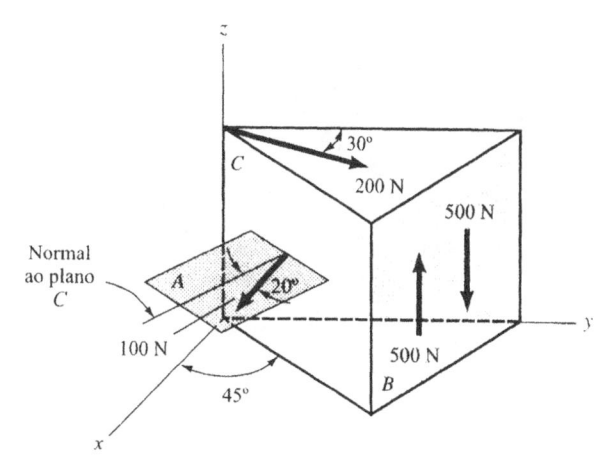

Figura P.2.82

2.83 As componentes x e z da força F são iguais a 100 N e – 30 N, respectivamente. Qual é a força F e quais são os seus cossenos diretores?

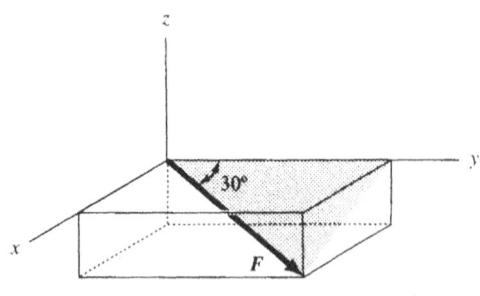

Figura P.2.83

2.84 Uma força constante de $2i + 3k$ N move uma partícula ao longo de uma linha reta da posição $x = 10$, $y = 20$ e $z = 0$ à posição $x = 3$, $y = 0$ e $z = -10$. Considerando que as coordenadas na referência xyz são dadas em metros, qual será o trabalho da força em J?

2.85 Em uma roda-gigante sob chuva, considere que: a velocidade da chuva é constante e atinge o valor de 1,5 m/s; e a velocidade angular da roda-gigante é constante e igual a 0,5 rpm (revoluções por minuto). A que posição θ o ângulo entre a velocidade da pessoa sentada em A e a velocidade da chuva será igual a $158°$? Dos cursos elementares de física, lembre-se de que a velocidade tangencial de uma partícula em movimento circular é $r\omega$, sendo ω a velocidade angular em radianos por unidade de tempo. Em primeiro lugar, pode-se adotar o conceito de produto escalar e, então, comprovar o resultado utilizando o bom senso.

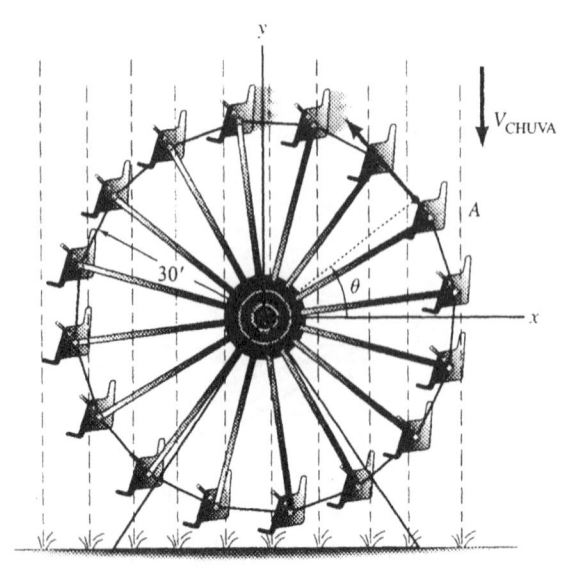

Figura P.2.85

2.86 Uma força $F = 500$ N tem linha de ação que passa pelos pontos A e B. Qual é o ângulo δ entre F e o vetor deslocamento ρ_{CD}? Qual é a componente escalar retangular da força ao longo do eixo CD?

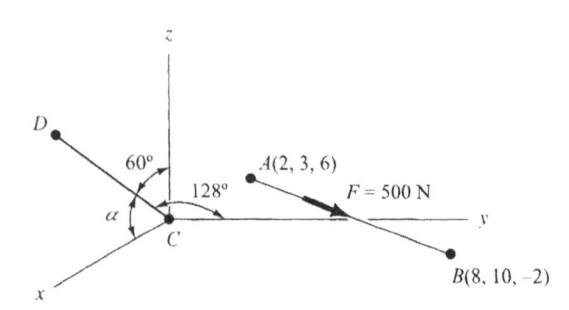

Figura P.2.86

2.87 A velocidade de uma partícula em um escoamento é:

$$V = 10i + 16j + 2k \text{ m/s}$$

Qual é o produto vetorial $r \times V$, onde r é:

$$r = 3i + 2j + 10k \text{ m}$$

Apresente a resposta usando unidades apropriadas.

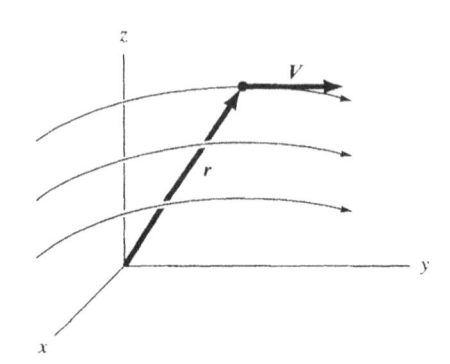

Figura P.2.87

2.88 A treliça de uma ponte está sujeita a forças em suas barras como mostra o corte esquemático da Figura P. 2.88. Qual é a força total sobre o pino A em virtude das forças nas barras?

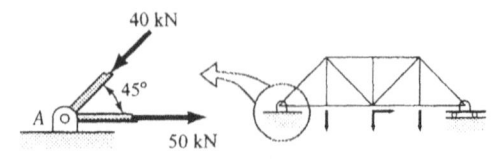

Figura P.2.88

2.89 Forças são transmitidas por dois membros ao pino A. Considerando que a soma dessas forças é igual a 700 N na direção vertical, quais serão os ângulos α e β?

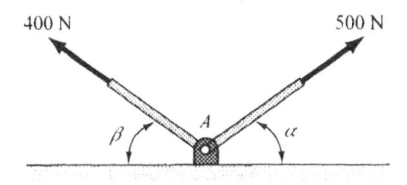

Figura P.2.89

2.90 Um atirador aponta sua mira para o ponto A. Qual é a altura z do ponto A?

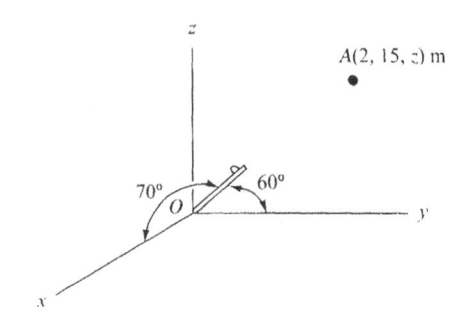

Figura P.2.90

2.91 Considerando que F_T seja a soma vetorial entre F_1 e a força de 500 N, determine F_1 e F_T.

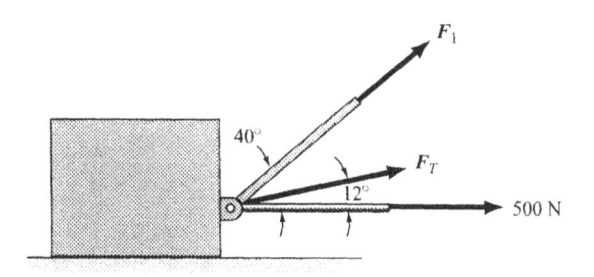

Figura P.2.91

2.92 A força sobre uma partícula que se move através de um campo magnético B é dada por:

$$F = qV \times B$$

onde:
q = módulo da carga, em coulombs
F = força sobre o corpo, em newtons
V = vetor velocidade da partícula, em metros por segundo
B = densidade do fluxo magnético, em webers por metro quadrado

Considerando que um elétron se move através de um campo magnético uniforme de 1 MWb/m² em uma direção inclinada a 30° do campo, como mostra a Figura P.2.92, a uma velocidade de 100 m/s, quais são as componentes da força sobre o elétron? A carga do elétron é igual a $1,6018 \times 10^{-19}$ C.

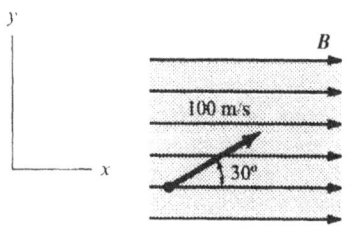

Figura P.2.92

2.93 Para o segmento de reta AB, determine z_B e os cossenos diretores m e n.

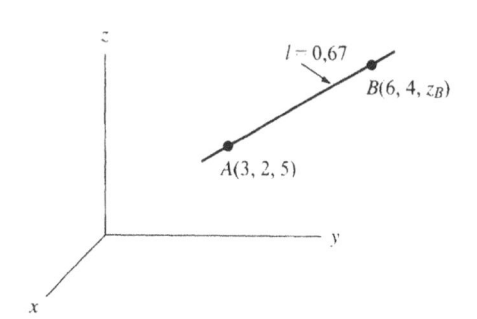

Figura P.2.93

2.94 Por meio do conceito de produto escalar triplo, encontre a área projetada sobre o plano N da superfície ABC. O plano N é infinito e normal ao seguinte vetor:

$$r = 50i + 40j + 30k \text{ m}$$

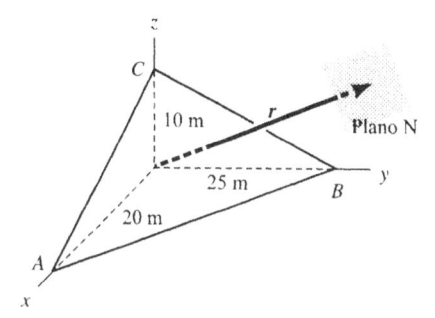

Figura P.2.94

2.95 Uma caixa de 500 N é suportada por três forças. Essas devem ter uma resultante de 500 N para cima. Quais os valores das forças F_1 e F_3 nessa condição? Todas as forças são coplanares.

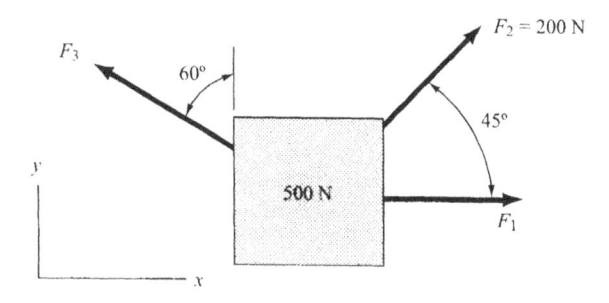

Figura P.2.95

2.96 Em um dia de ventos instáveis, um balão que vai de A a B é avistado em D e, depois, em C.
(a) Considerando que o balão se mova em linha reta, qual a distância por ele percorrida?
(b) Se uma espingarda pode ser usada para derrubar o balão, considerando que nesse momento o balão se encontra em posição estacionária em C, quais são os cossenos diretores da linha apropriada até o ponto avistado?

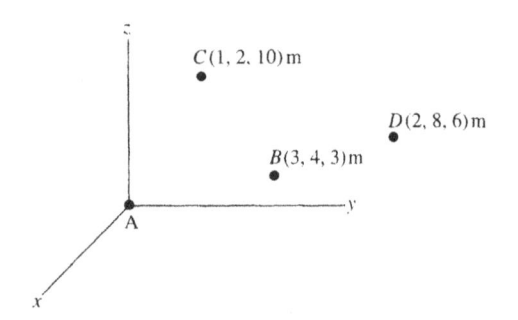

Figura P.2.96

2.97 No Problema 2.12, quais deveriam ser os valores de T_{AC}, T_{AB} e do ângulo θ, entre T_{AB} e a vertical, para minimizar a tração T_{AB}? Considere $\alpha = 36{,}5°$ e $W = 1.000$ N. (*Dica*: Analise possíveis triângulos de força e, por meio de inspeção, minimize T_{AB}.)

2.98 No Problema 2.12, quais os valores de T_{AC}, T_{AB} e do ângulo α que minimizam T_{AC}? Considere que o ângulo entre T_{AB} e a vertical seja igual a $60°$. Consulte o problema anterior.

2.99 Para ilustrar o movimento aleatório de moléculas em um líquido, uma partícula muito pequena colocada sobre a superfície do líquido é observada. A partícula, se for pequena o bastante, saltará de maneira aleatória dando origem ao fenômeno de *caminho aleatório*, estudado nos cursos de física. Considere que a partícula pula da posição (0, 0) μm no plano xy para (10, –30) μm; daí vai para (–10, –20) μm e, então, para (10, –10) μm e, finalmente, para (20, 10) μm. Qual é a menor distância entre os pontos inicial e final desse movimento? Resolva graficamente.

2.100 Qual é o ângulo δ entre a força F e o vetor deslocamento ρ_{AB}?

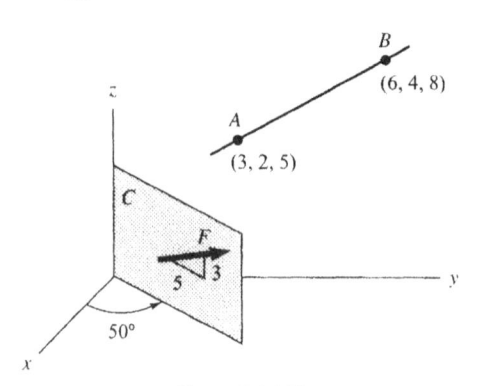

Figura P.2.100

Capítulo 3

Grandezas Vetoriais Importantes

3.1 Vetor posição

Algumas grandezas vetoriais bastante úteis na mecânica são apresentadas neste capítulo. Em primeiro lugar, o vetor posição de uma partícula é analisado observando-se sua trajetória de movimento, que é mostrada pela linha tracejada da Figura 3.1. Como descrito no Capítulo 1, o *vetor deslocamento* ρ é um segmento de linha reta que conecta 2 pontos quaisquer sobre a trajetória de movimento da partícula, tais como os pontos 1 e 2 da Figura 3.1. O vetor deslocamento, então, representa o menor movimento da partícula para ir de uma posição à outra sobre sua trajetória. A proposta do paralelepípedo, apresentado na Figura 3.1, é facilitar a determinação do módulo, da direção e do sentido do vetor ρ, como explicado nos capítulos anteriores. Pode-se expressar ρ entre os pontos 1 e 2 em termos de suas componentes retangulares, dadas pelas distâncias ao longo das direções coordenadas percorridas pela partícula de 1 a 2. Por isso, na Figura 3.1, $\rho_{12} = -2i + 6j + 3k$ m.

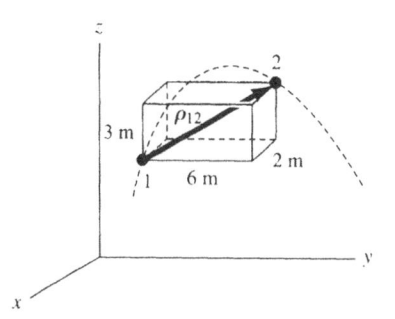

Figura 3.1: Vetor deslocamento ρ entre os pontos 1 e 2.

O segmento de reta r iniciado na origem de um sistema de coordenadas e que vai até um ponto P no espaço (veja Figura 3.2) é chamado de *vetor posição*. As notações R e ρ são também utilizadas para o vetor posição. Com base nos tópicos estudados no Capítulo 2, pode-se concluir que o módulo do vetor posição é a distância entre a origem O e o ponto P. Para expressar r em componentes cartesianas, tem-se que:

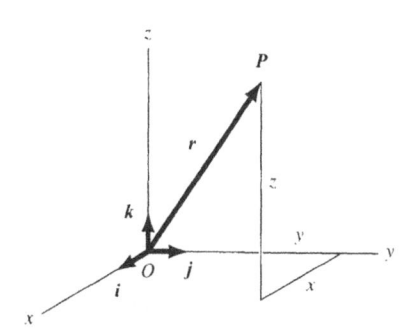

$$r = xi + yj + zk \qquad (3.1)$$

Figura 3.2: Vetor posição.

Evidentemente, um vetor deslocamento ρ entre os pontos 1 e 2 (veja a Figura 3.3) pode ser representado em termos dos vetores posição dos pontos 1 e 2 (isto é, r_1 e r_2) da seguinte forma:

$$\rho = r_2 - r_1 = (x_2 - x_1)i + (y_2 - y_1)j + (z_2 - z_1)k \qquad (3.2)$$

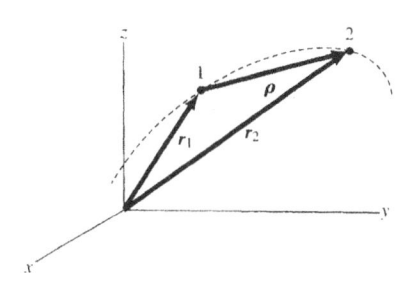

Figura 3.3: Relação entre um vetor deslocamento e os vetores posição.

Exemplo 3.1

Dois conjuntos de referências, *xyz* e *XYZ*, são apresentados na Figura 3.4. O vetor posição da origem *O* de *xyz* em relação ao sistema *XYZ* é dado como:

$$\mathbf{R} = 10\mathbf{i} + 6\mathbf{j} + 5\mathbf{k} \text{ m} \qquad (a)$$

O vetor posição, **r'**, de um ponto *P* em relação a *XYZ* é expresso por:

$$\mathbf{r'} = 3\mathbf{i} + 2\mathbf{j} - 6\mathbf{k} \text{ m} \qquad (b)$$

Qual é o vetor posição **r** do ponto *P* em relação a *xyz*? Quais são as coordendas *x*, *y* e *z* de *P*?

Por meio da Figura 3.4, podemos deduzir que:

$$\mathbf{r'} = \mathbf{R} + \mathbf{r} \qquad (c)$$

portanto,

$$\mathbf{r} = \mathbf{r'} - \mathbf{R} = (3\mathbf{i} + 2\mathbf{j} - 6\mathbf{k}) - (10\mathbf{i} + 6\mathbf{j} + 5\mathbf{k})$$
$$\mathbf{r} = -7\mathbf{i} - 4\mathbf{j} - 11\mathbf{k} \text{ m} \qquad (d)$$

Concluímos, então, que:

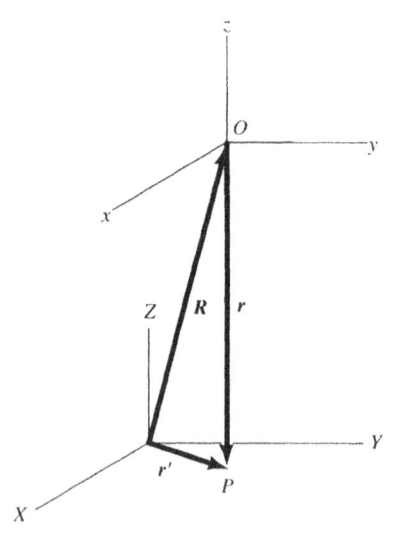

$$\begin{aligned} x &= -7 \text{ m} \\ y &= -4 \text{ m} \\ z &= -11 \text{ m} \end{aligned} \qquad (e)$$

Figura 3.4: Referências *xyz* e *XYZ* separadas pelo vetor posição *R*.

3.2 Momento de uma força em relação a um ponto

Caso A. Problemas Simples. O momento de uma força em relação a um ponto *O* (veja a Figura 3.5) é um vetor **M**, cujo módulo é igual ao produto do módulo da força pela distância *d* desde o ponto *O* até a linha de ação da força, medida sobre uma perpendicular a esta. A direção desse vetor é perpendicular ao plano formado pelo ponto e pela força, e seu sentido é determinado pela regra da mão direita[1]. A linha de ação de **M** é determinada pelo problema em análise. Na Figura 3.5, a linha de ação de **M** é mostrada, por simplificação, passando através do ponto *O*.

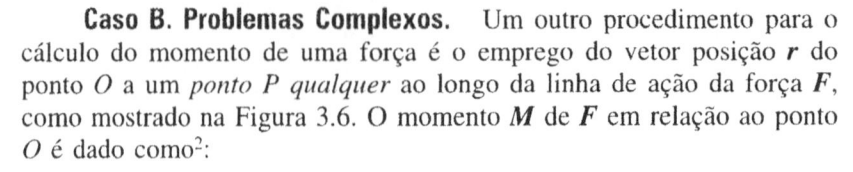

Caso B. Problemas Complexos. Um outro procedimento para o cálculo do momento de uma força é o emprego do vetor posição **r** do ponto *O* a um *ponto P qualquer* ao longo da linha de ação da força **F**, como mostrado na Figura 3.6. O momento **M** de **F** em relação ao ponto *O* é dado como[2]:

$$\mathbf{M} = \mathbf{r} \times \mathbf{F} \qquad (3.3)$$

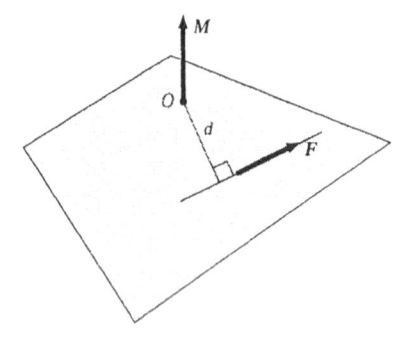

Figura 3.5: Momento da força *F* em relação a *O* é *Fd*.

---

1. O sentido de **M** é dado pelo sentido do avanço de um parafuso em *O*, orientado na direção normal ao plano de *O* e **F**, quando esse parafuso gira com o sentido de rotação correspondente a **F** em relação a *O*.
2. É importante ressaltar que, na determinação do momento da força **F** em relação a um ponto *O* qualquer, devemos sempre tomar o vetor posição **r** indo do ponto *O* a *qualquer ponto sobre a linha de ação da força* **F**. Erros podem ocorrer com grande facilidade no cálculo dos momentos se alguns cuidados não forem tomados.

Para a formulação desse produto vetorial, os vetores da Figura 3.6 podem ser deslocados para a configuração mostrada na Figura 3.7. Desse modo, o produto vetorial entre r e F, obviamente, terá o seguinte módulo:

$$|r \times F| = |r| |F| \operatorname{sen} \alpha = |F| |r| \operatorname{sen} \beta = |F| r \operatorname{sen} \beta = Fd \quad (3.4)$$

sendo $r \operatorname{sen} \beta = d$ a distância perpendicular do ponto O à linha de ação de F, como pode ser visto na Figura 3.7. Assim, obtemos um módulo para M idêntico ao módulo obtido pelo procedimento anterior. Também, podemos observar que a *direção* de M nesse caso é idêntica à obtida no caso A. Assim, os resultados obtidos pela formulação do produto vetorial são iguais aos da definição elementar apresentada no caso A. Devemos utilizar um ou outro procedimento, dependendo da situação.

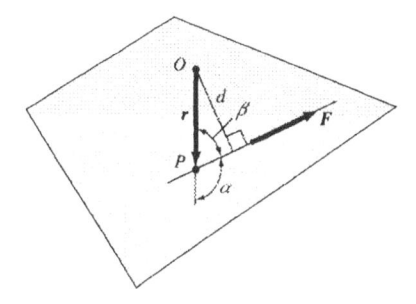

Figura 3.6: Constrói-se o vetor r do ponto O a um ponto qualquer sobre a linha de ação de F.

Em geral a primeira dessas formulações será empregada para problemas em que a força e o ponto, em relação ao qual se deseja calcular o momento, estão em um plano conveniente e quando a distância perpendicular entre o ponto e a linha de ação da força seja facilmente obtida. Como um exemplo, temos um sistema de forças coplanares que atua sobre uma viga (veja a Figura 3.8). O momento dessas forças em relação ao ponto A é dado por[3]:

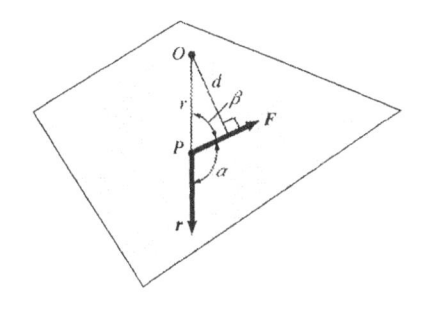

$$M_A = -(1,5)(4.500)k - (1,2)(2.700)k + (3,3)R_B k \text{ N m}$$
$$= (3,3R_B - 9.990)k \text{ N m}$$

Figura 3.7: Movendo-se os vetores r e F.

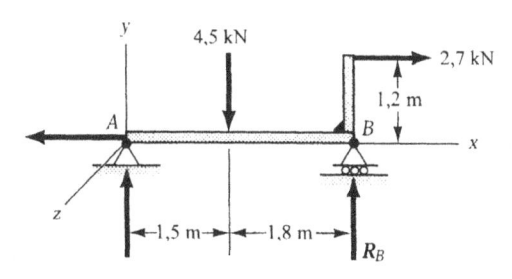

Figura 3.8: Forças coplanares em uma viga.

Para sistemas coplanares como esse, podemos escrever a equação do momento apenas em forma escalar do seguinte modo:

$$M_A = 3,3R_B - 9.990 \text{ N m}$$

A segunda formulação do momento em relação a um ponto, dada por $r \times F$, é empregada para problemas coplanares complicados e para problemas tridimensionais. Após a discussão das componentes retangulares de M, o Exemplo 3.2 ilustrará um caso de aplicação dessa segunda formulação.

Analisemos o sistema de n forças concorrentes mostrado na Figura 3.9, cujo momento resultante em relação ao ponto O (local da origem do sistema xyz) deve ser determinado. Podemos escrever:

$$M = M_1 + M_2 + M_3 + \ldots + M_n$$
$$= r \times F_1 + r \times F_2 + r \times F_3 \quad (3.5)$$
$$+ \ldots + r \times F_n$$

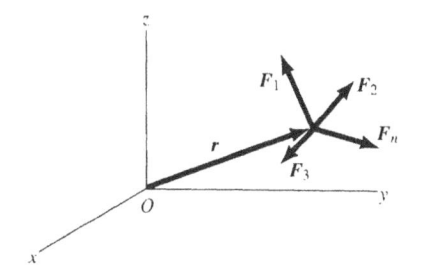

Figura 3.9: Forças concorrentes.

---

3 Observe que a regra da mão direita continua sendo utilizada para a determinação dos sinais dos momentos.

Em virtude da propriedade distributiva do produto vetorial, a Equação 3.5 pode ser reescrita como:

$$M = r \times (F_1 + F_2 + F_3 + ... + F_n) \quad (3.6)$$

Constatamos, a partir das duas equações anteriores, que a soma dos momentos em relação a um ponto de um sistema de forças concorrentes é igual ao momento em relação ao ponto da soma dessas forças. Esse resultado é conhecido como o *teorema de Varignon*, visto em cursos elementares de mecânica.

Como uma aplicação especial do teorema de Varignon, podemos efetuar a decomposição de uma força F em suas componentes retangulares (veja a Figura 3.10) e, então, empregar essas componentes para a determinação dos momentos em relação a um ponto. Assim, podemos escrever:

$$M = r \times F = r \times (F_x i + F_y j + F_z k) \quad (3.7)$$

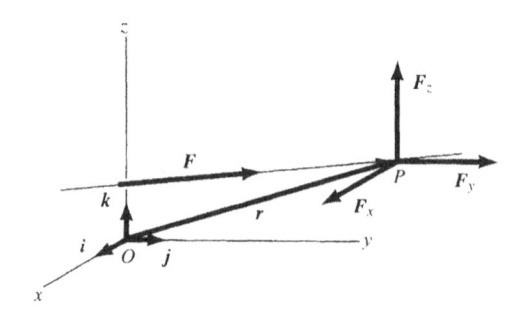

Figura 3.10: Decomposição de F em suas componentes ortogonais.

Substituindo o vetor r por suas componentes, obtemos:

$$M = (xi + yj + zk) \times (F_x i + F_y j + F_z k) \quad (3.8)$$
$$= (yF_z - zF_y)i + (zF_x - xF_z)j + (xF_y - yF_x)k$$

As componentes escalares retangulares de M são, então, expressas como:

$$M_x = yF_z - zF_y \quad (3.9a)$$
$$M_y = zF_x - xF_z \quad (3.9b)$$
$$M_z = xF_y - yF_x \quad (3.9c)$$

Constatamos, assim, que a extremidade final (ponta) do vetor r é escolhida como um ponto qualquer ao longo da linha de ação de F no cálculo de M. Isso significa que o vetor F é considerado um vetor *deslizante* (definido no Capítulo 1) na determinação de M. Entretanto, deve ser enfatizado que a linha de ação de F não pode ser modificada nesse cálculo.

Agora, apresentaremos o exemplo que envolve o cálculo vetorial de M para ilustrar a aplicação do procedimento baseado no produto vetorial.

Exemplo 3.2

Determinar o momento da força F de 450 N, mostrada na Figura 3.11, em relação aos pontos A e B, respectivamente.

O primeiro passo consiste em expressar vetorialmente a força F. Observe que essa força é colinear ao vetor ρ_{DE} de D a E, onde:

$$\rho_{DE} = 2,4i + 1,2j - 1,2k \quad \text{(a)}$$

Para obtermos um vetor unitário na direção de ρ_{DE} efetuamos a seguinte operação:

$$\hat{\rho}_{DE} = \frac{\rho_{DE}}{|\rho_{DE}|} = \frac{2,4i + 1,2j - 1,2k}{\sqrt{2,4^2 + 1,2^2 + 1,2^2}} \quad \text{(b)}$$

$$= 0,816i + 0,408j - 0,408k$$

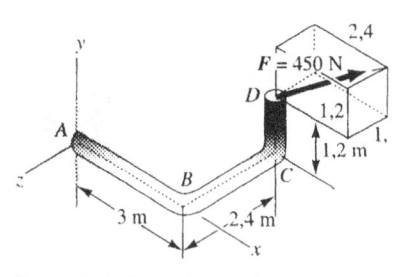

Figura 3.11: Determinação dos momentos em relação a A e B.

Podemos, então, expressar a força F da seguinte forma:

$$F = F\hat{\rho}_{DE} = (450)(0,816i + 0,408j - 0,408k)$$

$$= 367,2i + 183,6j - 183,6k \quad \text{(c)}$$

Para determinar o momento M_A em relação ao ponto A, escolhemos um vetor posição do ponto A ao ponto D, que esteja sobre a linha de ação da força F. Dessa forma, obtemos a seguinte expressão para r_{AD}:

$$r_{AD} = 3i + 1,2j - 2,4k \text{ m} \quad \text{(d)}$$

e para M_A obtemos:

$$M_A = r_{AD} \times F = (3i + 1,2j - 2,4k) \times (367,2i + 183,6j - 183,6k)$$

$$= \begin{vmatrix} 3 & 1,2 & -2,4 \\ 367,2 & 183,6 & -183,6 \\ i & j & k \\ 3 & 1,2 & -2,4 \\ 367,2 & 183,6 & -183,6 \end{vmatrix}$$

$$= (3)(183,6)k + (367,2)(-2,4)j + (1,2)(-183,6)i$$

$$- (-2,4)(183,6)i - (-183,6)(3)j - (1,2)(367,2)k$$

portanto,

$$M_A = 220,3i - 330,5j + 110,2k \text{ N m} \quad \text{(e)}$$

Para o momento em relação ao ponto B, empregamos o vetor posição r_{BD} do ponto B ao ponto D, novamente sobre a linha de ação da força F. Desse modo, temos:

$$r_{BD} = 1,2j - 2,4k \text{ m}$$

e de maneira similar, obtemos:

$$M_B = r_{BD} \times F = (1,2j - 2,4k) \times (367,2i + 183,6j - 183,6k)$$

$$= (1,2)(367,2)(-k) + (1,2)(-183,6)(i) + (-2,4)(367,2)(j)$$

$$+ (-2,4)(183,6)(-i)$$

$$M_B = 220,3i - 881,3j - 440,6k \text{ N m} \quad \text{(f)}$$

Problemas

3.1 Qual é o vetor posição *r* indo da origem (0, 0, 0) ao ponto (3, 4, 5) m? Quais são o módulo e os cossenos diretores desse vetor?

3.2 Qual é o vetor deslocamento entre a posição (6, 13, 7) m e a posição (10, – 3, 4) m?

3.3 Um agrimensor determina que o topo de uma torre de transmissão de rádio está na posição $r_1 = (1.000i + 1.000j + 1.000k)$ m em relação à sua posição. Do mesmo modo, o topo de uma segunda torre é determinado na posição $r_2 = (2.000i + 500j + 1.700k)$ m. Qual é a distância entre os topos das duas torres?

3.4 A referência *xyz* sofre uma rotação de 30° no sentido anti-horário em relação ao eixo *x* para gerar a referência *XYZ*. Qual é o vetor posição *r* na referência *xyz* de um ponto que tem o vetor posição *r'* na referência *XYZ* dado por:

$$r' = 6i' + 10j' + 3k' \text{ m}$$

Use *i*, *j* e *k* como os vetores unitários associados à referência *xyz*.

3.5 Determine o momento da força de 200 N em relação aos suportes *A* e *B* da viga simplesmente apoiada.

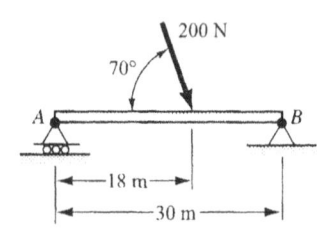

Figura P.3.5

3.6 Encontre o momento das duas forças em relação ao ponto *A* e *B* usando dois procedimentos:
(a) produtos escalares e não o produto vetorial $r \times F$;
(b) a abordagem vetorial.

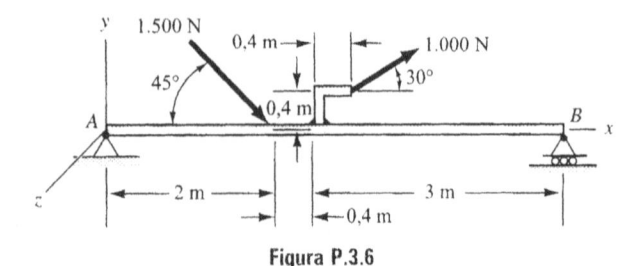

Figura P.3.6

3.7 Uma partícula move-se ao longo de uma trajetória circular no plano *xy*. Qual é o vetor posição *r* desta partícula em função da coordenada *x*?

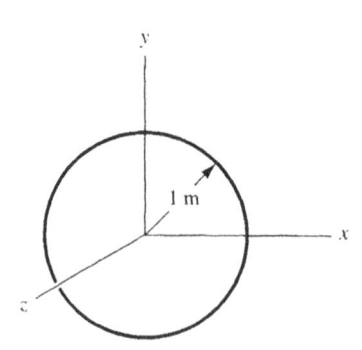

Figura P.3.7

3.8 Uma partícula move-se ao longo de uma trajetória parabólica no plano *yz*. Considerando que o vetor posição da partícula em um dado ponto é $r = 4j + 2k$, determine o vetor posição para qualquer ponto sobre a trajetória em função da coordenada *z*.

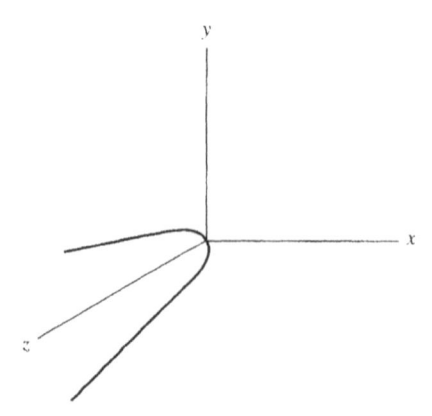

Figura P.3.8

3.9 Um oficial de artilharia sobre uma colina de 350 m de altura estima a posição de um tanque inimigo a 3 km NE em relação à sua posição, com uma elevação de 200 m abaixo de sua posição. Um canhão de 105 mm, com a capacidade de alcance de 11 km, está localizado a 10 km ao sul do oficial. Um segundo canhão de 155 mm, com alcance de 15 km, está localizado a 13 km SSE do oficial (veja a Figura P.2.4). Ambos os morteiros estão a uma altura de 150 m. É possível atingir o tanque com um dos morteiros ou se deve pedir cobertura aérea a fim de atingir o alvo?

3.10 Encontre o momento das forças em relação aos pontos A e B, usando:
(a) o procedimento escalar;
(b) o procedimento vetorial.

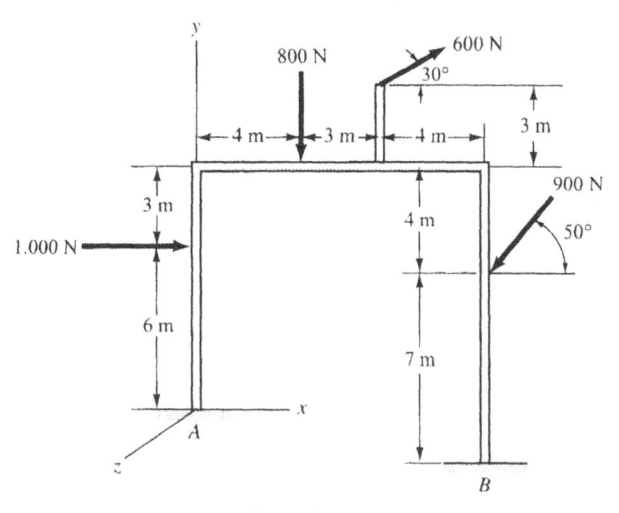

Figura P.3.10

3.11 A tripulação de um avião patrulha submarina, com 1 radar tridimensional, avista um submarino emerso a 9 km ao norte e 4,5 km ao leste ao voar a uma altura de 900 m acima do nível do mar. Qual seria a posição relativa do submarino que o piloto deveria informar a um segundo avião patrulha, voando a uma altitude de 1.200 m e a uma posição de 36 km a leste da posição do primeiro avião, para a confirmação da observação?

3.12 Um trabalhador de uma companhia de energia pode confortavelmente podar galhos de árvores localizados a 1 m de sua cintura a um ângulo de $45°$ em relação à horizontal. Sua cintura coincide com o pivô da cápsula de trabalho. Qual a altura máxima que ele pode alcançar para podar um galho, considerando que o máximo ângulo de elevação do braço mecânico do caminhão é de $75°$ (em relação à horizontal) e o máximo comprimento desse braço é de 12 m?

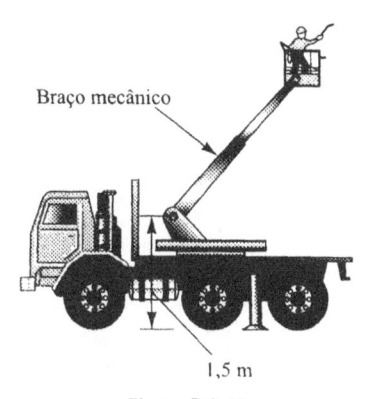

Figura P.3.12

3.13 As forças totais equivalentes às ações da gravidade e da água estão ilustradas sobre uma barragem na Figura P.3.13. Calcule o momento dessas forças em relação ao canto direito da base da barragem.

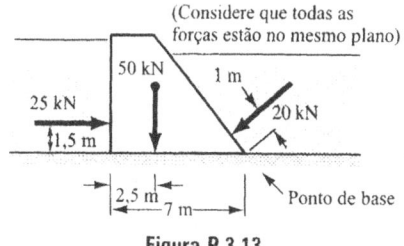

Figura P.3.13

3.14 Em uma base de pesquisa submarina, uma bandeira norte-americana está localizada como mostra a Figura P.3.14. Essa bandeira é feita de plástico e pode girar, de forma que fique sempre orientada paralelamente ao fluxo de água. Uma distribuição de força de atrito uniforme devido ao fluxo está presente sobre ambas as faces da bandeira e tem o valor de 10 N/m^2. O mastro também está sujeito a uma força de atrito uniforme de 20 N/m. Finalmente, existem forças de empuxo sobre a bandeira, de 30 N, e sobre o mastro, de 8 N. Qual é o vetor momento dessas forças sobre a base do mastro?

Figura P.3.14

3.15 Três linhas de transmissão são conectadas assimetricamente em um poste de energia. Para cada poste, o peso de uma linha quando coberta por gelo é de 2 kN. Qual é o momento desse peso em relação à base de um poste?

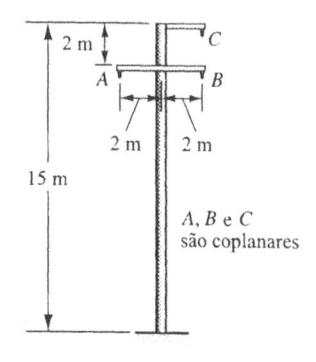

Figura P.3.15

3.16 Calcule o momento da força de 5 kN em relação aos pontos A, B e C. Utilize a propriedade de transmissibilidade da força e suas componentes retangulares para simplificar os cálculos.

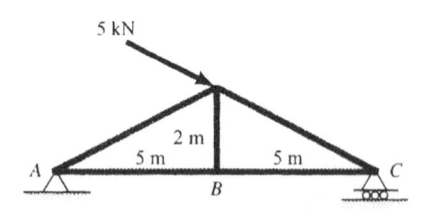

Figura P.3.16

3.17 Um guindaste montado em um caminhão possui uma estrutura reticulada de suporte de 20 m de comprimento inclinado de 60° em relação à horizontal. Qual é o momento em relação ao pivô da estrutura reticulada provocado pelo peso de 30 kN? Na resolução, utilize os procedimentos escalar e vetorial.

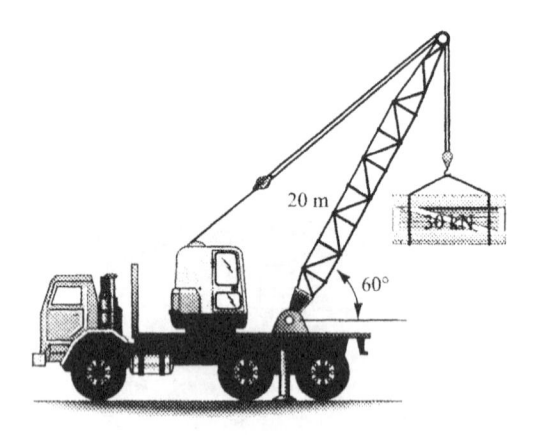

Figura P.3.17

3.18 Um pequeno balão dirigível está temporariamente estacionado, como mostra a Figura 3.18, onde DC e a linha de centro AB são coplanares. Uma força resultante F em virtude do vento, do peso do balão e do empuxo atua na linha de centro do balão. Considerando:

$$F = 5i + 10j + 18k \text{ kN}$$

quais os vetores momento de F em relação a A, B e C?

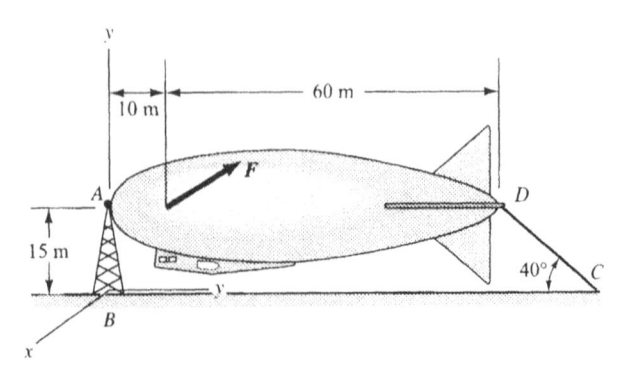

Figura P.3.18

3.19 Uma força $F = 10i + 6j - 6k$ N atua na posição (10, 3, 4) m relativa a um sistema de coordenadas. Qual o momento dessa força em relação à origem?

3.20 Qual é o momento da força do Problema 3.19 em relação ao ponto (6, −4, −3) m?

3.21 Duas forças, F_1 e F_2, têm módulos de 10 N e 20 N, respectivamente. F_1 tem o conjunto de cossenos diretores $l = 0,5$, $m = 0,707$ e $n = -0,5$. F_2 tem os cossenos diretores $l = 0$, $m = 0,6$ e $n = 0,8$. Considerando que F_1 atua no ponto (3, 2, 2) e F_2 em (1, 0, −3), qual é a soma de seus momentos em relação à origem?

3.22 Qual é o momento da força F de 10 N direcionada ao longo da diagonal de um cubo em relação aos vértices desse cubo? O lado do cubo mede a m.

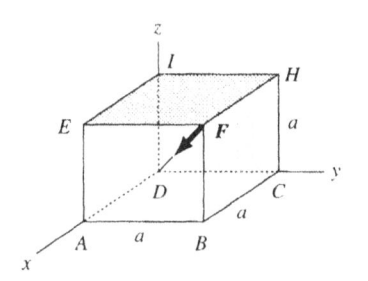

Figura P.3.22

3.23 Três cabos são utilizados no sistema de suporte de uma torre de transmissão de televisão, que tem altura de 600 m. Os cabos A e B são ajustados com uma tração de 60 kN, enquanto o cabo C apresenta uma força de tração de apenas 30 kN. Qual é o momento das forças dos cabos em relação à base O da torre? O eixo y é colinear a AO.

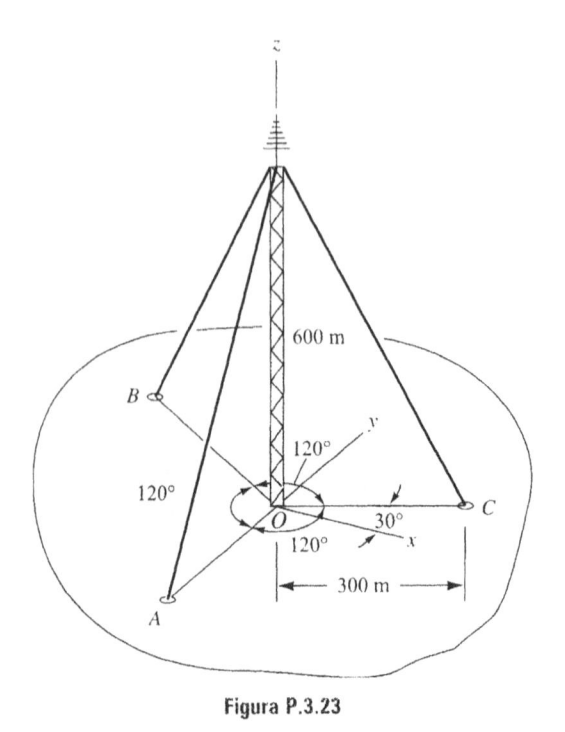

Figura P.3.23

3.24 Os cabos CD e AB ajudam a suportar o membro ED e a carga de 5 kN em D. Em E, existe uma junta esférica que também suporta o membro ED. Com a representação das forças dos cabos como F_{CD} e F_{AB}, respectivamente, calcule os momentos das três forças em relação ao ponto E. O plano EGD é perpendicular à parede. Obtenha resultados em termos de F_{CD} e F_{AB}.

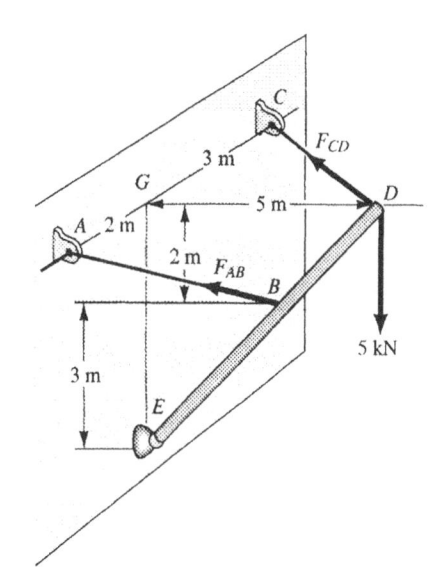

Figura P.3.24

3.3 Momento de uma força em relação a um eixo

Caso A. Problemas Simples. A definição do momento de uma força em relação a um eixo é estabelecida por meio de um problema simples. Suponhamos que um disco montado sobre um eixo esteja livre para girar em relação a seus mancais, como mostra a Figura 3.12. Uma força F, inclinada em relação ao plano A do disco, atua sobre o disco. A força é decomposta em duas componentes retangulares coplanares, uma normal ao plano A do disco e uma tangente a esse plano, isto é, nas forças F_B e F_A, respectivamente, que formam um plano, representado pela área sombreada da Figura 3.12, normal ao plano A.

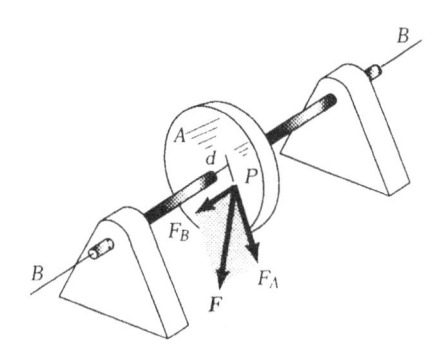

Figura 3.12: F_A faz girar o disco.

Ao observarmos a Figura 3.12, vemos que F_B não faz o disco girar sobre o eixo. Com base tanto nos princípios físicos quanto na intuição, sabemos que o movimento de rotação do disco é determinado pelo produto de F_A e pela distância d, que representa a distância desde a linha de centro

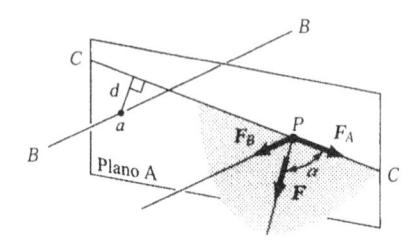

Figura 3.13: Obtenção do momento em relação a um eixo B–B.

do eixo até a linha de ação de F_A, perpendicular a esta. Ao relembrarmos alguns conceitos básicos da física, vemos que este produto nada mais é do que o momento da força F em relação à linha de centro do eixo. A partir desse simples exemplo, podemos generalizar o momento de uma força F *qualquer* em relação a um eixo *qualquer*.

Para calcularmos o momento (ou torque) de uma força F, em um plano perpendicular ao plano A, em relação a um eixo B–B (Figura 3.13), utilizamos um plano A qualquer perpendicular a esse eixo. Esse plano corta B–B em a e a linha de ação da força F em algum ponto P. A força F é, então, projetada para formar uma componente retangular F_B ao longo da linha em P normal ao plano A e, desse modo, paralela a B–B, como mostrado na Figura 3.13. A interseção do plano A com o plano das forças F_B e F (este plano é mostrado pela área sombreada da figura, e é perpendicular ao plano A através de F) dá a direção C–C ao longo da qual a outra componente retangular de F, representada por F_A, pode ser projetada[4]. O momento de F em relação à linha B–B é definido como a representação escalar do momento de F_A em relação ao ponto a, com módulo igual a $F_A d$. Desse modo, de acordo com a definição apresentada, a componente F_B, que é paralela ao eixo B–B, não contribui para o momento em relação a este eixo. Podemos então afirmar que:

$$\text{momento em relação ao eixo } B\text{–}B = (F_A)(d) = |F|(\cos \alpha)(d)$$

com o sinal apropriado. O momento em relação a um eixo é obviamente um escalar, embora esse momento esteja associado a um eixo particular que possui uma direção específica. Essa situação é similar àquela das componentes escalares V_x, V_y e V_z etc., que estão associadas com determinadas direções, embora sejam escalares. O leitor rapidamente notará que a Figura 3.13 representa uma generalização da Figura 3.12, possuindo um eixo B–B, um plano A normal a esse eixo e uma força F qualquer. Para facilitar o entendimento dessa última observação, podemos redesenhar a Figura 3.13 (veja a Figura 3.14a) mostrando apenas o plano A, os eixos B–B e C–C e a força F_A. Na Figura 3.14b, incluímos também o vetor momento M. Essa figura relembra a Figura 3.5, na qual em primeiro lugar foi definido o vetor momento de uma força em relação a um ponto de maneira bastante simples. Assim, nota-se que, por um lado, pelo momento em relação ao ponto a (veja a Figura 3.14b) obtém-se o vetor M, enquanto, por outro lado, na Figura 3.14a, obtém-se o momento escalar M em relação ao eixo B–B no ponto a e perpendicular ao plano A. Assim, tomando-se o valor escalar de M da Figura 3.14b, chega-se ao momento em relação ao eixo no ponto a, normal ao plano A, como formulado no desenvolvimento da Figura 3.13.

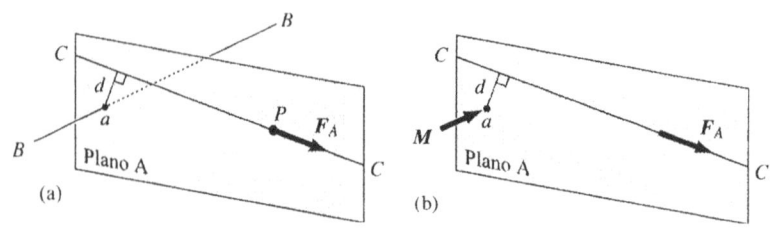

Figura 3.14: Comparação entre as Figuras 3.13 e 3.5.

---

4 Note-se que a força F é decomposta em apenas duas componentes retangulares, as quais substituem F e devem ser coplanares a ela.

Então, ao observarmos a Figura 3.15, podemos concluir que o momento de F em relação ao ponto C pode ser analisado de duas maneiras:

Vetor momento em relação ao ponto $C = -F\,d\,\mathbf{k}$
Torque (ou momento) em relação ao eixo z no ponto $C = -Fd$

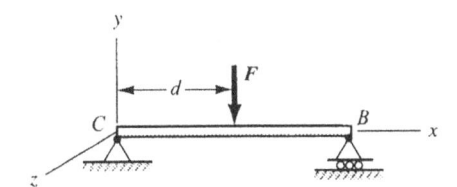

Figura 3.15: Análise do momento de F em relação ao ponto C.

Antes de prosseguirmos devemos enfatizar que F_A, na Figura 3.13, pode ser decomposta em pares de componentes no plano A. Pelo teorema de Varignon, essas componentes são empregadas no lugar de F_A para calcularmos o momento em relação ao eixo B–B. Para cada componente da força, multiplicamos a força pela distância, tomada em uma linha perpendicular, do ponto a à linha de ação dessa componente de força. A regra da mão direita é utilizada para determinar a direção e o sentido e, conseqüentemente, o sinal do momento.

Caso B. Problemas Complexos. Quando foi apresentado o conceito do momento de uma força em relação a um *ponto*, foram estudadas tanto a formulação para problemas simples (isto é, um vetor de módulo Fd) quanto a formulação vetorial mais abrangente, aplicada a problemas mais complexos (isto é, $\mathbf{r} \times \mathbf{F}$). Da mesma maneira, apresentou-se, para a determinação de momentos em relação a um *eixo*, uma formulação Fd, que é útil para problemas simples[5]. Agora, apresentaremos uma formulação que pode ser útil para problemas mais complexos. Com esse intuito, a Figura 3.13 é redesenhada na Figura 3.16(a). Na Figura 3.16b, mostramos o eixo B–B da Figura 3.16a como um eixo x e estabelecemos os eixos coordenados y e z em um ponto O *qualquer* sobre o eixo B–B. As distâncias coordenadas x, y e z para o ponto P são mostradas para esse sistema de referência. O vetor posição $\mathbf{r}$ até P também é apresentado. A componente de força F_B da Figura 3.16a torna-se, então, a componente de força F_x. E, em vez de empregarmos F_A, nós a decompomos nas componentes F_y e F_z no plano A, como mostra a Figura 3.16b. Podemos, agora, calcular o momento em relação ao eixo x da força F utilizando esse novo esquema, que não requer que F esteja em um plano perpendicular ao plano A. Obviamente F_x não contribui para o momento, como visto no caso anterior. As componentes de força F_y e F_z estão no plano A, que é perpendicular ao eixo de interesse, e, assim, como no caso anterior de F_A, elas devem ser multiplicadas pela distância perpendicular medida do ponto a às suas respectivas linhas de ação.

---

[5] Isto é, para problemas nos quais a *força* e o *ponto* de interesse estão em um plano normal ao *eixo* em questão, em que, conseqüentemente, a determinação da distância do ponto à linha de ação da força, medida sobre uma perpendicular a esta, pode ser facilmente realizada.

Para a força F_z, esta distância perpendicular é claramente y, como pode ser visto na figura. Para a força F_y, essa distância é z. Empregando a regra da mão direita para a verificação dos sentidos de cada um dos momentos, podemos afirmar que:

$$\text{momento em relação ao eixo } x = (yF_z - zF_y) \qquad (3.10)$$

Se os momentos de F são calculados em relação à origem O, podemos obter (veja a Equação 3.8):

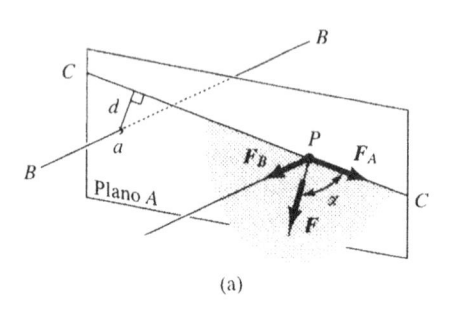

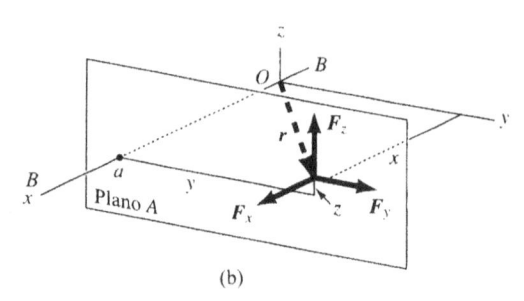

$$M = M_x i + M_y j + M_z k = r \times F$$
$$= (yF_z - zF_y)i + (zF_x - xF_z)j + (xF_y - yF_x)k \qquad (3.11)$$

Figura 3.16: Momento em relação a um eixo.

Comparando as Equações 3.10 e 3.11, podemos concluir que o momento em relação ao eixo x é simplesmente M_x, que é a componente em x de M em relação a O. Então, o momento em relação ao eixo x da força F é a componente na direção x do momento de F em relação a um ponto O localizado em uma posição qualquer ao longo do eixo x. Isto é,

$$\text{momento em relação ao eixo } x = M_x = M_O \cdot i = (r \times F) \cdot i \qquad (3.12)$$

Uma generalização para essa definição é apresentada a seguir. Consideremos um eixo n–n qualquer, que possua um vetor unitário n (Figura 3.17). Uma força F qualquer também é conhecida. Para obtermos o momento M_n da força F em relação ao eixo n–n, escolhemos um ponto O qualquer ao longo de n–n. Então, traçamos um vetor posição r do ponto O a um ponto qualquer sobre a linha de ação de F. Isso é mostrado na Figura 3.17. Podemos afirmar então que:

$$M_n = (r \times F) \cdot n \qquad (3.13)$$

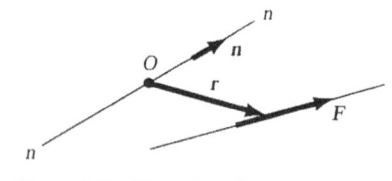

Figura 3.17: $M_n = (r \times F) \cdot n$.

(Observe que, pelas Figuras 3.12 e 3.13, o momento de uma força em relação a um eixo envolve um produto escalar triplo.) A Equação 3.13 informa que:

O momento de uma força em relação a um eixo é igual à componente escalar, na direção desse eixo, do vetor momento tomado em relação a qualquer ponto ao longo desse eixo.

Essa é a formulação mais abrangente a ser empregada em problemas mais complexos.

Note que o vetor unitário n pode ter dois sentidos ao longo do eixo n, ao contrário dos vetores unitários i, j e k dos eixos coordenados. Um momento M_n em relação ao eixo n, determinado por meio de $M \cdot n$, possui sentido consistente ao escolhido para n. Isto é, um momento positivo M_n tem um sentido correspondente ao sentido de n e um momento negativo M_n tem sentido oposto ao de n. Se n for escolhido com o sentido oposto, o sinal de $M \cdot n$ será o oposto ao sinal encontrado no caso anterior. Entretanto, a mesma grandeza física momento será obtida, independentemente do sentido de n.

Se os momentos de uma força são especificados em relação a 3 eixos ortogonais concorrentes, especificamos, então, *um possível ponto O* ao longo desses eixos. O ponto O, naturalmente, é a origem desse sistema de eixos. Esses 3 momentos em relação aos eixos ortogonais tornam-se, pois, as componentes escalares ortogonais do momento de F em relação ao ponto O. Podemos afirmar, então, que:

$$M = \text{(momento em relação ao eixo } x)i + \\ \text{(momento em relação ao eixo } y)j + \\ \text{(momento em relação ao eixo } z)k = M_x i + M_y j + M_z k \quad (3.14)$$

A partir dessa relação, concluímos que:

As três componentes ortogonais do momento de uma força em relação a um ponto são os momentos dessa força em relação aos 3 eixos ortogonais que possuem aquele ponto como origem.

Podemos perguntar quais as diferenças físicas entre os momentos em relação a um eixo e os momentos em relação a um ponto. O exemplo mais simples encontra-se na dinâmica de corpos rígidos. Se um corpo foi restringido em seus movimentos, de maneira que ele possa apenas girar em relação ao seu próprio eixo, como mostrado na Figura 3.12, o movimento rotativo dependerá do momento das forças em relação ao eixo de rotação, que pode ser obtido pela equação escalar de momento. O conceito menos familiar de momento em relação a um ponto está ilustrado no movimento de corpos sem quaisquer restrições, tais como mísseis e foguetes. Nesses casos, o movimento de rotação do corpo é descrito pela equação vetorial para o momento das forças que atuam sobre o corpo em relação a um ponto denominado *centro de massa*. (O conceito de centro de massa será visto em capítulos posteriores.)

Exemplo 3.3

Calcule o momento de uma força $F = 10i + 6j$ N, cuja linha de ação passa pelo ponto $r_a = 2i + 6j$ m (veja a Figura 3.18), em relação à linha que passa pelos pontos 1 e 2, descritos pelos seguintes vetores posição:

$$r_1 = 6i + 10j - 3k \text{ m}$$
$$r_2 = -3i - 12j + 6k \text{ m}$$

No cálculo do momento, é possível determinar o momento de F em relação ao ponto 1 ou ao ponto 2 e, então, encontrar a componente do vetor ao longo da direção do vetor deslocamento entre 1 e 2 ou entre 2 e 1. Ao empregarmos o vetor deslocamento do ponto 1 até o ponto a, ou seja, $(r_a - r_1)$, temos:

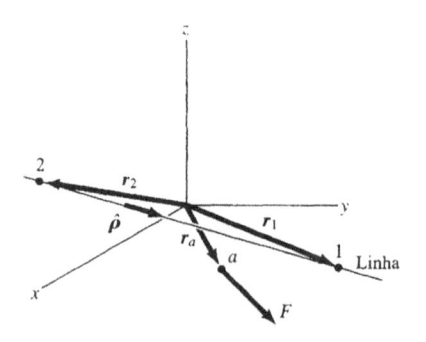

$$M_\rho = [(r_a - r_1) \times F] \cdot \hat{\rho} \quad (a)$$

Figura 3.18: Determinação do momento de F em relação a uma linha.

onde $\hat{\rho}$ é o vetor unitário na direção da linha escolhida, com um sentido do ponto 2 ao ponto 1. A formulação apresentada baseia-se no produto escalar triplo, visto no Capítulo 2. A abordagem do determinante nos cálculos do produto de vetores pode ser utilizada desde que as componentes dos vetores $(r_a - r_1)$, F e $\hat{\rho}$ tenham sido determinadas. Assim, temos:

$$r_a - r_1 = (2i + 6j) - (6i + 10j - 3k)$$
$$= -4i - 4j + 3k \text{ m}$$
$$F = 10i + 6j \text{ N}$$
$$\hat{\rho} = \frac{r_1 - r_2}{|r_1 - r_2|} = \frac{9i + 22j - 9k}{\sqrt{81 + 484 + 81}}$$
$$= 0{,}354i + 0{,}866j - 0{,}354k$$

Portanto, obtemos M_ρ por meio da seguinte operação:

$$M_\rho = \begin{vmatrix} -4 & -4 & 3 \\ 10 & 6 & 0 \\ 0{,}354 & 0{,}866 & -0{,}354 \end{vmatrix} = 13{,}94 \text{ N m} \quad (b)$$

Pelo fato de M_ρ ser positivo, temos um momento no sentido horário em relação à linha, quando o momento é observado a partir do ponto 2 em direção ao ponto 1. Se o vetor $\hat{\rho}$ fosse escolhido no sentido contrário ao anterior, M_ρ seria calculado como $-13{,}94$ N m. Portanto, concluímos que M_ρ seria um momento anti-horário em relação à linha, quando fosse observado a partir do ponto 1 em direção ao ponto 2. Note-se que a mesma ação física do momento é obtida em ambos os casos.

Exemplo 3.4

Uma embarcação submersa em grandes profundidades está conectada a um navio por meio de um cabo (Figura 3.19). A embarcação encontra-se encalhada em algumas pedras, e o navio se move à frente na tentativa de soltá-la. O cabo de conexão está suspenso por uma grua localizada a uma altura de 20 m em relação ao centro de massa do navio e a uma distância de 15 m medida em relação ao eixo longitudinal do navio. O cabo transmite uma força de 200 kN. O cabo encontra-se inclinado a 50° em relação à vertical, contida em um plano vertical, que, por sua vez, está orientado a 20° do eixo longitudinal do navio. Qual é o momento que faz com que o navio tenda a rolar sobre seu eixo longitudinal (isto é, o eixo x)?

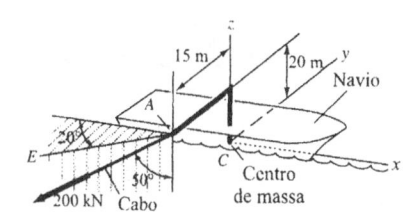

Figura 3.19: Torque em relação a um eixo horizontal do navio passando pelo centro de massa.

O vetor posição do centro de massa C ao ponto A é dado por:

$$r = -15j + 20k \text{ m}$$

Analisemos, agora, a força de 200 kN do cabo. Observe que o cabo está em um plano que girou 20° no sentido anti-horário em relação a um plano paralelo ao plano xz. Nesse plano vertical inclinado, o cabo está a um ângulo de 50° da direção vertical. Em primeiro lugar, decompomos a força de 200 kN em duas componentes retangulares coplanares, uma ao longo da vertical e uma ao longo de AE. Desse modo, temos:

$$F_{CABO} = -200 \cos 50° \, k + F_{AE} = -128{,}6k + F_{AE} \text{ kN}$$

O próximo passo é decompor F_{AE} em duas componentes retangulares coplanares, uma paralela ao eixo y e outra paralela ao eixo x. Considerando que $|F_{AE}| = 200 \text{ sen } 50°$ kN, obtemos:

$$F_{AE} = (200 \text{ sen } 50°)[-\cos 20° i - \text{sen } 20° j] = -144i - 52{,}4j \text{ kN}$$

assim,

$$F_{CABO} = -144i - 52{,}4j - 128{,}6k \text{ kN}$$

Para obtermos o momento desejado, utilizamos o seguinte procedimento:

$$M_x = \left[r \times F_{CABO}\right] \cdot i$$
$$M_x = [(-15j + 20k) \times (-144i - 52{,}4j - 128{,}6k)] \cdot i$$

Empregando o formato de determinante para o produto escalar triplo, obtemos:

$$M_x = \begin{vmatrix} 0 & -15 & 20 \\ -144 & -52{,}4 & -128{,}6 \\ 1 & 0 & 0 \end{vmatrix} \text{ kN m}$$

Ao calcularmos esse determinante, chegamos ao seguinte resultado:

$$M_x = 2{,}98 \text{ MN m}$$

Problemas

3.25 O disco A tem um raio de 600 mm. Qual é o momento das forças em relação ao centro do disco? Qual o torque dessas forças em relação ao eixo do disco?

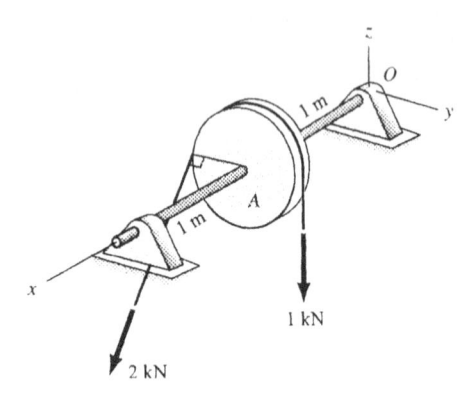

Figura P.3.25

3.26 Uma força F atua no ponto $(3, 2, 0)$ m. A força está no plano xy e possui uma inclinação de $30°$ em relação ao sentido positivo do eixo x. Qual é o momento dessa força em relação a um eixo que passa pelos pontos $(6, 2, 5)$ m e $(0, -2, -3)$ m?

3.27 A força $F = 10i + 6j$ N passa pela origem do sistema de coordenadas. Qual é o momento dessa força em relação a um eixo que passa pelos pontos 1 e 2, cujas posições são dadas pelos seguintes vetores:

$$r_1 = 6i + 3k \text{ m}$$
$$r_2 = 16j - 4k \text{ m}$$

3.28 Considerando uma força $F = 10i + 3j$ N que atua na posição $r = 5j + 10k$ m, qual é o torque em relação à diagonal mostrada na Figura P.3.28? Qual é o momento em relação ao ponto E?

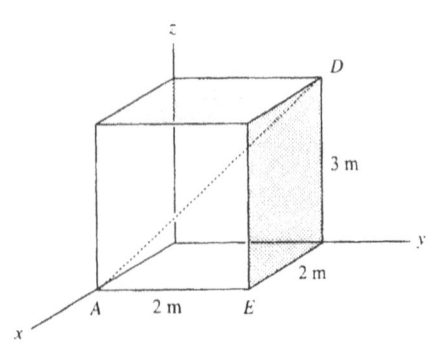

Figura P.3.28

3.29 Um balão encontra-se estacionado em uma torre no ponto A. A força do balão sobre o ponto A é:

$$F = 5i + 3j + 1,8k \text{ kN}$$

Qual é o momento em relação ao ponto C no solo? O conhecimento desse momento e de outros sobre a base é necessário para o projeto da fundação da torre.

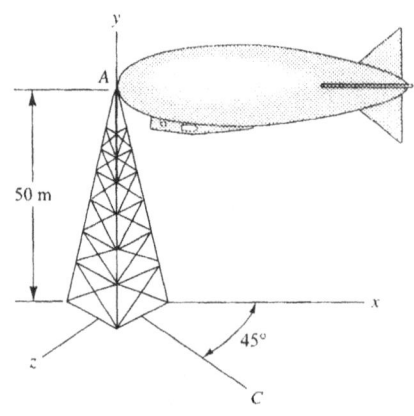

Figura P.3.29

3.30 Calcule o carregamento axial sobre o eixo em virtude das forças aplicadas, mostradas na Figura P3.30, e o torque dessas forças em relação ao eixo do conjunto.

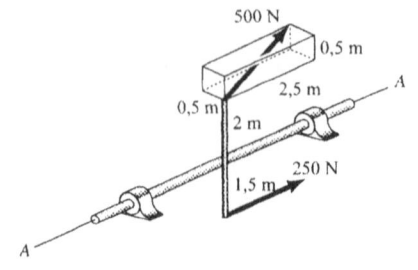

Figura P.3.30

3.31 Qual é a máxima carga W que o guindaste pode erguer sem tombar sobre o ponto A? (*Dica*: Quando esse tombamento é impedido, qual é a força na roda em B?) Veja figura na página seguinte.

3.32 Determine o momento da força de 5 kN em relação ao eixo entre os pontos D e C.

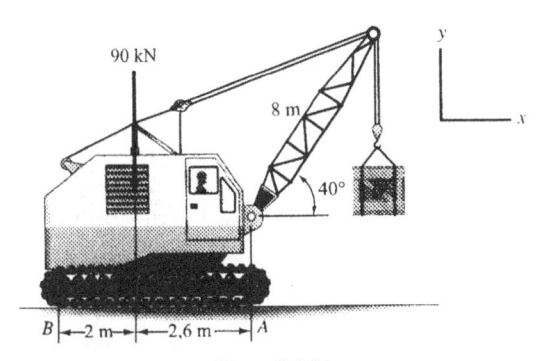

Figura P.3.31

3.33 No Problema 3.24, qual é o momento das três forças indicadas em relação ao eixo GD?

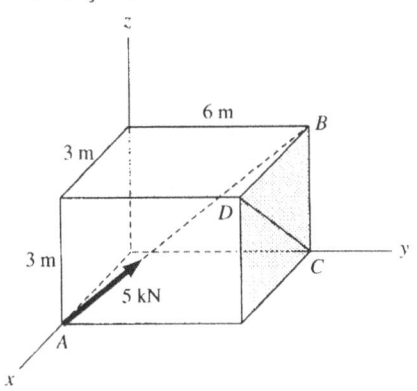

Figura P.3.32

3.34 A base da escada de um caminhão de bombeiros foi girada em 75° no sentido anti-horário. A escada de 25 m tem inclinação de 60° em relação à horizontal. O peso da escada é de 20 kN e está concentrado em um ponto a 10 m da base (a parte inferior da escada tem maior peso do que a superior). Um bombeiro de peso igual a 900 N e uma garota de 500 N, que está sendo resgatada, estão localizados no topo da escada. (a) Qual é o momento em relação à base da escada, que tenta tombar o caminhão? (b) Qual é o momento em relação ao eixo horizontal que tem o vetor unitário $\hat{\rho}$, como mostrado na figura P3.34?

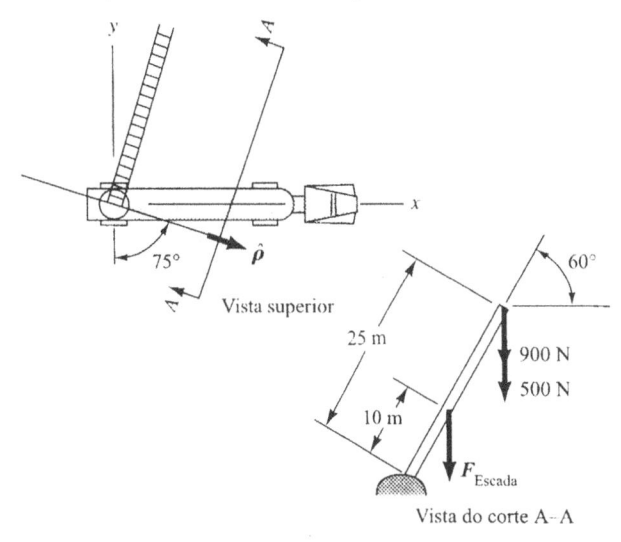

Figura P.3.34

3.4 Binário e momento do binário

Um arranjo especial de forças de grande importância na mecânica é o *binário*. *O binário é formado por duas forças iguais e paralelas que têm sentidos contrários* (Figura 3.20). Sobre um corpo rígido, um binário causa apenas um efeito, a ação de rotação. Forças individuais ou combinações de forças, que não constituem binários, podem tanto "empurrar" ou "puxar" um corpo quanto "rodá-lo". A ação de rotação é dada de maneira quantitativa pelo momento das forças em relação a um ponto ou um eixo. A determinação do momento de um binário constitui passo fundamental na análise de problemas da mecânica.

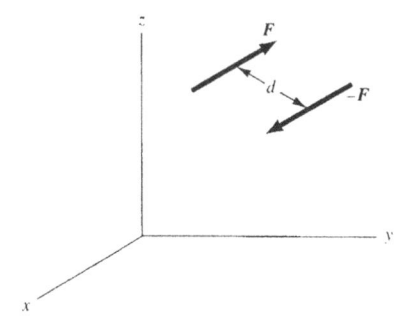

Figura 3.20: Um binário.

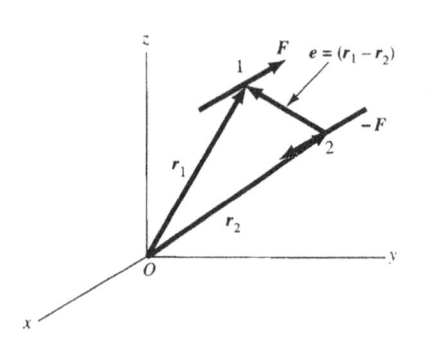

Figura 3.21: Cálculo do momento de um binário em relação a O.

É possível calcular o momento do binário em relação à origem do sistema de referência. Vetores posição são desenhados na Figura 3.21 para os pontos quaisquer 1 e 2, localizados sobre as linhas de ação de cada força. Adicionando o momento de cada força em relação a O, o momento do binário M é obtido como:

$$M = r_1 \times F + r_2 \times (-F)$$
$$= (r_1 - r_2) \times F \qquad (3.15)$$

Podemos observar que $(r_1 - r_2)$ é um vetor deslocamento entre os pontos 1 e 2. Se esse vetor for chamado de e, a equação anterior torna-se:

$$M = e \times F \qquad (3.16)$$

Como e está no plano do binário, pela definição do produto vetorial, M terá uma orientação normal a esse plano. O sentido desse vetor, apresentado na Figura 3.22, está direcionado para baixo, respeitando a regra da mão direita. Note-se o uso de dupla seta na representação do momento de um binário. Note-se, também, que a rotação de e para F, como mostrada na formulação do produto vetorial, está na mesma direção da ação de "rotação" dos dois vetores força. A ação de rotação das forças do binário deve ser utilizada para a determinação do sentido de rotação, em conjunto com a regra da mão direita.

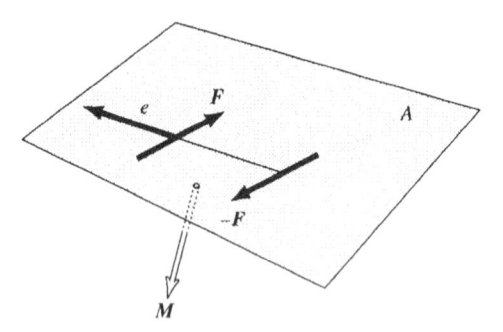

Figura 3.22: O momento M do binário.

Estabelecidos a direção e o sentido do momento M do binário, falta apenas a determinação de seu módulo para sua descrição completa. Os pontos 1 e 2 podem ser escolhidos em quaisquer pontos ao longo das linhas de ação das forças sem alteração no momento resultante, pois as forças são deslizantes no cálculo do momento. Portanto, para o cálculo do módulo do vetor momento do binário, as posições 1 e 2 são escolhidas como as mais simples possíveis, de modo que e seja *perpendicular* às linhas de ação das forças (e é, por conveniência, representado por $e_\perp$). Pela definição do produto vetorial, podemos afirmar que:

$$|M| = |e_\perp| \, |F| \operatorname{sen} 90° = |e_\perp| \, |F| = |F| \, d \qquad (3.17)$$

onde a notação mais familiar, d, é usada no lugar de $|e_\perp|$ para a distância entre as linhas de ação das forças medida sobre uma reta perpendicular às linhas.

Resumindo a discussão anterior, podemos afirmar que: o momento de um binário é um vetor cuja orientação é normal ao plano do binário e cujo sentido é determinado de acordo com a regra da mão direita, observando a ação de "rotação" das forças. O módulo do momento do binário é igual ao produto do módulo de uma das forças do binário pela distância perpendicular entre as forças.

Note-se que, no cálculo do *momento* de um binário em relação à origem O, o resultado final não envolve a posição desse ponto. Por isso, podemos assumir que o binário tem o mesmo momento em relação a qualquer ponto no espaço. Esse assunto será visto com mais detalhes na próxima seção.

3.5 O momento do binário como um vetor livre

O mesmo vetor momento é obtido no cálculo do momento de um binário, independentemente da posição no espaço adotada como referência. Para compreender esse fato, basta observar que os vetores posição dos pontos 1 e 2 não serão alterados pela escolha de uma nova origem O' e que a *diferença* entre esses vetores (que foi representada por e) não muda, como pode ser visto na Figura 3.23. Como $M = e \times F$, pode-se concluir que *o binário tem o mesmo momento em relação a qualquer ponto no espaço*. A linha de ação da representação vetorial do momento do binário, ilustrada na Figura 3.24, é de pequena importância e pode ser movida para qualquer posição. Em suma, *o momento do binário é um vetor livre*. Isto é, podemos mover esse vetor para qualquer lugar do espaço sem modificar seu significado, desde que a direção, o sentido e o módulo sejam mantidos intactos. Conseqüentemente, *no intuito de calcularmos os momentos*, podemos mover o binário para qualquer local em seu plano ou em um plano paralelo a esse, desde que o sentido de rotação não seja alterado. Em todos esses possíveis planos, o módulo das forças do binário pode ser alterado, desde que a distância perpendicular d seja simultaneamente alterada para manter o produto $|F|d$ invariável. Como nenhuma dessas alterações modifica a direção, o sentido e o módulo do momento do binário, todas elas são admissíveis.

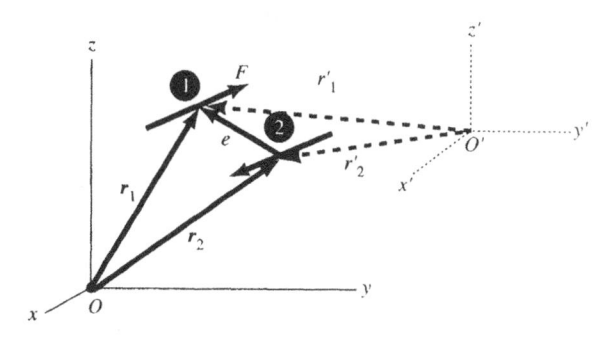

Figura 3.23: O vetor *e* independe do sistema de referência.

Conforme mencionado anteriormente, o único efeito de um binário sobre um corpo rígido é a ação de girá-lo, a qual é representada de maneira quantitativa pelo momento do binário. Como a rotação do corpo é o único efeito do binário, este pode ser representado por seu momento resultante. Seu módulo torna-se, então, $|F|d$, e sua direção e sentido são aqueles dados por seu momento. A identificação de um binário é representada na Figura 3.24, em que o momento C do binário pode ser empregado para representar o binário indicado.

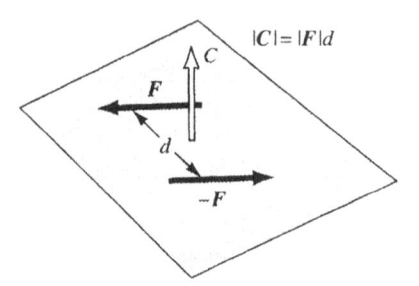

Figura 3.24: O vetor momento C representando um binário.

3.6 Adição e subtração de binários

Como binários possuem resultante de forças igual a zero, a adição de binários sempre terá resultante de forças nulas. Assim, a adição e a subtração de binários são interpretadas como a adição e a subtração dos *momentos dos binários*. Pelo fato de os momentos de binários serem vetores livres, podemos sempre arranjá-los em um sistema de vetores concorrentes. Para ilustrar essas operações, adicionamos os dois binários mostrados sobre a face de um cubo na Figura 3.25. Observe-se que os vetores dos momentos dos binários, representando os binários, estão desenhados nessa figura. Como esses vetores são livres, eles podem ser movidos para uma posição conveniente e, desse modo, serem adicionados. O momento resultante dos dois binários é igual a 154,6 N m, a um ângulo de 76° com a horizontal, como é mostrado na Figura 3.26. O binário que gera a ação de rotação do corpo está em um plano normal a esta direção com sentido horário, quando observado de baixo para cima.

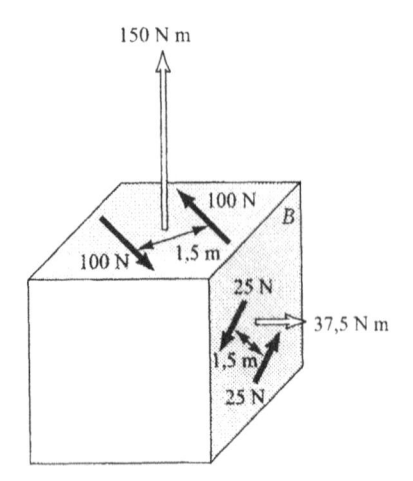

Figura 3.25: Adição de binários.

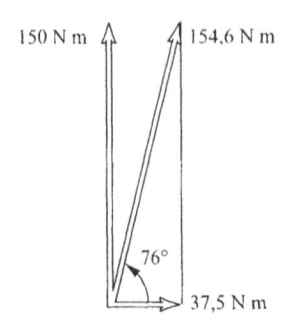

Figura 3.26: Adição de momentos de binários.

Essa adição pode ser efetuada de maneira bastante simples utilizando o seguinte procedimento. Os binários do cubo são movidos, em seus respectivos planos, para as posições mostradas na Figura 3.27, o que não causa alteração em seus momentos, como discutido na Seção 3.5. Se o binário no plano B foi alterado para ter um módulo de força igual a 100 N e se a distância entre as forças desse binário foi reduzida para 1,5/4 m, o momento desse binário não será alterado (Figura 3.28). Conseqüentemente, obteremos um sistema de 2 forças colineares, iguais e contrárias, cuja resultante se anulará e não contribuirá para o momento. O resultado será um binário sobre um plano inclinado em relação aos planos originais (Figura 3.29). A distância entre as forças restantes será:

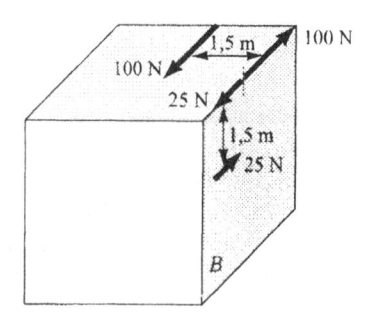

Figura 3.27: Movendo-se os binários.

$$\sqrt{1{,}5^2 + \frac{1{,}5^2}{4^2}} \text{ m} = 1{,}546 \text{ m}$$

e o módulo do momento do binário poderá ser calculado como 154,6 N m. A direção da normal ao plano desse binário estará a 76° da horizontal, fazendo com que o momento total dos binários seja idêntico ao momento calculado anteriormente.

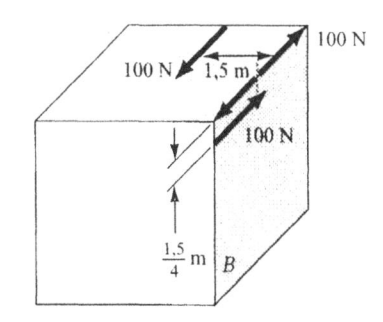

Figura 3.28: Alteração no valor de 2 forças.

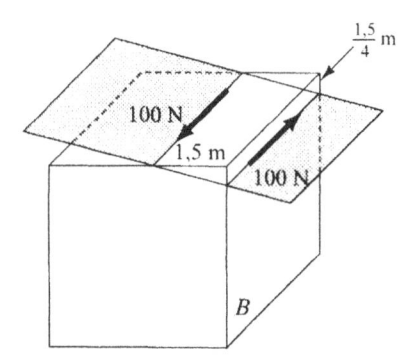

Figura 3.29: Cancelando as forças colineares de 100 N.

Uma notação usual para binários em um plano é mostrada na Figura 3.30. Os valores indicados serão aqueles dos momentos desses binários.

Figura 3.30: Representação dos momentos de binários em um plano.

Exemplo 3.5

Substitua o sistema de forças e o binário mostrado na Figura 3.31 por um único momento. Observe que o momento do binário de 1.000 N m está no plano diagonal *ABCD*. Como primeiro passo na solução do problema, identifique um segundo momento além do momento do binário no plano diagonal.

Analisemos as forças na direção vertical. Há uma resultante de força vertical de 1.700 N, de baixo para cima, que não é colinear à força resultante de 1.700 N para baixo. Essas forças geram um segundo binário. Para determinarmos o momento dessas forças, calculamos os momentos em relação à origem do sistema de coordenadas, da seguinte forma:

$$C_1 = 3k \times 800j + (3k + 2i) \times (700 - 1.700)j + 2i \times 200j$$
$$= 600i - 1.600k \text{ N m}$$

Para o momento do binário de 1.000 N m no plano diagonal, determinamos o ângulo entre a direção normal ao plano diagonal e o eixo horizontal, como mostra a Figura 3.32.

O ângulo α na Figura 3.32 é calculado da seguinte forma:

$$\tan \alpha = 3/4 \qquad \therefore \quad \alpha = 36,87°$$

Assim, podemos calcular o segundo momento do binário C_2:

$$C_2 = -1.000 \cos 36,87°k + 1.000 \text{ sen } 36,87°j$$
$$= -800k + 600j \text{ N m}$$

Agora, adicionamos os dois momentos do binário para obtermos C_{TOTAL}:

$$C_{TOTAL} = C_1 + C_2 = (600i - 1.600k) + (-800k + 600j)$$

$$C_{TOTAL} = 600i + 600j - 2.400k \text{ N m}$$

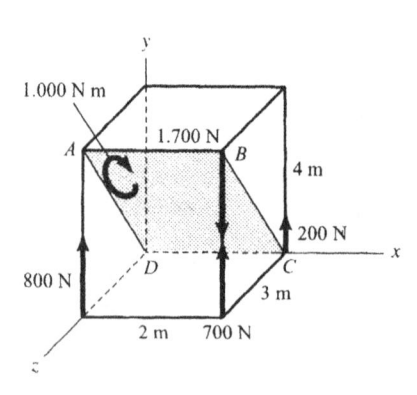

Figura 3.31: Substituição do sistema de forças por um único momento.

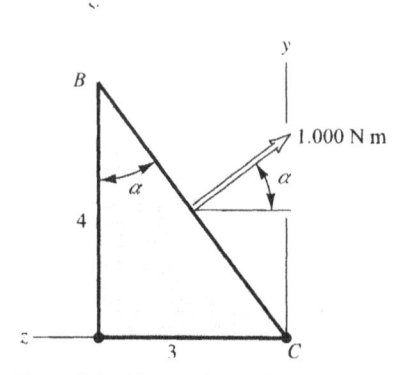

Figura 3.32: Vista ao longo do eixo *x*.

3.7 Momento de um binário em relação a uma linha

Na Seção 3.3, mostramos que o momento de uma força F em relação a uma linha *A-A* (veja a Figura 3.33) é calculado tomando o momento de F em relação a um ponto P *qualquer* sobre *A-A* e projetando o vetor resultante sobre essa linha. O vetor unitário ao longo da linha *A-A* pode ser descrito por a. Então,

$$M_{AA} = (r \times F) \cdot a \qquad (3.18)$$

Analisemos agora o momento de um binário em relação a uma linha. Com esse fim, mostramos o momento do binário C e a linha *A-A* na Figura 3.34. Como descrito anteriormente, em primeiro lugar desejamos o momento do binário em relação a qualquer ponto P ao longo de *A-A*. Mas o momento de C em relação a qualquer ponto no espaço é simplesmente ele próprio. Portanto, para obtermos o momento em relação à linha *A-A*, efetuamos o produto escalar de C por a. Assim,

$$M_{AA} = C \cdot a \qquad (3.19)$$

Como C é um vetor livre, os momentos de C em relação a todas as linhas paralelas a *A-A* devem ter o mesmo valor.

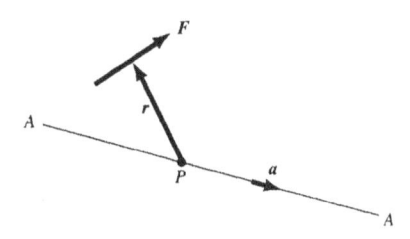

Figura 3.33: Determinação do momento de F em relação a *A–A*.

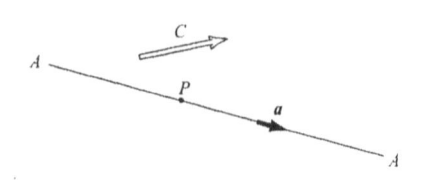

Figura 3.34: Determinação do momento de um binário em relação a *A-A*.

Exemplo 3.6

Analisemos o mecanismo de direção de um kart apresentado na Figura 3.35. As barras estão todas situadas em um plano orientado a 45° da horizontal. Esse plano é perpendicular à coluna de direção. Em uma curva, as mãos do piloto exercem forças iguais, mas opostas, de 140 N para girar o volante, cujo diâmetro é igual a 300 mm, no sentido horário, enquanto o piloto observa o volante. Qual é o momento aplicado em cada roda em relação a um eixo normal ao solo? Considere que cada roda está sujeita à metade do torque transmitido pelo motor.

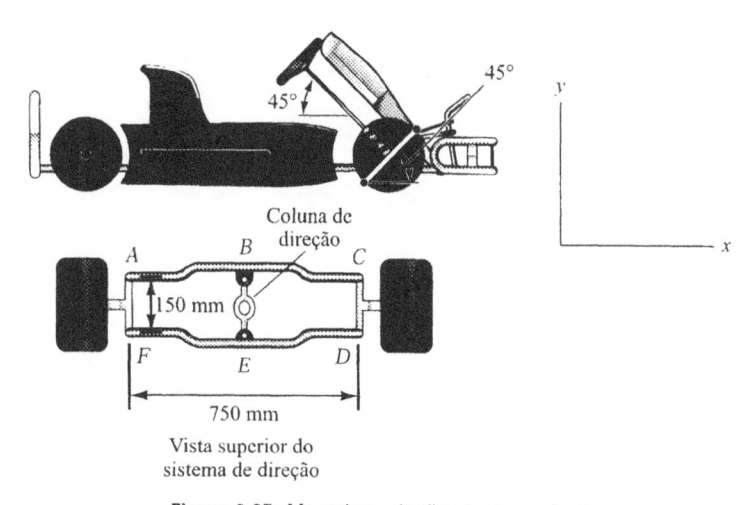

Figura 3.35: Mecanismo de direção de um kart.

O momento do binário aplicado ao volante é calculado da seguinte forma:

$$C = (140)(0,3)(0,707i - 0,707j) = 29,69i - 29,69j \text{ N m}$$

O torque em relação ao eixo vertical para cada roda pode ser determinado como:

$$Torque = \frac{1}{2}(29,69i - 29,69j) \cdot j = -14,85 \text{ N m}$$

Exemplo 3.7

Na Figura 3.36, determine:

(a) o somatório das forças;
(b) a soma dos binários;
(c) o torque do sistema em relação ao eixo C–C, que tem co-senos diretores $l = 0,46$ e $m = 0,63$ e passa pelo ponto A.

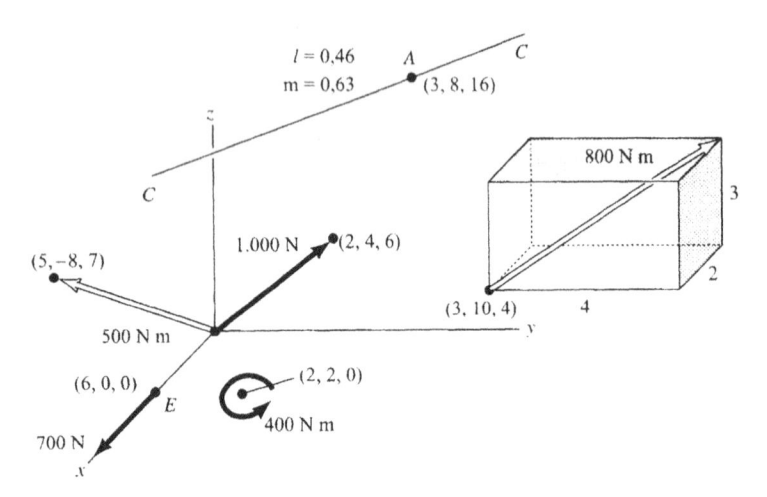

Figura 3.36: Sistema de forças no espaço.

(a) $\sum F = 700i + 1.000 \left[\dfrac{2i + 4j + 6k}{\sqrt{2^2 + 4^2 + 6^2}} \right]$

$= 700i + 267,3i + 534,5j + 801,8k$

$\sum F = 967,3i + 534,5j + 801,8k$ N

(b) $\sum C = 400k + 500 \left[\dfrac{5i - 8j + 7k}{\sqrt{5^2 + 8^2 + 7^2}} \right]$

$+ 800 \dfrac{4j - 2i + 3k}{\sqrt{4^2 + 2^2 + 3^3}}$ N m

$\sum C = 400k + 212,8i - 340,5j + 297,9k + 594,2j$

$- 297,1i + 445,7k$

$\sum C = -84,3i + 253,7j + 1.144k$ N m

Exemplo 3.7 (*continuação*)

(c) Para obtermos M_{CC}, primeiramente determinamos o vetor unitário ao longo de C-C, o qual é representado por $\hat{c}$. A partir da geometria do problema, temos:

$$l^2 + m^2 + n^2 = 1$$
$$\therefore (0{,}46)^2 + (0{,}63)^2 + n^2 = 1$$
$$n = 0{,}6257$$

Assim,

$$\hat{c} = 0{,}46i + 0{,}63j + 0{,}6257k$$

Podemos, então, calcular M_{CC}:

$$M_{CC} = [(r_E - r_A) \times (700i)] \cdot \hat{c}$$

$$+ \left[(O - r_A) \times (1.000) \frac{2i + 4j + 6k}{\sqrt{2^2 + 4^2 + 6^2}} \right] \cdot \hat{c}$$

$$+ \left[500 \frac{5i - 8j + 7k}{\sqrt{5^2 + 8^2 + 7^2}} \right] \cdot \hat{c}$$

$$+ \left[800 \frac{4j - 2i + 3k}{\sqrt{4^2 + 2^2 + 3^2}} \right] \cdot \hat{c} + 400k \cdot \hat{c}$$

$$M_{CC} = \{(6i - 3i - 8j - 16k) \times (700i) + (-3i - 8j - 16k)$$
$$\times (267{,}3i + 534{,}5j + 801{,}8k) + (212{,}8i - 340{,}5j + 297{,}9k)$$
$$+ (594{,}2j - 297{,}1i + 445{,}7k) + 400k \}$$
$$\cdot (0{,}46i + 0{,}63j + 0{,}6257k)$$

Efetuando os produtos vetoriais, obtemos:

$$M_{CC} = \{(5.600k - 11{,}2 \times 10^3 j) + (2.138i - 1.872j + 534{,}9k)$$
$$+ (212{,}8i - 340{,}5j + 297{,}9k) + (594{,}2j - 297{,}1i + 445{,}7k)$$
$$+ 400k\} (0{,}46i + 0{,}63j + 0{,}6257k)$$

$$M_{CC} = 944{,}7 - 8.075 + 4.554 = -2.576 \text{ N m}$$

Problemas

3.35 Um motorista de caminhão, quando troca um pneu furado, deve apertar as porcas da roda usando um torque de 100 N m. Considerando que a chave de roda tenha certo comprimento, de modo que a distância entre as forças aplicadas por suas mãos seja de 560 mm, quanto será a força exercida por cada uma das mãos do caminhoneiro? Para a retirada das porcas, o caminhoneiro exerceu uma força de 300 N em cada mão. Qual foi o torque aplicado nesse caso?

Figura P.3.35

3.36 A Figura P.3.36 apresenta binários iguais no plano de um volante. Explique por que eles são equivalentes na função de girar o volante. Eles são equivalentes do ponto de vista da deformação do volante? Explique.

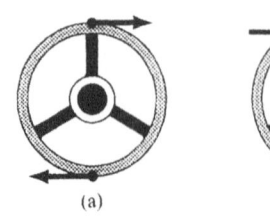

Figura P.3.36

3.37 Trabalhadores de uma indústria petrolífera podem exercer uma força entre 220 N e 560 N com cada mão sobre o volante de uma válvula (uma mão de cada lado). Considerando que o momento de 140 Nm é necessário para fechar uma válvula, qual será o diâmetro d do volante?

Figura P.3.37

3.38 Duas crianças empurram, com força tangencial de 130 N cada uma, um pequeno carrossel de diâmetro de 3 m. Qual o momento que elas produzem? Elas prendem uma barra de 10 m de comprimento com seção transversal de 50 mm por 100 mm, que atravessa o carrossel, de modo que o ponto central dessa barra coincida com o centro do carrossel. Qual é o momento resultante quando elas empurram as extremidades da barra em vez das bordas do carrossel? Qual seria o momento em relação ao centro do carrossel, caso elas fixassem uma extremidade da barra ao centro do carrossel e a empurrassem simultaneamente na mesma direção pela outra extremidade?

3.39 Um instrumento de escavação manual possui uma barra transversal de 0,6 m de comprimento e um eixo vertical de 1,5 m de comprimento fixo à base. Testes efetuados no instrumento mostram que um momento de 140 N m é requerido para cavar um buraco no barro, mas apenas 90 N m são necessários para cavar em solo arenoso. Qual deve ser a força F aplicada em cada caso para cavar um buraco, considerando que a distância entre as forças exercidas pelas mãos do operador é de 500 mm?

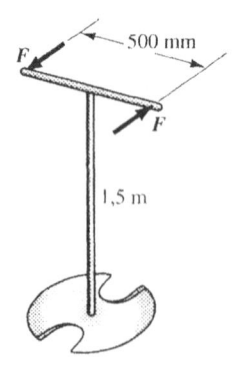

Figura P.3.39

3.40 Na frenagem até a parada, um caminhão desenvolve 350 N m de torque no eixo traseiro devido à ação do tambor de freio sobre esse eixo. Quais são as forças geradas nos suportes das molas, distantes 1 m um do outro, às quais o eixo está vinculado?

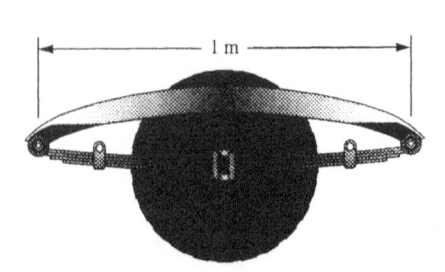

Figura P.3.40

3.41 Um binário é apresentado no plano yz. Qual é o momento desse binário em relação à origem? E em relação ao ponto $(6, 3, 4)$ m? Qual é o momento do binário em relação a uma linha que passa pela origem com cossenos diretores $l = 0$, $m = 0,8$ e $n = -0,6$? Considerando que essa linha seja deslocada até uma posição paralela de modo que ela passe pelo ponto $(6, 3, 4)$ m, qual é o momento do binário em relação a essa linha?

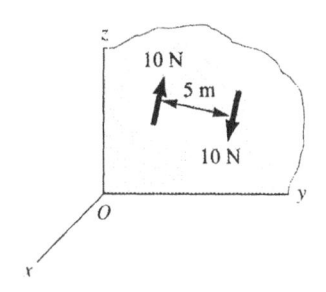

Figura P.3.41

3.42 Dadas as forças indicadas, qual é o momento dessas forças em relação aos pontos A e B?

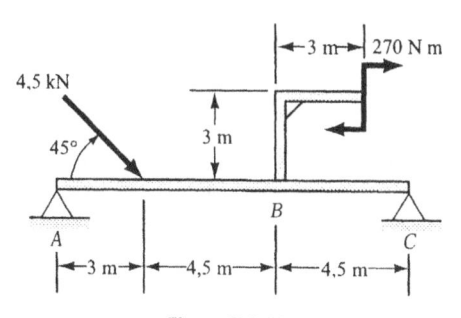

Figura P.3.42

3.43 O rotor de moinho de vento com 8 pás para geração de energia e bombeamento de água pára de girar por causa de um mancal do eixo. Porém, o vento continua soprando, de modo que cada pá esteja sujeita a 110 N de força perpendicular à superfície das pás. A força efetivamente age a 0,6 m da linha de centro do eixo ao qual as pás se encontram conectadas. As pás estão inclinadas a $60°$ do eixo de rotação. Qual é a carga axial total de todas as forças das pás sobre o eixo do moinho? Qual é o momento sobre o eixo parado?

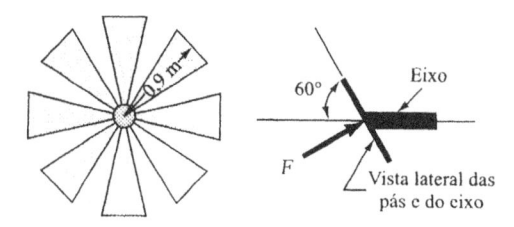

Figura P.3.43

3.44 Qual é o momento das forças mostradas em relação aos pontos A e P, sendo que P tem o seguinte vetor posição:

$$r_p = 10i + 7j + 15k \text{ m}?$$

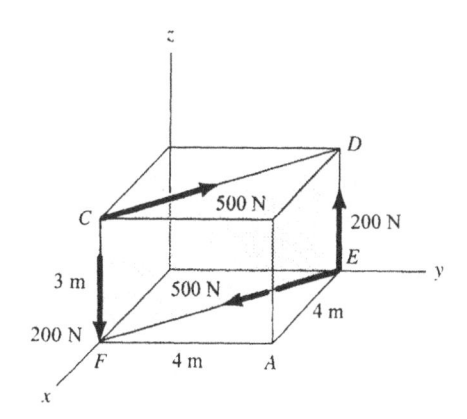

Figura P.3.44

3.45 Determine o torque em relação ao eixo A–A desenvolvido pela força de 450 N e pelo momento do binário de 4 kN m. O vetor posição r_1 é:

$$r_1 = 3i + 2,4j + 3,6k \text{ m}$$

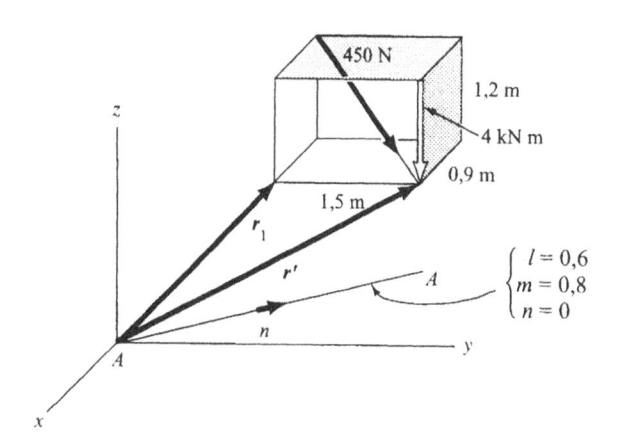

Figura P.3.45

3.46 Encontre M_{CD}, considerando que o momento do binário de 540 N m se encontra ao longo da diagonal do ponto A ao ponto B.

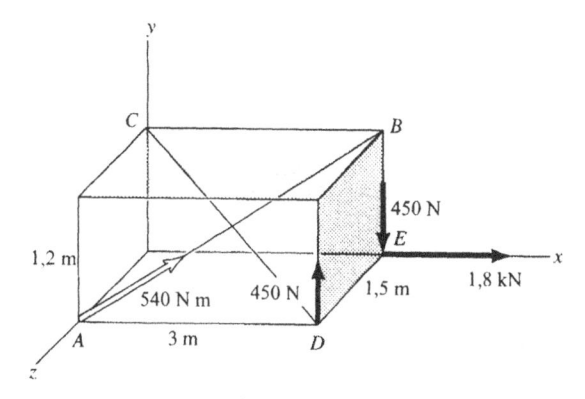

Figura P.3.46

3.47 Determine o torque em relação ao eixo de A a B.

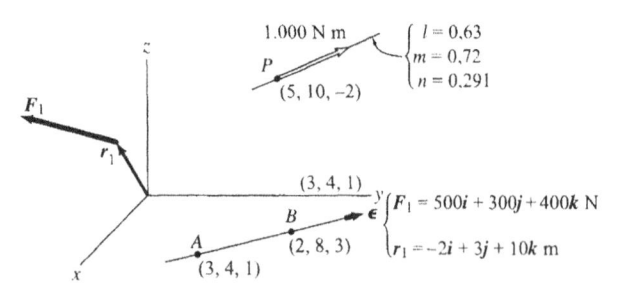

Figura P.3.47

3.48 Considere os seguintes momentos de binários:

$$C_1 = 140i + 40j + 110k \text{ N m}$$

$$C_2 = -22i + 57j \text{ N m}$$

$$C_3 = 20k \text{ N m}$$

Qual binário irá restringir a ação de rotação do sistema em relação ao eixo indo do ponto:

$$r_1 = 1,8i + 0,9j + 0,6k \text{ m}$$

ao ponto:

$$r_2 = 3i - 0,6j + 0,9k \text{ m}$$

e que causa um momento de 140 N m em relação ao eixo x e de 70 N m em relação ao eixo y?

3.49 Forças paralelas e contrárias estão orientadas segundo as diagonais das faces de um cubo. Qual é o momento do binário se $a = 3$ m e $F = 10$ N? Qual é o momento desse binário em relação à diagonal de A a D?

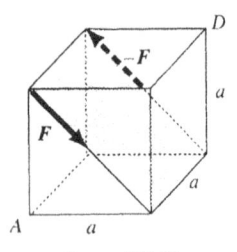

Figura P.3.49

3.50 Determine o torque em relação a um eixo passando através dos pontos A e B.

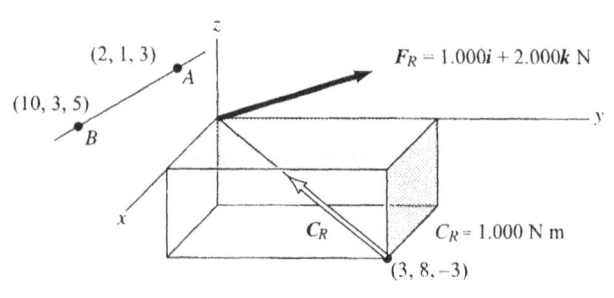

Figura P.3.50

3.51 Uma força $F_1 = 10i + 6j + 3k$ N atua na posição (3, 0, 2) m. No ponto (0, 2, −3) m, uma força de mesmo módulo, mas de sentido contrário, $-F_1$, é exercida. Qual é o momento do binário formado por essas forças? Quais os cossenos diretores da normal ao plano do binário?

3.52 A força $F_1 = -16i + 10j - 5k$ N age na origem do sistema de coordenadas, enquanto $F_2 = -F_1$ atua na extremidade de uma barra de comprimento igual a 12 m, medido a partir dessa origem. Os cossenos diretores da direção do comprimento da barra são $l = 0,6$ e $m = 0,8$. Qual é o momento em relação ao ponto P dado por:

$$r_P = 3i + 10j + 15k \text{ m}$$

Qual é o momento em relação a um eixo passando por P e que possui o seguinte vetor unitário:

$$\varepsilon = 0,2i + 0,8j + 0,566k$$

3.53 Considere os seguintes valores dados para o problema:

$$F = 100i + 300j \text{ N}$$

$$C = 200j + 300k \text{ N m}$$

$$r_1 = 3i - 6j + 4k \text{ m}$$

$$r_2 = 8i + 3j \text{ m}$$

então determine o torque em relação ao eixo A–A de F e C.

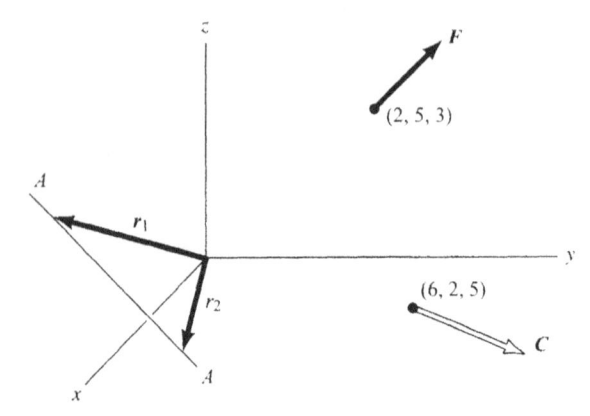

Figura P.3.53

3.54 Uma bomba de prospecção petrolífera possui duas válvulas, uma sobre o topo e outra na lateral, que devem ser fechadas simultaneamente. Os volantes da válvula têm diâmetro de 700 mm e são acionados pelos operários com as duas mãos. Os operários podem exercer uma força entre 220 N e 550 N com cada mão. Considerando que um trabalhador franzino gire o volante da válvula lateral e um trabalhador muito forte acione a válvula de topo, qual é o momento (momento do binário) sobre a bomba?

3.55 Qual é o momento total em relação à origem do sistema de forças ilustrado a seguir?

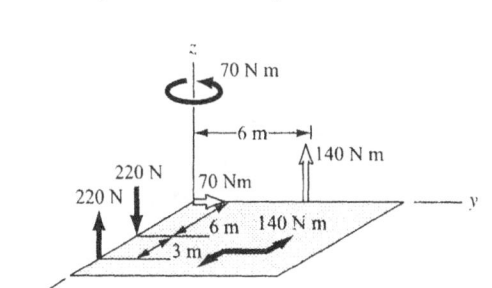

Figura P.3.55

3.56 Adicione os binários, cujas forças agem ao longo da direção das diagonais das faces de um paralelepípedo.

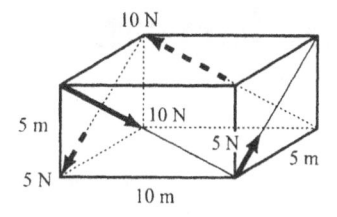

Figura P.3.56

3.8 Considerações finais

Neste capítulo, diversas grandezas vetoriais e suas propriedades foram estudadas. Em especial, mostramos a importância do conceito de um binário para o estudo do movimento de corpos rígidos.

No Capítulo 2, sobre álgebra vetorial, o leitor pôde observar que a linha de ação do vetor não era de importância na análise. Entretanto, deve ficar bem claro que, no cálculo dos momentos, a linha de ação das forças *não pode* ser alterada; *somente* a linha de ação de um *momento de binário* pode ser transladada para uma posição paralela qualquer. Além do mais, é importante salientar que sempre é possível mover uma força ao longo de sua linha de ação no cálculo dos momentos dessa força.

Este capítulo é a preparação para o estudo da equivalência de sistemas de forças para corpos rígidos. Será visto, nos capítulos posteriores, que, no estudo da equivalência de forças de corpos rígidos, devemos dedicar especial atenção às linhas de ação; elas irão exercer papel importante no estudo da mecânica de corpos rígidos.

Problemas

3.57 Uma estrutura para levantamento e transporte de equipamento é mantida na posição mostrada pelo cabo C. Para a determinação da força do cabo, o momento da força aplicada em relação ao eixo B–B deve ser conhecido. Qual será esse momento quando uma força de 1.000 N for aplicada como mostrado na Figura P.3.57?

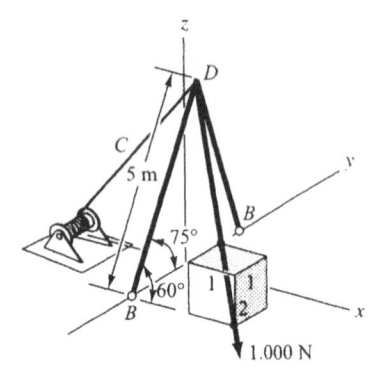

Figura P.3.57

3.58 Um encanador coloca suas mãos, distantes 450 mm uma da outra, sobre uma chave de cano e pode exercer uma força de 360 N. Qual o momento do binário que ele aplica? Qual seria o momento do binário se ele movesse suas mãos para as extremidades da chave, que ficariam distantes 600 mm uma da outra? Que força ele aplicaria nas extremidades da chave de cano para gerar o mesmo momento do binário gerado quando suas mãos estavam distantes 450 mm uma da outra?

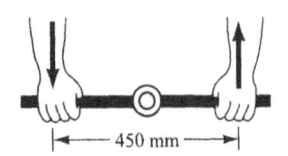

Figura P.3.58

3.59 Determine o torque em relação à linha passando pelos pontos 1 e 2.

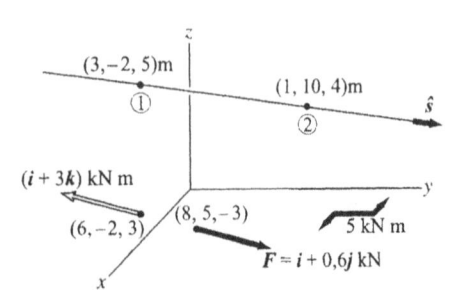

Figura P.3.59

3.60 Qual é o momento em relação ao ponto A da força de 500 N e do binário de 3 kN m atuando sobre a viga em balanço?

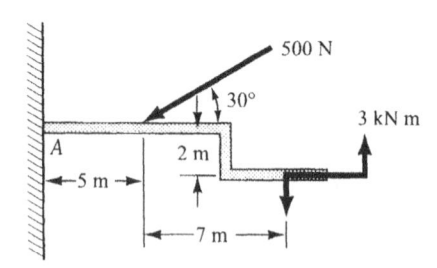

Figura P.3.60

3.61 Uma força $F = 75i + 47j - 14k$ N passa através do ponto a com vetor posição $r_a = 4,8i - 0,9j + 3,6k$ m. Qual é o momento em relação ao eixo passando pelos pontos 1 e 2, cujos vetores posição são dados por:

$r_1 = 1,8i + 0,9j - 0,6k$ m
$r_2 = 0,9i - 1,2j + 3,6k$ m?

3.62 Calcule o torque em relação ao eixo C–C do sistema de forças mostrado na Figura P.3.62. O eixo passa pela origem.

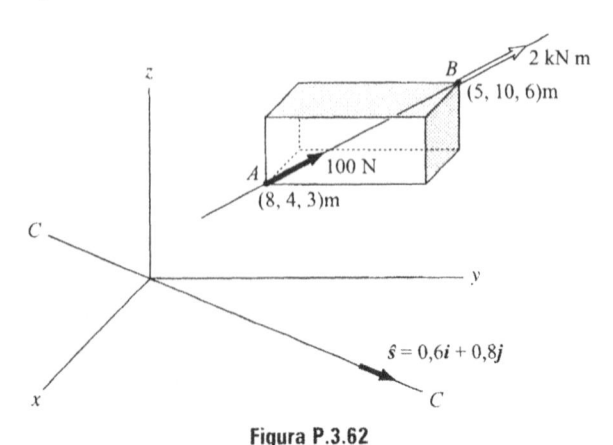

Figura P.3.62

3.63 Qual é o momento total dos três binários mostrados na Figura P.3.63? Qual é o momento desse sistema de forças em relação ao ponto (0,9, 1,2, 0,6) m? Qual é o momento do sistema de forças em relação ao vetor posição $r = 0,9i + 1,2j + 0,6k$ m, que é tomado como um eixo? Qual é a força resultante total desse sistema?

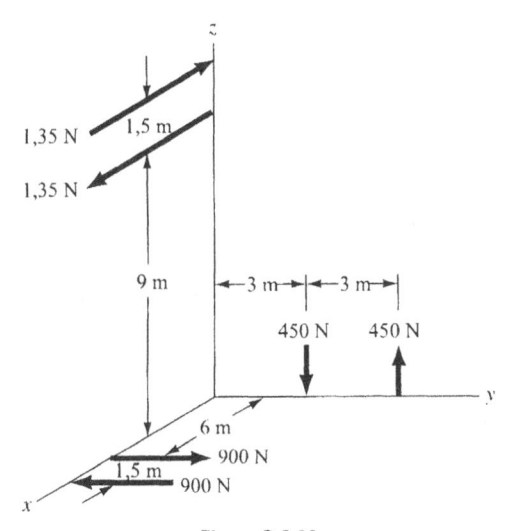

Figura P.3.63

3.64 Determine o torque em relação ao eixo AB.

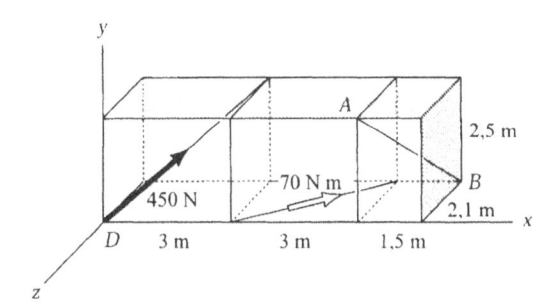

Figura P.3.64

3.65 Uma força é gerada por um líquido em uma tubulação toda vez que a tubulação muda de direção ou que a velocidade do fluxo sofre mudança através de um joelho ou injetor. Essas forças podem ser de amplitude considerável e devem ser levadas em consideração no projeto do sistema. Três dessas forças estão mostradas na Figura P.3.65. Qual momento dessas forças deve ser contrabalançado pelo suporte em O?

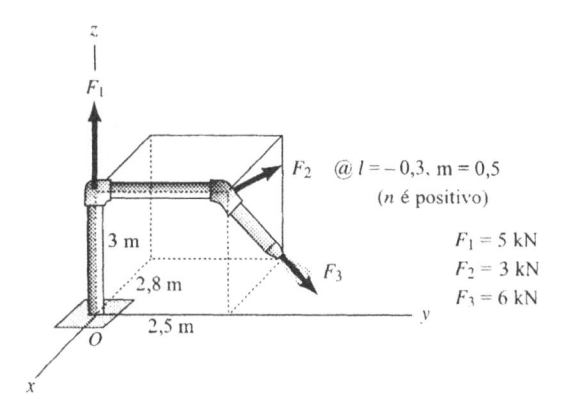

@ $l = -0,3$, m = $0,5$
(n é positivo)

$F_1 = 5$ kN
$F_2 = 3$ kN
$F_3 = 6$ kN

Figura P.3.65

3.66 Calcule o momento da força de 1,4 kN em relação aos pontos P_1 e P_2.

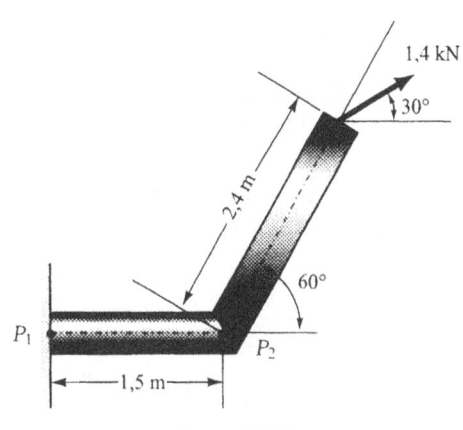

Figura P.3.66

3.67 Um caminhão-guincho está inclinado a 45° em relação à borda A–A de um desfiladeiro, que possui inclinação de 45° em relação à direção vertical. O operador conecta o cabo ao carro danificado no desfiladeiro e começa a puxá-lo. O cabo está orientado na direção normal à A–A e gera uma força de 15 kN. Quais são os momentos que tendem a fazer o caminhão inclinar-se sobre as rodas traseiras? (*Sugestão*: Use o vetor posição de C para B da Figura P.3.67c.) Observe que a vista D–D é normal à A–A e paralela ao declive.

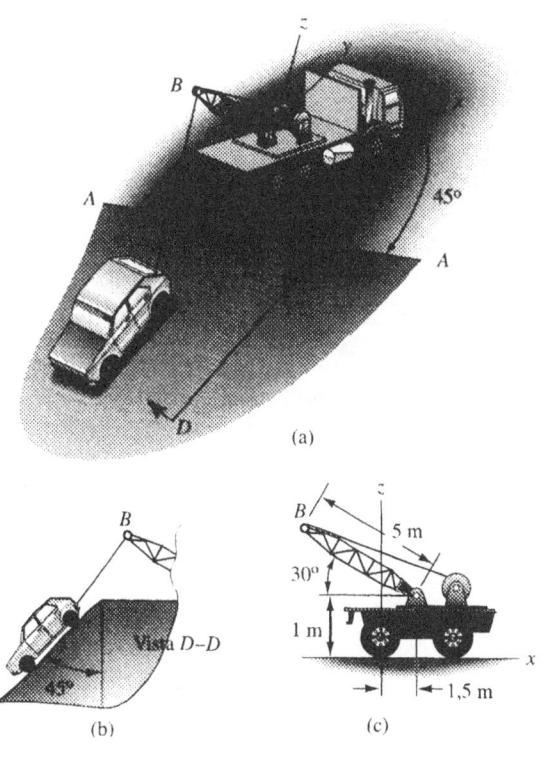

Figura P.3.67

3.68 Um agrimensor no topo de uma colina de 100 m de altura determina que a quina de um prédio, na base da colina, está a 600 m ao leste e 1.500 m ao norte de sua posição. Qual é a posição da quina do prédio relativa a um outro agrimensor no topo de uma montanha de 5 km de altura, que está a 10 km a oeste e 3 km ao sul da colina? Qual é a distância entre o segundo agrimensor e a quina do prédio?

3.69 Calcule o momento da força de 4,5 kN em relação aos suportes nos pontos A e B.

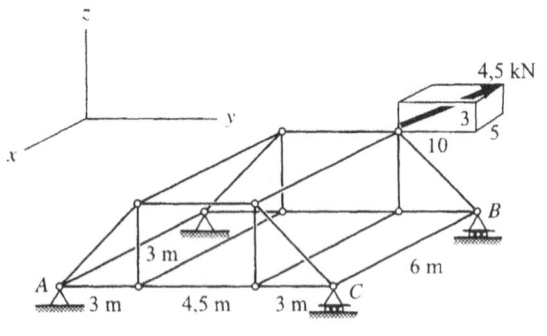

Figura P.3.69

3.70 Qual é a ação de rotação das forças mostradas em relação à diagonal A–D?

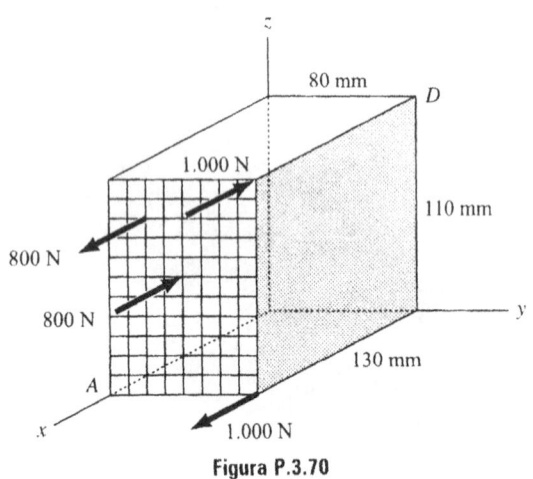

Figura P.3.70

3.71 Determine o torque do sistema de forças em relação ao eixo A–B.

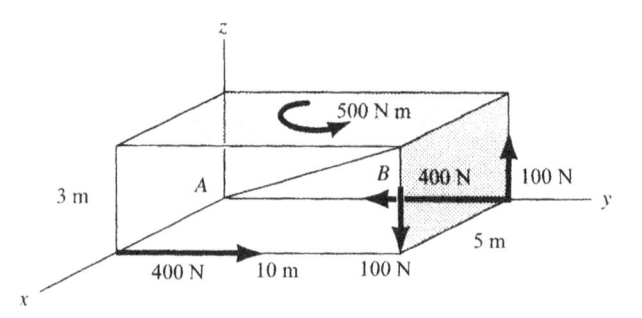

Figura P.3.71

3.72 Para o sistema de forças mostrado, qual será o torque em relação ao eixo A–B? (*Nota*: As forças de 100 N e de 50 N estão no plano xz e são perpendiculares à linha AC.)

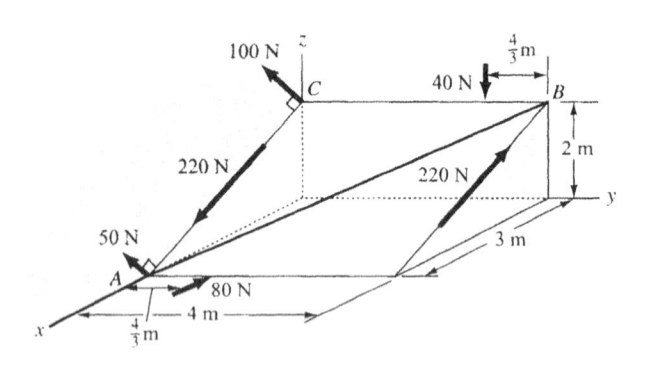

Figura P.3.72

Capítulo 4

Sistemas de Forças Equivalentes

4.1 Introdução

No Capítulo 1, os vetores equivalentes foram definidos como aqueles que produzem o mesmo efeito para uma dada situação. Podemos, agora, investigar uma classe importante de situações em que o conceito de vetores equivalentes é de grande utilidade, a saber, aquelas nas quais o modelo de corpo rígido pode ser empregado. Especificamente, o foco desta análise está nos requisitos de equivalência para sistemas de forças que atuam sobre um corpo rígido. Além disso, será mostrado que a linha de ação exerce um papel vital na mecânica de corpos rígidos.

O efeito das forças sobre um corpo rígido é manifestado pelo movimento (ou pela ausência de movimento) do corpo causado por essas forças. Dois sistemas de forças, então, são equivalentes se eles forem capazes de *iniciar* o mesmo movimento de corpo rígido. As condições para que dois sistemas de forças tenham igual capacidade são:

1. Cada sistema de forças deve causar o mesmo movimento de translação sobre o corpo em qualquer direção. Para dois sistemas, esse requisito é satisfeito se a adição das forças em cada sistema resultar em vetores força iguais.
2. Cada sistema de forças deve causar o mesmo movimento de "rotação" em relação a qualquer ponto no espaço. Isso significa que os vetores momento dos dois sistemas de forças em relação a qualquer ponto devem ser iguais.

Embora essas condições sejam de maneira intuitiva aceitáveis para o leitor, posteriormente será demonstrado que elas são necessárias e, em certos casos, suficientes para a equivalência de sistemas de forças no estudo da dinâmica.

Várias equivalências básicas de forças para corpos rígidos são introduzidas para fundamentar o conceito de equivalência no caso de problemas mais complexos. Essas equivalências básicas podem ser verificadas por meio dos seguintes testes:

1. A soma de um conjunto de forças concorrentes é uma força única, que é equivalente ao sistema original. De maneira inversa, uma força única é equivalente a um conjunto completo de forças concorrentes.
2. Uma força pode ser movida ao longo de sua linha de ação (isto é, forças são vetores deslizantes).
3. O único efeito que um binário causa em um corpo rígido está incorporado no momento do binário. Como o momento do binário é sempre um vetor livre, o binário pode ser alterado de várias maneiras, desde que o momento do binário não sofra alteração.

Note-se que, no caso dos testes (1) e (2), não se pode modificar apenas a linha de ação para se manter a equivalência.

Nas seções seguintes, serão apresentadas outras relações de equivalência para corpos rígidos e, então, serão examinados sistemas gerais de forças com o intuito de substituí-los por sistemas equivalentes de forças mais simples e convenientes. Essas substituições são freqüentemente chamadas de *resultantes* dos sistemas de forças.

4.2 Translação de uma força para uma posição paralela

Na Figura 4.1, consideremos a possibilidade de movermos uma força F (seta contínua) que atua sobre um corpo rígido para uma posição paralela em um ponto a, mantendo a equivalência de corpo rígido. Se na posição a forem aplicadas forças iguais e contrárias, uma igual a F e a outra igual a $-F$, será formado um sistema de três forças obviamente equivalente à força F original. Note-se que a força original F e a nova força estão em sentidos contrários, formando um binário (o par é identificado pela linha ondulada de conexão na Figura 4.1). O binário é representado por seu momento C, como mostra a Figura 4.2, normal ao plano A do ponto a e da força original F. O módulo do momento do binário C é $|F|d$, onde d é a distância perpendicular entre o ponto a e a linha de ação original da força. O momento do binário pode ser movido para uma posição paralela qualquer, inclusive a origem, como mostra a Figura 4.2.

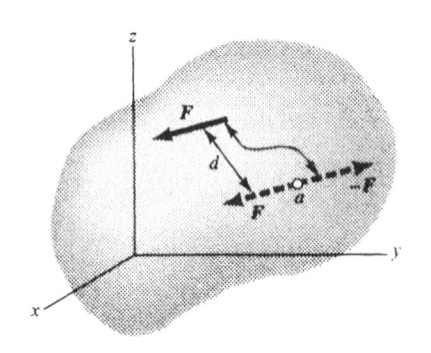

Figura 4.1: Introdução de forças iguais e contrárias em a.

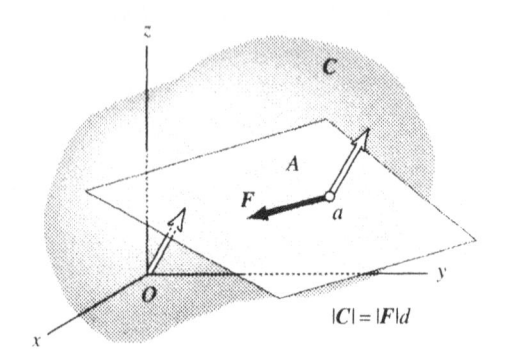

$|C| = |F|d$

Figura 4.2: Sistema equivalente em a.

Dessa forma, observamos que *uma força pode ser movida para uma posição paralela qualquer, desde que um momento de binário com orientação e módulos apropriados seja simultaneamente fornecido*. Existe, então, um número infinito de possíveis arranjos que geram efeitos equivalentes ao efeito de uma força sobre um corpo rígido[1].

Apresentaremos um método simples de cálculo do momento gerado por uma força transladada para uma posição paralela. Observando a Figura 4.1, podemos calcular o momento M da força original F em relação ao ponto a (veja a Figura 4.3a), o qual pode ser expresso como:

$$M = \rho \times F \qquad (4.1)$$

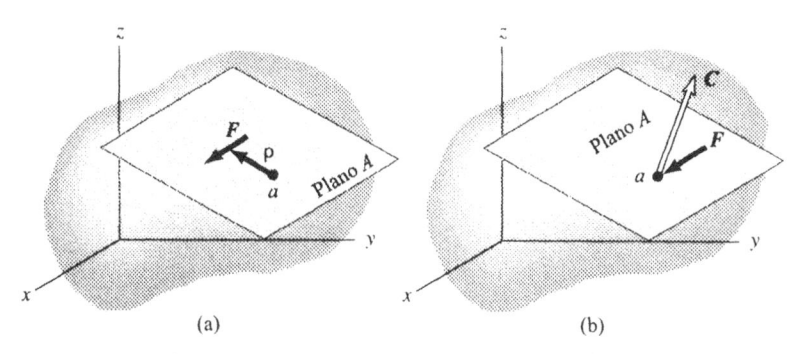

Figura 4.3: Momento gerado pela translação de F é $\rho \times F$.

onde ρ é um vetor posição de a até um ponto qualquer ao longo da linha de ação de F. O sistema equivalente de força, mostrado na Figura 4.3b, deve ter o *mesmo momento*, M, que tem o sistema original em relação ao ponto a. Obviamente que o momento em relação ao ponto a, na Figura 4.3b, é devido apenas ao momento de binário C. Isto é,

$$M = C \qquad (4.2)$$

Então, conclui-se, a partir das duas equações anteriores, que:

$$C = \rho \times F$$

Desse modo, *ao movermos uma força para algum novo ponto, introduzimos um binário cujo momento é igual ao momento da força em relação a esse novo ponto.*

Os exemplos seguintes ilustram a aplicação desse princípio.

---

[1] Há um raciocínio simples que pode auxiliar na compreensão desse procedimento de equivalência de corpo rígido quando uma força é movida para uma diferente linha de ação. Movendo F para o ponto a, eliminamos o momento já existente dessa força em relação ao ponto a. O momento introduzido com a translação da força restabelece esse momento perdido.

Exemplo 4.1

Uma força $F = 6i + 3j + 6k$ N passa através de um ponto cujo vetor posição é $r_1 = 2i + j + 10k$ m (veja a Figura 4.4). Substitua essa força por um sistema de forças equivalente, de acordo com a mecânica dos corpos rígidos, que passe pelo ponto P, cujo vetor posição é $r_2 = 6i + 10j + 12k$ m.

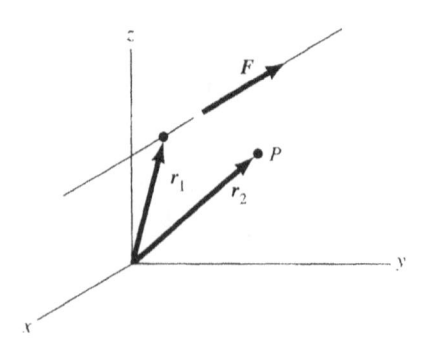

Figura 4.4: Movendo F para o ponto P.

O novo sistema consistirá na força F passando pelo vetor posição r_2 e, adicionalmente, haverá um momento de binário C dado por:

$$C = \rho \times F = (r_1 - r_2) \times F$$

Substituindo os valores nessa expressão, temos:

$$C = [(2i + j + 10k) - (6i + 10j + 12k)]$$
$$\times (6i + 3j + 6k)$$
$$= (-4i - 9j - 2k) \times (6i + 3j + 6k)$$

$$= \begin{vmatrix} -4 & -9 & -2 \\ 6 & 3 & 6 \\ i & j & k \\ -4 & -9 & -2 \\ 6 & 3 & 6 \end{vmatrix}$$

portanto,

$$C = -12k - 12j - 54i + 6i + 24j + 54k$$

$$C = -48i + 12j + 42k \text{ N m}$$

Note-se que, se o vetor posição r_1, de um ponto ao longo da linha de ação de F, não fosse dado, o que conseqüentemente não permitiria a determinação de $\rho = (r_1 - r_2)$, poderíamos utilizar *qualquer* vetor posição ρ indo do ponto P a uma *posição qualquer* sobre a linha de ação de F.

Exemplo 4.2

Qual é o sistema de força equivalente na posição A para a força de 100 N mostrada na Figura 4.5?

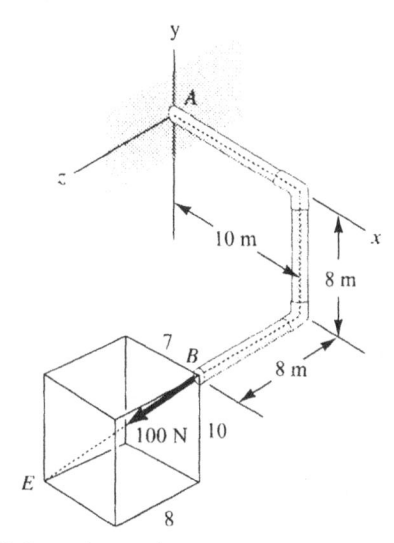

Figura 4.5: Determinação do sistema de força equivalente em A.

A força de 100 N pode ser expressa vetorialmente como:

$$F = F\frac{\overrightarrow{BE}}{|\overrightarrow{BE}|} = 100\left(\frac{-7i - 10j + 8k}{\sqrt{7^2 + 10^2 + 8^2}}\right) \tag{a}$$

$$F = -48{,}0i - 68{,}5j + 54{,}8k \text{ N}$$

Essa expressão fornece a força que atua em A. Além disso, temos o momento do binário, C, que é determinado por meio de um vetor posição, r, do ponto A a um ponto qualquer sobre a linha de ação da força de 100 N. Desse modo, escolhendo-se o ponto B para r, temos:

$$C = (10i - 8j + 8k) \times (-48{,}0i - 68{,}5j + 54{,}8k)$$

$$= \begin{vmatrix} 10 & -8 & 8 \\ -48{,}0 & -68{,}5 & 54{,}8 \\ i & j & k \\ 10 & -8 & 8 \\ -48{,}0 & -68{,}5 & 54{,}8 \end{vmatrix}$$

$$= (10)(-68{,}5)k + (-48)(8)j + (-8)(54{,}8)i$$
$$- (8)(-68{,}5)i - (54{,}8)(10)j - (-8)(-48{,}0)k$$

portanto,

$$C = 109{,}6i - 932j - 1.069k \text{ N m} \tag{b}$$

O inverso ao procedimento aqui apresentado pode ser efetuado reduzindo uma força e um binário, *no mesmo plano*, a uma *única* força equivalente. Isso está ilustrado na Figura 4.6a, em que um binário composto das forças B e $-B$, distantes d_1 uma da outra, e uma força A são apresentados no plano N. A representação do momento do binário está mostrada na Figura 4.6b em conjunto com a força A.

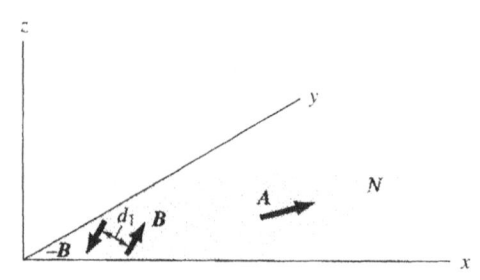

(a) Força A e binário no mesmo plano

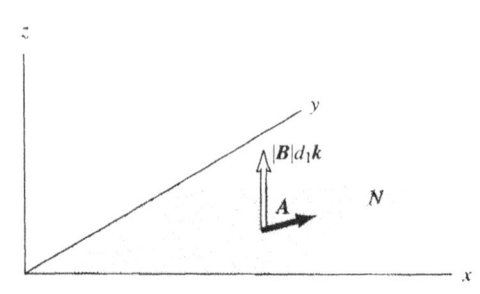

(b) Força A e momento do binário

Figura 4.6: Uma força e um binário coplanares.

Figura 4.7: Forças iguais e contrárias colocadas no ponto e.

Forças iguais e contrárias A e $-A$ podem ser adicionadas ao sistema em uma posição específica e (veja a Figura 4.7). A proposta desse passo é gerar um outro momento do binário com módulo $|A|d_2$ igual a $|B|d_1$, com sentido oposto ao do momento do binário original (veja a Figura 4.8), levando à determinação da posição de e. Os momentos dos binários serão cancelados e apenas uma única força A restará passando pelo ponto e. Portanto, podemos sempre reduzir uma força e um binário, no mesmo plano, a uma única força, a qual deve possuir uma *linha de ação específica* para o caso em estudo.

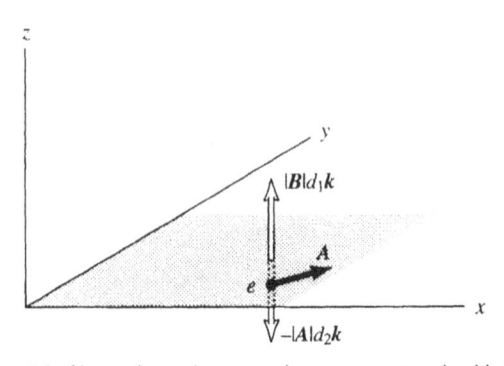

Figura 4.8: Ajustando-se d_2 para anular os momentos dos binários.

Ilustraremos o procedimento descrito no exemplo seguinte.

Exemplo 4.3

Na Figura 4.9a, é apresentada uma viga em balanço que suporta uma força e um binário no plano xy. Desejamos reduzir esse sistema a uma única força equivalente, que permita a simplificação da representação do sistema original para a mecânica de corpo rígido.

A Figura 4.9b mostra o momento do binário e um ponto e, para o qual devemos transladar a força de 1.000 N. Obviamente que o momento do binário gerado pela translação da força deve ter sinal contrário ao do momento do binário original. A tarefa consiste, então, em obter a correta distância d que leve ao cancelamento dos momentos dos binários. Assim,

$$d\boldsymbol{i} \times (1.000)\,(0{,}707\boldsymbol{i} - 0{,}707\boldsymbol{j}) + 550\boldsymbol{k} = \boldsymbol{0}$$

$$\therefore\ -(707d)\boldsymbol{k} + 550\boldsymbol{k} = \boldsymbol{0} \qquad d = 0{,}778\ \text{m}$$

Observe que esse resultado poderia ter sido obtido de maneira mais simples se, em primeiro lugar, a decomposição do vetor força em componentes retangulares tivesse sido efetuada. Apenas a componente vertical possui momento diferente de zero em relação a e. Então, podemos efetuar diretamente o seguinte cálculo:

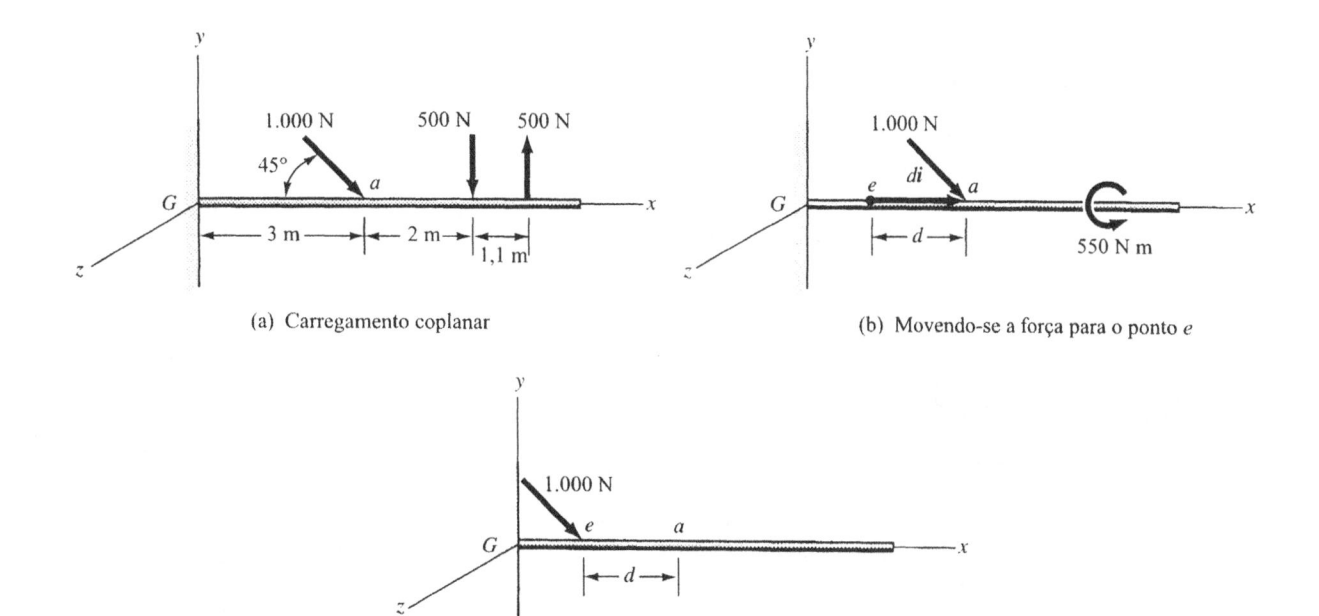

$$-707d + 550 = 0 \qquad d = 0{,}778\ \text{m}$$

(a) Carregamento coplanar

(b) Movendo-se a força para o ponto e

(c) Uma única força no ponto e

Figura 4.9: Redução de um sistema coplanar de uma força e um binário a uma única força com linha de ação específica.

Problemas

Em muitos dos problemas desta série, o peso do corpo deverá estar concentrado em seu centro de gravidade. Muito provavelmente o leitor já esteja familiarizado com essa consideração desde os cursos elementares de física. Na Seção 4.5, essa consideração será mais discutida.

4.1 Substitua a força de 500 N por um sistema equivalente, do ponto de vista de corpo rígido, em A. Faça o mesmo para o ponto B. Resolva o problema pela técnica de adição de forças colineares iguais e contrárias e pelo uso do produto vetorial.

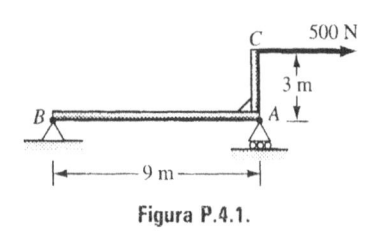

Figura P.4.1.

4.2 Para afastar um avião, de ré, de sua plataforma de embarque, um trator o empurra com uma força de 15 kN sobre sua roda dianteira. Qual é o sistema de força equivalente em relação ao ponto de apoio do sistema de pouso, que está 2 m acima do ponto onde o trator exerce a força?

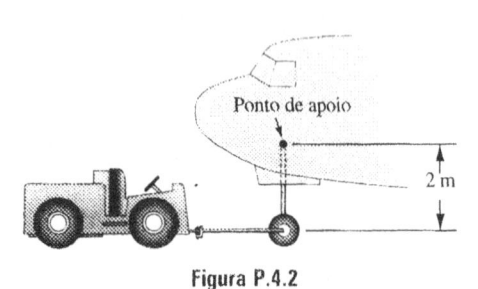

Figura P.4.2

4.3 Substitua a força de 5 kN por sistemas equivalentes nos pontos A e B. Obtenha a solução empregando a adição de componentes de forças colineares iguais e contrárias e utilizando o produto vetorial.

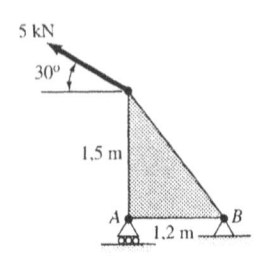

Figura P.4.3

4.4 O braço de um portão de estacionamento pesa 150 N. Por causa de seu perfil afilado, o peso desse braço está concentrado em um ponto situado a 1,25 m da articulação. Qual é o sistema de força equivalente em relação à articulação?

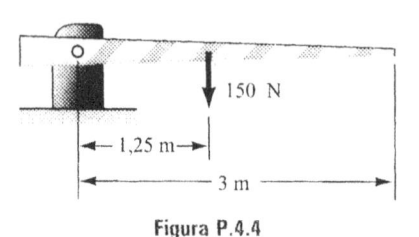

Figura P.4.4

4.5 Um encanador exerce uma força vertical de 250 N sobre uma chave inglesa inclinada a 30° em relação à horizontal. Qual a força e qual o momento do binário sobre o cano equivalentes à ação do encanador?

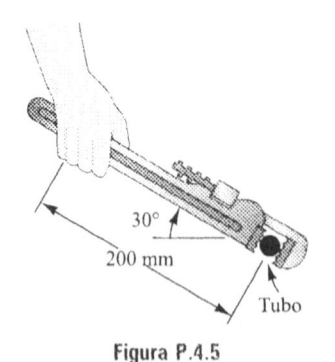

Figura P.4.5

4.6 Um operador de trator está tentando erguer uma rocha de 10 kN. Quais são os sistemas de forças equivalentes em relação aos pontos A e B a partir da rocha?

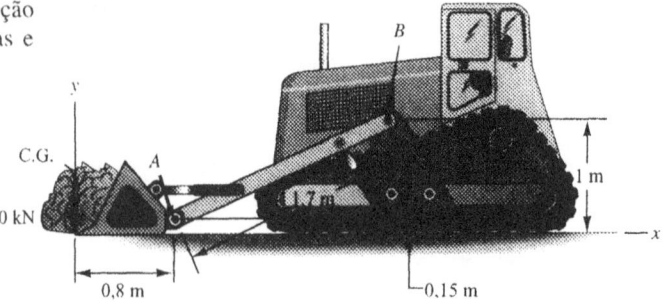

Figura P.4.6

4.7 Um dispositivo de levantamento de carga possui capacidade para 20 kN. Quais são o menor e o maior sistemas de forças equivalentes em A para máxima carga?

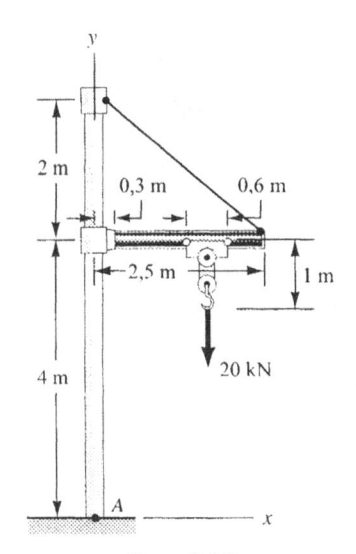

Figura P.4.7

4.8 Substitua as forças por uma única força equivalente.

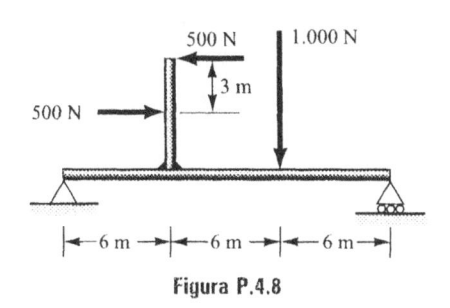

Figura P.4.8

4.9 Substitua as forças e os torques que atuam sobre o dispositivo, ilustrados na Figura P.4.9, por uma única força. Determine cuidadosamente a linha de ação dessa força equivalente.

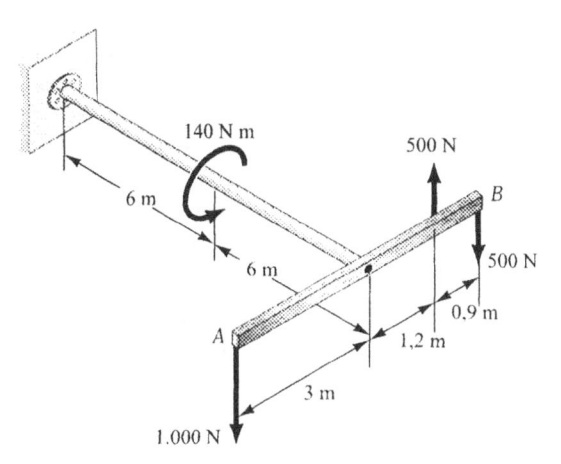

Figura P.4.9

4.10 Um carpinteiro faz uma força vertical de 150 N sobre uma furadeira manual, enquanto gira o instrumento com uma força horizontal de 200 N para máximo torque. Qual é o sistema de força equivalente em relação à extremidade da broca em A?

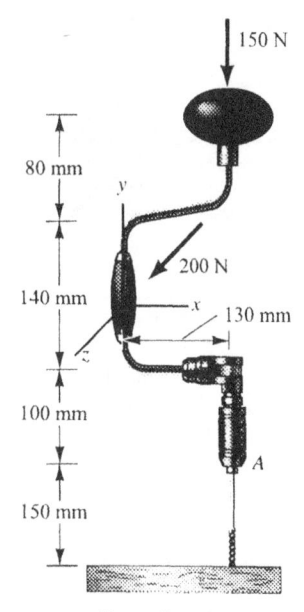

Figura P.4.10

4.11 Uma força $F = 3i - 6j + 4k$ N passa pelo ponto (6, 3, 2) m. Substitua essa força por um sistema de forças equivalentes em que a força passe pelo ponto (2, -5, 10) m.

4.12 Uma força $F = 20i - 60j + 30k$ N passa pelo ponto (10, -5, 4) m. Qual é o sistema equivalente em relação ao ponto A cujo vetor posição é $r_A = 20i + 3j - 15k$ m?

4.13 Determine o sistema de forças equivalentes no ponto de apoio da tubulação devido à força $F = 5$ kN.

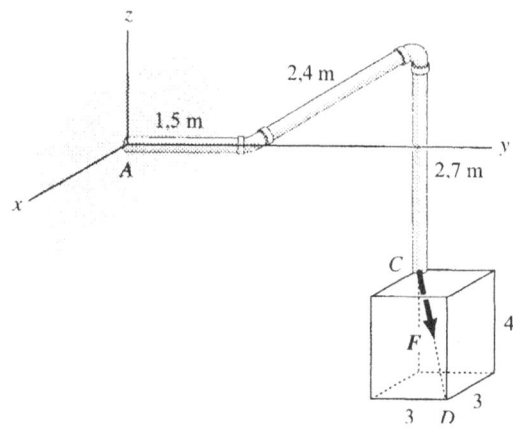

Figura P.4.13

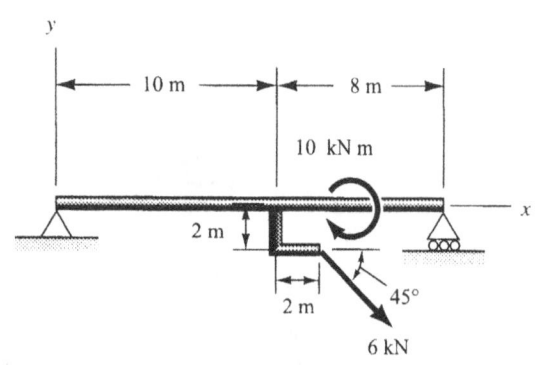

4.14 Substitua a força de 6 kN e o momento de 10 kN m por uma única força. Onde a força corta o eixo x?

Figura P.4.14

4.15 No Problema 4.13, a tubulação pesa 300 N/m. Qual é o sistema de força equivalente em relação a A devido ao peso da tubulação? *(Dica*: Concentre os pesos das seções da tubulação nos respectivos centros de gravidade – centros geométricos neste caso.)

4.16 O operador de um pequeno caminhão-guindaste está tentando arrastar um bloco de concreto. O braço do guindaste está inclinado a $10°$ em relação à horizontal e com inclinação de $30°$, no sentido horário, em relação ao plano xy (ângulo entre o braço e o eixo x, quando o braço é visto de cima). O cabo está orientado como mostra a Figura P.4.16 e sujeito a uma tração de 60 kN. Qual é o sistema de força equivalente em relação à articulação do braço?

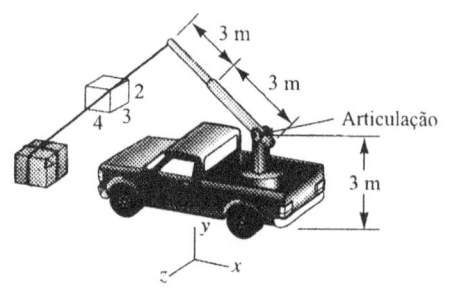

Figura P.4.16

4.17 Um sistema de cabos para suporte de uma torre de 200 m é tracionado. Os cabos são esticados até o chão em pontos separados entre si por $120°$ e localizados a 100 m da base da torre. Qual é o sistema de força equivalente que atua sobre a base da torre quando a tração transmite uma força de 50 kN no cabo AT, 75 kN em BT e 25 kN em CT?

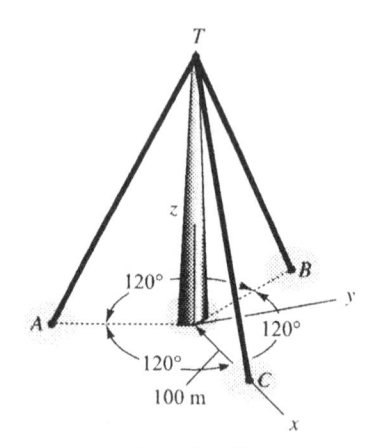

Figura P.4.17

4.3 Resultante de um sistema de forças

Como definido no início do capítulo, uma *resultante de um sistema de forças* é o mais simples de todos os sistemas de forças equivalentes. Em muitos problemas de engenharia, o primeiro passo é a determinação da resultante do sistema de forças.

Para um sistema de forças, não importando quão complexo ele seja, é possível sempre mover todas as forças e momentos para algum ponto de interesse do corpo rígido. O resultado será, então, um sistema de forças concorrentes no ponto e um sistema de momentos de binários concorrentes. Esses sistemas podem ser representados por uma única força e por um único momento. Assim, na Figura 4.10, um sistema qualquer de forças e binários é representado por linhas contínuas. A força e o momento resultantes na origem do sistema de referência são representados pela linha tracejada.

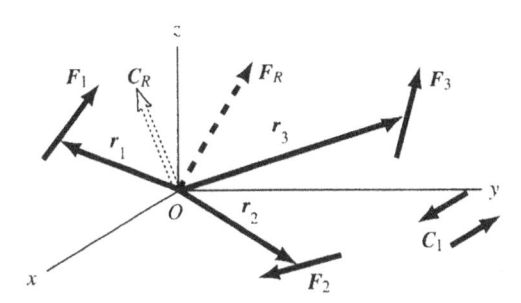

Figura 4.10: Resultante de um sistema de forças.

Então, *qualquer sistema de forças pode ser substituído em um ponto por sistemas equivalentes não mais complexos do que uma força e um momento*. Em casos especiais, é possível obter sistemas equivalentes mais simples do que uma força e um momento. Finalmente, para o *equilíbrio de um corpo*, é necessário que, em um ponto escolhido qualquer, o mais simples sistema resultante de forças e momentos que atua sobre um corpo rígido seja aquele com vetores nulos – esse fato será abordado em dinâmica[2].

Os métodos para a determinação de uma resultante de forças não envolvem qualquer novidade. Ao movermos para um novo ponto qualquer, apenas a linha de ação da força será alterada, ficando seu módulo, direção e sentido inalterados. Desse modo, qualquer componente da força *resultante*, como por exemplo a componente em *x*, pode ser simplesmente tomada como a soma das respectivas componentes em *x* de todas as forças do sistema. Podemos afirmar, sobre a força resultante, que:

$$F_R = \left[\sum_p (F_p)_x\right] i + \left[\sum_p (F_p)_y\right] j + \left[\sum_p (F_p)_z\right] k \qquad (4.3)$$

O momento acompanhando F_R para um ponto escolhido *a* pode ser escrito como:

$$C_R = [r_1 \times F_1 + r_2 \times F_2 + ...] + [C_1 + C_2 + ...] \qquad (4.4)$$

onde as grandezas no interior do primeiro colchete resultam do movimento das forças não associadas a binários para o ponto *a*. O segundo colchete é simplesmente a soma dos momentos dos binários dados. Os vetores *r* vão do ponto *a* aos pontos selecionados sobre as linhas de ação das forças. De maneira sucinta, a equação anterior torna-se:

$$C_R = \sum_p r_p \times F_p + \sum_q C_q \qquad (4.5)$$

O próximo exemplo ilustra o procedimento aqui apresentado.

---

2 Quando o texto se referir a uma resultante, deve-se subentender a resultante mais simples.

Exemplo 4.4

Duas forças e um binário são apresentados na Figura 4.11, sendo que o binário está posicionado no plano zy. Determine a resultante do sistema de forças na origem O.

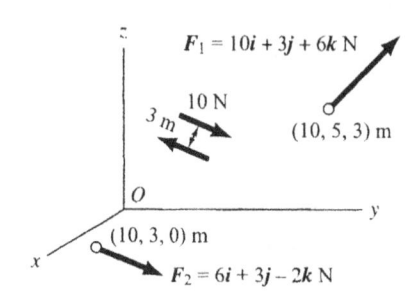

Figura 4.11: Determinação da resultante em O.

Em O, há um sistema de duas forças concorrentes, que pode ser adicionado para gerar F_R:

$$F_R = (10 + 6)i + (3 + 3)j + (6 - 2)k$$

$$F_R = 16i + 6j + 4k \text{ N}$$

O momento resultante no ponto O é o vetor soma dos vetores momentos criados pela translação das duas forças mais o momento do binário no plano zy. Assim,

$$C_R = r_1 \times F_1 + r_2 \times F_2 - 30i \text{ N m}$$

onde:

$$r_1 \times F_1 = (10i + 5j + 3k) \times (10i + 3j + 6k)$$
$$= 21i - 30j - 20k \text{ N m}$$
$$r_2 \times F_2 = (10i + 3j) \times (6i + 3j - 2k)$$
$$= -6i + 20j + 12k \text{ N m}$$

portanto,

$$C_R = -15i - 10j - 8k \text{ N m}$$

A resultante é mostrada na Figura 4.12.

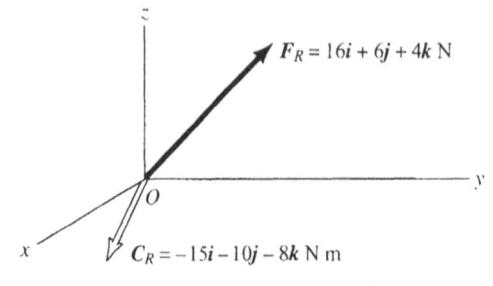

Figura 4.12: Resultante em O.

Exemplo 4.5

Qual é a resultante em A devido às cargas aplicadas, conforme é ilustrado na Figura 4.13? As direções das forças interceptam a linha de centro do eixo, que é representada pelo eixo z. Primeiramente, as expressões das forças são escritas em forma vetorial. Assim,

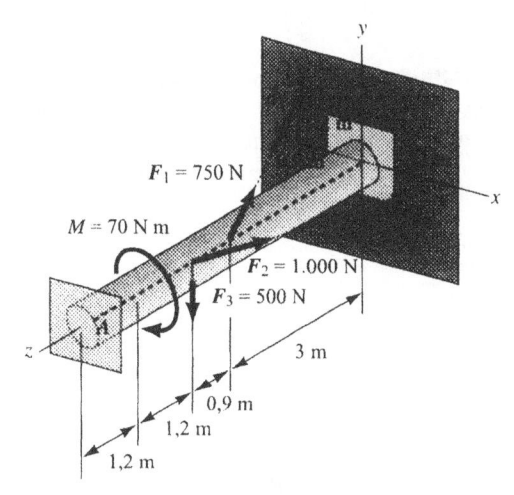

Figura 4.13: Determinação da resultante em A; F_2 e F_3 são concorrentes.

$$F_1 = F_1 \hat{d}_1 = 750 \left(\frac{-3k - 0{,}9i + 1{,}2j}{\sqrt{3^2 + 0{,}9^2 + 1{,}2^2}} \right)$$

$$= -201{,}2i + 268{,}3j - 670{,}8k \text{ N}$$

$$F_2 = F_2 \hat{d}_2 = 1.000 \left(\frac{-3{,}9k + 2{,}1i}{\sqrt{3{,}9^2 + 2{,}1^2}} \right)$$

$$= 474{,}1i - 880{,}5k \text{ N}$$

$$F_3 = -500j \text{ N}$$

$$C = -70k \text{ N m}$$

O sistema de forças resultantes em A pode então ser calculado. Dessa forma[3],

$$F_R = (-201{,}2 + 474{,}1)i + (268{,}3 - 500)j + (-670{,}8 - 880{,}5)k$$

$$F_R = 272{,}9i - 231{,}7j - 1.551{,}3k \text{ N}$$

$$C_R = (-3{,}3k) \times F_1 + (-2{,}4k) \times (F_2 + F_3) + (-70k)$$

$$= -3{,}3k \times (-201{,}2i + 268{,}3j - 670{,}8k) + (-2{,}4K)$$

$$\times (474{,}1i - 880{,}5k - 500j) - 70k$$

$$C_R = -314{,}6i - 473{,}9j - 70k \text{ N m}$$

---

[3] É importante relembrar que, para C causado pela translação de uma força, o vetor posição vai do ponto (neste caso, o ponto A) até a linha de ação da força.

4.4 Resultantes de sistemas particulares de forças

Nesta seção, analisaremos alguns sistemas particulares de forças, de grande importância na mecânica, e estabeleceremos as resultantes *mais simples* para cada caso. Serão empregados exemplos para ilustrar o procedimento utilizado na análise.

Caso A. Sistemas de Forças Coplanares. A Figura 4.14 mostra um sistema de forças e binários em um plano A. Movendo as forças para um ponto comum a no plano A, binários adicionais surgirão nesse plano. A parcela das forças no sistema equivalente no ponto escolhido é dada como:

$$F_R = \left[\sum_p (F_p)_x\right] i + \left[\sum_p (F_p)_y\right] j \qquad (4.6)$$

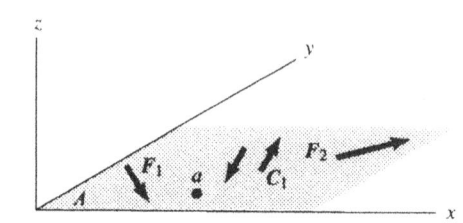

Figura 4.14: Sistema de forças coplanares.

A parcela dos momentos do sistema equivalente pode ser dada como (empregando-se a regra da mão direita para a verificação de sinais):

$$C_R = (F_1 d_1 + F_2 d_2 + ...)k + (C_1 + C_2 + ...)k \qquad (4.7)$$

onde d_1, d_2 etc. são as distâncias perpendiculares do ponto a até as linhas de ação das forças (das forças não associadas com binários) e C_1, C_2 etc. são os valores dos momentos. A resultante em a é apresentada na Figura 4.15.

Se $F_R \neq 0$, (isto é, se $\sum_p F_x \neq 0$ e/ou $\sum_p F_y \neq 0$), pode-se mover a força do ponto a para uma posição paralela de modo que seja introduzido um segundo momento de binário capaz de cancelar C_R da Figura 4.15, conforme descrito no início da Seção 4.2. Como as direções x e y adotadas são arbitrárias, exceto pela condição de estarem no mesmo plano das forças, a seguinte conclusão pode ser extraída. *Se as componentes de força em qualquer direção em um plano forem adicionadas a outras componentes não-nulas, será possível substituir o sistema coplanar inteiramente por uma única força com uma linha de ação apropriada.*

O que acontecerá se $\sum_p F_x = 0$ e $\sum_p F_y = 0$? Sem uma força no ponto a, não será possível anular um binário no plano A. Conseqüentemente, a segunda conclusão é que, *se $\sum_p F_x$ e $\sum_p F_y$ forem zero, a resultante do sistema de forças deverá ser um momento ou ser nula.*

No caso coplanar, portanto, o sistema de forças equivalentes mais simples deve ser ou uma força ao longo de uma apropriada linha de ação, ou um momento ou vetor nulo. O exemplo seguinte é empregado para ilustrar o procedimento para determinação direta da resultante, sem passos intermediários na análise.

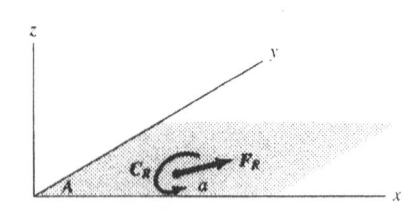

Figura 4.15: Sistema de forças resultante no ponto a.

Exemplo 4.6

Analise o sistema de forças coplanares mostrado na Figura 4.16. Determine a resultante *mais simples* para esse sistema. Como $\sum_p F_x$ e $\sum_p F_y$ são diferentes de zero, sabe-se que o sistema pode ser substituído por uma única força, a qual é dada por:

$$F_R = 6i + 13j \text{ N} \tag{a}$$

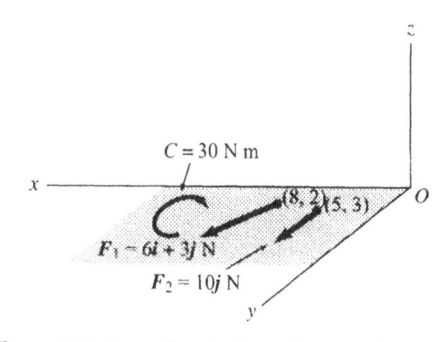

Figura 4.16: Determinação da resultante mais simples.

É necessário agora encontrar a linha de ação no plano que fará essa força ser equivalente ao sistema dado. Para ser equivalente, de acordo com a mecânica dos corpos rígidos, essa força (sem binário associado) deve gerar a mesma ação de rotação, em relação a um ponto ou eixo qualquer no espaço, que a ação gerada pelo sistema. A resultante de força mais simples deve interceptar o eixo x em algum ponto $\bar{x}$ [4]. Determina-se $\bar{x}$ igualando-se o momento da força resultante (sem momento de binário) em relação à origem com o momento do sistema original de forças e binários. Empregando-se o vetor $\bar{x}i$ como um vetor posição a partir da origem até a linha de ação de F_R (veja a Figura 4.17), obtém-se:

$$\bar{x}i \times (6i + 13j) = (8i + 2j)$$
$$\times (6i + 3j) + (5i + 3j) \times (10j) - 30k \tag{b}$$

Efetuando-se os produtos escalares,

$$24k - 12k + 50k - 30k = 13\bar{x}k \tag{c}$$

portanto,

$$\bar{x} = 2{,}46 \text{ m}$$

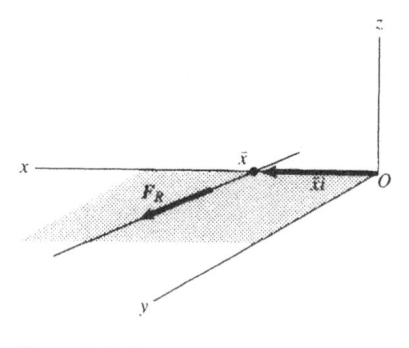

Figura 4.17: Resultante mais simples.

Ao especificarmos o ponto de interseção em x, $\bar{x}$, determinamos completamente a linha de ação da resultante mais simples de forças. Podemos empregar também a interseção com o eixo y, $\bar{y}$, para tal fim. Nesse caso, o vetor posição da origem à linha de ação seria $\bar{y}j$ e, se igualássemos o momento em relação a O da resultante sem binários com o momento do sistema original, obteríamos a seguinte expressão:

$$\bar{y}j \times (6i + 13j) = (8i + 2j) \times (6i + 3j) + (5i + 3j) \times (10j) - 30k$$

$$\bar{y} = -5{,}35 \text{ m}$$

---

[4] Se a força resultante for paralela ao eixo x, o ponto de interseção estará no infinito.

Exemplo 4.7

Calcule a resultante mais simples para o carregamento que atua sobre a viga, ilustrada na Figura 4.18a. Obtenha a interseção com o eixo x.

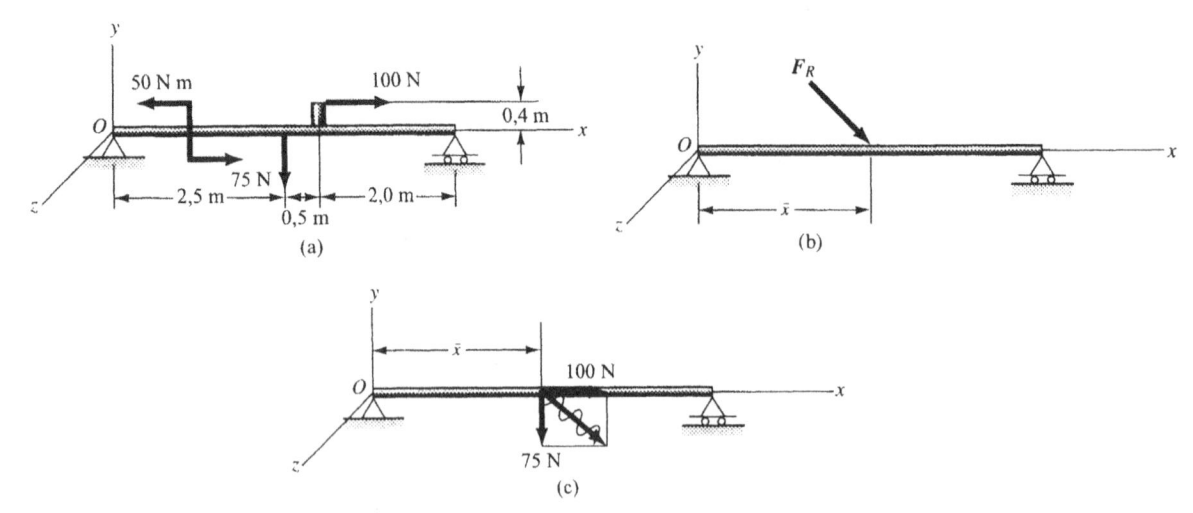

Figura 4.18: Determinação da resultante mais simples.

Pela inspeção da Figura 4.18, observamos que:

$$F_R = 100i - 75j \text{ N} \qquad (a)$$

Considere $\bar{x}$ a interseção com o eixo x da linha de ação de F_R quando essa linha de ação corresponde ao momento de binário C_R zero (veja a Figura 4.18b). Na Figura 4.18c, a força F_R é decomposta ao longo dessa linha de ação em componentes retangulares, de modo que seja possível efetuar cálculos simples de momentos em relação à origem O (momentos em relação ao eixo z). Dessa maneira, igualando o momento em relação ao eixo z de F_R (sem binários associados) com os do sistema original de carregamento, obtemos:

$$-(75)(\bar{x}) = 50 - (2,5)(75) - (0,4)(100)$$

$$\bar{x} = 2,37 \text{ m}$$

Dessa maneira, a resultante mais simples é a força $100i - 75j$ N, que intercepta o eixo da viga na posição $x = 2,37$ m.

Como mencionado anteriormente, quando $F_R = 0$, é provável que a resultante mais simples seja um momento normal ao plano do sistema de forças coplanares. Existe também a possibilidade da existência de um momento nulo, que seria o caso em que as forças do sistema de forças coplanares se *anulariam* por completo, sob a perspectiva de corpo rígido. Para encontrar o momento para o caso em que $F_R = 0$, simplesmente tomamos os momentos do sistema coplanar em relação a *qualquer ponto* no espaço. Esse momento, se não for igual a zero, será obviamente o vetor momento procurado.

Exemplo 4.8

Qual é a resultante mais simples das forças que atuam sobre a viga AB, que está ilustrada na Figura 4.19?

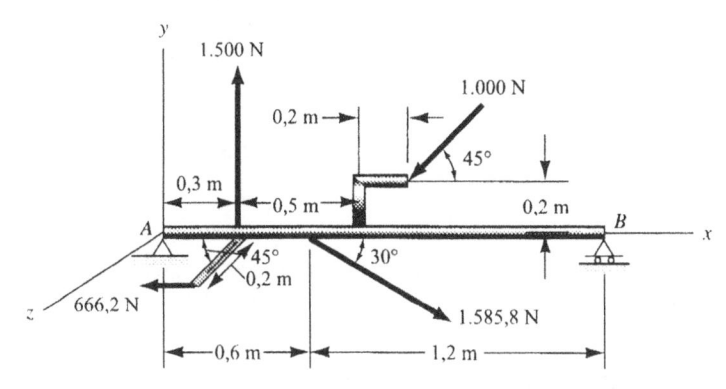

Figura 4.19: Carregamento coplanar sobre uma viga simplesmente apoiada.

O primeiro passo é o cálculo da força resultante por meio da adição dos vetores de força. Assim,

$$F_R = 1.500j - 666,2i - (1.585,8)(0,5)j$$
$$+ (1.585,8)(0,866)i - 707,1i - 707,1j$$

Combinando os termos, temos:

$$F_R = (-666,2 + 1.373,3 - 707,1)i + (1.500 - 792,9 - 701,1)j = 0$$

A resultante mais simples evidentemente deve ser um momento ou um vetor nulo. Com essa informação, devemos calcular os momentos em relação ao ponto A.

$$C_R = \{[0,3 - (0,2)(0,707)]i - (0,2)(0,707)j\} \times (-666,2i)$$
$$+ (0,3)(1.500)k - (0,6)(1.585,8)(0,5)k$$
$$+ (1i + 0,2j) \times (-707,1i - 707,1j)$$

$$C_R = -94,20k + 450k - 475,7k$$
$$- 707,1k + 141,4k = -685,6k \text{ N m}$$

Como resultante mais simples para o sistema, temos um momento de binário na direção negativa de z que possui uma linha de ação qualquer.

É muito importante compreender a natureza da equivalência aqui instituída. Para determinar o sistema de forças de suporte (reações nos apoios), podemos usar a geometria indeformada na análise e, assim, efetuar a substituição do sistema de forças por uma única força. Entretanto, para a determinação da deflexão da viga, deve ficar claro que essa substituição não é válida. Devemos notar, ainda, que existe apenas um ponto na viga que permitirá que uma única força seja equivalente ao sistema original, pela análise de corpo rígido.

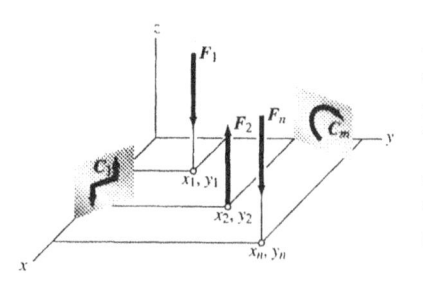

Figura 4.20: Sistema de forças paralelas.

Caso B. Sistemas de Forças Paralelas no Espaço. Neste item, analisaremos o sistema de n forças paralelas, ilustrado na Figura 4.20, onde a direção z é selecionada como paralela às forças. Também são incluídos m binários, cujos planos são paralelos à direção z, pois tais binários são compostos por forças iguais e contrárias paralelas à direção z. Podem-se translador as forças de modo que elas passem através da origem dos eixos xyz; a parcela de força (força resultante) do sistema equivalente é expressa como:

$$F_R = \left(\sum_{p=1}^{n}(F_p)\right)k \qquad (4.8)$$

A parcela de momento (momento resultante) do sistema equivalente é determinada por meio da aplicação da Equação 4.5 a este caso:

$$C_R = \sum_{p=1}^{n}[(x_p\,i + y_p\,j) \times F_p\,k] + \sum_{p=1}^{m}[(C_p)_x\,i + (C_p)_y\,j] \qquad (4.9)$$

em que F_p representa as forças não associadas aos binários. Efetuando o produto vetorial, obtemos:

$$C_R = \sum_{p=1}^{n}[(F_p\,y_p)\,i - (F_p\,x_p)]j + \sum_{p=1}^{m}[(C_p)_x\,i + (C_p)_y\,j] \qquad (4.10)$$

A partir disso, vemos que o momento do binário deve ser sempre paralelo ao plano xy (isto é, perpendicular à direção das forças). Então, temos na origem uma força e um momento com ângulo reto entre eles (veja a Figura 4.21a). Se $F_R \neq 0$, poderemos mover F_R, novamente, para uma outra linha de ação em um plano A perpendicular a C_R (veja a Figura 4.21b). Ao escolhermos o valor apropriado de d, asseguraremos que $F_R d = |C_R|$, com um sentido oposto ao de C_R,[5] de modo que seja eliminado o momento do binário. Assim chegamos a uma *única* força com uma linha de ação especificada pela interseção $\bar{x}$, $\bar{y}$ da linha de ação da força com o plano xy. Se o somatório das forças for zero, o sistema equivalente deverá então ser um momento ou um vetor nulo.

Desse modo, *o sistema resultante mais simples para um sistema de forças paralelas é uma força com uma linha de ação específica ou um momento ou vetor nulo*. O exemplo seguinte ilustrará como é possível a determinação direta da resultante mais simples para um sistema de forças.

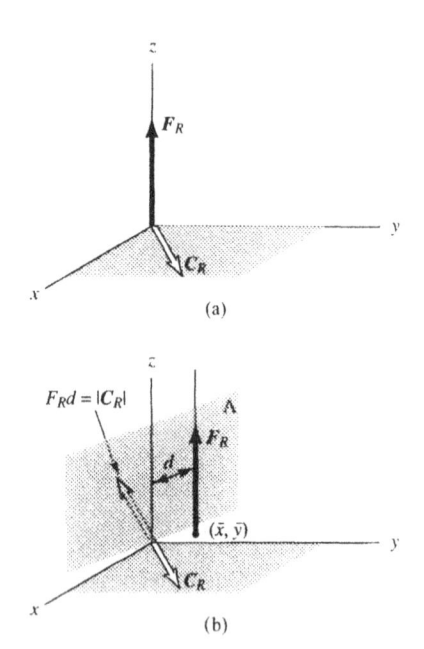

Figura 4.21: Resultante mais simples para um sistema de forças paralelas.

---

[5] Cuidado redobrado deve ser tomado neste ponto! O vetor deslocamento apropriado, a ser usado no cálculo do momento induzido pela translação de F, vai da *nova* posição para a posição *original*. O vetor deslocamento deve ir da direita para a esquerda uma distância d. Lembre-se de que, quando uma força é transladada para uma linha de ação em um ponto a, o vetor posição usado no cálculo do momento induzido sempre *vai do ponto para a força* (veja a Figura 4.3a).

Exemplo 4.9

Determine a resultante mais simples do sistema de forças paralelas mostrado na Figura 4.22a.

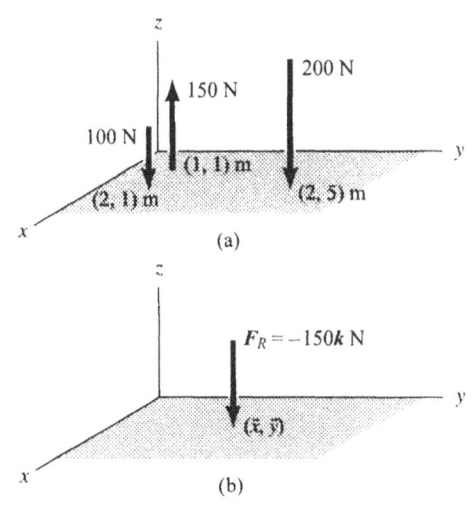

Figura 4.22: Determinação da resultante mais simples.

A soma das forças é igual a 150 N na direção negativa de z. Assim, uma posição pode ser determinada, na qual atua uma única força equivalente ao sistema original. Considere que essa resultante de forças sem momentos de binários passa pelo ponto $\bar{x}, \bar{y}$ (Figura 4.22b). Pode-se igualar o momento dessa força resultante em relação aos eixos x e y aos momentos correspondentes do sistema original, formando equações escalares que produzem os valores apropriados de $\bar{x}$ e $\bar{y}$. Igualando-se os momentos em relação ao eixo x, obtém-se:

$$(150)(1) - (100)(1) - (200)(5) = -150\bar{y}$$

portanto,

$$\bar{y} = 6,33 \text{ m}$$

Igualando os momentos em relação ao eixo y, temos:

$$-(150)(1) + (100)(2) + (200)(2) = 150\bar{x}$$

portanto,

$$\bar{x} = 3 \text{ m}$$

É possível também demonstrar, como exercício, que o mesmo resultado é alcançado para $\bar{x}, \bar{y}$, igualando o momento da força resultante (sem momento de binário) em relação à origem com o momento do sistema original em relação à origem.

Exemplo 4.10

Analise o sistema de forças paralelas da Figura 4.23a. Qual é a resultante mais simples para esse sistema?

Aqui temos um caso onde a soma das forças é zero e, por isso, $F_R = 0$. Portanto, a resultante mais simples deve ser um momento ou um vetor nulo. Para obtermos esse momento, C_R, calculamos os momentos das forças em relação a *qualquer ponto* no espaço. Esse vetor momento iguala-se ao momento desejado C_R. Um procedimento de solução é utilizar a origem do sistema de referência como o ponto em relação ao qual os momentos são calculados. Então, pode-se escrever:

$$C_R = (4i + 2j) \times (-30k) + (3i + 2j) \times (40k) + (2i + 4j) \times (-10k)$$
$$= -20i + 20j \text{ N m} \quad (a)$$

As componentes de C_R ao longo dos eixos x e y são os momentos do sistema de forças em relação a esses eixos. Assim,

$$(C_R)_x = -20 \text{ N m}$$
$$(C_R)_y = 20 \text{ N m} \quad (b)$$

Os momentos das forças em relação aos eixos x e y podem ser obtidos diretamente e, por isso, levar ao momento C_R desejado. Desse modo, empregando a definição básica do momento de uma força em relação a uma linha, conceito apresentado em capítulos anteriores, temos:

$$(C_R)_x = -(10)(4) + (40)(2) - (30)(2) = -20 \text{ N m}$$
$$(C_R)_y = (10)(2) - (40)(3) + (30)(4) = 20 \text{ N m}$$

Então o momento do sistema de forças em relação à origem, e conseqüentemente em relação a qualquer ponto, é o momento desejado (Figura 4.23b).

$$C_R = -20i + 20j \text{ N m}$$

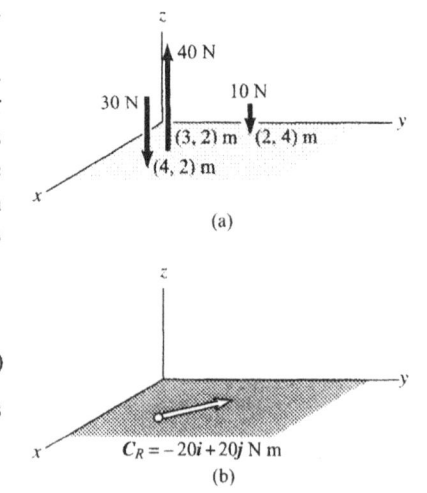

Figura 4.23: Sistema de forças paralelas.

Até aqui foi analisado o conceito da resultante mais simples para sistemas de forças coplanares e paralelas. Desejamos, agora, retornar aos *sistemas gerais de forças*. Foi visto neste capítulo que sempre é possível substituir um sistema de forças, na mecânica dos corpos rígidos, por uma força F_R e um momento C_R em um ponto selecionado qualquer. Esse sistema equivalente é sempre o sistema mais simples para a mecânica de corpo rígido? A resposta é negativa. Para mostrar isso, decompõe-se o momento C_R em duas componentes retangulares, $C_\perp$ e $C_\parallel$, perpendicular e colinear com a força, respectivamente. Pode-se mover a força para uma posição específica paralela e eliminar-se $C_\perp$, a componente do momento normal à força. Entretanto, não se pode fazer nada com a componente $C_\parallel$ do momento colinear (paralela) à força. A razão é que qualquer translação da força para uma posição paralela *sempre* introduz um momento *perpendicular* à força. Portanto, a componente $C_\parallel$ não pode ser afetada. Eliminando $C_\perp$, chegamos à força F_R e ao momento $C_\parallel$ colinear com F_R. Esse sistema é o mais simples para o caso geral (força e momento resultantes colineares), gerando uma ação similar a de um *saca-rolha* (veja a Figura 4.24). Neste texto, trabalharemos com o conceito mais geral de força resultante F_R e de momento resultante C_R em relação a um ponto qualquer.

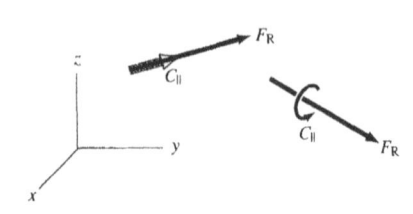

Figura 4.24: Exemplos de resultantes colineares de forças e momentos (ação do saca-rolha). Esta é a representação mais simples de um sistema geral de forças.

Problemas

Em muitos dos problemas desta série, o peso do corpo concentra-se em seu centro de gravidade. É bem provável que o leitor já tenha utilizado essa consideração nos cursos introdutórios de física. Na Seção 4.5, esse conceito será analisado.

4.18 Calcule o sistema de forças resultante das cargas aplicadas nas posições A e B.

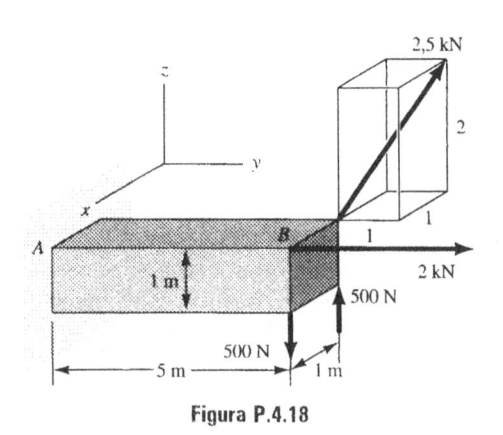

Figura P.4.18

4.19 Calcule o sistema de forças resultante no ponto A causado pela força de 200 N indicada. Qual é o momento de torção em relação ao eixo em A? A força de 200 N é normal à chave inglesa.

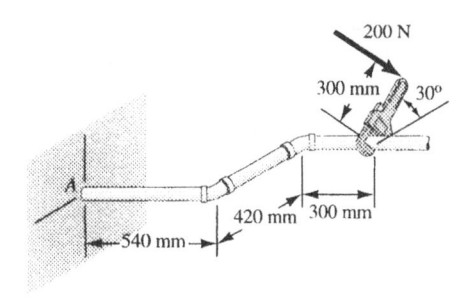

Figura P.4.19

4.20 Determine a resultante do sistema de forças no ponto A. As cargas de 300 N, 200 N e 900 N estão atuando nos centros das seções do tubo.

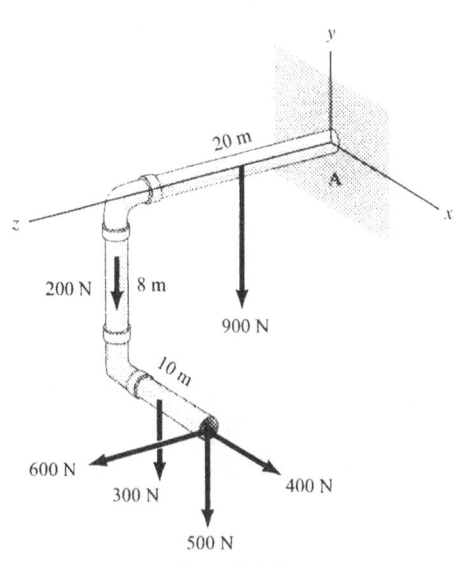

Figura P.4.20

4.21 Um carro de 20 kN e um caminhão de 80 kN estão parados sobre uma ponte. Qual é o sistema de forças resultante devido ao peso desses veículos no centro da ponte? E no centro da extremidade esquerda da ponte? As distâncias em relação ao caminhão e ao carro são relativas aos respectivos centros de gravidade onde o peso atua.

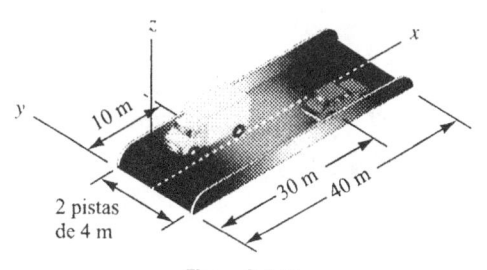

Figura P.4.21

4.22 Duas caixas com maquinaria pesada (A pesa 20 kN e B pesa 30 kN) são colocadas sobre um caminhão. Qual é o sistema de forças resultante no centro do eixo traseiro? Os centros de gravidade das caixas coincidem com seus centros geométricos.

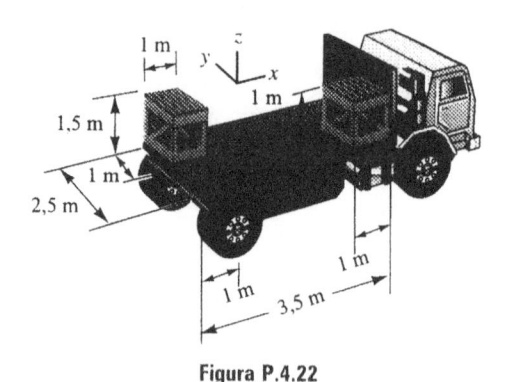

Figura P.4.22

4.23 Substitua o sistema de forças por uma resultante em A.

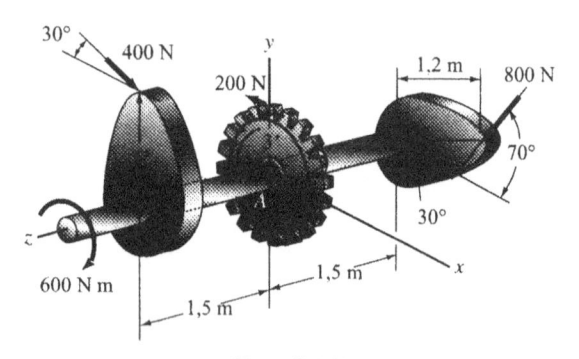

Figura P.4.23

4.24 Determine as forças F_1, F_2 e F_3 de modo que a resultante das forças e o torque que agem sobre a placa sejam zero. (*Dica*: Se a resultante for zero para um ponto específico, ela não será zero para qualquer ponto? Explicar por quê.)

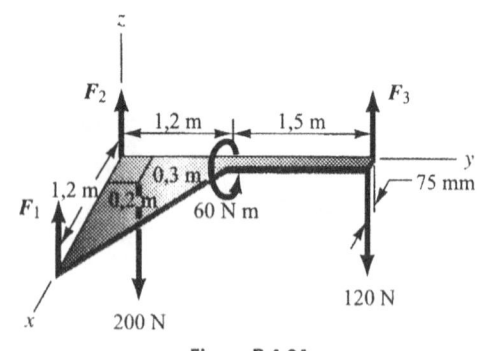

Figura P.4.24

4.25 Determine a resultante *mais simples* para as forças que atuam sobre a viga. Forneça o ponto de interseção com o eixo da viga.

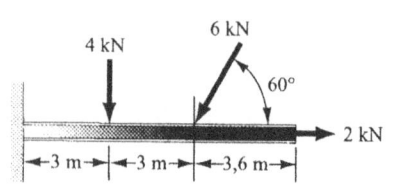

Figura P.4.25

4.26 Determine a resultante *mais simples* para as forças que atuam sobre a polia. Calcule o ponto de interseção com o eixo x.

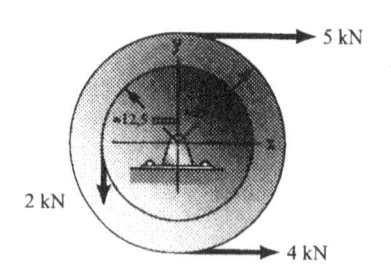

Figura P.4.26

4.27 Um homem ergue um balde de água de 200 N até o topo de um andaime. Simultaneamente, um veículo com guincho é usado para erguer uma carga de tijolos de 800 N. Qual é o sistema de forças resultante *mais simples* sobre o andaime? Calcule o ponto de interseção no eixo x. Despreze o atrito nas polias de modo que as forças de 200 N e 800 N sejam transmitidas, respectivamente, para o homem e para o veículo.

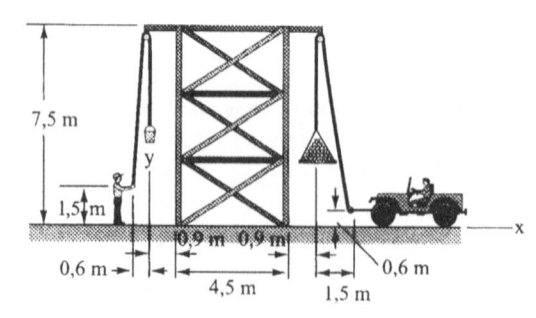

Figura P.4.27

4.28 Determinar a resultante em A.

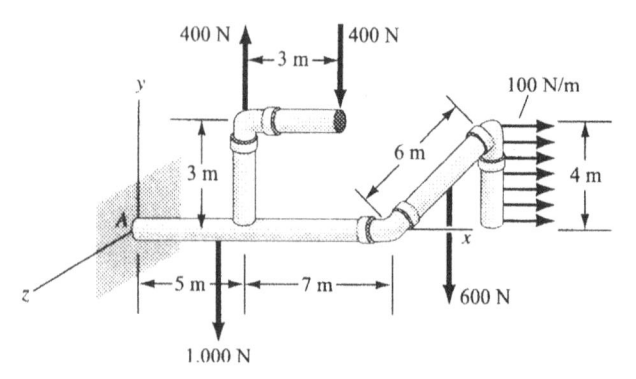

Figura P.4.28

4.29 Calcule a resultante *mais simples* para as cargas que atuam sobre a viga. Determine o ponto de interseção com o eixo da viga.

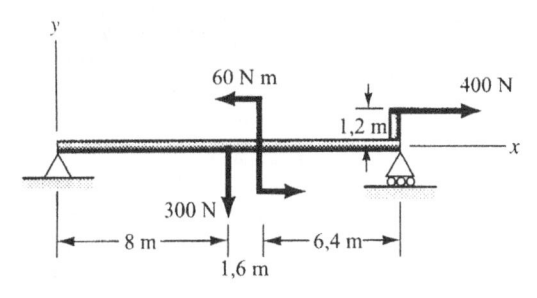

Figura P.4.29

4.30 Determine a resultante de forças *mais simples*. Indique claramente a localização dessa resultante.

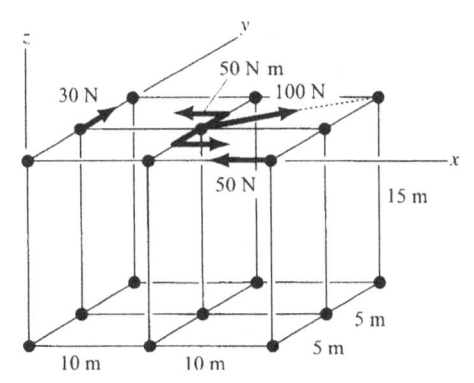

Figura P.4.30

4.31 Substitua o sistema das forças que agem sobre os rebites da placa pela resultante *mais simples*. Forneça o ponto de interseção dessa resultante com o eixo x.

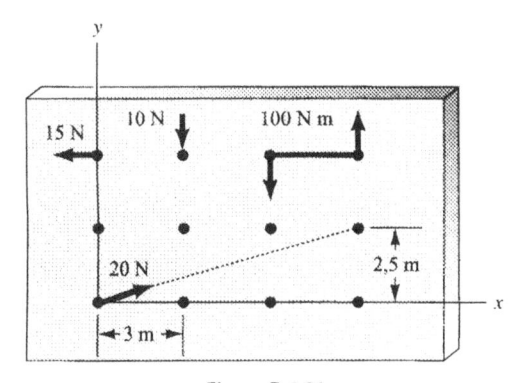

Figura P.4.31

4.32 Um sistema de forças paralelas possui: uma força de 20 N que atua na posição $x = 10$ m e $y = -3$ m; uma força de 30 N que age na posição $x = 5$ m e $y = -3$ m; uma força de 50 N que atua na posição $x = -2$ m e $y = 5$ m.
(a) Considerando que todas as forças apontam na direção negativa do eixo z, determine a força resultante *mais simples* e sua linha de ação.
(b) Considerando que a força de 50 N está direcionada no sentido positivo do eixo z, enquanto as outras permanecem na direção negativa de z, qual será a resultante *mais simples*?

4.33 Qual é a resultante *mais simples* das três forças e do momento que atuam sobre o eixo e o disco ilustrados na Figura P.4.33? O raio do disco é igual a 1,5 m.

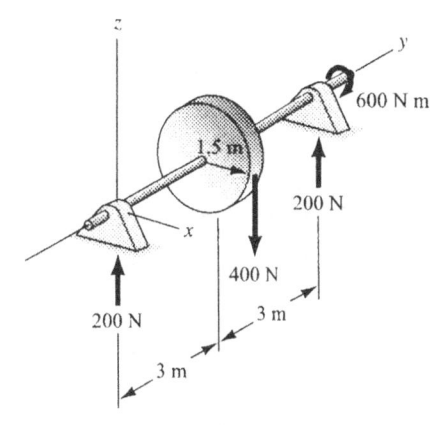

Figura P.4.33

4.34 Qual é a resultante *mais simples* do sistema de forças? Cada quadrado tem lado de 10 mm.

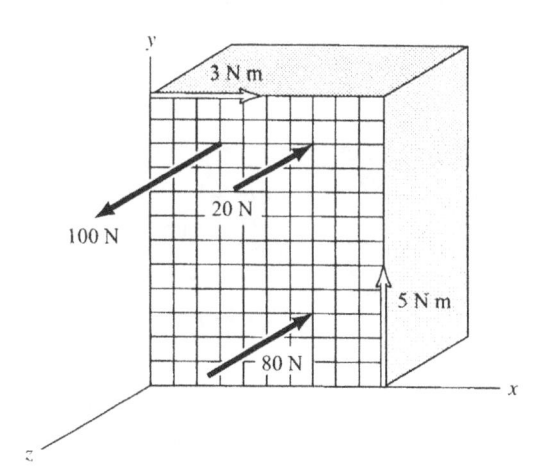

Figura P.4.34

4.35 Qual é a resultante *mais simples*? Onde sua linha de ação cruza o eixo x?

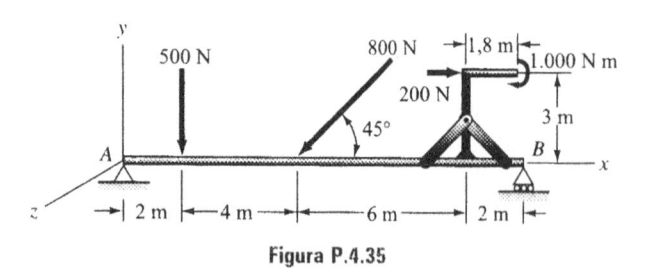

Figura P.4.35

4.36 Qual é a resultante *mais simples* para o sistema de carregamento ilustrado na Figura P. 4.36? Forneça também a linha de ação da resultante.

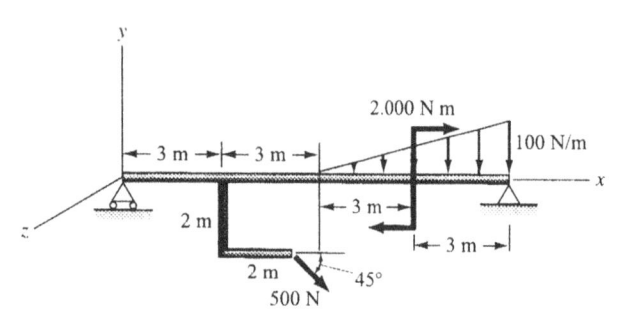

Figura P.4.36

4.37 Duas polias de um sistema de levantamento são operadas sobre o mesmo trilho. A polia A tem uma carga de 3 MN e a polia B de 4 MN. Qual é o sistema de forças resultante na extremidade esquerda O do trilho? Onde atua a força resultante *mais simples* para o sistema?

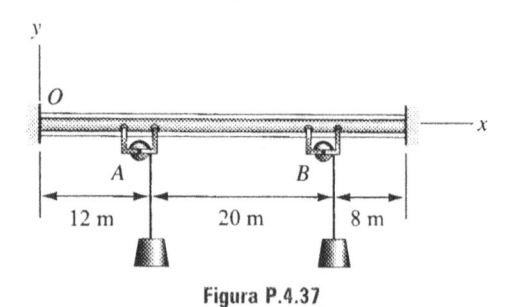

Figura P.4.37

4.38 Um reboque pesa 73 kN e está carregado com uma escavadeira A de 67,5 kN e uma escavadeira B de 54 kN. Qual é a força resultante *mais simples* e onde ela atua? Os pesos das máquinas e do reboque atuam em seus respectivos centros de gravidade (C.G.).

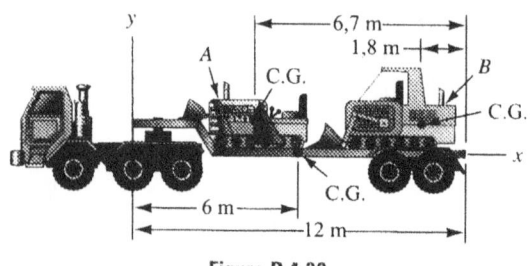

Figura P.4.38

4.39 Onde uma força vertical de 100 N, direcionada para baixo, deveria ser colocada para que a resultante *mais simples* de todas as forças mostradas estivesse na posição (5, 5) m?

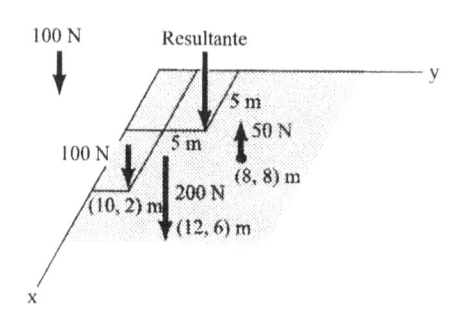

Figura P.4.39

4.40 Uma barcaça deve ser uniformemente carregada de modo que ela não incline em qualquer direção. Onde as três caixas que contêm maquinaria podem ser colocadas (sem empilhamento e sem usar as laterais das caixas para apoio)? Cada caixa tem a altura igual à largura. Existe apenas uma solução para este problema? Os centros de gravidade das caixas coincidem com seus centros geométricos.

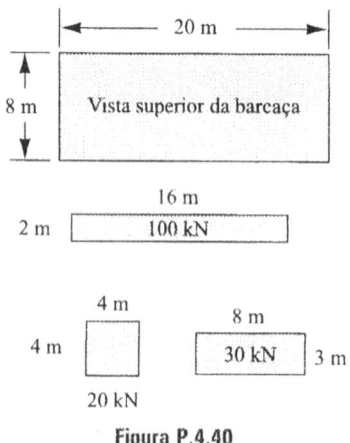

Figura P.4.40

4.5 Sistemas de forças distribuídas

As análises efetuadas até o momento ficaram restritas a vetores discretos, em particular, a forças pontuais. Vetores, assim como escalares, podem também ser distribuídos continuamente ao longo de um volume finito. Essas distribuições são denominadas *campos vetoriais* e *escalares*, respectivamente. Um simples exemplo de um campo escalar é a distribuição de temperatura, expressa como $T(x, y, z, t)$, onde a variável t indica que o campo pode variar com o tempo. Assim, se uma posição x_0, y_0, z_0 e um tempo t_0 forem especificados, será possível determinar a temperatura nessa posição e nesse instante de tempo desde que a função distribuição de temperatura seja conhecida (isto é, desde que seja conhecida a função de T em termos das variáveis independentes x, y, z e t). Um campo vetorial algumas vezes é expresso na forma $F(x, y, z, t)$. Um exemplo conhecido de um campo vetorial é o campo de força gravitacional da Terra – um campo que sabidamente varia com a altura em relação ao nível do mar, entre outros fatores. Devemos observar, entretanto, que o campo gravitacional é virtualmente constante no tempo.

Em lugar do campo vetorial, é mais conveniente, às vezes, o uso de três campos escalares que representam as componentes escalares ortogonais de um campo vetorial em todos os pontos. Assim, quanto ao campo de força, podemos afirmar que:

componente de força na direção $x = g(x, y, z, t)$
componente de força na direção $y = h(x, y, z, t)$
componente de força na direção $z = l(x, y, z, t)$

onde g, h e l representam funções das coordenadas e do tempo. Se forem substituídas as coordenadas de uma posição especial e do tempo nessas funções, obtém-se as componentes de força F_x, F_y e F_z para aquela posição e instante. O campo de força e suas componentes escalares são relacionados da seguinte forma:

$$F(x, y, z, t) = g(x, y, z, t)i + h(x, y, z, t)j + l(x, y, z, t)k$$

Em geral, a notação para a equação anterior é escrita como segue:

$$F(x, y, z, t) = F_x(x, y, z, t)i + F_y(x, y, z, t)j + F_z(x, y, z, t)k \qquad (4.11)$$

Campos vetoriais não são restritos a forças, mas incluem outras grandezas, tais como campos de velocidade e campos de fluxo de calor.

Distribuições de forças, como a da força gravitacional, que exercem influência diretamente sobre os elementos de massa distribuídos ao longo do corpo são denominadas *distribuições de força de corpo* e são dadas por unidade de massa sobre as quais elas exercem influência. Assim, se $B(x, y, z, t)$ for a distribuição de força de corpo, a força sobre o elemento de massa dm deverá ser $B(x, y, z, t)dm$.

Distribuições de força sobre uma *superfície* são denominadas *distribuições de forças de superfície*[6] $T(x, y, z, t)$ e são dadas por unidade de área da superfície diretamente influenciada. Um exemplo simples é a distribuição de força sobre a superfície de um corpo submerso em um

---

6 Em geral, em mecânica de sólidos, as forças de superfície são denominadas *tensões superficiais*.

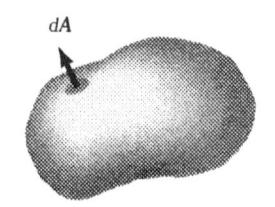

Figura 4.25: Vetor área.

fluido. No caso de fluido estático ou de um fluido sem atrito, a força do fluido sobre um elemento de área é sempre normal a esse elemento de área e com sentido em direção ao corpo. A força por unidade de área devido à ação do fluido é denominada *pressão* e representada por *p*. Pressão é uma grandeza escalar. A distribuição de força resultante da pressão sobre uma superfície é dada pela orientação da superfície. (O leitor deve relembrar, do Capítulo 2, que um elemento de área pode ser considerado um vetor, que é normal à área do elemento e está direcionado para a região externa de um corpo (Figura 4.25).) A força infinitesimal sobre o elemento de área é dada como:

$$d\mathbf{f} = -p \, d\mathbf{A}$$

Um tipo especial de distribuição de forças é a distribuição contínua de carregamento sobre uma viga. Essa é geralmente uma distribuição de carregamento paralelo simétrica em relação ao plano de centro *xy* da viga, como mostra a Figura 4.26. Colunas de tijolos de diversas alturas colocadas sobre uma viga seriam um exemplo desse tipo de carregamento. É possível substituir tal carregamento distribuído por uma distribuição coplanar equivalente que atua no plano de centro. O carregamento é dado por unidade de comprimento e é representado por *w*, a *intensidade do carregamento*. A força sobre um elemento *dx* da viga é, então, *w dx*.

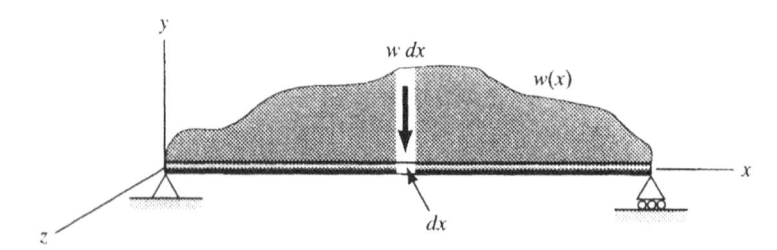

Figura 4.26: Carregamento distribuído sobre uma viga.

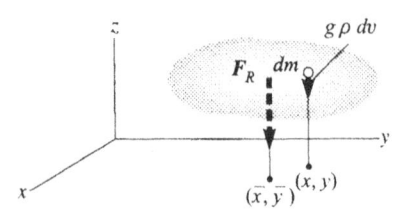

Figura 4.27: Distribuição de forças de corpo devida à gravidade.

Neste item, foram apresentados os sistemas de forças distribuídas através do volume do corpo (forças de corpo), sobre superfícies (forças de superfície) e sobre linhas (veja a Figura 4.26). As conclusões sobre resultantes de sistemas de forças para sistemas de forças pontuais, paralelas e coplanares continuam válidas para os sistemas de forças distribuídas. Essas conclusões são válidas porque cada sistema de forças distribuídas pode ser considerado um número infinito de forças pontuais infinitesimais. O tratamento de distribuições de forças é visto nos exemplos seguintes.

Caso A. Sistema de Forças de Corpo Paralelas – Centro de Gravidade.

Consideremos um corpo rígido (Figura 4.27), cuja densidade de massa (massa por unidade de volume) é dada por $\rho(x, y, z)$. O corpo está sujeito à ação da gravidade, que, no caso de um corpo pequeno, pode ser considerada um campo de distribuição de forças paralelas.

Por se tratar de um sistema de forças paralelas no espaço, todas com o mesmo sentido, sabemos que uma única força resultante (com momento nulo) é equivalente a essa distribuição. A força de corpo de gravidade $\mathbf{B}(x, y, z)$, dada por unidade de massa, é escrita como $-g\mathbf{k}$. A força infinitesimal sobre um elemento diferencial de massa *dm* é dada por $-g(\rho\,dv)\mathbf{k}$, sendo dv o volume do elemento[7]. Determina-se a resultante de força sobre o sistema substituindo-se a soma na Equação 4.8 por uma integração. Assim,

$$\mathbf{F}_R = -\int_V g(\rho\,dv)\mathbf{k} = -g\mathbf{k}\int_V \rho\,dv = -gM\mathbf{k}$$

onde, como g é constante, a segunda integral torna-se a massa M do corpo.

Agora, devemos determinar a linha de ação da força equivalente. Representaremos a interseção dessa linha de ação com o plano xy como $\bar{x}, \bar{y}$ (veja a Figura 4.27). A resultante nessa posição deve ter os mesmos momentos que a distribuição sobre os eixos x e y:

$$-F_R\bar{y} = -g\int_V y\rho\,dv \quad F_R\bar{x} = -g\int_V x\rho\,dv$$

Assim, temos:

$$\bar{x} = \frac{\int x\rho\,dv}{M} \quad \bar{y} = \frac{\int y\rho\,dv}{M}$$

Desse modo, a resultante mais simples para o sistema de forças pode ser completamente definida. Agora, o corpo é reorientado no espaço, causando a reorientação da linha de ação da resultante, como ilustra a Figura 4.28. Um novo cálculo da linha de ação da resultante mais simples do sistema, para a segunda orientação, gera uma linha que intercepta a linha original no ponto C. Pode ser demonstrado que as linhas de ação das resultantes mais simples de um sistema de forças, para todas as orientações do corpo, devem interceptar o mesmo ponto C. Esse ponto é chamado de *centro de gravidade*. Efetivamente, podemos afirmar, pela análise de corpo rígido, que todo o peso do corpo está concentrado no centro de gravidade.

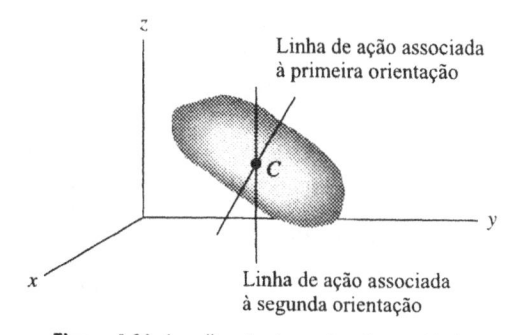

Figura 4.28: Localização do centro de gravidade.

---

[7] Note-se que $g\rho$ é o peso por unidade de volume, que em geral é representado por γ, o peso específico.

Exemplo 4.11

Determine o centro de gravidade do bloco triangular, mostrado na Figura 4.29, que possui uma densidade uniforme ρ.

O peso total do corpo é facilmente calculado como:

$$F_R = g\rho(abc/2) \qquad (a)$$

Para determinar $\bar{y}$, o momento de F_R em relação ao eixo x deve ser igualado ao momento da distribuição de peso do bloco. A fim de facilitar o cálculo do momento do peso, devemos escolher elementos *infinitesimais* do bloco, cujos pesos sejam de fácil determinação. O momento da força peso de cada elemento infinitesimal em relação ao eixo x pode ser determinado sem dificuldades. Cortes infinitesimais de espessura dy paralelos ao plano xz podem ser utilizados para esse fim. O peso de cada corte é simplesmente $(zb\ dy)\rho g$, sendo z a altura do corte (veja a Figura 4.29). Como todos os pontos do corte têm a mesma distância y do eixo x, evidentemente o momento do peso do corte é dado como $- y(zb\ dy)\ \rho\gamma$. Ao fazer y variar de 0 a a durante a integração, todos os cortes no corpo são levados em consideração nos cálculos. Assim, temos:

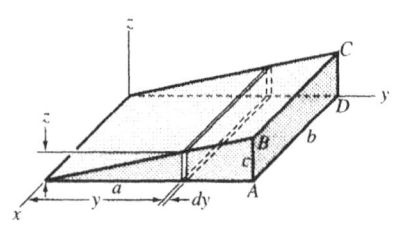

$$-F_R\bar{y} = -\int_0^a y(zb\ dy)\rho g \qquad (b)$$

Figura 4.29: Determinação do centro de gravidade.

O termo z pode ser expresso por meio da semelhança de triângulos, em termos da variável de integração y, como:

$$\frac{z}{c} = \frac{y}{a}$$

$$z = \left(\frac{y}{a}\right)c \qquad (c)$$

Então, substituindo as Equações a e c na equação b e rearranjando os termos, obtém-se:

$$\bar{y} = \frac{1}{g\rho(abc/2)} g \int_0^a \rho y^2 \frac{bc}{a}\ dy = \frac{2}{3}a \qquad (d)$$

Para determinar a coordenada na direção z do centro de gravidade, o corpo deve ser orientado como mostra a Figura 4.30. Um procedimento de cálculo similar ao anterior levaria ao resultado $\bar{z} = \frac{2}{3}c$. O leitor deve fazer a verificação desse resultado.

Finalmente, pela observação da Figura 4.30, fica claro que $\bar{x} = \frac{1}{2}b$.

Dessa maneira, tem-se que:

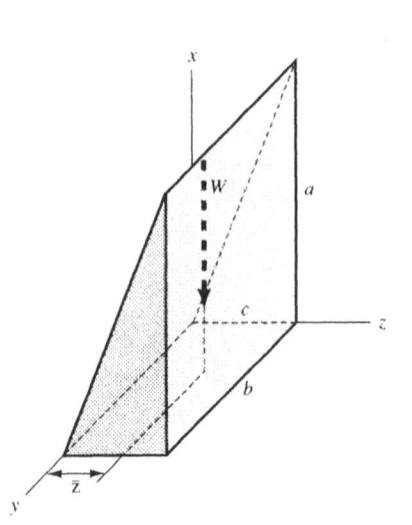

$$\bar{x} = \frac{b}{2},\ \bar{y} = \frac{2}{3}a\ \text{e}\ \bar{z} = \frac{2}{3}c$$

Figura 4.30: Reorientação do bloco.

Exemplo 4.12

Determine o centro de gravidade do corpo de revolução mostrado na Figura 4.31. A distância radial da superfície em relação ao eixo y é dada por:

$$r = \frac{1}{6} y^2 \text{ m} \qquad (a)$$

O corpo tem uma densidade constante ρ. *Seu comprimento é de 3 m e existe um furo cilíndrico na extremidade direita do corpo com comprimento de 0,6 m e diâmetro de 0,3 m.*

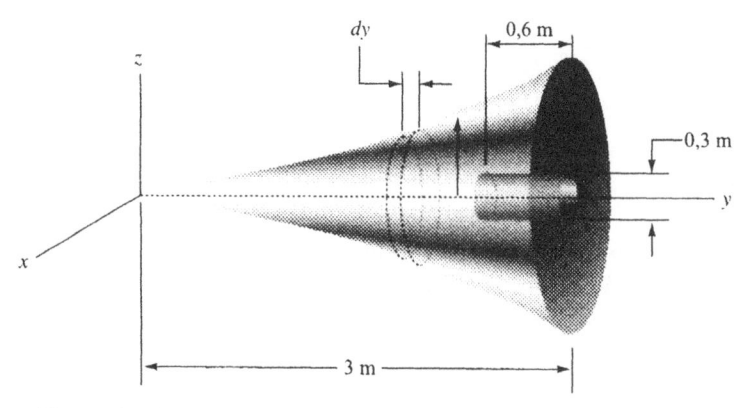

Figura 4.31: Determinação do centro de gravidade de um corpo de revolução.

É necessário calcular apenas o valor de $\bar{y}$, pois evidentemente $\bar{z} = \bar{x} = 0$ devido à simetria. Em primeiro lugar, calcula-se o peso do corpo. Empregando cortes de espessura dy, como ilustrado na figura, somamos os pesos de todos os cortes do corpo por meio da integração em y de 0 a 3 m. Então, subtrai-se o peso do cilindro de 0,6 m de comprimento e 0,3 m de diâmetro, que representa o furo cilíndrico, do corpo de revolução. Assim, sabendo que a área do círculo é πr^2 ou $\pi D^2/4$, temos:

$$W = \int_0^3 (\pi r^2) dy \, \rho g - \frac{\pi (0,3)^2}{4} (0,6)(\rho g) \qquad (b)$$

Usando a Equação a para escrever r^2 em termos de y, obtemos:

$$W = \rho g \left(\pi \int_0^3 \frac{y^4}{36} dy - 0,0135\pi \right) = g\rho\pi(1,35 - 0,0135) \qquad (c)$$

$$= 1,3365 \, \pi\rho g \text{ N}$$

Exemplo 4.12 (*continuação*)

Para se obter $\bar{y}$, iguala-se o momento de W em relação ao eixo x com o momento da distribuição de peso. Para obtermos esse momento, somamos os momentos em relação ao eixo x dos pesos de todos os cortes do corpo, assumindo inicialmente que não há furo. Então, subtrai-se desse momento o momento em relação ao eixo x do peso do cilindro que representa o furo cilíndrico do corpo de revolução. Como ρ é constante, o centro de gravidade do furo cilíndrico está em seu centro geométrico, de modo que o braço do momento do peso desse cilindro em relação ao eixo x é igual a 2,7 m. Assim, tem-se:

$$-(1{,}3365\pi\rho g)\bar{y} = -\rho g\left\{\int_0^3 y(\pi r^2\,dy) - \left[\frac{\pi(0{,}3^2)}{4}(0{,}6)\right]2{,}7\right\}$$

$$\bar{y} = \frac{1}{1{,}3365}\left(\int_0^3 \frac{y^5}{36}\,dy - 0{,}0365\right)$$

$$= 2{,}50 \text{ m}$$

Suponhamos que, neste problema, o peso específico γ $(=\rho g)$ (peso por unidade de volume) varie com y, tal como no Problema 4.43. Isto é, $\rho = \rho(y)$. Então, para este novo problema, temos:

$$W = \int_0^3 \pi r^2 \rho g\,dy - \int_{2{,}4}^3 \pi\left(\frac{1}{2}\right)^2 \rho g\,dy$$

também:

$$-W\bar{y} = -\left[\int_0^3 y\pi r^2\rho g\,dy - \int_{2{,}4}^3 y\pi\left(\frac{1}{2}\right)^2\rho g\,dy\right]$$

Note-se que as simplificações usadas na primeira parte do problema, quando ρ foi considerada constante, não podem ser empregadas na segunda parte.

Exemplo 4.13

Uma placa, ilustrada na Figura 4.32, encontra-se sobre um solo plano. A placa tem espessura de 60 mm e possui densidade uniforme. O lado curvo dela é dado por uma parábola com inclinação zero na origem. Encontre as coordenadas do centro de gravidade.

A equação da parábola que descreve a aresta curva da placa é dada por

$$y = Cx^2 \quad \text{(a)}$$

Pode-se determinar C observando que $y = 2$ m quando $x = 3$ m. Desse modo,

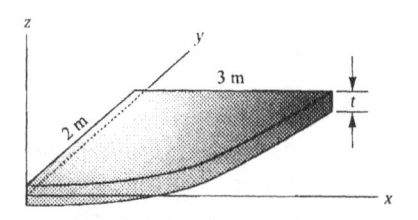

$$2 = C \cdot 9 \quad \text{(b)}$$

Figura 4.32: Determinação do centro de gravidade da placa.

Portanto,

$$C = \frac{2}{9}$$

A curva desejada é então expressa como:

$$y = \frac{2}{9} x^2$$

Assim,

$$x = \frac{3}{\sqrt{2}} y^{1/2} \quad \text{(c)}$$

Analisemos as tiras horizontais da placa de espessura dy (veja a Figura 4.33). Usando o peso específico ρ, que é o peso por volume igual a ρg, obtemos a seguinte expressão para o peso total W da placa:

$$W = \int_0^2 (tx\, dy)\rho g$$

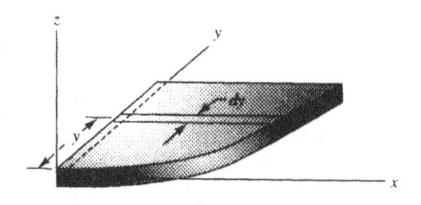

Figura 4.33: Uso de cortes imaginários na forma de tiras horizontais.

onde t é a espessura. Substituímos x utilizando a Equação c para obtermos:

$$W = t\rho g \int_0^2 \left(\frac{3}{\sqrt{2}} y^{1/2}\right) dy$$

Integrando, obtemos:

$$W = t\rho g \frac{3}{\sqrt{2}} (y^{3/2}) \left(\frac{2}{3}\right)\bigg|_0^2 = t\rho g \sqrt{2}\,(2)^{3/2} = 4t\rho g \text{ N} \quad \text{(d)}$$

O próximo passo é calcular os momentos em relação ao eixo x para obtermos $\bar{y}$. Assim,

$$\begin{aligned}
-W\bar{y} &= -\int_0^2 y(tx\, dy)\rho g \\
&= -\rho g t \int_0^2 (y)\left(\frac{3}{\sqrt{2}} y^{1/2}\right) dy \\
&= -\rho g t \frac{3}{\sqrt{2}} (y^{5/2})\left(\frac{2}{5}\right)\bigg|_0^2 \quad \text{(e)} \\
&= -\rho g t \left(\frac{3}{\sqrt{2}}\right)\left(\frac{2}{5}\right)[(2^2)(2^{1/2})] \\
&= -\frac{24}{5}\rho g t
\end{aligned}$$

Exemplo 4.13 (*continuação*)

Usando o peso W obtido na Equação d, o qual equivale a $4t\rho g$, obtemos o valor de $\bar{y}$:

$$\bar{y} = \frac{6}{5} \text{ m} \qquad (f)$$

Para obtermos $\bar{x}$, tomam-se os momentos em relação ao eixo y, utilizando ainda as tiras horizontais da Figura 4.33. O centro de gravidade da tira está em seu centro, pois ρg é constante e o braço do momento para a tira em relação ao eixo y é igual a $x/2$.

$$W\bar{x} = \int_0^2 \frac{x}{2}(tx\,dy)\rho g \qquad (g)$$

Prosseguindo com os cálculos, tem-se que:

$$W\bar{x} = \frac{t\rho g}{2}\int_0^2 x^2\,dy = \frac{t\rho g}{2}\int_0^2 \left(\frac{9}{2}y\right)dy$$

$$= \frac{t\rho g}{2}\frac{9}{2}\frac{y^2}{2}\bigg|_0^2 = \frac{9t\rho g}{2}$$

Substituindo W de acordo com a Equação d, obtém-se o valor de $\bar{x}$:

$$\bar{x} = \frac{9}{8} \text{ m} \qquad (h)$$

Também é possível obter o valor de $\bar{x}$ empregando as tiras verticais mostradas na Figura 4.34. Igualando os momentos dos pesos das tiras verticais em relação ao eixo y com o momento do peso total W no centro de gravidade da placa $\bar{x}$, podemos obter o resultado desejado observando que $(2 - y)$ é o comprimento da tira:

$$W\bar{x} = \int_0^3 x\rho g(2-y)t\,dx = \int_0^3 x\rho g\left(2 - \frac{2}{9}x^2\right)t\,dx \qquad (i)$$

$$= 2\rho gt\int_0^3 \left(x - \frac{1}{9}x^3\right)dx = 2\rho gt\left(\frac{3^2}{2} - \frac{1}{9}\frac{3^4}{4}\right) = \rho gt\frac{9}{2}$$

Por meio de $W = 4\rho gt$, pode-se resolver a equação anterior para $\bar{x}$. Assim, novamente obtém-se que:

$$\bar{x} = \frac{9}{8} \text{ m}$$

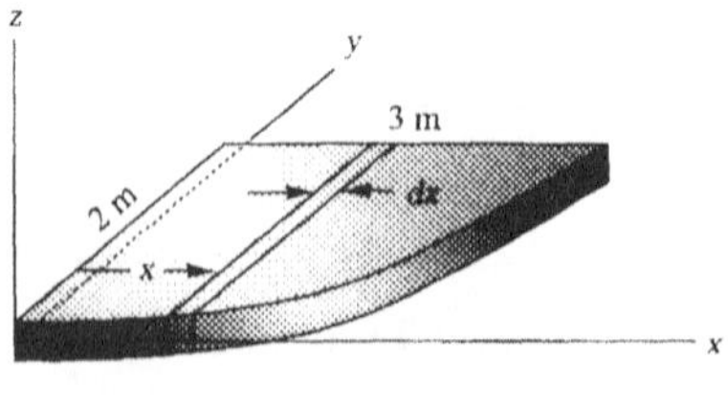

Finalmente, podemos ver claramente que a coordenada $\bar{z}$ é zero para a referência xy no plano de centro da placa.

Figura 4.34: Uso de cortes na forma de tiras verticais.

Nos problemas anteriores, foram empregados cortes hipotéticos no corpo de espessura dy ou dx. Se o peso específico fosse uma função da posição, $\rho(x, y, z)$, não seria possível expressar o peso desses cortes de maneira simples. A razão de tal fato é que, nas direções x e z, as dimensões do elemento são finitas e ρ varia ao longo do elemento. Se, entretanto, fosse escolhido um elemento infinitesimal *em todas as direções*, tal como um paralelepípedo tendo volume $dx\,dy\,dz$, então γ poderia ser considerado uma constante ao longo do elemento. O peso do elemento seria daí facilmente calculado como $\rho(dx\,dy\,dz)$, em que as coordenadas de ρ corresponderiam à posição do elemento. O próximo exemplo é uma ilustração desse caso.

Exemplo 4.14

Analisemos um bloco (veja a Figura 4.35), no qual a densidade ρ no vértice A é de 3,2 Mg/m^3. A densidade do bloco não varia na direção x. Entretanto, ela diminui linearmente de 0,8 Mg/m^3 em 3 m, na direção y, e aumenta linearmente de 0,8 Mg/m^3 em 2,4 m, na direção z, como mostrado na figura. Quais são as coordenadas $\overline{x}, \overline{y}$ do centro de gravidade desse bloco?

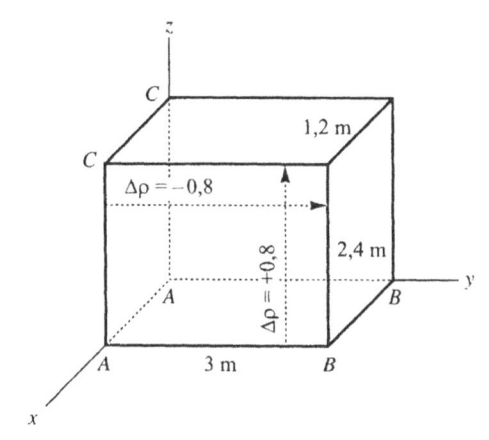

Figura 4.35: Bloco com ρ variável.

Em primeiro lugar, devemos expressar ρ em qualquer posição $P(x,y,z)$ no interior do bloco. Por meio das relações simples de proporcionalidade, pode-se afirmar que:

$$\rho = 32 - \frac{y}{3}(0,8) + \frac{z}{2,4}(0,8) \qquad \text{(a)}$$

$$= 3,2 - 0,267y + 0,333z \text{ Mg/m}^3$$

Devemos, agora, calcular o peso do bloco (isto é, a resultante da força de gravidade). Cortes infinitesimais ou tiras retangulares do bloco não são empregados na determinação do peso do corpo, como efetuado nos exemplos anteriores. Com o peso específico variando em y e z, não seria uma tarefa fácil a computação do peso e do momento de um corte ou tira do bloco. Em seu lugar, devemos utilizar um paralelepípedo infinitesimal de volume $dx\,dy\,dz$, localizado em uma posição de coordenadas x, y e z, como mostra a Figura 4.36a. Devido às pequenas dimensões desse elemento, a densidade ρ pode ser considerada constante no seu interior. Então, o peso dW do elemento pode ser dado como:

$$dW = \rho g(dx\,dy\,dz) = (3,2 - 0,267y + 0,333z)\,.g.\,dx\,dy.dz\ dx\,dy\,dz$$

Exemplo 4.14 (continuação)

Para incluir os pesos de *todos* os elementos de paralelepípedo no bloco, no processo de integração primeiro deve-se variar x de 0 a 1,2 m, enquanto y e z são mantidas fixas. O paralelepípedo da Figura 4.36a torna-se uma barra retangular como a mostrada na Figura 4.36b. Efetuada a variação em x, esta coordenada deixa de ser variável na integração. Em segundo lugar, y varia de 0 a 3, enquanto z é mantida constante. A barra retangular da Figura 4.36b torna-se um corte (tipo placa) infinitesimal, como mostrado na Figura 4.36c. A coordenada y, então, deixa de ser variável. Agora, a coordenada z é variada de 0 a 2,4 m. Evidentemente, o bloco inteiro é coberto neste processo.

Pode-se efetuar o processo de *integração múltipla* (de muitas variáveis) no cálculo do peso do bloco. São efetuadas três integrações, de acordo com os três passos descritos no parágrafo anterior. Assim, pode-se formular W da seguinte maneira:

$$-\frac{W}{g}\mathbf{k} = \int_0^{2,4} \int_0^3 \int_0^{1,2} (3,2 - 0,267y + 0,333z)dx\,dy\,dz(-\mathbf{k})$$

Primeiro, efetua-se a integração em relação a x, mantendo y e z constantes. Isto é:

$$\int_0^{1,2} (3,2 - 0,267y + 0,333z)\,dx$$

Seguindo o primeiro passo descrito no parágrafo anterior, para passar de um paralelepípedo para uma barra retangular, integra-se em relação a x de $x = 0$ a $x = 1,2$, mantendo as outras coordenadas fixas. Assim,

$$\int_0^{1,2} (3,2 - 0,267y + 0,333z)\,dx = (3,2x - 0,267yx + 0,333zx)\Big|_0^{1,2}$$

$$= 3,84 - 0,320y + 0,40z$$

Como x deixa de ser variável na integração, a equação de W torna-se:

$$\frac{W}{g} = \int_0^{2,4} \int_0^3 (3,84 - 0,32y + 0,4z)\,dy\,dz$$

Agora, mantém-se z constante e integra-se em relação a y de 0 a 3. (Isso leva de uma barra retangular a uma placa.) Assim,

$$\int_0^3 (3,84 - 0,32y + 0,4z)dy = \left(3,84y - 0,32\frac{y^2}{2} + 0,4zy\right)\Big|_0^3$$

$$= 11,52 - 1,44 + 1,2z$$

Então, a expressão de W torna-se:

$$\frac{W}{g} = \int_0^{2,4} (10,08 + 1,2z)\,dz$$

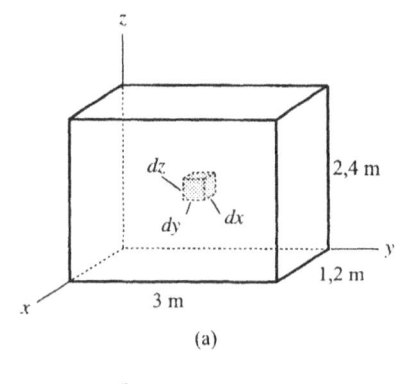

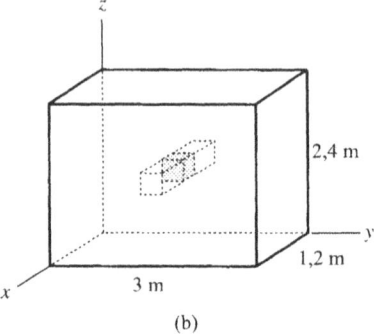

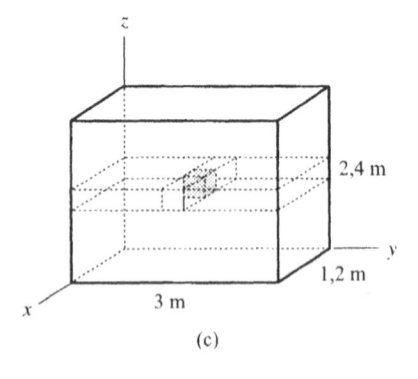

Figura 4.36: (a) Elemento infinitesimal em $P(x,y,z)$; (b) x varia de 0 a 1,2, enquanto z e y são mantidas fixas, formando uma barra retangular; (c) y varia de 0 a 3, enquanto z é mantida fixa, formando uma placa retangular (um corte).

Exemplo 4.14 (continuação)

Integrando em relação a z, somamos os pesos de todas as placas de modo que se integralize o peso do bloco inteiro. Assim,

$$W = g\left(10{,}08z + 1{,}2\frac{z^2}{2}\right)\bigg|_0^{2{,}4} = 271{,}2 \text{ kN}$$

Para se obter $\overline{y}$, iguala-se o momento em relação ao eixo x da força resultante (força peso) com o momento das forças distribuídas devido à gravidade. Assim, efetuando-se a integração tripla, tem-se que:

$$-\frac{271{,}2}{g}\overline{y} = -\int_0^{2{,}4}\int_0^3\int_0^{1{,}2} y(3{,}2 - 0{,}267y + 0{,}333z)\, dx\, dy\, dz$$

Portanto, integrando essa expressão em relação às variáveis x, y e z, como descrito anteriormente, temos:

$$\frac{271{,}2}{g}\overline{y} = \int_0^{2{,}4}\int_0^3 (3{,}2yx - 0{,}267y^2x + 0{,}333yzx)\bigg|_0^{1{,}2} dy\, dz$$

$$= \int_0^{2{,}4}\int_0^3 (3{,}84y - 0{,}32y^2 + 0{,}4yz)\, dy\, dz$$

$$= \int_0^{2{,}4} \left(\frac{3{,}84y^2}{2} - \frac{0{,}32y^3}{3}x + \frac{0{,}4y^2}{2}z\right)\bigg|_0^3 dz$$

$$= \int_0^{2{,}4} (17{,}28 - 2{,}88 + 1{,}8z)\, dz$$

$$= \left(14{,}4z + 1{,}8\frac{z^2}{2}\right)\bigg|_0^{2{,}4} = 39{,}744$$

e
$$\overline{y} = 1{,}438 \text{ m}$$

Como ρ não depende de x, conclui-se diretamente que $\overline{x} = 0{,}6$ m.

No próximo exemplo, efetuaremos a determinação do centro de gravidade de um corpo usando os centros de gravidade de formas conhecidas das partes constituintes do corpo, como no caso de um corpo construído pela montagem de formas simples (subcorpos), tais como cones, esferas, cilindros e cubos. Assim, na determinação dos momentos em relação ao eixo y, podemos afirmar que:

$$W_{\text{total}}(\overline{x}) = \sum_i W_i(\overline{x})_i \qquad (4.12)$$

em que W_i é o peso do i-ésimo subcorpo e $(\overline{x})_i$ é a coordenada x do centro de gravidade do i-ésimo subcorpo. Corpos constituídos de subcorpos simples são chamados *corpos compostos*.

Exemplo 4.15

Determine o peso e o centro de gravidade de uma turbina a vapor para geração de energia (Figura 4.37), que são necessários para verificação de segurança no caso de tremores de terra. As densidades de cada componente da turbina estão apresentadas na Figura 4.37. O cilindro 2 tem um raio de 5 m e comprimento de 14 m. Metade desse cilindro está inserido no bloco 1.

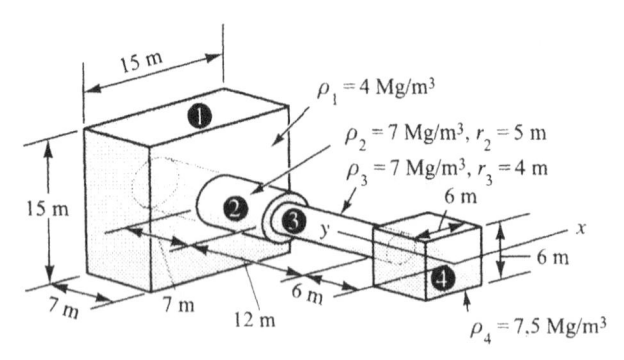

Figura 4.37: Um corpo composto.

Primeiramente, os pesos de cada componente desse modelo são calculados da seguinte forma:

$$W_1 = \rho_1 g V_1 = [\rho_1 g][(7)(15)(15) - (7)(\pi)(5^2)] = 40{,}23 \text{ MN}$$

$$W_2 = \rho_2 g V_2 = [\rho_2 g][(14)(\pi)(5^2)] = 75{,}51 \text{ MN}$$

$$W_3 = \rho_3 g V_3 = [\rho_3 g][(12)(\pi)(4^2)] = 41{,}42 \text{ MN}$$

$$W_4 = \rho_4 g V_4 = [\rho_4 g][(6)(6)(6)] = 15{,}89 \text{ MN}$$

$$W_{\text{TOTAL}} = \sum W_i = 40{,}23 + 75{,}51 + 41{,}42 + 15{,}89 = 173{,}05 \text{ MN}$$

O centro de gravidade está sobre a linha de centro do eixo da turbina. Tomando os momentos em relação ao eixo x, tem-se:

$$173{,}05\overline{y} = (40{,}23)(28{,}5) + (75{,}51)(25) + (41{,}42)(12) + (15{,}89)(3)$$

$$= 3{,}579 \text{ Gn m}$$

$$\overline{y} = 20{,}68 \text{ m}$$

Caso B. Distribuição de Forças Paralelas sobre uma Superfície Plana — Centro de Pressão.

Analisemos uma distribuição de pressão normal sobre uma superfície *plana* A no plano *xy* da Figura 4.38. A ordenada vertical é considerada uma ordenada de pressão. Ou seja, sobre a área A tem-se uma distribuição de pressão $p(x, y)$ representada por uma superfície de pressão. Como neste caso existe um sistema de forças paralelas com apenas uma direção e sentido, sabemos que a resultante mais simples para esse sistema é uma força, a qual é dada por:

$$F_R = -\int p \, d\mathbf{A} = -\left(\int p \, dA\right)\mathbf{k} \qquad (4.13)$$

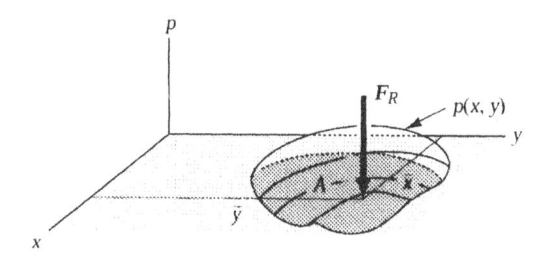

Figura 4.38: Distribuição de pressão.

A posição $\bar{x}, \bar{y}$ pode ser calculada igualando os momentos em relação aos eixos *y* e *x* da força resultante com os momentos da distribuição de pressão. Resolvendo para $\bar{x}$ e $\bar{y}$,

$$\bar{x} = \frac{\int px \, dA}{\int p \, dA}$$

$$\bar{y} = \frac{\int py \, dA}{\int p \, dA}$$

Como *p* é uma função de *x* e *y* sobre a superfície plana, podemos efetuar as integrações desejadas analítica ou numericamente. O ponto assim calculado é chamado *centro de pressão*.

(Nos próximos capítulos, serão analisadas as forças de atrito distribuídas sobre superfícies planas e curvas. Nesses casos, a resultante mais simples não será necessariamente uma única força, como a resultante obtida neste caso.)

Exemplo 4.16

Uma placa *ABCD*, sobre a qual atuam sistemas de forças distribuídas e de forças pontuais, é apresentada na Figura 4.39. A distribuição de pressão é dada como:

$$p = -2{,}22y^2 + 5 \text{ kN/m}^2 \quad \text{(a)}$$

Determine a resultante mais simples para o sistema.

Para a determinação da força resultante, consideraremos uma tira *dy* ao longo da placa, como mostra a Figura 4.39. A razão para se usar tal tira é que a pressão *p* é uniforme ao longo de seu comprimento, como pode ser visto na figura. Por isso, a força devida à distribuição de pressão sobre a tira de espessura *dy* é simplesmente $p\,dA = p(dy)(2)$. Assim, a força resultante devida à pressão distribuída e às forças concentradas sobre a placa é dada por:

$$F_R = -\int_0^{1,5} p(1{,}5)(dy) - 2{,}5 = -\int_0^{1,5}(-2{,}22y^2 + 5)(1{,}5)dy - 2{,}5 \quad \text{(b)}$$

$$F_R = \left(3{,}33\frac{y^3}{3} - 7{,}5y\right)\bigg|_0^{1,5} - 2{,}5 = -10{,}00 \text{ kN}$$

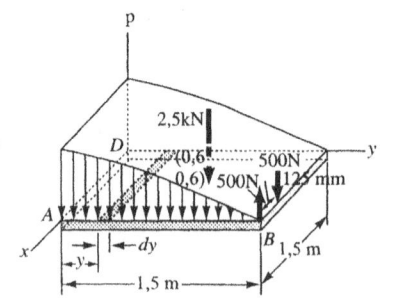

Figura 4.39: Determinação da resultante mais simples.

Para obter a posição $\bar{x}, \bar{y}$ da força resultante F_R, igualam-se os momentos de F_R em relação aos eixos *x* e *y* com os momentos do sistema original. Assim, iniciando com o eixo *x* e considerando a tira de espessura *dy*, tem-se que:

$$-10\bar{y} = -\int_0^{1,5} yp(1{,}5dy) - (2{,}5)(0{,}6) = -\int_0^{1,5} 1{,}5y(-2{,}22y^2 + 5)dy - 1{,}5$$

$$= \left(3{,}33\frac{y^4}{4} - 7{,}5\frac{y^2}{2}\right)\bigg|_0^{1,5} - 1{,}5 = -5{,}723$$

portanto,
$$\bar{y} = 0{,}572 \text{ m}$$

Agora, analisando os momentos em relação ao eixo *y*, as tiras *dy* continuam sendo utilizadas, pois a pressão *p* é uniforme sobre elas. Entretanto, a força em cada tira $df = p\,dA = p(1{,}5)(dy)$ atua no centro da tira, tendo um braço em relação ao eixo *y* de 1,5/2. Conseqüentemente, pode-se afirmar que:

$$10\bar{x} = \int_0^{1,5} \frac{1{,}5}{2} p(1{,}5dy) + (2{,}5)(0{,}6) - (0{,}5)(0{,}125)$$

$$= \frac{2{,}25}{2}\int_0^{1,5}(-2{,}22y^2 + 5)dy + 1{,}5 - 0{,}0625 = 7{,}065$$

portanto,
$$\bar{x} = 0{,}706 \text{ m}$$

Em um líquido estacionário, a pressão na sua superfície é transmitida uniformemente através do líquido. Além disso, existe superposta uma pressão linearmente crescente com a profundidade, resultado da ação da gravidade sobre o líquido. Assim, se a pressão p_{atm} é conhecida na superfície (geralmente chamada de superfície livre), a pressão no líquido é dada por:

$$p = p_{atm} + \rho g y$$

em que ρ é a densidade do líquido e y é a profundidade medida a partir da superfície. Desse modo, para um dado líquido, a pressão é uniforme a uma profundidade constante, a partir da superfície livre. Com esse fato em mente, examinemos o exemplo seguinte.

Exemplo 4.17

Na Figura 4.40, determine a força sobre a comporta AB devido à água, cuja densidade é igual a 1 Mg/m^3. A superfície livre da água sofre uma pressão atmosférica de 101,3 kN/m^2 ($\equiv$ 101,3 kPa)[8]. Calcule também o centro de pressão.

A pressão sobre a porta AB é dada como:

$$p = p_{atm} + (\rho g)(y) = p_{atm} + (\rho g)(s)(\text{sen } 45°)$$

em que s é a distância a partir de O ao longo da parede inclinada OR. A força resultante é então:

$$F = \int_5^9 [p_{atm} + (\rho g)(s)(\text{sen } 45°)](2)ds$$

$$= \int_5^9 [101,3 + (9,81)(0,707)s](2)ds$$

$$= (2)\left[101,3s + (9,81)(0,707)\frac{s^2}{2}\right]\Big|_5^9$$

$$\therefore \quad F = 1,20 \text{ MN}$$

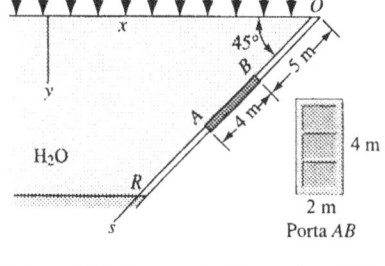

Figura 4.40: A comporta AB possui um lado exposto à água e o outro exposto ao ar.

Para obtermos o centro de pressão, igualamos os momentos do carregamento distribuído em relação a O com o momento da força resultante. Assim, empregando-se a notação $\bar{s}$ para localizar o centro de pressão, temos:

$$1,20 \times 10^3 \, \bar{s} = \int_5^9 s[p_{atm} + (\rho g)(s)(\text{sen } 45°)](2)ds$$

$$= \left[101,3\frac{s^2}{2} + (9,81)(0,707)\frac{s^3}{3}\right]\Big|_5^9 (2)$$

$$\therefore \quad \bar{s} = 7,055 \text{ m}$$

Evidentemente, a força total sobre a porta a partir do interior (na água) e exterior (no ar) deveria incluir a contribuição da pressão atmosférica sobre o lado externo da porta. Podemos facilmente determinar essa força anulando a p_{atm} dos cálculos anteriores[9].

---

8 A unidade de pressão no sistema internacional (SI) é *pascal*, sendo 1 pascal = 1 Pa = 1 N/m^2.
9 Esse assunto é pertinente à *hidrostática*. Ele será melhor tratado no curso de mecânica dos fluidos.

No fechamento desta série de exemplos, apresentaremos um problema de integração em diversas variáveis (integração múltipla).

Exemplo 4.18

Qual é a resultante mais simples e qual é o centro de pressão para a distribuição de pressão mostrada na Figura 4.41?

Observe-se que a pressão varia linearmente nas direções x e y. A pressão em qualquer ponto x, y da distribuição pode ser dada, com a ajuda da semelhança de triângulos, da seguinte forma:

$$p = \left(\frac{y}{10}\right)(20) + \left(\frac{x}{5}\right)(30) \quad \text{(a)}$$
$$= 2y + 6x \text{ Pa}$$

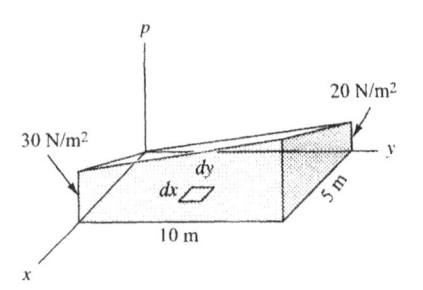

Figura 4.41: Distribuição não-uniforme de pressão.

Não é possível se obter uma tira conveniente (corte na distribuição) ao longo da qual a pressão seja uniforme, como feito no Exemplo 4.16. Por essa razão, vamos considerar um elemento de área retangular $dx\,dy$ para se resolver o problema (veja a Figura 4.41). Para área tão pequena, pode-se assumir que a pressão seja constante de modo que $p\,dx\,dy$ seja a força sobre o elemento retangular. Para encontrar a força resultante, deve-se integrar a pressão sobre a área do retângulo 10×5 m². Essa integração envolve duas variáveis e, novamente, trata-se de um caso de *integração múltipla*. Assim, pode-se afirmar que:

$$F_R = -\int_0^{10}\int_0^5 p\,dx\,dy$$

onde efetuamos, em primeiro lugar, a integração em relação a x, mantendo y constante, e, então, integramos em relação a y (assim, a área total do retângulo 10×5 é coberta). Desse modo, tem-se que:

$$F_R = -\int_0^{10}\int_0^5 (2y + 6x)dx\,dy$$
$$= -\int_0^{10}\left(2yx + \frac{6x^2}{2}\right)\bigg|_0^5 dy$$
$$= -\int_0^{10}(10y + 75)dy$$
$$= -\left[\frac{10y^2}{2} + 75y\right]\bigg|_0^{10} = -1.250 \text{ N}$$

$$F_R = -1.250 \text{ N}$$

Para se encontrar $\bar{y}$ para F_R, iguala-se o momento de F_R em relação ao eixo x com aquele da distribuição de pressão. Dessa maneira,

$$-\bar{y}(1.250) = -\int_0^{10}\int_0^5 py\,dx\,dy$$

Exemplo 4.18 (*continuação*)

portanto,

$$\bar{y} = \frac{1}{1.250} \int_0^{10} \int_0^5 (2y + 6x)y \, dx \, dy$$

$$= \frac{1}{1.250} \int_0^{10} \left(2y^2 x + \frac{6x^2}{2} y \right) \Big|_0^5 dy$$

$$= \frac{1}{1.250} \int_0^{10} (10y^2 + 75y) \, dy$$

$$= \frac{1}{1.250} \left(\frac{10y^3}{3} + 75 \frac{y^2}{2} \right) \Big|_0^{10}$$

$$\bar{y} = 5,67 \text{ m}$$

E, para a determinação de $\bar{x}$, procede-se da seguinte maneira:

$$\bar{x}(1.250) = \int_5^{10} \int_0^5 px \, dx \, dy$$

portanto,

$$\bar{x} = \frac{1}{1.250} \int_0^{10} \int_0^5 (2y + 6x)x \, dx \, dy$$

$$= \frac{1}{1.250} \int_0^{10} \left(2y \frac{x^2}{2} + \frac{6x^3}{3} \right) \Big|_0^5 dy$$

$$= \frac{1}{1.250} \int_0^{10} (25y + 250) \, dy$$

$$= \frac{1}{1.250} \left(\frac{25y^2}{2} + 250y \right) \Big|_0^{10}$$

$$\bar{x} = 3,00 \text{ m}$$

O centro de pressão está, conseqüentemente, no ponto (3,00, 5,67) m.

Caso C. Distribuição de Forças Paralelas Coplanares. Como discutido anteriormente, este tipo de carregamento pode ser encontrado em vigas carregadas simetricamente sobre seu plano médio longitudinal. O carregamento é representado por uma função intensidade $w(x)$, como mostra a Figura 4.26. Essa distribuição de forças paralelas coplanares pode ser representada por uma força dada como:

$$\boldsymbol{F}_R = -\int w(x)dx\boldsymbol{j}$$

A posição de $\boldsymbol{F}_R$ é determinada efetuando-se a igualdade entre os momentos de $\boldsymbol{F}_R$ e da distribuição w em relação a um ponto conveniente da viga, em geral uma das extremidades. Resolvendo para $\bar{x}$, obtém-se que:

$$\bar{x} = \frac{\int xw(x)dx}{\int w(x)dx}$$

Exemplo 4.19

Uma viga simplesmente apoiada, ilustrada na Figura 4.42, suporta uma força concentrada pontual de 4,5 kN, um momento de 0,7 kN m e um carregamento parabólico distribuído coplanar w kN/m. Determine a resultante mais simples para esse sistema de forças.

Para expressar a função do carregamento distribuído no sistema de coordenadas ilustrado na figura, o primeiro passo é escrever a formulação geral para w:

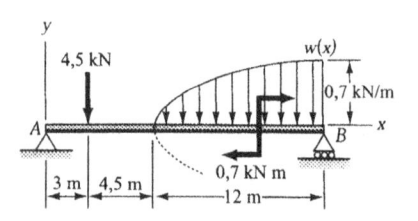

$$w^2 = ax + b \qquad (a)$$

Figura 4.42: Determinação da resultante mais simples.

Note-se pela figura que, quando $x = 7,5$, tem-se $w = 0$ e, quando $x = 19,5$, tem-se $w = 0,7$. Aplicando essas condições na Equação a, podem-se determinar as constantes a e b. Assim,

$$0 = a(7,5) + b \qquad (b)$$

$$0,49 = a(19,5) + b \qquad (c)$$

Subtraindo a Equação c da Equação b, obtém-se o valor de a como:

$$-0,49 = -12a$$

portanto,

$$a = 0,0408$$

A partir da Equação b, pode-se obter que:

$$b = -(7,5)(0,0408) = -0,306$$

Assim, a expressão de w é dada como:

$$w^2 = 0,0408x - 0,306 \qquad (d)$$

Somando as forças que atuam sobre a viga, obtém-se para F_R o seguinte:

$$F_R = -4,5 - \int_{7,5}^{19,5} \sqrt{0,0408x - 0,306}\, dx \qquad (e)$$

Para efetuar a integração dessa expressão, é conveniente uma mudança de variável, descrita da seguinte maneira:

$$\mu = 0,0408x - 0,306 \qquad (f)$$

portanto,

$$d\mu = 0,0408\, dx$$

Substituindo a nova variável na integral da Equação e, tem-se que[10]:

$$F_R = -4,5 - \int_0^{0,49} \mu^{1/2} \frac{d\mu}{0,0408}$$

$$= -4,5 - \frac{1}{0,0408} \mu^{3/2} \left(\frac{2}{3}\right)\Big|_0^{0,49}$$

---

10 Não devemos nos esquecer de modificar os limites de integração em μ. Assim, pela Equação f, o limite superior é $(0,0408)(19,5) - 0,306 = 0,49$, e o limite inferior é $(0,0408)(7,5) - 0,306 = 0$.

Exemplo 4.19 (continuação)

$$= -4,5 - \frac{1}{0,0408}(0,49)^{3/2}\left(\frac{2}{3}\right)$$

$$F_R = -10,1 \text{ kN}$$

Calculamos, agora, o valor de $\bar{x}$ para a força resultante como:

$$-10,1\bar{x} = -(3)(4,5) - \int_{7,5}^{19,5} x\sqrt{0,0408x - 0,306}\, dx - 0,7 \qquad (g)$$

Pode-se calcular diretamente essa integral consultando as fórmulas matemáticas do Apêndice I. Emprega-se a seguinte fórmula (nº 6):

$$\int x\sqrt{a + bx}\, dx = -\frac{2(2a - 3bx)\sqrt{(bx + a)^3}}{15b^2}$$

No caso em estudo, $b = 0,0408$ e $a = -0,306$; então a integral definida para o problema é:

$$\int x\sqrt{0,0408x - 0,306}\, dx = -\frac{(2)(-0,612 - 0,1224x)\sqrt{(0,0408x - 0,306)^3}}{(15)(1,665 \times 10^{-3})}$$

Colocando os limites de integração, temos:

$$\int_{7,5}^{19,5} x\sqrt{0,0408x - 0,306}\, dx = -\frac{(2)(-0,612 - 0,1224x)\sqrt{(0,0408x - 0,306)^3}}{(15)(1,665 \times 10^{-3})}\bigg|_{7,5}^{19,5}$$

$$= 82,2 - 0 = 82,2$$

Retornando à Equação g, podemos calcular facilmente o valor de $\bar{x}$. Assim,

$$\bar{x} = -\frac{1}{10,1}[-(3)(4,5) - 82,2 - 0,7]$$

$$\bar{x} = 9,54 \text{ m}$$

Antes de encerrar este capítulo, devemos observar que a resultante $\int_0^x w\, dx$, de uma função de carregamento distribuído $w(x)$, é igual à *área* sob a curva da função carregamento. Esse fato é bastante útil para o caso de uma função de carregamento triangular, tal como a ilustrada na Figura 4.43. Por isso, podemos verificar, por inspeção, que a força resultante do carregamento triangular da Figura 4.43 tem o seguinte valor:

$$F_R = \frac{1}{2}(5)(1) = 2,5 \text{ kN}$$

Além disso, podemos observar que a resultante *mais simples* tem uma linha de ação que passa pelo ponto dado por $(2/3) \times$ (comprimento do carregamento), medido a partir de seu ponto inicial[11]. Assim, F_R (desprezando os momentos resultantes de binários que porventura atuem no sistema) está em uma posição $(2/3)(5)$ à direita do ponto a (veja a Figura 4.43). Essa informação deve ser usada quando necessária.

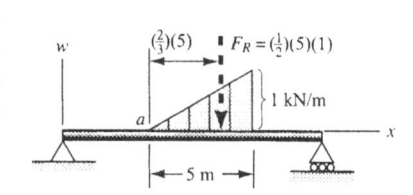

Figura 4.43: Resultante de um carregamento triangular.

---

[11] No Capítulo 8, será visto que a força resultante mais simples para uma distribuição $w(x)$ passa pelo *centróide* da área sob $w(x)$. O conceito de *centróide* será visto com mais detalhes nesse capítulo.

Problemas

4.41 Um campo de força é dado por:

$$F(x, y, z, t) = (10x + 5)i + (16x^2 + 2z)j + 15k \text{ N}$$

Qual é a força na posição (3, 6, 7) m? Qual é a diferença entre as forças nessa posição e na origem do sistema de coordenadas?

4.42 Um campo magnético é gerado de modo que a força de corpo sobre o paralelepípedo de metal é dada por:

$$f = (6,1x + 76)k \text{ mN/kg}$$

Considerando que a densidade de massa do metal é de 7,2 Mg/m³, qual é a força de corpo resultante mais simples devido a esse campo?

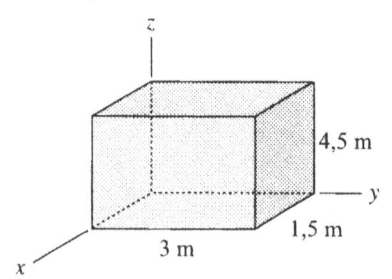

Figura P.4.42

4.43 Um corpo de revolução tem uma densidade variável, sendo que $y = (3.670 + 1,02x^2)$ kg/m³, com x dado em metros. Um furo de 3 m de diâmetro e de 6 m de comprimento é feito sobre o corpo mostrado. Onde está o centro de gravidade?

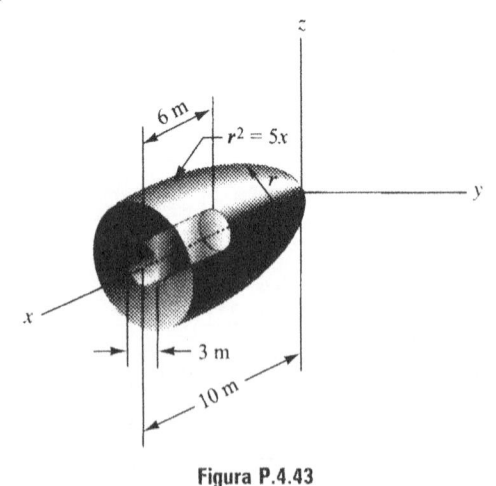

Figura P.4.43

4.44 A densidade ρ do material do cilindro sólido varia linearmente ao longo do comprimento, indo da face A à face B. Se:

$$\rho_A = 6,4 \text{ Mg/m}^3, \quad \rho_B = 8,0 \text{ Mg/m}^3$$

qual é a posição do centro de gravidade do cilindro?

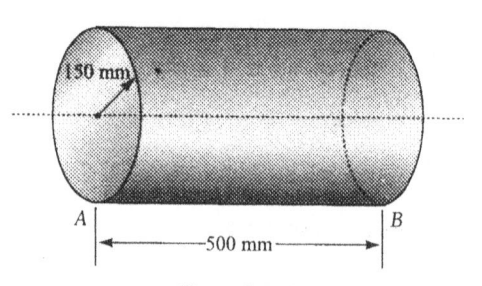

Figura P.4.44

4.45 O peso específico do material em um cone circular reto é constante. Onde está o centro de gravidade do cone? (*Dica*: Gire o cone em 90° de modo que a gravidade seja perpendicular ao eixo z. Use o conceito da semelhança de triângulos para mostrar que $r/R = (h - z)/h$ e resolva por meio da integração em r.)

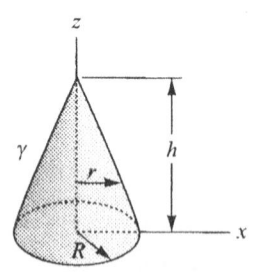

Figura P.4.45

4.46 Mostre que o centro de gravidade da placa triangular de espessura t está localizado no ponto dado por $x = a/3$ e $y = b/3$.

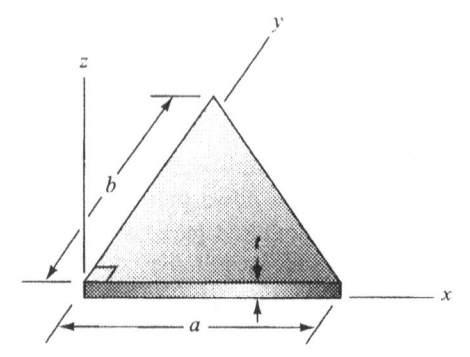

Figura P.4.46

4.47 Demonstre que o volume e o centro de gravidade do tronco de um cone são, respectivamente:

$$V = \frac{\pi h}{3}(r_2^2 + r_1 r_2 + r_1^2)$$

e

$$\bar{z} = \frac{h}{4} \frac{3r_2^2 + r_1^2 + 2r_1 r_2}{r_2^2 + r_1^2 + r_1 r_2}$$

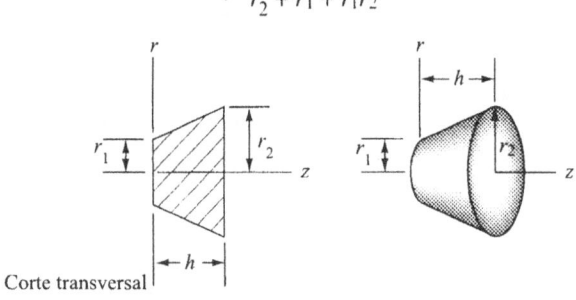

Figura P.4.47

4.48 Encontre o centro de gravidade da placa delimitada por uma linha reta e por uma parábola.

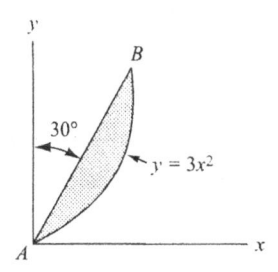

Figura P.4.48

4.49 Uma antena de ondas de rádio para detecção de sinais do espaço sideral é um corpo de revolução com uma face parabólica (veja a Figura P.4.49). Essas antenas podem ser esculpidas em pedra, em um vale distante de outros sinais. Quanto pesaria a antena se ela fosse feita de concreto (2,4 Mg/m³), para utilização em uma área desértica?

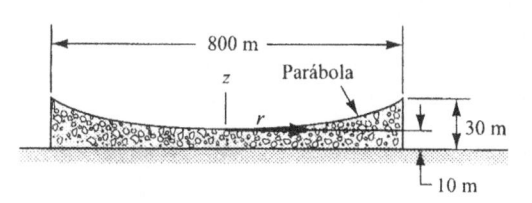

Figura P.4.49

4.50 No Problema 4.49, encontre a distância a partir do solo até o centro de gravidade, considerando que o peso total da antena é de 237 GN.

4.51 Uma placa de espessura de 30 mm tem uma densidade ρ, que varia linearmente na direção x de 2,65 Mg/m³ em A a 3,67 Mg/m³ em B e varia linearmente na direção y de 2,65 Mg/m³ em A a 4,08 Mg/m³ em C. Onde está o centro de gravidade da placa?

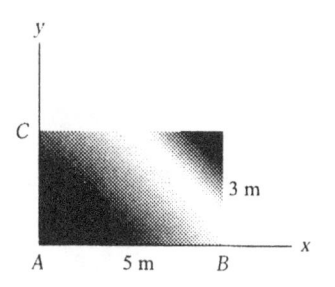

Figura P.4.51

4.52 Uma placa com um furo circular é vista de cima, como ilustrado na Figura P.4.52. A espessura t da placa e a densidade ρ são constantes. Determine as coordenadas $\bar{x}, \bar{y}$ do *centro de gravidade*.

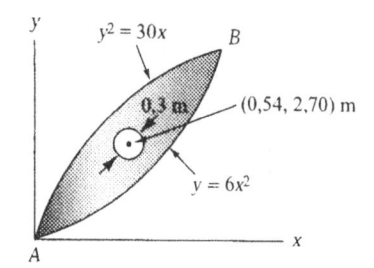

Figura P.4.52

4.53 Determine o centro de gravidade da placa que possui espessura e peso específico uniformes. A Figura P.4.53 mostra uma vista superior da placa.

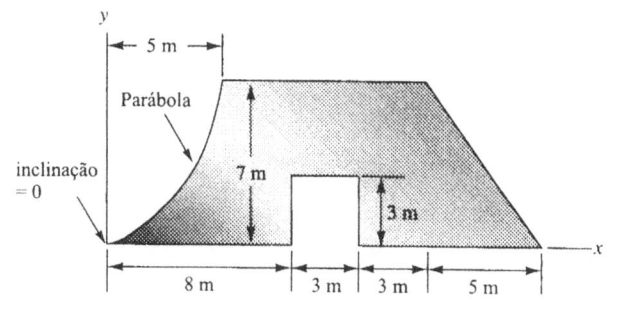

Figura P.4.53

4.54 A vista superior de uma placa é ilustrada na Figura P. 4.54. Encontre as coordenadas do centro de gravidade $\bar{x}, \bar{y}$.

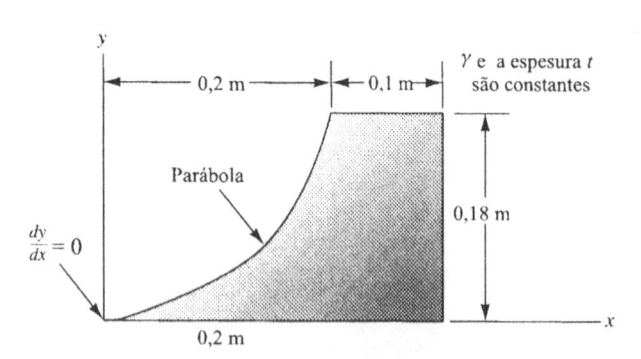

Figura P.4.54

4.55 A barra fina circular tem um peso de w N/m. Qual é a coordenada y do seu centro de gravidade? A barra forma um semicírculo.

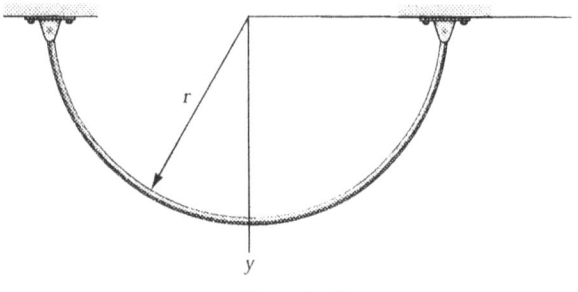

Figura P.4.55

4.56 Determine a coordenada $\bar{y}$ do centro de gravidade da placa horizontal com um furo circular.

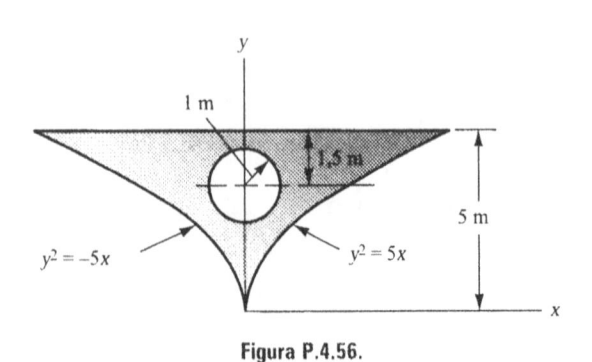

Figura P.4.56.

4.57 Suponha que no Problema 4.42 a seguinte relação seja válida:

$$f = (6{,}1x + 120y + 180z)k \text{ mN/kg}$$

Determine a resultante mais simples das forças para $\rho = 7{,}2$ Mg/m^3. Encontre a linha de ação apropriada para a resultante.

4.58 Após uma freada brusca, a carga de areia (densidade $= 1{,}5$ Mg/m^3) em um caminhão-caçamba fica na posição mostrada pela Figura P.4.58. Qual é a força resultante mais simples sobre o caminhão devido à areia e onde ela atua? Considerando que o caminhão estivesse cheio (com areia até o topo da caçamba) antes da freada, qual seria a quantidade de areia despejada na rua? Use os resultados do Problema 4.46.

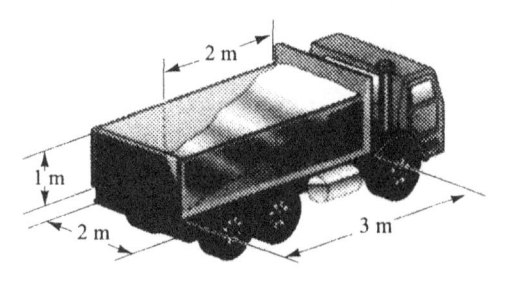

Figura P.4.58

Nos Problemas 4.59 a 4.62, use as posições conhecidas dos centros de gravidade das formas geométricas simples.

4.59 Uma viga de perfil I em balanço pesa 440 N/m e suporta um guincho de 140 kg. Placas de aço (7,8 Mg/m^3) com espessura de 25 mm são soldadas na viga próximo à parede para reforçar a estrutura. Qual é o momento na parede devido ao peso da viga reforçada e a uma carga de 18 kN no guincho, que está na posição mais afastada da parede? Qual é a resultante de força mais simples e qual sua localização?

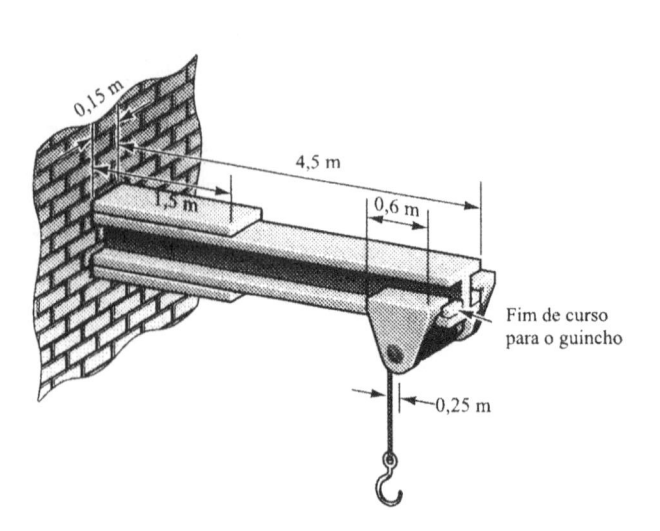

Figura P.4.59

4.60 A carreta de um caminhão pesa 45 kN e possui dois compartimentos, um dianteiro (seções 1 e 2) cheio com cimento (γ = 14,77 KN/m^3) e um compartimento-tanque traseiro (seções 3 e 4) cheio pela metade com água (γ = 9,82 $\frac{KN}{m^3}$). Qual é a força resultante *mais simples* e onde ela atua? Qual será a resultante considerando que toda a água seja drenada do compartimento-tanque? Use os resultados para o centro de gravidade e volume do Problema 4.47 (tronco cônico).

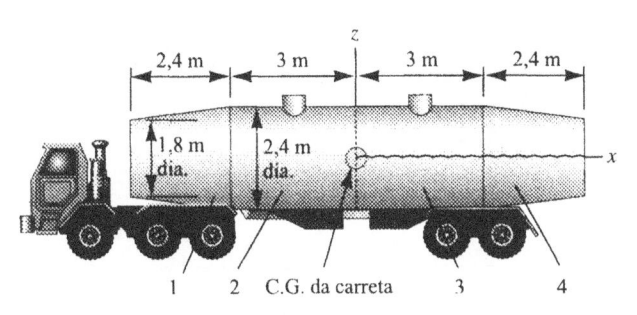

Figura P.4.60

4.61 Determine as coordenadas $(x, y)_{CG}$ do centro de gravidade do sistema da correia transportadora. Os centros de gravidade das caixas C e D coincidem com seus centros geométricos. W_E é o peso da estrutura cujo C.G. está em seu centro geométrico.

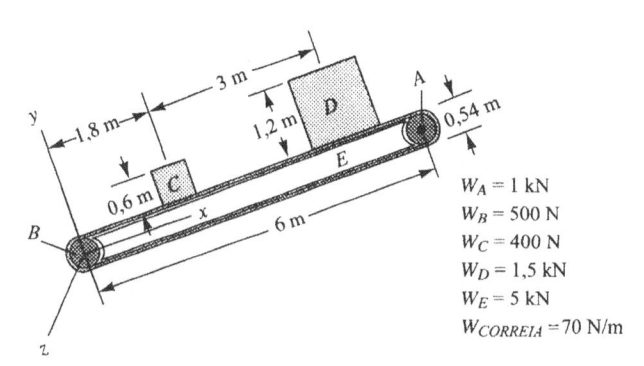

W_A = 1 kN
W_B = 500 N
W_C = 400 N
W_D = 1,5 kN
W_E = 5 kN
$W_{CORREIA}$ = 70 N/m

Figura P.4.61

4.62 Encontre o centro de gravidade do corpo ilustrado a seguir. O peso específico é constante. O cone e o cilindro estão sobre as superfícies do bloco.

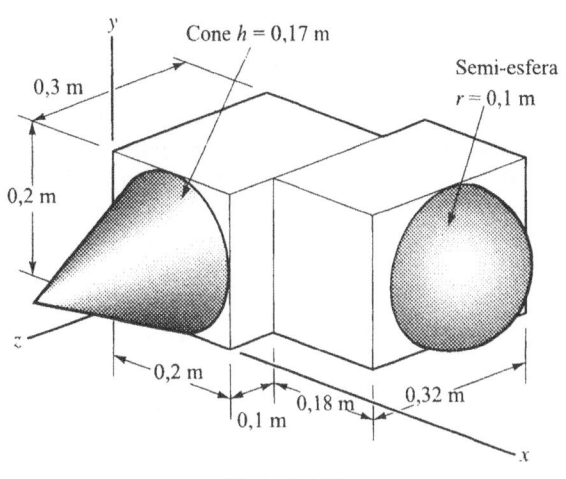

Figura P.4.62

4.63 Determine a resultante *mais simples* da pressão normal distribuída sobre uma área retangular com lados a e b. Dê as coordenadas do centro de pressão.

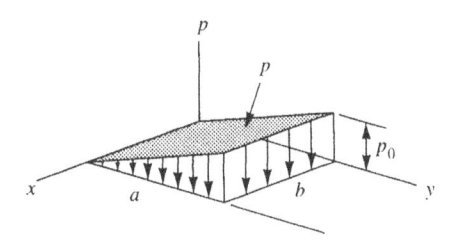

Figura P.4.63

4.64 Calcule a resultante *mais simples* devido ao carregamento que atua sobre a parede vertical $ABCD$. Forneça as coordenadas do centro de pressão. A pressão p = E/(y + 1) + F kPa, com y em metros, varia de 70 kPa a 350 kPa, como indicado na Figura P.4.64. E e F são constantes.

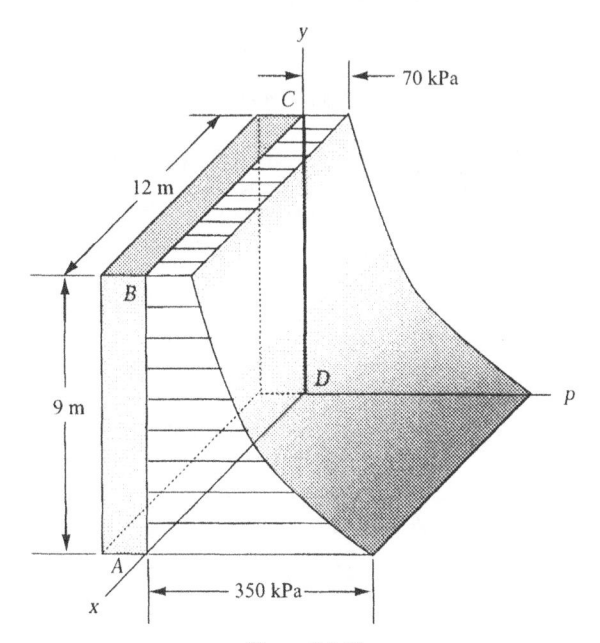

Figura P.4.64

4.65 Um andar de um depósito é dividido em 4 áreas. A área 1 é usada para estocar aparelhos de TV, de modo que o carregamento distribuído seja $p = 6$ kN/m^2; a área 2 armazena refrigeradores com $p = 3{,}25$ kN/m^2; a área 3 possui estoques de aparelhos de som de modo que $p = 4$ kN/m^2; e a área 4 armazena máquinas de lavar com $p = 2{,}5$ kN/m^2. Qual é a força resultante *mais simples* para o carregamento e onde ela atua?

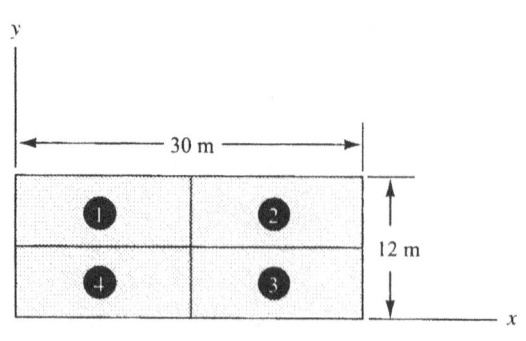

Figura P.4.65

4.66 Considere uma distribuição de pressão p na forma de uma superfície hemisférica (semi-esfera) sobre um domínio de raio igual a 5 m. Se a pressão máxima é de 5 Pa, qual é a resultante mais simples para essa distribuição de pressão?

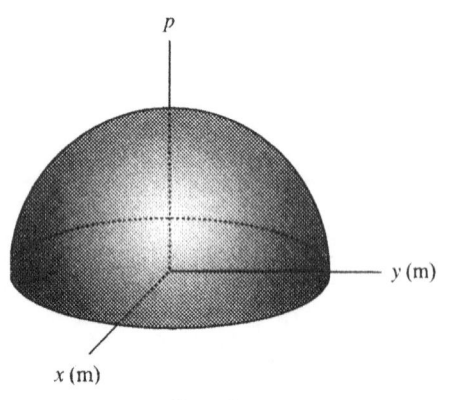

Figura P.4.66

4.67 Um tanque retangular contém água. Considerando que o tanque seja girado no sentido horário em 10° sobre um eixo normal ao plano desta folha, qual será o torque requerido para manter a nova configuração? A largura do tanque na direção normal ao plano desta folha é de 0,3 m.

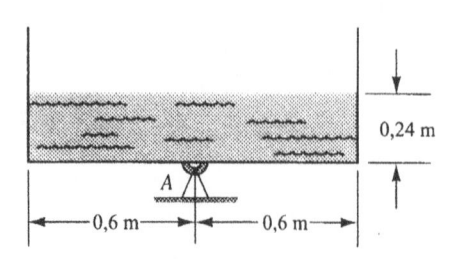

Figura P.4.67

4.68 (a) Determine o torque em relação ao eixo $\overline{AB}$ de um par de força e momento colineares (saca-rolha).

(b) Determine o torque em relação ao eixo $\overline{AB}$ devido ao carregamento distribuído. [*Dica*: Observe o sistema de cima (vista superior) para auxiliar na compreensão do problema.]

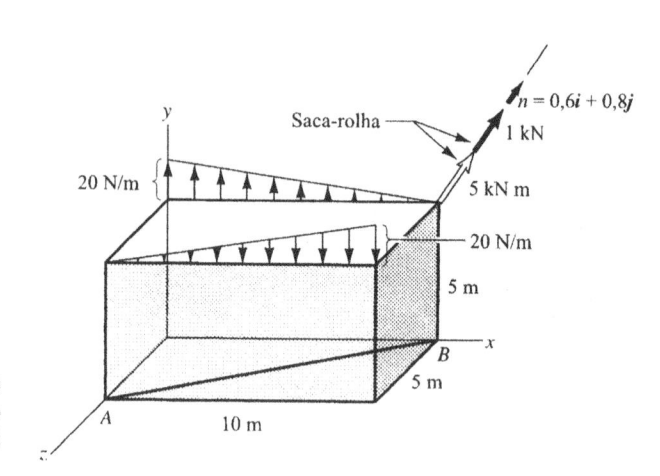

Figura P.4.68

4.69 Para o sistema de forças ilustrado, determine o torque em relação ao eixo de A a B. (*Nota*: A força de 100 N e a distribuição de carregamento triangular estão no plano yz, e o momento de 300 N m está sobre a face superior da caixa retangular.)

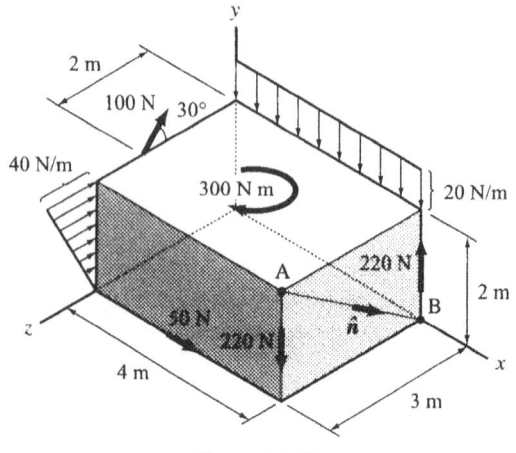

Figura P.4.69

4.70 Um *manômetro* é um instrumento simples para medição de pressão. Um tipo de manômetro, chamado *tubo em U*, é mostrado na Figura P. 4.70. Considere que o tanque contém água, assim como o tubo, até o nível M; a outra parte do tubo contém mercúrio; e M e N estão no mesmo nível. Qual é a pressão medida (isto é, a pressão acima da pressão atmosférica) no ponto a do tanque para o seguinte conjunto de parâmetros:

$$d_1 = 0,2 \text{ m} \quad d_2 = 0,6 \text{ m} \quad \rho_{H_2O} = 1 \text{ Mg/m}^3$$

$$\rho_{Hg} = (13,6)(\rho_{H_2O})$$

(*Dica*: M e N estão no mesmo nível e com o mesmo fluido, que é o mercúrio. Portanto, as pressões nesses pontos são as mesmas.)

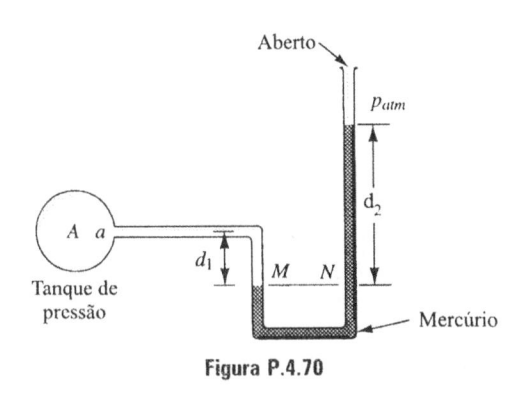

Figura P.4.70

4.71 Suponha que determinado líquido, em condição estacionária, tenha uma densidade proporcional à raiz quadrada da pressão. Na superfície livre, a densidade é conhecida e possui o valor de ρ_0. Qual é a pressão em função da profundidade, medida a partir da superfície livre? Qual é a força resultante sobre a face AB de uma placa retangular completamente submersa no líquido? A largura da placa é b.

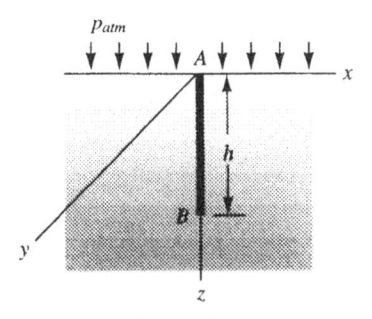

Figura P.4.71

4.72 (a) Calcule a força sobre a porta, mostrada na Figura P. 4.72, causada pelas pressões interna e externa. O óleo tem uma densidade de 800 kg/m³. Observar que existe uma pressão uniforme sobre a superfície do líquido.

(b) Determine a distância, a partir da superfície de óleo, da força resultante *mais simples* que atua sobre a porta devido aos fluidos internos e externos.

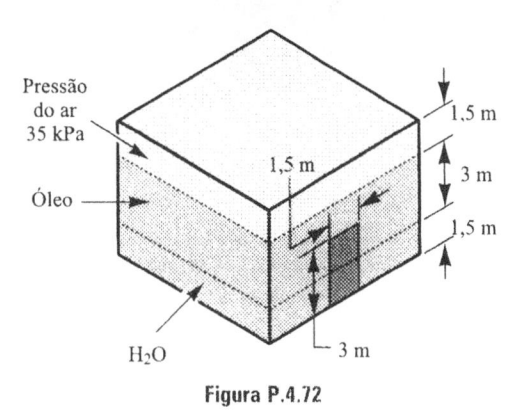

Figura P.4.72

4.73 A que altura h a água fará a comporta girar no sentido horário? A comporta tem largura de 3 m. Despreze o atrito e o peso da porta.

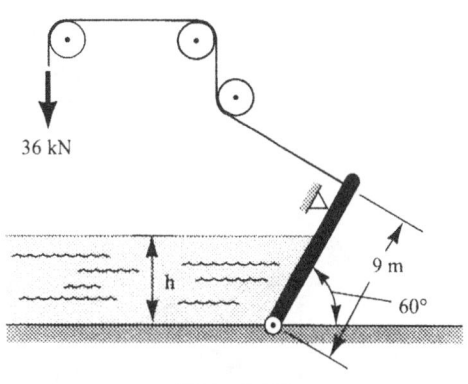

Figura P.4.73

4.74 Encontre a força sobre a porta, ilustrada na Figura P.4.74, causada pelas pressões interna e externa. Obtenha a posição da força resultante em relação à base da porta. A densidade do óleo é 0,7 vezes a densidade da água ($\rho_{óleo} = (0,7)\rho_{H_2O}$.)

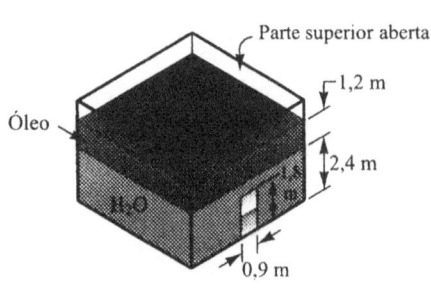

Figura P.4.74

4.75 Determine a força total sobre a comporta AB. O peso específico do óleo é 0,6 vezes o peso específico da água. Encontre a posição dessa força a partir do ponto inferior da porta.

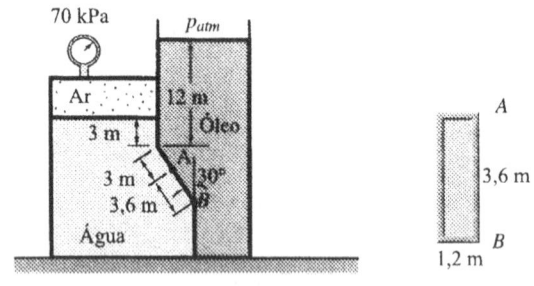

Figura P.4.75

4.76 Qual é a força resultante *mais simples* da água sobre uma barragem de terra e onde ela atua? A barragem tem altura de 60 m e comprimento de 800 m. (A densidade da água é 1 Mg/m³.)

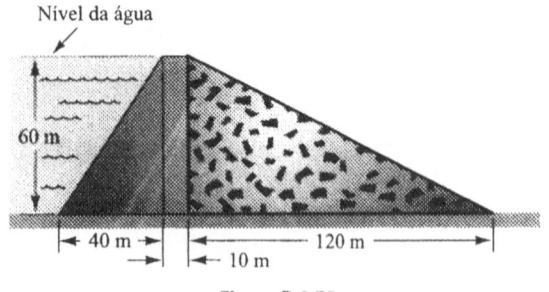

Figura P.4.76

4.77 Um bloco, de espessura igual a 0,3 m, é submerso parcialmente em água. Calcule a força resultante *mais simples* e o centro de pressão sobre a superfície inferior do bloco. Use $\rho = 1$ Mg/m³.

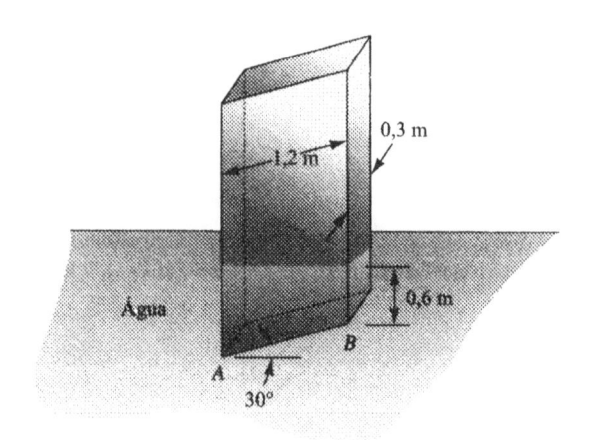

Figura P.4.77

4.78 Qual é a força resultante da água sobre uma barragem circular de concreto de 40 m de altura, que está colocada entre duas paredes de pedra de um desfiladeiro, e onde ela atua? (A densidade da água é 1 Mg/m³.)

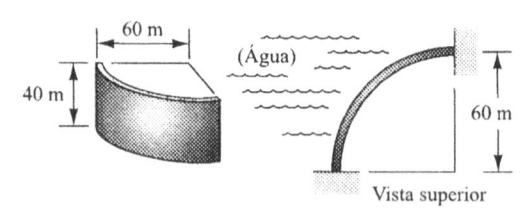

Figura P.4.78

4.79 O peso do cabo $ABCD$ por unidade de comprimento, w, aumenta linearmente de 4 N/m em A a 20 N/m em D. Onde está localizado o centro de gravidade do cabo?

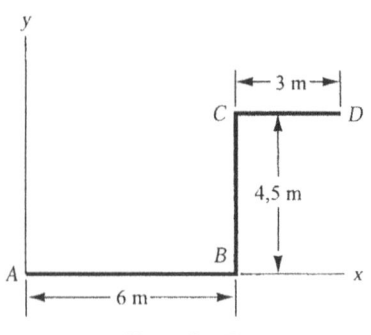

Figura P.4.79

4.80 Determine o centro de gravidade do arame. O peso por unidade de comprimento aumenta com o quadrado do comprimento do arame de um valor de 3 N/m em A ao valor de 8 N/m em C. Então, o peso por unidade de comprimento passa a diminuir em 1 N/m, de C a D, para cada 3 m de comprimento.

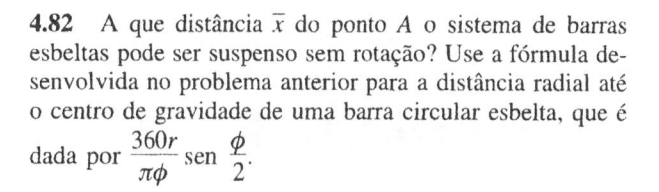

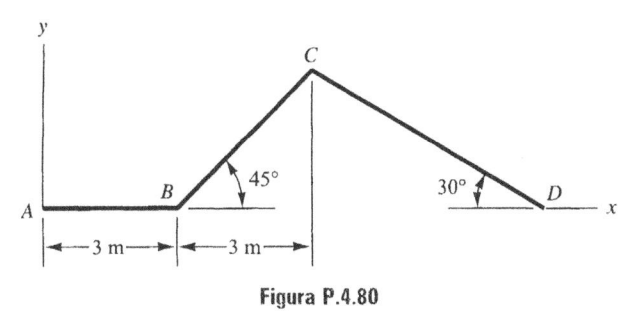

Figura P.4.80

4.81 Qual é a coordenada y_c do centro de gravidade da barra circular esbelta mostrada na Figura P.4.81? A barra tem um peso de w N/m e possui simetria geométrica em relação ao eixo y. O ângulo ϕ está dado em graus.

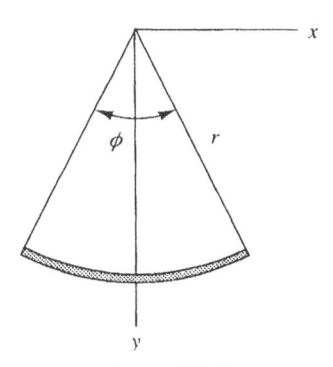

Figura P.4.81

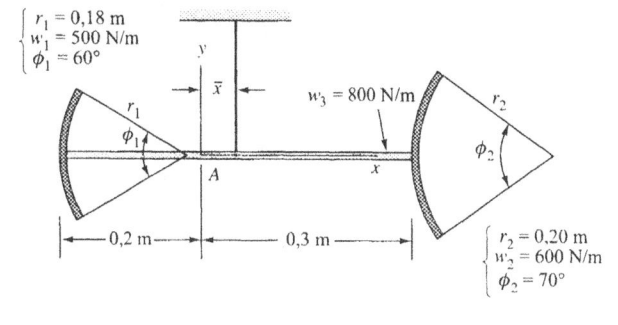

4.82 A que distância $\bar{x}$ do ponto A o sistema de barras esbeltas pode ser suspenso sem rotação? Use a fórmula desenvolvida no problema anterior para a distância radial até o centro de gravidade de uma barra circular esbelta, que é dada por $\dfrac{360r}{\pi\phi} \operatorname{sen} \dfrac{\phi}{2}$.

Figura P.4.82

4.6 Considerações finais

Este capítulo apresentou as ferramentas que permitem a substituição de qualquer sistema de forças, na mecânica dos corpos rígidos, por uma resultante que consiste de uma força e de um momento. Essas ferramentas serão bastante úteis nos cálculos desenvolvidos em capítulos posteriores. O fato mais importante neste ponto, entretanto, é que, na análise das condições de equilíbrio de corpos rígidos, é necessário apenas trabalhar com a resultante do sistema de forças, independentemente da complexidade desse sistema de forças. Seguindo essa linha de raciocínio, as equações básicas da estática serão apresentadas no Capítulo 5 e, então, empregadas na solução de grande variedade de problemas.

Problemas

4.83 Substitua a força e os momentos que atuam sobre a placa por uma única força. Obtenha a interseção da linha de ação dessa força com a aresta vertical BC da placa.

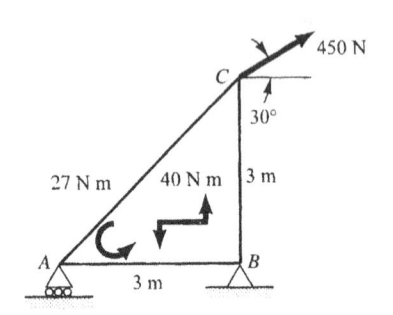

Figura P.4.83

4.84 A estrutura de 100 kN de uma ponte suporta um trecho de rodovia de 10 m de comprimento que pesa 150 kN, no qual está situado um caminhão de 150 kN. O caminhão está localizado na mesma posição sobre a estrutura ao longo da rodovia. Qual é o sistema de forças equivalentes que atua sobre a base da estrutura da ponte quando o caminhão está (a) no centro da pista externa da rodovia e (b) no centro da pista interna?

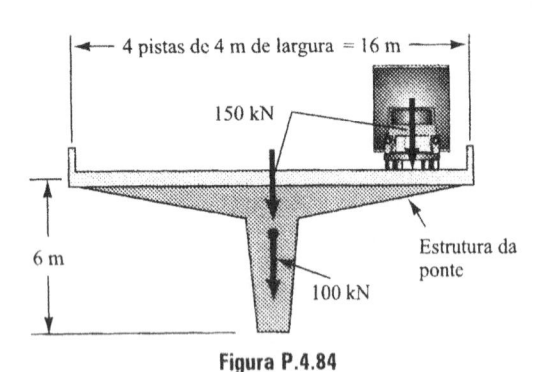

Figura P.4.84

4.85 Determine o centro de gravidade de uma placa plana que tem densidade ρ e espessura t. A Figura P. 4.85 mostra a placa vista de cima. Proceda da seguinte forma:
(a) Obtenha o peso da placa em termos de $\rho g t$.
(b) Determine $\bar{y}$.
(c) Determine $\bar{x}$. Use tiras verticais e tome cuidado com os limites de integração.

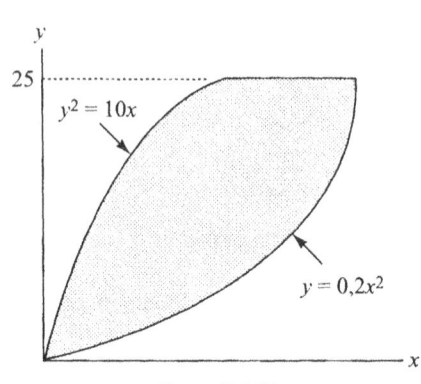

Figura P.4.85

4.86 Um caminhão basculante para operações fora de estrada está carregado com minério de ferro, que pesa 51 kN/m³. Qual é a força resultante *mais simples* sobre o caminhão e onde ela atua?

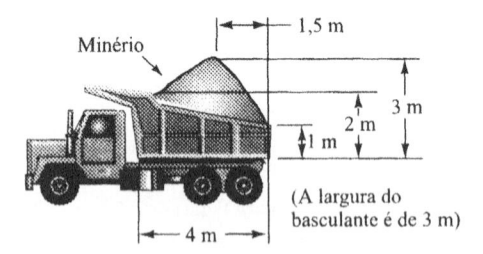

Figura P.4.86

4.87 Encontre o *centro de gravidade* do sistema de duas placas, ilustradas na Figura P.4.87, em termos do peso específico γ e espessura t, que são uniformes e iguais para as duas placas. A vista superior das placas está mostrada na figura.

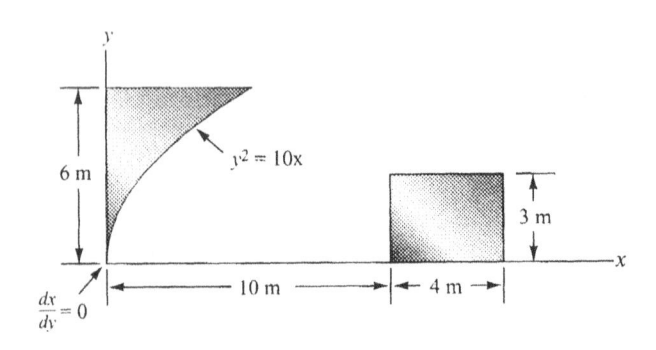

Figura P.4.87

4.88 Um jipe pesa 11 kN e possui um guincho dianteiro e um acoplamento mecânico traseiro para reboque. A tensão no cabo do guincho é de 5 kN. O acoplamento mecânico desenvolve um torque T de 300 N m em relação a um eixo paralelo ao eixo x. Considerando que o motorista pese 800 N, qual será o sistema de forças resultante no centro de gravidade do jipe, onde o peso do jipe está concentrado?

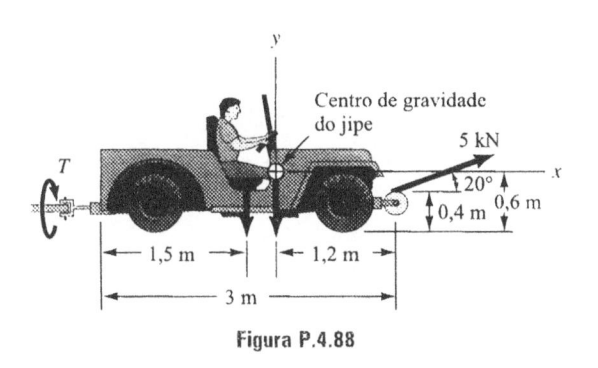

Figura P.4.88

4.89 Qual é a resultante *mais simples* para as forças e para o momento que atuam na viga?

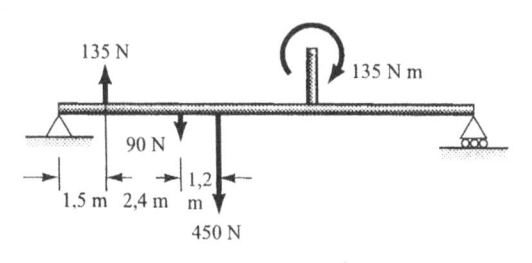

Figura P.4.89

4.90 Um corpo de revolução parabólico possui um corte interno na forma de um outro corpo de revolução, que se inicia em A e tem uma borda afiada em B, com inclinação zero em A.
(a) Qual é o valor de r' em função de x para o corte interno de revolução?
(b) Obtenha uma expressão da integral para o cálculo de W (peso) e, então, determine a coordenada $\bar{x}$ do centro de gravidade.

Nota: ρ varia com x. Obtenha apenas a expressão da integral sem resolvê-la.

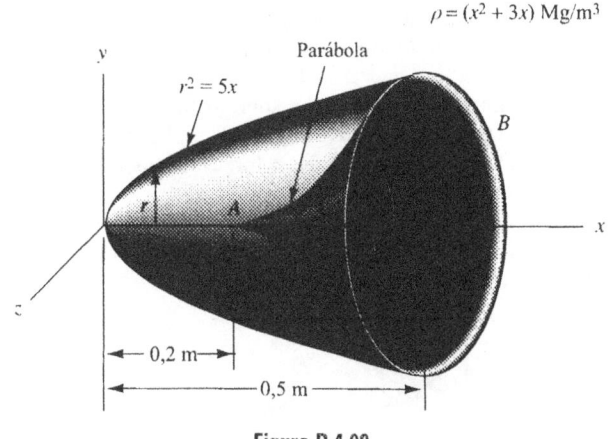

Figura P.4.90

4.91 Determine o torque em relação ao eixo OB do sistema de forças.

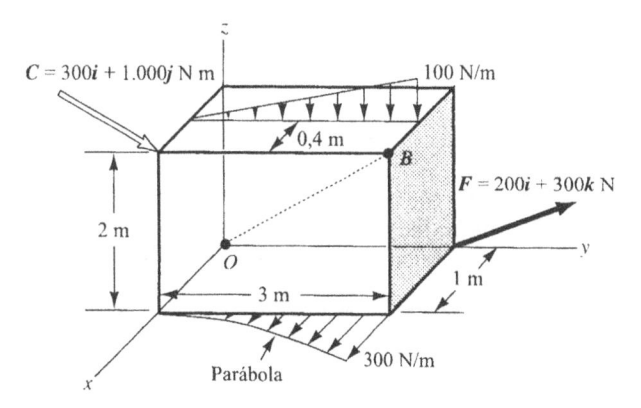

Figura P.4.91

4.92 Uma placa retangular, ilustrada na Figura P.4.92 como ABC, pode girar em relação à articulação B. Qual deve ser o comprimento l de BC de modo que o torque em relação ao ponto B devido à água, ao ar e ao peso da placa seja zero? Considere que o peso da placa é dado por 1 kN/m por unidade de comprimento, a largura é igual a 1m. ($\rho_{H_2O} = 1$ Mg/m^3).

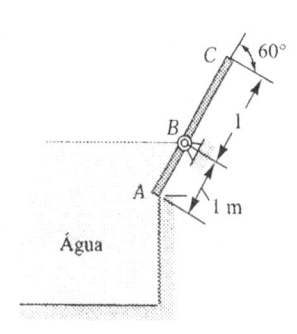

Figura P.4.92

4.93 Um tanque aberto retangular encontra-se parcialmente cheio de água. As dimensões estão ilustradas na Figura P4.93.
(a) Determine a força da água sobre o fundo do tanque.
(b) Determine a força sobre a porta lateral indicada na figura. Obtenha a posição dessa força em relação ao fundo do tanque.

Observe que a pressão atmosférica gera forças iguais e contrárias sobre as partes interna e externa da porta e, por isso, não altera a força resultante.

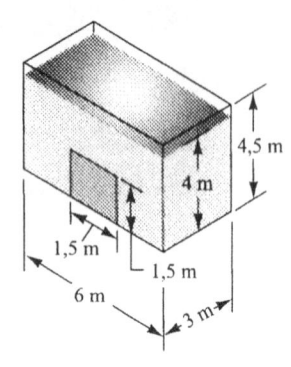

Figura P.4.93

4.94 Sacos de areia são colocados sobre uma viga. Cada saco tem largura de 0,3 m e pesa 450 N. Qual é a força resultante mais simples e onde ela atua? Qual a função matemática linear de carregamento distribuído que pode ser empregada na representação dos sacos de areia sobre a parte esquerda da viga com comprimento de 0,9 m?

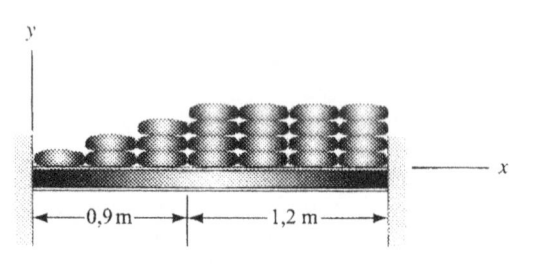

Figura P.4.94

4.95 Uma viga em balanço está sujeita a um carregamento distribuído que varia linearmente sobre parte de seu comprimento. Qual é a força resultante *mais simples* e onde ela atua? Qual é o momento em relação ao suporte da viga?

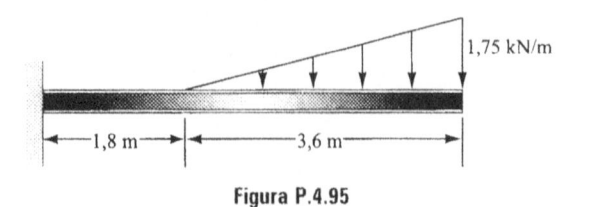

Figura P.4.95

4.96 Determine o torque em relação ao eixo localizado ao longo do vetor posição $r = 3i + 4j + 2k$ m. Observe que há uma distribuição de pressão sobre $ABED$ e um carregamento coplanar no plano yz ao longo do eixo y.

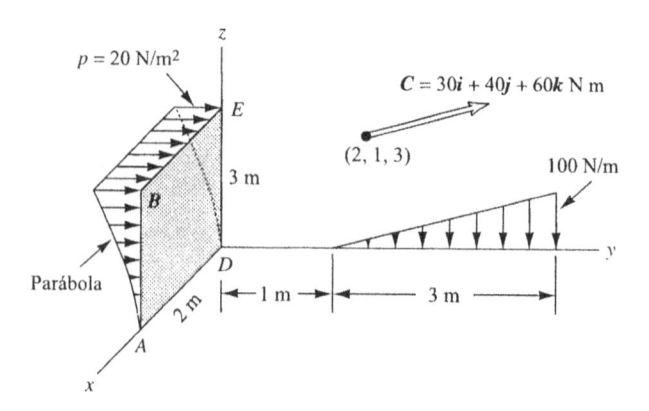

Figura P.4.96

4.97 Calcule a força resultante *mais simples* para os carregamentos que atuam sobre a viga em balanço.

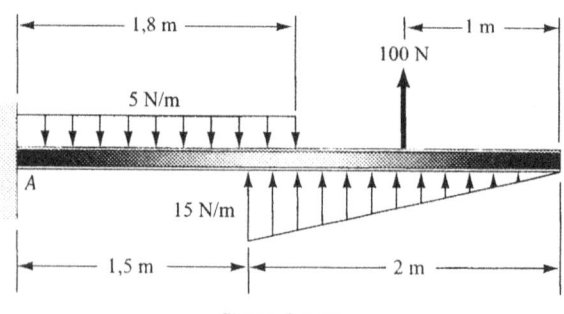

Figura P.4.97

4.98 Determine o sistema de forças resultante em A para as forças que atuam sobre a estrutura reticulada contorcida em balanço. BC é paralelo ao eixo z.

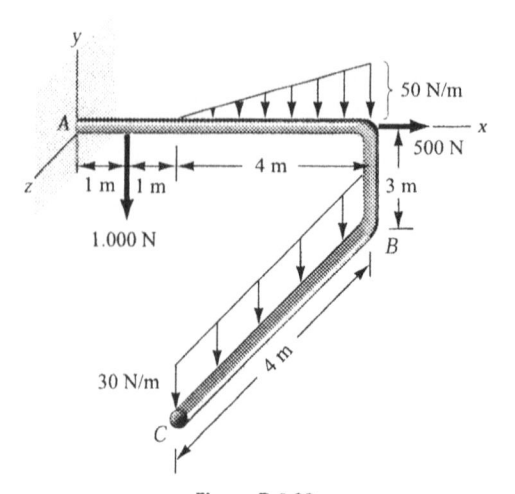

Figura P.4.98

4.99 (a) Obtenha as equações descrevendo as duas parábolas.
(b) Empregando cortes na forma de tiras *verticais* (e uma abordagem de corpo composto), determine o peso da placa em termos de $\rho g t$.
(c) Empregando tiras verticais, determine $\bar{x}$ do C.G.

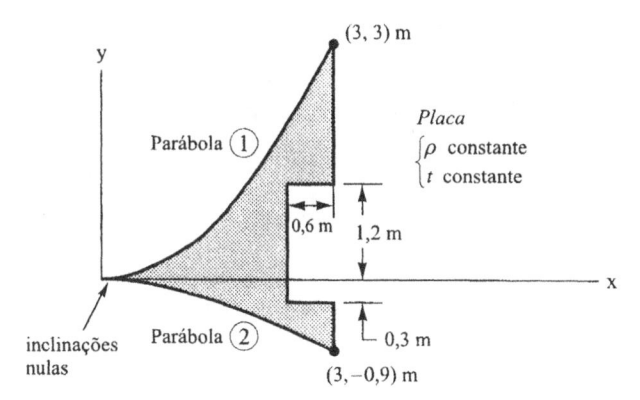

Figura P.4.99

4.100 Um poste de concreto na forma de L suporta uma ferrovia elevada. O concreto pesa 24 kN/m^3. Qual é a força resultante *mais simples* devido ao peso e ao carregamento e onde essa resultante atua? A carga está aplicada no centro da superfície superior.

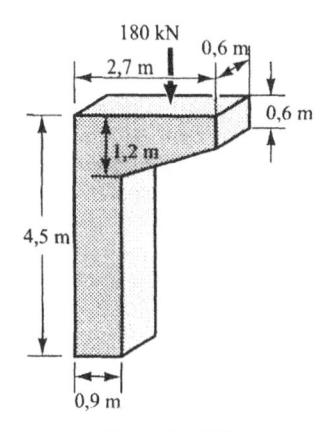

Figura P.4.100

4.101 Explique por que o sistema de forças ilustrado na Figura P.4.101 é considerado um sistema de forças paralelas. Determine a resultante *mais simples* para esse sistema. A grade mostrada é composta por quadrados de lado igual a 1 m.

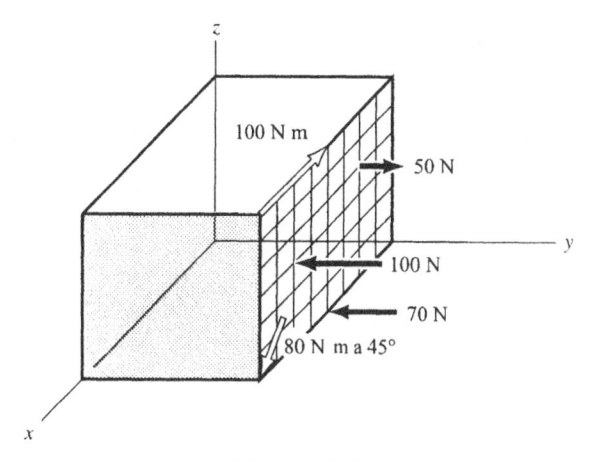

Figura P.4.101

4.102 Uma placa de espessura t tem um lado parabólico com inclinação infinita na origem. Determine as coordenadas x, y do centro de gravidade da placa.

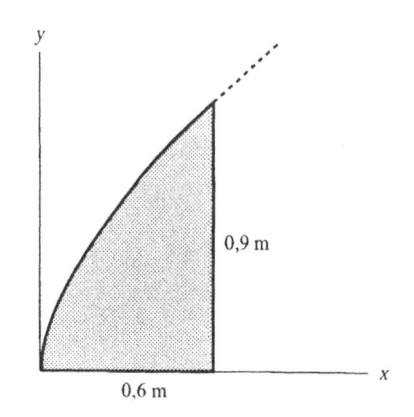

Figura P.4.102

4.103 Um tanque retangular contém um líquido. Na parte superior do líquido a pressão absoluta tem o valor de 138 kPa. Qual é força resultante *mais simples* na parte interna da janela AB? Onde está localizado o centro de pressão em relação ao fundo da janela? Considere para o líquido que $\rho = 0,835$ Mg/m^3.

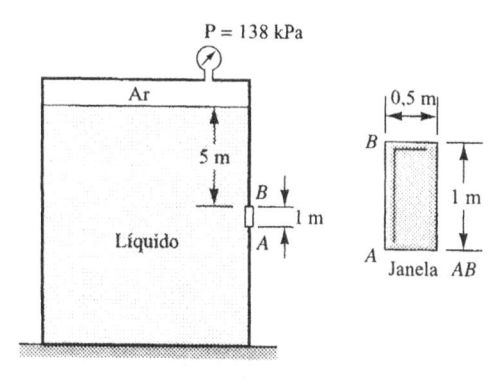

Figura P.4.103

4.104 A densidade do material em um cone varia diretamente com o quadrado da distância y em relação à base. Considerando que $\rho_0 = 0,8$ Mg/m^3 é a densidade na base e que $\rho' = 1,12$ Mg/m^3 é a densidade na ponta do cone, onde está localizado o centro de gravidade do cone? (Veja a dica do Problema 4.45.)

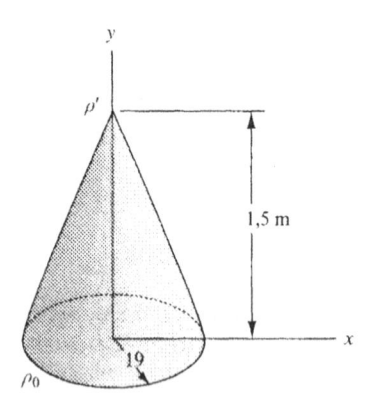

Figura P.4.104

4.105 Um bloco tem uma porção retangular removida (região cinza da Figura P.4.105). Se a densidade do bloco é:

$$\rho = (2,0x + 0,1y + 0,3xyz) \text{ Mg/m}^3$$

determine a coordenada $\bar{x}$ do centro de gravidade.

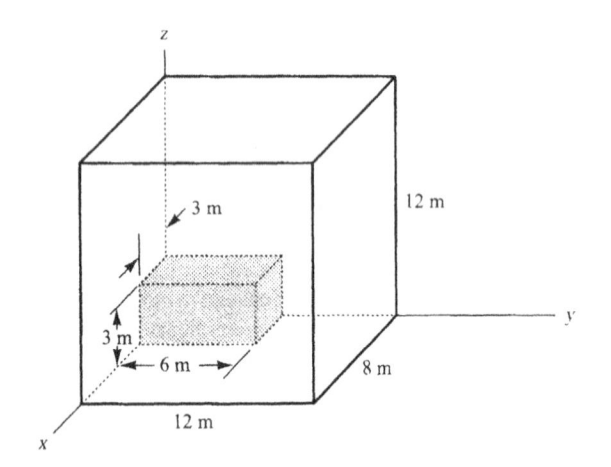

Figura P.4.105

4.106 Calcule a resultante *mais simples* para as forças e os carregamentos distribuídos que atuam sobre uma viga simplesmente apoiada. Obtenha a linha de ação da resultante.

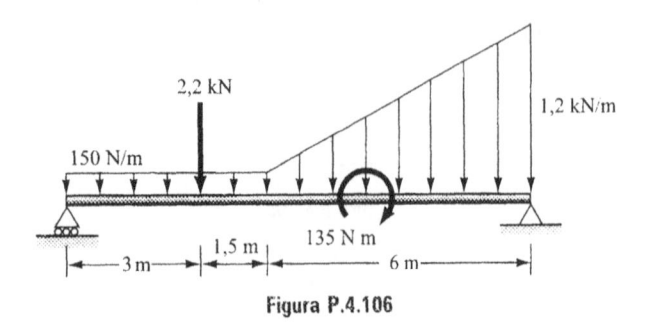

Figura P.4.106

4.107 Determine o centro de gravidade da placa.

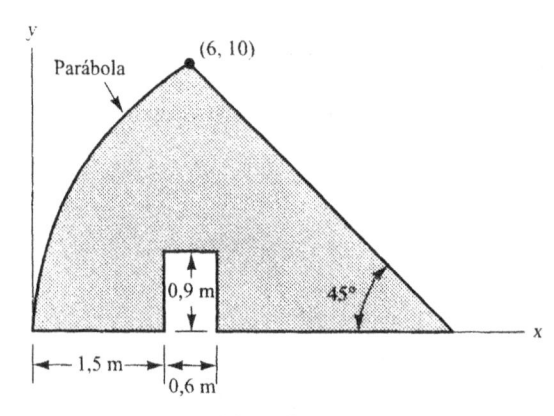

Figura P.4.107

4.108 Determine o centro de gravidade da treliça. Todos os membros têm o mesmo peso por unidade de comprimento.

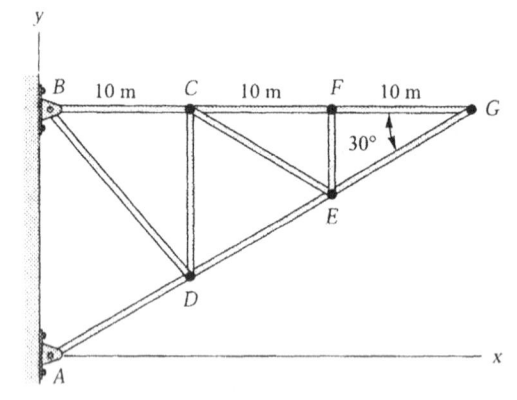

Figura P.4.108

4.109 A pressão p_0 no canto O da placa é igual a 50 Pa e cresce linearmente na direção y de 5 Pa/m. Na direção x, a pressão cresce parabolicamente, com inclinação zero no início, de modo que a pressão varie de 50 Pa a 500 Pa em 20 m. Qual é a resultante *mais simples* para essa distribuição de pressão? Forneça as coordenadas do centro de pressão.

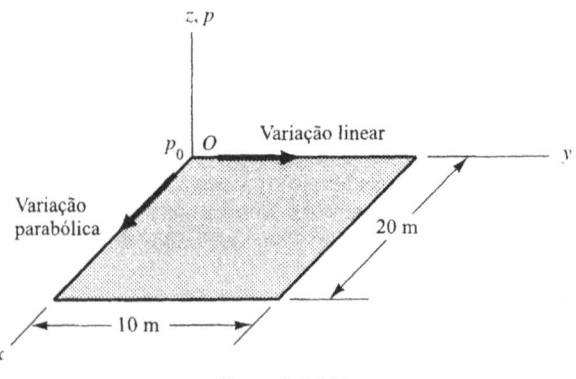

Figura P.4.109

4.110 A comporta de uma barragem tem largura e altura de 3 m. Considerando que o nível de água na barragem está 4 m acima da parte superior da comporta, e que a comporta é aberta até o nível de água chegar a 4 m, qual é a força resultante *mais simples* sobre a comporta fechada para os dois níveis de água na barragem? Onde as forças resultantes atuam (isto é, onde está o "centro de pressão" para cada caso)? A água tem densidade de 1 Mg/m^3.

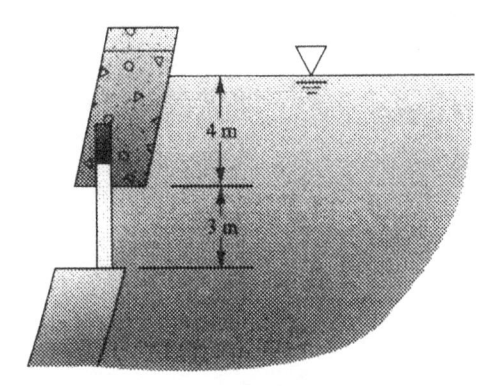

Figura P.4.110

4.111 Um tanque cilíndrico de água gira a uma velocidade angular ω constante até o momento em que a água mantém sua forma geométrica invariável. O resultado é uma superfície livre, a qual, sob a análise da mecânica dos fluidos, tem a forma de um parabolóide. Considerando que a pressão varie diretamente com a profundidade medida a partir da superfície livre, qual será a força resultante sobre um quadrante da base do cilindro? Use $\rho = 1$ Mg/m^3. [*Dica*: Use uma tira (um corte) circular no quadrante com área de $\frac{1}{4}(2\pi r)dr$.]

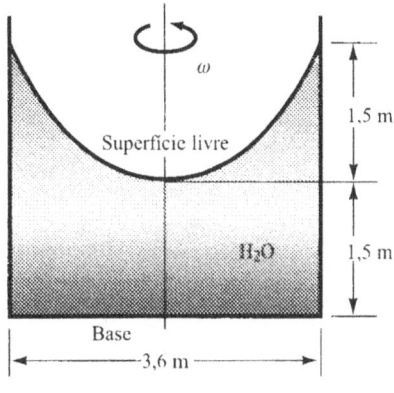

Figura P.4.111

4.112 Encontre as coordenadas x e y do centro de gravidade dos corpos mostrados na Figura P.4.112. Esses corpos consistem de:
(a) Uma placa *ABC*, cuja espessura $t = 50$ mm.
(b) Uma barra circular *D* de 0,3 m de diâmetro e de 3 m comprimento.
(c) Um bloco *F*, cuja espessura é 0,3 m.
A densidade desses três corpos é a mesma.

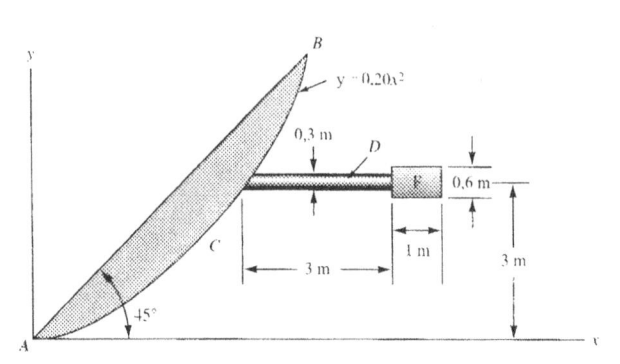

Figura P.4.112

Capítulo 5

Equações de Equilíbrio

5.1 Introdução

Ao fazer uma revisão da Seção 1.10, sabe-se que uma *partícula* estará em equilíbrio se ela estiver estacionária ou se mover uniformemente em relação a um sistema de referência inercial. Um *corpo* estará em equilíbrio se todas as partículas que o integram estiverem em equilíbrio. Assim, um corpo rígido em equilíbrio não pode estar girando em relação a uma referência inercial. Neste capítulo, são analisados corpos em equilíbrio, para os quais o modelo de corpo rígido é válido. Para esses corpos, há equações simples que relacionam todas as forças de superfície e de corpo, ou suas forças equivalentes, atuando sobre o corpo. Com essas equações, pode-se, algumas vezes, determinar o valor de forças desconhecidas. Por exemplo, na viga mostrada na Figura 5.1, as cargas F_1 e F_2 são conhecidas, assim como o peso W da viga, e deseja-se determinar as forças transmitidas ao solo visando ao projeto de uma fundação capaz de suportar adequadamente a estrutura. Sabendo-se que a viga está em equilíbrio e que sua pequena deflexão não afeta consideravelmente as forças transmitidas ao solo, é possível escrever as equações de equilíbrio que envolvem as forças conhecidas e desconhecidas atuando sobre a viga e, conseqüentemente, obter a informação desejada.

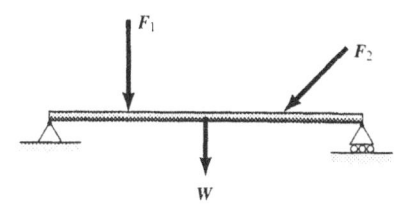

Figura 5.1: Viga sob a ação de cargas.

Observe-se que, no problema da viga apresentado, há um número definido de passos na solução. Primeiro, a viga deve ser isolada para análise. Então, as equações de equilíbrio para a viga, que é considerada um corpo rígido, são obtidas. Finalmente, há as etapas de cálculo das grandezas desconhecidas e a interpretação dos resultados. Neste capítulo, cada um desses passos será examinado criteriosamente.

O isolamento do corpo rígido ou de parte dele é etapa primordial na análise do problema. O corpo isolado de seu meio externo é chamado de *corpo livre*. Então, em primeiro lugar apresenta-se cuidadosamente a construção de diagramas de corpo livre. O leitor deve dedicar atenção

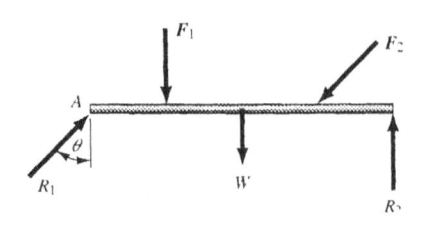

Figura 5.2: Diagrama de corpo livre da viga.

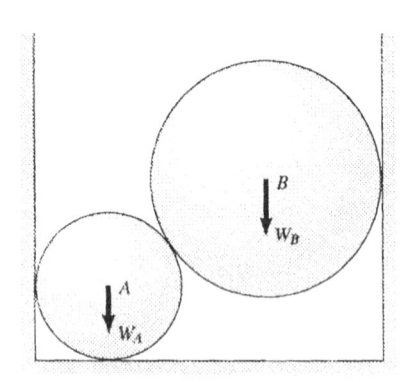

Figura 5.3: Esferas lisas em equilíbrio.

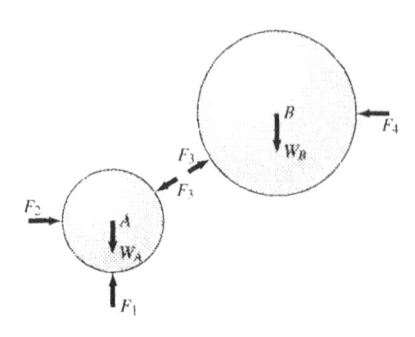

Figura 5.4: Diagramas de corpo livre.

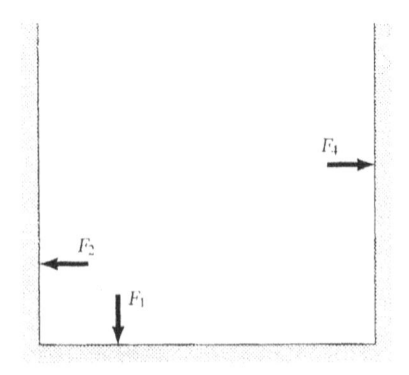

Figura 5.5: Este não é um diagrama de corpo livre.

especial a este passo, pois *ele é o mais importante na solução de problemas da mecânica*. Um diagrama de corpo livre incorreto significa que todo o trabalho, não importando quão brilhante, conduzirá a resultados errados. O conceito de corpo livre é muito mais do que uma maneira de abordar os problemas da estática. Trata-se da introdução ao mais importante tópico na *análise em engenharia*[1], de um modo geral. No próximo item, este tópico será melhor analisado.

5.2 Diagrama de corpo livre

Como as equações de equilíbrio para determinado corpo, na realidade, advêm das considerações dinâmicas de movimento do corpo, todas as forças (ou suas equivalentes) atuando sobre o corpo devem necessariamente ser incluídas na análise, pois todas elas afetam seu movimento. Para auxiliar na identificação de todas as forças e assegurar a aplicação correta das equações de equilíbrio, o corpo é isolado em um diagrama simples, onde *todas as forças* que atuam *sobre* o corpo são mostradas. Esse diagrama é chamado de *diagrama de corpo livre*. Quando a viga, apresentada na Figura 5.1, é isolada do meio em que se encontra, obtém-se a Figura 5.2. Na extremidade esquerda da viga, existe uma força desconhecida de reação do solo que possui um módulo representado por R_1 e uma direção representada por θ, com uma linha de ação passando pelo ponto A. (As componentes $(R_1)_x$ e $(R_1)_y$ poderiam ser utilizadas como variáveis desconhecidas em vez de R_1 e θ.) Na extremidade direita da viga, há uma força vertical com um módulo desconhecido de R_2. A direção dessa força é vertical porque o ponto de apoio da viga sobre roletes permite movimento na direção horizontal, ou de compressão ou de tração, tal como a expansão ou a contração térmica da viga. Portanto, na posição da viga apoiada sobre o rolete, o solo exerce uma força horizontal muito pequena sobre a viga, sendo esta desprezível. Uma vez que todas as forças atuando sobre a viga tenham sido identificadas, incluindo-se as 3 grandezas desconhecidas R_1, R_2 e θ, 3 equações de equilíbrio podem ser empregadas para a determinação dessas grandezas.

As esferas rígidas, mostradas na Figura 5.3, são analisadas em uma condição de equilíbrio, sendo que suas superfícies são lisas o bastante de modo que o atrito seja desprezível. As forças de contato devem estar direcionadas em uma direção normal à superfície de contato. Os corpos livres das esferas são representados na Figura 5.4. Note-se que F_3 é a magnitude da força causada pela esfera B sobre a esfera A, enquanto a reação, também mostrada como F_3 de acordo com a terceira lei de Newton, é a magnitude da força da esfera A sobre a esfera B.

De acordo com a Figura 5.5, o leitor poderia considerar uma porção da caixa, que contém as esferas, como um corpo livre. Mas, mesmo se esse diagrama mostrasse claramente um corpo (o que não é verdade), ele não poderia ser chamado de corpo livre, pois nem todas as forças que atuam sobre ele são representadas.

---

[1] O autor tem percebido, ao longo de muitos anos de experiência, que a ausência de um diagrama de corpo livre no trabalho do estudante em determinado problema significa que: *a*. com grande probabilidade, erros ocorrem na análise do problema; *b*. para piorar a situação, o estudante não tem uma boa percepção do problema.

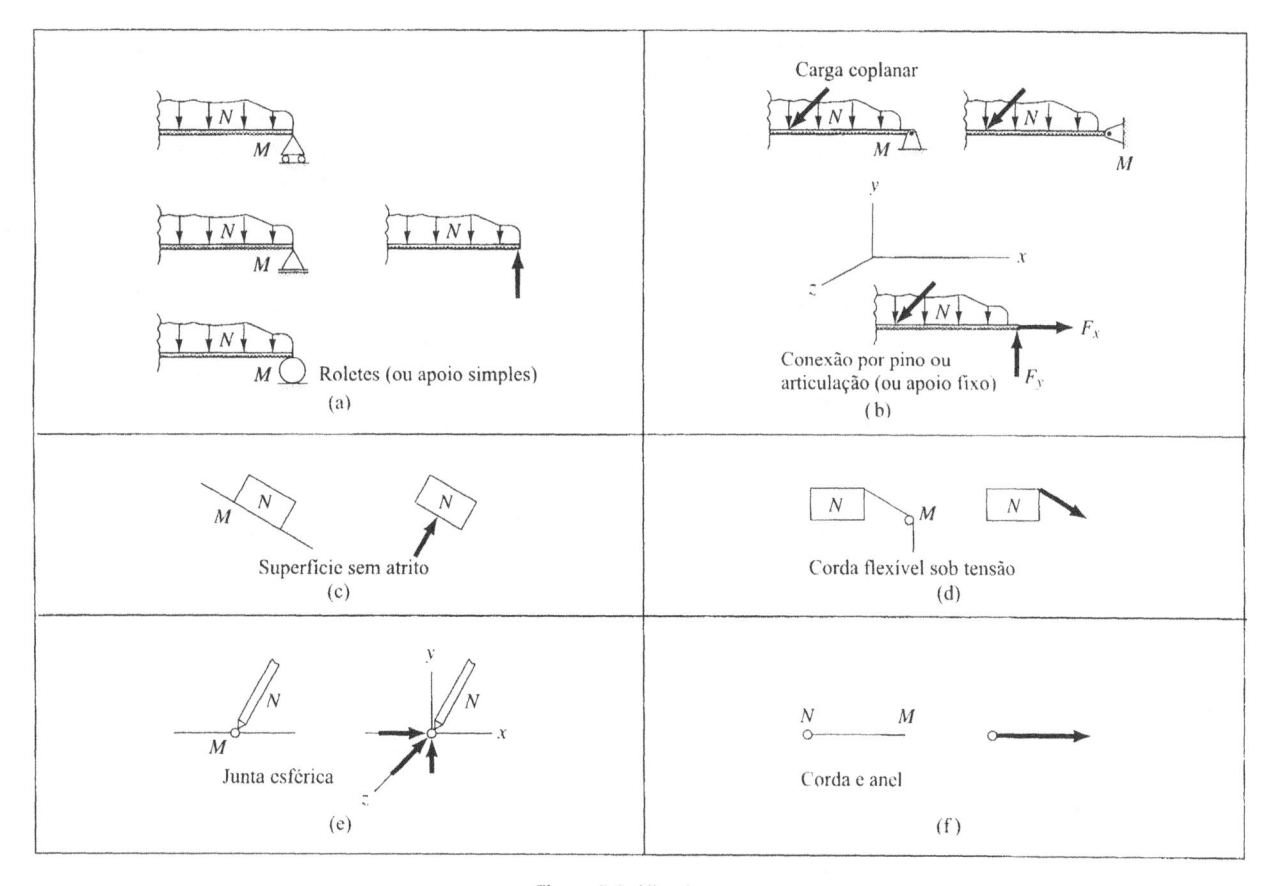

Figura 5.6: Vínculos comuns.

Nos problemas de engenharia, os corpos estão em geral em contato sob diferentes formas. Na Figura 5.6, o leitor encontrará os tipos de forças transmitidas de um corpo M a um corpo N para os vínculos (ou conexões) entre corpos freqüentemente encontrados na prática. (Esses diagramas não são diagramas de corpo livre, pois nem todas as forças sobre um dado corpo são mostradas.)

Em geral, para a determinação da natureza do sistema de forças que um corpo M é capaz de transmitir para um segundo corpo N por meio de algum vínculo ou suporte, deve-se proceder da seguinte maneira. Mentalmente, os corpos são transladados uns em relação aos outros em cada uma das três direções ortogonais. Nas direções em que o movimento relativo é impedido ou restringido por um vínculo ou suporte, deve haver uma componente de força nesse vínculo ou suporte no diagrama de corpo livre do corpo M ou do corpo N. Então, giram-se, mentalmente, os corpos M e N, um em relação ao outro, em relação aos eixos ortogonais. Na direção em relação à qual a rotação relativa é impedida ou restringida pelo vínculo ou suporte, deve haver uma componente de momento nesse vínculo ou suporte no diagrama de corpo livre do corpo M ou do corpo N. Agora, como resultado das considerações de equilíbrio do corpo M ou do corpo N, determinadas componentes de força e de momento, que poderiam ser produzidas no suporte ou no vínculo, poderão ser 0 para o carregamento em estudo. Decerto, pode-se verificar rapidamente esse fato. Por exemplo, analisa-se a viga conectada por um pino sujeita a um carregamento distribuído coplanar, que é mostrada parcialmente na Figura 5.7. Se a viga for movida mentalmente em relação ao solo nas direções

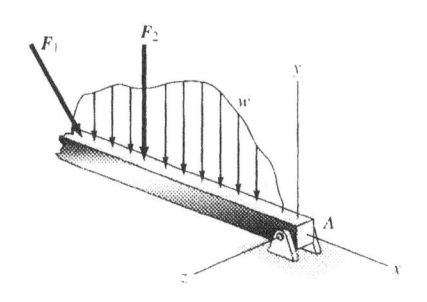

Figura 5.7: Conexão por pino ou articulação.

x, y e z, o pino oferecerá resistência ao movimento em todas as direções. Então, o solo em A poderá transmitir as componentes de força A_x, A_y e A_z à viga. Entretanto, como o carregamento é coplanar no plano xy, a componente de força A_z deve ser 0 e, conseqüentemente, será desconsiderada. Em seguida, rotações imaginárias da viga em relação aos 3 eixos ortogonais são efetuadas sobre o ponto A. Como o pino é considerado uma conexão lisa sem atrito, não há resistência à rotação em relação ao eixo z e, então, $M_z = 0$. Mas existe resistência às rotações em relação aos eixos x e y. No entanto, o carregamento coplanar no plano xy não pode exercer momentos em relação aos eixos x e y; portanto, os momentos M_x e M_y são 0. Então, há apenas as componentes de força A_x e A_y na conexão por pino, como foi mostrado na Figura 5.6b, que é a base para o raciocínio físico que sustenta esse resultado.

5.3 Corpos livres com forças internas

Consideremos o corpo rígido em equilíbrio mostrado na Figura 5.8. Qualquer parte desse corpo deverá evidentemente estar em equilíbrio. Analisa-se o corpo em duas partes, A e B, sendo que cada uma delas pode ser apresentada em um diagrama de corpo livre. Para realizar a construção do diagrama de uma das partes, as forças *em virtude da outra parte*, que surgem na seção comum de corte imaginário (Figura 5.9), devem ser incluídas no corpo livre da parte escolhida. A superfície entre as seções de corte pode ser plana ou curva e, sobre ela, haverá distribuição contínua de forças. Em geral, tal distribuição pode ser substituída por uma força e um momento (em um ponto escolhido qualquer), como é mostrado no diagrama de corpo livre das partes A e B da Figura 5.9. Observe que a terceira lei de Newton está sendo respeitada.

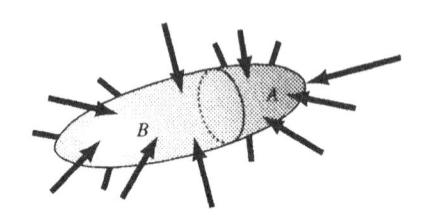

Figura 5.8: Corpo rígido em equilíbrio.

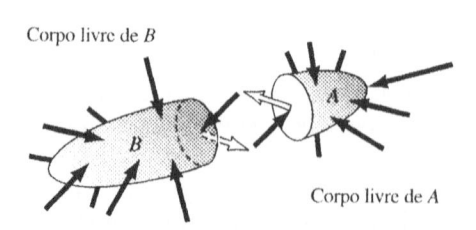

Figura 5.9: Corpos livres das partes A e B.

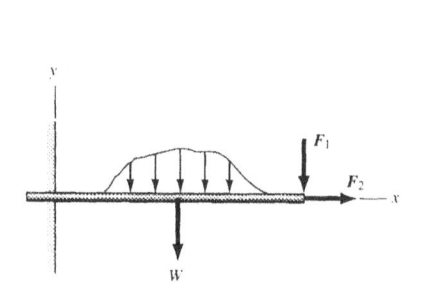

Figura 5.10: Viga em balanço.

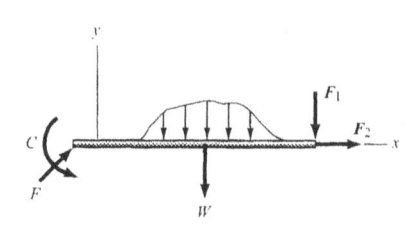

Figura 5.11: Diagrama de corpo livre da viga em balanço.

Como um caso especial, seleciona-se uma viga com uma de suas extremidades inserida em uma parede maciça (viga em balanço) e sujeita a carregamento no plano xy (Figura 5.10). Um corpo livre da viga isolada da parede é mostrado na Figura 5.11. Devido à simetria geométrica da viga em relação ao plano xy e ao fato de que o carregamento também se encontra nesse plano, as forças geradas pela parede sobre a viga são coplanares. Por isso, as forças geradas pela parede podem ser substituídas por uma força e um momento (sistema equivalente) e, usualmente, essa força é decomposta em suas componentes F_y e F_x. Embora uma linha de ação para essa força equivalente possa ser determinada para eliminar o momento, nos problemas estruturais, é desejável trabalhar com um sistema equivalente que possua uma força que passe pelo centro da seção transversal da viga e, conseqüentemente, tenha um momento. Na seção seguinte será visto como os valores de F e C são determinados.

Exemplo 5.1

Para ilustrar a construção de um diagrama de corpo livre, analisa-se a estrutura de barras[2] mostrada na Figura 5.12, que consiste de membros conectados por pinos sem atrito. Os sistemas de forças que atuam sobre a montagem e suas partes são considerados coplanares. Os diagramas de corpo livre da montagem e de suas partes são esboçados a seguir.

Diagrama de corpo livre do sistema. O módulo e a direção da força A causada pela parede não são conhecidos. Mas sabe-se que essa força está no plano da estrutura. Portanto, duas componentes de força são mostradas nesse ponto (Figura 5.13). Como a direção da força C é conhecida, há 3 grandezas escalares desconhecidas, A_y, A_x e C, para o corpo livre.

Diagrama de corpo livre das partes da estrutura. Quando 2 membros são conectados por meio de pino (rótula), como os membros DE e AB ou DE e BC, usualmente o pino é considerado parte integrante de um dos corpos. Contudo, quando mais de 2 membros são conectados em um pino, como, por exemplo, os membros AB, BC e BF em B, o pino é normalmente isolado e considera-se que todos os membros atuam sobre o pino em vez de atuarem diretamente um sobre os outros, como mostrado na Figura 5.14. Note-se que há 4 conjuntos de forças, que formam os pares de reação, circundados pelas linhas tracejadas. O quinto conjunto é a força de 5 kN sobre o pino do membro BF.

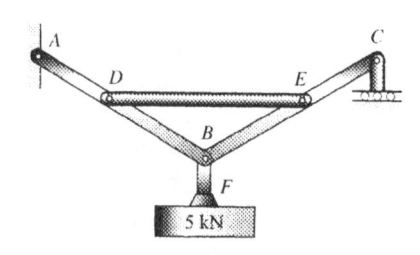

Figura 5.12: Uma estrutura de barras.

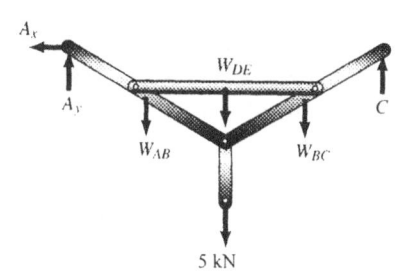

Figura 5.13: Diagrama de corpo livre da estrutura de barras.

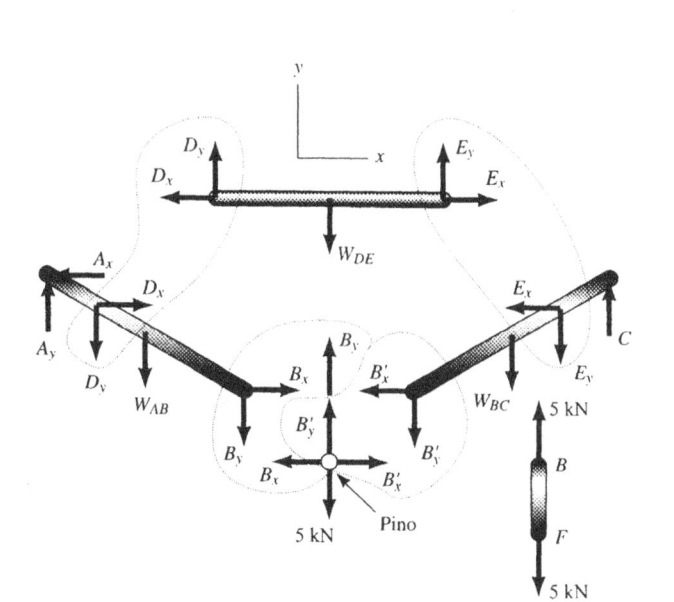

Figura 5.14: Diagramas de corpo livre das partes da estrutura.

---

2 Uma *estrutura de barras* é um sistema de membros esbeltos e longos, ou retos ou curvos, conectados entre si, em que que os pinos de conexão não estão localizados necessariamente nas extremidades dos membros. Uma estrutura de barras a ser estudada posteriormente neste texto é a *treliça*.

Exemplo 5.1 *(continuação)*

O leitor não precisa se preocupar com o *sentido* correto de uma componente de força desconhecida mostrada no diagrama de corpo livre, a qual pode ter sido escolhida com o sentido positivo ou negativo. Quando os valores dessas grandezas são calculados pelos procedimentos de estática, o sentido correto de cada componente pode, então, ser estabelecido. Entretanto, uma vez que tenha sido escolhido um sentido qualquer para uma componente, é preciso certificar-se de que a *reação* a essa componente tenha sido o *oposto* — de outro modo, a terceira lei de Newton seria violada.

Diagrama de corpo livre da parte da estrutura à direita do corte M-M. Ao fazer o diagrama de corpeo livre da parte à direita da seção de corte imaginária *M-M* (veja a figura 5.15a), deve-se incluir o peso das partes dos membros no corpo selecionado à direita do corte *M-M*. Nos dois cortes feitos pela seção *M-M*, as distribuições de forças coplanares devem ser substituídas pelas resultantes, como no caso anterior da viga em balanço. Isso é realizado inserindo-se duas componentes de força, usualmente normal e tangencial à seção transversal, e um momento, da mesma maneira empregada para a viga em balanço. Observe que na Figura 5.15b existem 7 grandezas escalares desconhecidas no diagrama de corpo livre. Essas incógnitas são C, C_1, C_2, F_1, F_2, F_3 e F_4. O número de incógnitas varia para os vários corpos livres que podem ser obtidos para o sistema. Por essa razão deve-se escolher, com algum critério, o diagrama de corpo livre que seja apropriado às necessidades do problema, para que efetivamente sejam obtidas as grandezas desconhecidas desejadas

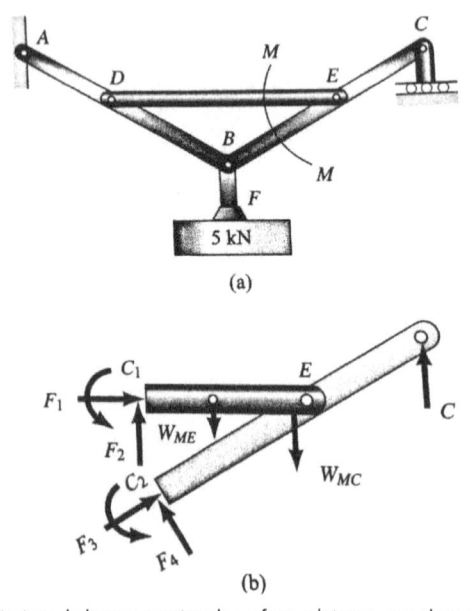

Figura 5.15: Corte na estrutura de barras mostrando as forças internas em alguns membros.

Exemplo 5.2

Desenhe o diagrama de corpo livre da viga AB e da polia sem atrito, mostradas na Figura 5.16a. O peso da polia é W_D e o peso da viga é W_{AB}.

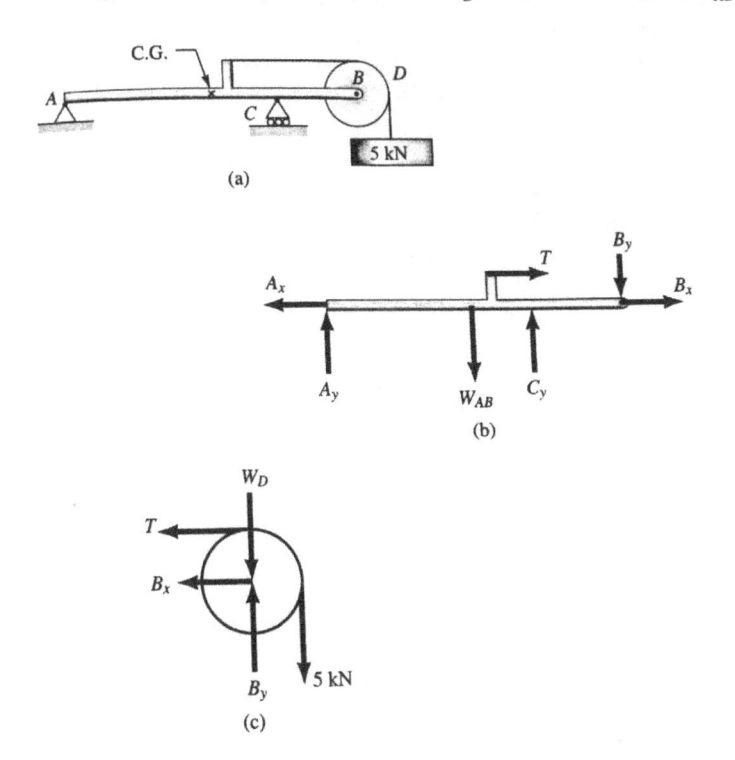

Figura 5.16: (a) Viga AB; (b) Diagrama de corpo livre da viga AB; (c) Diagrama de corpo livre da polia D.

O diagrama de corpo livre da viga AB é mostrado na Figura 5.16b. O peso da viga atua em seu centro de gravidade (C.G.). As componentes B_X e B_Y são forças geradas pela polia D sobre a viga através do pino em B. O diagrama de corpo libre da polia é mostrado na Figura 5.16c.

Alguns estudantes tendem a colocar o peso da polia em B no diagrama de corpo livre da viga AB. O argumento apresentado para tanto é que esse peso "passa através de B". Entretanto, colocar o peso da polia em B no corpo livre da viga AB é um erro! O fato é que o peso da polia é uma força de corpo que atua sobre a *polia,* e *não sobre a viga AB*. Então, a resultante mais simples dessa distribuição de força de corpo sobre D passa por uma posição correspondente ao ponto B. Isso não altera o fato de que esse peso atua sobre a *polia,* e *não sobre a viga*. A viga pode apenas "sentir" a ação das forças B_X e B_Y transmitidas pela polia à viga através do pino B. Essas forças estão relacionadas com o peso da polia, assim como com a tensão na corda da polia, por meio das equações de equilíbrio para o corpo livre.

Exemplo 5.3

Para concluir esta série de problemas de diagramas de corpo livre, analisemos um caso tridimensional. Na Figura 5.17a, uma estrutura encontra-se apoiada sobre juntas esféricas em A e D, fixada de uma maneira rígida em B e apoiada diretamente em C (de maneira similar a um apoio fixo). Desenhe o diagrama de corpo livre da estrutura.

É mostrado o diagrama de corpo livre para o problema na Figura 5.17b.

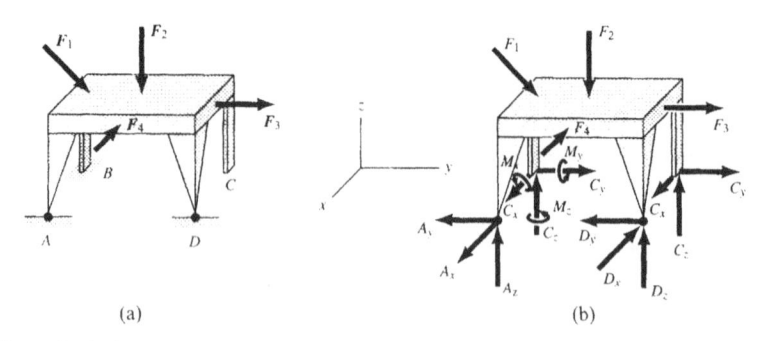

Figura 5.17: Uma estrutura tridimensional e o seu diagrama de corpo livre.

*5.4 Preparando o futuro — volumes de controle

Na *mecânica dos corpos rígidos*, o corpo livre é empregado para isolar um corpo ou parte dele com o intuito de identificar todas as forças externas que atuam sobre ele, empregando-se as leis de Newton.

Na *mecânica dos fluidos*, pode-se também construir um corpo livre de uma parcela selecionada do fluido (denominada sistema). Entretanto, a maneira mais conveniente consiste em identificar algum volume no espaço que envolva o escoamento do fluido através desse volume (chamado *volume de controle*). Aqui, como no caso de um corpo livre, *todas as forças externas*, tais como as forças de superfície sobre o contorno do volume de controle e as forças de corpo sobre o material dentro desse volume, devem ser especificadas. Essa identificação e especificação das forças são necessárias para assegurar, por meio das equações apropriadas, que as leis de Newton e outras leis da física sejam satisfeitas para o fluido e outros corpos no interior do volume de controle em um instante de tempo t.

Por isso, o leitor deve desenvolver sua capacidade, nesses estágios preliminares de estudos da mecânica, de representar adequadamente as forças externas para um corpo livre. O mesmo cuidado será necessário nos futuros cursos de mecânica dos fluidos.

---

* N.R.T.: O asterisco junto ao título da seção indica que o conteúdo da mesma é opcional em um curso introdutório de mecânica para engenharia.

Problemas

5.1 Desenhe o diagrama de corpo livre da tampa de uma churrasqueira a gás considerando que ela se encontra aberta a 45° de sua posição fechada.

Figura P.5.1

5.2 Uma grande antena é suportada por 3 cabos e está apoiada sobre uma junta esférica. Desenhe o diagrama de corpo livre da antena.

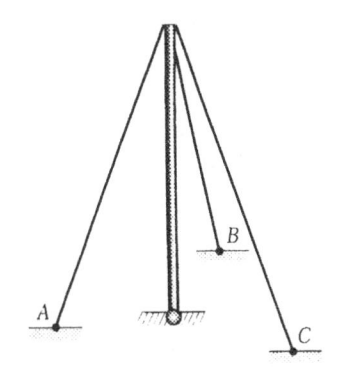

Figura P.5.2

5.3 Desenhe o diagrama de corpo livre da estrutura de barras na forma de A.

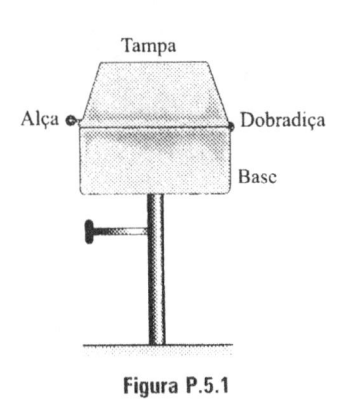

Figura P.5.3

5.4 Desenhe os diagramas de corpo livre para a barra AB e para o cilindro D. Despreze as forças de atrito nas superfícies de contato do cilindro. Os pesos do cilindro e da barra são representados por W_D e W_{AB}, respectivamente.

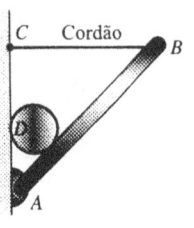

Figura P.5.4

5.5 Desenhe os diagramas de corpo livre da placa *ABCD* e da barra *EG*. Considere que não há atrito na polia *H* nem na superfície de contato *C*.

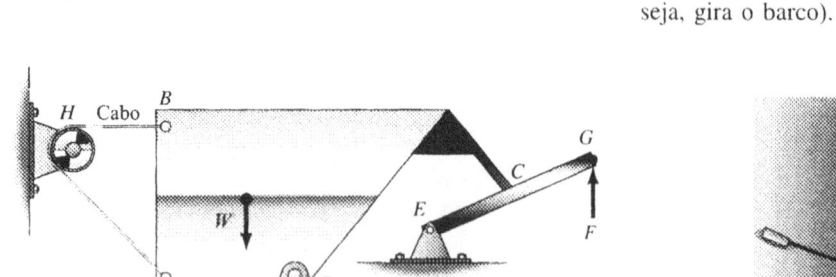

Figura P.5.5

5.6 Desenhe o diagrama de corpo livre de uma das partes da escavadeira manual.

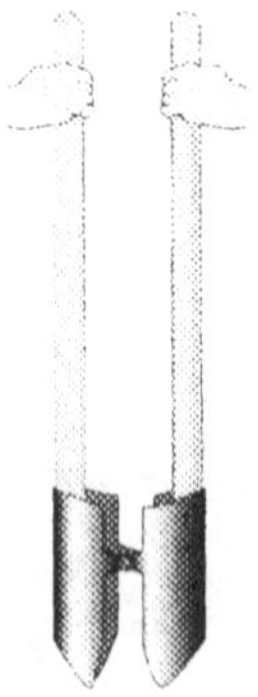

Figura P.5.6

5.7 Desenhe o diagrama de corpo livre para cada membro do sistema. Despreze os pesos dos membros e substitua o carregamento distribuído por sua resultante.

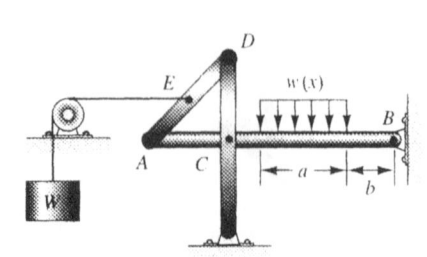

Figura P.5.7

5.8 Desenhe os diagramas de corpo livre para os remos de um barco, considerando que o remador empurra um dos remos com uma mão e puxa o outro com a outra mão (ou seja, gira o barco).

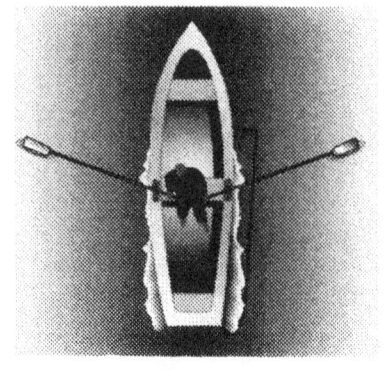

Figura P.5.8

5.9 Desenhe o diagrama de corpo livre para a viga. Substitua todas as distribuições pelos sistemas mais simples de forças equivalentes e despreze o peso da viga.

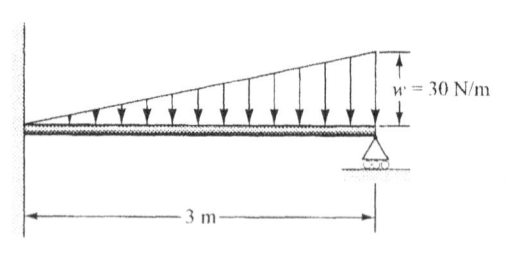

Figura P.5.9

5.10 Duas vigas em balanço são conectadas por meio de um pino em *A*. Desenhe os diagramas de corpo livre para cada uma das vigas.

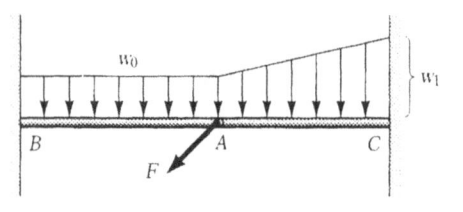

Figura P.5.10

5.11 Desenhe os diagramas de corpo livre de cada uma das partes do podador de galhos.

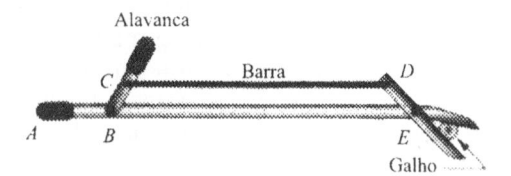

Figura P.5.11

5.12 Desenhe os diagramas de corpo livre para os dois braços articulados (*FB* e *CA*) e para o corpo *E* da escavadeira. Considere o peso de cada parte atuando em seu centro geométrico. (Considere a pá e a carga forças concentradas, W_S e W_{PL}, respectivamente.)

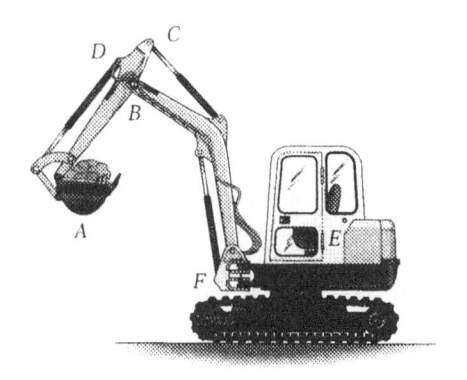

Figura P.5.12

5.13 Desenhe o diagrama de corpo livre para a niveladora, *B*, para a barra de força hidráulica, *R*, e para o trator, *T*. Considere o peso de cada parte, *B*, *R* e *T*, nos diagramas.

Figura P.5.13

5.14 Desenhe o diagrama de corpo livre para o sistema inteiro e para cada uma de suas partes: *AB*, *AC*, *BC* e *D*. Inclua os pesos de todos os corpos e identifique as forças por meio de índices associados aos corpos.

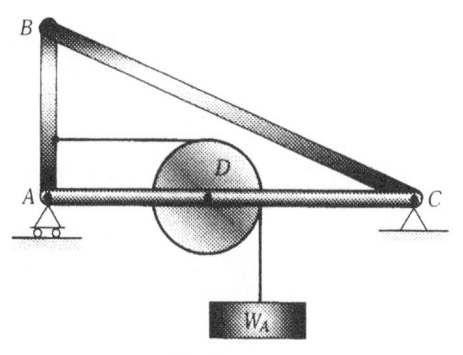

Figura P.5.14

5.15 Desenhe o diagrama de corpo livre dos membros *CG*, *AG* e do disco *B*. Inclua apenas o peso do disco *B* e identifique as forças por meio de índices associados aos membros. (*Dica:* Considere o pino em *G* um corpo livre em separado.)

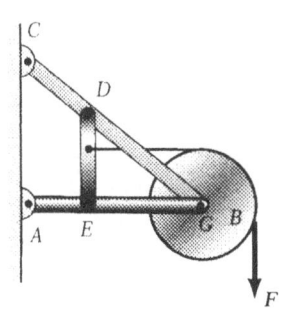

Figura P.5.15

5.16 Desenhe o diagrama de corpo livre da viga em balanço fletida horizontalmente. Use apenas as componentes *xyz* de todos os vetores desenhados.

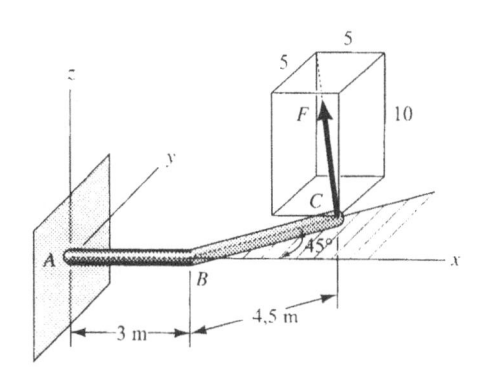

Figura P.5.16

5.5 Equações gerais de equilíbrio

Em todo diagrama de corpo livre, o sistema de forças e de momentos atuando sobre o corpo pode ser substituído por uma única força e por um único momento em um ponto a. A força terá o mesmo módulo, sentido e direção, não importando a posição escolhida para o ponto a, como foi visto anteriormente na determinação de sistemas de forças equivalentes. Entretanto, o vetor momento dependerá do ponto escolhido. A seguinte proposição, que será analisada em dinâmica, estabelece as condições para o equilíbrio estático:

As condições necessárias para que um corpo rígido esteja em equilíbrio são que a força resultante F_R e o momento resultante C_R para qualquer ponto sejam vetores 0.

Isto é:

$$F_R = 0 \tag{5.1a}$$

$$C_R = 0 \tag{5.1b}$$

No segundo volume sobre dinâmica, será demonstrado que as condições anteriores são *suficientes* para manter um corpo *inicialmente estacionário* em estado de equilíbrio. Essas são as equações fundamentais da estática. O leitor deve lembrar-se, conforme a Seção 4.3, que a resultante F_R é a soma de todas as forças movidas para um ponto comum e que o momento resultante C_R é igual à soma de todos os momentos das forças originais e binários em relação a esse ponto. Portanto, as equações anteriores podem ser escritas como:

$$\sum_i F_i = 0 \tag{5.2a}$$

$$\sum_i \rho_i \times F_i + \sum_i F_i = 0 \tag{5.2b}$$

em que ρ'_s são os vetores deslocamento tomados a partir do ponto a até um ponto qualquer sobre as linhas de ação das respectivas forças. Por intermédio das equações da estática, conclui-se que, para que exista o equilíbrio, *o vetor soma das forças deve ser 0 e o momento do sistema de forças e binários em relação a qualquer ponto no espaço deve ser* 0.

Uma vez que as forças tenham sido somadas e os momentos tenham sido determinados em relação a um ponto a, pode ser demonstrado que não é possível se obter uma outra equação *independente* para o equilíbrio calculando-se os momentos em relação a um *outro* ponto, b. Para o corpo da Figura 5.18, as seguintes equações de equilíbrio são inicialmente obtidas utilizando-se o ponto a:

$$F_1 + F_2 + F_3 + F_4 = 0 \tag{5.3}$$

$$\rho_1 \times F_1 + \rho_2 \times F_2 + \rho_3 \times F_3 + \rho_4 \times F_4 = 0 \tag{5.4}$$

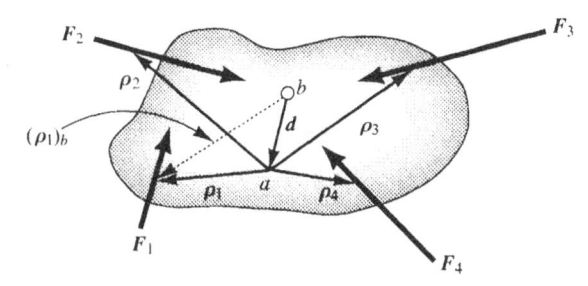

Figura 5.18: Análise dos momentos em relação ao ponto b.

Escolhe-se um novo ponto, b, separado do ponto a pelo vetor posição d. O vetor posição (mostrado com linha tracejada) de b à linha de ação da força F_1 pode ser dado em termos de d e do vetor deslocamento ρ_1, que é mostrado a seguir. O vetor $(\rho_2)_b$, que não é mostrado na Figura 5.18, pode ser obtido de maneira análoga, assim como os outros:

$$(\rho_1)_b = (d + \rho_1)$$
$$(\rho_2)_b = (d + \rho_2), \text{ etc.}$$

A equação de momento para o ponto b pode, então, ser escrita como:

$$(\rho_1 + d) \times F_1 + (\rho_2 + d) \times F_2 + (\rho_3 + d) \times F_3 + (\rho_4 + d) \times F_4 = 0$$

Por meio da propriedade distributiva do produto vetorial, a equação anterior pode ser reescrita:

$$\begin{aligned}(\rho_1 \times F_1 + \rho_2 \times F_2 + \rho_3 \times F_3 + \rho_4 \times F_4) \\ + d \times (F_1 + F_2 + F_3 + F_4) = 0\end{aligned} \quad (5.5)$$

Como a expressão dada no interior do segundo conjunto de parênteses é 0, de acordo com a Equação 5.3, a parcela restante resulta na Equação 5.4 e, por isso, não se tem uma nova equação de equilíbrio. Portanto, *existem apenas 2 equações vetoriais de equilíbrio independentes para um corpo livre qualquer*.

Mostra-se também que as Equações 5.4 e 5.5 podem ser utilizadas na descrição do equilíbrio de um corpo rígido qualquer em vez das Equações 5.3 e 5.4. Ou seja, em vez de somarem-se as forças e, então, calcularem-se os momentos em relação a um ponto qualquer para a obtenção das equações de equilíbrio, podem-se calcular os momentos em relação a 2 pontos. Dessa maneira, se a Equação 5.4 for satisfeita para o ponto a, então a equação de momentos em relação ao ponto b resultará na Equação 5.5, com:

$$d \times (F_1 + F_2 + F_3 + F_4) = 0 \quad (5.6)$$

Se o ponto b puder ser qualquer ponto no espaço, resultando em um vetor d qualquer, então a Equação 5.6 indicará que o vetor somatório das forças é 0. Se o ponto b for escolhido de modo que a Equação 5.6 seja identicamente nula, $0 = 0$, isto é, sem utilidade, irá se escolher outro ponto b. O equilíbrio será satisfeito desde que $F_R = 0$ e $C_R = 0$.

Por meio das Equações vetoriais 5.2, podem-se escrever as equações escalares de equilíbrio em termos das componentes de força e momento. Como as componentes do momento de uma força em relação a um ponto são os momentos da força em relação aos eixos ortogonais, as equações escalares de equilíbrio podem ser escritas na seguinte maneira:

$$\sum_i (F_x)_i = 0 \quad \text{(a)} \qquad \sum_i (M_x)_i = 0 \quad \text{(d)}$$

$$\sum_i (F_y)_i = 0 \quad \text{(b)} \qquad \sum_i (M_y)_i = 0 \quad \text{(e)} \qquad (5.7)$$

$$\sum_i (F_z)_i = 0 \quad \text{(c)} \qquad \sum_i (M_z)_i = 0 \quad \text{(f)}$$

Com essas equações, vê-se claramente que *há no máximo 6 grandezas escalares desconhecidas para um corpo livre, as quais podem ser determinadas pelas equações da estática*[3].

Pode-se facilmente expressar *qualquer número* de equações escalares de equilíbrio para um corpo livre selecionando-se sistemas de referências que possuam diferentes direções para os seus eixos, ao longo dos quais as forças podem ser somadas e em relação aos quais os momentos podem ser calculados. Entretanto, ao escolherem-se 6 equações de equilíbrio *independentes*, todas as outras equações obtidas serão dependentes dessas 6. Isto é, essas equações adicionais serão as somas (ou diferenças etc.) do conjunto de equações independentes e não serão úteis na determinação das grandezas desejadas, a não ser para verificação de cálculos.

5.6 Problemas de equilíbrio I

Nesta seção são examinados problemas de equilíbrio nos quais a hipótese de corpo rígido é válida. Para resolver tais problemas, os valores incógnitos de certas forças e de momentos devem ser determinados. Primeiro, desenha-se o diagrama de corpo livre do sistema ou de partes do sistema para *mostrar* claramente as incógnitas pertinentes na análise. Então as equações de equilíbrio são escritas em termos tanto dessas incógnitas quanto das forças conhecidas e da geometria. Como visto nas seções anteriores, para um corpo livre qualquer existe um número limitado de equações de equilíbrio escalares independentes. Assim, em muitas ocasiões devem-se desenhar diversos diagramas de corpo livre para as partes do sistema a fim de produzir equações independentes em número suficiente para a determinação de todas as incógnitas desejadas.

Para um corpo livre qualquer, pode-se efetuar a análise das condições de equilíbrio expressando-se as duas equações vetoriais básicas da estática. Após a realização de operações vetoriais básicas, tais como produtos vetoriais e adições, obtêm-se as equações de equilíbrio escalares a partir das equações vetoriais. Essas equações escalares são, então, resolvidas simultaneamente (em conjunto com as equações escalares de outros diagramas de corpo livre quando necessário) para o cálculo das forças e dos momentos desconhecidos.

Como alternativa, podem-se escrever as equações escalares diretamente por meio das relações de equilíbrio escalares, que foram formuladas nas seções anteriores. No primeiro caso, inicia-se a análise com equações

---

[3] Os momentos podem também ser obtidos em relação a 2 conjuntos de eixos, da mesma maneira em que os momentos podem ser calculados em relação a 2 pontos nas equações vetoriais de equilíbrio. Os 2 conjuntos de eixos, assim como os 2 pontos, devem ser escolhidos apropriadamente de modo que sejam obtidas equações escalares *independentes*. Se o segundo ponto e os eixos associados não gerarem 3 equações adicionais de equilíbrio independentes, deverá ser selecionado um outro ponto até a obtenção de 6 equações de equilíbrio independentes.

vetoriais mais compactas e chega-se às equações escalares expandidas por meio das técnicas da álgebra vetorial. No segundo caso, as equações escalares expandidas são obtidas por meio de operações aritméticas sobre o diagrama de corpo livre. Qual dos 2 procedimentos é preferível? Isso dependerá do problema e das habilidades em manipulação vetorial do pesquisador. Na verdade, muitos problemas da estática podem ser facilmente resolvidos pela abordagem escalar, entretanto, os problemas mais complexos da estática e da dinâmica favorecem a aplicação de uma abordagem vetorial. Neste texto, será empregado o procedimento mais conveniente para cada problema.

Nos problemas da estática, deve ser assinalado o sentido de cada componente de uma força ou de um momento desconhecido para se escreverem as equações de equilíbrio. Se, ao determinar-se a solução das equações, *for obtido um sinal negativo para uma componente, então o sentido escolhido para essa componente estará invertido*. Se isso ocorrer, a solução não precisará ser refeita. Pode-se dar seqüência à solução do problema, mantendo-se o sinal negativo (ou sinais negativos). No final do problema, o sentido correto das componentes de força e de momento será estabelecido.

Alguns problemas de equilíbrio são resolvidos e analisados a seguir. Esses problemas podem ser divididos em 4 classes de sistemas de forças:

1. Concorrentes
2. Coplanares
3. Paralelas
4. Geral

O tipo de resultante *mais simples* para um sistema especial de forças é bastante útil na determinação do número de equações escalares disponíveis para um dado problema. O procedimento baseia-se em classificar o sistema de forças, observar qual é o sistema de forças mais simples associado com aquela classe de sistema e, então, analisar o número de equações escalares necessárias e suficientes para garantir que a resultante seja 0. Os casos seguintes são ilustrações desse procedimento.

Caso A. Sistema de Forças Concorrentes. Neste caso, como a resultante mais simples é uma única força atuando no ponto de concorrência, o único requisito para o equilíbrio é que essa força resultante seja 0. Essa condição é satisfeita se as componentes ortogonais dessa força forem iguais a 0. Assim, obtêm-se 3 equações de equilíbrio da forma:

$$\sum_i (F_x)_i = 0, \quad \sum_i (F_y)_i = 0, \quad \sum_i (F_z)_i = 0 \qquad (5.8)$$

Como discutido na formulação das equações vetoriais de equilíbrio, existem outras maneiras de garantir uma resultante igual a 0. Por exemplo, supor que os momentos do sistema de forças concorrentes sejam nulos em relação a 3 eixos não-paralelos: α, β e γ. Isto é:

$$\sum_i (M_\alpha)_i = 0, \quad \sum_i (M_\beta)_i = 0, \quad \sum_i (M_\gamma)_i = 0 \qquad (5.9)$$

Uma das 3 seguintes condições deve ser verdadeira:

1. A força resultante F_R é 0.
2. F_R corta todos os 3 eixos (veja a Figura 5.19).
3. F_R corta 2 eixos e é paralela ao terceiro (veja a Figura 5.20).

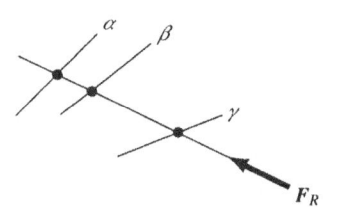

Figura 5.19: F_R intercepta os 3 eixos.

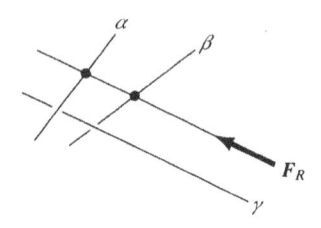

Figura 5.20: F_R intercepta 2 eixos e é paralela ao terceiro.

A condição 1 pode ser satisfeita e, assim, o equilíbrio, se os eixos α, β e γ forem selecionados de modo que nenhuma linha reta possa interceptar todos os 3 eixos ou possa cortar 2 eixos e ser paralela ao terceiro. Então, podem-se usar as Equações 5.9 como as equações de equilíbrio sob as condições citadas anteriormente em vez de empregar-se a Equação 5.8. O que acontecerá se um eixo escolhido violar essas condições? A equação resultante será uma *identidade* do tipo 0 = 0 ou será dependente da equação de equilíbrio independente para um dos eixos. Nenhum prejuízo à solução é causado por isso. Outros eixos devem ser utilizados até que 3 equações independentes sejam encontradas.

De maneira similar, podem-se somar as forças em uma direção e calcular os momentos em relação a dois eixos. Igualando-se essas forças e momentos a 0 pode-se chegar a 3 equações de equilíbrio independentes. Caso contrário, selecionam-se outros eixos.

Em essência, pode-se concluir que *existem 3 equações escalares de equilíbrio independentes para um sistema de forças concorrentes*. Para tais sistemas, é muito provável que sempre seja efetuado o somatório das forças em vez do cálculo de momentos. Todavia, para outros sistemas de forças a serem analisados, há outras maneiras eficientes de obter equações de equilíbrio. É importante lembrar que, como no caso dos sistemas de forças concorrentes, somente um número definido de equações, para um dado corpo livre, é independente. A obtenção de equações adicionais, além do número de equações independentes, apenas levará a identidades e equações que não terão utilidade na determinação das incógnitas desejadas.

Exemplo 5.4

Quais são as tensões nos cabos AC e AB, mostrados na Figura 5.21? Considerando que o sistema está em equilíbrio, utilize os seguintes dados:

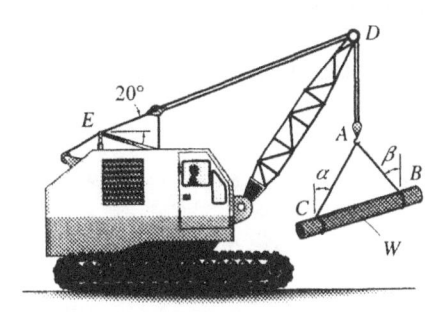

$W = 1.000$ N $\quad\quad \beta = 50°$ $\quad\quad \alpha = 37°$

Figura 5.21: Guindaste suportando uma viga.

Ao observar a figura, fica claro que:

$$T_{AD} = 1.000 \text{ N (tração)}$$

O pino A é um corpo livre adequado, já que mostra as grandezas desejadas; ele pode ser considerado uma partícula nos cálculos por causa de sua pequena dimensão em comparação às outras dimensões do sistema (Figura 5.22). A intuição física indica que os cabos estão em tração, como mostrado na figura, embora, como citado anteriormente, *não* seja necessário estabelecer no início dos cálculos o sentido correto de uma força desconhecida. O sistema de forças que atua sobre a partícula deve ser um sistema concorrente. Esse sistema também é coplanar; portanto, apenas 2 forças incógnitas devem ser determinadas. Assim, podem-se escrever as equações escalares de equilíbrio da seguinte maneira:

$\sum F_y = 0 \quad\quad 1.000 - T_{AC} \cos 37° - T_{AB} \cos 50° = 0$
$\quad\quad\quad\quad\quad \therefore 0{,}7986 T_{AC} + 0{,}6428 T_{AB} = 1.000 \quad\quad$ (a)

$\sum F_x = 0 \quad\quad -T_{AC} \operatorname{sen} \alpha - T_{AB} \operatorname{sen} \beta = 0$
$\quad\quad\quad\quad\quad \therefore T_{AC} = 1{,}2729 T_{AB} \quad\quad$ (b)

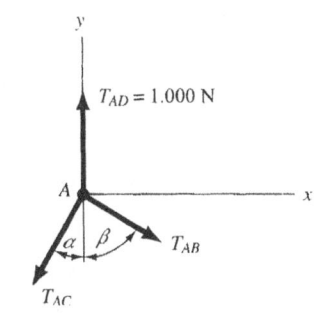

Figura 5.22: Diagrama de corpo livre do pino A.

Os valores de T_{AC} e T_{AB} são obtidos a partir das Equações a e b.

$T_{AB} = 602{,}6$ N $\quad\quad\quad T_{AC} = 767{,}1$ N

Como os sinais de T_{AC} e T_{AB} são positivos, os sentidos escolhidos para essas forças estão corretos no diagrama de corpo livre.

Exemplo 5.4 (*continuação*)

Uma outra maneira de chegar à solução é analisar o *polígono de forças* que foi estudado na Seção 2.3. Como as forças estão em equilíbrio, o polígono deve ser fechado; isto é, o final da seta associada a uma força deve coincidir com a extremidade inicial da outra força. Nesse caso, tem-se um triângulo de forças, como mostrado na Figura 5.23, que é construído aproximadamente em escala. A lei dos senos pode ser empregada para escrever as seguintes relações:

$$\frac{T_{AB}}{\operatorname{sen} 37°} = \frac{1.000}{\operatorname{sen} 93°} \qquad T_{AB} = 602,6 \text{ N}$$

$$\frac{T_{AC}}{\operatorname{sen} 50°} = \frac{1.000}{\operatorname{sen} 93°} \qquad T_{AC} = 767,1 \text{ N}$$

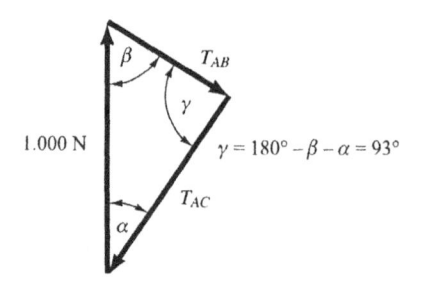

Figura 5.23: Polígono de forças.

O emprego do polígono de forças pode ser vantajoso na solução de problemas de forças coplanares concorrentes em equilíbrio.

Uma última maneira de resolver o problema é por meio das equações *vetoriais* básicas da estática para o cálculo das forças desconhecidas. Primeiro, todas as forças devem ser expressas em notação vetorial:

$$\boldsymbol{T}_{AC} = T_{AC}(-\operatorname{sen} 37°\boldsymbol{i} - \cos 37°\boldsymbol{j})$$
$$\boldsymbol{T}_{AB} = T_{AB}(\operatorname{sen} 50°\boldsymbol{i} - \cos 50°\boldsymbol{j})$$

A seguinte equação é obtida quando a soma vetorial das forças é igualada a 0:

$$T_{AC}(-0,6018\boldsymbol{i} - 0,7986\boldsymbol{j}) + T_{AB}(0,7660\boldsymbol{i} - 0,6428\boldsymbol{j}) + 1.000\boldsymbol{j} = \boldsymbol{0}$$

Ao escolher-se o ponto A, que é o ponto de concorrência das forças, observa-se de maneira clara que a soma dos momentos das forças em relação a esse ponto é 0, de modo que a segunda equação básica de equilíbrio esteja intrinsecamente satisfeita. Os termos dessas equações vetoriais podem ser agrupados da seguinte maneira:

$$(-0,6018T_{AC} + 0,7660T_{AB})\boldsymbol{i} + (-0,7986T_{AC} - 0,6428T_{AB} + 1.000)\boldsymbol{j} = \boldsymbol{0}$$

Para que essa equação seja satisfeita, cada uma das operações no interior dos parênteses deve ser 0. Isso fornece as equações escalares *a* e *b*, mostradas anteriormente, a partir das quais as grandezas escalares T_{AB} e T_{AC} podem ser determinadas.

Os 3 métodos de resolução apresentados são aparentemente de igual utilidade nesse problema simples. Entretanto, o polígono de forças é de uso prático apenas para 3 forças coplanares concorrentes, em que as relações trigonométricas para um triângulo podem ser utilizadas diretamente. Os outros métodos podem ser estendidos para problemas mais complexos de sistemas de forças concorrentes.

Exemplo 5.5

Determine as forças nos cabos *DB* e *CB*, ilustrados na Figura 5.24. A força de 500 N é paralela ao eixo *y*. Considere *B* uma junta esférica localizada no plano *xz* e a barra *AB*, um membro sob compressão com uma junta esférica em *A*.

A Figura 5.25 mostra as forças que atuam sobre a junta *B*. O sistema de forças é um sistema tridimensional de forças concorrentes com 3 incógnitas. A determinação das forças desconhecidas pode ser rapidamente efetuada igualando-se o somatório das forças a 0. Entretanto, como são desejadas as forças em 2 cabos, deve-se também obter a equação de equilíbrio de momentos das forças em relação ao ponto *A* da barra *AB*, em que a força no membro *AB* não está incluída.

A força em *BC* é representada por T_C e a força em *BD* é representada por T_D. As expressões dessas forças podem ser escritas da seguinte maneira:

$$T_C = T_C\left(\frac{-15i + 9j + 5k}{\sqrt{15^2 + 9^2 + 5^2}}\right) = T_C(-0{,}824i + 0{,}495j + 0{,}275k)\ \text{N}$$

$$T_D = T_D\left(\frac{-15i + 5j + 13k}{\sqrt{15^2 + 5^2 + 13^2}}\right) = T_D(-0{,}733i + 0{,}244j + 0{,}635k)\ \text{N}$$

O vetor posição, que deve ser usado para o cálculo do momento em relação ao ponto *A*, é r_{AB}, dado por:

$$r_{AB} = (15i + 5j - 5k)\ \text{m}$$

Agora, faz-se o momento em relação ao ponto *A* igual a 0:

$$\sum M_A = 0$$

$$(15i + 5j - 5k) \times [T_C(-0{,}824i + 0{,}495j + 0{,}275k) + T_D(-0{,}733i + 0{,}244j + 0{,}635k) - 500j] = 0$$

Os cálculos podem ser simplificados observando-se que o cabo *BD* tem uma direção inclinada em relação ao plano *ACB*, no qual as outras 3 forças estão contidas. Isso significa apenas que a força T_D deve ter um valor 0. Assim, ao desprezar essa força na equação anterior e efetuar os produtos vetoriais, a obtenção da força restante diferente de 0 torna-se simples. Portanto, tem-se:

$$T_C = 649\ \text{N} \qquad T_D = 0\ \text{N}$$

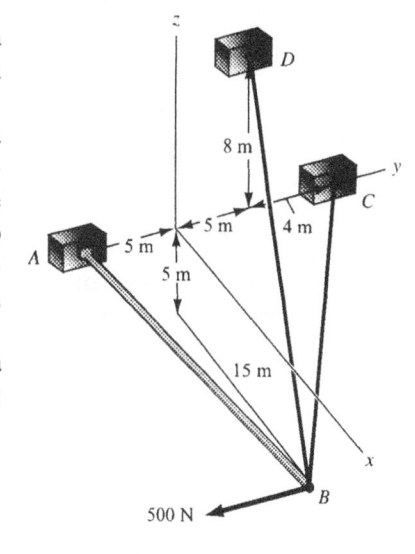

Figura 5.24: Barra *AB* e cabos *CB* e *DB* suportam uma força de 500 N.

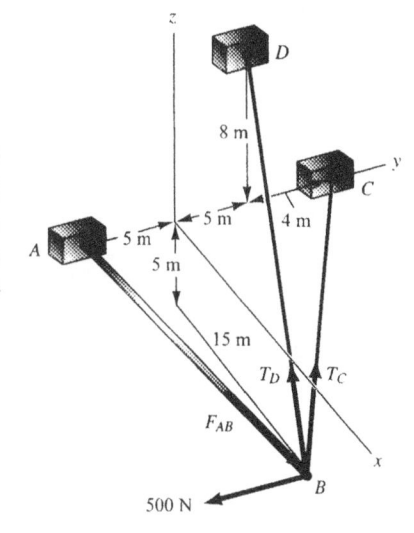

Figura 5.25: Diagrama de corpo livre da junta *B*.

Exemplo 5.5 (*continuação*)

Finalmente, pode-se proceder com os somatórios das forças nas direções dos eixos coordenados. As equações escalares resultantes para as 3 forças desconhecidas são:

$$-0{,}824T_C - 0{,}733T_D + 0{,}905T_A = 0$$
$$0{,}495T_C + 0{,}244T_D + 0{,}302T_A = 500$$
$$0{,}275T_C + 0{,}635T_D - 0{,}302T_A = 0$$

Esse sistema de equações pode ser resolvido por meio da *regra de Cramer*. Assim, primeiro calcula-se o determinante dos coeficientes das grandezas desconhecidas. Desse modo:

$$\begin{bmatrix} -0{,}824 & -0{,}733 & 0{,}905 \\ 0{,}495 & 0{,}244 & 0{,}302 \\ 0{,}275 & 0{,}635 & -0{,}302 \end{bmatrix} = 0{,}272$$

Para determinar o valor de T_C, efetua-se a seguinte operação:

$$T_C = \frac{\begin{bmatrix} 0 & -0{,}733 & 0{,}905 \\ 500 & 0{,}244 & 0{,}302 \\ 0 & 0{,}635 & 0{,}302 \end{bmatrix}}{0{,}272} = 649 \text{ N}$$

Note-se que a primeira coluna do determinante consiste no vetor relativo ao termo do lado direito do sistema de equações, que é substituído na coluna dos coeficientes associados com a grandeza a ser determinada. As outras duas grandezas desconhecidas podem ser determinadas de maneira similar. Então, a força compressiva que atua no membro *AB* é igual a 591 N.

Caso B. Sistema de Forças Coplanares. A resultante mais simples para um sistema de forças coplanares (veja a Figura 4.14) é uma força ou um momento normal ao plano dessas forças. Assim sendo, para se garantir que a força resultante seja 0, requer-se que todas as forças de um sistema coplanar estejam no plano *xy*:

$$\sum_i (F_x)_i = 0, \qquad \sum_i (F_y)_i = 0 \qquad (5.10)$$

Para assegurar que o momento resultante seja 0, requer-se que os momentos em relação a qualquer eixo paralelo ao eixo *z* respeitem a seguinte expressão:

$$\sum_i (M_z)_i = 0 \qquad (5.11)$$

Pode-se concluir que existem 3 equações de equilíbrio escalares para um sistema de forças coplanares. Outras combinações, tais como 2 equações de momento em relação a 2 eixos paralelos a *z* e 1 equação do somatório de forças, se propriamente escolhidas, podem ser utilizadas para fornecer as 3 equações de equilíbrio escalares independentes, como discutido no caso A.

Exemplo 5.6

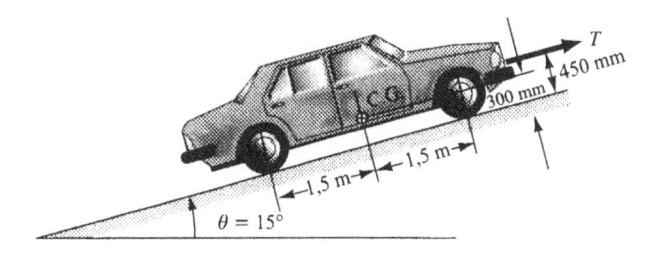

Figura 5.26: Um carro sendo rebocado a uma velocidade constante em um aclive.

A Figura 5.26 mostra um carro sendo rebocado a uma velocidade estacionária em um aclive de inclinação de 15°. O carro pesa 16 kN. A localização do centro de gravidade (C.G.) é mostrada na figura. Determine a força de reação em cada roda e a força T.

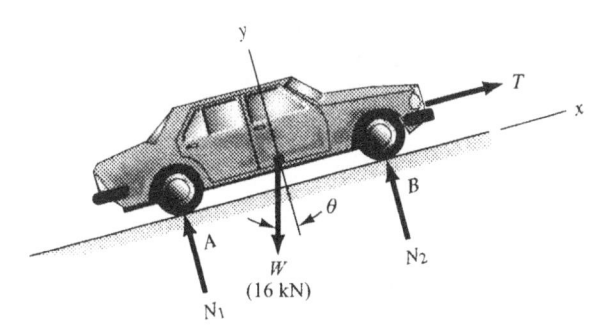

Figura 5.27: Diagrama de corpo livre do carro.

A Figura 5.27 mostra o diagrama de corpo livre para o carro. As forças N_1 e N_2 são as forças totais, respectivamente, para as rodas traseiras e dianteiras. Como as rodas giram a uma velocidade constante, observe que não há forças de atrito presentes no sistema. O corpo livre obtido mostra um sistema de forças *coplanares* que envolve 3 incógnitas, as quais podem ser calculadas por meio da estática de corpos rígidos. Ao empregar-se como referência os eixos tangente e normal ao aclive, tem-se:

Exemplo 5.6 (*continuação*)

$\sum F_x = 0 \qquad T - W \operatorname{sen} \theta = 0$

$\therefore T = (16)(\operatorname{sen} 15°) = 4,14 \text{ kN}$

$$T = 4,14 \text{ N}$$

$\sum F_y = 0 \qquad N_1 + N_2 - W \cos \theta = 0$

$\therefore N_1 + N_2 = (16)(\cos 15°) = 15,45 \text{ kN}$ \hfill (1)

$\sum M_A = 0 \qquad (N_2)(3) + (W \operatorname{sen} \theta)(0,3) - (W \cos \theta)(1,5) - (T)(0,45) = 0$

$\therefore N_2 = \dfrac{1}{3} [-(16)(\operatorname{sen} 15°)(0,3) + (16)(\cos 15°)(1,5)$

$+ (4,14)(0,45)] = 7,93 \text{ kN}$

Por meio da Equação 1, obtém-se o valor de N_1. Assim,

$N_1 = 15,45 - N_2 = 15,45 - 7,93 = 7,52 \text{ kN}$

Evidentemente cada roda traseira estará sujeita a uma força normal de $N_1/2 = 3,76$ kN, e cada roda dianteira, a uma força normal de $N_2/2 = 3,97$ kN.

$\therefore$ Roda traseira suporta uma força = 3,76 kN
Roda dianteira suporta uma força = 3,97 kN

Pode-se, agora, efetuar a verificação dessa solução utilizando-se uma equação de equilíbrio redundante. Assim,

$\sum M_B \stackrel{?}{=} 0$

$-(N_1)(3) + (W \operatorname{sen} \theta)(0,3) + (W \cos \theta)(1,5) - (T)(0,45) = 0$

$\therefore -(7,52)(3) + (16)(\operatorname{sen} 15°)(0,3)$

$+(16)(\cos 15°)(1,5) - (4,14)(0,45) = 0$

Há um erro de arredondamento nessa verificação, que é aceitável pela precisão empregada nos cálculos efetuados no problema.

Exemplo 5.7

A Figura 5.28 mostra uma estrutura reticulada (formada por barras), na qual a polia em D tem uma massa de 200 kg e opera sem atrito. Desprezando os pesos das barras, encontre a força transmitida de uma barra à outra na junta C.

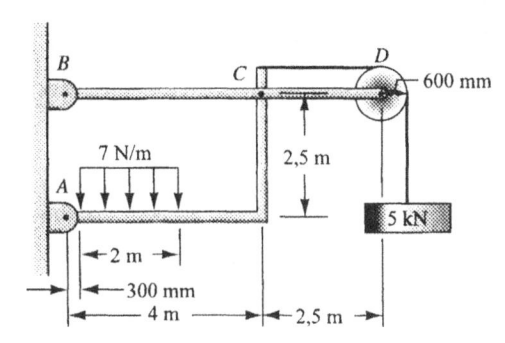

Figura 5.28: Estrutura reticulada sob carregamento.

Para que sejam mostradas as componentes de força C_x e C_y, desenha-se o corpo livre da barra BD. Isso é mostrado no diagrama de corpo livre D.C.L. I da Figura 5.29. É evidente que, por meio desse digrama, há 6 incógnitas no problema e apenas 3 equações de equilíbrio independentes[4]. O diagrama de corpo livre da barra contorcida AC é então desenhado como D.C.L. II na Figura 5.29. Aqui, há 3 equações adicionais, contudo são introduzidas mais 3 incógnitas no problema.

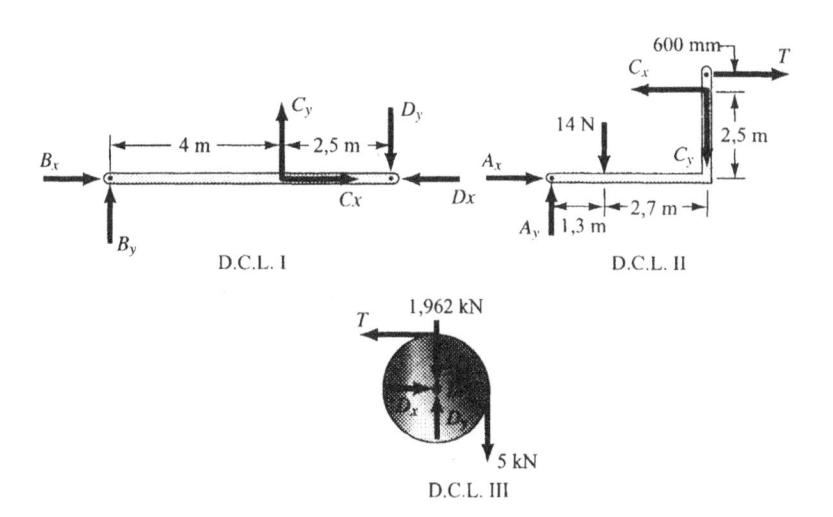

Figura 5.29: Diagramas de corpo livre de partes da estrutura.

---

[4] Deve-se notar que há situações em que existam mais incógnitas do que equações de equilíbrio independentes para um dado corpo, mas em que algumas dessas incógnitas — talvez as desejadas — possam ser determinadas pelas equações disponíveis. Entretanto, nem todas as incógnitas do corpo livre podem ser determinadas. Assim, recomenda-se cuidado com essas situações para que o trabalho despendido no problema seja minimizado. Nesse caso, devem ser analisados outros diagramas de corpo livre.

Exemplo 5.7 (*continuação*)

Por fim, desenha-se o diagrama de corpo livre da polia, que está representado por D.C.L. III na Figura 5.29, o qual fornece mais 3 equações, sem incógnitas adicionais. Então, a partir dos 3 diagramas de corpo livre, há 9 equações e 9 incógnitas e pode-se proceder à solução do problema. Como apenas 2 das incógnitas são desejadas, devem-se usar as equações escalares apropriadas de cada um dos diagramas de corpo livre para se chegar rapidamente aos valores das componentes C_x e C_y.

Por meio do D.C.L. III:

$\sum M_D = 0$:

$$(T)(0,6) - (5)(0,6) = 0$$

portanto,

$$T = 5 \text{ kN}$$

$\sum F_x = 0$:

$$-T + D_x = 0$$

portanto,

$$D_x = 5 \text{ kN}$$

$\sum F_y = 0$:

$$-1,962 - 5 + D_y = 0$$

portanto,

$$D_y = 6,962 \text{ kN}$$

Por meio do D.C.L. I:

$\sum M_B = 0$:

$$(4)(C_y) - (6,5)(D_y) = 0$$

portanto,

$$C_y = 11,313 \text{ kN}$$

Por meio do D.C.L. II:

$\sum M_A = 0$:

$$-(1,3)(0,014) - (T)(3,1) - C_y(4) + C_x(2,5) = 0$$

portanto,

$$C_x = 24,308 \text{ kN}$$

A força em C (transmitida da barra AC à barra BD) é, então, dada como:

$$\mathbf{C} = 24,308\mathbf{i} + 11,313\mathbf{j} \text{ kN}$$

Problemas

5.17 Em um cabo-de-guerra, quando o time B puxa a corda com uma força de 1,8 kN, qual deverá ser a força exercida pelo time C para o balanço de forças? Com que força o time A puxará a corda?

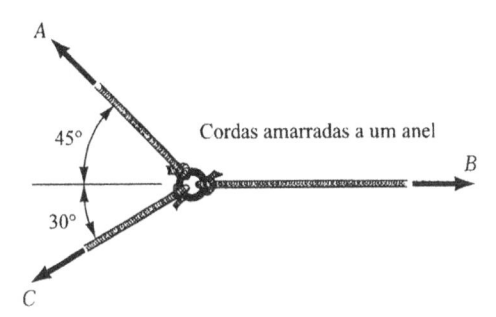

Figura P.5.17

5.18 Determine a força de tração nos cabos AB e CB. Os outros cabos passam pelas polias E e F, onde o atrito pode ser desprezado.

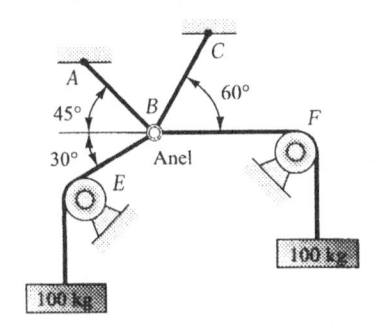

Figura P.5.18

5.19 Determine a força transmitida pelo cabo BC. O atrito na polia E pode ser desprezado neste problema.

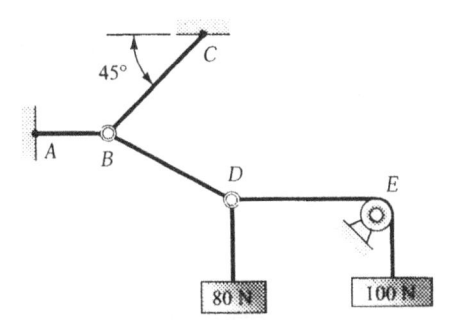

Figura P.5.19

5.20 Encontre as tensões nos 3 cabos conectados a B. Considere que o sistema de cabos é coplanar e o rolete em E pode girar sem oferecer qualquer resistência.

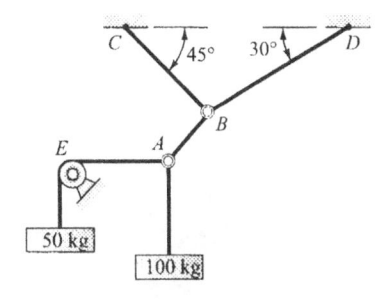

Figura P.5.20

5.21 Um artista de circo que pesa 700 N causa uma deflexão de 150 mm no meio de uma corda de 12 m de comprimento e sujeita a uma tensão inicial de 5 kN. Qual a tensão adicional introduzida no cabo pelo peso do artista? Qual é a tensão no cabo quando o artista está a 3 m da extremidade esquerda da corda, causando uma deflexão de 120 mm?

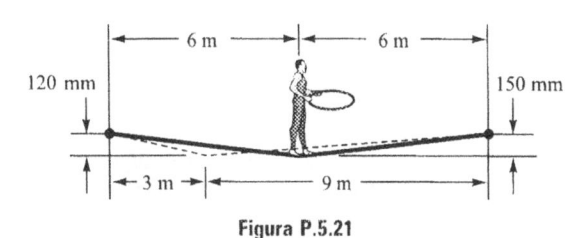

Figura P.5.21

5.22 Um espelho de 12 kg é suportado por um cabo preso a 2 ganchos em sua moldura. (a) Qual é a força sobre o gancho da parede e a tensão no cabo? (b) Considerando que o cabo se rompa sob uma tensão de 142 N, deverá haver mudança na posição de fixação do gancho (ou seja, o cabo alongará ou encurtará, e a distância de 100 mm será modificada)? Em caso afirmativo, para que ponto a fixação será movida?

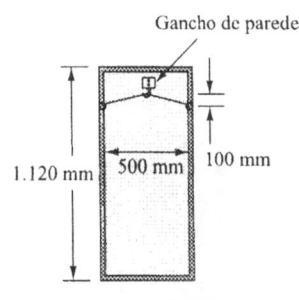

Figura P.5.22

5.23 Explique por que o equilíbrio de um sistema de forças concorrentes é garantido satisfazendo-se $\sum_i (F_y)_i = 0$, $\sum_i (M_d)_i = 0$ e $\sum_i (M_e)_i = 0$. Os eixos d e e não são paralelos ao plano xz. Além disso, os eixos estão orientados de modo que a linha de ação da força resultante não possa interceptar ambos os eixos.

5.24 Os cilindros A e B pesam 500 N cada um e o cilindro C pesa 1.000 N. Calcule todas as forças de contato.

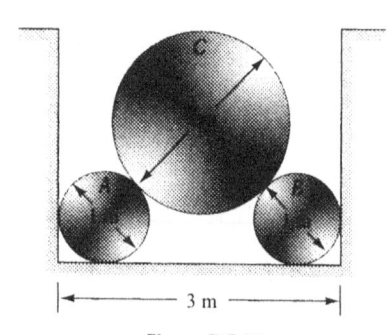

Figura P.5.24

5.25 Um bloco de massa de 500 kg é suportado por 5 cabos. Quais são as tensões nesses cabos? Os cabos conectados ao bloco são idênticos e estão ligados às quinas do bloco.

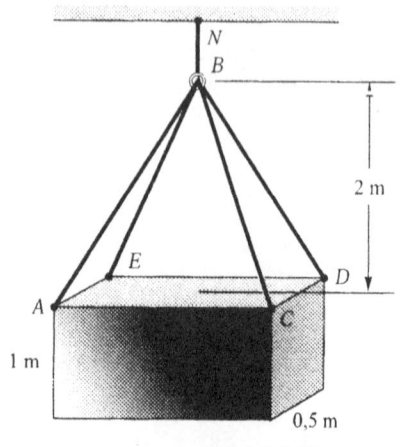

Figura P.5.25

5.26 A engrenagem D pesa 300 N e os membros AB e BC são extremamente leves. Qual o torque T necessário para o equilíbrio do sistema?

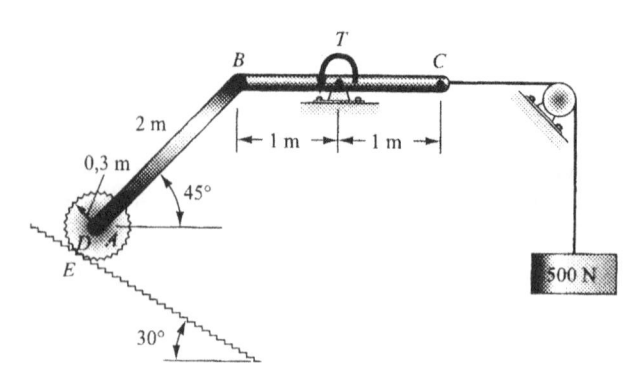

Figura P.5.26

5.27 Determine as forças de reação no suporte em A.

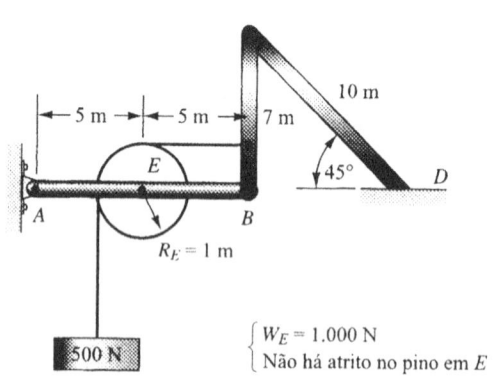

$\begin{cases} W_E = 1.000 \text{ N} \\ \text{Não há atrito no pino em } E \end{cases}$

Figura P.5.27

5.28 Determine as forças de reação nos suportes em A e B. Em D, há um cilindro com peso de 300 N.

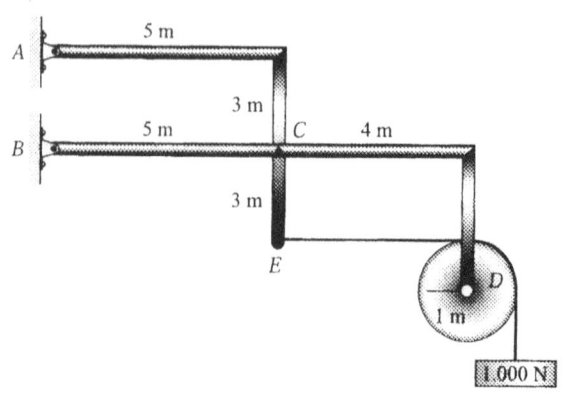

Figura P.5.28

5.29 Determine os sistemas de forças de reação no suporte para as vigas mostradas na Figura P.5.29. Note que há um *pino* em C. O peso das barras pode ser desprezado.

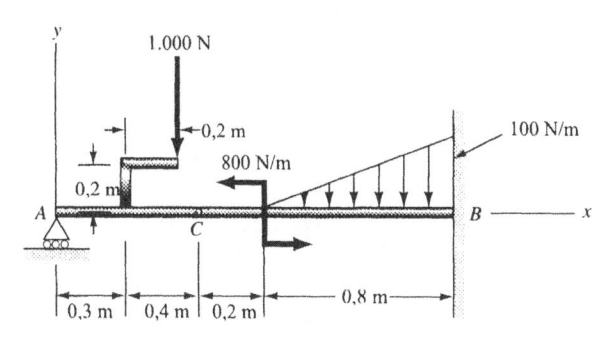

Figura P.5.29

5.30 Determine os sistemas de forças de reação no suporte em A e B. O comprimento de CB é de 8 m.

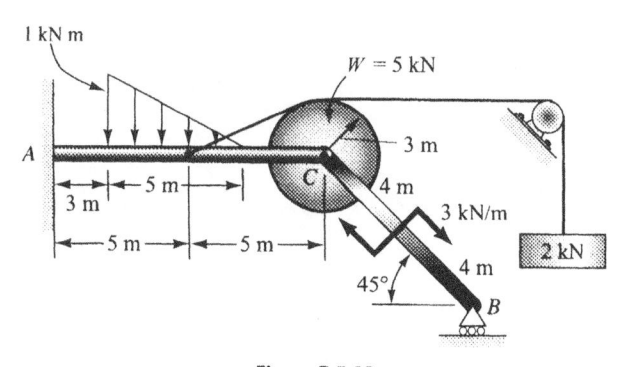

Figura P.5.30

5.31 Quais são as forças de reação nos suportes em A e D para a estrutura mostrada na Figura P.5.31? Quais são as forças nos membros AB, BE e BC?

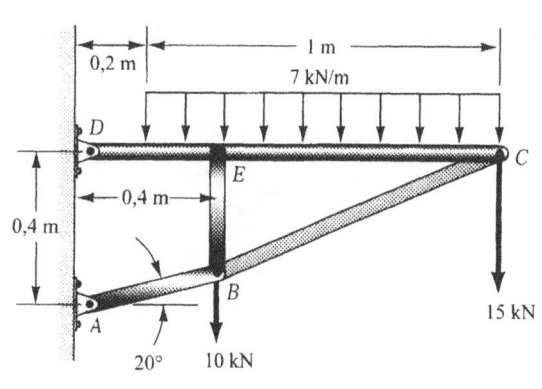

Figura P.5.31

5.32 Quais são as forças de reação nos suportes da estrutura de barras? Despreze todos os pesos, exceto o de 10 kN e desconsidere o atrito.

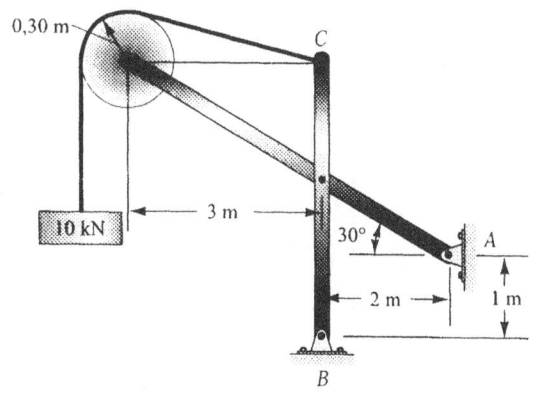

Figura P.5.32

5.33 Determine as forças de reação nos suportes em E e F. As polias A e B não oferecem resistência a qualquer movimento de rotação.

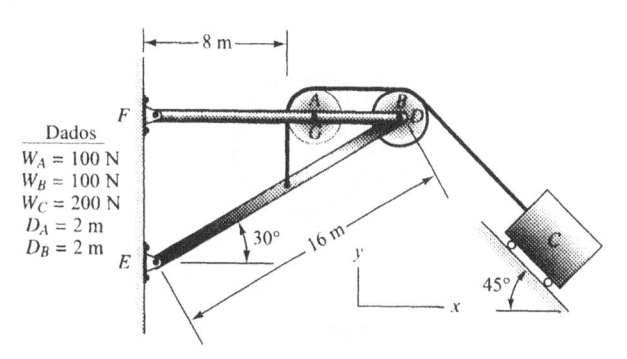

Dados
$W_A = 100$ N
$W_B = 100$ N
$W_C = 200$ N
$D_A = 2$ m
$D_B = 2$ m

Figura P.5.33

5.34 Quais são as tensões nos cabos AB, BC e BD? Os pontos A e B estão no plano yz.

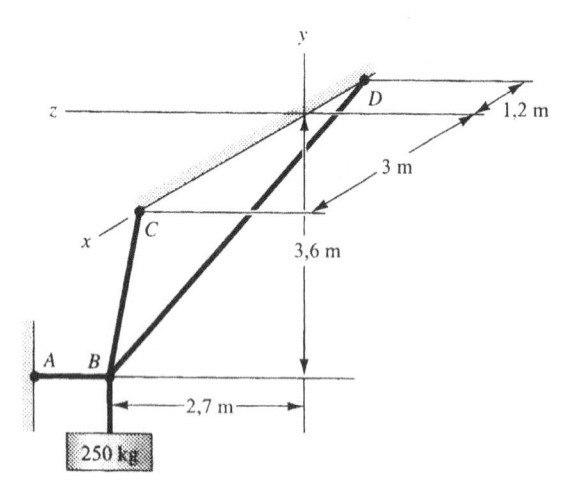

Figura P.5.34

5.35 Uma corda elástica AB encontra-se esticada antes da aplicação da força de 1.000 N. Considerando um alongamento na corda de 5 N/mm, qual é a tensão T na corda após a aplicação da força de 1.000 N? Monte a equação para T sem resolvê-la.

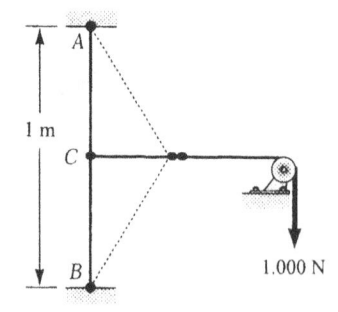

Figura P.5.35

5.36 Um aro, com raio de 1 m e peso de 500 N, repousa sobre um plano inclinado. Qual a força de atrito f em A para manter o aro em repouso? Qual é a tensão no cabo CB?

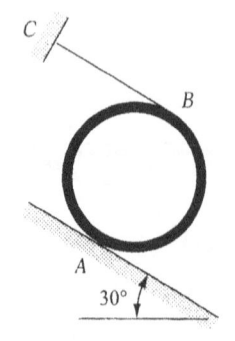

Figura P.5.36

5.37 Um cilindro com ressalto é puxado para baixo em um declive por uma força F, a qual é progressivamente aumentada de 0 a 20 N, mantendo-se constante a inclinação de 30°, como mostrado na Figura P.5.37. Considerando que o cilindro esteja em equilíbrio quando $F = 0$, qual a distância percorrida pelo ponto O até que uma outra condição de equilíbrio com $F = 20$ N seja atingida? Considere que: o cilindro com ressalto tem uma massa de 10 kg; não há deslizamento na base; a força da mola é K vezes o seu alongamento; para esta mola, $K = 5$ N/mm; e F permanece paralela à posição mostrada.

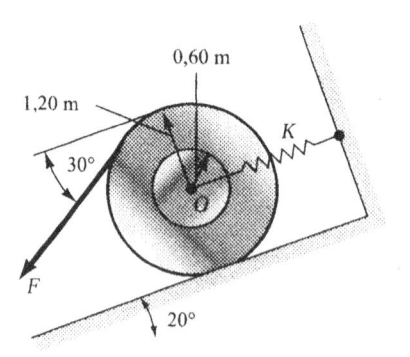

Figura P.5.37

5.38 Um anel de 10 kg é suportado por uma superfície lisa E e por um cabo AB. Um corpo D de massa de 3 kg é fixado ao anel de acordo com a orientação mostrada na Figura P.5.38. Qual é a tensão no cabo AB? Qual é a orientação α? O ponto A está em uma linha vertical que passa pelo ponto O.

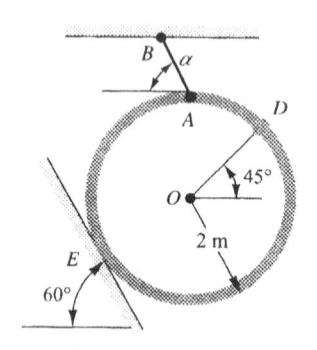

Figura P.5.38

5.39 Determine as forças de reação nos suportes da viga EF e nos pontos A, B, C e D.

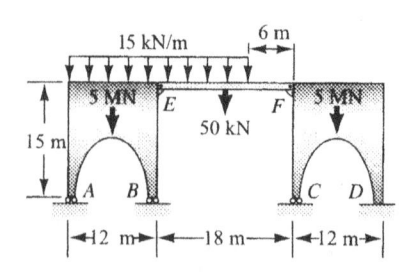

Figura P.5.39

5.40 Qual é o sistema de forças de suporte em A para a viga em balanço? Despreze o peso da viga.

Figura P.5.40

5.43 Determine o sistema de forças de suporte em A.

Figura P.5.43

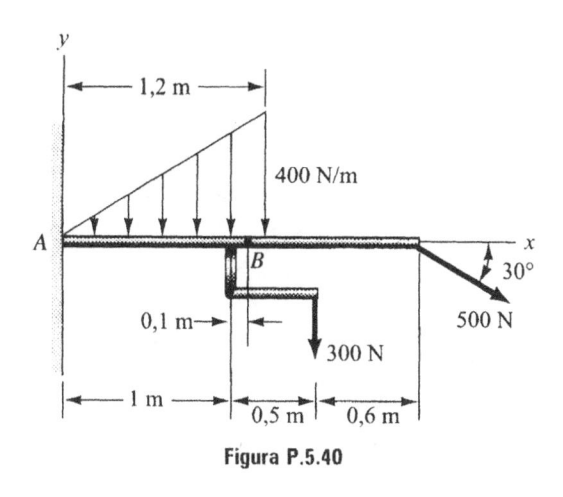

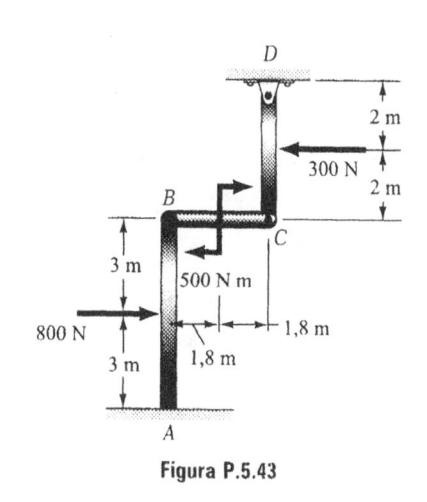

5.41 No Problema 5.40, determine o sistema de forças transmitidas pela seção transversal B da viga.

5.42 Uma viga em balanço AB é articulada no ponto B em relação a uma viga BC simplesmente apoiada. Para o carregamento dado, determine o sistema de forças de suporte em A. Determine as componentes de força normais e tangenciais à seção transversal da viga AB. Despreze o peso das vigas.

5.44 Uma barra AD levemente distorcida é vinculada por meio de articulação a uma barra reta CB em C. A barra distorcida suporta um carregamento uniforme. A mola tem uma constante de 10 kN/m e possui comprimento (sem carga) de 0,8 m. Determine as forças de reação nos suportes em A e B. A força na mola é 10^4 vezes o seu alongamento em metros.

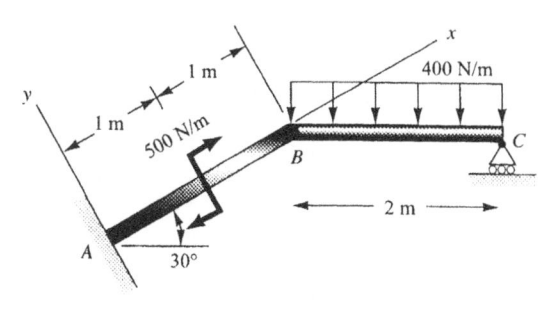

Figura P.5.42

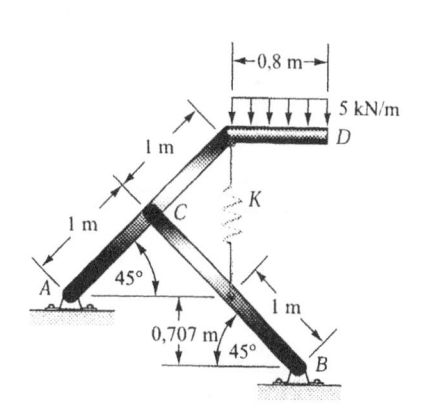

Figura P.5.44

5.45 Duas barras leves, AD e BC, encontram-se articuladas uma à outra em C e suportam cargas de 300 N e 100 N. Quais são as forças de reação nos suportes em A e B?

5.47 Calcule as forças de reação nos suportes em A e C. AB pesa 450 N e BC pesa 650 N.

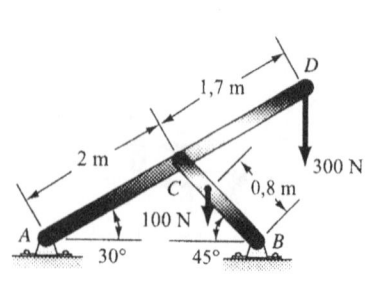

Figura P.5.45

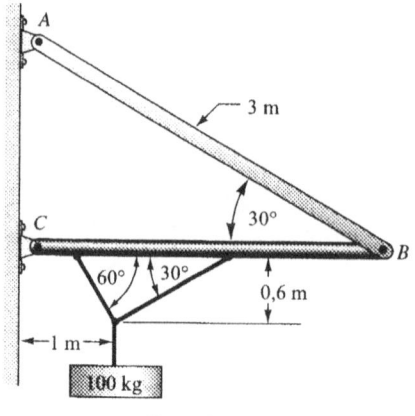

Figura P.5.47

5.46 Uma barra leve CD é mantida em uma posição horizontal por uma corda elástica AB, que atua como uma mola, a qual se deforma com uma relação de 1 kN por metro de alongamento. A parte superior da corda está conectada a uma pequena roda, que é livre para girar sobre uma superfície horizontal. Qual é o ângulo α necessário para suportar uma carga de 200 N, como ilustrado na Figura P.5.46?

5.48 Qual o torque T necessário para manter a configuração, mostrada na Figura P.5.48, para o compressor considerando que p_1 = 35 kPa? O sistema se encontra na horizontal.

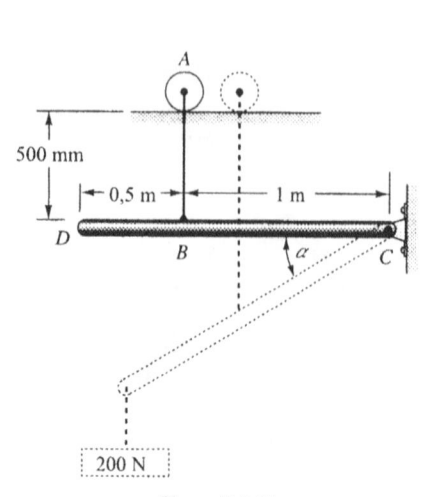

Figura P.5.46

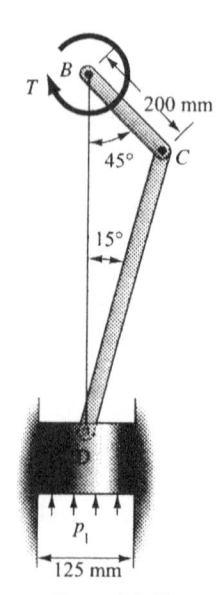

Figura P.5.48

5.49 Refaça o Problema 5.48 para o sistema orientado verticalmente, com *BC* pesando 14 N e *CD* 22 N.

5.50 Desprezando o atrito, encontre o ângulo β da linha *AB* para o equilíbrio em termos de α_1, α_2, W_1 e W_2.

5.52 Determine as forças de reação nos suportes em *A* e *G*. O peso de *W* é de 500 N e o peso de *C* é de 200 N. Despreze os outros pesos. A corda que conecta *C* e *D* encontra-se na vertical.

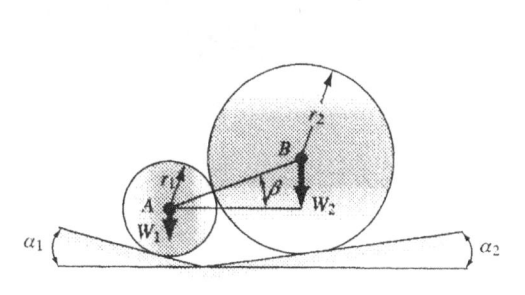

Figura P.5.50

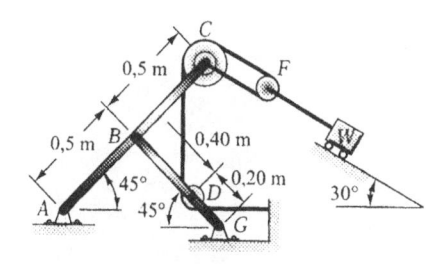

Figura P.5.52

5.51 Considerando que a barra *CD* pese 80 N, qual o torque *T* necessário para manter o equilíbrio? Considere que: o sistema se encontra em um plano vertical; o cilindro *A* pesa 40 N; e o cilindro *B*, 20 N. Despreze o atrito e observe que em *D* há uma fenda.

5.53 Qual o torque *T* necessário para o equilíbrio considerando que o cilindro *B* pesa 500 N e *CD* pesa 300 N?

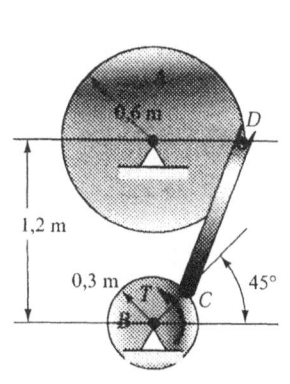

Figura P.5.51

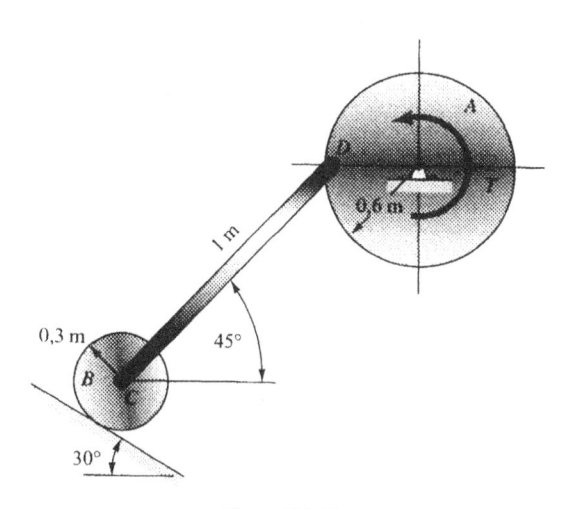

Figura P.5.53

5.54 Uma barra AB é articulada a duas engrenagens planetárias idênticas com diâmetro de 300 mm. A engrenagem E está ligada por meio de articulação à barra AB e encontra-se conectada às duas engrenagens planetárias, que, por sua vez, estão conectadas à engrenagem estacionária D. Considerando que um torque T de 100 N m seja aplicado à barra AB, qual o torque externo que deverá ser aplicado à engrenagem planetária superior para manter o equilíbrio? O sistema encontra-se na horizontal.

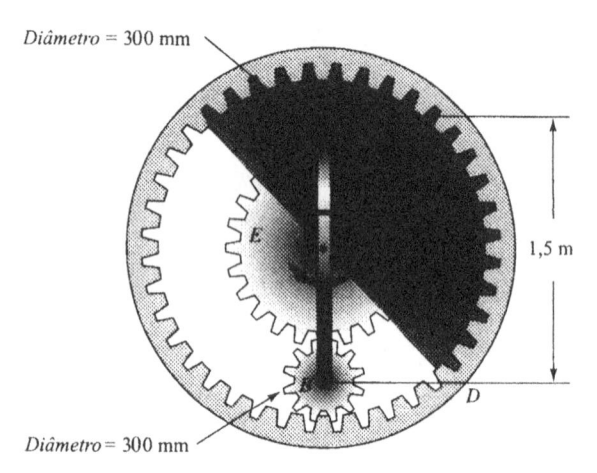

Figura P.5.54

5.55 No Problema 5.54, o equilíbrio é mantido aplicando-se um torque sobre a engrenagem E no lugar da engrenagem planetária superior. Qual é o valor desse torque?

5.56 Um guindaste suporta uma chaminé cujo peso é de 20 kN. A chaminé é segura por um cabo que passa através de uma polia em A, seguindo para uma segunda polia em D e, então, para o guincho em K. A posição do braço AH (no topo) é mantida por dois cabos separados, um de A a B e o outro de B à polia C. Determine as tensões nos cabos AB e BC. Note que BC está orientado a 30° da linha vertical para o arranjo mostrado na Figura P.5.56. Considere somente o peso da carga e despreze o atrito.

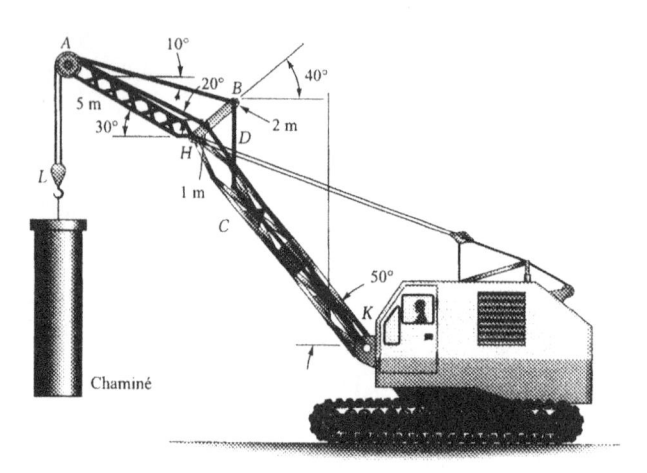

Figura P.5.56

5.57 Quais são as forças na conexão do braço em B e as tensões nos cabos quando a escavadeira se encontra na posição ilustrada? O braço AC pesa 13 kN, o braço DF pesa 11 kN e a pá escavadeira carregada pesa 9 kN, peso este que atua no centro de gravidade mostrado na Figura P.5.57. B está na mesma altura de G.

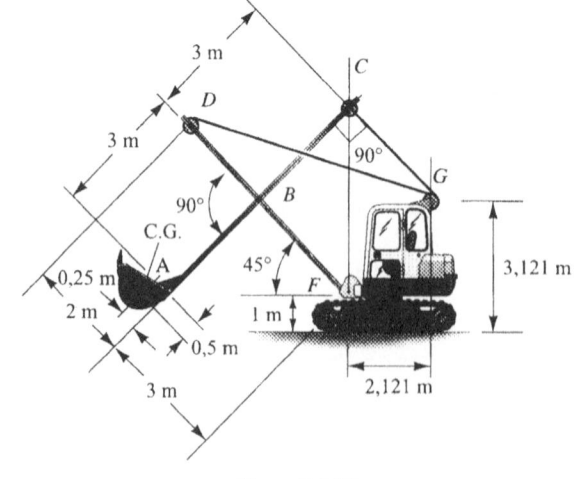

Figura P.5.57

5.7 Problemas de equilíbrio II

Caso C. Forças Paralelas no Espaço. No caso de forças paralelas no espaço (veja a Figura 4.20), sabe-se que a resultante mais simples do sistema de forças pode ser uma força ou um momento. Se as forças estiverem na direção z, então,

$$\sum_i (F_z)_i = 0 \tag{5.12}$$

assegurará que a força resultante seja 0. Além disso,

$$\sum_i (M_x)_i = 0, \quad \sum_i (M_y)_i = 0 \tag{5.13}$$

garantirão que o momento resultante seja 0, em que os eixos x e y podem ser escolhidos em qualquer plano perpendicular à direção das forças[5]. Desse modo, 3 equações escalares independentes estão disponíveis para o equilíbrio de forças paralelas no espaço.

Um resumo dos casos especiais discutidos até o momento é apresentado na tabela seguinte. Para sistemas até mais simples, como os sistemas coplanares e concorrente-coplanares, obviamente haverá uma equação de equilíbrio a menos.

Resumo de Casos Especiais		
Sistema	*Resultante mais simples*	*Número de equações de equilíbrio*
Concorrente (tridimensional)	Força simples	3
Coplanar	Força simples ou momento simples	3
Paralelo (tridimensional)	Força simples ou momento simples	3

---

[5] Para forças paralelas na direção z, a resultante mais simples que consiste em um momento apenas deve ter esse momento paralelo ao plano xy (veja a figura a seguir). Lembre-se, pelo que viu no Capítulo 3, de que as componentes ortogonais xyz de C_R se igualam ao torque do sistema em relação a esses eixos. Por isso, estabelecendo-se $\sum_i (M_x)_i = \sum_i (M_y)_i = 0$, assegura-se que $C_R = 0$.

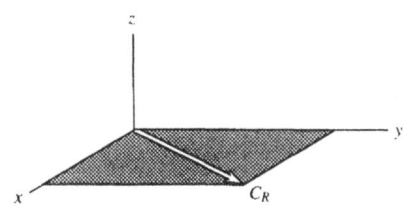

Exemplo 5.8

Determine as forças requeridas para suportar a viga uniforme, mostrada na Figura 5.30, carregada com um momento, uma força pontual e uma distribuição parabólica de carregamento (direcionada para baixo) com inclinação 0 na origem. O peso da viga é de 450 N.

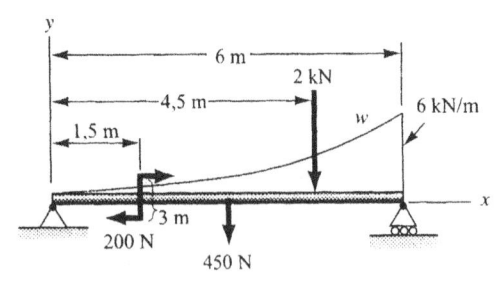

Figura 5.30 Determinação das forças de reação da viga.

Como o binário pode ser girado livremente sem afetar o equilíbrio do corpo, pode-se orientá-lo de tal forma que suas forças estejam na vertical. Dessa maneira, tem-se uma viga carregada por um sistema de forças paralelas coplanares. É claro que as forças geradas pelos suportes devem ser verticais, como mostrado na Figura 5.31, onde é apresentado o diagrama de corpo livre da viga. Como existem apenas duas grandezas desconhecidas, pode-se resolver esse problema por meio da análise estática do corpo livre.

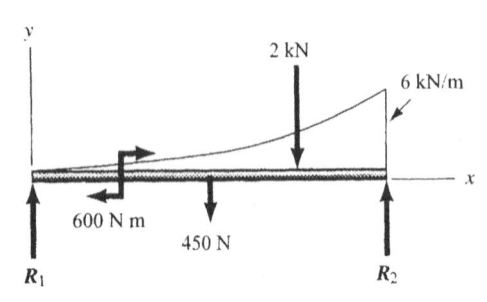

Figura 5.31: Diagrama de corpo livre.

A equação para a curva da distribuição parabólica é descrita por $w = ax^2 + b$, em que a e b são as constantes a serem determinadas a partir dos dados sobre o carregamento e da escolha do sistema de referência. Com a referência xy localizada na extremidade esquerda da viga, há as seguintes condições:

1. Quando $x = 0$, $w = 0$.
2. Quando $x = 6$, $w = 6$.

Para satisfazer essas condições, b deve ser 0 e a deve ser diferente de 0. Então, a função do carregamento é dada por:

$$w = \frac{x^2}{6} \text{ kN/m}$$

Exemplo 5.8 (continuação)

Neste problema, trabalha-se com equações escalares. Somando-se os momentos em relação às extremidades esquerda e direita da viga, torna-se possível determinar as grandezas desconhecidas do problema.

$\sum M_1 = 0$:

$$-0,6 - (3)(0,45) - (4,5)(2) - \int_0^6 w.x \, dx + 6R_2 = 0$$

A expressão para o carregamento $w(x)$ é substituída nesta equação. Então, efetua-se a integração para se obter:

$$-10,95 - \left.\frac{x^4}{24}\right|_0^6 + 6R_2 = 0$$

Resolvendo-se essa equação, obtém-se o valor de uma das grandezas desconhecidas:

$$R_2 = 10,83 \text{ kN}$$

A seguir, tem-se que:

$\sum M_2 = 0$:

$$-6R_1 - 0,6 + (3)(0,45) + (1,5)(2) + \int_0^6 w(6-x)dx = 0$$

Resolvendo-se essa equação, obtém o valor de R_1:

$$R_1 = 3,63 \text{ kN}$$

Com o intuito de checar os cálculos realizados, efetua-se o somatório das forças na direção vertical. O resultado deve ser 0 (ou próximo de 0 por causa dos erros de arredondamento).

$\sum F_y = 0$:

$$R_1 + R_2 - 0,45 - 2 - \int_0^6 \frac{x^2}{6} dx = 0$$

$$14,46 - 2,45 - \left.\frac{x^2}{18}\right|_0^6 = 0$$

Portanto,

$$12,01 - 12 = 0,01$$

É sempre aconselhável verificar a solução obtida por meio da maneira mostrada (ou seja, por meio de uma equação de equilíbrio redundante). Nos próximos problemas, as soluções dependerão fortemente do cálculo das reações (forças de suporte); conseqüentemente, deve-se ter certeza de que os valores das reações estejam corretos.

Exemplo 5.9

Na Figura 5.32, determine as forças de reação nos suportes A, B e D. Observe que em C há uma conexão do tipo pino (ou articulação). Note também que em E há uma conexão soldada.

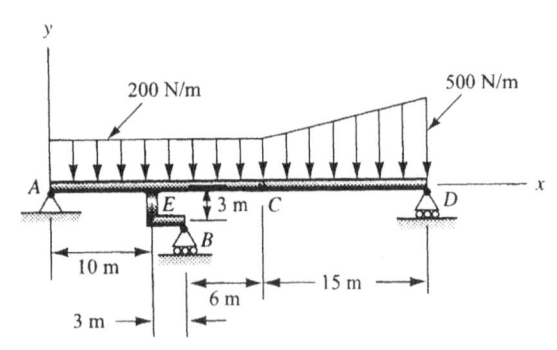

Figura 5.32: Membros AC e CD são articulados em C.

O diagrama de corpo livre para o sistema inteiro é mostrado na Figura 5.33. Tem-se um sistema de forças coplanares para esse corpo livre; portanto, há apenas 3 equações de equilíbrio independentes. Porém há 4 incógnitas no problema. Uma das incógnitas, a saber A_x, é igual a 0, observando-se que o carregamento sobre a viga está na vertical. Tem-se, então, um sistema coplanar paralelo com 3 incógnitas, mas com apenas 2 equações de equilíbrio.

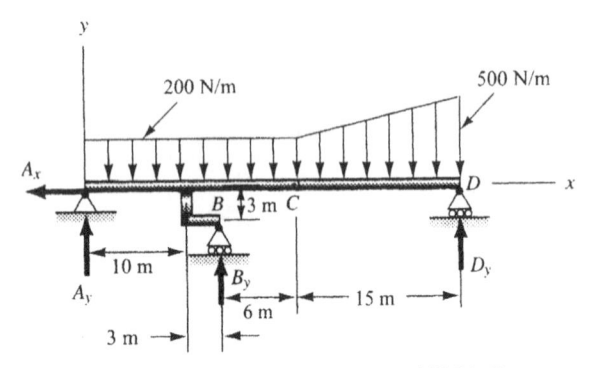

Figura 5.33: Diagrama de corpo livre I (D.C.L. I).

Efetua-se, primeiro, a análise do corpo livre do membro CD. Este é ilustrado na Figura 5.34, em que o carregamento distribuído foi simplificado a fim de facilitar os cálculos. Evidentemente $C_x = 0$. Por isso, para o D.C.L. II na Figura 5.34, haverá apenas 2 forças incógnitas, para as quais haverá 2 equações de equilíbrio. Tomando-se os momentos em relação ao ponto C na Figura 5.34, pode-se determinar diretamente o valor de D_y.

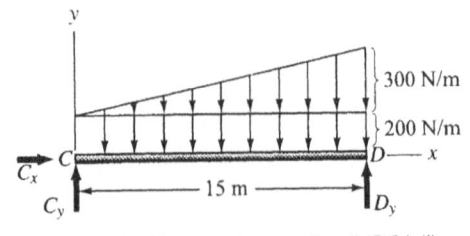

Figura 5.34: Diagrama de corpo livre II (D.C.L II).

Exemplo 5.9 (continuação)

$\sum M_C = 0$:

$$(D_y)(15) - (200)(15)\left(\frac{15}{2}\right) - \left(\frac{1}{2}\right)(15)(300)\left[\left(\frac{2}{3}\right)(15)\right] = 0$$

$$D_y = 3 \text{ kN}$$

Retorna-se à Figura 5.33 para a determinação das duas incógnitas restantes. Assim, dividindo-se o carregamento em 2 partes, uma constante e uma triangular, entre C e D, como efetuado na Figura 5.34, tem-se que:

$\sum F_y = 0$:

$$A_y + B_y + 3.000 - (200)(34) - \frac{1}{2}(300)(15) = 0 \qquad (a)$$

$\sum M_B = 0$:

$$-A_y(13) + (3.000)(21) - (200)(34)\left(\frac{34}{2} - 13\right)$$
$$-\frac{1}{2}(300)(15)\left[6 + \left(\frac{2}{3}\right)(15)\right] = 0 \qquad (b)$$

Da Equação b, obtém-se:

$$A_y = -15,38 \text{ N} \qquad (c)$$

E da Equação a, tem-se:

$$B_y = 6,065 \text{ kN}$$

Note-se que A_y resultou em um valor negativo, indicando que o sentido escolhido para essa componente no D.C.L. I está errado. O sinal negativo de A_y não foi alterado nos cálculos efetuados por intermédio da Equação a (válida para o D.C.L. I) para a determinação de B_y.

Além disso, se a força C_y no pino C fosse incluída no D.C.L. I, um erro primário da estática de corpos rígidos estaria sendo cometido, a saber, a inclusão de uma força *interna* no diagrama de *corpo livre* mostrado.

Caso D. Sistema Geral de Forças. A resultante mais simples para o caso geral de um sistema de forças consiste em uma força e um momento. Seis equações de equilíbrio podem ser obtidas para cada diagrama de corpo livre. Dois exemplos são analisados para ilustrar este caso.

Exemplo 5.10

Um guindaste, ilustrado na Figura 5.35, suporta uma carga de 4,5 kN. A barra vertical possui uma conexão do tipo junta esférica rente ao solo em d, sendo suportada por 2 cabos, ac e bc. Determine as tensões nos cabos ac, bc e ce. Despreze o peso dos membros e dos cabos.

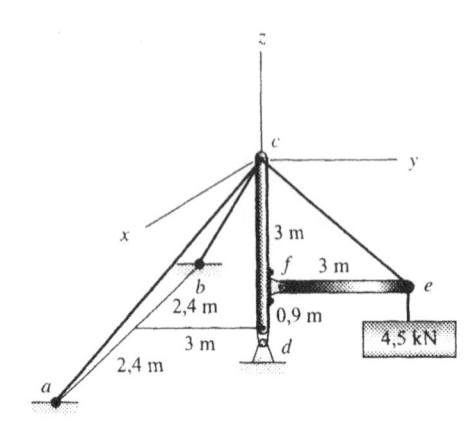

Figura 5.35: Guindaste carregado.

Se for selecionado um corpo livre composto pelos membros do guindaste e pelo cabo ce, 2 das grandezas incógnitas desejadas poderão ser expostas (Figura 5.36). Observar que este é um sistema geral de forças tridimensional com apenas 5 incógnitas[6]. Embora todas essas incógnitas possam ser determinadas por meio da análise estática desse corpo livre, observa-se que, tomando-se os momentos das forças em relação ao ponto d, na equação vetorial de equilíbrio estarão envolvidas apenas 2 das incógnitas desejadas, que são T_{bc} e T_{ac}. Desse modo, nem todas as forças desconhecidas precisam ser calculadas por meio desse diagrama de corpo livre. Devem-se sempre buscar os caminhos mais curtos de solução em problemas desse tipo.

Para a determinação da tensão desconhecida T_{ce}, deve-se empregar um outro diagrama de corpo livre. Tanto o membro horizontal como o vertical podem ser usados para mostrar essa incógnita de maneira a resolver o problema. O membro horizontal é selecionado e ilustrado na Figura 5.37. Note-se que há um sistema de forças coplanares com 3 incógnitas. Novamente, pode-se observar que, tomando-se os momentos em relação ao ponto f, a equação de equilíbrio envolverá apenas a incógnita desejada.

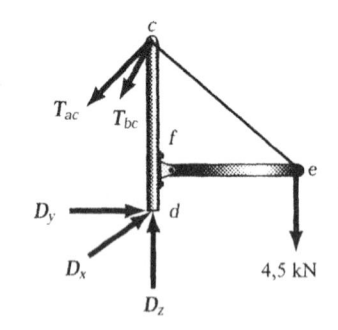

Figura 5.36: Diagrama de corpo livre 1.

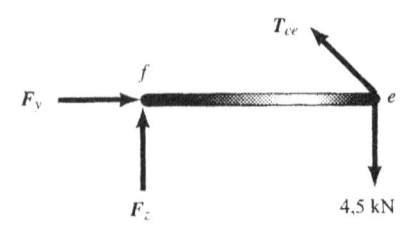

Figura 5.37: Diagrama de corpo livre 2.

---

6 Deve ficar claro ao observar a Figura 5.35 que, devido à simetria, as forças nos 2 cabos de suporte devem ser iguais. Usar essa informação equivale a usar uma equação de equilíbrio. Entretanto, por questões práticas, essa informação não será utilizada e as forças nos 2 cabos serão calculadas demonstrando-se sua igualdade. Além disso, note que existe uma sexta equação de equilíbrio, que está automaticamente satisfeita. Para verificar esse fato, observe os momentos das forças em relação ao eixo cd na Figura 5.36. Por que o momento total é identicamente 0 em relação a esse eixo, impedindo o uso de uma equação no cálculo das incógnitas? O guindaste tem seus movimentos completamente restringidos? Explique.

Exemplo 5.10 (continuação)

O vetor T_{ac} pode então ser escrito como:

$$T_{ac} = T_{ac}\left[\frac{1}{\sqrt{29{,}97}}(2{,}4i - 3j - 3{,}9k)\right] \quad (a)$$

De maneira similar, tem-se para T_{bc} a seguinte expressão:

$$T_{bc} = T_{bc}\left[\frac{1}{\sqrt{29{,}97}}(-2{,}4i - 3j - 3{,}9k)\right] \quad (b)$$

Ao empregar-se o diagrama de corpo livre da Figura 5.36, efetua-se o somatório dos momentos em relação ao ponto d, igualando-o a 0. Assim, por meio das expressões anteriores, obtém-se:

$$3{,}9k \times \frac{T_{ac}}{\sqrt{29{,}97}}(2{,}4i - 3j - 3{,}9k) + 3{,}9k \times \frac{T_{bc}}{\sqrt{29{,}97}}(-2{,}4i - 3j - 3{,}9k)$$
$$+ 3j \times (-4{,}5k) = 0 \quad (c)$$

Quando as variáveis $t_1 = T_{ac}/\sqrt{29{,}97}$ e $t_2 = T_{bc}/\sqrt{29{,}97}$ são substituídas nessa equação, tem-se:

$$[11{,}7(t_1 + t_2) - 13{,}5]i + [9{,}36(t_1 - t_2)]j = 0 \quad (d)$$

As equações escalares:

$$11{,}7(t_1 + t_2) - 13{,}5 = 0$$
$$9{,}36(t_1 - t_2) = 0$$

podem ser facilmente resolvidas para fornecer $t_1 = t_2 = 0{,}577$. Portanto, obtém-se $T_{ac} = 0{,}577\sqrt{29{,}97} = 3{,}16$ kN e $T_{bc} = 0{,}577\sqrt{29{,}97} = 3{,}26$ kN[7].

$$\therefore \quad \begin{aligned} T_{ac} &= 3{,}16 \text{ kN} \\ T_{bc} &= 3{,}16 \text{ kN} \end{aligned}$$

Por fim, voltando as atenções para o diagrama de corpo livre da Figura 5.37, vê-se que, ao efetuar o somatório dos momentos em relação a f, a componente horizontal da tensão T_{ce} tem um braço de momento igual a 0. Daí,

$$(3)(0{,}707)T_{ce} - (3)(4{,}5) = 0$$

Conseqüentemente,

$$T_{ce} = 6{,}36 \text{ kN}$$

---

[7] Calculando-se os momentos, na Figura 5.36, em relação à linha que conecta os pontos a e d (veja a Figura 5.35), pode-se obter diretamente T_{bc} por meio do produto escalar triplo. O leitor pode tentar esse procedimento.

Exemplo 5.11

O balão dirigível, apresentado na Figura 5.38, está fixado à torre D por meio de uma junta esférica e seguro pelos cabos AB e AC. O balão tem uma massa de 1,5 Mg. A resultante mais simples de força F causada pela pressão do ar (incluindo-se os efeitos do vento) é expressa por:

$$F = 17{,}5i + j + 1{,}5k \text{ kN}$$

na posição ilustrada na figura. Determine a tensão nos cabos e a força transmitida à junta esférica no topo da torre D. Além disso, qual o sistema de forças transmitido ao solo em G através da torre? A torre pesa 5 kN.

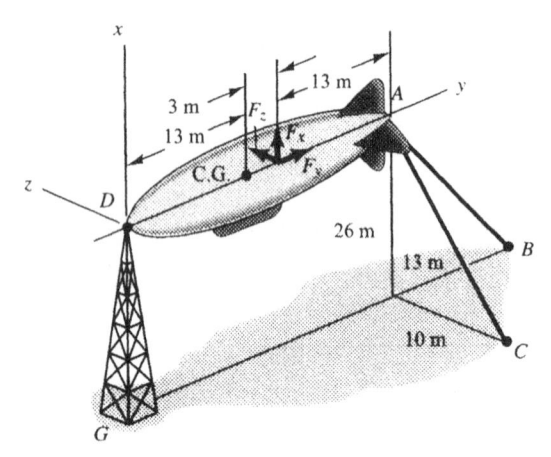

Figura 5.38: Balão estacionado.

Em primeiro lugar, analisa-se o diagrama de corpo livre do balão, que é ilustrado na Figura 5.39. Aqui há 5 forças incógnitas, que podem ser calculadas por meio das equações de equilíbrio para esse corpo livre[8]. Como primeiro passo na solução, as tensões nos cabos são escritas vetorialmente. Isto é:

$$T_{AC} = T_{AC}\left(\frac{-26i - 10k}{\sqrt{26^2 + 10^2}}\right) = T_{AC}(-0{,}933i - 0{,}359k)$$

$$T_{AB} = T_{AB}\left(\frac{-26i + 13j}{\sqrt{26^2 + 13^2}}\right) = T_{AB}(-0{,}894i + 0{,}447j)$$

A equação vetorial de equilíbrio de forças é escrita da seguinte maneira:

$$\sum F_i = 0:$$

$$D_x i + D_y j + D_z k - (1{,}5)(9{,}81)i + 17{,}5i + j + 1{,}5k$$
$$+ T_{AC}(-0{,}933i - 0{,}359k) + T_{AB}(-0{,}894i + 0{,}447j) = 0$$

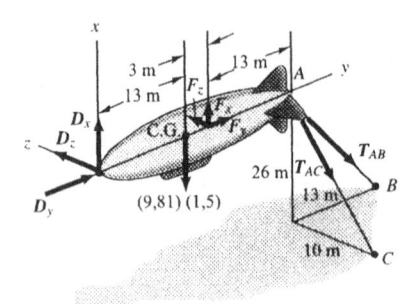

Figura 5.39: Diagrama de corpo livre do balão.

---

8 Qual equação é identicamente satisfeita (formando a sexta equação de equilíbrio) e, assim, sem utilidade no cálculo das incógnitas do problema? O que essa sexta equação indica sobre a maneira de o balão se mover sem as restrições impostas pelo problema? Veja a nota de rodapé 6.

Exemplo 5.11 (continuação)

As equações escalares são:

$$D_x + 2,785 - 0,933T_{AC} - 0,894T_{AB} = 0 \quad (a)$$

$$D_y + 1 + 0,447T_{AB} = 0 \quad (b)$$

$$D_z + 1,5 - 0,359T_{AC} = 0 \quad (c)$$

O próximo passo consiste no cálculo dos momentos das forças em relação ao ponto D.

$\sum(M_i)_D = 0$:

$$13j \times (9,81)(1,5)(-i) + 16j \times (17,5i + j + 1,5k)$$
$$+ 29j \times T_{AC}(-0,933i - 0,359k) + 29j$$
$$\times T_{AB}(-0,894i + 0,447j) = 0$$

Ao efetuar os produtos escalares, obtêm-se as componentes em k e i, obtendo-se assim 2 equações escalares[9]. Essas equações são:

$$-10,41\,T_{AC} + 24 = 0 \quad (d)$$

$$25,9\,T_{AB} + 27,1\,T_{AC} - 88,7 = 0 \quad (e)$$

Obtém-se, assim, um sistema de 5 equações independentes para a determinação das 5 incógnitas desejadas. Da Equação d, tem-se:

$$T_{AC} = 2,305 \text{ kN}$$

Da Equação e, tem-se:

$$T_{AB} = 1,012 \text{ kN}$$

Da Equação c, tem-se:

$$D_z = -0,673 \text{ kN}$$

Da Equação b, tem-se:

$$D_y = -1,452 \text{ kN}$$

---

[9] A terceira equação é $0 = 0$. Isto é, não há momentos em relação ao eixo y, pois todas as forças cruzam o eixo y.

Exemplo 5.11 (*continuação*)

Da Equação *a*, tem-se:

$$D_x = 270 \text{ N}$$

Agora, considera-se a torre como um corpo livre (Figura 5.40). Note-se que, nas forças ilustradas na junta D, estão sendo levados em consideração os sinais positivos e negativos para as componentes D_y e D_z e também a terceira lei de Newton.

Novamente, empregando-se as equações vetoriais básicas da estática, o somatório de forças é dado por:

$$-0,27i + 1,452j + 0,672k + F_x i + F_y j + F_z k - 5i = 0$$

Por conseguinte,

$$F_x = 5,27 \text{ kN}$$
$$F_y = -1,452 \text{ kN}$$
$$F_z = -672 \text{ N}$$

Ao efetuar o cálculo dos momentos das forças em relação ao ponto G, obtém-se:

$$26i \times (-0,27i + 1,452j + 0,672k) + M_x i + M_y j + M_z k = 0$$

Dessa equação, obtém-se:

$$M_x = 0$$
$$M_y = 17,47 \text{ kN m}$$
$$M_z = -37,8 \text{ kN m}$$

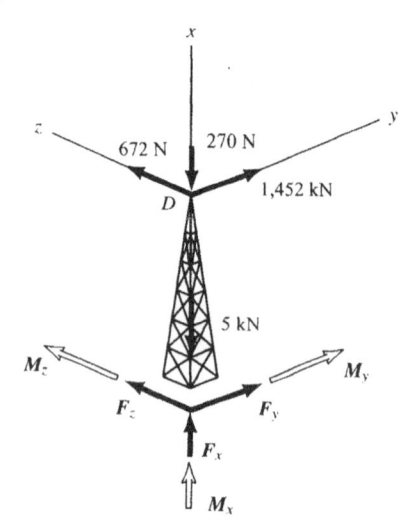

Figura 5.40: Diagrama de corpo livre da torre.

É possível concluir que, no ponto central da base da torre, o sistema de forças gerado pela reação do solo sobre a torre é dado por:

$$F = 5,27i - 1,452j - 0,672k \text{ kN}$$
$$C = 17,47j - 37,8k \text{ kN m}$$

O sistema de forças que atua sobre o solo, no ponto central da base da torre, é a reação a esse sistema de forças. Assim,

$$F_{solo} = -5,27j + 1,452j + 0,672k \text{ kN}$$
$$C_{solo} = -17,47j + 37,8k \text{ kN m}$$

Problemas

5.58 A polia tripla e a polia dupla de um sistema de levantamento de carga pesam, respectivamente, 60 N e 40 N. Qual é a força necessária na corda para levantar um motor de 160 kg? Qual é a força sobre o gancho no teto?

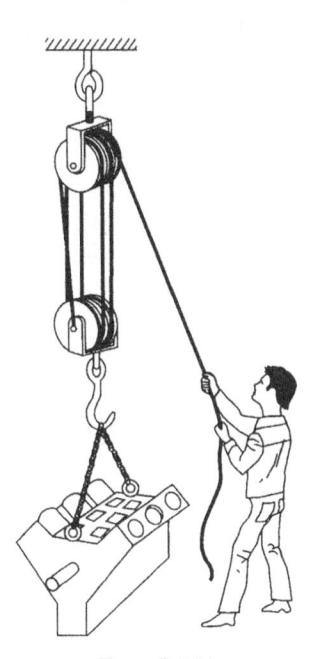

Figura P.5.58

5.59 Um pé-de-cabra pode ser usado para a remoção de pregos em 3 posições. Considerando que uma força de 2 kN seja requerida para remover um prego e um carpinteiro seja capaz de exercer uma força de 250 N, que posição(ões) deverá(ão) ser usada(s)?

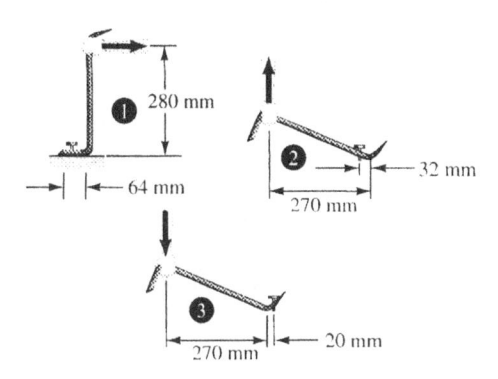

Figura P.5.59

5.60 Em que posição o operador de um guindaste deve colocar o contrapeso de 50 kN quando ele levanta uma carga de 10 kN de aço?

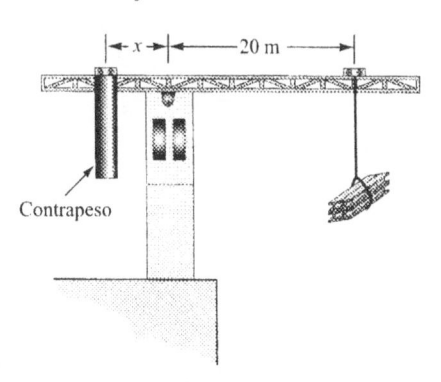

Figura P.5.60

5.61 O guincho de um jipe é empregado para levantar o seu próprio peso com uma força de 2 kN. Quais são as reações nos pneus do jipe com e sem a força no guincho? O motorista pesa 800 N e o jipe, 11 kN. O centro de gravidade do jipe é mostrado na Figura P.5.61.

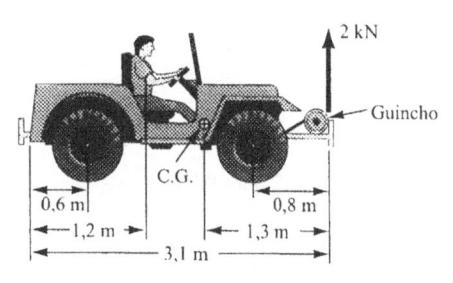

Figura P.5.61

5.62 De acordo com a *polia diferencial* mostrada na Figura P.5.62, calcule F em termos de W, r_1 e r_2.

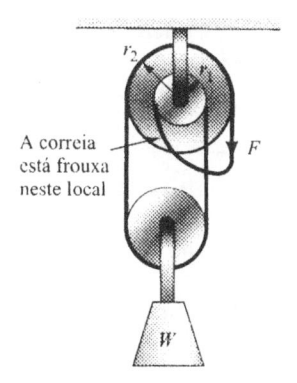

Figura P.5.62

5.63 Qual é a tubulação mais longa, com peso de 5,8 kN/m, que pode ser erguida sem tombar o trator de 5,5 Mg? Tome o centro geométrico do trator como seu centro de gravidade.

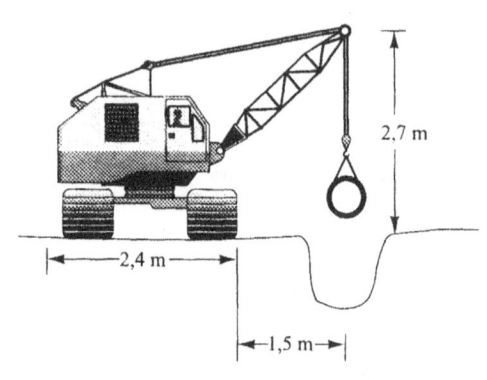

Figura P.5.63

5.64 A coluna de concreto em forma de L suporta um trilho de trem elevado. Considerando que o concreto pesa 23,6 KN/m^3, quais são as reações na base da coluna?

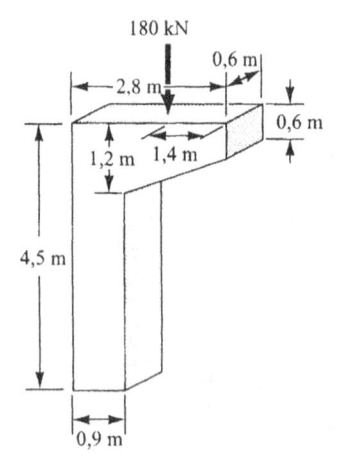

Figura P.5.64

5.65 Dois sistemas de elevação de carga são operados sobre o mesmo trilho. A polia A tem uma carga de 13,5 kN; e a polia B, uma carga de 18 kN. Quais são as reações nas extremidades do trilho quando as polias estão na posição mostrada?

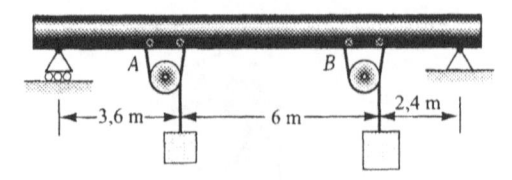

Figura P.5.65

5.66 Uma viga I em balanço pesa 440 N/m e suporta um gancho de 140 kg. Placas de aço (7,8 Mg/m^3), com espessura de 25 mm, são soldadas sobre a viga nas seções próximas à parede para aumentar a capacidade de resistência da viga a momentos. Quais são as reações na parede quando uma carga de 10 kg é suportada pelo gancho na posição mais distante da parede?

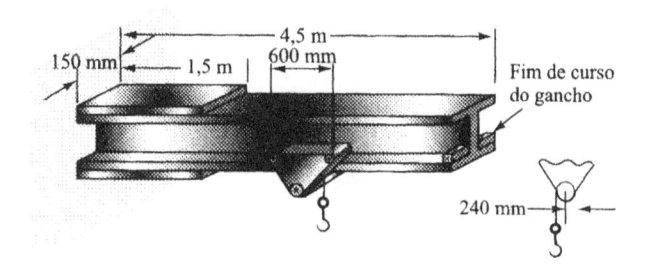

Figura P.5.66

5.67 Determine o sistema de forças de reação nos suportes da viga em balanço, que é articulada em C, como ilustrado na figura.

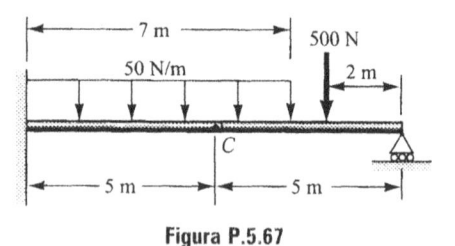

Figura P.5.67

5.68 Determine o sistema de forças de reação nos suportes para as vigas conectadas à barra AB por meio de articulações.

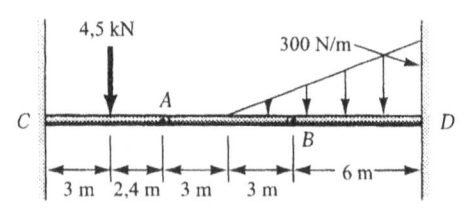

Figura P.5.68

5.69 Uma carreta pesa 50 kN e está carregada com caixas que pesam 90 kN e 40 kN. Quais são as reações sobre o eixo traseiro e sobre o ponto A do cavalo mecânico?

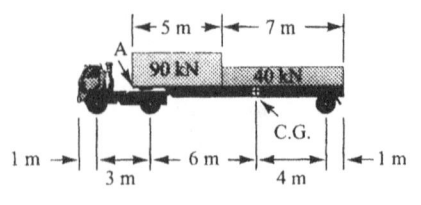

Figura P.5.69

5.70 Qual o valor da carga W que a força P de 450 N é capaz de erguer por meio do sistema de polias, considerando que as polias A, B e C pesem 90 N, 65 N e 135 N, respectivamente? Supondo, inicialmente, que as 3 polias não ofereçam qualquer resistência ao movimento, determine W. Depois, calcule a carga W que pode ser levantada com velocidade constante para o caso em que o torque resistivo (devido ao atrito) nas polias A e B é igual a 0,01 vezes a força total sobre o mancal de cada uma dessas polias.

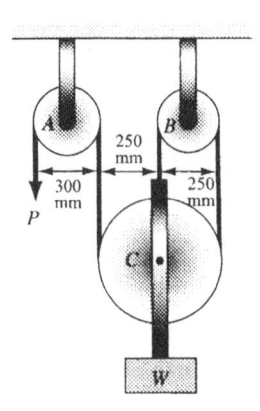

Figura P.5.70

5.71 Uma obra-de-arte está em fase de desenvolvimento. O peso do corpo compreendido pelas linhas contínuas é igual a 2 kN. Qual é a menor distância d que o artista pode usar para fazer um furo com diâmetro de 0,5 m e evitar que a peça tombe? O corpo possui espessura uniforme.

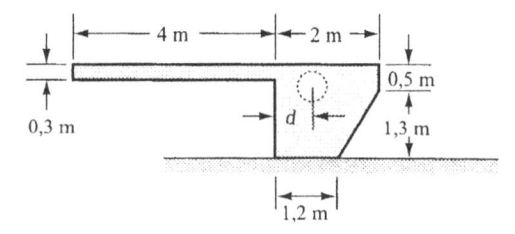

Figura P.5.71

5.72 Qual é o maior peso W que um guindaste pode erguer sem tombar? Quais são as forças de suporte quando o guindaste ergue essa carga? Qual é o sistema de forças e de momentos transmitido através da seção C da viga? Calcule o sistema de forças e de momentos transmitido através da seção D. O guindaste pesa 100 kN e o seu centro de gravidade é mostrado na Figura P.5.72.

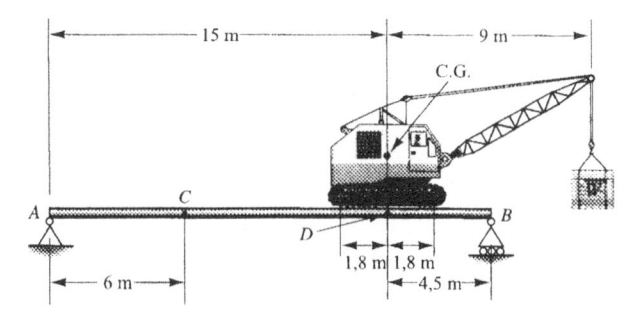

Figura P.5.72

5.73 Um bloco de 20 kN está sendo erguido com velocidade constante. Considerando que não há atrito nas polias, quais são as forças F_1, F_2 e F_3 necessárias para executar esta tarefa? O bloco não gira e a linha de ação do vetor peso passa através do ponto C, como ilustrado na Figura P.5.73.

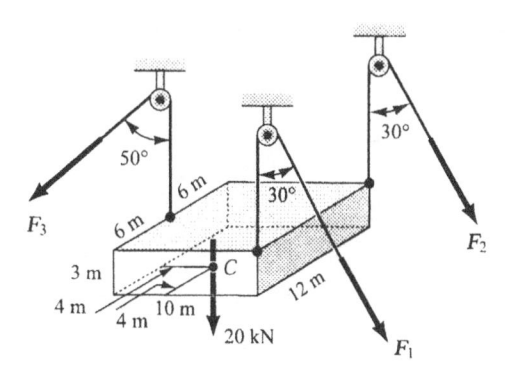

Figura P.5.73

5.74 Um foguete de 10 Mg (usado para exploração espacial) tem seu centro de gravidade no ponto C.G.$_1$, como mostrado na Figura P.5.74. Ele está montado sobre um lançador de foguetes, que pesa 50 Mg e cujo centro de gravidade está representado pelo ponto C.G.$_2$. O lançador possui 3 suportes idênticos separados entre si de 120°. O suporte AB está no mesmo plano do foguete e dos braços CDE. Quais são as forças de reação nos suportes geradas pelo solo? Qual é o torque transmitido a partir do braço horizontal CD para a rampa DE por meio da articulação D, que é capaz de contrabalançar o peso do foguete?

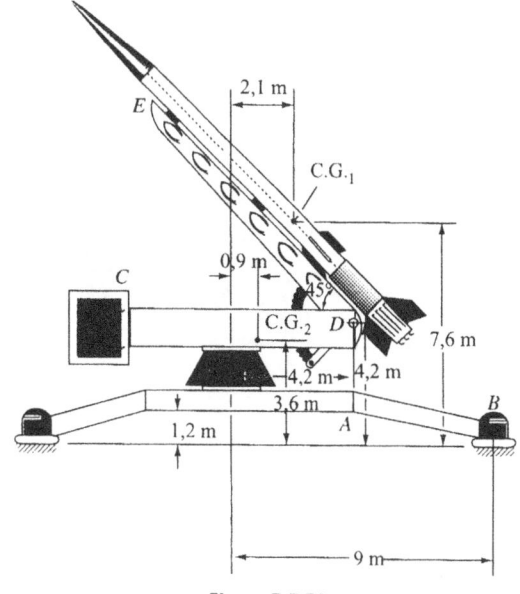

Figura P.5.74

5.75 Uma porta é articulada em A e B e mantém um volume de água cuja densidade ρ é igual a 1 Mg/m³, no interior de um reservatório. Uma força F normal à porta a mantém fechada. Quais são as forças nas dobradiças A e B e qual a força F capaz de contrabalançar a ação da água? Como visto no Capítulo 4, a pressão na água, em relação à pressão atmosférica, é dada por $\gamma.d$ ou $\rho.g.d$, onde d é a distância perpendicular medida a partir da superfície livre da água.

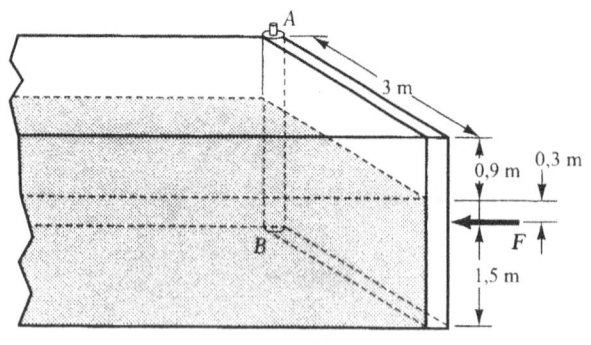

Figura P.5.75

5.76 Uma fileira de livros com comprimento de 750 mm e pesando 200 N encontra-se sobre uma mesa de 3 pés, como ilustrado na Figura P.5.76. Os pés estão eqüidistantes uns dos outros, sendo que o pé B coincide com o eixo y. Os outros 2 pés estão colocados ao longo de uma linha paralela ao eixo x. Se a mesa pesar 400 N, ela tombará? Se não, quais são as forças sobre os pés?

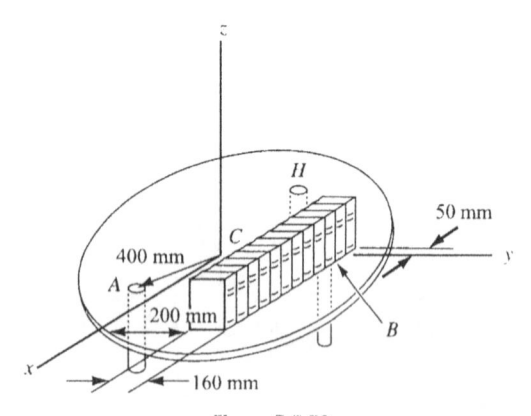

Figura P.5.76

5.77 Um pequeno helicóptero está realizando uma manobra parado no ar. As pás do rotor do helicóptero fornecem uma força de sustentação F_1, e as forças do ar sobre as pás geram um torque C_1. O rotor traseiro previne o movimento de rotação do helicóptero em relação ao eixo z, mas gera um torque C_2. Calcule a força F_1 e o momento C_2 em termos do peso W. Como F_3 e C_1 estão relacionados?

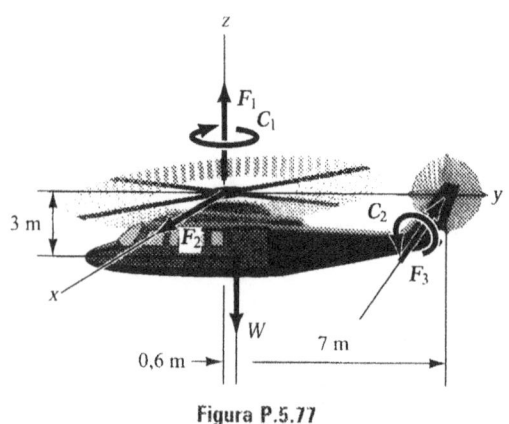

Figura P.5.77

5.78 Determine o sistema de forças e de momentos de reação nos suportes para a viga em balanço. Qual é o sistema de forças e de momentos transmitido através de uma seção transversal da viga localizada em B?

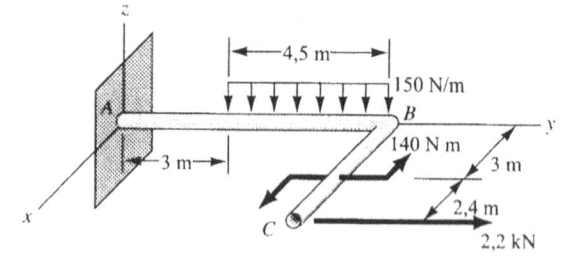

Figura P.5.78

5.79 Uma estrutura é suportada por uma junta esférica em A, um pino em B, que não oferece resistência ao movimento na direção AB, e um suporte de roletes em C. Quais são as forças de reação nos suportes causadas pelo carregamento ilustrado na Figura P.5.79?

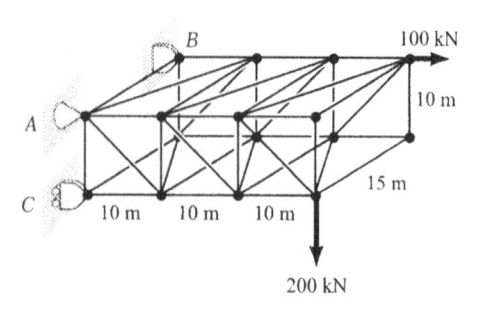

Figura P.5.79

5.80 Calcule o valor de F que equilibra o peso de 900 N mostrado na Figura P.5.80. Considerando que os mancais não têm atrito, determine suas forças sobre o eixo nos pontos A e B.

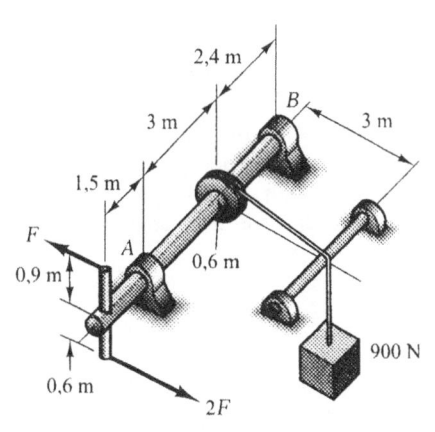

Figura P.5.80

5.81 Uma barra distorcida suporta uma força F dada por:

$$F = 10i + 3j + 100k \text{ N}$$

Considerando que a barra tenha um peso de 10 N/m, qual é o sistema de forças de reação no suporte em A?

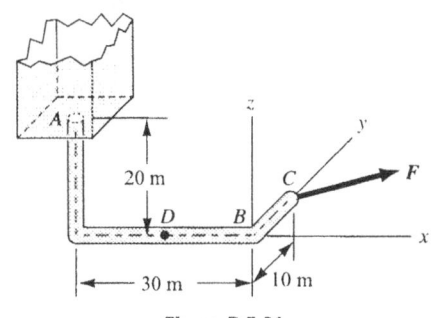

Figura P.5.81

5.82 Qual é a resultante do sistema de forças transmitido através da seção em A? O momento é paralelo ao plano M.

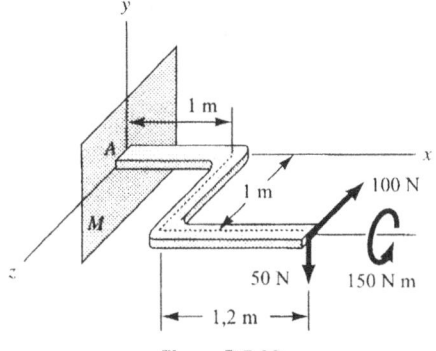

Figura P.5.82

5.83 Determine a força vertical F que deve ser aplicada à manivela para equilibrar o peso de 450 N. Além disso, determine as forças de suporte geradas pelos mancais sobre o eixo. A manivela DE, sobre a qual F se encontra aplicada, está contida no plano xz.

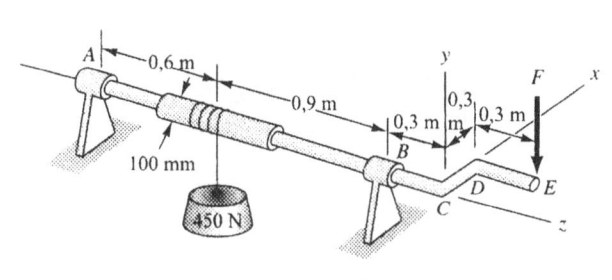

Figura P.5.83

5.84 Uma aeronave comercial tem um peso de 310 kN, e o seu centro de gravidade está ilustrado na Figura P.5.84. As rodas A e B são travadas pelo sistema de freio enquanto o motor está sendo testado sob carga, antes da decolagem. Um empuxo T de 13,4 kN é desenvolvido por esse motor. Quais são as forças de suporte?

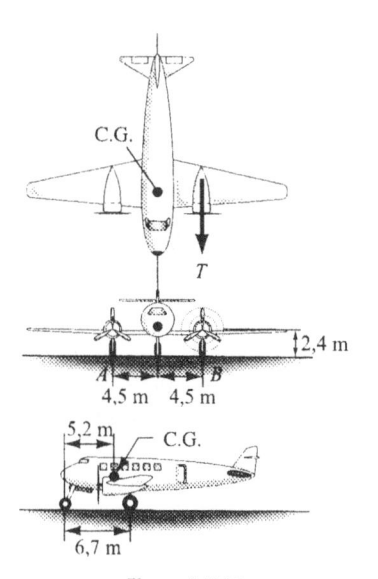

Figura P.5.84

5.85 Dois cabos GH e KN suportam uma barra AB, que está conectada a uma junta esférica em A, suportando um corpo C de 500 kg no ponto B. Quais são as tensões nos cabos e as forças de reação no suporte em A?

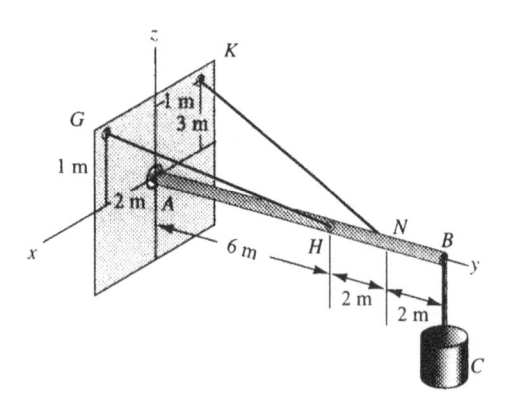

Figura P.5.85

5.86 Qual será a mudança na elevação (distância vertical até a linha de centro do eixo) do peso de 450 N que o momento de 400 N m irá suportar, se o atrito for desprezado nos mancais em A e B? Determine também as componentes das forças de suporte nos mancais para essa configuração.

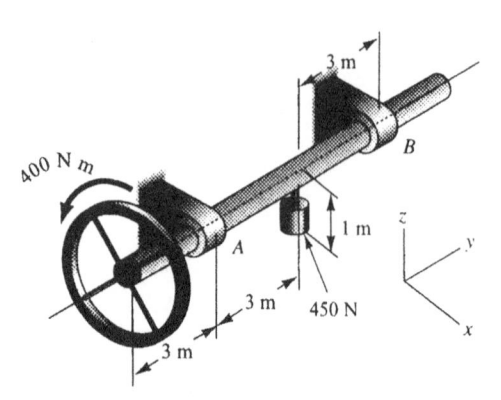

Figura P.5.86

5.87 Determine a força P requerida para manter a porta de 150 N de uma aeronave aberta a 30° durante o vôo. A força P é exercida na direção normal à fuselagem. Existe um aumento de pressão (em relação à pressão atmosférica) sobre a superfície externa da porta de 20 kPa. Além disso, determine as forças de suporte nas dobradiças da porta. Suponha que a dobradiça superior irá suportar toda a força vertical sobre a porta.

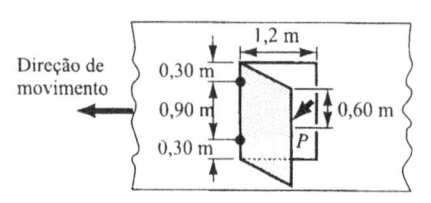

Figura P.5.87

5.88 Qual a força P necessária para manter em uma posição horizontal uma porta que pesa 200 N? Determine as forças de reação nos suportes A e B. Um suporte do tipo pino está colocado em A e uma junta esférica encontra-se em B.

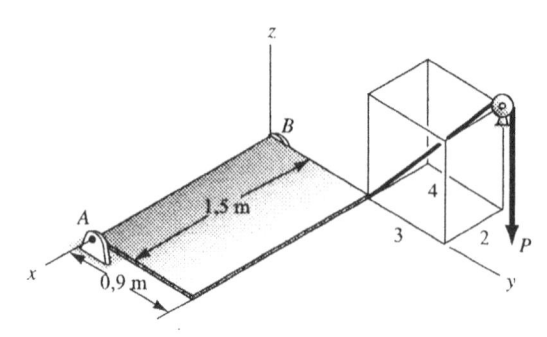

Figura P.5.88

5.89 Uma barra uniforme de comprimento l e peso W está conectada ao solo por meio de uma junta esférica. A barra repousa sobre um semicilindro e não pode deslizar por causa da parede em B. Considerando que não haja atrito entre a parede e o cilindro, determine as forças de reação no suporte em A para os seguintes dados:

$l = 1\ m$
$c = 0{,}30\ m$
$r = 0{,}20\ m$
$b = 0{,}40\ m$
$W = 100\ N$

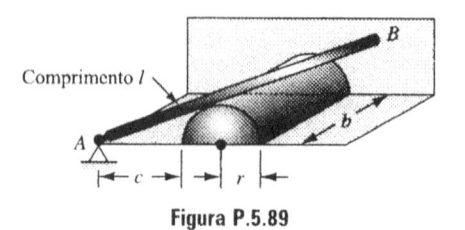

Figura P.5.89

5.8 Carregamentos equivalentes

Um caso simples de equilíbrio, envolvendo duas forças colineares, ocorre com grande freqüência em problemas práticos da engenharia e é aqui analisado com o intuito de ampliar o embasamento teórico da estática de corpos rígidos.

Considere-se um corpo rígido, sobre o qual são aplicadas duas forças, respectivamente, nos pontos a e b, como ilustrado na Figura 5.41. Se o corpo estiver em equilíbrio, a primeira equação fundamental da estática, 5.1a, estipulará que $F_1 = -F_2$; isto é, as forças deverão ser *iguais* e de *sentidos opostos*. A segunda equação fundamental da estática, 5.1b, requer que $C = 0$, indicando que as forças devem ser *colineares* de modo que não haja momento. Sendo a e b os pontos de aplicação das duas forças na Figura 5.41, fica claro que *a linha de ação comum das forças deve coincidir com a linha ab*. Tais corpos, onde existem apenas 2 pontos de carregamento, são algumas vezes denominados membros de "duas forças". Estes ocorrem freqüentemente em problemas de mecânica estrutural. Se o estudante conseguir identificá-los em qualquer problema, com certeza haverá grande economia de tempo e de trabalho na solução.

Figura 5.42: Membros sob compressão e tração.

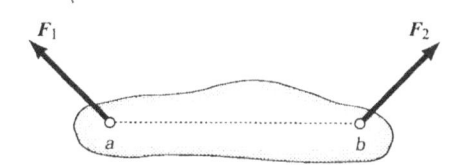

Figura 5.41: Membro de duas forças.

Muitos problemas da engenharia consistem em membros estruturais com articulações (ou pinos) sobre as quais se encontra aplicado o carregamento. Se o atrito nas articulações e o peso dos membros forem desprezados, será possível concluir que apenas um sistema de duas forças atua sobre cada membro. Essas forças, então, deverão ser iguais e de sentidos opostos e deverão ser colineares com a linha que conecta os pontos de aplicação das forças. Se o membro for retilíneo (veja a Figura 5.42), a linha de ação comum das duas forças coincidirá com a linha de centro do membro. O membro superior na Figura 5.42 está sob *compressão*, enquanto o inferior está sob *tração*. Note que o membro distorcido, mostrado na Figura 5.43, desprezando-se o seu peso, é também um membro com carregamento em 2 pontos. A linha de ação das forças deve coincidir com a linha ab que conecta os 2 pontos de carregamento. No entanto, a viga mostrada na Figura 5.44 não é um membro estrutural com carregamento em 2 pontos, pois em sua extremidade esquerda haverá um momento aplicado. E assim fica claro que esse carregamento requer 2 pontos para acomodar as 2 forças iguais e contrárias que constituem o binário. Existem, então, efetivamente 3 pontos de carregamento para essa viga. Desse modo, deve-se ter extremo cuidado na análise de vigas em balanço.

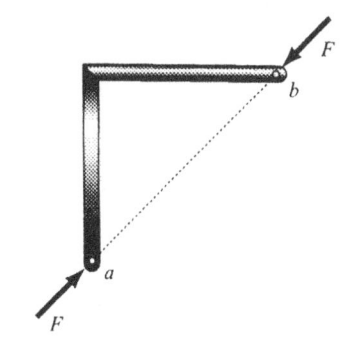

Figura 5.43: Linha de ação de F colinear com a linha ab.

Figura 5.44: A viga em balanço não é um exemplo de membro carregado em 2 pontos.

Antes de se analisar um exemplo ilustrativo, deve ser enfatizado que as forças F_1 e F_2, da Figura 5.41, podem ser resultantes de sistemas de forças concorrentes nos pontos a e b, respectivamente. Como forças concorrentes são sempre equivalentes à sua resultante no ponto de concorrência, o membro da Figura 5.41 é ainda um membro de 2 forças com as restrições correspondentes sobre as resultantes F_1 e F_2.

Exemplo 5.12

Um dispositivo para triturar rochas é mostrado na Figura 5.45. Um pistão D, com diâmetro de 200 mm, é acionado por uma pressão p de 350 kPa (acima da pressão atmosférica; 1 Pa = 1 N/m²). As barras AB, BC e BD podem ser consideradas sem peso neste problema. Qual é a força horizontal transmitida em A para a rocha mostrada na Figura 5.45?

Há 3 membros de 2 forças unidos através do pino em B. Dessa maneira, se o pino B for isolado como corpo livre, aparecerão em seu diagrama de corpo livre as 3 forças que atuam sobre ele. Essas forças devem ser colineares com as linhas de centros dos respectivos membros, como explicado na Figura 5.42.

A força F_D está associada à distribuição de pressão no pistão. Assim, tem-se:

$$F_D = (350)\frac{\pi 0,2^2}{4} = 11,00 \text{ kN}$$

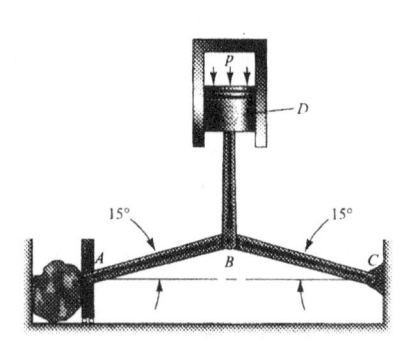

Figura 5.45: Triturador de rochas.

Efetuam-se os somatórios das forças no pino B nas direções vertical e horizontal:

$\sum F_x = 0$:

$$F_A \cos 15° - F_C \cos 15° = 0$$
$$F_A = F_C$$

$\sum F_y = 0$:

$$2F_A \operatorname{sen} 15° - 11,00 = 0$$
$$F_A = \frac{11,00}{(2)(0,259)} = 21,24 \text{ kN}$$

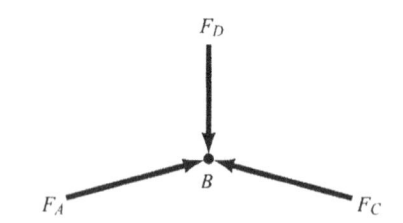

Figura 5.46: Diagrama de corpo livre do pino B.

A força transmitida à rocha na direção horizontal é, então, igual a $21,24 \cos 15° = 20,52$ kN.

∴ A força horizontal transmitida à rocha =   20,52 kN

De uso menos direto é o teorema das 3 forças. Esse teorema estabelece que um sistema de 3 forças em equilíbrio deve ser *coplanar* e *concorrente* ou *paralelo*[10].

5.9 Problemas em estruturas

Alguns problemas interessantes da mecânica estrutural são analisados nesta seção. Basicamente, esses problemas envolvem procedimentos e conceitos teóricos que foram apresentados ao longo deste capítulo, com algumas pequenas adições (que serão descritas nos exemplos seguintes) e princípios básicos de física.

---

10 Para provar esse teorema, suponha que 2 das forças se interceptam em um ponto A. As equações fundamentais de equilíbrio mostram que as forças devem ser coplanares e concorrentes. Então, suponha que as 2 forças *não* se interceptem. Igualando a 0 os momentos do sistema em relação a 2 pontos ao longo da linha de ação de uma das forças, demonstra-se que o sistema deve ser coplanar. Então, como as forças não se interceptam, elas devem ser paralelas. Assim, a prova do teorema está concluída.

Exemplo 5.13

A barra C, ilustrada na Figura 5.47, está soldada a um tambor rígido A, que gira em relação ao seu eixo a uma velocidade estacionária ω de 500 rpm (revoluções por minuto). A massa da barra por unidade de comprimento é dada por w, que varia linearmente da base à sua extremidade, com um valor de 20 kg/m na base e de 28 kg/m na extremidade. Se a tensão normal é definida como a razão da força normal em uma seção pela área da seção (similar à pressão, exceto pelo fato de que a força pode atuar em qualquer sentido sobre a seção, enquanto a pressão só pode atuar contra a seção, empurrando-a), qual é a tensão normal em qualquer seção transversal do cilindro em um ponto localizado a uma distância r da linha de centro B-B do tambor devido apenas ao seu movimento?

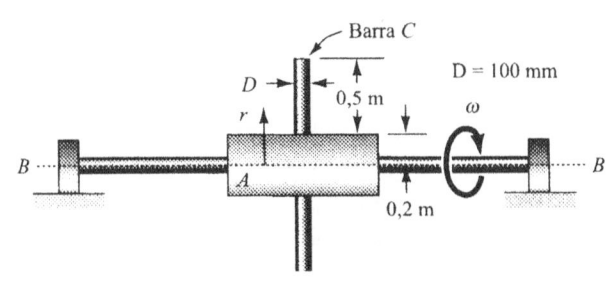

Figura 5.47: Barras fixadas a um tambor rígido rotativo.

Primeiro, uma seção da barra, a uma distância r a partir da linha B-B, é exposta em um *diagrama de corpo livre*, ilustrado na Figura 5.48, no qual a tensão normal que atua na seção é dada por σ_{rr}. A força nessa seção deve compensar a força centrífuga gerada pelo movimento angular da parte da barra localizada além da posição r. Com esse objetivo, analisa-se um corte infinitesimal da barra (veja a Figura 5.48). A variável η representa a distância do corte até a linha de centro B-B. Além disso, a espessura do corte deve ser $d\eta$. Usa-se η para posicionar os cortes entre a posição dada por r no diagrama de corpo livre e a extremidade da barra. Essa abordagem é empregada com o intuito de sedimentar o procedimento de solução. A partir de conceitos básicos da física, a força centrífuga sobre o corte pode ser expressa como:

$$df_{cent.} = (dm)(\eta)(\omega^2) = (w\,d\eta)(\eta)(\omega^2) \qquad (a)$$

Exemplo 5.13 (continuação)

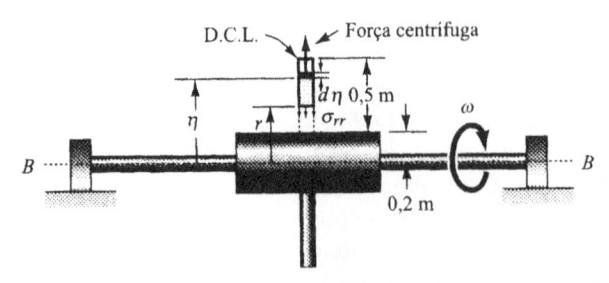

Figura 5.48: O corpo livre mostra σ_{rr} na seção r. Note-se que η é uma variável auxiliar.

Em conseqüência, a força centrífuga total devida ao material localizado além da posição r no corpo livre, da Figura 5.48, será determinada pela seguinte integração:

$$f_{cent.} = \int_r^{0,7} w\eta \, d\eta \omega^2 \qquad (b)$$

O próximo passo é obter a expressão linear para w em função de η, que é dada como:

$$w = 20 + \frac{\eta - 0,2}{0,5} 8 \text{ kg/m}$$

Por meio dessa equação, vê-se que $w = 20$ kg/m para $\eta = 0,2$ e que $w = 28$ kg/m para $\eta = 0,7$. Por inspeção, verifica-se também que a variação de w nessa equação é linear. Agora, retornando à Equação b, obtém-se:

$$f_{cent.} = \int_r^{0,7} \left(20 + \frac{\eta - 0,2}{0,5} 8\right) \eta \left(\frac{(500)(2\pi)}{60}\right)^2 d\eta$$

Efetuando essa integração:

$$f_{cent.} = 2,742 \times 10^3 \left[(20 - 3,2)\frac{\eta^2}{2} + 16\frac{\eta^3}{3}\right]_r^{0,7}$$

$$= 2,742 \times 10^3 [4,116 + 1,829 - 8,40r^2 - 5,333r^3]$$

Pode-se obter a expressão para a tensão desejada σ_{rr} dividindo-se a força centrífuga pela área da seção transversal $\pi D^2/4 = 7,854 \times 10^{-3}$ m². Assim, a distribuição de tensão normal para as seções da barra é expressa por:

$$\sigma_{rr} = 3,491 \times 10^5 [5,945 - 8,40r^2 - 5,333r^3] \text{ N/m}^2$$

Exemplo 5.14

Considere um tanque de *parede fina* que contém ar a uma pressão de 700 kPa acima da pressão atmosférica (veja a Figura 5.49a). O diâmetro externo D do tanque é de 600 mm e a espessura da parede t é de 6 mm. Considere ainda um pequeno elemento $ABCE$ da parede do tanque como corpo livre, na forma de um paralelepípedo infinitesimal, como ilustrado na Figura 5.49. Quais são as tensões sobre as bordas laterais (bordas do corte imaginário da parede) do elemento? Despreze o peso do cilindro.

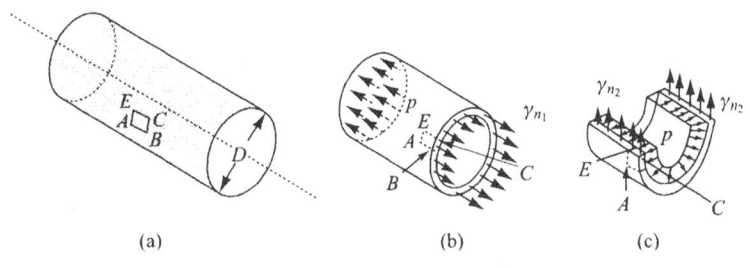

Figura 5.49: Tanque de parede fina com pressão interna p.

A face BC é examinada analisando-se o corpo livre de uma parte do tanque, reproduzido na Figura 5.49b. (Note que a pressão interna sobre a parede não está incluída.) Como existe força resultante devida ao ar apenas na direção axial do cilindro, pode-se esperar que haja tensão normal σ_{n_1} (de maneira similar à pressão, mas com sentido contrário) na seção de corte do cilindro, como ilustrado na figura. Além disso, como a parede do tanque é fina em comparação ao diâmetro, pode-se considerar que a tensão σ_{n_1} seja uniforme ao longo da espessura. Por fim, devido à *simetria axial* da geometria e do carregamento, essa tensão deve ser uniforme sobre toda a seção transversal do cilindro. Por meio da equação de equilíbrio na direção axial, pode-se escrever:

$$\sigma_{n_1}\pi\left[\frac{D^2}{4} - \frac{(D-2t^2)}{4}\right] - p\pi\frac{(D-2t)^2}{4} = 0$$

$$\therefore \sigma_{n_1} = \frac{p(D-2t)^2}{D^2 - (D-2t)^2} = \frac{(700)(0,6-0,012)^2}{0,6^2 - 0,588^2} = 17,0 \text{ MPa} \qquad (a)$$

Portanto, sobre a face BC há uma tensão uniforme de 17,0 MPa. É claro que essa tensão também deve atuar sobre a face AE. Ela é denominada *tensão axial*.

Para expor a face EC, analisa-se metade de um cilindro de comprimento unitário, como ilustrado na Figura 5.49c. Considerando que essa parte do cilindro está muito distante das extremidades e que a parede é fina, pode-se adotar com boa aproximação que a tensão σ_{n_2} é distribuída uniformemente sobre a seção de corte[11]. A pressão p é mostrada atuando sobre a parede interna do tanque na figura. (A tensão σ_{n_1} não é mostrada

---

[11] Próximo às extremidades do tanque, a distribuição de tensão *varia* devido à *complexidade geométrica* das tampas laterais e das contribuições de forças em diferentes direções nas equações de equilíbrio.

Exemplo 5.14 (*continuação*)

para evitar o excesso de informação gráfica.) Agora, analisa-se uma vista frontal desse pedaço de cilindro, como ilustrado na Figura 5.50, para a obtenção da equação de equilíbrio na direção vertical. Tem-se:

$$2[\sigma_{n_2}(t)(1)] - \int_0^\pi p\left(\frac{D}{2} - t\right) d\theta\, (1)\operatorname{sen}\theta = 0$$

$$\left\{\therefore \sigma_{n_2} = \frac{1}{2t}\left[p\left(\frac{D}{2} - t\right)\right](-\cos\theta)\Big|_0^\pi\right.$$

$$\sigma_{n_2} = \frac{p\left(\frac{D}{2} - t\right)}{t} =$$

34,3 MPa

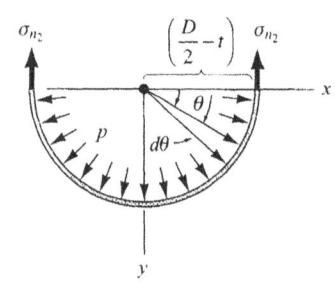

Figura 5.50: Corpo livre de parte do cilindro.

Pode-se mostrar que a força resultante em uma direção qualquer, devido à distribuição de pressão uniforme sobre uma superfície curva, é igual à pressão versus a área projetada dessa superfície na direção da força desejada. (Esse assunto será estudado nos cursos de hidrostática.) Assim, para o caso em análise, a área projetada é a área de um retângulo $1 \times (D - 2t)$, de modo que a segunda expressão da Equação *b* se torna $p(D - 2t)$. Essa expressão fornece a força resultante na direção vertical causada pela pressão. O leitor pode verificar prontamente que essa força deve se igualar à força interna devido à tensão σ_{n_2}, que é dada pela Equação *b*.

A tensão σ_{n_2} é denominada *tensão circunferencial*. Ela é aproximadamente igual a duas vezes a *tensão axial*. σ_{n_1} O elemento *ABCE* com as tensões nas faces de corte é ilustrado na Figura 5.51.

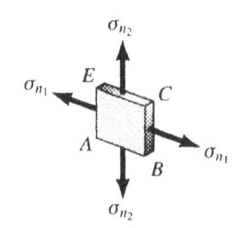

Figura 5.51: Corpo livre de um elemento do cilindro.

5.10 O conceito de problemas estaticamente indeterminados

Considere a viga simples, ilustrada na Figura 5.52, em que as cargas externas e seu peso são conhecidos. Se a deformação for pequena, de modo que as posições finais das cargas externas após a deformação difiram levemente de suas posições iniciais, será possível assumir que a viga seja rígida e, utilizando-se sua configuração geométrica indeformada, as forças de reação A, B_x e B_y poderão ser determinadas. Isso é possível desde que haja 3 equações de equilíbrio independentes disponíveis para as 3 forças desconhecidas. Suponha, agora, que um suporte adicional seja colocado na viga, como ilustrado na Figura 5.53. A viga pode ainda ser considerada um corpo rígido, pois a carga aplicada não sofrerá alteração de direção devido à deformação. Portanto, a força resultante do solo para contrabalançar as cargas aplicadas e o peso da viga deve ser a mesma do caso anterior. No primeiro caso, no qual a viga possui 2 suportes, um único conjunto de valores das forças A, B_x e B_y, entretanto, fornece a resultante requerida. Em outras palavras, é possível determinar as forças de reação

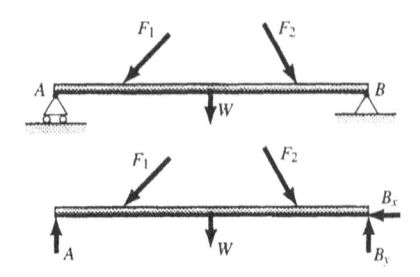

Figura 5.52: Problema estaticamente determinado.

por meio das equações de equilíbrio da estática, sem considerações adicionais. No segundo caso, a estática de corpos rígidos fornece um sistema *similar* de forças de reação, mas haverá um número infinito de combinações de valores possíveis para essas forças para o equilíbrio de corpo rígido. A escolha da combinação mais apropriada de forças de reação da viga requer cálculos adicionais. Embora as características de deformação da viga não tenham sido consideradas importantes até o momento, elas agora passam a ser um critério importante na avaliação das forças de reação. Estes problemas são denominados *estaticamente indeterminados*, ao contrário dos estaticamente determinados, nos quais a hipótese de corpo rígido é suficiente para sua solução. Para um dado sistema de cargas e massas, 2 modelos — o modelo de corpo rígido e os modelos que envolvem comportamento elástico — são convenientemente empregados para se atingir o objetivo de análise do equilíbrio de corpos. Em suma:

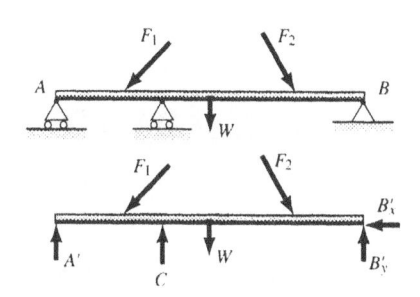

Figura 5.53: Problema estaticamente indeterminado.

> *Nos problemas estaticamente indeterminados, tanto as equações de equilíbrio de corpo rígido quanto as equações advindas das considerações da deformação devem ser satisfeitas. Nos problemas estaticamente determinados, apenas as equações de equilíbrio precisam ser satisfeitas.*

Até aqui, a viga tem sido considerada um corpo rígido e o conceito de problema estaticamente determinado tem sido avaliado pelas forças de reação do sistema de suporte. Evidentemente a mesma análise se aplica a qualquer estrutura que, sem auxílio de restrições externas, possa ser considerada um corpo rígido. Se, para certa estrutura como um corpo livre, o número de componentes de força e momento desconhecidos do sistema de suporte for igual ao número de equações de equilíbrio, cuja solução pode ser obtida, então, poderá ser dito que a estrutura é *externamente estaticamente determinada*.

Por outro lado, se fossem desejadas as forças transmitidas entre membros internos desse tipo de estrutura (ou seja, aquelas que não dependem de restrições externas para serem estaticamente rígidas), os corpos livres desses membros deveriam ser analisados. Quando todas as componentes desconhecidas de força e de momento podem ser determinadas pelas equações de equilíbrio para esses corpos livres, diz-se que a estrutura é *internamente estaticamente determinada*.

Existem estruturas que dependem de restrições adicionais para serem estaticamente rígidas (veja a estrutura ilustrada na Figura 5.54). Em linguagem matemática, pode-se dizer que, para essas estruturas, o sistema de forças de reação de suporte sempre dependerá das forças externas e internas. (Este caso é diferente do anterior, em que as forças de reação poderiam, no caso de problemas externamente estaticamente determinados, ser relacionadas diretamente com as cargas externas sem se considerarem as forças internas.) Nesse caso, não há distinção entre problemas interna e externamente estaticamente determinados, pois a determinação das forças de reação irá envolver corpos livres de alguns ou de todos os membros da estrutura, em que forças e momentos internos estarão envolvidos. Para essas situações, estabelece-se apenas que a estrutura é estaticamente determinada se, para todas as componentes desconhecidas de força e de momento, há equações de equilíbrio em número suficiente para sua determinação.

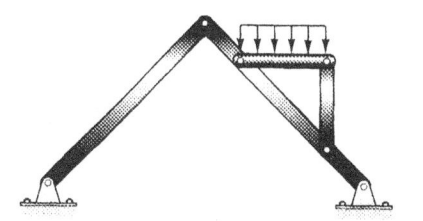

Figura 5.54: Estrutura articulada.

Problemas

5.90 Desenhe os diagramas de corpo livre para a pá basculante, para os braços mecânicos e para o trator. Considere o peso de cada parte atuando em seu centro geométrico e despreze os pesos dos sistemas hidráulicos CE, AB e FH. O trator não está em operação no instante mostrado.

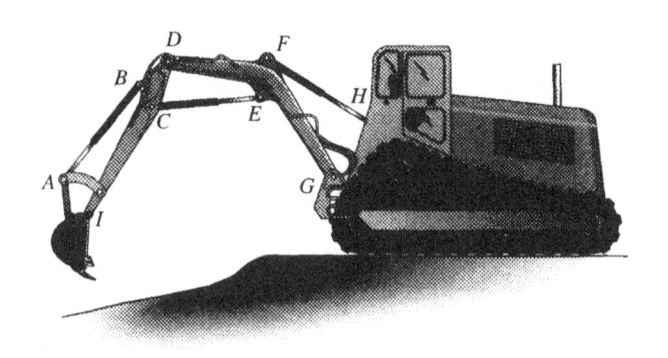

Figura P.5.90

5.91 O braço de um portão de garagem pesa 150 N. Devido ao seu afinamento, supõe-se que o peso atue no ponto localizado a 1,25 m da articulação. Que força deve ser exercida pelo solenóide para levantar o portão? Qual a força necessária exercida pelo solenóide considerando que um contrapeso de 300 N é colocado a 0,25 m à esquerda da articulação?

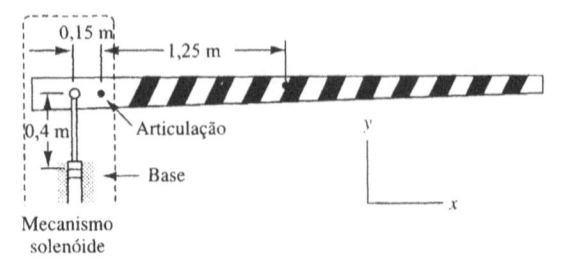

Figura P.5.91

5.92 Determine a força exercida em C, na direção horizontal, para triturar a rocha. A pressão p_1 = 700 kPa e p_2= 400 kPa (pressões medidas acima da pressão atmosférica). Os diâmetros dos pistões são iguais a 150 mm. Despreze o peso das barras.

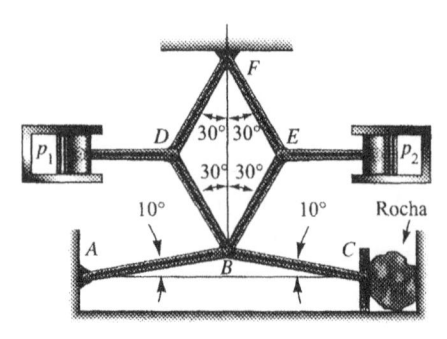

Figura P.5.92

5.93 Uma escavadeira carrega uma carga de 20 kN, como ilustrado na Figura P.5.93. Considerando que o cilindro hidráulico CB é normal a BA, onde A é o eixo de rotação do membro E, determine a força necessária do cilindro CB. Despreze os pesos dos membros articulados.

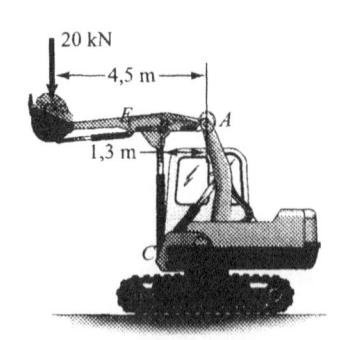

Figura P.5.93

5.94 Qual a força F_1 necessária para o equilíbrio? Despreze o atrito. O mecanismo é simétrico em relação ao eixo vertical e os membros horizontais são articulados em E.

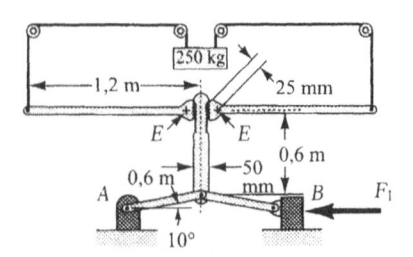

Figura P.5.94

5.95 Determine os valores de F e C de modo que os membros AB e CD falhem simultaneamente. A máxima carga para AB é de 15 kN e para CD é de 22 kN. Despreze os pesos dos membros.

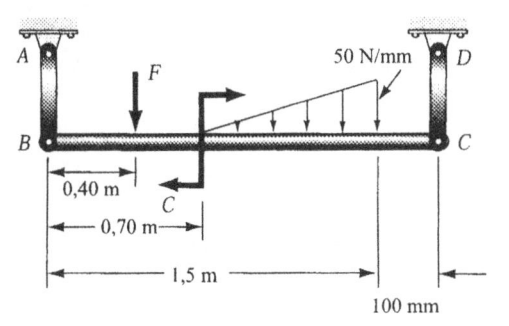

Figura P.5.95

5.96 O trem de pouso de uma aeronave suporta uma carga vertical total de 200 kN. Há duas rodas em cada lado da barra de sustentação AB. Determine a força no membro EC e as forças transmitidas à fuselagem em A, considerando que os freios se encontram acionados e os motores em teste geram um empuxo de 5 kN, sendo que 40% deste empuxo é resistido pelo trem de pouso.

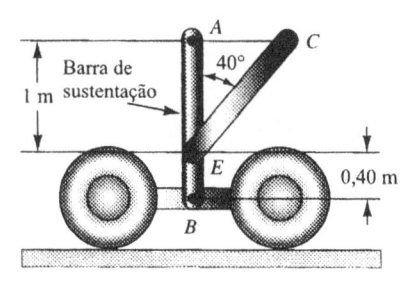

Figura P.5.96

5.97 Determine as magnitudes das forças de reação nos suportes da estrutura reticulada mostrada. Apenas 2 diagramas de corpo livre podem ser utilizados neste problema. Escreva um sistema completo de equações para a determinação das incógnitas. Não é necessário obter a solução para o sistema de equações encontrado.

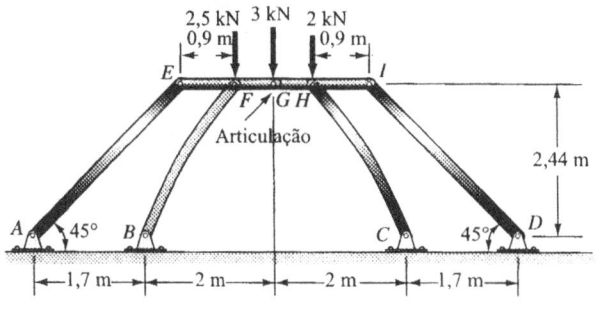

Figura P.5.97

5.98 (a) Determine as forças de reação em B, desprezando os pesos dos membros.

(b) Qual é a força no membro CB?

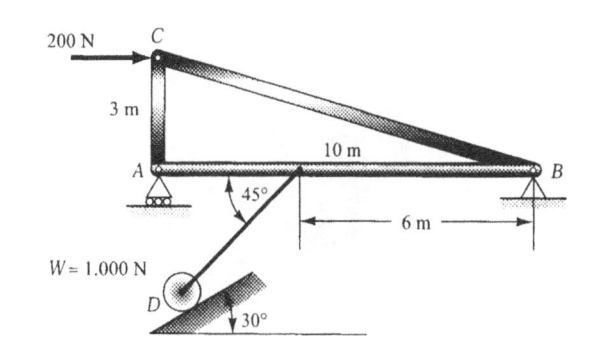

Figura P.5.98

5.99 Determine as forças de reação em B e C, considerando que o disco A pesa 200 N. Despreze os pesos dos membros e o atrito.

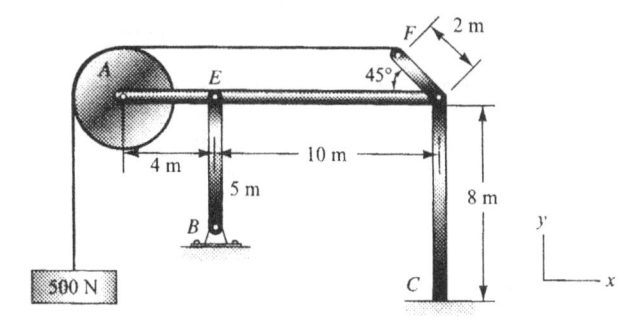

Figura P.5.99

5.100 Determine o sistema de forças de reação em C, desprezando o atrito.

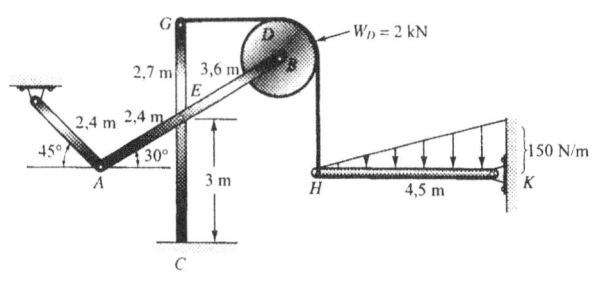

Figura P.5.100

5.101 O pavimento exerce uma força de 4,5 kN sobre o pneu. O pneu, com os freios e outras partes, pesa 450 N. Considerando que o centro de gravidade se encontra no plano central do pneu, como ilustrado na Figura P.5.101, determine a força devida à mola e a força de compressão no membro *CD*.

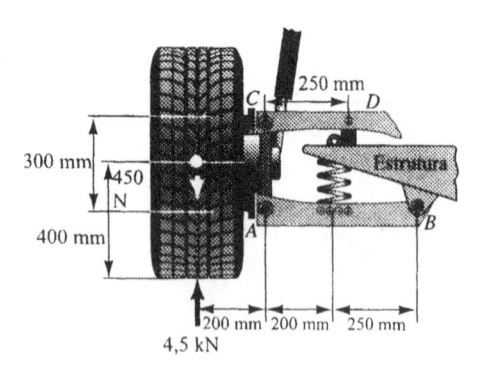

Figura P.5.101

5.102 Um mecanismo de duas esferas é mostrado girando a uma velocidade constante ω de 500 rpm. As esferas C e D possuem massa de 500 g e estão conectadas por meio de articulações às barras. De acordo com os conceitos básicos da física, a força centrífuga sobre os pesos é dada por $mr\omega^2$, onde *r* é a distância radial até a partícula medida do eixo de rotação e ω é expressa em rad/s. Usando-se essa força centrífuga e assumindo-se que o observador esteja girando com o sistema, pode-se dizer que há equilíbrio. (Esse é o princípio de D'Alembert estudado em física elementar.) Qual é a força nas barras e qual a força vertical descendente F em B necessária para manter a configuração mostrada para uma dada velocidade ω?

5.103 Para o mecanismo de esferas apresentado na Figura P.5.103, considerando $\omega_1 = 3$ rad/s, calcule a força em *AG* e *AE*. Despreze os pesos dos membros, mas considere que *HC* e *HB* são rígidos. As esferas C e B possuem massa de 200 g cada. Qual é a força necessária para manter a configuração ilustrada? (*Dica*: Veja a definição de força centrífuga e o princípio de D'Alembert no Problema 5.102.)

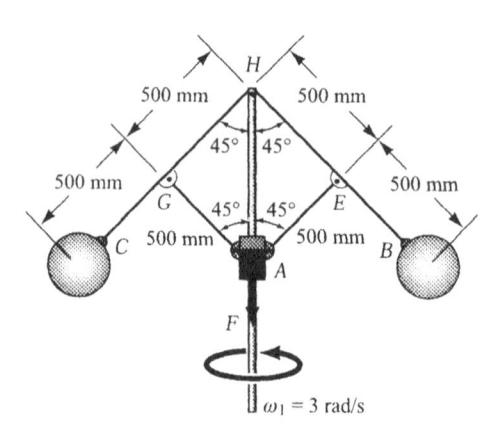

Figura P.5.103

5.104 Determine as forças de reação do sistema de suporte em *A, C, D, G, F* e *H* da estrutura. *C, D, H* e *G* são juntas esféricas.

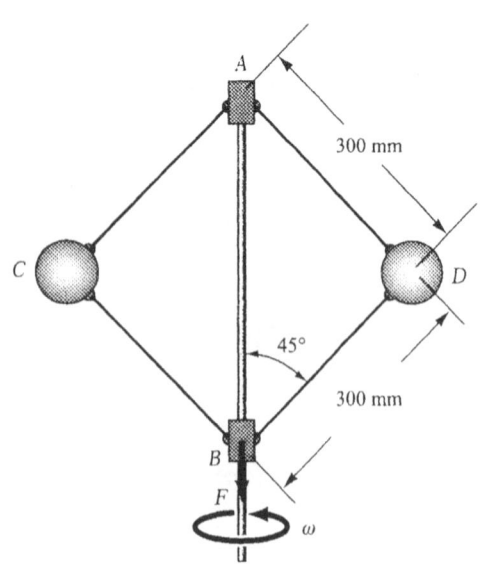

Figura P.5.102

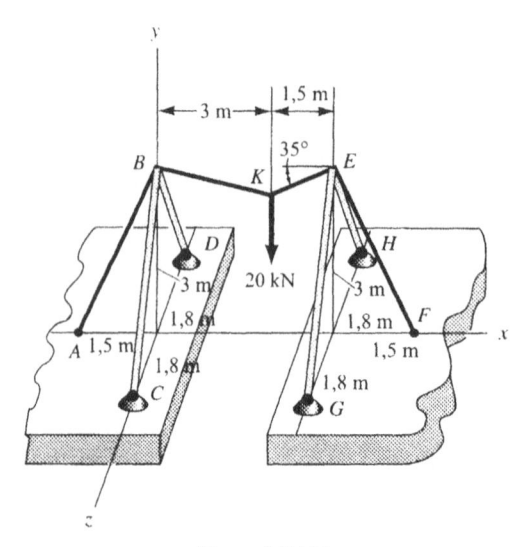

Figura P.5.104

5.105 A porta de um porão é mantida aberta por uma barra CD, cujo peso pode ser desprezado. A porta tem dobradiças em A e B e pesa 900 N. Um vento que sopra contra a parte externa da porta cria um aumento na pressão de 100 Pa. Determine a força na barra, supondo que ela não possa deslizar na posição mostrada. Determine também as forças transmitidas às dobradiças. Apenas a dobradiça B pode resistir a movimentos na direção AB.

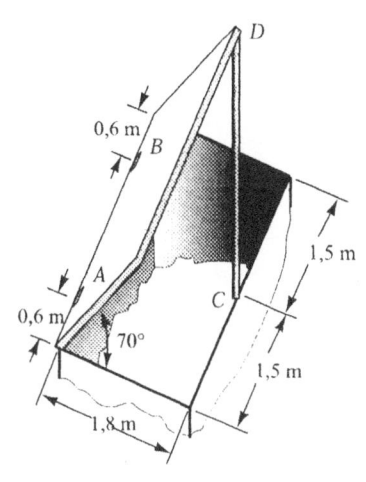

Figura P.5.105

5.106 Determine a força BD, considerando que: todas as conexões são juntas esféricas; o membro AB tem duas curvas de 90°; o membro BD está no plano yz. Despreze os pesos de todos os membros.

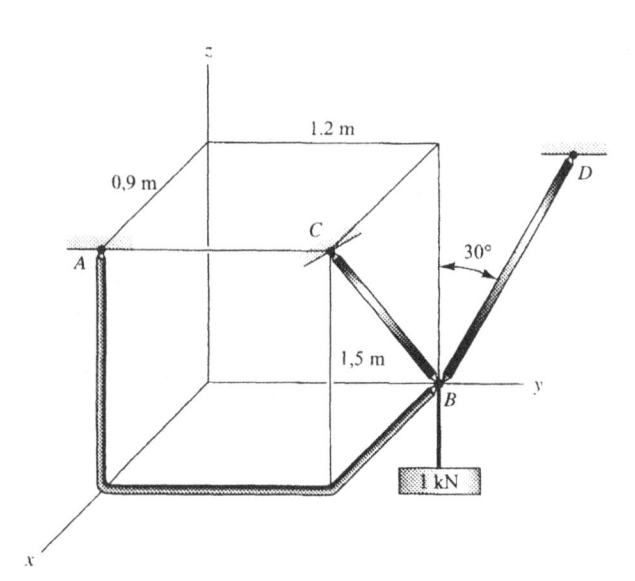

Figura P.5.106

5.107 Determine as forças de reação em A e C. Mostre e use apenas um diagrama de corpo livre.

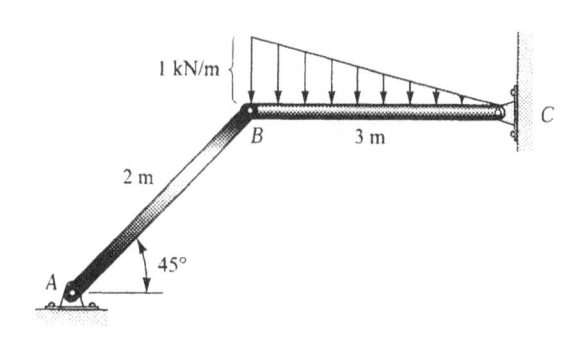

Figura P.5.107

5.108 Um acoplamento transmite uma carga axial de 5 kN. Quatro parafusos, com diâmetro de 13 mm, conectam as 2 flanges dos eixos no acoplamento. Antes de os eixos serem carregados, os parafusos estão sujeitos a forças desprezíveis. Considerando que cada parafuso suporta a mesma carga, qual é a tensão normal média em cada parafuso devida à carga axial de 5 kN?

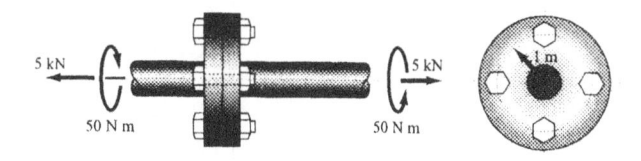

Figura P.5.108

5.109 Um eixo circular é suspenso como ilustrado na Figura P.5.109. A densidade do material do eixo é de 7,36 Mg/m³. Qual é a tensão de tração σ_{zz} sobre as seções transversais do eixo em função de z?

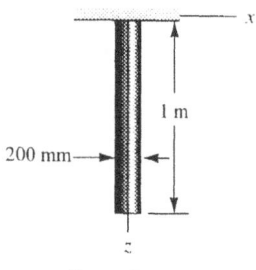

Figura P.5.109

5.110 Resolva o problema anterior para o caso em que a densidade ρ varia com o quadrado de z, tendo um valor de 6,5 Mg/m³ no apoio ($z = 0$) e um valor de 7,5 Mg/m³ na extremidade livre ($z = 1$ m).

5.111 Um cone é suspenso pela base. A densidade ρ do material é de 7,40 Mg/m³. Qual é a tensão normal média, representada por σ_{zz}, para as seções transversais do cone em função de z?

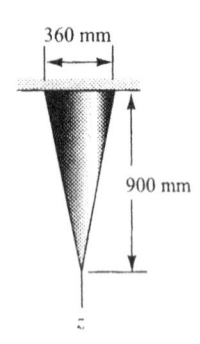

Figura P.5.111

5.112 Resolva o problema anterior para o caso em que a densidade ρ varia linearmente da base do cone (ρ = 7,40 Mg/m³) até o vértice (ρ = 6,20 Mg/m³). Obtenha a tensão normal σ_{zz} nas seções transversais do cone em função de z, sem considerar os termos adicionais que surgem durante a integração. Por fim, calcule a função para a tensão σ_{zz} em uma posição z = 300 mm a partir do topo.

5.11 Considerações finais

Neste capítulo, foi apresentado o conceito de *corpo livre*. É esperado agora que o leitor tenha assimilado a importância de desenhar corretamente os corpos livres. É recomendado que nunca se inicie o cálculo da solução de um problema até que os corpos livres sejam corretamente obtidos. Esse é o passo crucial na solução! Se um claro entendimento sobre a obtenção de corpos livres não for alcançado nesses cursos introdutórios de mecânica dos corpos rígidos, o leitor terá dificuldades em cursos futuros de engenharia. Além disso, é de vital importância conhecer quantas *equações de equilíbrio independentes* podem ser escritas para qualquer diagrama de corpo livre desenhado. É bom lembrar que a habilidade de se escreverem equações de equilíbrio vem sendo desenvolvida desde a obtenção das resultantes mais simples para os vários sistemas de forças. No cálculo das resultantes de sistemas de forças, devem estar claros os requisitos necessários para a obtenção de um sistema equivalente ao sistema de forças em análise e para a obtenção do número apropriado de equações de equilíbrio independentes.

No final do capítulo, analisou-se o caso de problemas *estaticamente indeterminados*. Nesse caso, a solução requer, além das equações de equilíbrio de corpo rígido, a análise de deformação do corpo, que pode ser considerada pequena em muitos problemas de engenharia. A análise de deformação está fora do escopo deste livro e deverá ser estudada nos futuros cursos de mecânica dos sólidos e resistência dos materiais.

No Capítulo 6, serão analisados certos tipos de corpos que são de grande interesse na engenharia. Os problemas serão estaticamente determinados e não envolverão qualquer conceito novo. Um capítulo em separado é dedicado a esses problemas porque eles contêm convenção de sinais e procedimentos que são importantes e complexos a ponto de merecerem atenção especial. Portanto, uma introdução a problemas da mecânica estrutural estaticamente determinados será apresentada no capítulo seguinte.

Problemas

5.113 Determine as tensões em todos os cabos. O bloco A tem uma massa de 600 kg. Note que GH está no plano yz.

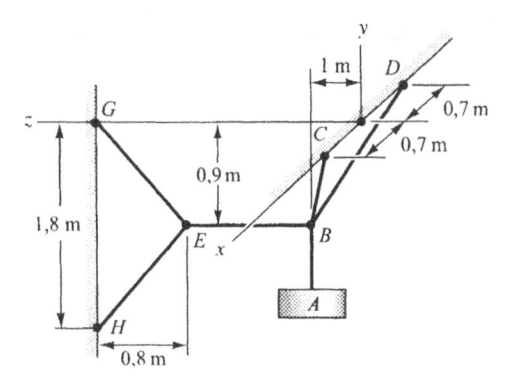

Figura P.5.113

5.114 Determine as componentes de força em G, considerando que E pesa 1,3 kN.

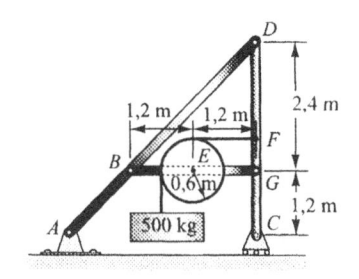

Figura P.5.114

5.115 Um trem para passeios turísticos, com rodas dentadas para aclives acentuados, pesa 300 kN quando completamente carregado. Considerando que as rodas têm um raio médio de 600 mm, qual o torque aplicado às rodas de tração A se as rodas B giram livremente? Qual é a força que as rodas B transmitem à pista?

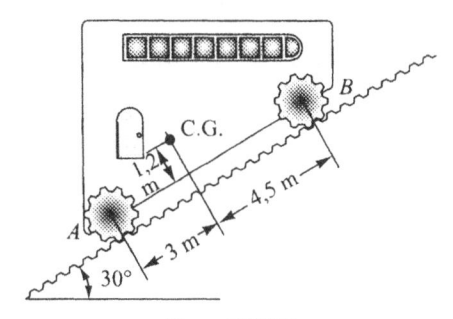

Figura P.5.115

5.116 Determine as forças sobre o bloco de gelo geradas pelas garras A e F.

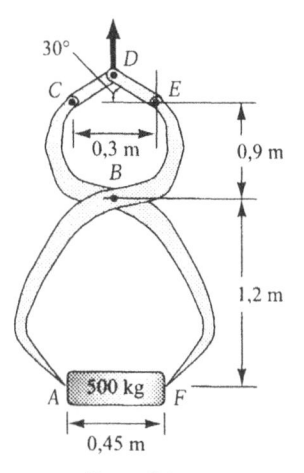

Figura P.5.116

5.117 Os membros AB e BC pesam, respectivamente, 50 N e 200 N e estão conectados um ao outro por meio de um pino. BC está conectado a um disco K, sobre o qual se aplica um torque $T_K = 200$ N m. Qual o torque T necessário em AB para manter o sistema em equilíbrio na configuração mostrada?

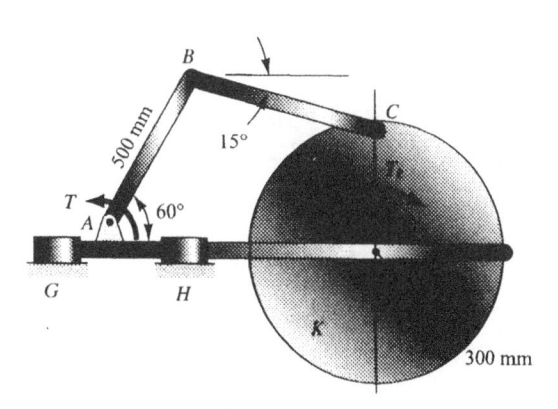

Figura P.5.117

5.118 Uma aeronave sem combustível pesa 220 kN. Considerando que uma das asas é carregada com 50 kN de combustível, quais serão as forças em cada uma das 3 partes do trem de pouso?

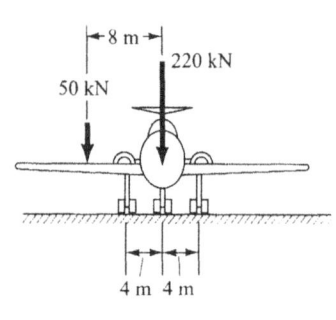

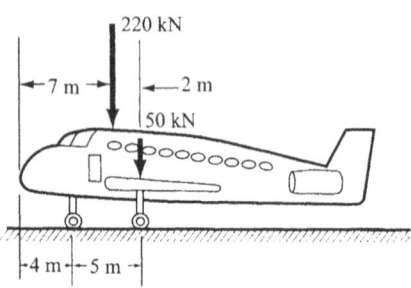

Figura P.5.118

5.119 Uma barra AB está conectada por meio de juntas esféricas a uma luva sem atrito em A e a uma articulação em B. Quais são as forças de reação em B e A se o peso de AB for desprezado? A carga de 500 N atua no centro de AB.

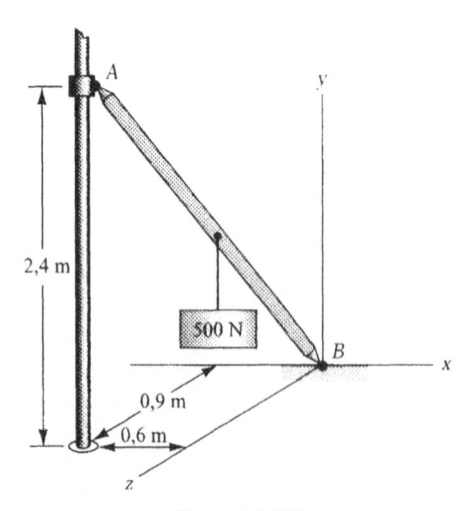

Figura P.5.119

5.120 Uma viga que pesa 1,8 kN é suportada por uma junta esférica em A e por 2 cabos CD e EF. Determine a tensão nos cabos. Os cabos são fixados a blocos localizados em lados opostos em relação à viga.

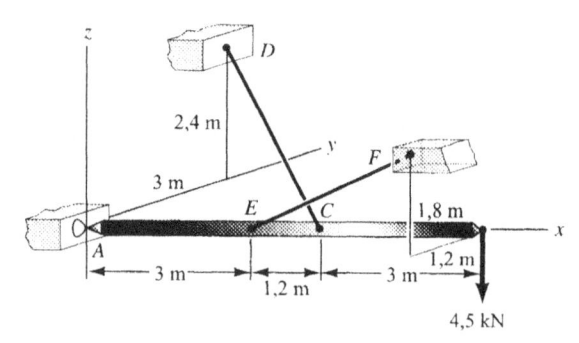

Figura P.5.120

5.121 Quais seriam os valores de R e M se as barras de suporte AB e CD falhassem simultaneamente? A barra AB é capaz de resistir a uma força de 22 kN e a barra CD pode resistir a uma força de até 36 kN. Despreze os pesos dos membros.

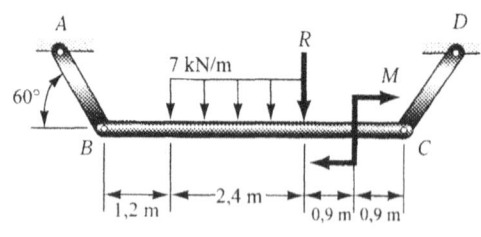

Figura P.5.121

5.122 Determine as componentes A_x e A_y da reação no suporte inferior da estrutura. Não é necessário determinar outras incógnitas do problema, resolva-o utilizando apenas 2 diagramas de corpo livre e 2 equações. O disco D pesa 140 N e tem um diâmetro de 600 mm. Despreze o peso dos membros e o atrito.

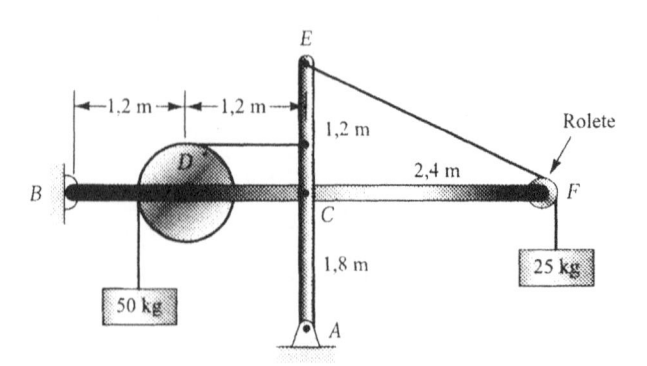

Figura P.5.122

5.123 As barras leves BC e AC são articuladas em C e suportam uma carga de 300 N e um momento de 500 N m. Quais são as forças de reação nos suportes em A e B?

5.125 Uma barra distorcida ADGB suporta 2 pesos — um no centro de AD e outro no centro de DG. Há juntas esféricas em A e B. Com uma equação escalar obtida por meio do produto escalar triplo, determine a tensão no cabo DC.

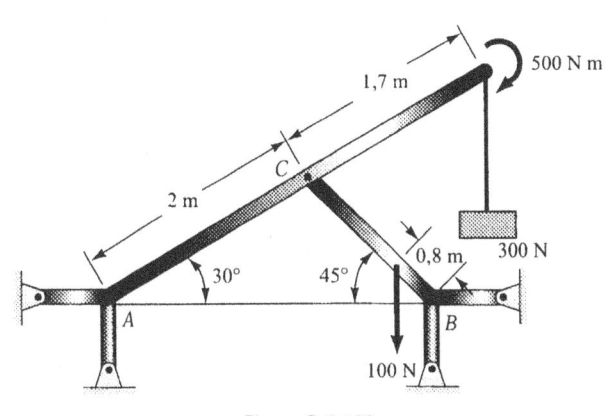

Figura P.5.123

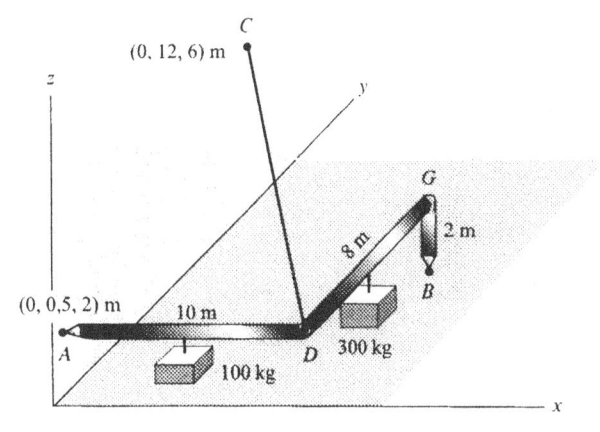

Figura P.5.125

5.124 Uma barra AB encontra-se apoiada em uma junta esférica em A e suporta uma massa C de 100 kg em B. Essa barra está no plano zy e encontra-se inclinada em relação ao eixo y a 15°. Seu comprimento é de 16 m e F está localizado em seu ponto central. Determine as forças nos cabos DF e EB.

5.126 Determine a tensão no cabo FH, considerando que o disco G pesa 2 kN. Use apenas um corpo livre.

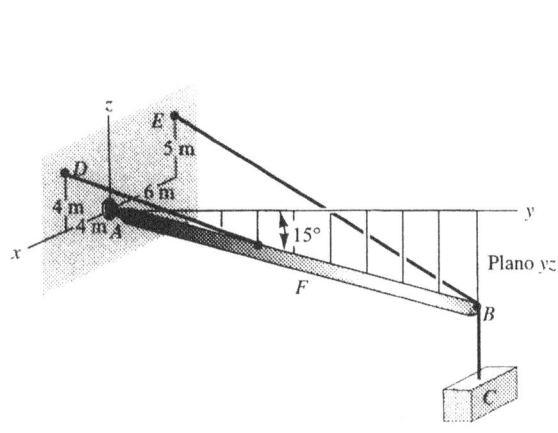

Figura P.5.124

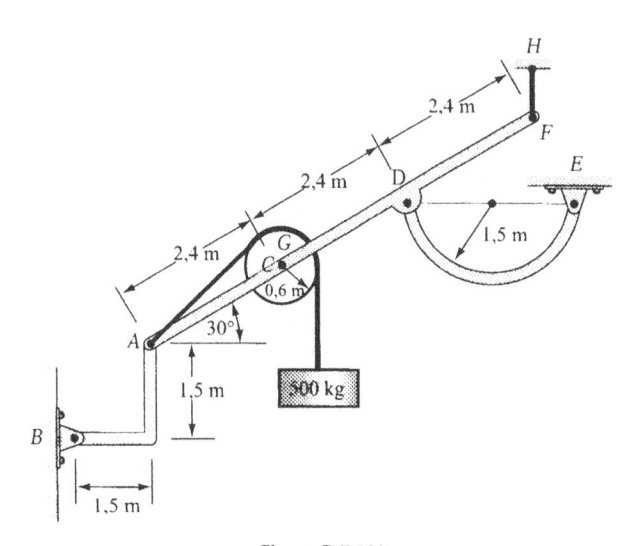

Figura P.5.126

5.127 (a) Determine as componentes da força de reação no suporte em *A* usando apenas um diagrama de corpo livre.

(b) Determine o sistema de forças transmitido através da seção em *E* da viga *CD*. Novamente, utilize apenas um diagrama de corpo livre para este cálculo. *ACD* é um membro distorcido.

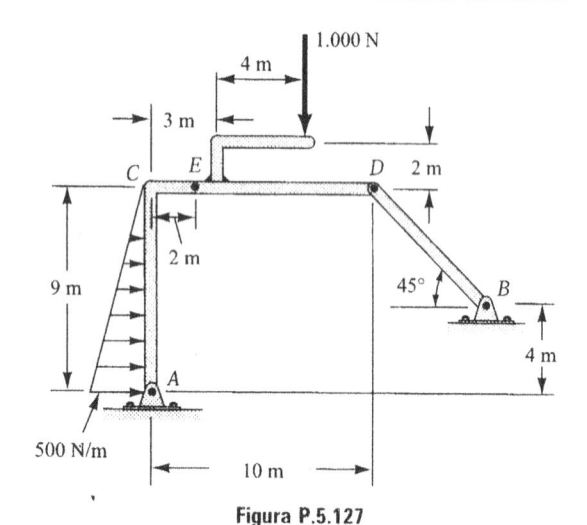

Figura P.5.127

5.128 O vento gera uma pressão uniforme de 2 kPa sobre o lado esquerdo da porta *E* e causa uma sucção uniforme sobre o lado direito de – 0,15 kPa. O cabo *AB* segura a porta. Considerando que a dobradiça *D* permite movimento na direção *y*, e a dobradiça *C* não, quais são as forças de reação nas dobradiças? O peso da porta é de 900 N, sendo que seu centro geométrico coincide com seu centro de gravidade. A posição da extremidade *A* do cabo de suporte tem coordenadas (– 2 , 1,6 , 5) m.

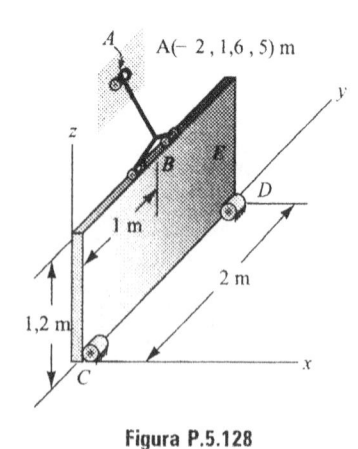

Figura P.5.128

5.129 Determine as forças de reação nos suportes. Não utilize mais do que 2 diagramas de corpo livre.

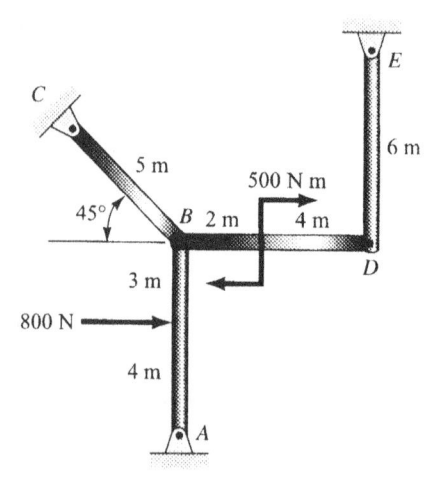

Figura P.5.129

5.130 Qual é a tensão nos cabos da ponte móvel de um castelo cujo peso é de 3 Mg e que tem dimensões laterais de 3 m e 3,6 m, quando a ponte está começando a ser erguida? E quando a ponte está a 45°? Quais são as reações no pino da dobradiça?

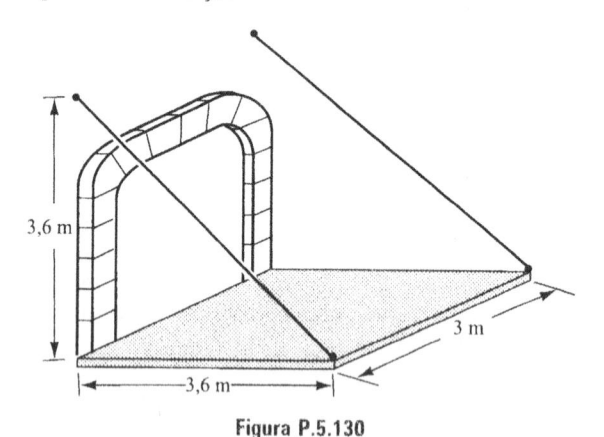

Figura P.5.130

5.131 Um pequeno gancho possui uma capacidade de carga de 20 kN. Qual é o valor máximo de tensão no cabo e as correspondentes reações em *C*? Despreze o peso da viga. Em *C* há uma articulação.

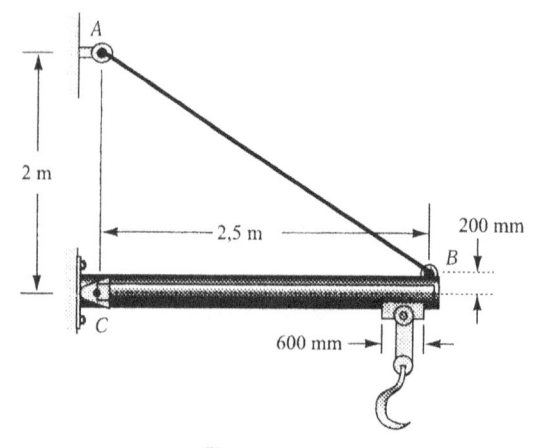

Figura P.5.131

5.132 Um bloco uniforme que pesa 2 kN é suportado por 3 cabos. Quais são as tensões nesses cabos?

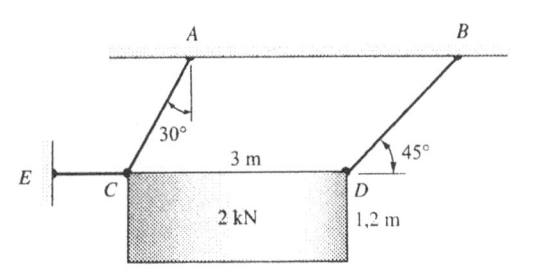

Figura P.5.132

5.133 Determine as forças de reação nos suportes da estrutura mostrada na Figura P.5.133.

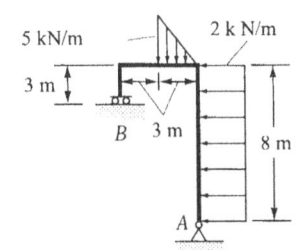

Figura P.5.133

5.134 Quatro cabos suportam um bloco com peso de 5 kN. As arestas do bloco são paralelas aos eixos coordenados. O ponto B está em $(7, 7, -15)$. Quais são as forças nos cabos e os cossenos diretores para o cabo CD?

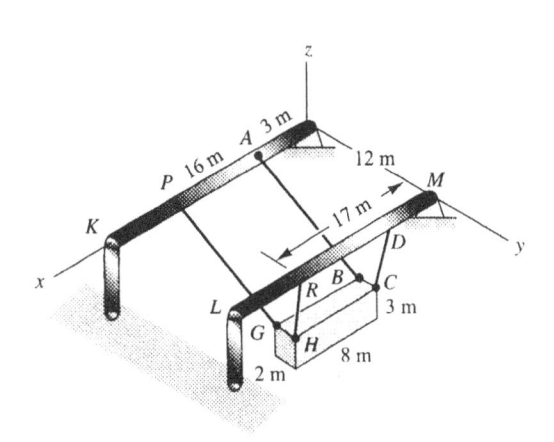

Figura P.5.134

5.135 Um mecanismo consiste em 2 pesos W de 50 N cada, 4 barras leves de comprimento a igual a 200 mm e uma mola K de constante igual a 8 N/mm. A mola encontra-se indeformada quando $\theta = 45°$. Considerando que a mola é mantida na direção vertical, qual é o ângulo θ para o equilíbrio? Despreze o atrito. A força gerada pela mola é dada por K multiplicado pela deformação da mola.

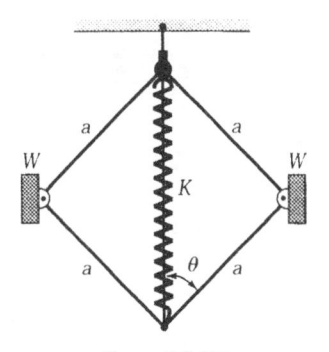

Figura P.5.135

5.136 Determine a força compressiva na barra de travamento AB do disco dentado. Qual é o sistema de forças de reação resultante em E?

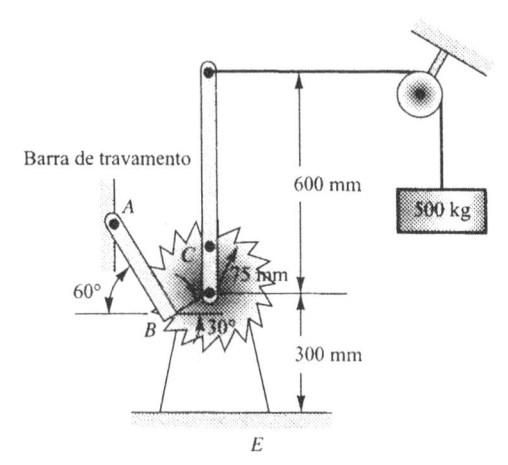

Figura P.5.136

5.137 Uma carga de 10 kN é erguida pela pá basculante. Quais são as forças nas conexões com a pá e com o braço mecânico AE? O cilindro hidráulico DF é perpendicular ao braço AE, e BC está na horizontal. Os pontos A e F estão localizados à mesma altura do solo.

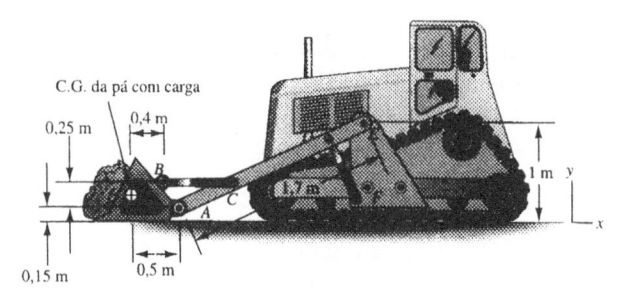

Figura P.5.137

5.138 Determine as forças de reação nos suportes em A e B.

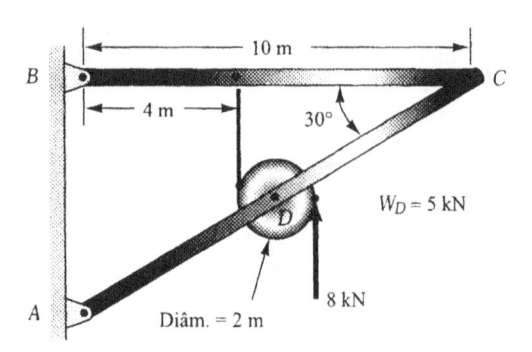

Figura P.5.138

5.139 Determine as componentes de força sobre a articulação C da estrutura ilustrada na Figura P.5.139. Despreze o atrito e os pesos dos membros.

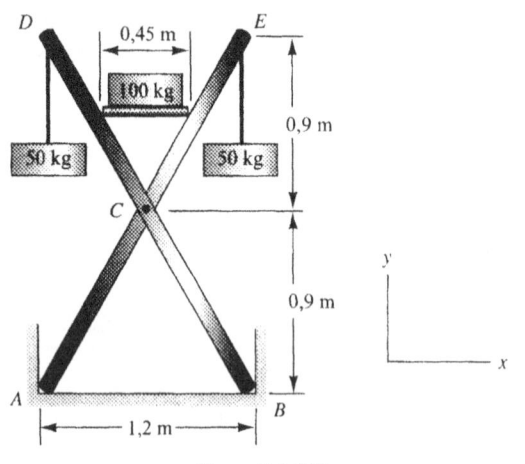

Figura P.5.139

5.140 Determine o sistema de forças de reação em A. Use apenas um diagrama de corpo livre.

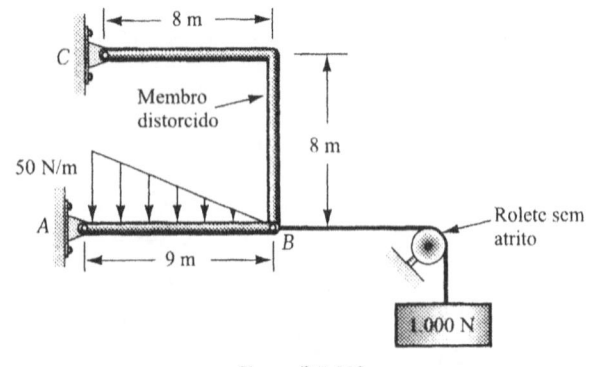

Figura P.5.140

5.141 Determine os sistemas de forças de reação nos suportes em A e B. Observe que há uma articulação em C.

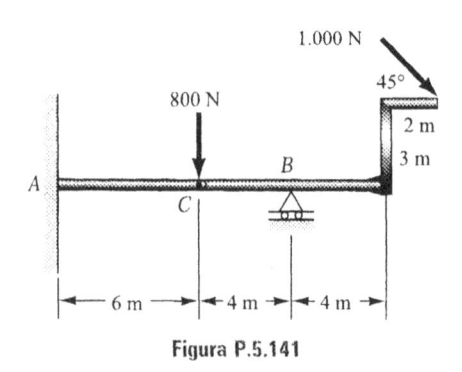

Figura P.5.141

5.142 Um tanque de 300 kN sobe um aclive de 30° com velocidade constante. Qual é o torque desenvolvido nas rodas traseiras, onde está a tração do motor, para a realização dessa tarefa? Considere que todas as outras rodas são livres para girar sem tração.

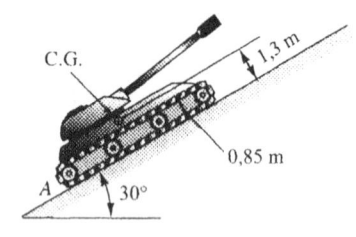

Figura P.5.142

5.143 Determine as componentes das forças que atuam sobre as articulações A, B e C, que conectam e suportam os blocos mostrados na Figura P.5.143. O bloco I pesa 10 kN e o bloco II, 30 kN.

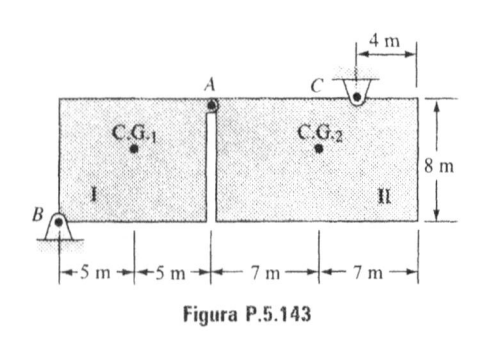

Figura P.5.143

5.144 Qual a força F que as garras exercem sobre o tubo de seção D? Despreze o atrito.

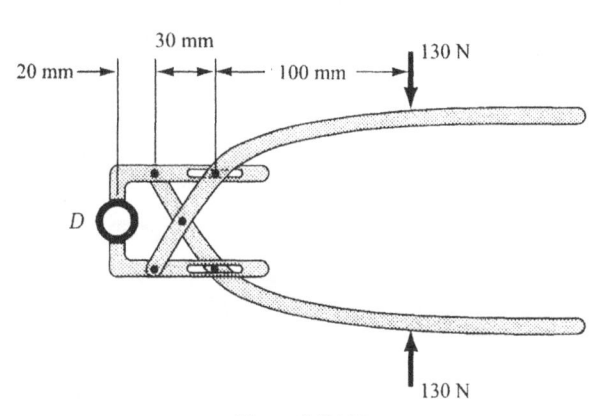

Figura P.5.144

5.145 Quais são as forças de reação nos suportes da estrutura? Despreze os pesos das barras, mas considere o peso de 10 kN.

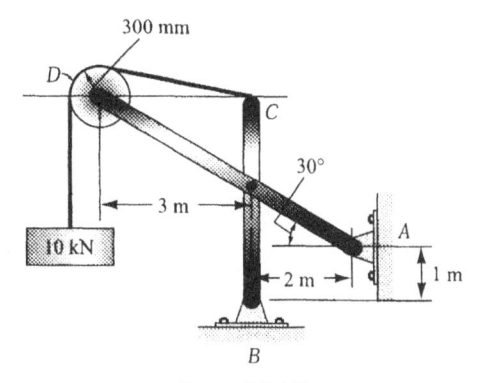

Figura P.5.145

5.146 Um arco circular de 20 m de raio suporta uma carga de vento dada em $0 < \theta < \pi/2$ como:

$$f = 5\left(1 - \frac{\theta}{\pi/2}\right) \text{kN/m}$$

onde θ é medido em radianos. Note que para $\theta > \pi/2$ não há carregamento. Quais são as forças de reação nos suportes? (Dica: Qual é o ponto mais adequado para o cálculo dos momentos?)

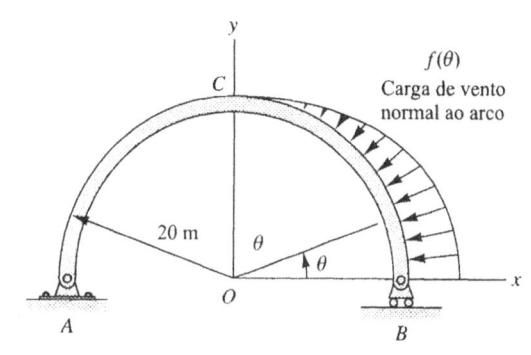

Figura P.5.146

5.147 Um arco é formado pelas placas uniformes A e B. A placa A pesa 5 kN e a placa B, 2 kN. Quais são as forças de reação nos vínculos C, D e E?

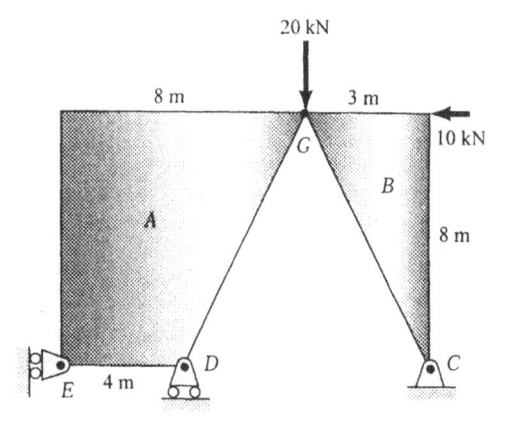

Figura P.5.147

5.148 Determine as forças de reação nas juntas A, D e C. Os membros AB e DB são articulados ao membro EC em B.

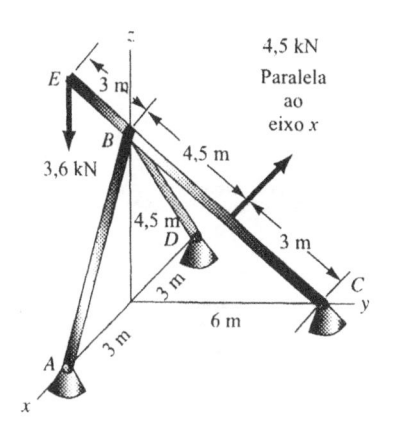

Figura P.5.148

5.149 Um trator com pá escavadeira é usado para empurrar um veículo de terraplenagem. Considerando que a força do trator sobre o veículo é de 150 kN na direção horizontal, quais são as reações da escavadeira sobre o trator em *B* e *A*?

5.151 Um mecanismo escavador é parcialmente ilustrado na Figura P.5.151. Para gerar as forças indicadas sobre a pá escavadeira, quais as forças que os cilindros hidráulicos *HB* e *CD* devem exercer sobre o mecanismo? Considere apenas as forças de 3 kN e 5 kN e despreze os pesos dos membros.

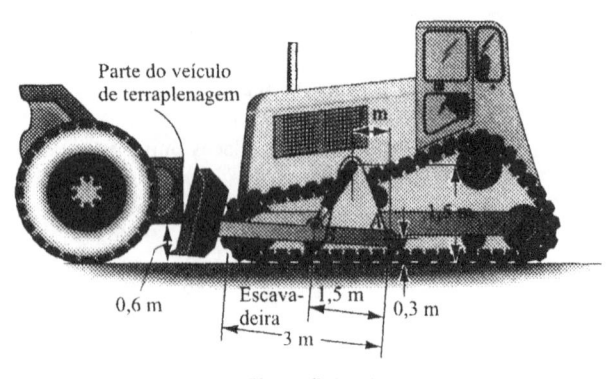

Figura P.5.149

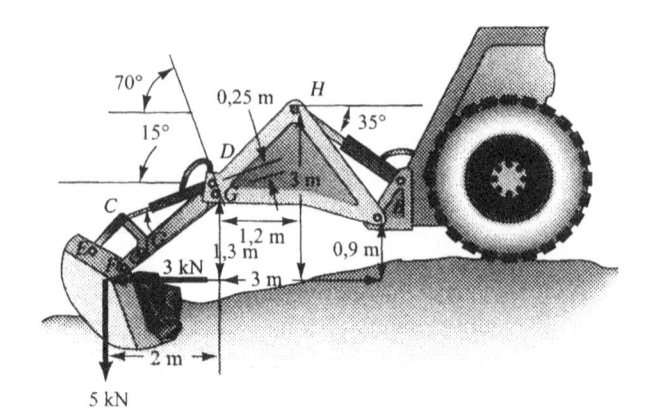

Figura P.5.151

5.150 Uma plataforma acionada por mecanismo hidráulico para carregamento de caminhões suporta um peso *W* de 22 kN. Apenas um lado do sistema é mostrado na Figura P.5.150; o outro lado é idêntico. Considerando que o diâmetro dos pistões nos cilindros hidráulicos é de 100 mm, qual a pressão *p* necessária para suportar *W* quando $\theta = 60°$? Os seguintes dados se aplicam ao problema:

$l = 600$ mm, $d = 1.500$ mm, $e = 250$ mm.

Despreze o atrito. (*Dica*: Apenas 2 diagramas de corpo livre são necessários na solução.)

5.152 Um bloco que pesa 1 kN é suportado pelos membros *KC* e *HB*, cujos pesos podem ser desprezados, pela junta em *A* e por um suporte, sem atrito, em *E*. Os membros *KC* e *HB* são colineares com as diagonais do bloco, como ilustrado na Figura P.5.152. Quais são as forças de reação nos suportes para este bloco?

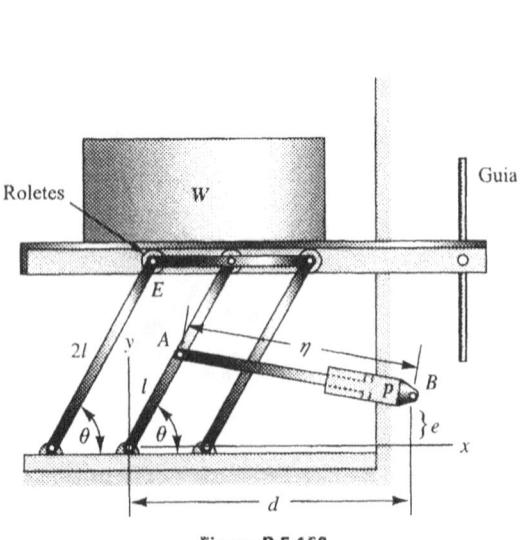

Figura P.5.150

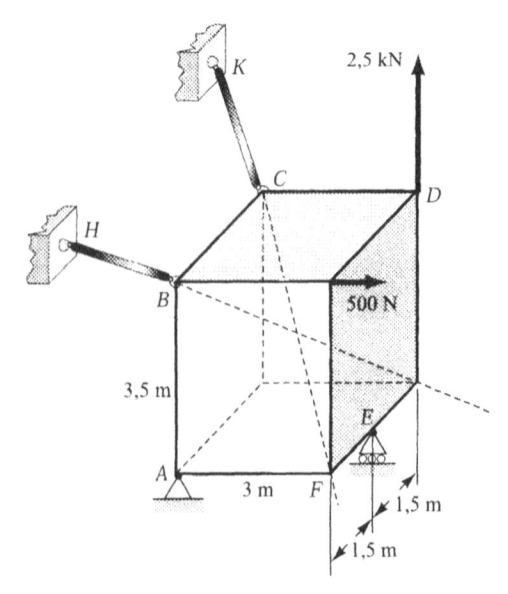

Figura P.5.152

5.153 Uma barra pode girar paralelamente ao plano A em relação a um eixo de rotação normal ao plano em O. Um peso W é suportado por uma corda que está fixada à barra, passando por uma pequena polia que pode girar livremente quando a barra gira. Determine o valor de C para o equilíbrio considerando que $h = 300$ mm, $W = 30$ N, $\phi = 30°$, $l = 70$ mm e $d = 500$ mm.

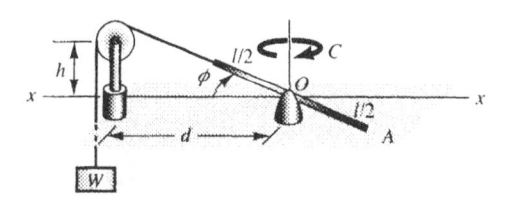

Figura P.5.153

5.154 Determine as forças de reação em A e B. Despreze os pesos dos membros.

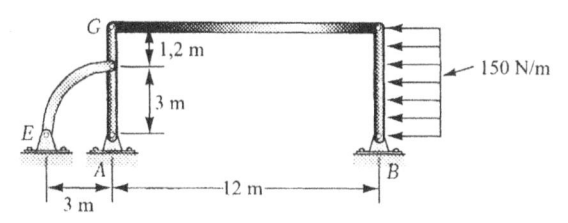

Figura P.5.154

5.155 Um cortador de parafusos está sujeito a uma força de 130 N aplicada em cada braço do mecanismo. Qual é a força sobre o parafuso provocada pelo cortador?

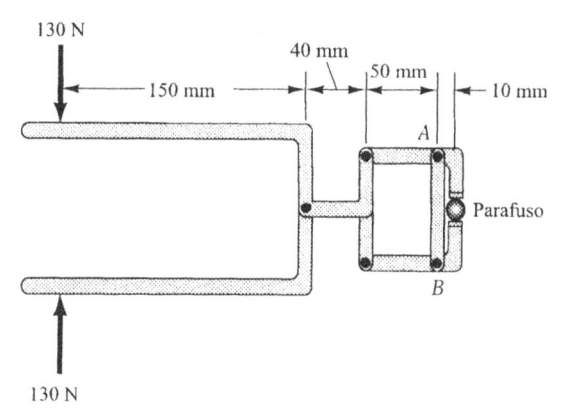

Figura P.5.155

5.156 Uma locomotiva a vapor gera uma pressão de 200 kPa (acima da pressão atmosférica). Considerando que o trem se encontra estacionário, qual é a força total de tração gerada pelas 2 rodas ilustradas na Figura P.5.156? Despreze o peso das barras e o atrito no pistão e nas articulações.

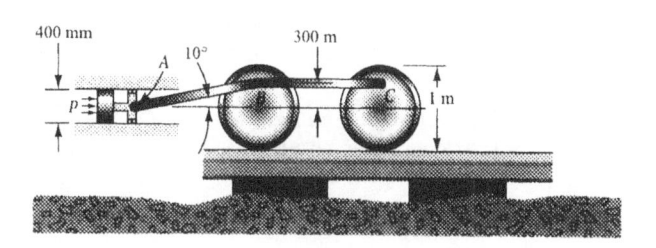

Figura P.5.156

5.157 Determine as forças de reação em A, B e C. Despreze o peso da barra e use apenas um diagrama de corpo livre.

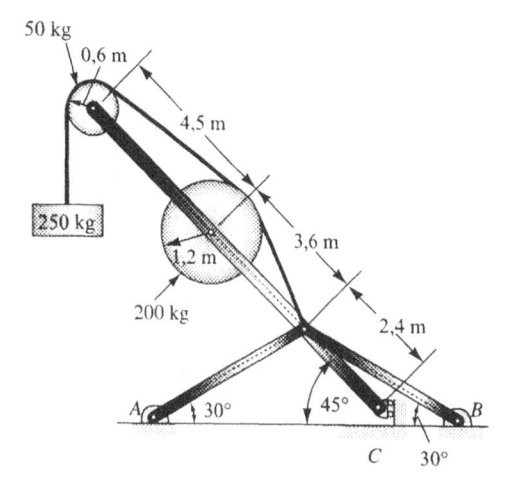

Figura P.5.157

5.158 A carga A de 2,4 Mg de um caminhão de apoio é levantada até que seu fundo fique nivelado com o piso da aeronave. Um cilindro hidráulico exerce uma força sobre o suporte do lado direito do mecanismo de levantamento, no qual há roletes para reduzir o atrito. Considerando que os 2 membros do mecanismo de levantamento são articulados em seus centros, e o centro de gravidade da carga é o seu centro geométrico, qual é a força exercida pelo cilindro para manter a posição ilustrada na Figura P.5.158?

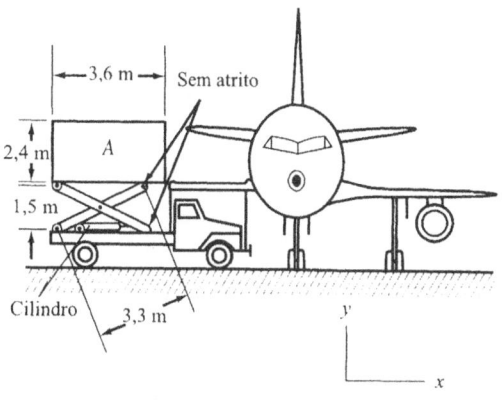

Figura P.5.158

5.159 (a) Utilizando apenas um diagrama de corpo livre, determine as forças de reação devidas ao solo em A e B.

(b) Na posição 0,75 m à esquerda de D, determine o sistema de forças que atua sobre a seção transversal do membro CD.

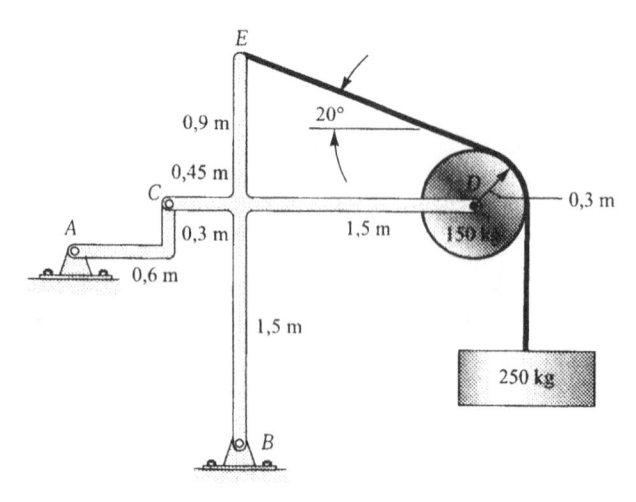

Figura P.5.159

5.160 Para a estrutura mostrada na Figura P.5.160, determine a força no cabo EF.

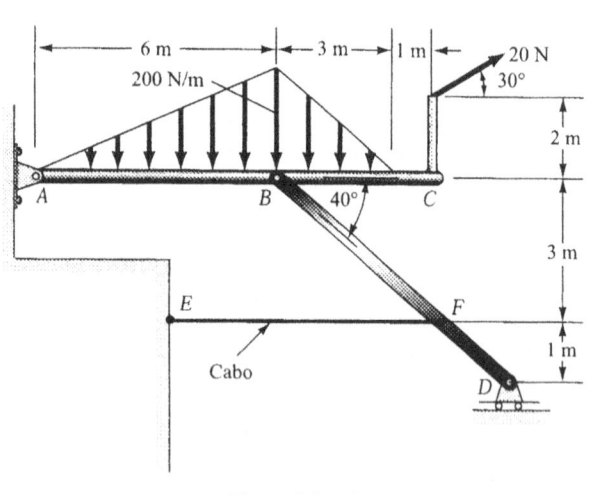

Figura P.5.160

5.161 Determine as forças de reação nos vínculos A e B. O cilindro pode girar livremente.

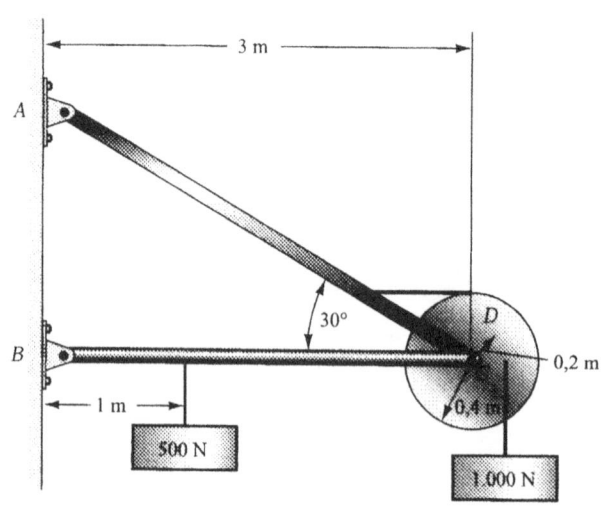

Figura P.5.161

5.162 Determine o sistema de forças de reação nos suportes em A e B. O cilindro C pesa 4 kN e é livre para girar sem atrito.

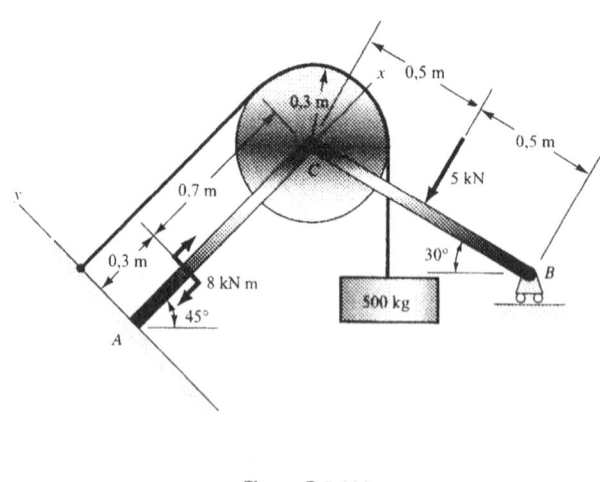

Figura P.5.162

Capítulo 6

Introdução à Mecânica Estrutural

Parte A: Treliças

6.1 O modelo estrutural

Uma *treliça* é uma estrutura de barras interconectadas em suas extremidades capaz de suportar cargas estáticas e dinâmicas[1]. Exemplos cotidianos de treliças são mostrados nas Figuras 6.1 e 6.2. Cada barra de uma treliça em geral possui seção transversal constante ao longo de seu comprimento. Entretanto, as diversas barras normalmente possuem diferentes áreas de seção transversal, pois devem transmitir diferentes esforços. A proposta da Parte A deste capítulo é apresentar os métodos para a determinação das forças que atuam nas barras de treliças.

Como primeiro passo, as treliças são divididas em 2 categorias principais de acordo com sua geometria. Uma treliça composta por um sistema coplanar de membros denomina-se *treliça plana*. Exemplos de treliças planas são as laterais de uma ponte metálica (veja a Figura 6.1) e as treliças de telhado (veja a Figura 6.2). Um sistema tridimensional de barras, por outro lado, é chamado *treliça espacial*. Como exemplo de treliças espaciais tem-se a torre de transmissão de energia elétrica (veja a Figura 6.3). As treliças planas e espaciais são usualmente formadas por barras que possuem seções transversais com geometria similar à das letras H, I e L. Esses perfis de barras são bastante utilizados em aplicações estruturais; eles são unidos, para formar uma treliça, por meio de solda, rebite ou parafusos. Os parafusos são muitas vezes utilizados em conjunto com

---

[1] Uma *treliça* é diferente de uma *estrutura reticulada* qualquer (veja a nota de rodapé da página 153), pois os membros de uma treliça são sempre conectados em suas extremidades, enquanto para uma estrutura reticulada qualquer pode haver membros não conectados em suas extremidades

Figura 6.1: Ponte metálica para pedestres cujas laterais são treliças planas.

Figura 6.2: Treliças planas empregadas em telhado.

Figura 6.3: Treliças espaciais suportando linhas de transmissão de energia.

placas metálicas de fixação, como ilustrado na Figura 6.4a para uma treliça plana. A análise de forças e momentos nas juntas das barras é com certeza bastante complexa. Felizmente, existe uma maneira de efetuar simplificações nas juntas de uma treliça de modo que haja apenas uma perda pequena de exatidão no cálculo das forças em seus membros. Especificamente, se as linhas de centro das barras forem *concorrentes* nas juntas, como ilustrado na Figura 6.4a para um caso coplanar, então é possível substituir a complexa junta das barras, nos pontos de concorrência das forças, por uma simples articulação (ou pino), para treliças planas, ou por uma junta esférica, para treliças espaciais. Essa substituição é denominada *idealização* do sistema. Isso está ilustrado na treliça plana da Figura 6.4, em que a junta ou conexão real é mostrada em (a) e a idealização da junta como articulação ou pino é mostrada em (b).

Com o intuito de maximizar a capacidade de suporte de carregamento em treliças, as cargas externas devem ser aplicadas nas juntas. A razão principal para essa regra está no fato de que as barras de uma treliça são longas e esbeltas. Isso faz com que os membros sobre compressão sejam menos capazes de suportar cargas transversais a suas linhas de centro em pontos afastados das juntas[2]. Mesmo que os pesos das barras sejam desprezados, como é feito em algumas aplicações, deve ficar claro que cada barra é um membro sujeito a duas *forças concorrentes* e, assim, pode estar sujeita a cargas de tração ou de compressão. Se o peso não puder ser desprezado, uma aproximação muito utilizada na prática é efetuar a aplicação de metade do peso sobre cada junta da barra. Mesmo assim, a idealização de um membro sujeito a 2 forças concorrentes permanece válida.

---

[2] O leitor entenderá melhor essas limitações ao estudar o conceito de flambagem nos cursos de resistência dos materiais.

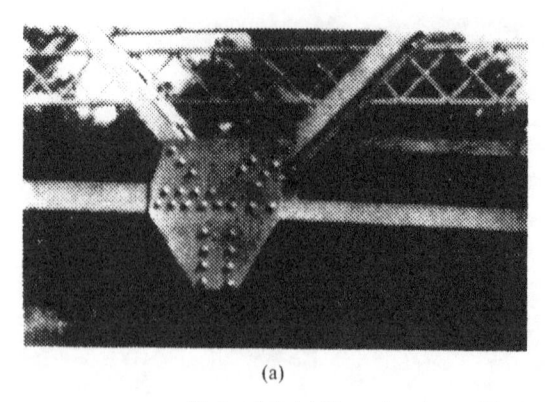

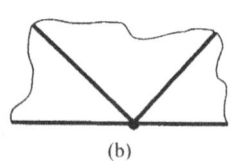

Figura 6.4: (a) Placa de reforço; (b) idealização.

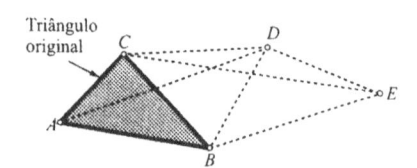

Figura 6.5: Treliça espacial simples.

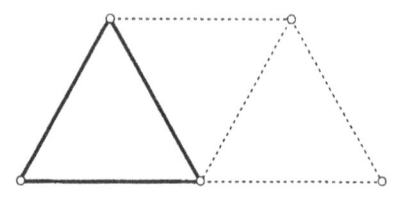

Figura 6.6: Treliça plana simples.

6.2 A treliça simples

Se a remoção de uma das barras de uma treliça idealizada, descrita na Seção 6.1, permitir o deslocamento relativo entre os membros da estrutura, então a treliça será denominada *apenas rígida*. Por outro lado, se a remoção de um de seus membros não alterar a rigidez da estrutura, então a treliça é denominada *muito rígida*. Na Parte A deste capítulo, somente as treliças apenas rígidas serão analisadas[3].

O caso mais elementar de treliça apenas rígida é a estrutura formada por 3 barras conectadas entre si na forma de triângulo. Treliças espaciais apenas rígidas podem ser construídas adicionando-se a esse triângulo 3 novas barras a cada junta, como ilustrado na Figura 6.5. Treliças construídas dessa maneira são chamadas *treliças espaciais simples*. A *treliça plana simples* é construída a partir de uma treliça triangular elementar, adicionando-se 2 novos membros a cada junta da estrutura original, como ilustrado na Figura 6.6. Evidentemente, a treliça plana simples é uma estrutura apenas rígida.

Existe uma relação simples entre o número de juntas j e o número de membros m em uma treliça simples. Pode-se verificar pela treliça espacial simples ilustrada na Figura 6.5 que m está relacionado a j da seguinte forma:

$$m = 3j - 6 \tag{6.1a}$$

De maneira similar, para a treliça plana simples da Figura 6.6, pode-se verificar que a seguinte relação se aplica:

$$m = 2j - 3 \tag{6.1b}$$

As Equações 6.1a e 6.1b em geral são válidas para treliças espaciais simples e treliças planas simples, respectivamente. Esse fato será mais bem analisado em cursos mais avançados de análise estrutural.

Se o sistema de forças de suporte é estaticamente determinado, as forças em todas as barras de treliças simples podem ser calculadas sem dificuldades. Quando as juntas esféricas de treliças espaciais simples são analisadas, pode-se observar que, para o caso geral tridimensional, sempre

---

[3] Estruturas muito rígidas são estudadas nos cursos de resistência dos materiais e análise estrutural. Trata-se de problemas estaticamente indeterminados, em que a deformação deve ser considerada na determinação das forças nas barras.

se encontrará uma junta esférica sujeita a apenas 3 forças desconhecidas atuando sobre ela por meio das barras. (Essa junta é a última junta formada pela treliça.) Cada força desconhecida gerada pela ação de uma barra sobre a junta deve ser colinear à direção da barra e, conseqüentemente, deve possuir direção conhecida. Existem, então, somente 3 grandezas escalares desconhecidas e, como o sistema de forças é concorrente, as equações de equilíbrio da estática são suficientes para sua determinação. Pode-se, então, encontrar uma outra junta com apenas 3 grandezas desconhecidas e efetuar os cálculos das forças nessa junta. Com os valores das forças calculados nas juntas de 3 barras, passa-se à determinação das forças que atuam nos outros membros da treliça de modo que a estrutura inteira seja analisada. Para uma treliça plana simples, um procedimento similar pode ser empregado. O corpo livre de pelo menos uma das juntas da treliça plana possui somente 2 forças desconhecidas. Tem-se um sistema de forças coplanares concorrentes e pode-se resolver as 2 equações de equilíbrio correspondentes para o cálculo das 2 incógnitas nessa junta. Então o processo é repetido para as outras juntas, em que as forças nas barras são determinadas pelas equações da estática.

6.3 Solução para treliças simples

Em geral, o primeiro passo na análise de uma treliça é a determinação das forças de reação do sistema de suporte da estrutura. Essa determinação das forças externas ou reações, que devem existir para manter a treliça em equilíbrio, é independente do fato de a treliça ser ou não estaticamente determinada. Considera-se simplesmente a treliça como um corpo rígido, sobre o qual as forças estão aplicadas, sendo algumas dessas forças conhecidas (o carregamento aplicado) e algumas desconhecidas (as reações)[4], e determinam-se as reações segundo o procedimento apresentado no Capítulo 5. Uma treliça plana simples é apresentada na Figura 6.7a e suas características essenciais para o cálculo das reações são apresentadas na Figura 6.7b. Observe que os membros, CB, DB e DE, não precisam ser representados no diagrama de corpo livre, pois eles geram apenas forças *internas* no corpo.

Uma vez que o diagrama de corpo livre tenha sido obtido, as 3 equações de equilíbrio são usadas para a determinação das reações em uma treliça plana (6 equações em 1 treliça espacial). É altamente recomendável a utilização de uma outra equação (dependente) de equilíbrio para verificar os resultados. As reações obtidas serão empregadas nos cálculos subseqüentes das forças internas nas barras. Portanto, é muito importante iniciar a solução do problema com um conjunto correto de reações.

Dois métodos para determinação das forças nas barras de treliças serão apresentados. Um é chamado *método dos nós*; e o outro, *método das seções*. Como será visto nas seções seguintes, a diferença entre esses métodos está na escolha dos corpos livres utilizados.

6.4 Método dos nós

No método dos nós, os diagramas de corpo livre são os pinos (articulações) ou juntas esféricas da treliça, que mostram as forças internas

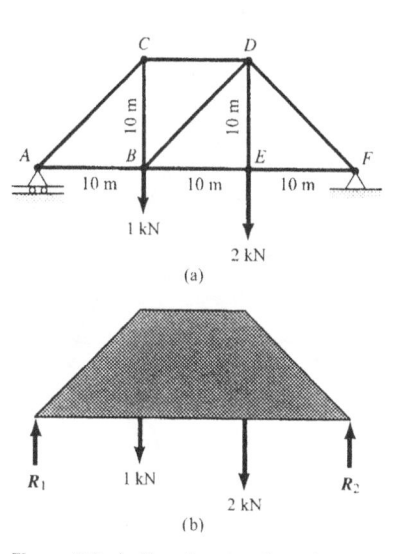

Figura 6.7: Análise do corpo livre de uma treliça.

---
4. Forças de suporte são em geral denominadas *reações* na mecânica estrutural.

transmitidas pelos membros conectados e as cargas externas nos nós. Note que esse método já foi citado na Seção 6.2. Considere, primeiro, a treliça plana triangular ilustrada na Figura 6.8a. Observe que as reações já foram calculadas.

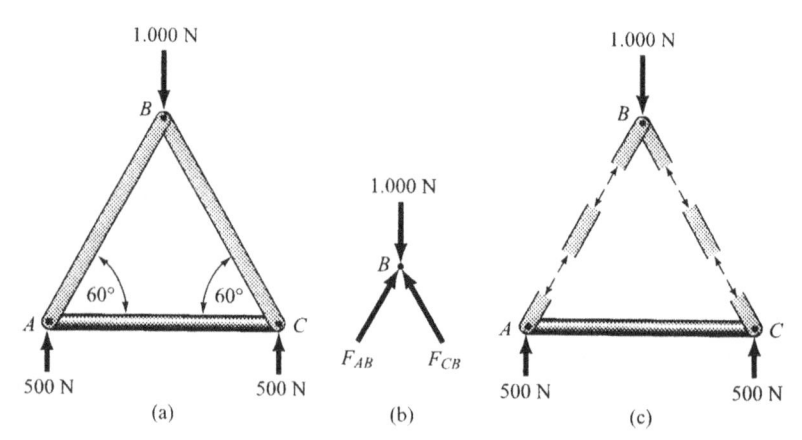

Figura 6.8: Método dos nós — nó B.

Em um segundo passo, considere o corpo livre da articulação (ou pino) B (Figura 6.8b). As forças desconhecidas devidas às barras são representadas como forças colineares às linhas de centro dessas barras, sendo que cada membro da treliça está sujeito a 2 forças. Essas forças são calculadas por meio das equações de equilíbrio nas direções vertical e horizontal, obtendo-se:

$$F_{AB} = F_{CB} = 577 \text{ N}$$

Como essas forças estão *direcionadas contra* a articulação B, as barras correspondentes estão sujeitas à *compressão* em vez de tração. Esse fato pode ser facilmente entendido analisando-se a Figura 6.8c, em que os membros AB e CB estão seccionados em várias partes. Observe que AB também está sendo empurrada contra a articulação A, da mesma maneira que CB contra a articulação C. Assim, uma vez definidos os membros sujeitos à força de compressão pela análise das forças sobre a articulação em uma de suas extremidades, pode-se concluir que o membro está exercendo a mesma força sobre o pino localizado na outra extremidade. Para evitar problemas na precisão dos cálculos, recomenda-se que, conhecendo-se a natureza do carregamento nas barras, o valor de força de tração seja marcado por um T e o de força de compressão por um C no diagrama da treliça, como ilustrado na Figura 6.9a. Note também que as setas apropriadas estão desenhadas nos membros. Estas representam as forças exercidas *pelas barras sobre as articulações*. Dessa maneira, para *carga de compressão*, a ponta da seta aponta para a *articulação*, enquanto para *força de tração*, a seta aponta em *sentido contrário*. Assim, se for considerado o corpo livre da articulação A, como mostrado na Figura 6.9b, serão conhecidos o sentido e o valor da força em A causada pela barra AB.

Se for encontrado um valor negativo para uma força que atue sobre uma articulação, o sentido da força foi tomado incorretamente e deverá ser corrigido. Tendo-se isso em mente, os membros sujeitos à força de tração e à compressão são definidos e convenientemente identificados, como ilustrado na Figura 6.9a, para posterior uso na análise das forças que atuam na outra articulação do membro.

Analisa-se, a seguir, um problema de treliça plana pelo método dos nós.

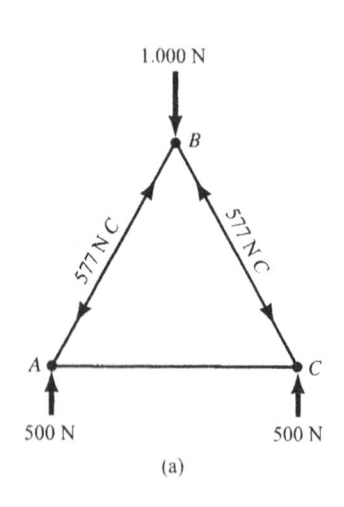

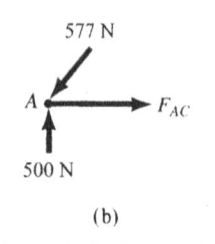

Figura 6.9: O método dos nós. (a) Notação para os membros AB e CB; (b) diagrama de corpo livre de A.

Exemplo 6.1

Uma treliça plana simples é mostrada na Figura 6.10. Duas cargas de 1 kN atuam nos pinos C e E. Determine a força que cada barra transmite. Despreze o peso dos membros.

Para esse carregamento simples, pode-se verificar por inspeção que as forças verticais de reação em cada suporte têm magnitude de 1 kN. A solução do problema começa pela análise do pino A, no qual há apenas 2 forças desconhecidas.

Pino A. As forças no pino A são a força vertical de reação de 1 kN e as 2 forças desconhecidas transmitidas pelos membros AB e AC. A orientação dessas forças é conhecida pela geometria da treliça, mas seus sentidos e módulos devem ser calculados. Para auxiliar na interpretação dos resultados, as forças internas são colocadas na posição dos membros correspondentes no diagrama da treliça, como ilustrado pela Figura 6.11. Ou seja, evita-se a construção do diagrama ilustrado na Figura 6.12, que é equivalente ao diagrama da Figura 6.11, mas que pode induzir a erros na interpretação dos resultados. Existem 2 incógnitas para o sistema de forças concorrentes coplanares na Figura 6.11. Então, usam-se as equações escalares de equilíbrio de forças para avaliar F_{AB} e F_{AC}:

$\sum F_x = 0$:

$$F_{AC} - 0{,}707 F_{AB} = 0$$

$\sum F_y = 0$:

$$-0{,}707 F_{AB} + 1 = 0$$

portanto,

$$F_{AB} = 1{,}414 \text{ kN} \qquad F_{AC} = 1 \text{ kN}$$

Como ambos os valores são positivos, os sentidos escolhidos para essas forças estão corretos. Pode-se concluir, pela Figura 6.11, que AB é um membro sob compressão, enquanto AC é um membro sob tração[5]. Na Figura 6.13, os membros foram marcados com a letra que indica o estado do carregamento.

Se fosse escolhido para análise o pino C, onde há 3 forças desconhecidas atuando, não seria possível a determinação das forças por meio das equações escalares de equilíbrio. Entretanto, o pino B pode ser analisado e, com a determinação da força F_{BC}, as forças sobre o pino C poderão, então, ser calculadas.

Pino B. Como AB é um membro sob compressão (veja a Figura 6.13), ele exerce uma força de 1,414 kN contra o pino B, como ilustrado na Figura 6.14. Os sentidos das forças nos membros BC e BD são assinalados como se observa nessa figura.

Figura 6.10: Treliça plana.

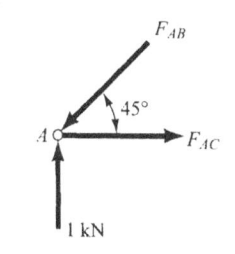

Figura 6.11: Pino A.

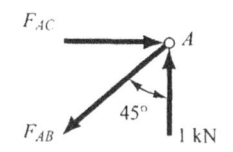

Figura 6.12: Pino A — este diagrama deve ser evitado.

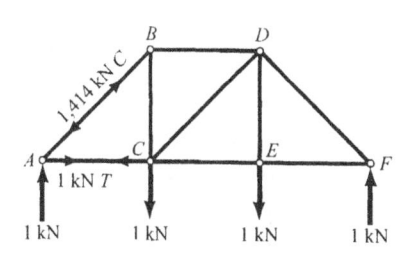

Figura 6.13: Notação para os membros AB e AC.

---

5 Se o diagrama de corpo livre da Figura 6.12 tivesse sido usado na solução, o estado de carregamento dos membros (ou seja, dos membros sob tração e sob compressão) não ficaria claro. Portanto, é altamente recomendável colocar as forças internas dos membros nas posições coincidentes com eles.

Exemplo 6.1 (continuação)

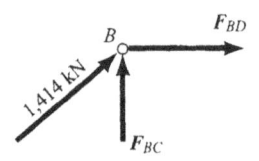

Figura 6.14: Pino B.

Somando as forças sobre o pino B (Figura 6.14), obtém-se:

$\sum F_x = 0$:

$$(1{,}414)(0{,}707) + F_{BD} = 0$$

$$F_{BD} = -1 \text{ kN}$$

$\sum F_y = 0$:

$$(1{,}414)(0{,}707) + F_{BC} = 0$$

$$F_{BC} = -1 \text{ kN}$$

Nesse caso foram obtidos 2 valores negativos de força, indicando que os sentidos foram escolhidos de maneira incorreta. Ciente disso, pode-se concluir que o membro BD é um membro sob compressão, enquanto BC é um membro sob tração. Note que essas forças são mostradas corretamente na Figura 6.15.

Esse procedimento pode ser repetido para todos os nós. No último nó, todas as forças deverão ser calculadas sem usá-lo como corpo livre. Assim, ele poderá ser utilizado na verificação dos resultados obtidos. Ou seja, a soma das forças conhecidas para o último nó nas direções x e y deve ser 0 ou muito próximo de 0, dependendo da precisão empregada nos cálculos. O leitor deve tirar vantagem dessa verificação por meio do último nó. A solução final é ilustrada na Figura 6.15. Note que o membro CD tem carga 0. Isso não significa que esse membro possa ser retirado da estrutura. Outros carregamentos sobre a treliça irão resultar em uma força interna diferente de 0 no membro CD. Além disso, sem o membro CD a treliça não será rígida.

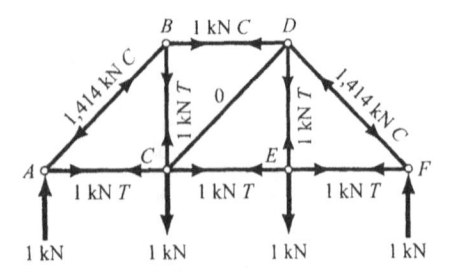

Figura 6.15: Solução para a treliça.

Exemplo 6.2

A treliça de ponte, ilustrada na Figura 6.16, suporta em suas articulações metade do peso de 1 kN/m do pavimento. Um caminhão sobre a ponte provoca cargas nas articulações E, G e I estimadas em 10 kN, 15 kN e 25 kN, respectivamente. O peso das barras é de 600 N/m. Inclua o peso dos membros aplicando metade do peso de cada um deles em suas articulações. Determine as forças de suporte.

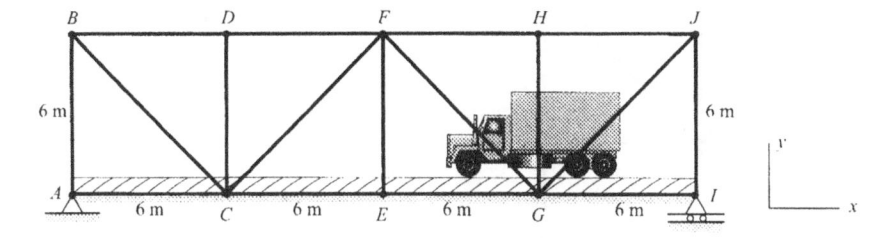

Figura 6.16: Uma treliça de ponte suportando o pavimento de uma rodovia e um caminhão.

Primeiro, as forças nas articulações devidas aos pesos dos membros, representados por $(W_1)_i$, são calculadas. Assim, tem-se:

Cargas 1: Pesos dos membros

$$(W_1)_A = (W_1)_I = 2\left[\frac{1}{2}(6)(600)\right] = 3{,}60 \text{ kN}$$

$$(W_1)_B = (W_1)_J = 2\left[\frac{1}{2}(6)(600)\right] + \frac{1}{2}\left(\frac{6}{0{,}707}\right)(600) = 6{,}15 \text{ kN}$$

$$(W_1)_C = (W_1)_F = (W_1)_G = 3\left[\frac{1}{2}(6)(600)\right] + 2\left[\frac{1}{2}\left(\frac{6}{0{,}707}\right)(600)\right] = 10{,}49 \text{ kN}$$

$$(W_1)_D = (W_1)_H = (W_1)_E = 3\left[\frac{1}{2}(6)(600)\right] = 5{,}40 \text{ kN}$$

O passo seguinte é determinar as forças nas articulações devidas ao pavimento.

Cargas 2: Peso do pavimento

$$(W_2)_A = (W_2)_I = \frac{1}{2}(7{,}5)(6) = 22.5 \text{ kN}$$

$$(W_2)_C = (W_2)_E = (W_2)_G = (7{,}5)(6) = 45 \text{ kN}$$

Por fim, considera-se o carregamento devido ao caminhão sobre a treliça.

Cargas 3: Peso do caminhão

$$(W_3)_E = 10 \text{ kN}$$
$$(W_3)_G = 15 \text{ kN}$$
$$(W_3)_I = 25 \text{ kN}$$

Exemplo 6.2 (*continuação*)

O problema está pronto para o cálculo das forças de suporte (reação) da treliça. Considerando toda a treliça como corpo livre, primeiro calculam-se os momentos em relação ao nó I (veja a Figura 6.17).

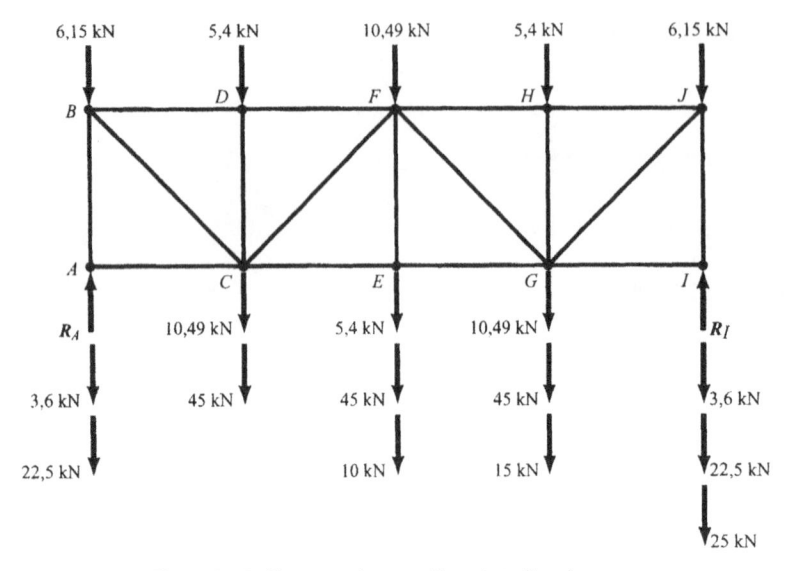

Figura 6.17: Diagrama de corpo livre da treliça de ponte.

$\sum M_I = 0$:

$$-R_A(24) + (6,15 + 3,6 + 22,5)(24) + (5,4 + 10,49 + 45)(18)$$
$$+ (10,49 + 5,4 + 45 + 10)(12)$$
$$+ (5,4 + 10,49 + 45 + 15)(6) = 0$$

$$R_A = 132,34 \text{ kN}$$

$\sum M_A = 0$:

$$R_I(24) - (6,15 + 3,6 + 22,5 + 25)(24)$$
$$- (5,4 + 10,49 + 45 + 15)(18) - (10,49 + 5,4 + 45 + 10)(12)$$
$$- (5,4 + 10,49 + 45)(6) = 0$$

$$R_I = 164,84 \text{ kN}$$

Verificação:

$\sum F_y = 0$:

$$132,34 + 164,84 - (2)(3,6) - (2)(6,15) - (3)(10,49) - (3)(5,4)$$
$$- (2)(22,5) - (3)(45) - 10 - 15 - 25 = 0$$

$$0 = 0$$

Exemplo 6.3

Especifique as forças que cada membro da treliça tridimensional transmite (Figura 6.18a).

As forças de suporte para a estrutura podem ser calculadas considerando-se a estrutura inteira um corpo livre e utilizando a simetria da geometria e do carregamento no cálculo dessas forças. Os resultados são ilustrados na Figura 6.18b.

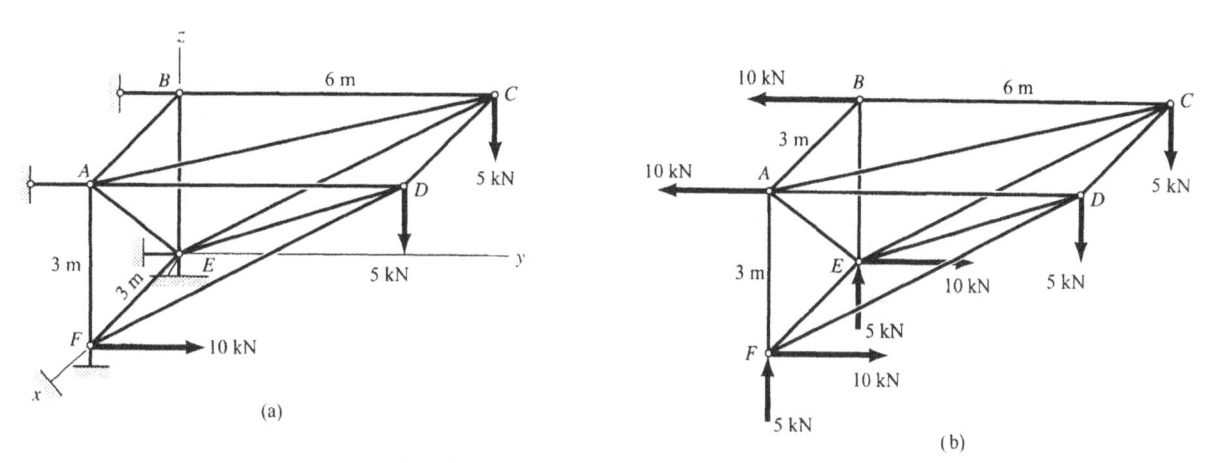

Figura 6.18: (a) Treliça espacial e (b) diagrama de corpo livre.

Nó F. Por inspeção das forças na direção x que atuam sobre o nó F, torna-se evidente que $F_{FE} \neq 0$, pois todas as outras forças estão em um plano ortogonal a essa direção. Essas outras forças são representadas na Figura 6.19. Somando-se as forças nas direções y e z, obtém-se:

$\sum F_y = 0$:

$$-F_{FD} \frac{6}{\sqrt{6^2 + 3^2}} + 10 = 0$$

portanto,

$$F_{FD} = 11,18 \text{ kN de compressão}$$

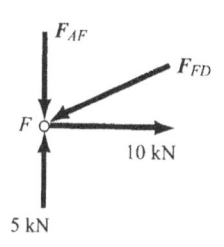

Figura 6.19: Diagrama de corpo livre do nó F.

$\sum F_z = 0$:

$$-F_{AF} + 5 - 11,18 \frac{3}{\sqrt{45}} = 0$$

portanto,

$$F_{AF} = 5 - 5 = 0$$

$$F_{AF} = 0$$

Exemplo 6.3 (continuação)

Nó B. Analisando o nó B, por meio da Figura 6.18b, constata-se que $F_{AB} = 0$ e $F_{BE} = 0$, pois não existem outras componentes de força no nó B nas direções desses membros. Por fim, $F_{BC} = 10$ kN de tração.

Nó A. Analisa-se o nó A da treliça (Figura 6.20). As forças $\boldsymbol{F}_{AC}$ e $\boldsymbol{F}_{AE}$ podem ser expressas em forma vetorial. Desse modo,

$$\boldsymbol{F}_{AC} = F_{AC} \frac{-3\boldsymbol{i} + 6\boldsymbol{j}}{\sqrt{3^2 + 6^2}} = F_{AC}(-0{,}447\boldsymbol{i} + 0{,}894\boldsymbol{j}) \text{ kN}$$

$$\boldsymbol{F}_{AE} = F_{AE} \frac{-3\boldsymbol{i} - 3\boldsymbol{k}}{\sqrt{3^2 + 3^2}} = F_{AE}(-0{,}707\boldsymbol{i} - 0{,}707\boldsymbol{k}) \text{ kN}$$

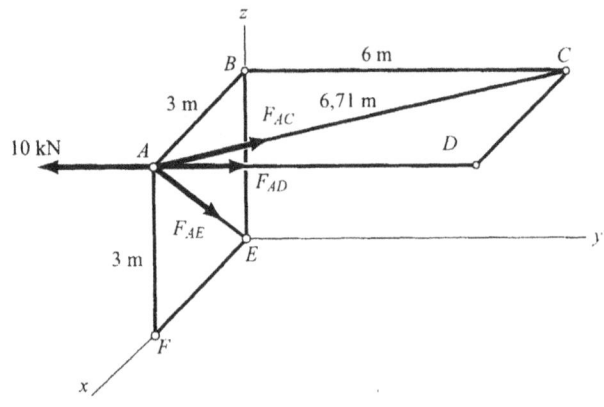

Figura 6.20: Diagrama de corpo livre do nó A.

Por meio do somatório de forças, tem-se:

$$-10\boldsymbol{j} + F_{AD}\boldsymbol{j} + F_{AC}(-0{,}447\boldsymbol{i} + 0{,}894\boldsymbol{j}) + F_{AE}(-0{,}707\boldsymbol{i} - 0{,}707\boldsymbol{k}) = \boldsymbol{0}$$

Por conseguinte,

$$0{,}894 F_{AC} + F_{AD} = 10 \quad \text{(a)}$$
$$-0{,}447 F_{AC} - 0{,}707 F_{AE} = 0 \quad \text{(b)}$$
$$-0{,}707 F_{AE} = 0 \quad \text{(c)}$$

Constata-se, então, que $F_{AE} = F_{AC} = 0$ e $F_{AD} = 10$ kN de tração.

Nó D. A Figura 6.21 mostra as forças que atuam no nó D. As forças $\boldsymbol{F}_{FD}$ e $\boldsymbol{F}_{ED}$ são escritas da seguinte forma:

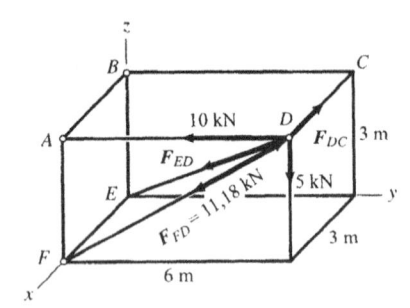

Figura 6.21: Diagrama de corpo livre do nó D.

Exemplo 6.3 (*continuação*)

$$F_{ED} = F_{ED} \frac{-3i - 6j - 3k}{\sqrt{3^2 + 6^2 + 3^2}} = F_{ED}(-0{,}408i - 0{,}816j - 0{,}408k) \text{ kN}$$

$$F_{FD} = F_{FD} \frac{6j + 3k}{\sqrt{6^2 + 3^2}} = 11{,}18(0{,}894i + 0{,}447k) \text{ kN}$$

Assim, somando as componentes de força, obtém-se:

$$-10j - 5k - F_{DC}i + 11{,}18(0{,}894j + 0{,}447k)$$
$$+ F_{ED}(-0{,}408i - 0{,}816j - 0{,}408k) = 0 \qquad \text{(d)}$$

Por conseguinte,

$$-10 + 10 - 0{,}816 F_{ED} = 0 \qquad \text{(e)}$$
$$F_{DC} + 0{,}408 F_{ED} = 0 \qquad \text{(f)}$$
$$-5 + 5 - 0{,}408 F_{ED} = 0 \qquad \text{(g)}$$

Constata-se que $F_{ED} = 0$ e $F_{DC} = 0$.

Nó E. As únicas forças não-nulas no nó E são as forças de suporte e F_{CE}, como ilustrado na Figura 6.22a. Por meio das equações de equilíbrio, tem-se $F_{CE} = 11{,}18$ kN de compressão.

Nó C. Como verificação para os cálculos efetuados, analisa-se o equilíbrio do nó C. As únicas forças não-nulas nesse nó são mostradas na Figura 6.22b. O leitor pode efetuar de imediato a verificação da solução obtida para esse problema.

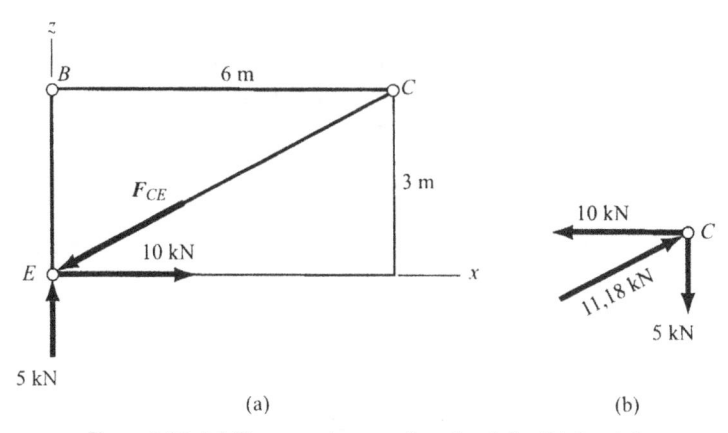

Figura 6.22: (a) Diagrama de corpo livre do nó E e (b) do nó C.

Antes da apresentação dos problemas propostos, vale a pena fazer um breve comentário sobre o carregamento em treliças planas empregadas em telhados. Em geral, há uma série de treliças paralelas que suportam o carregamento, como está ilustrado na Figura 6.23, em que o carregamento de vento sobre o telhado está representado por p. O carregamento suportado pela treliça interna é considerado o carregamento sobre a região que se estende até a posição *intermediária* entre as treliças vizinhas (veja na Figura 6.23 a distância d). Além disso, os pinos A e B suportam a força exercida sobre a área *lhmk*, enquanto os pinos B e C suportam as forças exercidas sobre a área *lrvh*. Quando a treliça interna é analisada como um corpo livre, utiliza-se a força resultante equivalente à pressão sobre *krvm*. Entretanto, quando os pinos forem isolados como corpos livres, as forças que influenciam o carregamento de cada pino devem ser utilizadas, e *não* a resultante total dessas forças, que foi empregada para o corpo livre da treliça interna. Assim, fica claro que as treliças externas suportam metade das cargas aqui descritas.

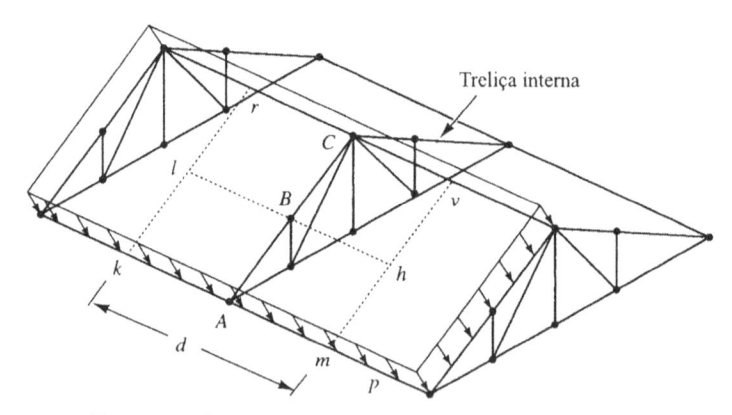

Figura 6.23: Treliças de telhado suportando uma carga de vento.

Por fim, deve-se ter em mente que um membro curvo em uma treliça, como aparece nos Problemas 6.5 e 6.8, é um membro sob a ação de 2 forças, que advêm somente dos pinos. Ressalta-se que, para esses membros, a força transmitida aos pinos deve ser colinear à linha que os conecta, como ilustrado na Figura 6.24.

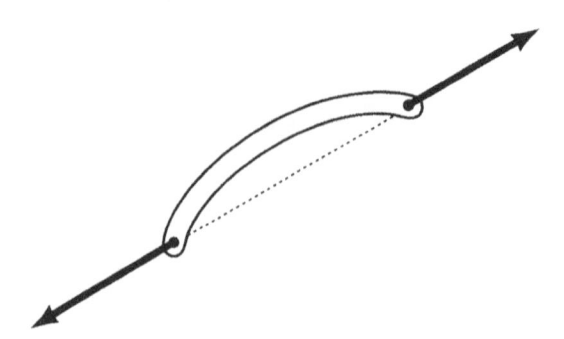

Figura 6.24: Membro curvo de 2 forças.

Problemas

6.1 Verifique quais das treliças são simples e quais não são.

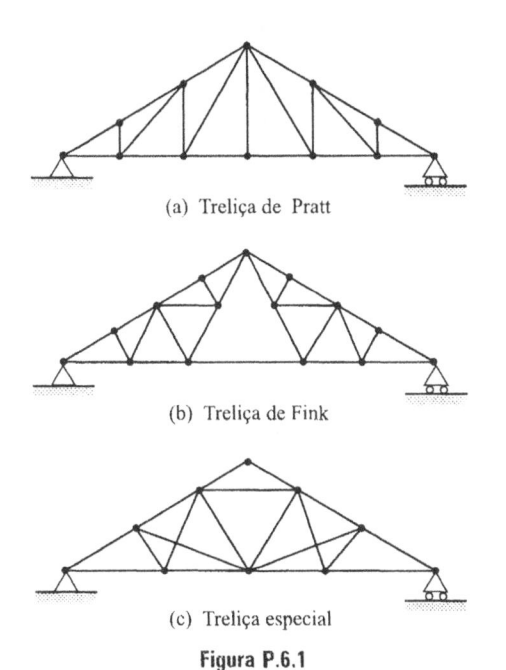

(a) Treliça de Pratt

(b) Treliça de Fink

(c) Treliça especial

Figura P.6.1

6.2 Determine as forças que cada membro da treliça transmite.

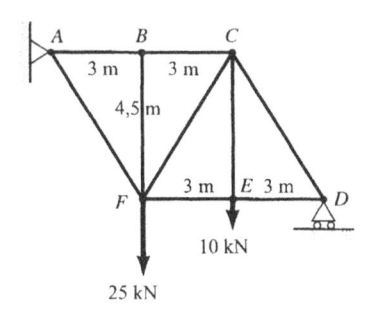

Figura P.6.2

6.3 A ponte de uma rodovia secundária possui vigas no piso para distribuir as cargas provocadas pelos veículos sobre as juntas da treliça. Determine as forças em todos os membros da treliça causadas por um caminhão carregado que pesa 160 kN. As vigas 1 do piso são suportadas pelos pinos A e B, enquanto as vigas 2 são suportadas pelos pinos B e C.

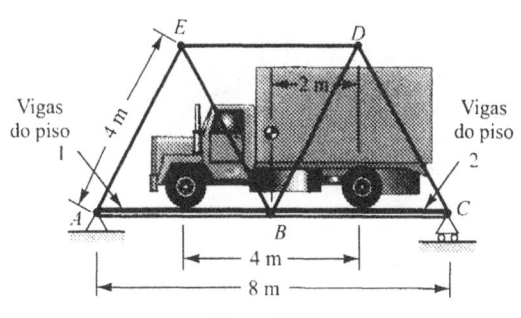

Figura P.6.3

6.4 Um reservatório de água, localizado em um telhado, está cheio de água de refrigeração vinda de um ar-condicionado e encontra-se apoiado em uma série de treliças planas paralelas. Quais são as forças em cada membro de uma treliça interna? As treliças do telhado têm um espaçamento de 3 m entre si. A água tem densidade de 1 Mg/m^3.

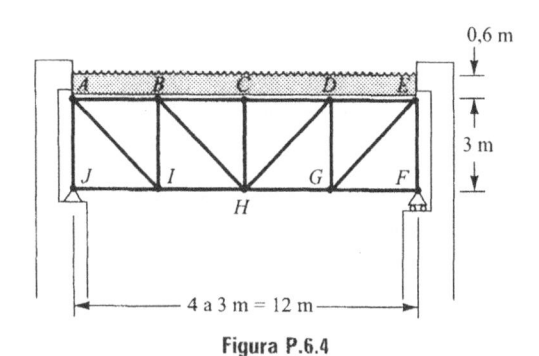

Figura P.6.4

6.5 Determine as forças transmitidas pelos membros retos da treliça. DC é circular.

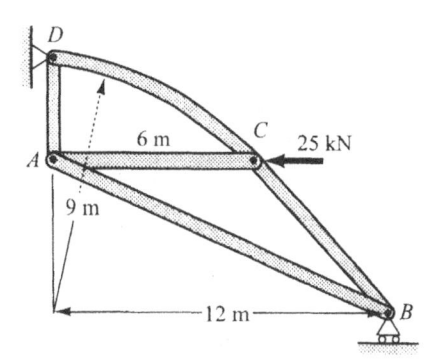

Figura P.6.5

6.6 As treliças do telhado ilustradas na Figura P.6.5 estão espaçadas de 6 m sobre um edifício retangular. No inverno, a neve provoca um carregamento de 1 kN/m² (ou 1 kPa) acumulado sobre a parte central do telhado. Determine a força em cada membro das treliças internas, que não estão localizadas nas bordas do edifício.

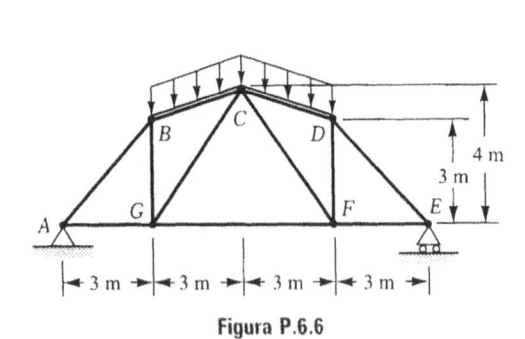

Figura P.6.6

6.7 Uma ponte suporta um pavimento de rodovia, que provoca uma carga de 15 kN/m em cada uma das treliças da estrutura. Cada membro de treliça pesa 450 N/m. Calcule as forças nos membros, levando em conta o seu peso.

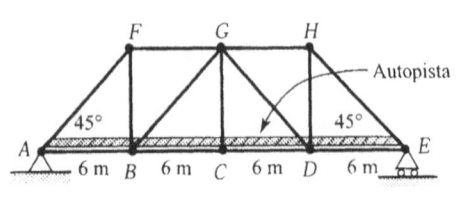

Figura P.6.7

6.8 Determine as forças nos membros retos da treliça.

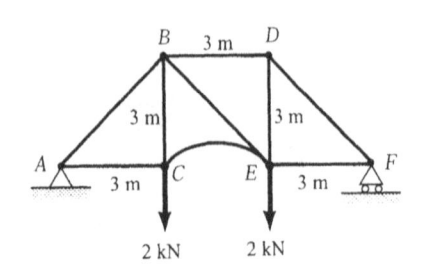

Figura P.6.8

6.9 Determine as forças nos membros da treliça.

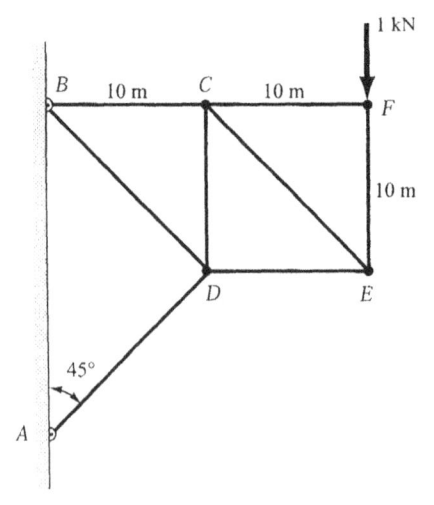

Figura P.6.9

6.10 No Exemplo 6.1, inclua o peso dos membros por meio da aproximação para a distribuição do peso. Cada membro pesa 1,5 kN/m.

6.11 Determine as forças nos membros da treliça. As polias em C e F pesam 300 N. Despreze todos os outros pesos. Efetue a verificação da solução obtida.

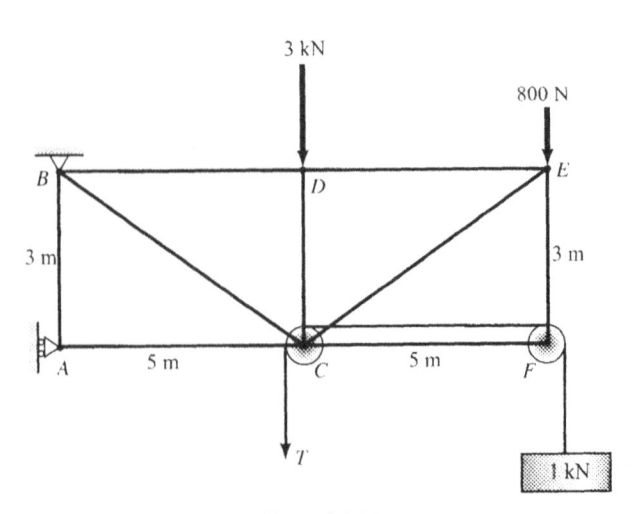

Figura P.6.11

6.12 Os carregamentos gerados pelo pavimento e pelo veículo são transmitidos à treliça da ponte na forma das forças idealizadas mostradas pela Figura P.6.12. Cada força tem valor de 100 kN. Quais são as forças nos membros da treliça?

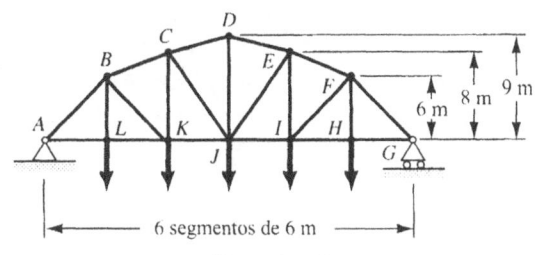

Figura P.6.12

6.13 Um guincho que pesa 5 kN ergue vagões de trem para reparos. O guincho possui capacidade de carga de 150 kN, sendo suportado por uma treliça que tem um membro em forma de L para facilitar a movimentação dos vagões. Quais são as forças nos membros retos da treliça quando o guincho é solicitado em máxima carga?

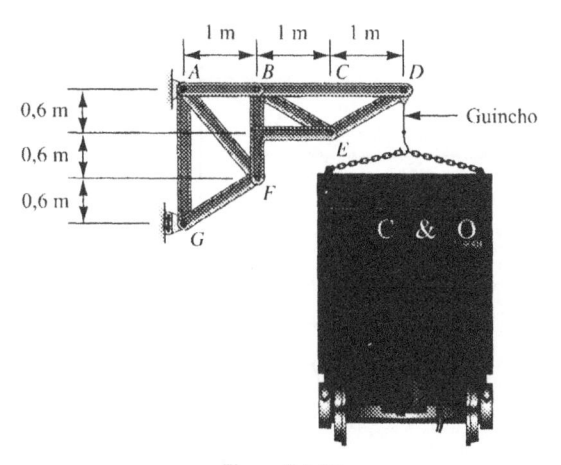

Figura P.6.13

6.14 Um guincho de 5 kN possui capacidade de carga de 50 kN. Ele é suspenso por uma viga que pesa 1 kN/m, a qual se encontra fixada à treliça de um telhado em I e G, como ilustrado na Figura P.6.14. Além disso, pressões geradas pelo vento de até 2 kN/m^2 (ou 2 kPa) atuam sobre a lateral do telhado. A força resultante da pressão é transmitida aos pinos A e J. Considerando que as treliças estão espaçadas 5 m entre si, quais são as forças em cada membro da treliça quando o guincho se encontra no meio do vão da viga?

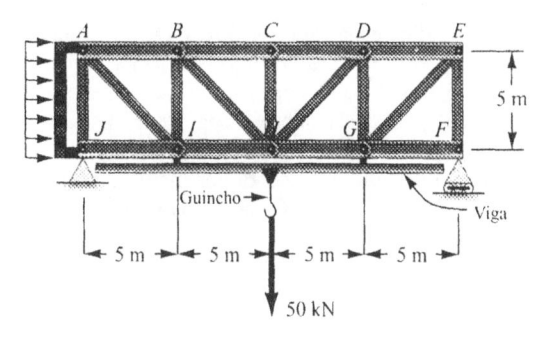

Figura P.6.14

6.15 Calcule as forças nos membros da treliça. A força de 4 kN é paralela ao eixo y e a força de 2 kN é paralela ao eixo z.

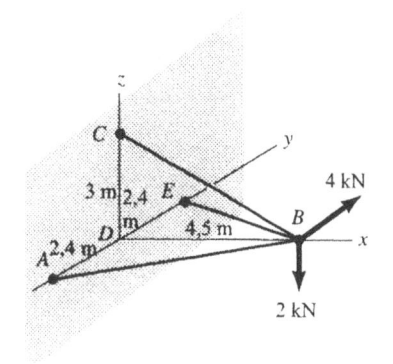

Figura P.6.15

6.16 Calcule as forças nos membros e as forças de reação no suporte para a treliça espacial $ABCD$. Note que BDC está no plano xz.

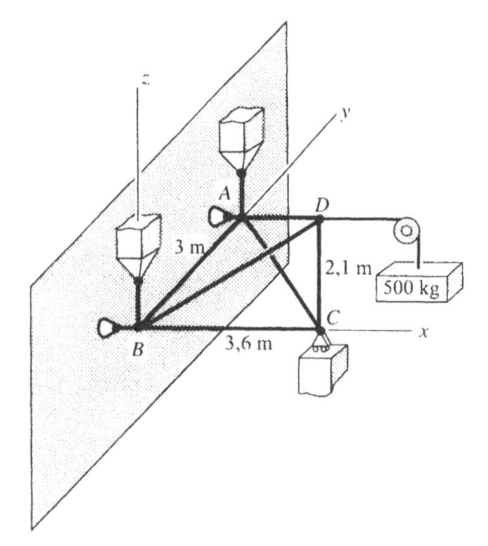

Figura P.6.16

6.17 Uma treliça espacial de aço *ABCDE*, com membros que possuem a mesma seção transversal, suporta uma carga vertical de 50 kN, assim como uma carga horizontal de 10 kN. A treliça repousa sobre 2 superfícies lisas mutualmente ortogonais. Considere que o contato entre a treliça espacial e a superfície lisa ocorra por meio de juntas esféricas. Quais são as forças nos membros da treliça em *D*?

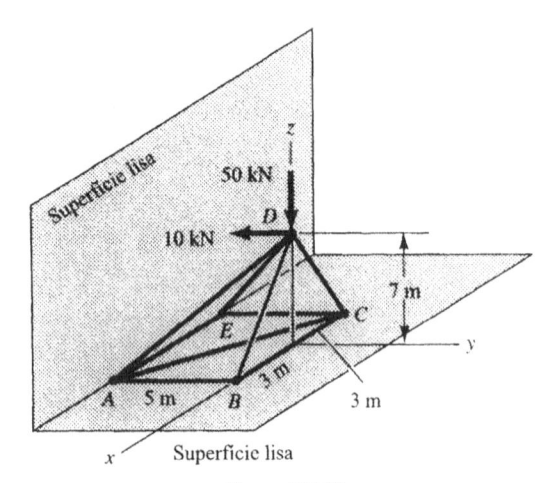

Figura P.6.17

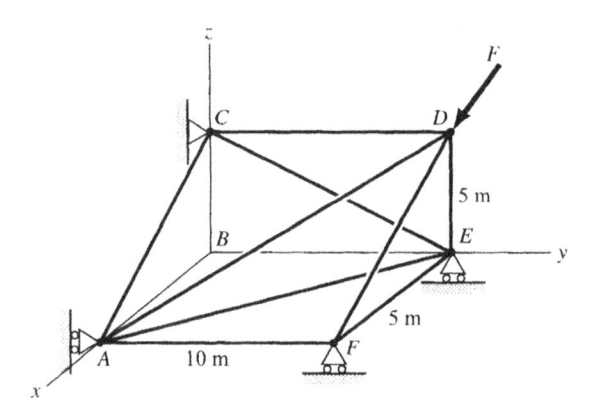

Figura P.6.18

6.18 Determine as forças nos membros da treliça espacial sob a ação da força *F* dada por:

$$F = 10i - 6j - 12k \text{ kN}$$

Note que *C* é uma junta esférica, enquanto *A*, *F* e *E* são roletes.

6.19 O plano das juntas *CHDE* da treliça espacial está contido no plano, *yz* enquanto o plano de *FGDE* é paralelo ao plano *xz*. Note que essa não é uma treliça espacial simples. Entretanto, as forças nos membros podem ser especificadas por meio da seleção de uma junta inicial para aplicação das equações da estática e repetindo o procedimento de junta a junta. Determine as forças em todos os membros da treliça e, então, determine as forças de reação. *A* e *H* são juntas esféricas.

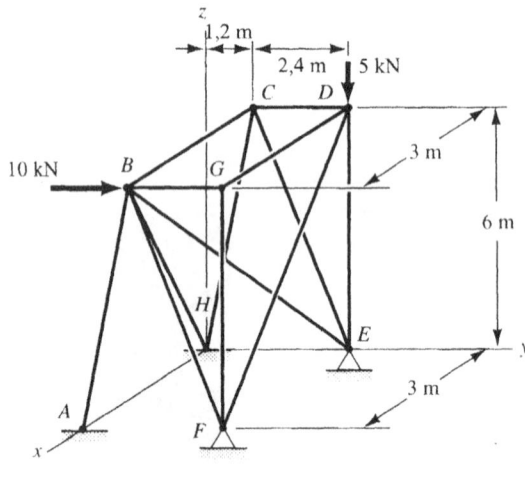

Figura P.6.19

6.20 Determine as forças em todos os membros da treliça do Exemplo 6.2.

6.5 Método das seções

Os diagramas de corpo livre empregados no método das seções para treliças planas em geral são diferentes daqueles usados no método dos nós, como descrito anteriormente. *Um diagrama de corpo livre neste método é construído pelo corte imaginário de uma parte da treliça, representando nas seções de corte as forças transmitidas ao longo dos membros.* Então, as equações de equilíbrio são empregadas nesses corpos livres para a determinação das forças internas. Dessa maneira, os membros internos da treliça são isolados evitando-se o processo laborioso de efetuar o equilíbrio nó por nó para se chegar ao nó desejado, sobre o qual a força desconhecida atua.

Em geral um corpo livre é obtido quando se passa uma seção (ou corte) através da treliça, como a seção *A-A* ou a seção *B-B* ilustradas na Figura 6.25a. Note que a seção pode ser reta ou curva. Os correspondentes diagramas de corpo livre das partes direitas da treliça geradas pelos cortes (veja a Figura 6.25b para o corte *A-A* e a Figura 6.25c para o corte *B-B*) envolvem sistemas de forças coplanares. Há, assim, três equações de equilíbrio disponíveis para cada diagrama de corpo livre. Os diagramas de corpo livre das partes esquerdas geradas pelos cortes podem também ser utilizados. Observe que, ao contrário do método dos nós, uma ou mais equações de equilíbrio podem ser equações de equilíbrio de momentos. A escolha da seção de corte (ou seções), para determinar as forças desconhecidas desejadas no interior de uma treliça, requer certa habilidade por parte do engenheiro. Este desejará utilizar as seções de corte mais simples e em menor número para encontrar as forças desejadas para um ou mais membros da treliça. O método das seções é empregado com eficiência para a obtenção de informação específica sobre os membros de interesse. O método dos nós, ao contrário, requer a determinação das *forças* que atuam sobre os nós externos até se chegar ao nó interno desejado.

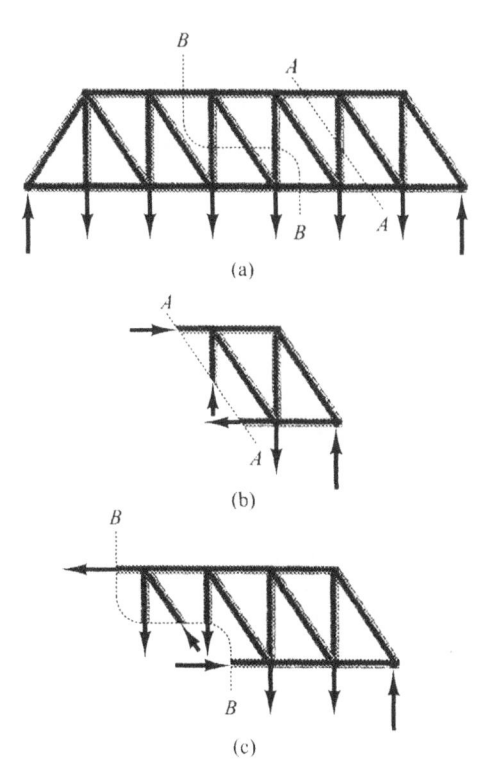

Figura 6.25: Seções de corte.

A aplicação do método das seções é ilustrada nos exemplos seguintes.

Exemplo 6.4

Suponha que, no Exemplo 6.1, se deseje conhecer apenas a força no membro CE.

Para evitar o procedimento trabalhoso de nó a nó, utiliza-se a parte esquerda da treliça gerada pelo corte K-K, como mostrado na Figura 6.26. Note que as forças geradas pela outra parte da treliça que atua sobre a parte esquerda, através dos membros seccionados, estão incluídas no diagrama de corpo livre, em que a força desejada está exposta. Os sentidos das forças internas expostas não são conhecidos, mas suas direções seguem a orientação dos membros. Por meio das equações de equilíbrio e tirando-se proveito do fato de que as linhas de ação de algumas das forças internas são concorrentes em relação a alguns nós, pode-se facilmente determinar as forças desconhecidas se elas forem em três ou menos. Para determinar F_{CE}, efetua-se o equilíbrio de momentos em relação ao nó D, por onde passam as linhas de ação das forças F_{BD} e F_{CD}:

$$\sum M_D = 0:$$

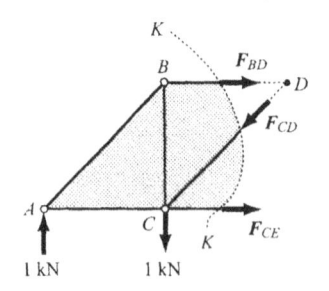

$$-(1)(6) + (1)(3) + 3F_{CE} = 0$$

Figura 6.26: Corte K-K.

portanto,

$$F_{CE} = 1 \text{ kN}$$

O uso apropriado da seção de corte leva a uma equação de equilíbrio com apenas uma incógnita, que é a força desejada F_{CE}. Ao observar-se o diagrama de corpo livre da Figura 6.26, é possível constatar que o membro CE está sob tração.

Se a força F_{BD} for também desejada, efetua-se o equilíbrio de momentos em relação ao nó C, por onde passam as linhas de ação das forças F_{CE} e F_{CD}. Entretanto, F_{BD} terá um valor negativo, indicando que o seu sentido foi escolhido de maneira incorreta. Com isso em mente, conclui-se que o membro BD está sob compressão.

Às vezes não é possível obter uma única seção de corte com número de incógnitas suficientes para a solução do problema. Portanto, diversas seções de corte devem ser utilizadas antes de isolar a força desejada em um corpo livre com equações suficientes para permitir a obtenção da solução procurada. Esses problemas não são diferentes dos estudados no Capítulo 5, em que vários diagramas de corpo livre eram necessários para gerar um conjunto completo de equações que continha a grandeza desconhecida. No próximo exemplo, será analisado um problema desse tipo.

Exemplo 6.5

Para a treliça plana, ilustrada na Figura 6.27, deseja-se determinar apenas a força no membro AB. As forças de reação são conhecidas, como pode ser observado na figura.

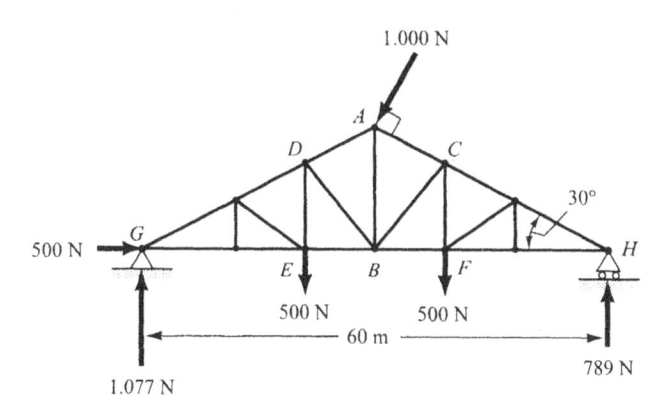

Figura 6.27: Treliça plana.

Na Figura 6.28a, mostra-se um corte J-J da treliça, no qual a força F_{AB} é exposta. (Esse diagrama de forças é o mesmo que aquele resultante do diagrama de corpo livre do pino A.) Há aqui 3 forças desconhecidas para as quais há apenas 2 equações de equilíbrio. Portanto, deve-se utilizar um diagrama de corpo livre adicional para o cálculo da força desejada.

Assim, na Figura 6.28b é apresentado um segundo corte K-K da treliça. Note que, ao efetuar-se o equilíbrio de momentos em relação ao nó B, é possível determinar F_{AC} diretamente. Com o valor dessa força, retorna-se ao primeiro corte para obter a incógnita desejada F_{AB}. Desse modo, tem-se para o corpo livre II a seguinte expressão:

$\sum M_B = 0$:

$$- (10)(500) + (30)(789) - (F_{AC})(\text{sen } 30°)(30) = 0$$

(Observe que a força F_{AC} foi transmitida ao nó H no cálculo do momento.) Ao resolver essa equação, obtém-se o valor de F_{AC}:

$$F_{AC} = 1.245 \text{ N}$$

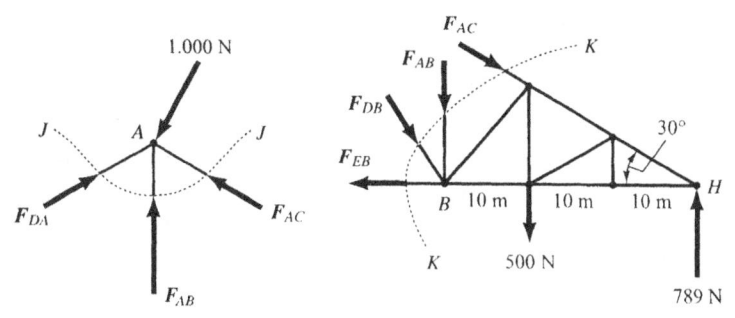

(a) Corpo livre I, gerado pelo corte J-J   (b) Corpo livre II, gerado pelo corte K-K

Figura 6.28: Corpos livres necessários para o cálculo da força F_{AB}.

Exemplo 6.5 (*continuação*)

Por meio do somatório de forças para o corpo livre I, tem-se[6]:

$\sum F_x = 0$:

$$F_{DA} \cos 30° - F_{AC} \cos 30° - 1.000 \operatorname{sen} 30° = 0$$

portanto,

$$F_{DA} = 1.822 \text{ N}$$

$\sum F_y = 0$:

$$F_{DA} \operatorname{sen} 30° + F_{AC} \operatorname{sen} 30° + F_{AB} - 1.000 \cos 30° = 0$$

assim,

$$F_{AB} = -667 \text{ N}$$

Constata-se que o membro AB está sob tração, ao contrário da escolha inicial de membro sob compressão efetuada no diagrama de corpo livre.

---

[6] Segue-se o mesmo procedimento adotado pelo método dos nós sobre o pino A.

Em suma, nota-se que, no método dos nós, os erros iniciais efetuados no problema irão se propagar ao longo dos cálculos. Por outro lado, existe menor possibilidade de esses erros ocorrerem no método das seções. Entretanto, no caso de treliças simples com muitos membros, pode-se utilizar de maneira proveitosa o método dos nós com o auxílio de um computador. Esses são tipos de problemas nos quais o método dos nós é mais apropriado. Há muitos programas de computador que podem executar com eficiência esses tipos de rotinas de cálculo.

*6.6 Preparando o futuro — Deflexão de uma treliça simples linearmente elástica

Nos cursos de sólidos e estruturas, um problema de interesse é a determinação do movimento dos pinos ou articulações de uma treliça simples, cujo comportamento é elástico-linear, devido às cargas externas. Os conceitos apresentados neste capítulo permitem calcular as forças que atuam em uma treliça simples e, a partir desses valores, determinar a variação do comprimento de todos os seus membros. Entretanto, empregando tanto os dados sobre as forças quanto as mudanças de orientação dos membros da treliça, o leitor irá constatar que é quase impossível a determinação dos movimentos dos pinos para todos os tipos de treliça, com exceção das treliças bastante simples.

---

* N.R.T.: O asterisco junto ao título da seção indica que seu conteúdo é opcional em curso introdutório de mecânica para engenharia.

Um método claro e organizado para o cálculo dos deslocamentos em treliças é abordado mais adiante. Nesse método, um movimento hipotético[7] δ_1 na direção x, mas que pode ocorrer em qualquer das 2 direções ortogonais, é aplicado em uma articulação (sem qualquer restrição de movimento), restringindo-se o movimento dessa articulação na direção y. Todos os outros pinos (ou articulações) são mantidos fixos durante a aplicação desse movimento hipotético na articulação escolhida. Podem-se, então, avaliar as variações de comprimento de todos os membros da treliça afetados pelo deslocamento hipotético δ_1. Além disso, a energia de deformação[8] para esses membros pode ser calculada. O deslocamento hipotético δ_1 citado é mostrado na Figura 6.29. Além da energia de deformação dos membros afetados, calcula-se o trabalho realizado pelas forças externas que sofrem a ação do deslocamento δ_1, mantendo-se as forças externas constantes durante esse deslocamento. Na Figura 6.29, o trabalho é expresso como $F(\cos \alpha)\delta_1$. Esse procedimento é aplicado para os movimentos hipotéticos em x e y de todos os pinos móveis (sem restrição de movimento) da treliça. Então, todos os termos de energia e de trabalho são adicionados, sendo que estes últimos são multiplicados por -1. Tem-se uma função de todos os n deslocamentos hipotéticos δ constituída das componentes em x e y dos deslocamentos de todos os pinos móveis. Essa função, que em geral é representada por π, tem seus valores extremos calculados em relação aos n deslocamentos δ. Dessa maneira, obtêm-se n equações a partir das condições de extremo da função π:

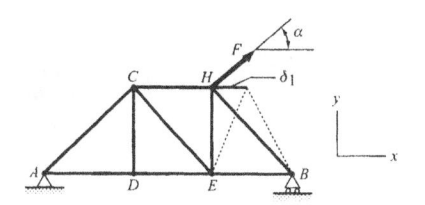

Figura 6.29: Um deslocamento hipotético δ_1 é aplicado ao pino H da treliça simples, enquanto todas as outras componentes de deslocamento são mantidas fixas. Observe que somente os membros CH, EH e HB são afetados. O trabalho realizado pela força externa é igual a $F(\cos \alpha)\delta_1$.

$$\left(\frac{\partial \pi}{\partial \delta}\right)_i = 0 \quad i = 1, 2, ..., n \quad (6.2)$$

Por meio do cálculo dos valores dos δ, obtêm-se os valores do deslocamento de cada pino. Essa formulação é uma forma do método da *energia potencial total*. O leitor irá constatar no futuro que as Equações 6.2 talvez sejam as mais abrangentes na mecânica dos sólidos.

As Equações 6.2, obtidas de maneira apropriada, são equivalentes às equações de *equilíbrio*. Isto é, tem-se uma situação nova em que a extremização de uma função é, entre outras coisas, equivalente à mais importante equação do problema.

Essa situação pode ocorrer em outras áreas da engenharia, nas quais uma equação diferencial importante, com certas condições de contorno, seja equivalente ao cálculo dos extremos de uma função (ou de alguma grandeza relacionada, chamada *funcional*, que, simplesmente, é uma função de uma função). Observe que, para o problema da treliça simples, passou-se das equações físicas de equilíbrio para uma abordagem mais matemática de extremização de uma função. Entretanto (observe com cuidado), a última abordagem gera informação extremamente útil para problemas práticos apesar de ser mais matemática.

No Capítulo 10, será apresentada uma forma simplificada do princípio da energia potencial total aplicado a corpos rígidos. Neste capítulo sobre treliças, se os membros fossem deformáveis, seria necessário o cálculo da energia de deformação para a aplicação do princípio da energia potencial total.

---

7 Esse deslocamento é chamado *deslocamento virtual* e será mais discutido no Capítulo 10, que apresentará o método do trabalho virtual.

8 O leitor aprenderá a calcular a energia de deformação nos cursos de mecânica dos sólidos ou estruturas. A fórmula é $\dfrac{EA\delta^2}{2L}$, em que δ é a variação do comprimento do membro, A é a área da seção transversal, E é o módulo de elasticidade e L é o comprimento do membro.

Problemas

6.21 Determine as forças nos membros *CB* e *BE* da treliça plana.

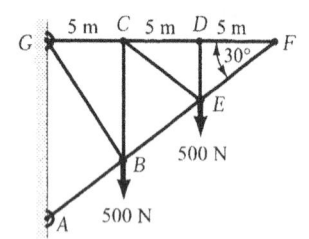

Figura P.6.21

6.22 Para a treliça de telhado: (a) determine as forças transmitidas pelo membro *DC*. (b) Qual é a força transmitida por *DE*?

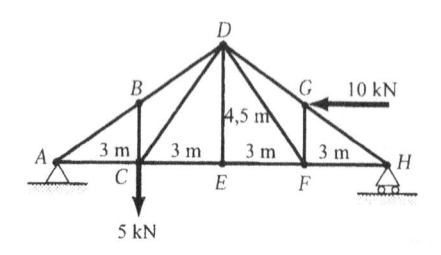

Figura P.6.22

6.23 Determine a força transmitida pelo membro *KU* na treliça plana. Os membros verticais estão distantes 9 m entre si.

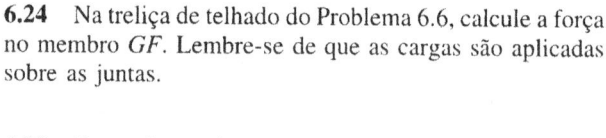

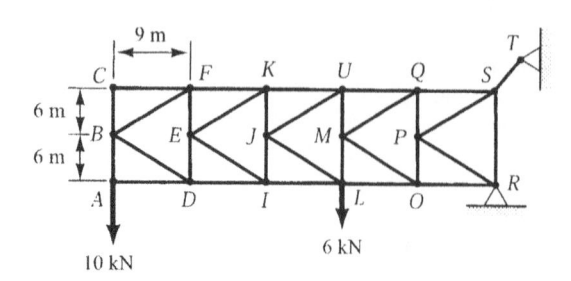

Figura P.6.23

6.24 Na treliça de telhado do Problema 6.6, calcule a força no membro *GF*. Lembre-se de que as cargas são aplicadas sobre as juntas.

6.25 Determine as forças nos membros *CD*, *DG* e *HG* na treliça plana.

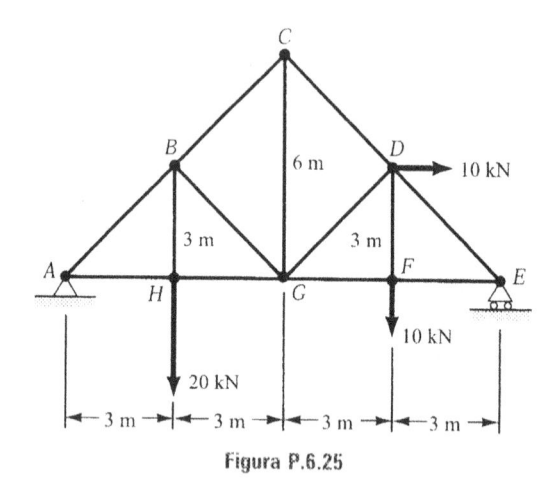

Figura P.6.25

6.26 No Problema 6.13, determine as forças nos membros *BF* e *AB*.

6.27 O telhado está sujeito a um carregamento de vento de 1 kN/m^2. Determine as forças nos membros *LK* e *KJ* de uma treliça interna considerando que as treliças estão espaçadas 3 m entre si.

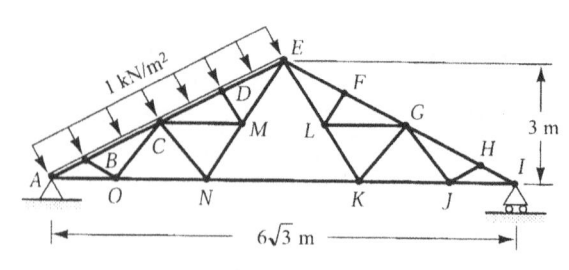

Figura P.6.27

6.28 As guias de um grande guindaste são suspensas por alguns pinos da treliça (*M*, *K*, *J* e *G*). Determine as forças nos membros *BC*, *BK*, *DE*, *DI* e *EF*. Despreze os pesos da treliça e das guias. As guias transmitem as cargas para os pinos e não são consideradas parte da estrutura da treliça.

6.31 Um par de treliças suporta o peso de um pavimento de 7 kN/m. Por meio do método das seções, determine as forças nos membros *DF* e *DE*. A pista é suportada pelos pinos *A*, *D*, *F* e *H* das duas treliças.

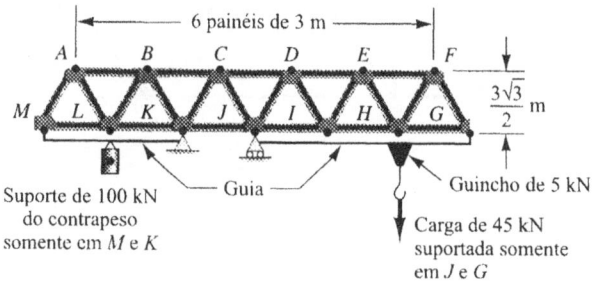

Figura P.6.28

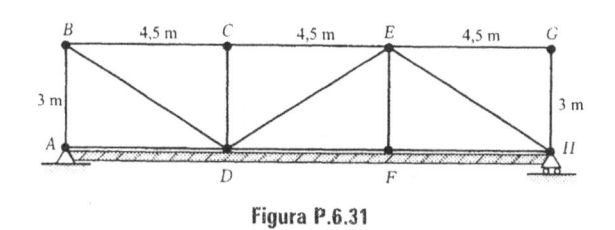

Figura P.6.31

6.29 No Exemplo 6.2, determine as forças nos membros *FG* e *CE*.

6.30 (a) Calcule as forças nos membros *DG* e *DF* pelo método das *seções*. Determine quais membros estão sob tração e quais sob compressão.

(b) Determine as forças nos membros *AC*, *AB*, *CB* e *CD* pelo método dos *nós*. Esquematize os diagramas de maneira apropriada e indique quais membros estão sob tração ou compressão.

6.32 Determine as forças nos membros *HE*, *FH*, *FE* e *FC* da treliça.

Figura P.6.30

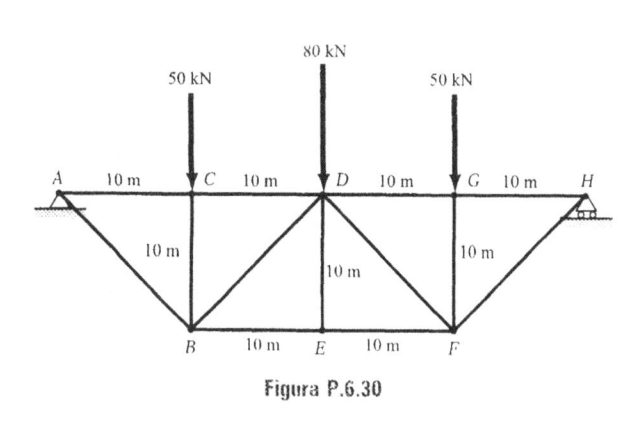

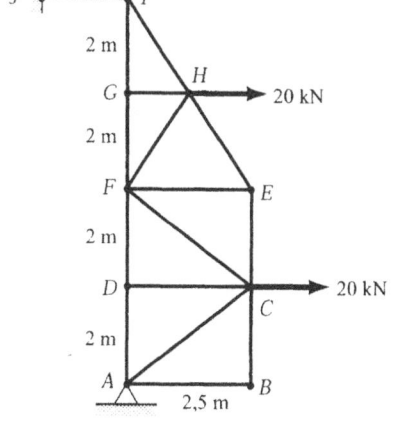

Figura P.6.32

6.33 Determine a força no membro *JF* da treliça.

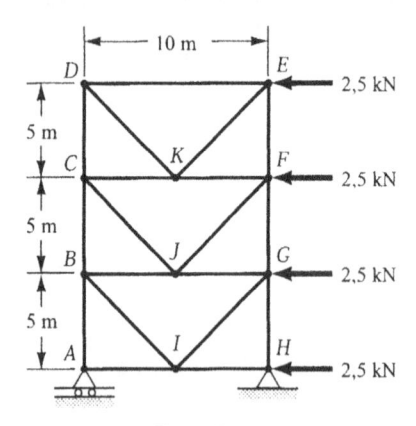

Figura P.6.33

6.34 Determine as forças nos membros *FI*, *EF* e *DH* da treliça. Despreze o peso das polias.

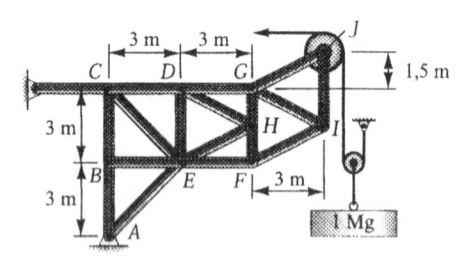

Figura P.6.34

6.35 A Figura P.6.35 ilustra uma locomotiva iniciando a travessia de uma ponte treliçada. Considerando que o peso da locomotiva seja idealizado para 4 carregamentos de 200 kN, determine as forças nos membros *AB*, *BL*, *CK*, *CL*, *LK*, *DK*, *KJ* e *DJ*.

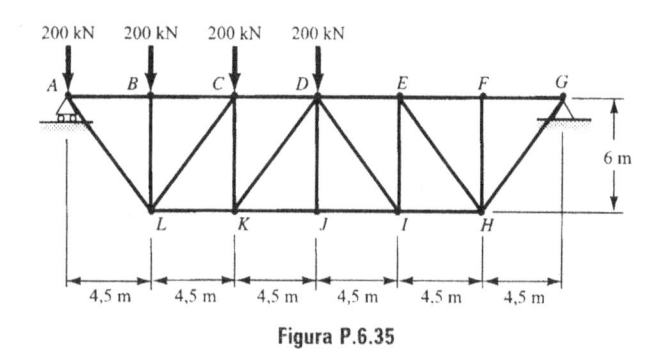

Figura P.6.35

6.36 Um trem a diesel move-se ao longo de uma ponte treliçada. Considerando que as cargas nas posições *A*, *B*, *C* e *D* são as apresentadas na Figura P.6.36, determine as forças nos membros *LC*, *KL*, *FG* e *HG*.

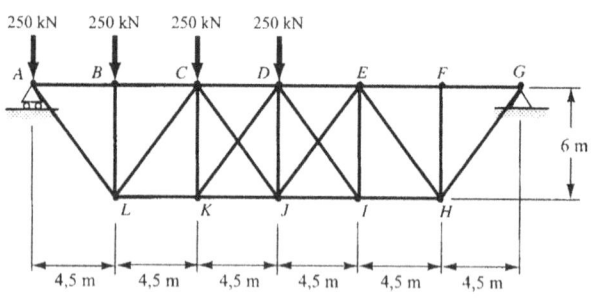

Figura P.6.36

Parte B: Forças internas em vigas[9]

6.7 Introdução

Na Parte A, vários problemas que envolvem barras carregadas axialmente foram analisados. A força resultante em qualquer seção transversal da barra era facilmente estabelecida como uma força axial. Agora, são analisados alguns problemas que envolvem barras prismáticas carregadas *transversal* e axialmente. Em geral, quando barras são carregadas transversalmente, elas denominam-se *vigas*. O conhecimento das componentes do sistema de forças resultantes nas seções *transversais* da viga é de grande importância em problemas práticos da engenharia. Nesta seção, alguns métodos para a determinação das forças resultantes nas seções, ou forças internas, de vigas são apresentados. Analisam-se vigas com um plano vertical de simetria ao longo de seu eixo.

6.8 Força cortante, força axial e momento de flexão

Considere, primeiro, uma viga sujeita a um carregamento transversal distribuído de intensidade $w(x)$ em seu plano de simetria e a uma força P ao longo da direção axial aplicada na extremidade A da viga, como ilustrado na Figura 6.30a. Suponha que as forças de reação sejam conhecidas. Para determinar a força transmitida através da seção transversal localizada na posição x, seleciona-se uma parte da viga como um corpo livre, de modo que a seção da viga em x seja "exposta", como visto na Figura 6.30b. Como há uma distribuição de carregamento coplanar, por meio dos conceitos básicos de mecânica dos corpos rígidos sabe-se que, dependendo do problema, a distribuição na seção x pode ser substituída simplesmente por uma única força ou um único momento no plano das cargas externas. Se a resultante for uma única força, naturalmente ela terá uma linha de ação. Essa linha em geral não passa pelo centro da seção transversal. Como a posição real da intersecção dessa força com a seção transversal é de pequeno interesse na teoria de vigas, toma-se a posição da força resultante como o centro da seção transversal e inclui-se o momento M_z apropriado para acompanhar a força. Além disso, a força é decomposta em suas componentes ortogonais nesse caso, uma força vertical V_y e uma força horizontal H. Essas grandezas são mostradas na Figura 6.30b. Como essas grandezas são utilizadas de maneira intensa em análise estrutural, nomes especiais são associados a elas. Esses nomes são $V_y \equiv$ componente de *força cortante*, $H \equiv$ componente de *força axial* ou *força normal* e $M_z \equiv$ componente de *momento de flexão*[10]. Se houvesse um carregamento tridimensional, haveria uma componente adicional de força cortante V_z (veja a Figura 6.31), uma componente adicional de momento de flexão

---

[9] Em muitos cursos de engenharia, esse tópico é estudado nas disciplinas de mecânica dos sólidos ou resistência dos materiais, em seguimento ao curso de estática. É inteiramente factível pular esta seção sem prejuízo ao resto do livro.

[10] Para vigas curvas, as forças cortantes V são sempre tangentes à seção transversal, sendo que a força axial H é sempre normal à seção transversal.

M_y e um momento ao longo do eixo da viga M_x, denominado *momento de torção*.

Observe, na Figura 6.30c, que um segundo diagrama de corpo livre foi desenhado expondo a mesma seção transversal na posição x vista do "outro lado". A força cortante, a força axial e o momento de flexão para essa seção são marcados com linha na figura. Segundo a terceira lei de Newton, as forças internas marcadas com linhas devem ser iguais e contrárias às correspondentes forças internas sem linhas, mostradas na Figura 6.30b, que atuam no outro lado da mesma seção. Pode-se, então, escolher para os cálculos das forças internas nas seções das vigas o diagrama de corpo livre tanto do lado esquerdo quanto do lado direito. Essas 2 maneiras de representar as forças trazem um problema quanto aos sinais das forças e momentos transmitidos através de uma seção. Não se pode utilizar apenas o sentido da força ou momento na seção para a definição de seu sinal. Obviamente seria inadequado utilizar o sentido da força ou momento, pois este depende do diagrama de corpo livre escolhido. Para associar um único sinal à força cortante, à força axial e ao momento de flexão em uma seção, adota-se a seguinte convenção:

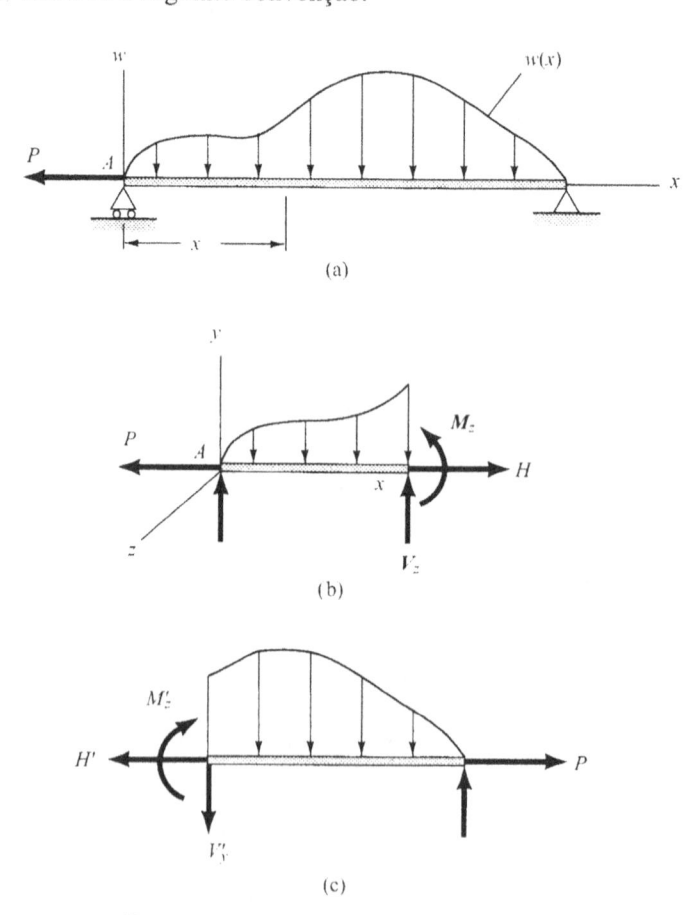

Figura 6.30: Resultantes em uma seção transversal.

Uma componente de força na seção será positiva se o vetor área da seção transversal e a componente de força possuírem os mesmos sentidos em relação aos eixos de referência. Se ambos forem negativos ou positivos, então, a componente de força será positiva[11].

O mesmo se aplica ao momento de flexão.

Para melhor entendimento dessa convenção de sinais, analisa-se a Figura 6.30. Para o corpo livre do lado esquerdo (veja a Figura 6.30b), o vetor área da seção transversal x está na direção positiva do eixo x. Observe que H, V_y e a representação vetorial de M_z também estão orientados segundo as direções positivas dos eixos xyz. Conseqüentemente, de acordo com a convenção estabelecida, a força cortante, a força axial e o momento de flexão foram desenhados como positivos na seção x. Para o diagrama de corpo livre do lado direito (veja a Figura 6.30c), o vetor área da seção transversal aponta no sentido negativo do eixo x. H', V_y' e M_z' estão orientados de acordo com os sentidos negativos dos eixos x, y e z e, por isso, essas componentes são positivas para a seção x de acordo com a convenção estabelecida. É claro que, por meio dessa convenção, pode-se efetiva e facilmente especificar o sistema de forças internas em uma seção transversal sem perigo de interpretação dúbia.

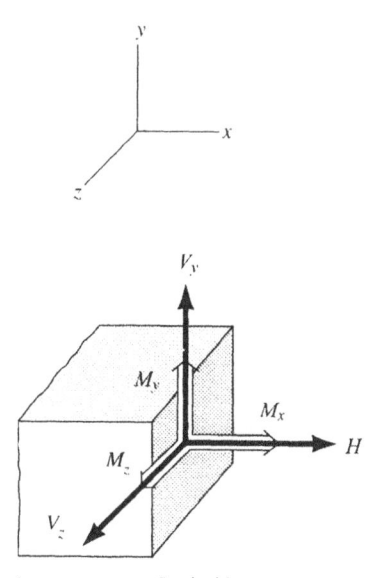

Figura 6.31: Resultantes em uma seção devidas a um carregamento tridimensional.

V_y, H e M_z podem ser calculados para uma seção transversal empregando-se a mecânica dos corpos rígidos para o diagrama de corpo livre do lado direito ou do lado esquerdo da viga, desde que as forças externas sejam conhecidas. Como as grandezas V_y, H e M_z dependem de x, é de grande utilidade prática em engenharia esboçar os diagramas da força cortante e do momento de flexão, mostrando-se as forças internas para toda a viga.

O exemplo seguinte ilustra o cálculo de V e M para uma viga.

---

11 Alguns autores empregam uma convenção oposta à apresentada para a força cortante. Essa convenção é coerente com a convenção utilizada na teoria da elasticidade para o sinal de tensão em um ponto e, por isso, ela foi escolhida neste texto em detrimento das outras.

Exemplo 6.6

Expresse as equações de força cortante e momento de flexão para a viga simplesmente apoiada, ilustrada na Figura 6.32a, cujo peso pode ser desprezado. As forças nos apoios, obtidas pelas equações de equilíbrio, são iguais a 500 N cada uma.

Para obter a força cortante na seção x, isola-se o lado direito ou o lado esquerdo da viga em x e empregam-se as equações de equilíbrio sobre o corpo livre resultante. Se x está entre A e C da viga, a única força externa presente no corpo livre do lado esquerdo é a força de apoio na extremidade esquerda (veja a Figura 6.32b). Note que os sentidos de V e M utilizados (não há a necessidade de subscritos em problemas simples) correspondem às forças e momentos *positivos* de acordo com a convenção estabelecida. Evidentemente o sinal *algébrico* obtido para essas grandezas, a partir das considerações de equilíbrio, corresponde ao sinal estabelecido pela *convenção* adotada. Se x está entre C e B para esse corpo livre, 2 forças externas aparecem (veja a Figura 6.32c). Portanto, se a força cortante tiver de ser expressa como uma função de x, serão necessárias 2 equações separadas cobrindo as duas regiões, $0 < x < l/2$ e $l/2 < x < l$. Efetuando-se os somatórios de força na direção vertical, obtém-se:

$0 < x < l/2$:

$$500 + V = 0; \quad \text{portanto,} \quad V = -500 \text{ N} \tag{a}$$

$l/2 < x < l$:

$$500 - 1.000 + V = 0; \quad \text{portanto,} \quad V = 500 \text{ N} \tag{b}$$

Esses resultados indicam que há uma brusca variação da força cortante de -500 N para $+500$ N, quando se passa pela posição da força concentrada de 1.000 N. Evidentemente o valor do cortante é *indeterminado* na posição da força concentrada. Devido a essa descontinuidade no ponto de aplicação de forças concentradas, as posições das 3 cargas concentradas do problema são excluídas das regiões de aplicabilidade das Equações a e b. Note ainda que, se existisse apenas um carregamento distribuído iniciando-se no ponto C, não haveria descontinuidade no cortante; portanto, não seria necessário excluir a posição do ponto C na região de aplicabilidade das equações para a força cortante.

Considere, agora, as equações para os momentos de flexão. De novo, 2 regiões discretas são analisadas. Por meio do cálculo de momento em relação à posição x, obtém-se:

$0 \le x \le l/2$:

$$-500x + M = 0; \quad \text{portanto,} \quad M = 500x \text{ N m} \tag{c}$$

$l/2 \le x \le l$:

$$-500x + 1.000(x - \tfrac{l}{2}) + M = 0; \quad \text{portanto,} \quad M = 500(l - x) \text{ N m} \tag{d}$$

Exemplo 6.6 (*continuação*)

Se houvesse um momento concentrado no carregamento, haveria, evidentemente, uma descontinuidade na equação do momento de flexão no ponto de aplicação desse momento. O mesmo ocorreria nas equações da força cortante se houvesse cargas pontuais (concentradas) aplicadas sobre a viga. Assim, os pontos de descontinuidade associados a momentos concentrados não deveriam ser incluídos nas equações do momento de flexão. Neste problema, não há momentos concentrados; portanto, as Equações *c* e *d* levam em consideração a viga inteira pela combinação de suas faixas de aplicabilidade.

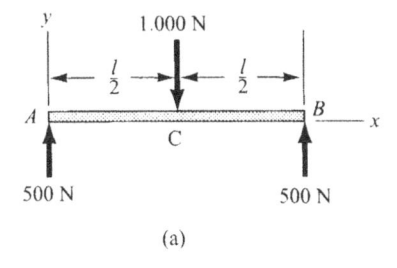

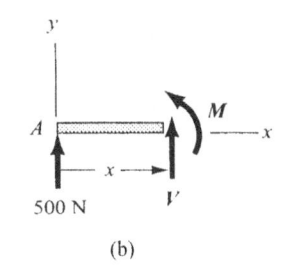

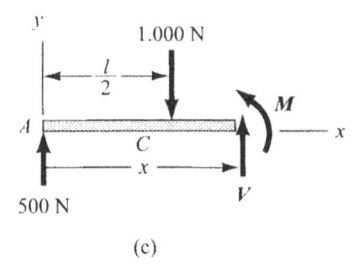

Figura 6.32: Viga simplesmente apoiada.

É prática comum da engenharia expressar as equações da força cortante e do momento de flexão com regiões comuns de aplicabilidade. Nesses casos, deve-se adotar a prática de excluir da região de aplicabilidade *quaisquer* pontos de descontinuidade tanto da força cortante quanto do momento de flexão.

Exemplo 6.7

Determine as equações da força cortante e do momento de flexão para a viga simplesmente apoiada, ilustrada na Figura 6.33. Despreze o peso da viga.

Primeiro, calculam-se as forças de reação nos apoios da viga. Assim, pela regra da mão direita tem-se:

$\sum M_B = 0$:

$$-R_1(6,5) + (750)(2,4)(4,1) + (4.500)(4,1) - 700 = 0$$

Portanto,

$$R_1 = 3,866 \text{ kN}$$

$\sum M_A = 0$:

$$R_2(6,5) - 700 - (750)(2,4)(2,4) - (4.500)(2,4) = 0$$

Portanto,

$$R_2 = 2,434 \text{ kN}$$

Na Figura 6.34a, mostra-se um diagrama de corpo livre que expõe as seções da viga entre o apoio esquerdo e o carregamento distribuído. Por meio do somatório de forças e do cálculo dos momentos em relação a um ponto na seção, onde V e M são desenhados como positivos de acordo com a convenção de sinais adotada, obtém-se:

$0 < x \leq 1,2$:

$$3.866 + V = 0; \text{ portanto, } V = -3,866 \text{ kN}$$
$$-3.866x + M = 0; \text{ portanto, } M = 3,866x \text{ kN m}$$

O próximo intervalo está entre o início do carregamento distribuído e a força pontual concentrada. Assim, observando-se a Figura 6.34b, tem-se:

$1,2 \leq x < 2,4$:

para V,

$$3.866 - 750(x - 1,2) + V = 0$$
$$\therefore V = 750x - 2.966 \text{ N}$$

e para M,

$$-3.866x + \frac{750(x - 1,2)^2}{2} + M = 0$$
$$\therefore M = -375x^2 + 4.766x - 540 \text{ N m}$$

Agora, analisa-se o intervalo entre a força pontual e a extremidade do carregamento uniforme. Assim, observando a Figura 6.34c:

$2,4 < x \leq 3,6$:

para V,

$$3.866 - 750(x - 1,2) - 4.500 + V = 0$$
$$\therefore V = 750x - 266 \text{ N}$$

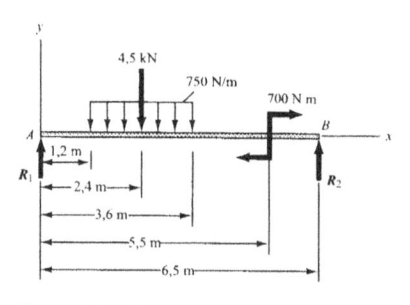

Figura 6.33: Viga simplesmente apoiada.

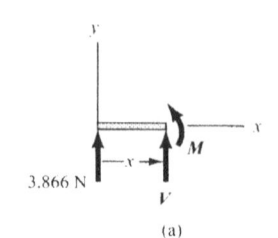

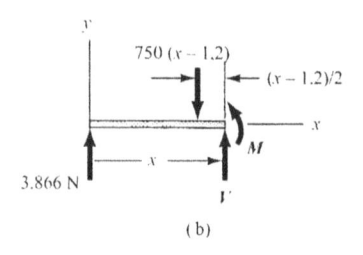

Figura 6.34: Diagramas de corpo livre para várias regiões da viga.

Exemplo 6.7 (continuação)

e para M,

$$-3.866x + \frac{750(x-1,2)^2}{2} + 4.500(x-2,4) + M = 0$$

$$\therefore M = -375x^2 + 266x + 10.260 \text{ N m}$$

O próximo intervalo encontra-se entre o final do carregamento distribuído e o ponto de aplicação do momento concentrado. Substitui-se o carregamento distribuído por sua resultante equivalente de 1,8 kN, como ilustrado na Figura 6.34d. Assim,

$3,6 \leq x < 5,5$:

para V,

$$3.866 - 1.800 - 4.500 + V = 0$$

$$\therefore V = 2,434 \text{ kN}$$

e para M,

$$-3.866x + 6.300(x-2,4) + M = 0$$

$$\therefore M = -2.434x + 15.120 \text{ N m}$$

O último intervalo vai do momento pontual ao suporte direito da viga. É imporante ressaltar que o momento concentrado *não* contribui diretamente para a força cortante e esta última equação de V poderia ser utilizada para o intervalo $5,5 < x < 6,5$. Entretanto, o momento concentrado contribui diretamente para o momento de flexão e, por isso, este último intervalo é requerido. Desse modo, por meio da Figura 6.34e, obtém-se:

$5,5 < x < 6,5$:

$$V = 2,434 \text{ kN (como no intervalo anterior)}$$

Para M tem-se:

$$-3.866x + 6.300(x-2,4) - 700 + M = 0$$

$$\therefore M = -2.434x + 15.820 \text{ N m}$$

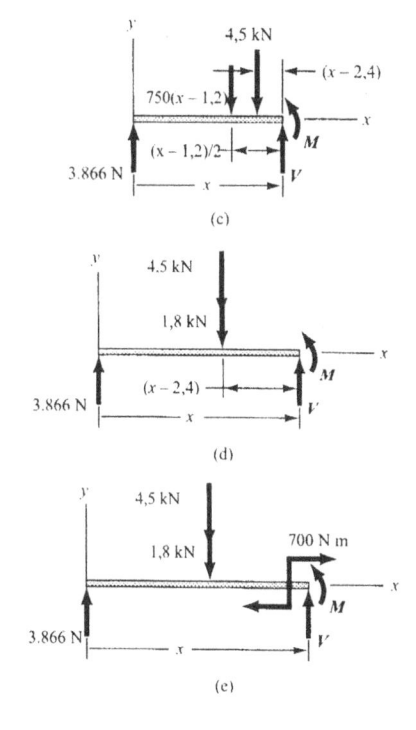

Figura 6.34: (*continuação*) Diagramas de corpo livre para várias regiões da viga.

As equações da força cortante e do momento de flexão podem ser determinadas de uma maneira menos formal do que a utilizada até aqui. Nesse sentido, pode ser observado que, a partir das considerações de equilíbrio, uma força vertical P para baixo, como ilustrado na Figura 6.35a, induz nas seções à sua direita uma força cortante positiva de valor $+P$, enquanto uma força vertical P para cima induz nas seções à sua direita uma força cortante negativa $-P$ (veja a Figura 6.35b). Além disso, uma força P para cima induz, nas seções localizadas à sua direita a uma distância ξ, um momento de flexão positivo $P\xi$ (veja a Figura 6.36a), enquanto uma força vertical P para baixo induz, nas seções à sua direita localizadas a uma distância ξ, um momento de flexão negativo $-P\xi$ (veja a Figura 6.36b). Por fim, pode ser visto na Figura 6.37a que um momento horário

C requer para o equilíbrio um momento de flexão positivo + C nas seções localizadas à sua direita (não requer para o equilíbrio uma força cortante), enquanto um momento anti-horário C (veja a Figura 6.37b) requer um momento de flexão negativo – C nas seções localizadas à sua direita. No exemplo seguinte, é mostrado como esse tipo de análise pode ser diretamente aplicado para a obtenção das equações da força cortante e do momento de flexão.

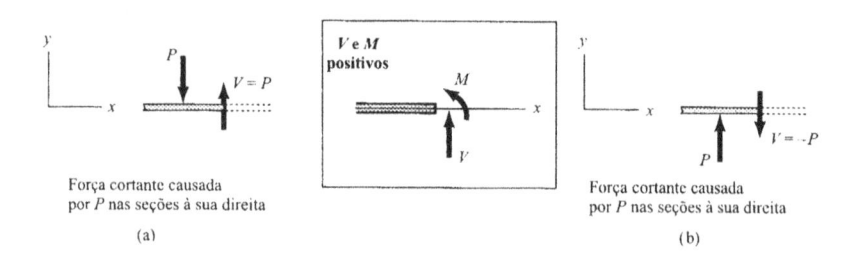

Figura 6.35: Força cortante induzida por P.

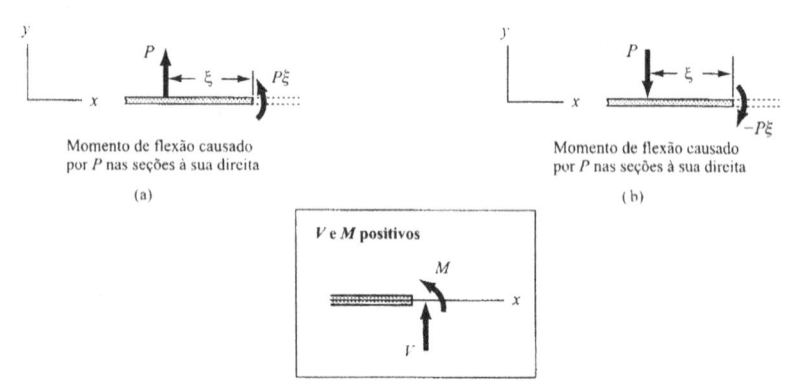

Figura 6.36: Momento de flexão induzido por P.

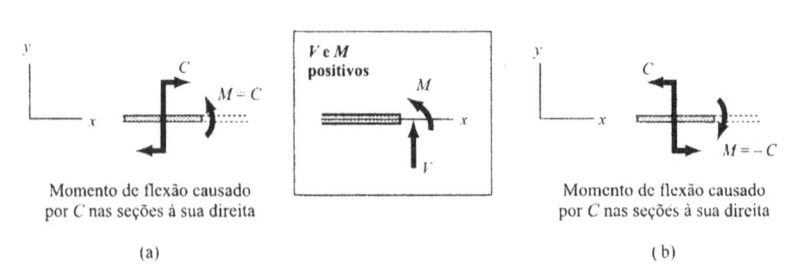

Figura 6.37: Momento de flexão induzido por C.

Exemplo 6.8

Obtenha as equações de força cortante e momento de flexão para a viga ilustrada na Figura 6.38.

O diagrama de corpo livre da viga é ilustrado na Figura 6.39. É possível calcular de imediato, por meio da regra da mão direita, as forças de reação nos apoios da seguinte maneira:

$\sum M_2 = 0$:

$$- R_1 (8,5) + (2.000)(7) - 1.000 + (750)(3,5)(1,75) = 0$$

portanto,

$$R_1 = 2,070 \text{ kN}$$

$\sum M_1 = 0$:

$$R_2(8,5) - (2.000)(1,5) - 1.000 - (750)(3,5)(6,75) = 0$$

assim,

$$R_2 = 2,555 \text{ kN}$$

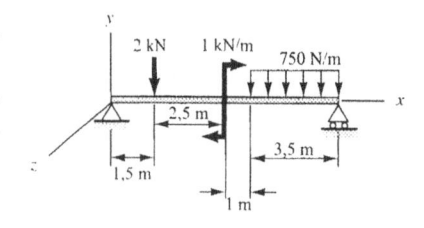

Figura 6.38: Viga simplesmente apoiada.

Pode-se, agora, calcular a força cortante V e o momento de flexão M com o auxílio da Figura 6.39. Dessa maneira:

$0 < x < 1,5$:

$$V = -2,070 \text{ kN}$$
$$M = 2,070x \text{ N m}$$

$1,5 < x < 4$:

$$V = -2,070 + 2 = -70 \text{ N}$$
$$M = 2,070x - 2(x - 1,5) = -0,07x + 3 \text{ kN m}$$

$4 < x \leq 5$:

$$V = -70 \text{ N (mesmo valor do intervalo anterior)}$$
$$M = 2,070 - 2(x - 1,5) + 1 = -0,07x + 4 \text{ kN m}$$

$5 \leq x < 8,5$:

$$V = -2,070 + 2 + 0,75(x - 5) = -3,82 + 0,75x \text{ kN}$$

$$M = 2,070x - 2(x - 1,5) + 1 - \frac{0,75(x - 5)^2}{2}$$

$$= -0,375x^2 + 3,82x - 5,375 \text{ kN m}$$

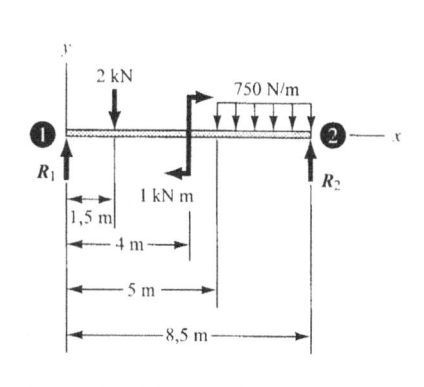

Figura 6.39: Diagrama de corpo livre da viga.

Na Seção 6.9 serão apresentados alguns métodos efetivos de desenhar os diagramas de força cortante e de momento de flexão em vigas.

Antes de dar prosseguimento aos tópicos de mecânica estrutural, deve ser ressaltado que a substituição de um carregamento distribuído sobre a viga por uma força resultante equivalente tem sentido somente para o diagrama de corpo livre particular em que esse carregamento atua. Assim, para o cálculo das reações de apoio da viga, que é considerada um corpo livre (Figura 6.40), pode-se substituir a distribuição uniforme do

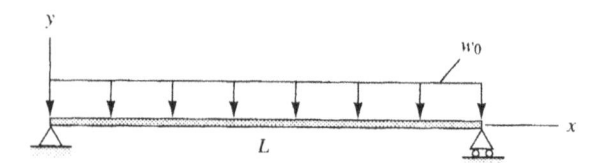

Figura 6.40: Carregamento uniformemente distribuído.

peso w_0 pelo peso total que atua na posição $L/2$ (Figura 6.41). Para o momento de flexão em x, a resultante do carregamento distribuído para o corpo livre ilustrado na Figura 6.42 torna-se $w_0 x$ e atua no meio do vão na posição $x/2$. Em outras palavras, *ao se obterem os diagramas e as equações da força cortante e do momento de flexão, os carregamentos distribuídos sobre a viga inteira não podem ser substituídos por suas resultantes equivalentes.* Existe de maneira implícita, nessas equações, um número infinito de corpos livres, todos mais curtos do que a própria viga, o que torna as substituições citadas inválidas na análise da força cortante e do momento de flexão.

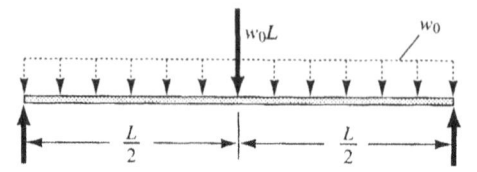

Figura 6.41: Resultante de w_0 sobre toda a viga.

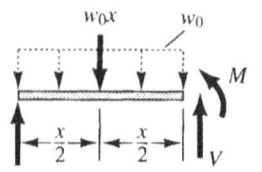

Figura 6.42: Resultante de w_0 sobre a porção x da viga.

Problemas

Nos Problemas 6.37 a 6.48, utilize diagramas de corpo livre.

6.37 Formule as equações da força cortante e do momento de flexão para a viga simplesmente apoiada. Não considere o peso da viga.

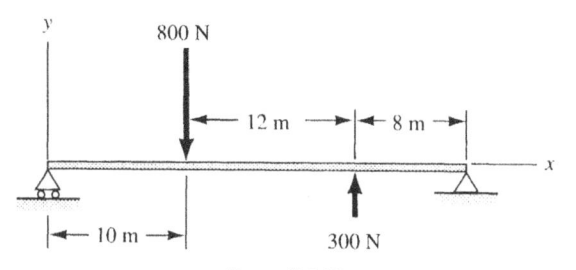

Figura P.6.37

6.38 Formule as equações da força cortante e do momento de flexão para a viga em balanço. Não considere o peso da viga.

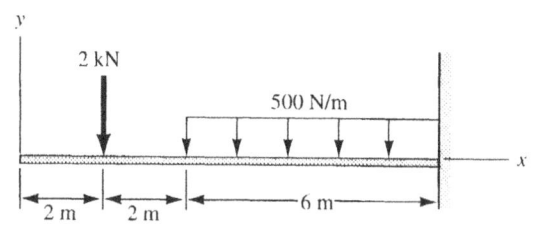

Figura P.6.38

6.39 Determine as equações da força cortante e do momento de flexão para a viga simplesmente apoiada.

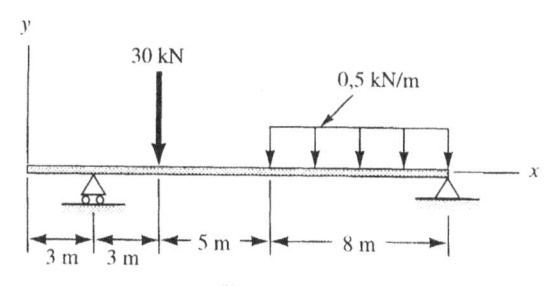

Figura P.6.39

6.40 Para a viga ilustrada a seguir, qual é a força cortante e o momento de flexão nas seguintes posições?
(a) 1,5 m a partir da extremidade esquerda
(b) 3,5 m a partir da extremidade esquerda
(c) 1,5 m a partir da extremidade direita

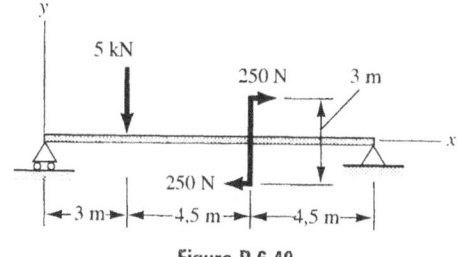

Figura P.6.40

6.41 Formule as equações da força cortante e do momento de flexão para a viga simplesmente apoiada.

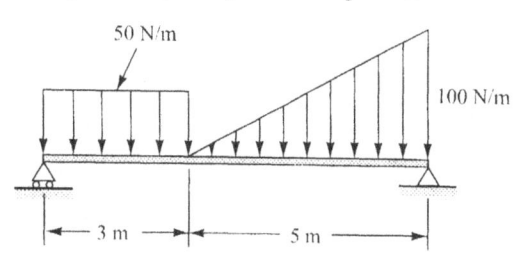

Figura P.6.41

6.42 Calcule a força cortante e os momentos de flexão para a viga distorcida em função da variável s ao longo da linha de centro da viga.

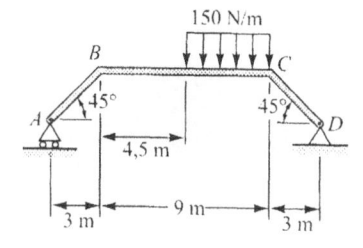

Figura P.6.42

6.43 Uma viga simplesmente apoiada é carregada em 2 planos. Isso significa que haverá componentes de força cortante V_y e V_z e componentes de momento de flexão M_z e M_y. Calcular essas componentes em função de x. O comprimento da viga é de 12 m.

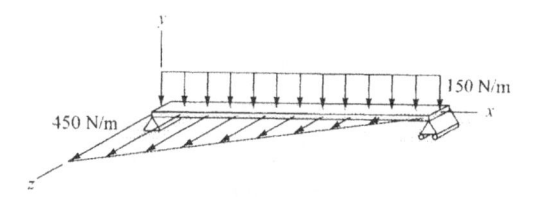

Figura P.6.43

6.44 Quais são a força cortante, o momento de flexão e a força axial para a viga em balanço tridimensional? Apresente os resultados em separado para os 3 segmentos AB, BC e CD. Despreze o peso do membro e use s como a distância ao longo da linha de centro a partir de D.

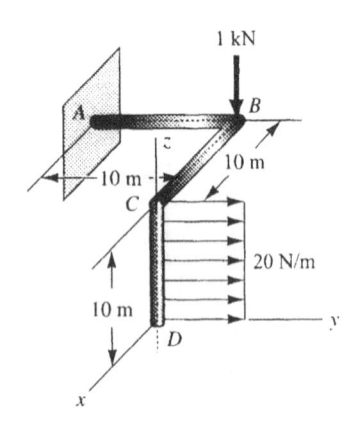

Figura P.6.44

6.45 O óleo escoa de um tanque através de um tubo AB. O óleo tem densidade de 640 kg/m^3 e, ao escoar, desenvolve uma força de atrito no tubo de 15 N/m. O tubo possui um diâmetro interno de 75 mm e um comprimento de 6 m. As condições do fluxo de óleo são consideradas as mesmas ao longo do comprimento do tubo. Quais são a força cortante, o momento de flexão e a força axial ao longo do tubo? O tubo pesa 150 N/m.

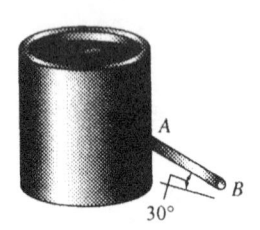

Figura P.6.45

6.46 Determine a força cortante, o momento de flexão e a força axial em função de θ para a viga circular.

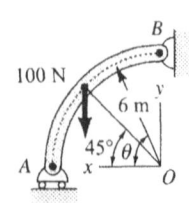

Figura P.6.46

6.47 Um sistema de levantamento pode mover-se ao longo de uma viga enquanto suporta uma carga de 50 kN. Considerando-se que o sistema começa a movimentar-se da esquerda e move-se de $\bar{x} = 1$ a $\bar{x} = 4$, determine a força cortante e o momento de flexão em A em termos de $\bar{x}$. Em qual posição de $\bar{x}$ são obtidos os máximos valores de força cortante e momento de flexão em A? Quais são esses valores máximos?

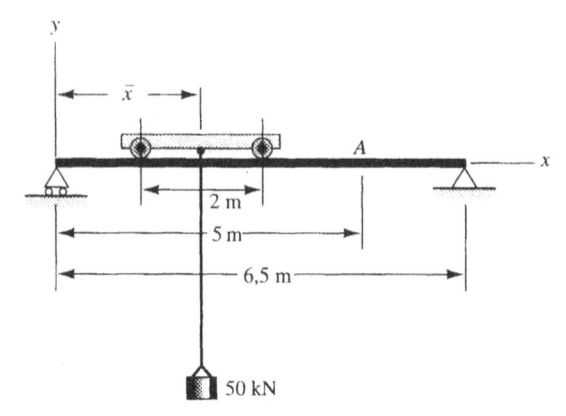

Figura P.6.47

6.48 Um tubo pesa 150 N/m e tem diâmetro interno de 50 mm. Considerando que o tubo está cheio de água e a pressão desta é igual à pressão atmosférica na entrada A, calcule a força cortante, a força axial e o momento de flexão no tubo de A a D. Usar a coordenada s medida ao longo da linha de centro do tubo a partir de A.

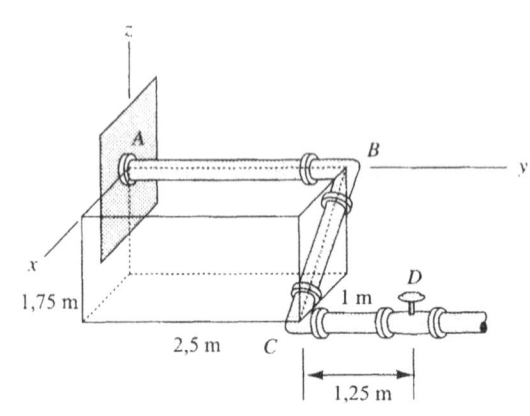

Figura P.6.48

6.49 Após a determinação das forças de reação nos apoios, determine, para o Problema 6.37, as equações da força cortante e do momento de flexão sem o auxílio de diagramas de corpo livre.

6.50 Determine as equações da força cortante e do momento de flexão para o Problema 6.38 sem empregar diagramas de corpo livre.

6.51 No Problema 6.39, após o cálculo das forças de reação nos apoios, determine as equações da força cortante e do momento de flexão sem a utilização de diagramas de corpo livre.

6.52 No Problema 6.40, após a determinação das forças de reação nos apoios, escreva as expressões da força cortante e do momento de flexão em função de x, sem a utilização de diagramas de corpo livre.

6.53 Formule as equações da força cortante e do momento de flexão para a viga em balanço. Exceto para o cálculo das forças de reação nos apoios, não utilize diagramas de corpo livre na solução.

6.54 Formule as equações da força cortante e do momento de flexão para a viga simplesmente apoiada. (*Dica*: Para o domínio $5 < x < 15$, é mais simples substituir o carregamento triangular distribuído, que varia de 400 N/m a 0, por um carregamento uniforme de 400 N/m de $x = 5$ a $x = 15$, orientado verticalmente para baixo, mais um carregamento triangular vertical, orientado para cima, variando de 0 a 400 N/m no intervalo.)

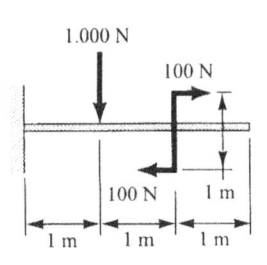

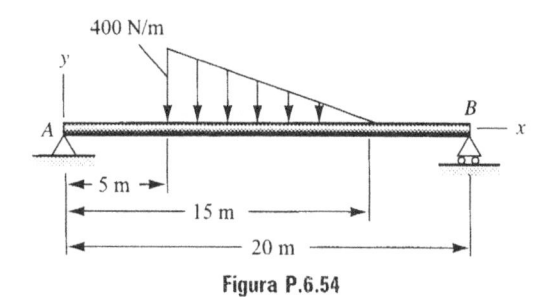

Figura P.6.53

Figura P.6.54

6.9 Relações diferenciais de equilíbrio

Na Seção 6.8, foram analisados corpos livres de variados segmentos de viga de *comprimento finito* com o intuito de obter o sistema de forças resultante. Um outro enfoque pode ser dado na análise do equilíbrio de vigas. Examina-se um *segmento infinitesimal* da viga obtido por meio de um corte imaginário. As equações de equilíbrio para esse segmento de viga levarão a *equações diferenciais* em vez de a equações algébricas para as variáveis V e M.

Analisa-se um segmento Δx da viga, ilustrado na Figura 6.43. Adota-se a convenção de que a intensidade do carregamento w no sentido positivo da coordenada vertical é positiva. Considera-se que o peso da viga tenha sido incluído na intensidade do carregamento distribuído de modo que todas as forças que atuem sobre o elemento Δx estejam mostradas em seu diagrama de corpo livre, que pode ser visto na Figura 6.44. Note que foi seguida a convenção de sinais apresentada na Seção 6.8, sendo que a força cortante e o momento de flexão foram desenhados como positivos. As equações de equilíbrio são aplicadas no cálculo das grandezas desejadas. Assim, por meio do somatório de forças:

$\sum F_y = 0$:

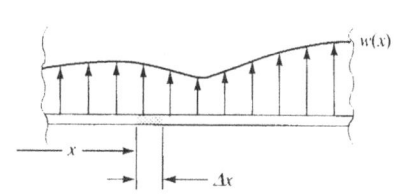

Figura 6.43: Segmento da viga de comprimento Δx.

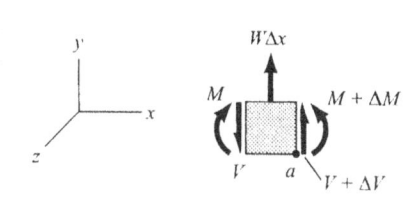

Figura 6.44: Diagrama de corpo livre do segmento de viga.

$$-V + (V + \Delta V) + w\Delta x = 0$$

Calculando os momentos em relação ao ponto a do elemento Δx, obtém-se:

$\sum M_a = 0$:

$$-M + V\Delta x - (w\Delta x)(\beta \Delta x) + (M + \Delta M) = 0$$

onde β é alguma fração que, quando multiplicada por Δx, fornece o braço de momento apropriado para a força $w\Delta x$ em relação ao ponto a. Essas equações podem ser escritas da seguinte forma, após sua divisão por Δx:

$$\frac{\Delta V}{\Delta x} = -w$$

$$\frac{\Delta M}{\Delta x} = -V + w\beta\Delta x$$

No limite quando $\Delta x \to 0$, obtêm-se as seguintes equações diferenciais:

$$\frac{dV}{dx} = -w \qquad (6.3a)$$

$$\frac{dM}{dx} = -V \qquad (6.3b)$$

Pode-se efetuar a integração das Equações 6.3a e 6.3b ao longo da viga, da posição 1 à posição 2. Assim, tem-se:

$$(V)_2 - (V)_1 = -\int_1^2 w\,dx$$

portanto,

$$(V)_2 = (V)_1 - \int_1^2 w\,dx \qquad (6.4)$$

e

$$(M)_2 - (M)_1 = -\int_1^2 V\,dx$$

assim,

$$(M)_2 = (M)_1 - \int_1^2 V\,dx \qquad (6.5)$$

A Equação 6.4 mostra que a variação na força cortante entre 2 pontos da viga é igual em módulo, mas com o sinal invertido, à área da curva do carregamento distribuído entre esses 2 pontos, desde que não haja força concentrada no intervalo[12]. Note que, se $w(x)$ for positivo no intervalo, a área sob sua curva será positiva nesse intervalo; se $w(x)$ for negativo no intervalo, a área sob essa curva de carregamento será negativa no intervalo. De maneira análoga, a Equação 6.5 mostra que a variação no momento de flexão entre 2 pontos da viga é igual à área, com o sinal invertido, do diagrama de força cortante entre esses 2 pontos, desde que não haja momentos de flexão concentrados no intervalo. Se $V(x)$ é positiva em um intervalo, a área sob sua curva será positiva nesse intervalo; se $V(x)$ for negativa no intervalo, a área sob sua curva será negativa para esse intervalo. Ao desenhar-se o diagrama, empregam-se as Equações diferenciais 6.4 e 6.5, assim como as Equações diferenciais 6.3.

---

12 A equação diferencial 6.3a tem significado apenas para carregamento distribuído contínuo presente no problema, enquanto a Equação 6.3b é válida apenas na ausência de momentos concentrados.

Exemplo 6.9

Mostre graficamente as distribuições da força cortante e do momento de flexão para a viga simplesmente apoiada ilustrada na Figura 6.45 e indique os valores mais importantes nesses gráficos.

As forças de reação nos apoios R_1 e R_2 são calculadas pelas equações da estática. Assim,

$$\sum M_B = 0:$$

$$-R_1(5) + (2.000)(3,5) + (750)(2,5)(1,25) - 120 = 0$$

portanto,

$$R_1 = 1.845 \text{ N}$$

$$\sum M_A = 0:$$

$$R_2(5) - (2.000)(1,5) - (750)(2,5)(3,75) - 120 = 0$$

assim,

$$R_2 = 2.030 \text{ N}$$

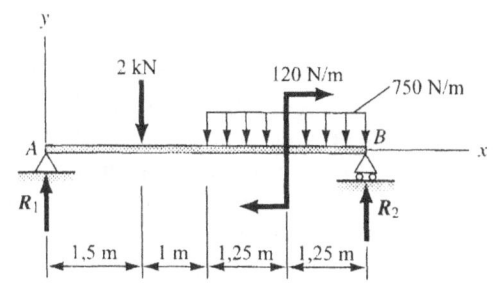

Figura 6.45: Viga simplesmente apoiada.

Na elaboração dos diagramas da força cortante e do momento de flexão, as Equações 6.3, 6.4 e 6.5, que são as equações diferenciais de equilíbrio e suas integrais, devem ser empregadas. Desse modo, primeiro desenha-se o diagrama do carregamento sobre a viga na Figura 6.46a. Então, desenham-se os diagramas da força cortante e do momento de flexão, diretamente abaixo do diagrama do carregamento, sem o auxílio das equações desses esforços ao longo da viga. Para auxiliar na confecção dos diagramas de esforços internos, é importante calcular os pontos-chave de força cortante e de momento de flexão ao longo da viga.

Note que, ao iniciar construção do diagrama da força cortante, a força no apoio esquerdo de 1.845 N causa uma força cortante de – 1.845 N à sua direita. Entre os pontos A e C da viga, não há carregamento distribuído e, conseqüentemente, não há variação no valor da força cortante entre A e C, de acordo com a Equação 6.4. Fica claro que $V_C = -1.845$ N, na seção imediatamente à esquerda do ponto C, como ilustrado na Figura 6.46b. Além disso, como $w = 0$ entre A e C, a inclinação da curva da força cortante deve ser 0, de acordo com a Equação 6.3a. Portanto, tem-se uma linha horizontal para V entre A e C. Agora, quando se cruza o ponto C, a força vertical para baixo de 2.000 N induz um incremento positivo da força no valor de 2.000 N nas seções à sua direita. Dessa maneira, V pula de – 1.845 N para + 155 N quando a curva passa pelo ponto C. Entre C e D não há carregamento distribuído w, de modo que $V_D = V_C$ (avaliada na seção imediatamente à direita do ponto C) e tem-se uma força cortante de 155 N no ponto D. Novamente, como $w = 0$ nesse intervalo, a inclinação da curva da força cortante é nula e tem-se uma linha horizontal para V entre C e D. Como não há força concentrada que atue no ponto D, não ocorre variação brusca na força cortante quando se passa por esse ponto. Dando prosseguimento ao diagrama, constata-se que a variação na força cortante entre D e B é a área da curva, com sinal trocado, do carregamento

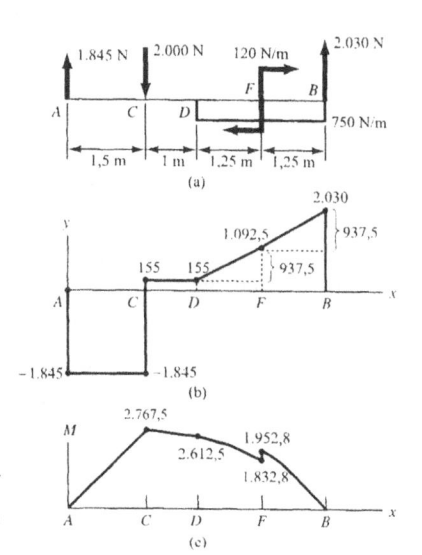

Figura 6.46: Diagramas de força cortante e de momento de flexão.

Exemplo 6.9 (*continuação*)

distribuído[13] nesse intervalo, de acordo com a Equação 6.4. Essa área tem o valor de $(-750)(2,5) = -1.875$. Assim, por meio de Equação 6.4, o valor de V_B (imediatamente à esquerda do suporte direito) é dado por $V_D - (-1.875) = 2.030$ N. Além disso, como w é negativo e constante entre D e B, a inclinação da curva da força cortante deve ser positiva e constante, de acordo com a Equação 6.3a. Assim, pode-se desenhar uma linha reta entre $V_D = 155$ N e $V_B = 2.030$ N. E, por fim, quando se cruza o apoio direito da viga, a força nesse apoio induz uma força cortante negativa de 2.030 N nas seções à sua direita, de modo que no ponto B a curva da força cortante volte a ser 0.

Dando seqüência ao problema, passa-se à construção do diagrama do momento de flexão. Como não há momento pontual em A, o valor de M_A deve ser 0. A variação no momento entre A e C é, então, igual à área sob a curva da força cortante, com o sinal trocado, nesse intervalo. Pode-se constatar então que $M_C = M_A - (1.845)\, 1,5 = 0 + 2.767,5 = 2.767,5$ N m, de acordo com a Equação 6.5, e esse valor é mostrado no diagrama do momento. Além disso, o valor de V é negativo e constante nesse intervalo e, de acordo com a Equação 6.3b, a inclinação da curva de momento é positiva e constante. Pode-se então desenhar uma linha reta entre M_A e M_C. Entre C e D, a área sob a curva do diagrama de força cortante é igual a 155 N m e, assim, $M_D = M_C - (155) = 2.767,5 - 155 = 2.612,5$ N m. Novamente, como V é constante e positivo no intervalo, a inclinação da curva do momento deve ser negativa e constante para esse intervalo; portanto, uma linha reta é desenhada entre os pontos C e D. Entre D e F, a área sob a curva da força cortante é calculada como $(155)(1,25) + \frac{1}{2}(1,25)(937,5) = 779,7$ N m. Dessa maneira, o momento de flexão vai de 2.612,5 N m em D a 1.832,8 N m em F. Nota-se que a curva da força cortante é positiva e *crescente* no intervalo de D a F. Isso significa que a inclinação da curva do momento de flexão é negativa, tornando-se mais acentuada entre D e F. Quando se passa pelo ponto F, encontra-se um momento pontual de 120 N m e constata-se que esse momento induz um momento positivo de 120 N m nas seções à direita do ponto F. Assim, há uma brusca variação no momento de flexão de 120 N m em F, como é ilustrado na Figura 6.46c. A área sob a curva da força cortante entre F e B, utilizando-se a Figura 6.46b, é dada por $(1.092,5)(1,25) + \frac{1}{2}(1,25)(937,5) = 1.951,6$ N m. Nota-se que o momento de flexão vai a 0 no ponto B. Como a força cortante é positiva e *crescente* entre F e B, conclui-se que a inclinação da curva do momento de flexão é negativa, tornando-se acentuada à medida que se aproxima do ponto B. Desse modo, os diagramas da força cortante e do momento de flexão ao longo da viga são construídos, e os pontos-chave dessas curvas, ilustrados nesses diagramas.

Note que, para que os diagramas estejam corretos, as curvas da força cortante e do momento de flexão devem tender a 0 na extremidade da viga localizada imediatamente à direita do suporte direito. Isso serve como uma verificação da exatidão dos cálculos.

---

13 Note que o momento concentrado tem uma força resultante associada nula; portanto, no intervalo entre D e B, ele não é necessário no cálculo da força cortante. Entretanto, o ponto de aplicação do momento pontual será um ponto de descontinuidade no diagrama do momento de flexão.

No Exemplo 6.9, os diagramas da força cortante e do momento de flexão foram obtidos independentemente. Para problemas com carregamentos simples, tais como forças pontuais, momentos pontuais e distribuições uniformes, a determinação desses diagramas pode ser efetuada de imediato. De fato, esses carregamentos abrangem muitos problemas encontrados em engenharia. Em geral, os diagramas de esforços com os valores-chave das forças e dos momentos são requeridos na prática. Em problemas com carregamentos mais complexos, as equações dos esforços internos são formulados da maneira usual e, então, as curvas da força cortante e do momento de flexão são esboçadas para a obtenção dos valores-chave de V e M (as áreas para as várias curvas não são mais as formas familiares aqui apresentadas, impedindo o uso vantajoso das Equações 6.4 e 6.5); os pontos-chave dos valores dos esforços são, então, conectados por meio de curvas, usando-se as relações para sua inclinação, como ilustrado no Exemplo 6.9.

Cabe salientar que, se uma curva possui magnitude *crescente* (em valor absoluto), a curva subseqüente deve ter uma inclinação *acentuada* sobre a região correspondente. Por outro lado, se a curva possui magnitude *decrescente* (em valor absoluto), a curva subseqüente deve ter uma inclinação *aplainada* sobre a região correspondente.

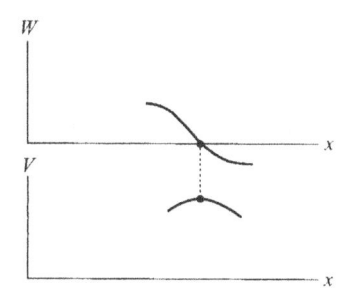

Figura 6.47: O valor máximo de V ocorre em $w = 0$.

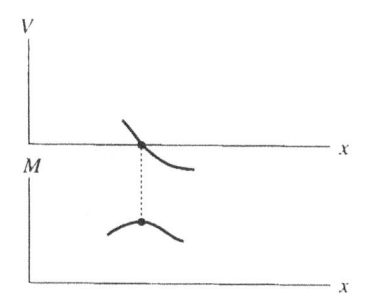

Figura 6.48: O valor máximo de M ocorre em $V = 0$.

Deve-se observar que, nos exemplos anteriores, os pontos-chave dos diagramas da força cortante e do momento de flexão foram determinados e mostrados graficamente. Os valores máximos desses esforços foram facilmente visualizados nesses diagramas. A esse respeito, note que, nos pontos dos diagramas da força cortante e do momento de flexão onde a inclinação torna-se 0, podem ocorrer os valores máximos de força cortante e de momento de flexão, respectivamente, para a viga. Esse fato é ilustrado para a força cortante na Figura 6.47 e para o momento de flexão na Figura 6.48. Note que, no local onde a curva do carregamento distribuído w cruza o eixo x, tem-se a posição de uma possível força cortante máxima; de maneira similar, onde a curva da força cortante V cruza o eixo x, tem-se a posição de um possível momento de flexão máximo. Essas posições, bem como seus respectivos valores da força cortante e do momento de flexão, devem ser calculadas e indicadas graficamente nos diagramas. Observe, entretanto, que essas posições são *máximos locais* e que pode haver em outras posições forças cortantes e momentos de flexão de magnitude superior aos máximos locais.

Problemas

6.55 Após a determinação das forças de reação nos apoios da viga em balanço, esboce os diagramas da força cortante e do momento de flexão, indicando os seus valores-chave.

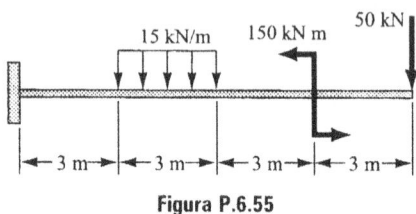

Figura P.6.55

6.56 Qual é o máximo valor negativo do momento de flexão na região entre os apoios para a viga simplesmente apoiada?

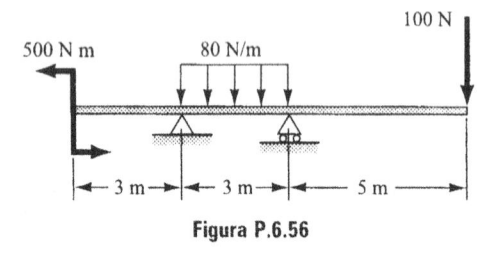

Figura P.6.56

6.57 Determine as forças de reação nos apoios da viga simplesmente apoiada. Então, desenhe os diagramas da força cortante e do momento de flexão, mostrando os valores-chave desses esforços.

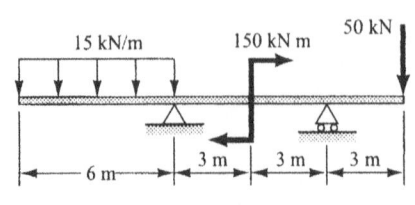

Figura P.6.57

6.58 Desenhe os diagramas da força cortante e do momento de flexão e calcule os valores-chave desses esforços para a viga.

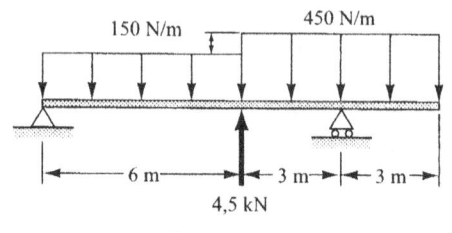

Figura P.6.58

6.59 Uma viga AB simplesmente apoiada é ilustrada na Figura P.6.59. Uma barra CD é soldada à viga. Após a determinação das forças de reação, desenhe os diagramas da força cortante e do momento de flexão para a viga e obtenha o valor máximo do momento de flexão. (*Dica*: Determine a posição para $V = 0$.)

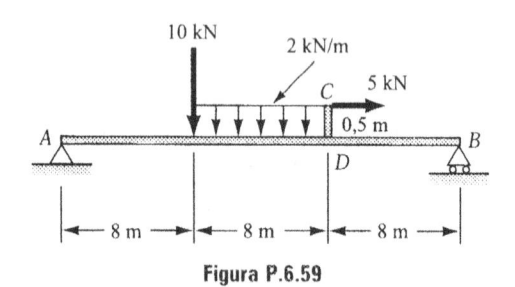

Figura P.6.59

6.60 Para a viga em balanço, desenhe os diagramas da força cortante e do momento de flexão calculando apenas os valores-chave desses esforços.

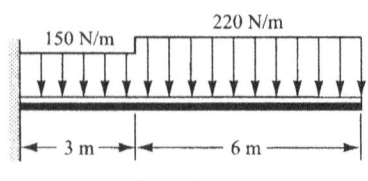

Figura P.6.60

6.61 Desenhe os diagramas da força cortante e do momento de flexão para a viga com carregamento senoidal. Qual é o valor máximo do momento de flexão?

$w = \operatorname{sen} \pi x/L$ N/m
$L = 6$ m

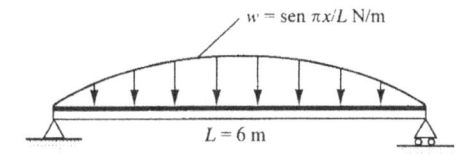

Figura P.6.61

6.62 Formule as equações da força cortante e do momento de flexão para a viga. Desenhe os diagramas da força cortante e do momento de flexão.

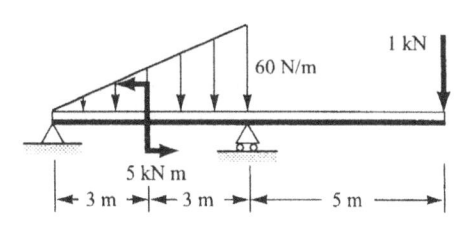

60 N/m, 1 kN, 5 kN m, 3 m, 3 m, 5 m

Figura P.6.62

6.63 Uma viga com perfil I encontra-se simplesmente apoiada, como ilustra a Figura P.6.63. Um furo deve ser feito na estrutura para permitir a passagem de um tubo, que está na direção horizontal perpendicular à viga.

(a) No segmento de 6 m da viga, marcado na figura, onde o furo teria o menor efeito sobre a capacidade de resistir ao momento de flexão da viga?

(b) Sobre a mesma região, onde deveria ser feito o furo que provocaria o menor efeito possível sobre a capacidade de resistir à força cortante da viga?

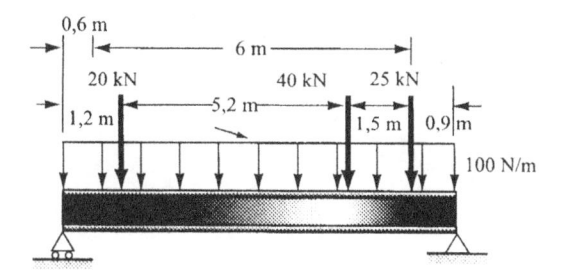

0,6 m, 6 m, 20 kN, 40 kN, 25 kN, 1,2 m, 5,2 m, 1,5 m, 0,9 m, 100 N/m

Figura P.6.63

6.64 Uma viga em balanço suporta um carregamento parabólico e um carregamento triangular. Quais são as equações da força cortante e do momento de flexão para a viga? Desenhe os diagramas da força cortante e do momento de flexão. (Veja a dica apresentada no Problema 6.54 relacionada ao carregamento triangular.)

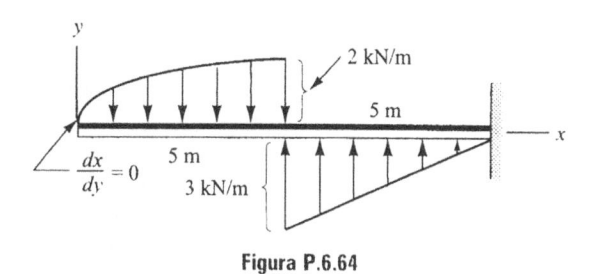

2 kN/m, 5 m, $\dfrac{dx}{dy} = 0$, 5 m, 3 kN/m

Figura P.6.64

6.65 Determine as equações da força cortante e do momento de flexão para a viga. Então, desenhe os diagramas desses esforços, utilizando as equações formuladas, caso seja necessário, para obter os pontos-chave nesses diagramas, assim como a posição entre os suportes onde $V = 0$. Qual é o momento de flexão nesta posição?

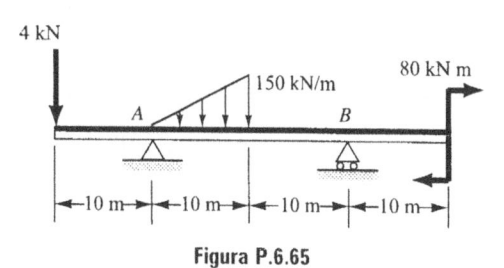

4 kN, 150 kN/m, 80 kN m, A, B, 10 m, 10 m, 10 m, 10 m

Figura P.6.65

Parte C: Correntes e cabos

6.10 Introdução

Em muitas aplicações de engenharia, cabos flexíveis ou correntes são utilizados para suportar carregamentos. Em pontes suspensas, por exemplo, cabos são usados em arranjos coplanares para suportar grandes carregamentos. O peso próprio dos cabos, em tais casos, em geral pode ser desprezado na análise. Em linhas de transmissão, por outro lado, a principal força na análise é o peso próprio do cabo. Nesta seção, será efetuada a determinação da forma e das tensões em cabos para os casos citados.

Para facilitar a análise, o modelo estrutural considerará o cabo ou a corrente perfeitamente flexível e inextensível. A hipótese de flexibilidade significa que, no centro de qualquer seção transversal do cabo, apenas a força de tração é transmitida e não há momento de flexão. A força transmitida através do cabo deve, sob essas condições, ser tangente ao cabo ao longo de seu comprimento. A hipótese de inextensibilidade significa que o comprimento do cabo é constante.

6.11 Cabos coplanares: carregamento dependente da posição

Será analisado agora o caso de um cabo suspenso, entre 2 suportes rígidos A e B, sujeito à ação de uma função carregamento $w(x)$, dada por unidade de comprimento medida na direção *horizontal*. Esse carregamento será considerado coplanar ao cabo e orientado verticalmente, como mostrado na Figura 6.49. Um elemento do cabo de comprimento Δs é selecionado como corpo livre para análise (Figura 6.50).

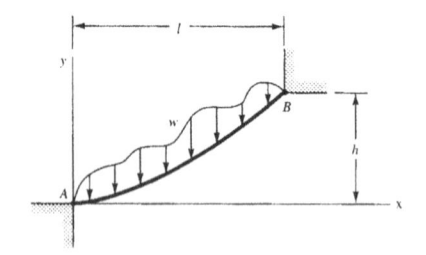

Figura 6.49: Cabo coplanar; $w = w(x)$.

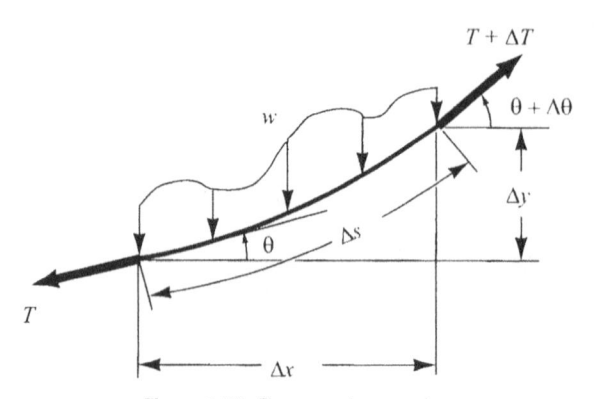

Figura 6.50: Elemento de um cabo.

Por meio do somatório das forças nas direções x e y, respectivamente, obtém-se:

$$-T \cos \theta + (T + \Delta T) \cos (\theta + \Delta \theta) = 0 \qquad (6.6a)$$

$$-T \operatorname{sen} \theta + (T + \Delta T) \operatorname{sen} (\theta + \Delta \theta) - w_{av} \Delta x = 0 \qquad (6.6b)$$

onde w_{av} é o carregamento médio sobre o intervalo Δx. Dividindo-se essa expressão por Δx e efetuando o limite $\Delta x \to 0$, tem-se:

$$\lim_{\Delta x \to 0}\left[\frac{(T+\Delta T)\cos(\theta+\Delta\theta) - T\cos\theta}{\Delta x}\right] = 0$$

$$\lim_{\Delta x \to 0}\left[\frac{(T+\Delta T)\operatorname{sen}(\theta+\Delta\theta) - T\operatorname{sen}\theta}{\Delta x}\right] = w$$

O termo w representa o carregamento na posição x. O lado esquerdo dessas equações representa a definição de derivada, vista nos cursos introdutórios de cálculo. Dessa maneira, essas equações podem ser reescritas como:

$$\frac{d(T\cos\theta)}{dx} = 0 \qquad (6.7a)$$

$$\frac{d(T\operatorname{sen}\theta)}{dx} = w \qquad (6.7b)$$

A partir da Equação 6.7a, pode-se concluir que:

$$T\cos\theta = \text{constante} = H \qquad (6.8)$$

em que, evidentemente, a constante H representa a componente horizontal da força de tração que atua ao longo do cabo. Por meio da integração da Equação 6.7b, obtém-se:

$$T\operatorname{sen}\theta = \int w(x)dx + C_1' \qquad (6.9)$$

em que C_1' é uma constante de integração. Por meio do cálculo de T pela Equação 6.8 e inserindo sua expressão na Equação 6.9, chega-se a:

$$\frac{\operatorname{sen}\theta}{\cos\theta} = \frac{1}{H}\int w(x)\,dx + C_1$$

Observando que $\operatorname{sen}\theta/\cos\theta = \tan\theta = dy/dx$, efetua-se uma segunda integração para obter a seguinte expressão:

$$y = \frac{1}{H}\int\left[\int w(x)\,dx\right]dx + C_1 x + C_2 \qquad (6.10)$$

A Equação 6.10 representa a curva de deflexão para o cabo em termos de H, $w(x)$ e da constante de integração. As constantes de integração devem ser determinadas por meio das condições de contorno associadas aos suportes A e B.

Exemplo 6.10

O cabo ilustrado na Figura 6.51 possui suas extremidades situadas à mesma elevação. A distribuição de carregamento é uniforme, dada pela constante w. Outros dados conhecidos são o vão, l, e a deflexão no ponto central, h. Deseja-se encontrar os valores da força máxima, da forma (curva de deflexão) e do comprimento do cabo. Despreze o peso próprio do cabo.

Para simplificar, a origem do sistema de coordenadas é colocada no ponto central do cabo, como ilustrado na Figura 6.51. Note que $w(x) = w =$ constante para este problema. Pode-se, então, efetuar a integração mostrada na Equação 6.10. Assim, tem-se:

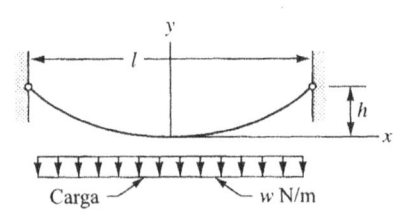

Figura 6.51: Cabo com deflexão máxima h.

$$y = \frac{1}{H}\int\left[\int w\,dx\right]dx + C_1 x + C_2 = \frac{1}{H}\int wx\,dx + C_1 x + C_2$$

portanto,

$$y = \frac{1}{H}\frac{wx^2}{2} + C_1 x + C_2 \tag{a}$$

A curva de deflexão é uma *parábola*. As restrições impostas ao cabo requerem que $y = dy/dx = 0$, quando $x = 0$. Dessa maneira, os valores das constantes de integração são $C_1 = C_2 = 0$. Por meio dessa simplificação, a curva de deflexão do cabo pode ser reescrita da seguinte forma:

$$y = \frac{w}{2H}x^2 \tag{b}$$

Para obter a expressão de H, emprega-se a condição de que $y = h$ para $x = l/2$. Assim,

$$h = \frac{w}{2H}\frac{l^2}{4}$$

portanto,

$$H = \frac{wl^2}{8h} \tag{c}$$

A curva de deflexão do cabo pode ser obtida explicitamente em termos dos dados do problema da seguinte forma:

$$y = \frac{w}{2(wl^2/8h)}x^2 = 4\frac{hx^2}{l^2} \tag{d}$$

$$\therefore \quad y = 4\frac{hx^2}{l^2}$$

O segundo passo é determinar o *máximo valor de tração* no cabo. A Equação 6.8 pode ser utilizada para esse fim. Calculando T, obtém-se:

$$T = \frac{H}{\cos\theta} \tag{e}$$

que mostra que o valor máximo de T ocorre onde θ assume o seu maior valor. Examinando a inclinação da curva de deflexão, por meio da Equação b,

$$\frac{dy}{dx} = \frac{w}{H}x \tag{f}$$

Exemplo 6.10 (continuação)

torna-se evidente que o máximo valor de θ ocorre em $x = l/2$ (ou seja, nos suportes). Desse modo, a expressão de $\theta_{máx}$ é dada por:

$$\theta_{máx} = \tan^{-1}\left(\frac{dy}{dx}\right)_{x=l/2} = \tan^{-1}\left(\frac{w}{H}\frac{1}{2}\right) \quad \text{(g)}$$

assim, obtém-se a seguinte expressão para $T_{máx}$:

$$T_{máx} = \frac{H}{\cos[\tan^{-1}(wl/2H)]} \quad \text{(h)}$$

Por meio da simplificação do denominador da Equação h utilizando-se relações trigonométricas,

$$T_{máx} = \frac{H(4H^2 + w^2 l^2)^{\frac{1}{2}}}{2H} = H\left[1 + \left(\frac{wl}{2H}\right)^2\right]^{\frac{1}{2}} \quad \text{(i)}$$

Substituindo a expressão de H obtida pela Equação c e rearranjando os termos, obtém-se:

$$T_{máx} = \frac{wl}{2}\sqrt{1 + \left(\frac{l}{4h}\right)^2} \quad \text{(j)}$$

Por fim, para a determinação do *comprimento do cabo*, para as condições do problema, a seguinte integração deve ser efetuada:

$$L = 2\int_0^{s_{máx}} ds = 2\int_0^{s_{máx}} \sqrt{dx^2 + dy^2} = 2\int_0^{\frac{l}{2}}\sqrt{1 + \left(\frac{dy}{dx}\right)^2}\,dx \quad \text{(k)}$$

Substituindo a Equação c na Equação f, a inclinação do cabo pode ser reescrita como $8hx/l^2$. Portanto,

$$L = 2\int_0^{\frac{l}{2}}\sqrt{1 + \left(\frac{8hx}{l^2}\right)^2}\,dx$$

Essa expressão pode ser integrada, por meio do procedimento apresentado no Apêndice I, que fornece a seguinte expressão:

$$L = \left[x\sqrt{1 + \left(\frac{8hx}{l^2}\right)^2} + \frac{l^2}{8h}\operatorname{senh}^{-1}\frac{8hx}{l^2}\right]_0^{\frac{l}{2}}$$

Substituindo os limites, tem-se:

$$L = \left[\frac{l}{2}\sqrt{1 + \left(\frac{4h}{l}\right)^2} + \frac{l^2}{8h}\operatorname{senh}^{-1}\frac{4h}{l}\right]$$

Rearranjando-se essa expressão em função da razão entre a deflexão e o vão do cabo, h/l, obtém-se:

Exemplo 6.10 (continuação)

$$L = \frac{l}{2}\left[\sqrt{1 + 16\left(\frac{h}{l}\right)^2} + \frac{1}{4h/l}\operatorname{senh}^{-1}\frac{4h}{l}\right] \quad (l)$$

Outro procedimento para a determinação do comprimento do cabo consiste em efetuar a expansão do integrando da Equação k em série de Taylor (*série binomial*). Assim, tem-se:

$$L = 2\int_0^{\frac{l}{2}}\left[1 + \frac{1}{2}\left(\frac{dy}{dx}\right)^2 - \frac{1}{8}\left(\frac{dy}{dx}\right)^4 + \ldots\right]dx \quad (m)$$

desde que $|dy/dx| < 1$ em todas as posições ao longo do intervalo[14]. Agora, as Equações c e f são utilizadas para substituir dy/dx na Equação m para obter:

$$L = 2\int_0^{\frac{l}{2}}\left(1 + \frac{1}{2}\left(\frac{8h}{l^2}\right)^2 x^2 - \frac{1}{8}\left(\frac{8h}{l^2}\right)^4 x^4 + \ldots\right)dx \quad (n)$$

Pode-se efetuar a integração da série de Taylor termo a termo, tal que se obtenha para L a seguinte expressão:

$$L = l\left[1 + \frac{8}{3}\left(\frac{h}{l}\right)^2 - \frac{32}{5}\left(\frac{h}{l}\right)^4 + \ldots\right] \quad (o)$$

Para cabos com pequena inclinação (ou seja, pequeno valor da razão h/l), a série converge rapidamente e geralmente apenas seus primeiros termos são necessários nos cálculos.

---

14 De outro modo, a série diverge. Conseqüentemente, esse procedimento é restrito aos casos em que a inclinação do cabo seja menor do que 45°.

No Exemplo 6.10, os suportes estão no mesmo nível de elevação e, conseqüentemente, a posição de inclinação 0 é conhecida (ou seja, essa posição se encontra no ponto central do cabo). A escolha do sistema de referência xy nessa posição tem o objetivo de simplificar a análise. Nos problemas propostos no final desta seção, os suportes nem sempre estarão no mesmo nível. Para esses casos, o sistema de referência fica mais bem localizado em um dos suportes. Além disso, a inclinação do cabo é em geral conhecida em algum ponto, e o problema pode ser resolvido de maneira similar à adotada no Exemplo 6.10.

6.12 Cabos coplanares: carregamento devido ao peso próprio

Na seção anterior, o carregamento que atuava sobre o cabo era função da posição x. Agora, analisa-se o caso de cabos sujeitos apenas ao seu peso próprio. A função carregamento é facilmente expressa em função de s, que é a variável que descreve a posição de uma seção ao longo do cabo. As Equações 6.6 são aplicadas a esse tipo de carregamento desde que Δx seja substituído por Δs. Dividindo essas expressões por Δs e efetuando-se o limite de $\Delta s \to 0$, são obtidas equações análogas às Equações 6.7.

$$\frac{d(T\cos\theta)}{ds} = 0$$

$$\frac{d(T\sen\theta)}{ds} = w(s)$$

Por meio da integração dessas expressões, tem-se:

$$T\cos\theta = H \tag{6.11a}$$

$$T\sen\theta = \int w(s)\,ds + C_1' \tag{6.11b}$$

Eliminando T nas Equações 6.11, obtém-se:

$$\frac{dy}{dx} = \frac{1}{H}\int w(s)\,ds + C_1 \tag{6.12}$$

O lado direito dessa equação é uma função de s. Por isso, não se pode efetuar diretamente a integração em x. Portanto, nota-se que:

$$dy = (ds^2 - dx^2)^{1/2}$$

Então, a partir dessa equação, tem-se:

$$\frac{dy}{dx} = \left[\left(\frac{ds}{dx}\right)^2 - 1\right]^{\frac{1}{2}} \tag{6.13}$$

Por meio da substituição dessa expressão de dy/dx na Equação 6.12, obtém-se:

$$\left[\left(\frac{ds}{dx}\right)^2 - 1\right]^{\frac{1}{2}} = \frac{1}{H}\int w(s)\,ds + C_1$$

Resolvendo para ds/dx, tem-se:

$$\frac{ds}{dx} = \left\{1 + \left[\frac{1}{H}\int w(s)\,ds + C_1\right]^2\right\}^{\frac{1}{2}}$$

Ao separar as variáveis e efetuar-se a integração, obtém-se:

$$x = \int \frac{ds}{\left\{1 + \left[\dfrac{1}{H}\int w(s)\,ds + C_1\right]^2\right\}^{\frac{1}{2}}} + C_2 \tag{6.14}$$

Como primeiro passo na solução desse tipo de problema, quando possível, determina-se a constante C_1 utilizando a condição de contorno para a inclinação do cabo na Equação 6.12. O valor de C_1 é substituído na Equação 6.14 e, então, obtém-se a expressão de s em função de x. O próximo passo consiste em substituir a expressão de s na Equação 6.12. Finalmente, efetua-se a integração da Equação 6.12 em relação a x para obter a expressão de y em função de x. As condições de contorno devem ser utilizadas para a determinação de H, bem como da outra constante de integração. Os exemplos seguintes ilustrarão como esses passos de solução são realizados.

Exemplo 6.11

Considere um cabo uniforme de vão l e deflexão h, como mostrado na Figura 6.52. O peso do cabo por unidade de comprimento w é constante. Determine a forma do cabo quando ele está sujeito apenas ao seu peso próprio.

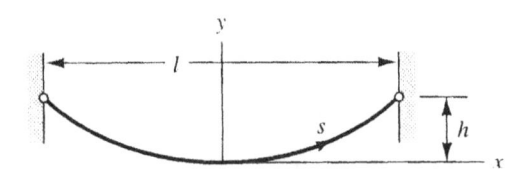

Figura 6.52: Cabo uniforme carregado por seu peso próprio.

Para simplificar, o sistema de referência é colocado no centro do cabo, onde a inclinação é nula. Então, analisando a Equação 6.12 para este problema, tem-se:

$$\frac{dy}{dx} = \frac{1}{H}\int w(s)\,ds + C_1 = \frac{w}{H}s + C_1 \qquad \text{(a)}$$

Quando $s = 0$, a inclinação $dy/dx = 0$ e, dessa maneira, C_1 tem de ser 0. O próximo passo é analisar a Equação 6.14:

$$x = \int \frac{ds}{\left\{1 + \left[(1/H)\int w\,ds + C_1\right]^2\right\}^{\frac{1}{2}}} + C_2 \qquad \text{(b)}$$

$$= \int \frac{ds}{\left\{1 + [(w/H)s]^2\right\}^{1/2}} + C_2$$

Integrando o lado direito dessa equação por meio da fórmula 10 do Apêndice I, obtém-se:

$$x = \frac{H}{w}\,senh^{-1}\frac{sw}{H} + C_2 \qquad \text{(c)}$$

Exemplo 6.11 (continuação)

A constante C_2 deve ser sempre igual a 0, pois $x = 0$ em $s = 0$. Obtém-se uma expressão para s por meio da Equação (c):

$$s = \frac{H}{w} \operatorname{senh} \frac{xw}{H} \qquad \text{(d)}$$

Substituindo essa expressão de s na Equação (a), tem-se:

$$\frac{dy}{dx} = \operatorname{senh} \frac{w}{H} x \qquad \text{(e)}$$

Por meio da integração dessa expressão, a seguinte equação é obtida:

$$y = \frac{H}{w} \cosh \frac{w}{H} x + C_3$$

Como $y = 0$ em $x = 0$, a constante C_3 torna-se $- H/w$. Assim, a curva de deflexão do cabo é escrita da seguinte forma:

$$y = \frac{H}{w} \left(\cosh \frac{w}{H} x - 1 \right) \qquad \text{(f)}$$

Essa curva denomina-se *catenária*[15].
Para determinar H, utiliza-se a condição $y = h$ quando $x = l/2$. Assim,

$$h = \frac{H}{w} \left(\cosh \frac{wl}{2H} - 1 \right) \qquad \text{(g)}$$

Essa equação pode ser resolvida por um processo de tentativa e erro ou utilizando-se um computador. É possível dar continuidade à solução deste exemplo visando à determinação da força máxima e do comprimento do cabo, de maneira similar ao procedimento utilizado no Exemplo 6.10.

---

15 O termo *catena*, do latim, significa *corrente*.

Exemplo 6.12

Um esquiador aquático, ilustrado na Figura 6.53, é suspenso por uma asa-delta que está sendo puxada por uma lancha a uma velocidade de 15 m/s. O motor da lancha gera uma força de tração de 900 N. O arrasto da água sobre a lancha é estimado em 450 N. No suporte A, a tangente à corda está inclinada a 30° em relação à horizontal. Considerando que o esquiador pesa 650 N, determine a altura e a força de sustentação da asa-delta, bem como o valor máximo de tração na corda. A asa pesa 100 N, o comprimento da corda é de 15 m e seu peso distribuído é igual a 7 N/m.

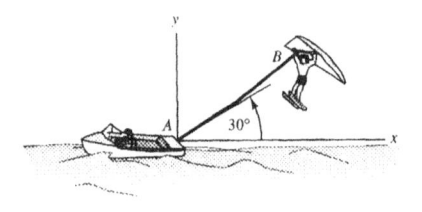

Figura 6.53: Análise de uma corda AB de reboque.

A solução do problema inicia-se com a Equação 6.12, que neste caso se torna:

$$\frac{dy}{dx} = \frac{w}{H} s + C_1 \quad \text{(a)}$$

Empregando um sistema de referência no ponto A, como ilustrado na figura, tem-se que $dy/dx = \tan 30° = 0{,}577$ quando $s = 0$. Assim, o valor de C_1 é:

$$C_1 = 0{,}577$$

O próximo passo é a análise da Equação 6.14. Tem-se:

$$x = \int \frac{ds}{\{1 + [(w/H)s + 0{,}577]^2\}^{1/2}} + C_2$$

Na integração dessa expressão, efetua-se uma mudança de variável para $[(w/H)s + 0{,}577]$ e utiliza-se a fórmula 10 do Apêndice I. Assim,

$$x = \frac{H}{w} \operatorname{senh}^{-1}\left(\frac{w}{H} s + 0{,}577\right) + C_2 \quad \text{(b)}$$

Resolvendo para s, tem-se:

$$s = \frac{H}{w}\left\{\operatorname{senh}\left[(x - C_2)\frac{w}{H}\right] - 0{,}577\right\} \quad \text{(c)}$$

Substituindo a expressão de s na Equação (a), obtém-se:

$$\frac{dy}{dx} = \operatorname{senh}\left[(x - C_2)\frac{w}{H}\right] \quad \text{(d)}$$

Por meio da integração dessa expressão, a seguinte equação é obtida:

$$y = \frac{H}{w} \cosh\left[(x - C_2)\frac{w}{H}\right] + C_3 \quad \text{(e)}$$

As constantes C_2, C_3 e H devem ser determinadas empregando-se as condições de contorno e os parâmetros do problema. Em primeiro lugar, como H é a componente horizontal da força transmitida pela corda, sabe-se que o valor de H é a força de tração do motor menos a força de arrasto da água. Portanto,

$$H = 450 \text{ N}$$

Além disso, $x = 0$ quando $s = 0$, de modo que, por meio da Equação (c), C_2 é calculada da seguinte forma:

$$\operatorname{senh}\left(-\frac{7}{450} C_2\right) = 0{,}577$$

Exemplo 6.12 (continuação)

portanto,

$$-\frac{7}{450} C_2 = senh^{-1}\, 0{,}577 = 0{,}549$$

assim,

$$C_2 = -35{,}29$$

Por fim, observa-se que $x = 0$ quando $y = 0$. Por meio da Equação (e), pode-se determinar o valor da constante C_3 da seguinte maneira:

$$C_3 = -\frac{450}{7} \cosh\left[\frac{-7}{450}(-35{,}29)\right]$$

$$= -64{,}29\, \cosh 0{,}549 = -74{,}22$$

Pode-se, então, determinar a posição x', y' do ponto B da asa-delta. Para se obter x', substitui-se s pelo valor de 15 m na Equação (b). Assim,

$$x' = \frac{450}{7} \cosh^{-1}\left[\frac{7}{450}\, 15 + 0{,}577\right] - 35{,}29 = 12{,}23 \text{ m}$$

O valor de y' é calculado por meio da Equação e, em conseqüência, a altura do ponto B é fornecida.

$$y' = \frac{450}{7} \cosh\left[(12{,}23 + 35{,}29)\frac{7}{450}\right] - 74{,}22$$

$$y' = 8{,}44\ m \qquad (f)$$

O máximo valor de tração na corda ocorre no ponto B, onde θ é máximo. Para calcular $\theta_{máx}$, retorna-se à Equação (a). Desse modo,

$$\left(\frac{dy}{dx}\right)_{máx} = \tan \theta_{máx} = \frac{7}{450}(15) + 0{,}577 = 0{,}810$$

portanto,

$$\theta_{máx} = 39{,}0° \qquad (g)$$

Assim, por meio da Equação 6.11a, calcula-se o valor de $T_{máx}$:

$$T_{máx} = \frac{450}{\cos 39{,}0°} = 579\ N \qquad (h)$$

Para obter a força de sustentação da asa, desenha-se um diagrama de corpo livre do ponto B, como ilustrado na Figura 6.54. Observe que F_y e F_x são, respectivamente, as forças de sustentação aerodinâmica e de arrasto sobre a asa. A força de sustentação F_y pode ser obtida da seguinte forma:

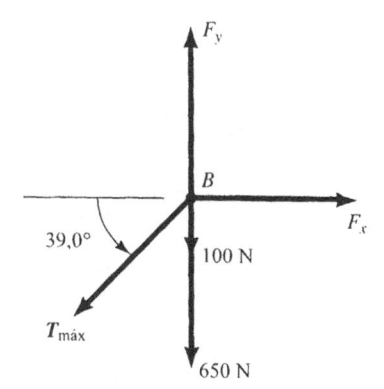

$$F_y = 750 + T_{máx}\, sen\, 39{,}0° = 1.114\ N \qquad (i)$$

Figura 6.54: Diagrama de corpo livre do suporte da asa.

Problemas

6.66 Determine o comprimento de um cabo colocado entre 2 suportes com a mesma elevação. O vão entre os suportes é dado por $l = 60$ m e a deflexão máxima por $h = 15$ m quando o cabo está sujeito a um carregamento vertical de 60 N/m uniformemente distribuído ao longo da direção horizontal. (Considere que o peso do cabo é desprezível ou está incluído na distribuição de 60 N/m.) Determine a máxima tração no cabo.

6.67 Um cabo suporta uma barra uniforme de 8.000 kg. Qual é a equação que descreve a forma do cabo e qual é a máxima força de tração no cabo?

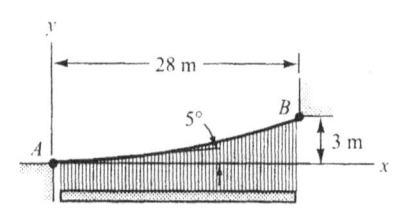

Figura P.6.67

6.68 Um cabo suporta um carregamento uniforme de 1,5 kN/m. Considerando que o ponto mais baixo do cabo ocorre a 6 m do ponto A, como ilustrado na Figura P.6.68, qual é a máxima tração no cabo e qual é o seu comprimento? Use A como origem para o sistema de coordenadas.

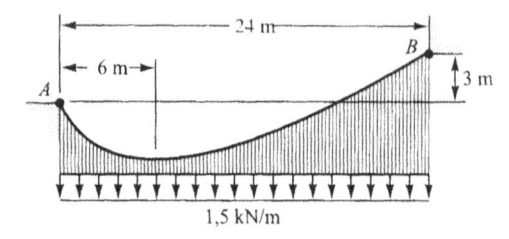

Figura P.6.68

6.69 A Figura P.6.69 apresenta um cabo uniforme cujo peso pode ser considerado desprezível. Considerando que um carregamento dado por $5x$ N/m é imposto sobre o cabo, qual será a curva de deflexão do cabo supondo que a inclinação do cabo no ponto A seja nula? Qual é a máxima tração no cabo?

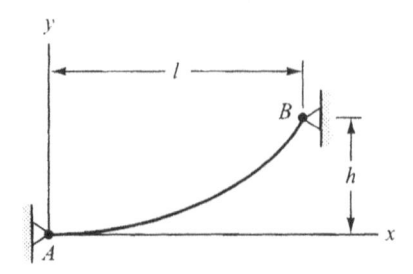

Figura P.6.69

6.70 A extremidade esquerda de um cabo é montada a 7 m abaixo de sua extremidade direita. A deflexão máxima, medida a partir da extremidade esquerda, é igual a 7 m. Determine a máxima tração, considerando que o cabo está sujeito a um carregamento *uniforme* de 1.500 N/m na direção vertical. (*Dica*: Coloque o sistema de referência no ponto de inclinação 0 e determine a localização desse ponto a partir das condições de contorno.)

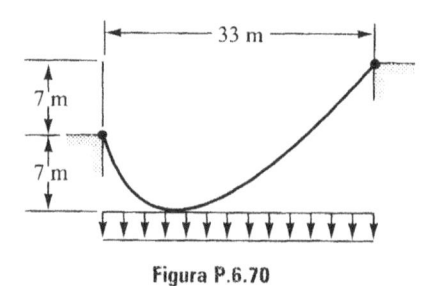

Figura P.6.70

6.71 Um balão dirigível arrasta uma corrente com comprimento de 120 m e com peso de 150 N/m. Uma força motora de 1,5 kN é exercida pelo balão quando ele se move contra uma força de resistência do ar de 1 kN. Qual é a parcela da corrente que se encontra em contato com o solo e qual a altura do balão? A força de sustentação vertical que o balão exerce sobre o cabo é igual a 4,5 kN.

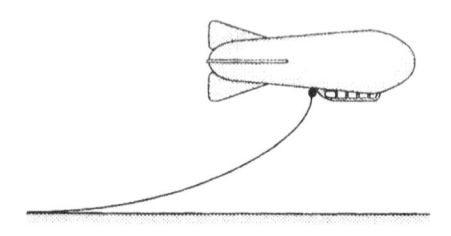

Figura P.6.71

6.72 Um grande balão está sujeito a um empuxo de 450 N. O balão é amarrado por um cabo de 45 m, cujo peso é igual a 7 N/m. Qual é a altura h do balão, medida a partir do solo, quando um vento estacionário faz com que ele assuma a posição ilustrada na Figura P.6.72? Qual é a máxima tração no cabo?

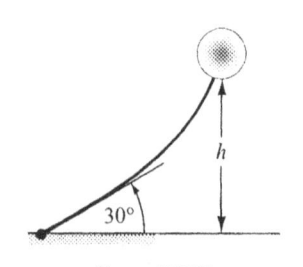

Figura P.6.72

6.73 Qual é a curva de deflexão para o cabo uniforme cujo peso é de 30 N/m? Determine a máxima tração e a altura h do suporte B.

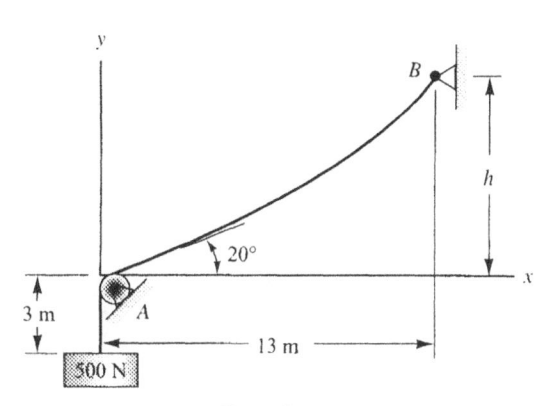

Figura P.6.73

6.74 Um barco da polícia efetua uma varredura no fundo de um lago em busca de mercadorias roubadas, usando uma corrente de 100 m que pesa 100 N/m. A tração da corrente no suporte B é igual a 5 kN e o ângulo de inclinação da corrente nesse ponto é de 50°. Qual é a altura do ponto B medida a partir do fundo do lago? Qual o comprimento da corrente em contato com o fundo do lago? Despreze o empuxo.

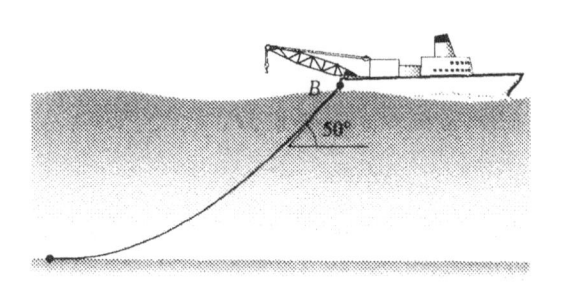

Figura P.6.74

6.75 Um cabo que pesa 40 N/m é esticado entre 2 pontos localizados no mesmo nível. Considerando que o comprimento do cabo seja igual a 140 m e a tração nos pontos de suporte seja igual a 7 kN, determine a máxima deflexão do cabo e a distância entre os 2 pontos de suporte. Coloque a referência sobre o suporte esquerdo.

6.76 Um cabo flexível e inextensível é carregado por forças concentradas. Considerando que o peso do cabo seja desprezado, quais são as forças de reação nos suportes A e B? Quais são as trações no segmento AC e qual o valor do ângulo α? (*Dica*: Use corpos livres para os segmentos e derive as equações a partir dos princípios fundamentais.)

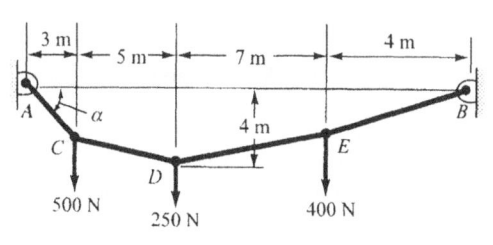

Figura P.6.76

6.77 Um sistema de 2 cabos flexíveis e inextensíveis suporta uma plataforma de 9 kN posicionada na horizontal. Quais são as inclinações dos segmentos de cabo AB, BC e DE e quais os seus comprimentos? Despreze o peso dos segmentos e considere a dica fornecida no Problema 6.76.

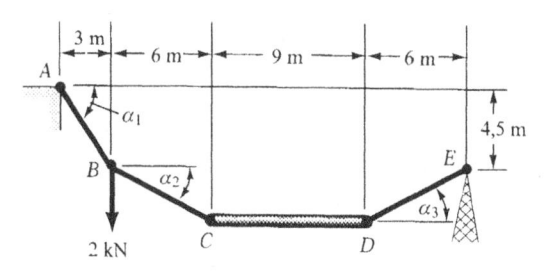

Figura P.6.77

6.13 Considerações finais

Essencialmente, o trabalho desenvolvido neste capítulo consistiu em aplicar os conceitos estudados em capítulos anteriores a problemas importantes da engenharia. Mais informações acerca de estruturas podem ser encontradas em livros sobre resistência dos materiais e mecânica estrutural. Um outro tópico importante da mecânica será visto no Capítulo 7, em que serão estudadas as leis de atrito de Coulomb.

Problemas

6.78 Um sistema móvel de levantamento de 3 kN possui uma capacidade de carga de 27 kN e encontra-se suspenso por uma viga de perfil I que pesa 0,5 kN/m. A viga é conectada a várias treliças espaçadas 4 m entre si. Quais são as forças em cada membro da treliça quando o sistema totalmente carregado se encontra no ponto C, ilustrado na Figura P.6.78? Considere que o sistema de levantamento atua sobre o pino C e que o pino C também suporta metade do peso do segmento da viga G localizado entre 2 treliças adjacentes.

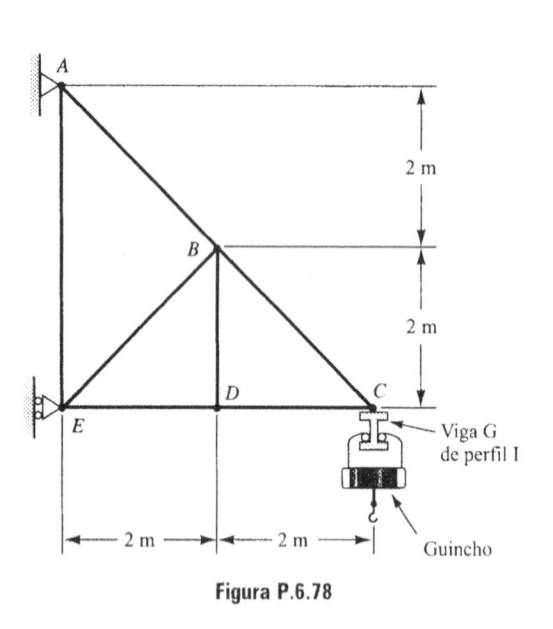

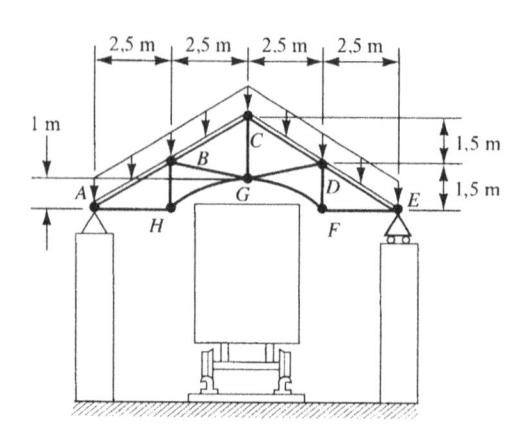

Figura P.6.79

6.80 Determine as forças em todos os membros da treliça espacial. Observe que ACE está no plano xz (sombreado).

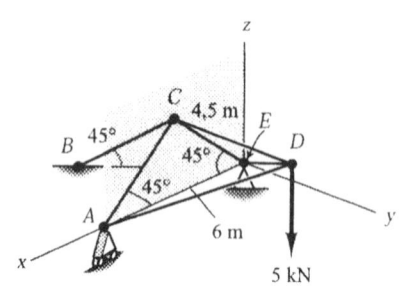

Figura P.6.80

Figura P.6.78

6.81 Determine as forças nos membros BG, BF e CE da treliça plana.

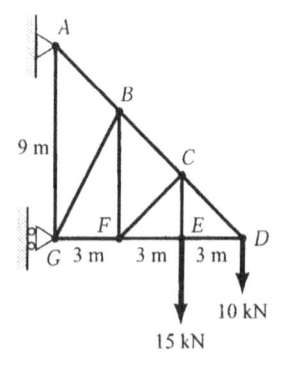

6.79 Treliças são utilizadas para suportar o telhado de um galpão para reparos de vagões de trens. O telhado está sujeito a um carregamento de 1 kN/m² causado pelas chuvas. Quais são as forças nas barras retas, considerando que as treliças estão espaçadas 10 m entre si? Analise uma treliça interna.

Figura P.6.81

6.82 Formule as expressões da força cortante e do momento de flexão utilizando diagramas de corpo livre para a viga. Na seqüência, formule as expressões de V e M sem o auxílio dos diagramas de corpo livre.

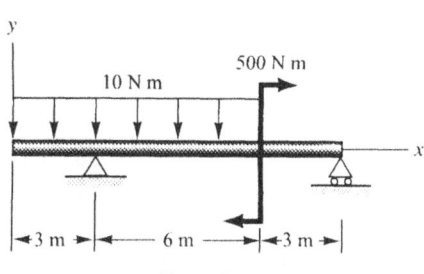

Figura P.6.82

6.83 Formule as expressões da força cortante e do momento de flexão sem a ajuda dos diagramas de corpo livre.

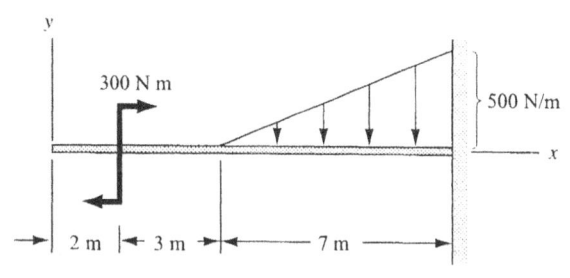

Figura P.6.83

6.84 Formule as equações da força cortante e do momento de flexão para a viga e desenhe seus diagramas. Em qual posição entre os suportes o momento de flexão será igual a 0?

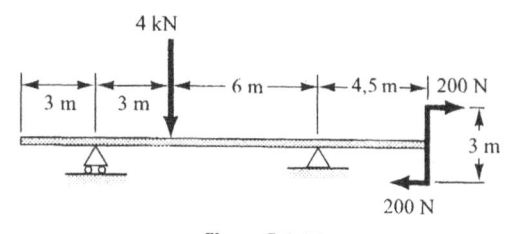

Figura P.6.84

6.85 Desenhe os diagramas da força cortante e do momento de flexão indicando seus valores nos pontos-chave da estrutura.

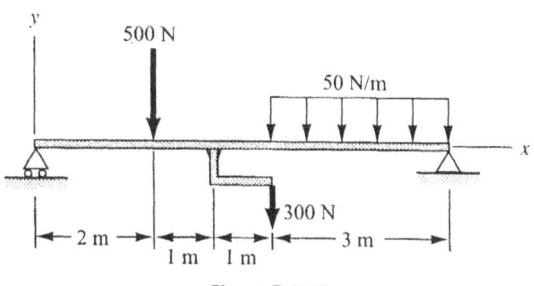

Figura P.6.85

6.86 Determine a forma do cabo suspenso entre 2 pontos de mesmo nível, de vão l e com deflexão máxima de h, sujeito a um carregamento vertical de:

$$w(x) = 5 \cos \frac{\pi x}{l} \text{ N/m}$$

distribuído ao longo da direção horizontal. A coordenada x é medida a partir da posição de inclinação nula do cabo.

6.87 (a) Por inspeção, quais são as barras da treliça mostrada na Figura P.6.87 que possuem força 0 para o carregamento dado?

(b) Para a treliça mostrada na Figura P.6.1b, com cargas verticais nas articulações inferiores, quais as barras que terão uma força nula?

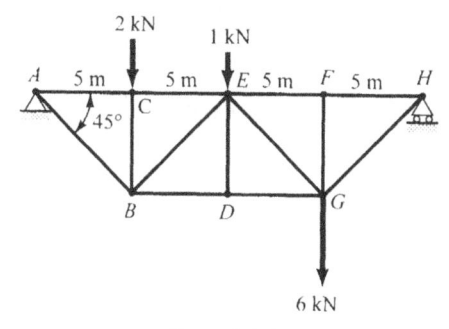

Figura P.6.87

6.88 Uma carga de 4 kN é erguida a uma velocidade constante. Quais são as forças na treliça?

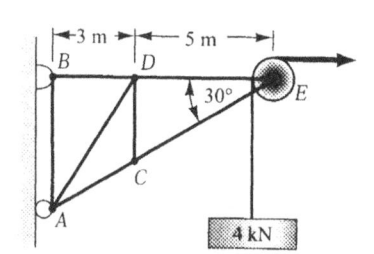

Figura P.6.88

6.89 Uma treliça de ponte suporta uma carga de pavimento de 12 kN m por treliça. Cargas concentradas são mostradas na Figura P.6.89 representando aproximações do carregamento gerado por veículos sobre a treliça em determinado instante. A ponte é constituída por 6 painéis de 6 m de comprimento cada um. Determine as forças nos membros EG, FH e IJ.

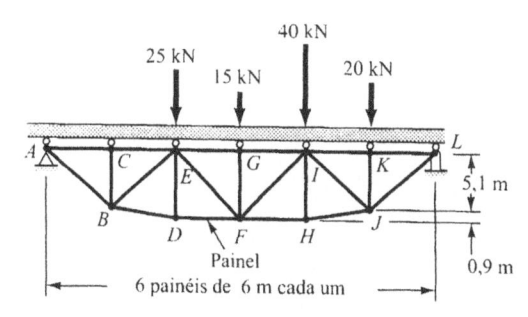

Figura P.6.89

6.90 Após a determinação das forças de reação na viga *AB* simplesmente apoiada, formule as equações da força cortante e do momento de flexão, sem o auxílio dos diagramas de corpo livre. A carga de 10 kN está aplicada no braço soldado à viga.

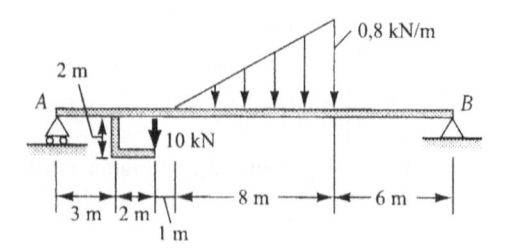

Figura P.6.90

6.91 Um cabo uniforme pesa 15 N/m. Ele está conectado a uma barra uniforme em *B*. Essa barra é livre para girar em torno da articulação *C*. Considerando que uma componente de força F_x de 1 kN é exercida em *A*, como ilustrado na Figura P.6.91, qual será o ângulo de inclinação α resultante? O cabo tem 15 m de comprimento e o comprimento da barra é igual a 6 m. Qual é o peso da barra?

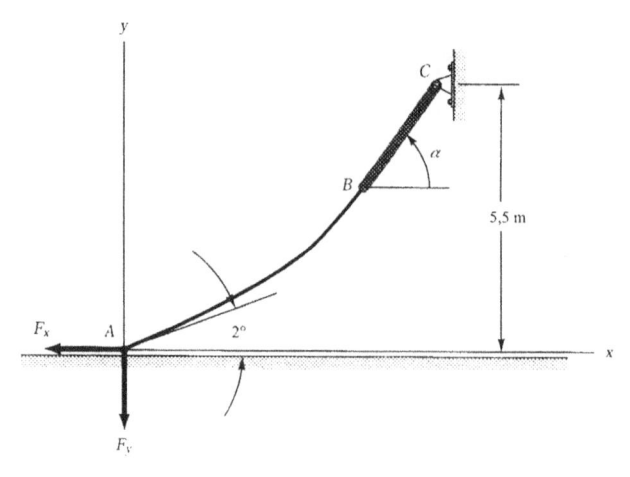

Figura P.6.91

Capítulo 7

Forças de Atrito

7.1 Introdução

Atrito é a distribuição de força na superfície de contato entre 2 corpos, que previne ou impede o movimento de deslizamento de um corpo em relação ao outro. Essa distribuição de força é tangente à superfície de contato e possui, no corpo em análise, em todo ponto da superfície de contato, um sentido contrário ao do movimento de deslizamento possível ou existente do corpo.

Os efeitos do atrito estão associados à dissipação de energia; portanto, algumas vezes são considerados indesejáveis em problemas de engenharia. Em outras aplicações, entretanto, a variação da energia mecânica devida ao calor é benéfica, como, por exemplo, no caso dos freios, em que a energia cinética de um veículo é dissipada na forma de calor. Nas aplicações da Estática, as forças de atrito são normalmente necessárias para manter um corpo em equilíbrio.

O *atrito de Coulomb* é o atrito que ocorre entre corpos com superfícies de contato secas. Essa forma de atrito não deve ser confundida com a ação de um corpo sobre um outro, ambos separados por uma película de fluido, tal como o óleo. Os problemas que envolvem esse tipo de atrito denominam-se *problemas de lubrificação* e são estudados em cursos de mecânica dos fluidos. O atrito de Coulomb, ou *atrito seco*, é um fenômeno complexo e, na realidade, sua natureza não é plenamente conhecida[1]. A principal causa do atrito seco é creditada à rugosidade microscópica das superfícies de contato. A interpenetração entre picos e vales microscópicos da rugosidade superficial provoca resistência ao movimento relativo entre as superfícies. Quando o deslizamento ocorre entre as superfícies, alguns desses picos são "desbastados" ou fundidos pelas altas temperaturas lo-

---

1 Para uma discussão mais completa, consulte F. P. Bowden e D. Tabor, em *The friction and lubrification of solids*, Nova York, Oxford University Press, 1950.

calizadas. Essa é a razão da alta taxa de desgaste de corpos em contato seco. Evidentemente a prevenção do desgaste é a razão principal da desejável separação de superfícies por meio de uma película de fluido.

Os termos superfícies de contato "lisas" e "rugosas" já foram citados em capítulos anteriores. Uma superfície "lisa" pode suportar somente forças normais. Por outro lado, uma superfície "rugosa", além disso, pode suportar forças tangentes à superfície de contato (ou seja, uma força de atrito). Neste capítulo, serão analisados problemas em que a força de atrito pode ser diretamente relacionada à força normal na superfície de contato. Essa relação para a força de atrito será utilizada em conjunto com as equações de equilíbrio da estática na análise de problemas que envolvem atrito.

7.2 Lei de atrito de Coulomb

Quase todas as pessoas já passaram pela experiência de empurrar um móvel, como um armário ou uma cama, sobre o piso de suas casas. Para que o objeto inicie seu movimento de deslizamento, que usualmente é caracterizado por um solavanco, a força exercida sobre ele cresce continuamente até que a força de atrito seja superada. O solavanco ocorre devido ao fato de haver um decréscimo na força de atrito, a partir de um máximo valor atingido em condições estáticas (na iminência do movimento), quando o objeto começa a se mover. Uma curva idealizada dessa força em função do tempo é mostrada na Figura 7.1, na qual a força P aplicada sobre a mobília, que é representada por um bloco na Figura 7.2, decresce de seu valor máximo (ou valor-limite) a um valor mais baixo, o qual é constante com o tempo. Este último valor de P, constante com o tempo, é independente da velocidade do objeto. A condição associada ao máximo valor da força denomina-se condição de *movimento iminente* ou *deslizamento iminente*.

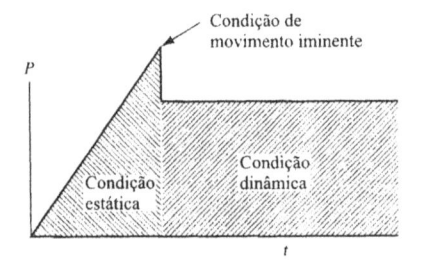

Figura 7.1: Curva idealizada da força aplicada P.

Ao desenvolver experiências com blocos que tendem ao movimento ou que estão se movendo sem rotação sobre superfícies planas, Coulomb, em 1871, apresentou algumas conclusões que são aplicáveis às condições de *deslizamento iminente* ou de *deslizamento em si*. Essas se tornaram conhecidas como as leis de atrito de Coulomb. Para problemas com blocos, ele escreveu:

1. A força de atrito total que pode ser desenvolvida é independente da magnitude da área de contato.
2. Para baixas velocidades relativas entre objetos deslizantes, a força de atrito é praticamente independente da velocidade. Entretanto, a força de atrito deslizante é menor do que a força de atrito correspondente ao deslizamento iminente.
3. A força de atrito total que pode ser desenvolvida é proporcional à força normal transmitida através da superfície de contato.

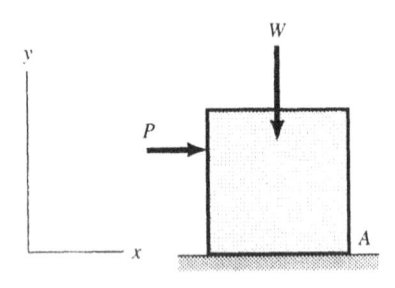

Figura 7.2: Idealização de um móvel doméstico.

As conclusões 1 e 2 podem causar certa surpresa em muitas pessoas, pois soam contrárias à "intuição" física do fenômeno. Apesar disso, elas consistem em afirmações corretas para muitas aplicações da engenharia. Estudos mais detalhados e precisos sobre o atrito requerem grande grau de complexidade. A conclusão 3 pode ser expressa matematicamente como:

$$f \alpha N$$

portanto,

$$f = \mu N \tag{7.1}$$

em que μ se denomina *coeficiente de atrito*.

A Equação 7.1 é válida *somente nas condições de deslizamento iminente ou quando o corpo está deslizando*. Como a força de atrito estático excede a força de atrito dinâmico, a diferenciação entre os coeficientes de atrito para essas condições torna-se necessária. Assim, há os coeficientes de atrito *estático*, μ_s, e os coeficientes de atrito *dinâmico*, μ_d. A tabela seguinte apresenta uma pequena lista dos coeficientes de atrito estático que são normalmente utilizados em engenharia. Os coeficientes de atrito dinâmico possuem valores cerca de 25% menores.

Coeficientes de atrito estático[2]	
Aço em ferro fundido	0,40
Cobre em aço	0,36
Aço duro em aço duro	0,42
Aço baixa liga em aço baixa liga	0,57
Corda em madeira	0,70
Madeira em madeira	0,20-0,75

A seguir é analisado um pouco mais a fundo o problema do bloco utilizado para apresentar as leis de Coulomb. Observe que esse problema apresenta as seguintes particularidades:

1. Uma superfície plana de contato.
2. Um movimento iminente ou real, que está no mesmo sentido em todos os elementos de área da superfície de contato. Desse modo, não existe rotação iminente ou real entre os corpos em contato.
3. A implicação adicional de que as propriedades dos respectivos corpos são uniformes na superfície de contato. Assim, o coeficiente de atrito μ é constante para todos os elementos de área da superfície de contato.

O que fazer se uma dessas condições for violada? Pode-se sempre selecionar uma parte *infinitesimal* da área de contato entre os corpos para análise. Essa área infinitesimal pode ser considerada plana, embora a superfície de contato não o seja. Além disso, o movimento relativo nessa superfície de contato infinitesimal pode ser considerado retilíneo, mesmo que a superfície finita não possa apresentar um movimento tão simples. Por fim, para área de contato infinitesimal, os materiais podem ser considerados uniformes, mesmo quando as propriedades do material variem sobre a área real de contato. Em suma, quando as condições 1 a 3 não se aplicam, a lei de Coulomb pode ainda ser empregada *localmente* (ou seja, nas áreas de contato infinitesimais) e os resultados podem ser integrados para toda a área de contato. Esses problemas são chamados problemas de contato em *superfícies complexas* e serão analisados na Seção 7.4.

---

[2] F. P. Bowden e D. Tabor, *The friction and lubrification of solids*, Nova York, Oxford University Press, 1950.

*7.3 Um comentário sobre a aplicação da lei de Coulomb

Como simples ilustração do porquê de a curvatura da superfície de contato ter efeito de segunda ordem e, conseqüentemente, ser desprezível, o leitor pode imaginar-se em um ponto do planeta Terra, que é aproximadamente redondo em sua grande parte. Se o leitor observar uma pequena área ao seu redor, que é muito menor do que a superfície da Terra, não perceberá qualquer evidência da presença da curvatura do planeta. Do mesmo modo, quando se analisam as leis de Coulomb, uma área infinitesimal pode ser considerada plana mesmo se ela fizer parte de uma superfície curva.

Além disso, um observador estacionário e não-rotativo, no espaço inercial, observando uma pequena área sobre a superfície da Terra na linha do equador, verá que a velocidade dessa área é dada por $R\omega$, em que R é o raio da Terra e ω é sua velocidade angular. Todas as partes dessa pequena área terão essa mesma velocidade, com variações apenas de segunda ordem, quando vistas pelo observador. Assim, nessa linha de raciocínio, todos os pontos da pequena área estarão transladando essencialmente com essa velocidade. Prosseguindo, pode-se dizer que essa pequena área tem uma dimensão máxima dada pelo comprimento r. A velocidade *rotacional* de qualquer ponto da pequena área, vista por um observador inercial não-rotativo localizado sobre essa área e transladando com ela, não deverá ser maior do que $r\omega$. *É claro que essa velocidade rotacional é muito pequena, sendo até desprezível*, quando comparada a $R\omega$. Por isso, considera-se que uma área infinitesimal, localizada a uma distância finita do eixo de rotação de uma superfície de contato, tem basicamente uma velocidade de translação; portanto, as leis de Coulomb podem ser aplicadas "localmente" ao problema.

7.4 Problemas de atrito de contato simples

Serão analisados agora alguns problemas de contato simples, em que as leis de Coulomb se aplicam à superfície de contato *como um todo*, não requerendo procedimentos de integração. Serão estudados corpos uniformes na forma de blocos, similares aos usados por Coulomb. Além disso, serão considerados alguns corpos de geometria mais complexa, mas com *pequenas superfícies* de contato, tais como aqueles mostrados na Figura 7.3a. Evidentemente a superfície inteira de contato pode ser considerada uma área infinitesimal plana e as leis de Coulomb podem ser diretamente aplicadas, como ilustrado na Figura 7.3b.

Antes da apresentação de alguns exemplos, há uma observação importante a ser feita. Para uma superfície de contato simples e finita, como o bloco ilustrado na Figura 7.2, deve-se notar que geralmente a linha de ação da força normal N resultante não é conhecida, pois em geral desconhece-se a distribuição de força normal entre os 2 corpos. Portanto, não é possível calcular os momentos nos diagramas de corpo livre sem a introdução de distâncias desconhecidas na equação. Sendo assim, para esses problemas, a solução ficará restrita ao cálculo do somatório das forças. Entretanto, isso não se aplica aos problemas de contato pontual, como o ilustrado na Figura 7.3a. A linha de ação da força normal deve passar pelo ponto de contato, e os momentos podem ser calculados sem a introdução de distâncias desconhecidas.

(a)

$f = \mu N$, N

(b)

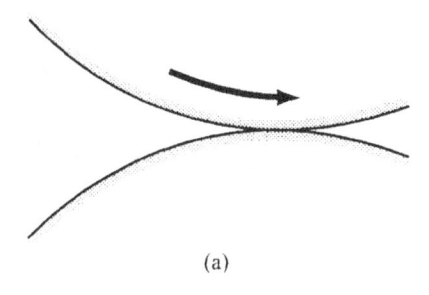

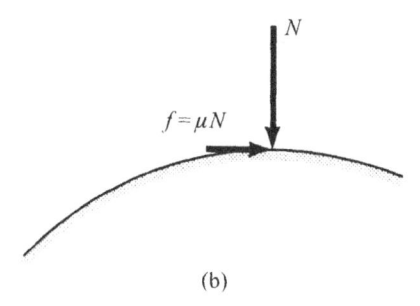

Figura 7.3: (a) Pequena superfície de contato; (b) Aplicação das leis de Coulomb.

Duas classes comuns de problemas da estática envolvem o atrito seco. Em uma classe, sabe-se que o movimento é iminente ou ocorre de maneira uniforme e, então, deseja-se obter informação acerca das forças presentes. As forças de atrito nas superfícies de contato podem ser expressas, onde existe deslizamento iminente ou desenvolvido, como μN, de acordo com as leis de Coulomb. Emprega-se a notação f_i para outras forças de atrito e utilizam-se os métodos da estática para a solução do problema. No entanto, as direções apropriadas de *todas* as forças de atrito devem ser especificadas. Ou seja, *elas devem se opor ao movimento relativo, possível, iminente ou desenvolvido, nas superfícies de contato*. Na segunda classe de problemas, o carregamento externo sobre um corpo é conhecido e deseja-se avaliar se as forças de atrito são suficientes para manter o equilíbrio. Uma maneira de se abordar esse segundo tipo de problema é considerar que o movimento iminente existe em várias direções possíveis e determinar as forças externas necessárias para tais condições. Ao compararem-se as forças externas presentes no sistema com as requeridas para os vários movimentos iminentes, pode-se deduzir se o corpo tem ou não seu movimento restringido pelas forças de atrito devido ao deslizamento.

Os exemplos seguintes são usados para ilustrar essas duas classes de problemas.

Exemplo 7.1

O automóvel ilustrado na Figura 7.4a encontra-se em uma rua inclinada de um ângulo θ com a horizontal. Considerando-se que os coeficientes de atrito estático e dinâmico entre os pneus e o asfalto são iguais a 0,6 e 0,5, respectivamente, qual será a máxima inclinação $\theta_{máx}$ da rua com a qual o carro consegue subi-la em velocidade constante? O carro tem tração traseira, e o seu peso total é de 15 kN. O centro de gravidade do veículo é apresentado na Figura 7.4b.

Suponha que os pneus tracionados não estejam "rodando"; isto é, a velocidade relativa entre a superfície do pneu e a superfície da rua é nula no ponto de contato. Então, é claro, o máximo valor possível da força de atrito será μ_s multiplicado pela força normal no ponto de contato, como ilustrado na Figura 7.4[3].

Este problema é considerado *coplanar* com 3 incógnitas, N_1, N_2 e $\theta_{máx}$. Como a força de atrito está restrita ao ponto de contato, 3 equações de equilíbrio podem ser obtidas. Empregando a referência xy ilustrada na figura, tem-se:

$\sum F_x = 0$:

$$0{,}6\,N_1 - 15\,\text{sen}\,\theta_{máx} = 0 \quad (a)$$

$\sum F_y = 0$:

$$N_1 + N_2 - 15\cos\theta_{máx} = 0 \quad (b)$$

$\sum M_A = 0$:

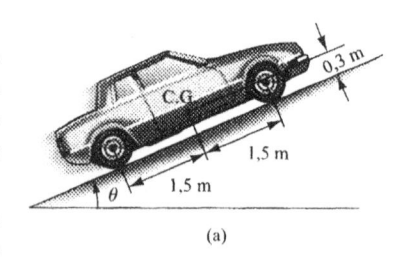

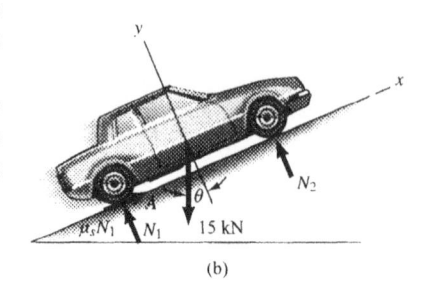

$$3N_2 - (15\cos\theta_{máx})(1{,}5) + (15\,\text{sen}\,\theta_{máx})(0{,}3) = 0 \quad (c)$$

Figura 7.4: (a) Determinação do máximo valor de θ; (b) Diagrama de corpo livre empregando a lei de Coulomb.

Para se determinar o valor de $\theta_{máx}$, elimina-se N_1 por meio das Equações *a* e *b*, obtendo-se o seguinte resultado:

$$N_2 = 15\cos\theta_{máx} - 25\,\text{sen}\,\theta_{máx} \quad (d)$$

Agora, substitui-se essa expressão na Equação *c*, chegando-se à seguinte expressão:

$$22{,}5\cos\theta_{máx} - 70{,}5\,\text{sen}\,\theta_{máx} = 0$$

portanto,

$$\tan\theta_{máx} = 0{,}319 \quad (e)$$

Então,

$$\theta_{máx} = 17{,}7° \quad (f)$$

Se os pneus traseiros "rodassem", o coeficiente de atrito dinâmico μ_d deveria ser empregado no lugar de μ_s. Então, seria obtido um valor menor para $\theta_{máx}$, que para esse novo problema seria aproximadamente 14,7°.

---

[3] Note que não há força de atrito nos pneus dianteiros. Isso se deve ao fato de que não há torque gerado pela transmissão do veículo sobre esses pneus quando rodam à velocidade constante. Observe que a resistência ao rolamento, causada pela deformação do pneu e do asfalto, uma força pequena a ser analisada na Seção opcional 7.8, é desprezada.

Exemplo 7.2

Utilizando os dados do Exemplo 7.1, calcule o torque necessário aos pneus traseiros para fazer o carro subir a rua em velocidade constante, quando $\theta = 15°$. Considere também que os freios estejam acionados quando o carro estiver parado na rua. Qual a força necessária para rebocar o carro rua acima e rua abaixo quando os freios estiverem acionados? O diâmetro do pneu é de 650 mm.

Um diagrama de corpo livre para a primeira parte do problema é apresentado na Figura 7.5a. Note que a força de atrito f é determinada pela lei de Newton e não pela lei de Coulomb, pois não há iminência de deslizamento entre a roda e o asfalto para essa situação. Assim, tem-se a seguinte expressão para f:

$\sum F_x = 0$:

$$f - 15 \operatorname{sen} 15° = 0$$

portanto,

$$f = 3,88 \text{ kN}$$

O torque necessário para mover o carro em velocidade constante é calculado empregando os pneus traseiros com corpo livre (veja a Figura 7.5a). Calculando os momentos em relação ao ponto A, tem-se:

$$\text{torque} = (f)(r) = (3,88)\left(\frac{650}{2}\right) = 1,26 \text{ kN m}$$

Para a segunda parte do problema, emprega-se o diagrama de corpo livre ilustrado na Figura 7.5b. Note que a lei de atrito de Coulomb é usada com os coeficientes de atrito *dinâmico* μ_d em todas as rodas. Então, as equações de equilíbrio para este corpo livre são escritas como:

$\sum F_x = 0$:

$$T_{\text{acima}} - 0,5 (N_1 + N_2) - 15 \operatorname{sen} 15° = 0 \qquad (a)$$

$\sum F_y = 0$:

$$(N_1 + N_2) - 15 \cos 15° = 0 \qquad (b)$$

O valor de $N_1 + N_2$ obtido pela Expressão b é substituído na Equação a. Assim, o valor da força para rebocar o carro rua acima, T_{acima}, é dado por:

$$T_{\text{acima}} = (0,5)(15)(0,966) + 3,88 = 11,13 \text{ kN} \qquad (c)$$

Exemplo 7.2 (*continuação*)

Para rebocar o carro rua abaixo, as forças de atrito nas rodas terão sentido contrário, como ilustrado na Figura 7.5c. A determinação do valor da força de reboque rua abaixo, T_{abaixo}, é efetuada da mesma maneira empregada no item anterior.

$$T_{abaixo} = (0,5)(15)(0,966) - 3,88 = 3,37 \text{ kN} \qquad (d)$$

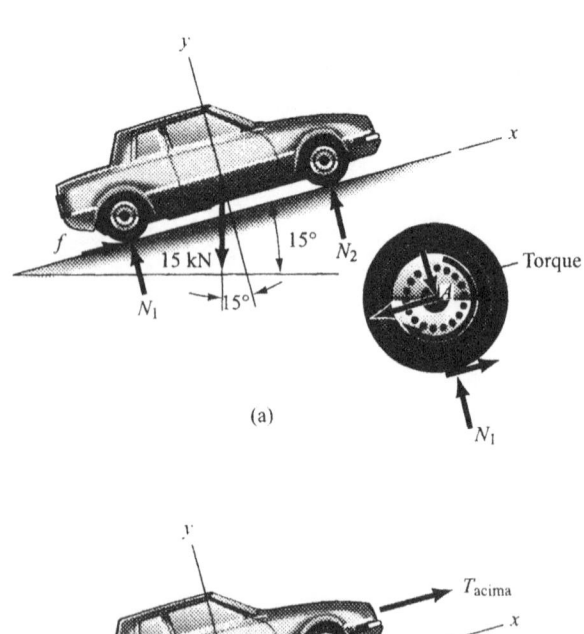

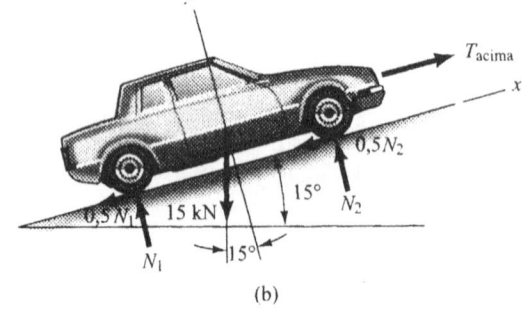

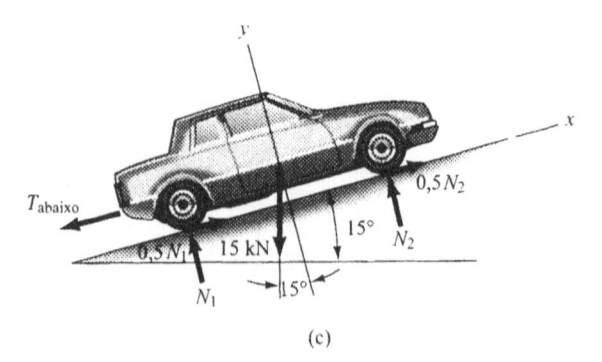

Figura 7.5: Diagramas de corpo livre: (a) subida à velocidade constante; (b) reboque rua acima; (c) reboque rua abaixo.

Exemplo 7.3

Na Figura 7.6, um cofre-forte de 75 kg encontra-se em repouso sobre o piso. O coeficiente de atrito estático da superfície de contato é de 0,2. Qual é a força máxima P e qual é o máximo valor da altura h para aplicação dessa força, que não permitirá que o cofre deslize sobre o piso e nem tombe?

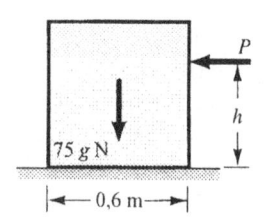

Figura 7.6: Cofre-forte sendo empurrado.

O diagrama de corpo livre para o cofre é mostrado na Figura 7.7. A condição de *iminência* de movimento é estabelecida pela aplicação da lei de Coulomb. Além disso, concentrando-se as forças de reação e de atrito no canto inferior esquerdo do cofre, uma condição de *iminência de tombamento* é estipulada. Essas duas condições de iminência, de deslizamento e de tombamento, impõem os máximos valores possíveis de P e h.

As forças presentes constituem um sistema coplanar de forças no plano médio do cofre. A seguir são apresentadas as equações escalares de equilíbrio:

$\sum F_y = 0$:

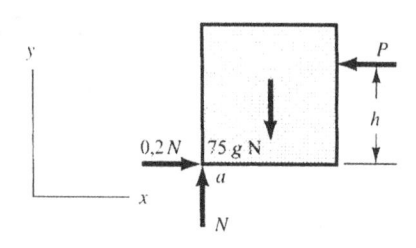

$$N = 75\,g = 736 \text{ N}$$

Figura 7.7: Iminência de deslizamento e tombamento.

$\sum F_x = 0$:

$$P = 0{,}2\,N = 147{,}15 \text{ N}$$

$\sum M_a = 0$:

$$-(75\,g)(0{,}3) + (147{,}15)h = 0$$

Portanto, obtêm-se os seguintes valores máximos de P e h para o problema:

$$P_{\text{máx}} = 147{,}15 \text{ N} \qquad h_{\text{máx}} = 1{,}50 \text{ m}$$

Dessa maneira, a altura da força aplicada deve ser igual ou menor do que 1,50 m para evitar o tombamento.

Os 3 exemplos analisados ilustram o *primeiro* tipo de problemas de atrito, em que a natureza do movimento ou da iminência de movimento do sistema é conhecida e algumas forças presentes ou as posições de certas forças são calculadas. No último exemplo desta série, ilustra-se o *segundo* tipo de problemas de atrito, que consiste em avaliar se os corpos em contato irão se mover ou não sob a ação das forças externas prescritas.

Exemplo 7.4

O coeficiente de atrito estático para todas as superfícies de contato ilustradas na Figura 7.8 é igual a 0,2. Deseja-se saber se a força de 200 N é capaz de mover o bloco A para cima, mantendo-o em equilíbrio, ou se ela é muito pequena para impedir que o bloco A desça e o bloco B se afaste da parede. A força de 200 N é exercida no ponto médio da face do bloco e o problema pode ser considerado coplanar.

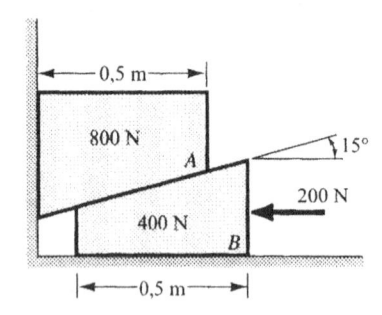

Figura 7.8: Os blocos se moverão ou não?

Podem-se calcular os valores da força P, no lugar da força de 200 N, que provoque a situação da iminência de movimento do bloco B para a esquerda e de uma segunda força P que cause a iminência de movimento de B para a direita. Dessa maneira, é possível verificar a ação provocada pela força de 200 N.

Os diagramas de corpo livre para o movimento iminente do bloco B para a esquerda são ilustrados na Figura 7.9, que apresenta a força P desconhecida. Não é necessário preocupar-se com a correta localização dos centros de gravidade dos blocos, pois apenas os somatórios das forças serão calculados. (As linhas de ação das forças normais nas superfícies de contato são desconhecidas; portanto, não é possível calcular os momentos das forças presentes.) Efetuando o somatório das forças que atuam sobre o bloco A, obtém-se:

$$N_2 \cos 15° j - N_2 \text{ sen } 15° i - 0{,}2\, N_1 j - 800 j$$
$$+ N_1 i - 0{,}2\, N_2 \cos 15° i - 0{,}2\, N_2 \text{ sen } 15° j = \mathbf{0}$$

As equações escalares são escritas como:

$$N_1 - 0{,}259\, N_2 - 0{,}1932\, N_2 = 0$$
$$0{,}966\, N_2 - 0{,}2\, N_1 - 800 - 0{,}0518\, N_2 = 0$$

Resolvendo o sistema de duas equações, chega-se a:

$$N_2 = 971{,}2\ N, \qquad N_1 = 439{,}2\ N$$

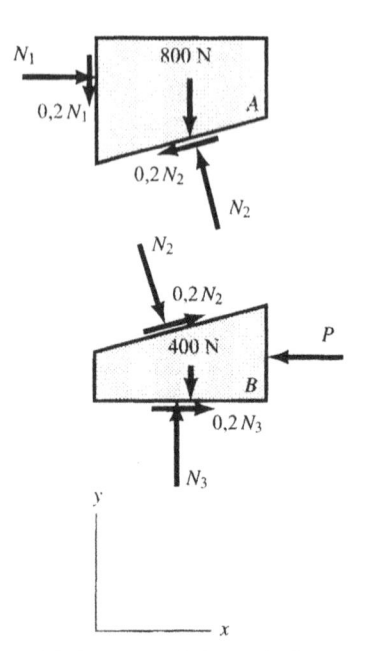

Figura 7.9: Movimento iminente de B para a esquerda.

Exemplo 7.4 (continuação)

Por meio do diagrama de corpo livre do bloco B, obtém-se a soma vetorial das forças externas da seguinte forma:

$$-N_2 \cos 15°j + N_2 \sin 15°i - Pi + 0{,}2\,N_3 i + N_3 j$$
$$- 400j + 0{,}2\,N_2 \cos 15°i + 0{,}2\,N_2 \sin 15°j = \mathbf{0}$$

Essa equação vetorial produz as seguintes equações escalares:

$$-P + 251{,}4 + 0{,}2\,N_3 + 187{,}6 = 0$$
$$-938{,}1 + N_3 - 400 + 50{,}3 = 0$$

Resolvendo o sistema de equações algébricas, obtém-se o valor de P:

$$P = 696{,}6 \text{ N}$$

Constata-se assim que a força de 200 N estipulada no problema não é suficiente para induzir movimento ao bloco B para a esquerda. Resta ainda verificar se o movimento será possível no outro sentido.

Então, o sentido da força P é invertido e calcula-se seu novo valor, de modo que seja possível ao bloco B mover-se para a direita. As forças de atrito da Figura 7.9 têm os sentidos invertidos, e a soma vetorial das forças para o bloco A se converte em:

$$N_2 \cos 15°j - N_2 \sin 15°i + 0{,}2\,N_1 j - 800j$$
$$+ N_1 i + 0{,}2\,N_2 \cos 15°i + 0{,}2\,N_2 \sin 15°j = \mathbf{0}$$

As equações escalares correspondentes são expressas como:

$$N_1 - 0{,}259\,N_2 + 0{,}1932\,N_2 = 0$$
$$0{,}966\,N_2 + 0{,}2\,N_1 - 800 + 0{,}0518\,N_2 = 0$$

A solução desse sistema de equações gera os seguintes valores:

$$N_2 = 776{,}0 \text{ N}, \qquad N_1 = 51{,}1 \text{ N}$$

Por meio do diagrama de corpo livre do bloco B, obtém-se a soma vetorial das forças externas atuando sobre ele:

$$-N_2 \cos 15°j + N_2 \sin 15°i + Pi - 0{,}2\,N_3 i + N_3 j$$
$$- 400j - 0{,}2\,N_2 \cos 15°i - 0{,}2\,N_2 \sin 15°j = \mathbf{0}$$

As correspondentes equações escalares são obtidas como:

$$P - 0{,}2\,N_3 + 200{,}8 - 149{,}9 = 0$$
$$-400 + N_3 - 749{,}6 - 40{,}2 = 0$$

Resolvendo esse sistema de equações, tem-se $P = 187{,}1$ N. Dessa maneira, a força de 200 N é suficiente para impedir o movimento do bloco B para a direita. Para provocar uma condição de iminência de movimento do bloco B para a direita, uma outra força, que puxe o bloco nesse sentido, deve ser aplicada. Conclui-se, por meio da análise efetuada, que os blocos permanecerão em equilíbrio.

Problemas

7.1 Um bloco está sujeito à ação de uma força F. Considerando que essa força varia com o tempo, como mostra a Figura P.7.1, desenhe um diagrama que apresenta a variação da força de atrito com o tempo. Considere $\mu_s = 0{,}3$ e $\mu_d = 0{,}2$.

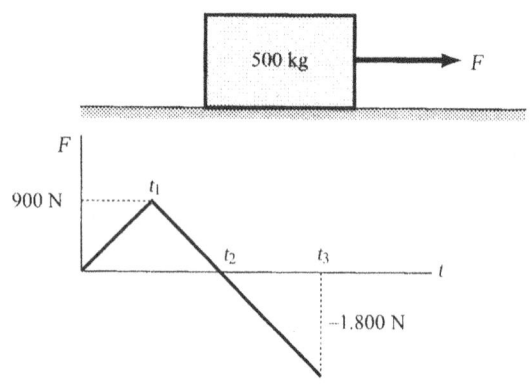

Figura P.7.1

7.2 Demonstre que, ao aumentar a inclinação ϕ de uma superfície até a condição de iminência de movimento dos corpos sobre ela, existe um *ângulo de repouso* ϕ_s, sendo que $\phi_s = \mu_s$.

7.3 Para qual valor mínimo do ângulo de inclinação o motorista deve erguer o basculante do caminhão de modo que uma caixa de madeira de peso W deslize? Para madeira em aço, $\mu_s = 0{,}6$ e $\mu_d = 0{,}4$.

Figura P.7.3

7.4 Uma plataforma é suspensa por duas cordas que estão amarradas a 2 blocos que podem deslizar na direção horizontal. Para qual valor de W a plataforma começará a descer? A carga W irá tombar ou não?

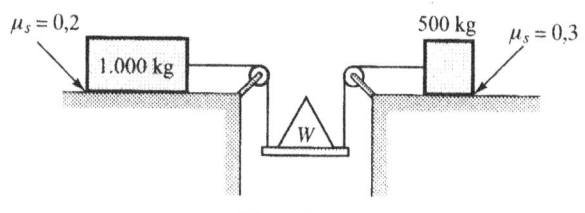

Figura P.7.4

7.5 Explique por que a vareta de um violino, quando desliza sobre uma corda, mantém a vibração dessa corda. Expresse esse fenômeno em termos das forças de atrito e da diferença entre os coeficientes de atrito estático e dinâmico.

7.6 Qual é o valor da força F, inclinada a $30°$ em relação à horizontal, necessária para que o bloco inicie a subida da rampa? Qual é a força F necessária para manter o bloco subindo o plano inclinado com velocidade constante? Os coeficientes de atrito estático e dinâmico são iguais a $0{,}3$ e $0{,}275$, respectivamente.

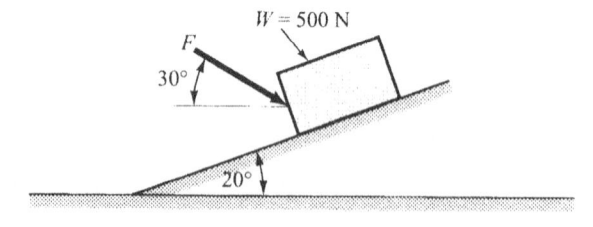

Figura P.7.6

7.7 Os corpos A e B pesam 500 N e 300 N, respectivamente. A plataforma sobre a qual eles se encontram é erguida a partir da horizontal de um ângulo θ. Qual é o valor *máximo* do ângulo de inclinação antes do início do movimento descendente dos corpos? Considere $\mu_s = 0{,}2$ para o bloco B sobre o plano e $\mu_s = 0{,}3$ para o bloco A sobre o plano inclinado.

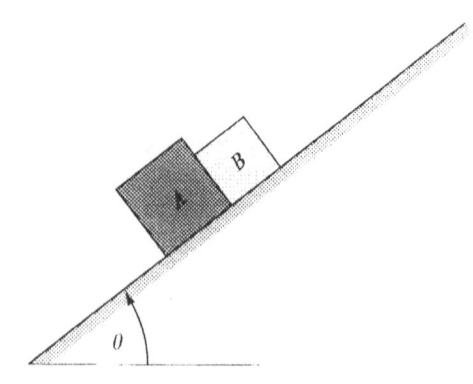

Figura P.7.7

7.8 Qual é o valor mínimo de μ_s que faz com que a barra AB permaneça no lugar? A barra tem comprimento de 3,3 m e pesa 200 N.

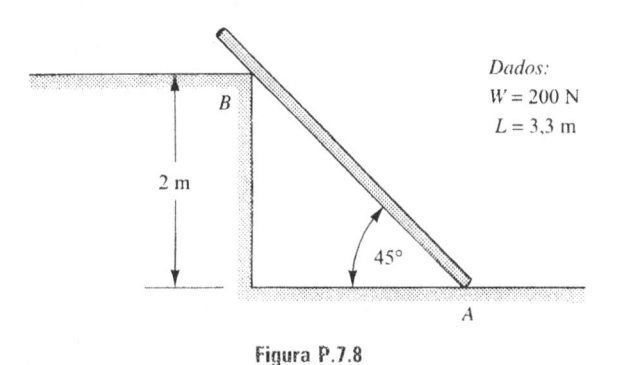

Dados:
$W = 200$ N
$L = 3{,}3$ m

Figura P.7.8

7.9 Determine a força P mínima para fazer o bloco A mover-se.

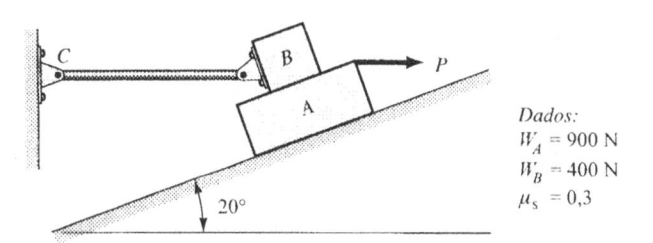

Dados:
$W_A = 900$ N
$W_B = 400$ N
$\mu_s = 0{,}3$

Figura P.7.9.

7.10 Qual a força F mínima necessária para iniciar o movimento do bloco A para a direita, considerando que $\mu_s = 0{,}25$ para todas as superfícies? Os seguintes pesos são dados:

$W_A = 125$ N $W_B = 50$ N $W_{AB} = 100$ N

O comprimento de AB é igual a 2,5 m.

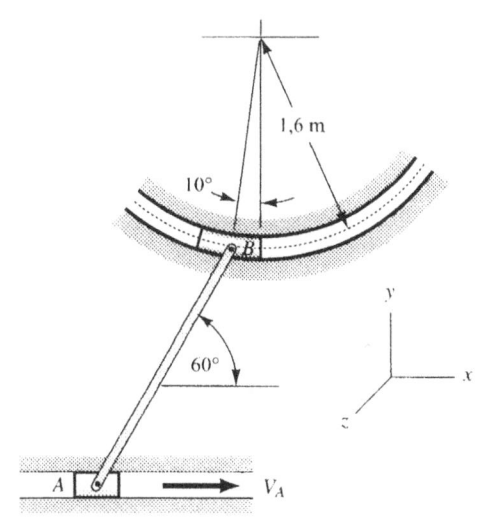

Figura P.7.10

7.11 Um tanque de 30 Mg está subindo uma rampa inclinada de 30°. Considerando que $\mu_s = 0{,}6$ para a superfície de contato entre a esteira e o solo, qual o valor *máximo* de torque desenvolvido pela roda motora traseira sem deslizamento? Qual é o valor máximo da força de reboque que o tanque pode desenvolver? Considere o diâmetro médio de 600 mm para a roda motora traseira.

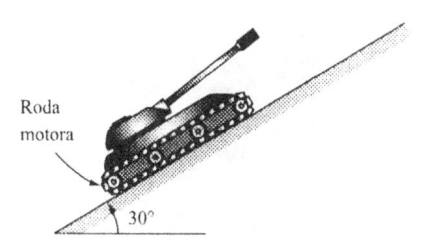

Figura P.7.11

7.12 Uma caixa A, de 250 kg, repousa sobre uma caixa B de 500 kg. Considerando que os centros de gravidade das caixas coincidem com seus centros geométricos e que a força T é aumentada a partir do 0, qual o primeiro tipo de movimento que ocorre no sistema? Os coeficientes de atrito estático entre as superfícies de contato são mostrados na Figura P.7.12.

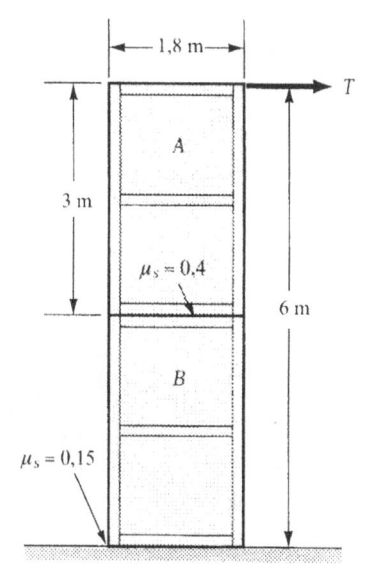

Figura P.7.12

7.13 Qual a força F necessária para provocar o movimento do bloco de 300 kg para a direita? O coeficiente de atrito estático para todas as superfícies é 0,3.

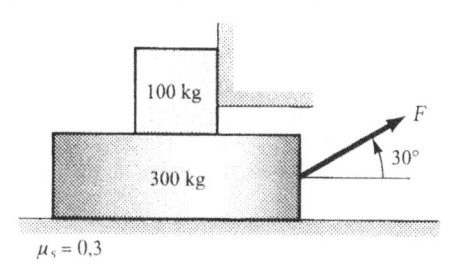

Figura P.7.13

7.14 Uma calha possui laterais que fazem ângulos retos entre si, como mostrado na Figura P.7.14. A calha tem comprimento de 9 m, sendo que a extremidade A está 3 m acima da extremidade B. Cilindros com peso de 1 kN deverão deslizar para baixo através da calha. Qual é o *máximo* valor admissível do coeficiente de atrito estático para que os cilindros não fiquem emperrados ao longo da calha?

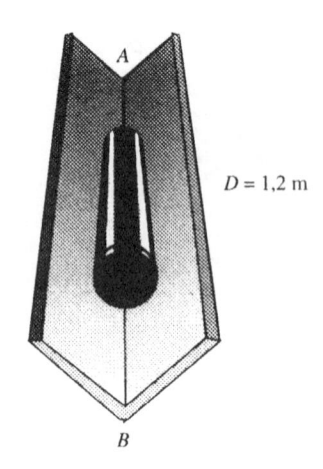

Figura P.7.14 (D = 1,2 m)

7.15 (a) O trator mostrado na Figura P.7.15 pode mover o peso de 60 kN? (Demonstre o resultado de alguma maneira.)
(b) Qual é a tensão na corrente, considerando que o trator se desloca à velocidade constante?
(c) Qual é o torque gerado pelo motor sobre uma das rodas motoras de diâmetro de 0,8 m?

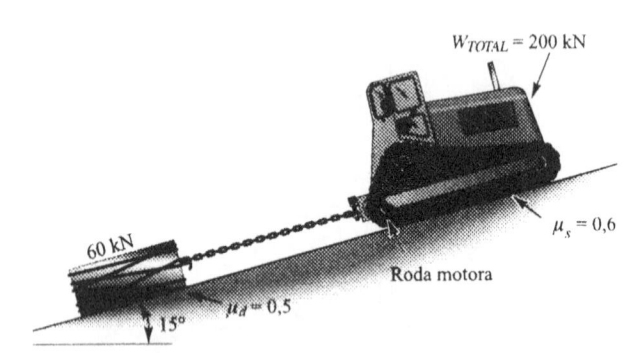

Figura P.7.15 (W_{TOTAL} = 200 kN, 60 kN, μ_s = 0,6, μ_d = 0,5, 15°)

7.16 No Exemplo 5.12, as rodas em A estão enferrujadas de modo que elas não podem girar e, por isso, há apenas deslizamento sobre o piso. Os coeficientes de atrito são $\mu_s = 0,4$ e $\mu_d = 0,2$. Utilizando os mesmos dados desse exemplo, calcule a força horizontal sobre a rocha para uma condição de trituração iminente e, então, calcule a força horizontal no instante em que a trituração se inicia. Considere que a ação de trituração é lenta, de modo que os efeitos inerciais não precisam ser incluídos na análise. A placa A pesa 450 N.

7.17 No problema 5.92, os roletes sobre o bloco C estão enferrujados e não podem rolar sobre o piso. Existe, então, atrito seco na superfície de contato entre o bloco C e o piso. Para essa superfície, o coeficiente de atrito estático é $\mu_s = 0,4$. Considerando que $p_1 = \frac{1}{2} p_2$, quais são os valores das pressões nos cilindros para uma condição de trituração iminente sobre a rocha, a qual requer do bloco em C uma força de 30 kN na direção horizontal? O bloco C pesa 900 N.

7.18 Uma estrutura pode deslizar para baixo e para cima ao longo de guias ou permanecer estacionária, dependendo do carregamento. Qual será o valor da força P que causará uma condição de deslizamento descendente iminente para as cargas dadas? Os membros GA e BH são montados com folga, respectivamente, sobre as barras circulares EC e JD. O coeficiente de atrito em todos os pontos é $\mu_s = 0,3$. Despreze os pesos dos membros.

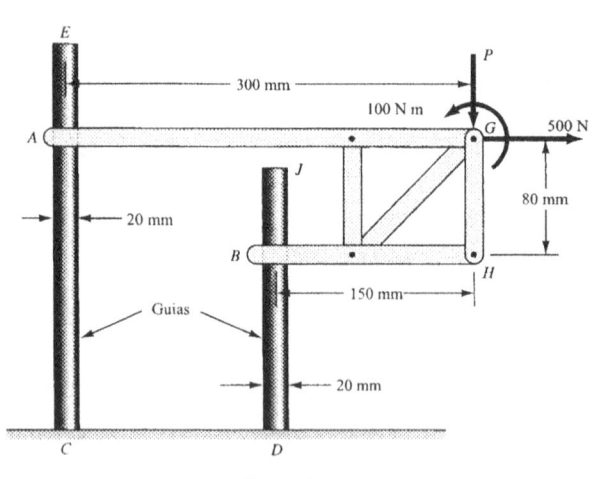

Figura P.7.18

7.19 Considerando que $\mu_s = 0,2$ para todas as superfícies, determine a força P necessária para iniciar o movimento do bloco A para a direita.

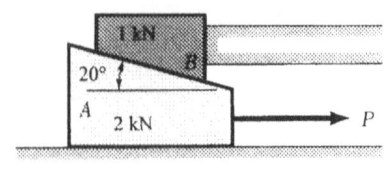

Figura P.7.19

7.20 O cilindro em repouso, mostrado na Figura P.7.20, pesa 200 N. Qual é a força de atrito em A? Considerando que existe uma condição de deslizamento iminente, qual é o coeficiente de atrito estático? O plano de suporte está inclinado a 60° com a horizontal.

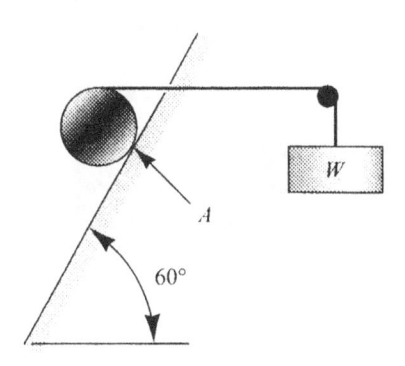

Figura P.7.20

7.21 A estrutura B permanece estacionária enquanto o rotor A gira com velocidade constante ω. Na estrutura B existe um sistema de frenagem. Considerando que $\mu_d = 0,4$, qual é o torque de frenagem em A para uma força F de 300 N? Note que a barra sobre a qual F atua é articulada em C em relação à estrutura B. Despreze o atrito entre B e as sapatas de freio G e H.

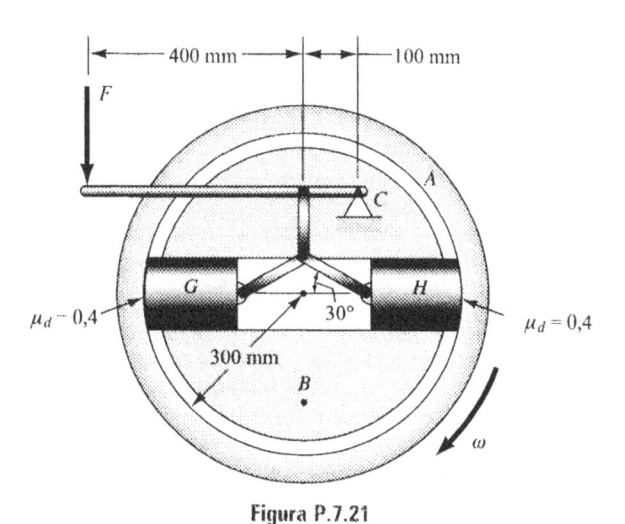

Figura P.7.21

7.22 Uma carga de 100 kg é colocada sobre um bagageiro de um veículo. A presença da carga facilitará ou não ao veículo a subida da rua? Explique. O coeficiente de atrito estático é de 0,55.

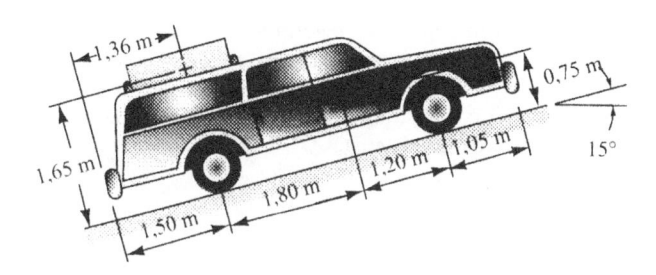

Figura P.7.22

7.23 Um inseto tenta escalar uma vasilha semi-esférica de raio igual a 600 mm. Considerando que o coeficiente de atrito estático entre o inseto e a vasilha é igual a 0,4, qual será a altura que o inseto alcançará? Conforme aprendido nos cursos de física, se a vasilha gira sobre um eixo vertical, o inseto é empurrado na direção radial por uma força $mr\omega^2$. A que velocidade ω o inseto será capaz de sair da vasilha?

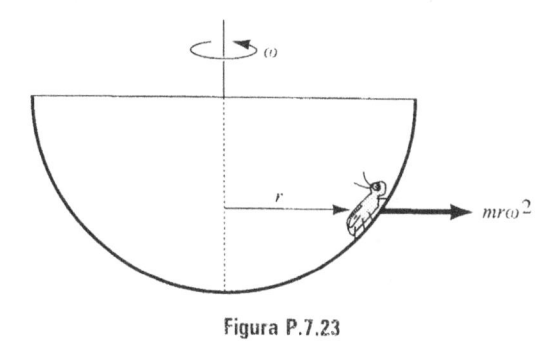

Figura P.7.23

7.24 Um bloco A de massa de 500 kg repousa sobre um suporte estacionário B, onde o coeficiente de atrito estático $\mu_s = 0,4$. Do lado direito, o suporte C encontra-se sobre roletes. O coeficiente de atrito dinâmico μ_d entre o suporte C e o corpo A é igual a 0,2. Considerando que C se movimenta para a esquerda à velocidade constante, qual a distância que C percorre antes de o corpo A começar a se mover?

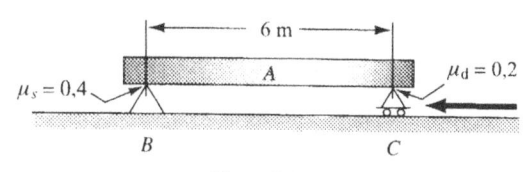

Figura P.7.24

7.25 No Problema 5.94, determine a força mínima F_1, atuando sobre o bloco, necessária para manter o equilíbrio. O bloco B pesa 450 N e o coeficiente de atrito estático entre o bloco e o piso é de 0,276. Despreze os pesos dos outros membros do sistema.

7.26 Se o coeficiente de atrito estático em C é de 0,4, qual será o mínimo torque T necessário para iniciar a rotação anti-horária de BA em relação à articulação A? Os seguintes valores representam os pesos dos corpos envolvidos:

$AB = 1,5$ kg $\quad BC = 2$ kg $\quad C = 1$ kg

Figura P.7.26

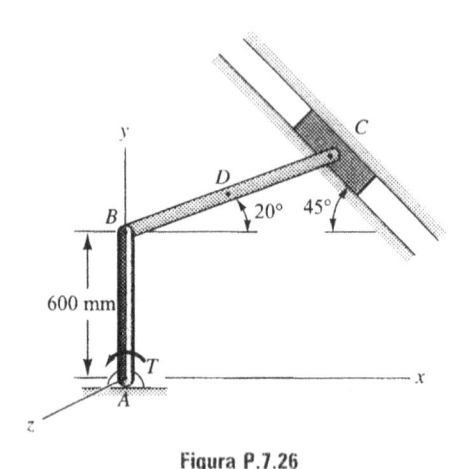

7.27 O que acontecerá se os pesos forem soltos de seu estado de repouso? Examine todas as possibilidades para justificar a resposta.

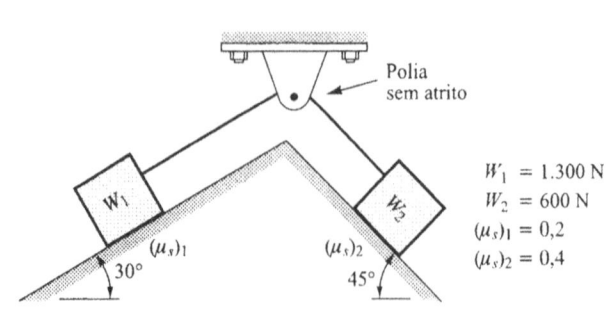

$W_1 = 1.300$ N
$W_2 = 600$ N
$(\mu_s)_1 = 0,2$
$(\mu_s)_2 = 0,4$

Figura P.7.27

7.28 Na operação preliminar de polimento de um bloco de motor de um veículo de 1.500 N, o disco polidor é empurrado contra o bloco com uma força de 500 N. Que força deve ser exercida pelo cilindro hidráulico para mover o bloco para a direita considerando que (a) o disco gira no sentido horário e que (b) o disco gira no sentido anti-horário? O coeficiente de atrito estático entre o disco polidor e o bloco é de 0,7 e entre a mesa e o bloco é de 0,2.

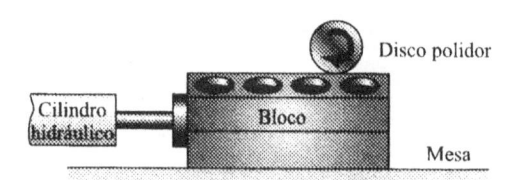

Figura P.7.28

7.29 Um caminhão-reboque de 3,6 Mg, com tração nas quatro rodas, cujos pneus têm diâmetro de 900 mm, desenvolve um torque de 1 kN em cada eixo. Qual é o veículo mais pesado que poderá ser rebocado na direção ascendente em uma rua inclinada a 10°, considerando que $\mu_s = 0,3$?

7.30 Uma escada de 7 m, que pesa 250 N, é empurrada pela força F. Qual é a força *mínima* necessária para que a escada se mova? O coeficiente de atrito estático para todas as superfícies é igual a 0,4.

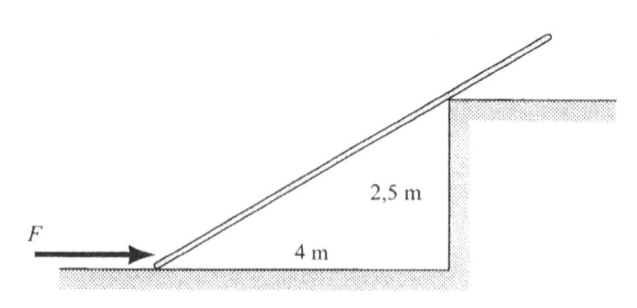

Figura P.7.30

7.31 No Problema 7.30, considerando que F seja retirada, a escada começará a deslizar ou não?

7.32 A força P será capaz de girar o cilindro de 25 Kg sobre o ressalto? O coeficiente de atrito estático é de 0,4. Qual é o valor de P se isso for possível?

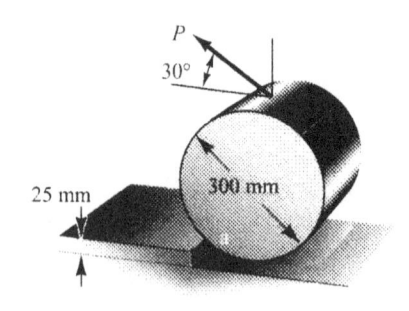

Figura P.7.32

7.33 Um bloco de peso W tem de subir um plano inclinado. Uma barra de comprimento c, de peso desprezível, é conectada ao bloco, e a força F é aplicada ao topo dessa barra. Considerando que o coeficiente de atrito estático seja μ_s, determine o *máximo* comprimento c, em termos de a, d e μ_s, para o qual o bloco iniciará seu movimento de deslizamento sem tombar (a superfície inferior do bloco ficará integralmente em contato com o plano).

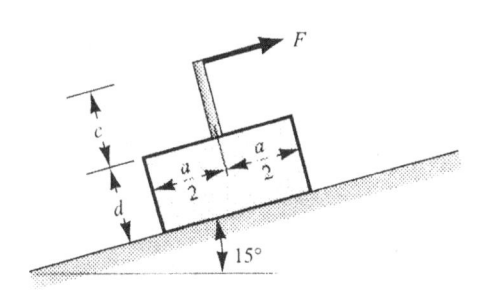

Figura P.7.33

7.34 Determine a faixa de valores de W_1 para a qual o bloco deslizará em sentido ascendente ou em sentido descendente. Para que valor de W_1 a força de atrito será 0? $W_2 = 450$ N.

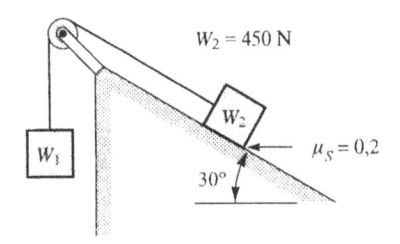

Figura P.7.34

7.35 Um trator de 200 kN tem de empurrar uma viga de concreto, que se encontra inclinada a 15° no canteiro de obras. Considerando que $\mu_d = 0,5$ entre a viga e o solo e que $\mu_s = 0,6$ entre o trator e o solo, o trator conseguirá realizar o trabalho? Em caso afirmativo, que torque deverá ser desenvolvido sobre a roda motora do trator de diâmetro igual a 0,8 m? Qual a força P desenvolvida para empurrar a viga?

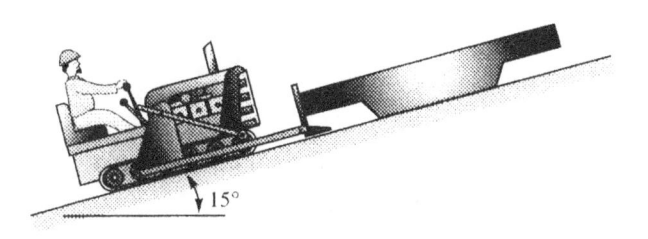

Figura P.7.35

7.36 Qual é o valor *mínimo* do coeficiente de atrito estático requerido para manter o suporte e sua carga de 2 kN em posição estática? (Suponha que haja contato pontual nas linhas de centro horizontais dos braços.) O centro de gravidade está localizado a 180 mm medido a partir da linha de centro do eixo. (*Dica*: Observe que existe folga entre o eixo vertical e os braços horizontais.)

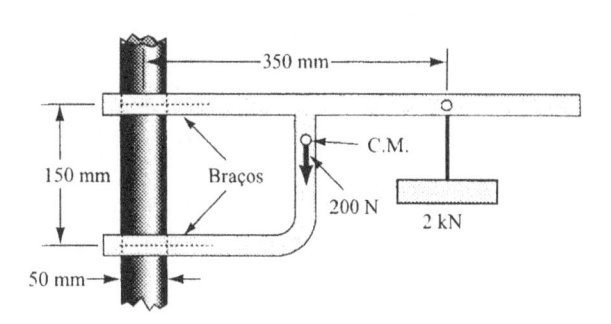

Figura P.7.36

7.37 Considerando que o coeficiente de atrito estático no Problema 7.36 seja igual a 0,2, para qual valor *mínimo* de distância, medida a partir da linha de centro do eixo vertical, o suporte sustenta a carga de 2 kN sem deslizar?

7.38 Uma barra é segura por uma corda em uma extremidade. Considerando que a força $F = 200$ N e que a barra pesa 450 N, qual é o valor *máximo* do ângulo α em que a barra pode ser posicionada, sendo que $\mu_s = 0,4$ entre a barra e o piso? O comprimento da barra é de 1 m.

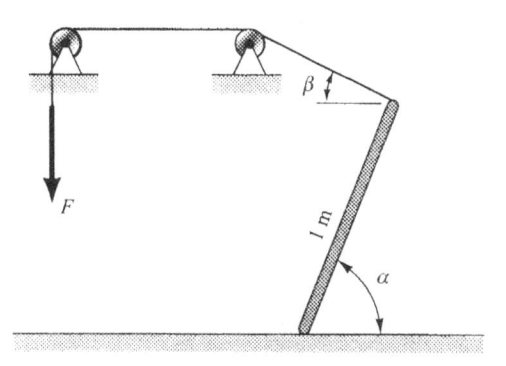

Figura P.7.38

7.39 Suponha que uma garra seja usada para suportar um bloco de material rígido apenas por atrito. Qual é o coeficiente *mínimo* de atrito estático, μ_s, a fim de realizar o levantamento para um peso qualquer W, para a geometria mostrada na Figura P.7.39?

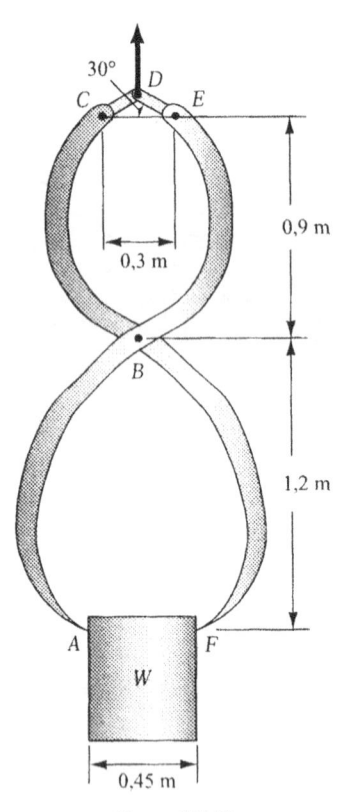

Figura P.7.39

7.40 Um caixote retangular está carregado com barras finas verticais uniformes, sendo que, quando se encontra cheio, como ilustrado na Figura P.7.40a, ele tem um peso total de 4,5 kN. O caixote vazio pesa 450 N e tem um coeficiente de atrito estático de 0,3 em relação ao piso. Uma força T de 900 N é aplicada sobre o caixote. Considerando que as barras são descarregadas, como ilustrado na Figura P.7.40b, qual é o valor-limite de x para que o equilíbrio seja mantido?

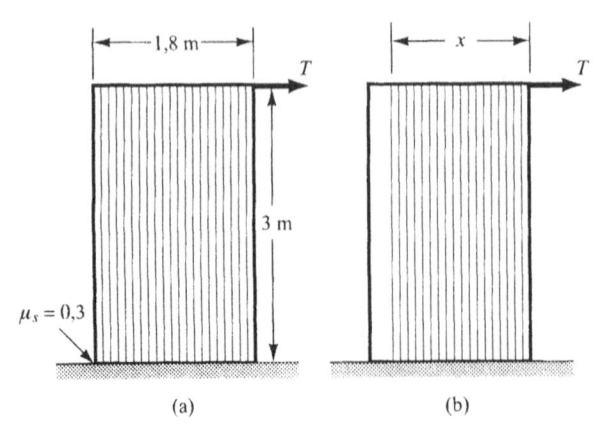

Figura P.7.40

7.41 Uma viga suporta uma carga C de 500 N. Nos suportes A e B, o coeficiente de atrito estático é igual a 0,2. Na superfície de contato entre C e a viga, o coeficiente de atrito dinâmico é igual a 0,75. Considerando que a força F movimenta C para a esquerda, qual é a distância percorrida por C antes de a viga começar a se mover? A viga pesa 200 N. Despreze a altura t da viga nos cálculos.

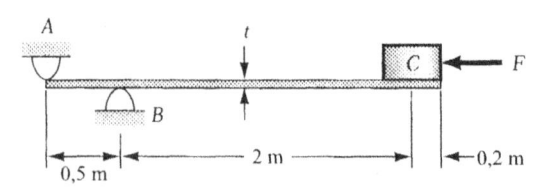

Figura P.7.41

7.42 Resolva o Problema 7.41 levando em conta a altura t. Considere $t = 120$ mm.

7.43 Uma barra é suportada por 2 rodas que giram em sentidos opostos. Se as rodas estivessem na horizontal, a barra estaria situada no ponto central, entre as rodas, para o equilíbrio. Entretanto, as rodas estão inclinadas a 20°, como mostra a Figura P.7.43, e a barra deve ser colocada fora da posição central para o equilíbrio. Considerando o coeficiente de atrito $\mu_d = 0,8$, a que distância da posição central a barra deve ser colocada?

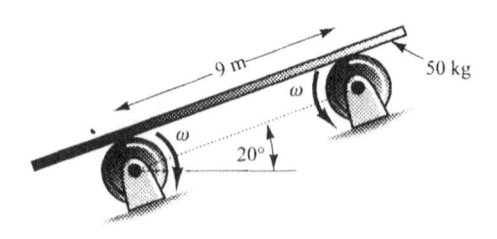

Figura P.7.43

7.44 Qual o valor da força F que deve ser aplicado à cunha para iniciar o levantamento da caixa? Despreze variações de geometria. Qual a força que o bloco de travamento deve fornecer para impedir que a caixa se mova para a esquerda? O coeficiente de atrito estático entre todas as superfícies é igual a 0,3.

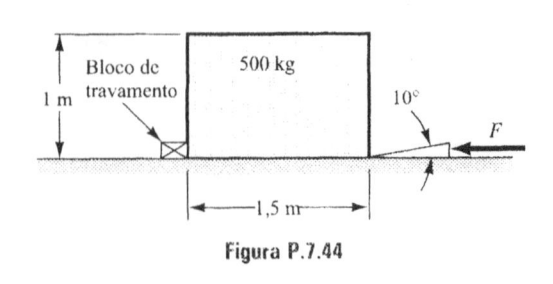

Figura P.7.44

7.45 Qual é a altura *máxima* x de um ressalto, de modo que a força P consiga rolar o cilindro de 25 kg sobre ele sem deslizamento em *a*? Considere $\mu_s = 0{,}3$.

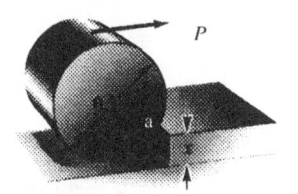

Figura P.7.45

7.46 A barra AD é puxada em A e se move para a esquerda. Considerando que o coeficiente de atrito dinâmico para a barra em A e B é igual a 0,4, qual deverá ser o *mínimo* valor de W_2 para impedir o tombamento do bloco C, quando $\alpha = 20°$? Com esse valor de W_2, determine o coeficiente de atrito estático mínimo entre o bloco e o piso necessário para impedir seu deslizamento. W_1 é igual a 100 N.

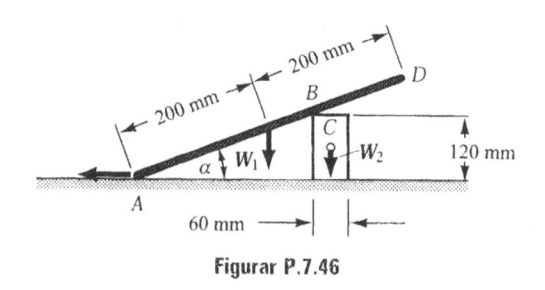

Figurar P.7.46

7.47 Desprezando o atrito nos roletes e considerando um coeficiente de atrito estático igual a 0,2 para todas as superfícies, verifique se o peso de 25 kN irá subir, descer ou permanecer estacionário.

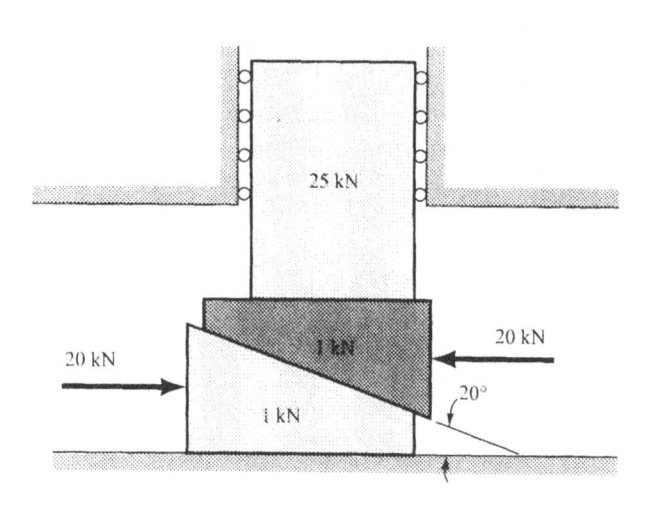

Figura P.7.47

7.5 Problemas de atrito de contato em superfícies complexas

Nos exemplos de atrito até aqui analisados, a natureza da iminência de movimento ou do movimento relativo entre superfícies de contato planas era bastante simples — aquela do movimento sem rotação. Agora serão examinados os tipos mais gerais de contato entre corpos. No Exemplo 7.5, tem-se uma superfície plana de contato, mas com direção variável de movimento iminente ou de deslizamento para os elementos de área devido à rotação. Em tais problemas, as leis de Coulomb devem ser aplicadas localmente sobre as áreas infinitesimais de contato, e os resultados devem ser integrados para toda a área, como visto na Seção 7.2. Para tanto, a distribuição de força normal sobre a superfície de contato deve ser investigada, uma tarefa usualmente difícil que está além do escopo dos fundamentos da estática de corpos rígidos, estudados no Capítulo 5. Entretanto, algumas vezes, os efeitos do atrito podem ser aproximadamente calculados *estimando-se* a forma de distribuição de força normal sobre a superfície de contato. Isso será ilustrado a seguir.

Exemplo 7.5

Calcule a resistência à rotação por atrito de um cilindro sólido rotativo conectado a uma sapata A, que está sendo pressionado contra uma superfície plana seca por uma força P (veja a Figura 7.10). A sapata A e a superfície estacionária constituem um *mancal axial* a seco.

O sentido das forças de atrito distribuídas sobre a superfície de contato não é tão simples. Portanto, analisa-se uma área infinitesimal da superfície de contato. Essa área é ilustrada na Figura 7.10, em que as dimensões do elemento infinitesimal são dadas em coordenadas polares. A área dA é igual a $r\,d\theta\,dr$. Considere que a força P seja uniformemente distribuída sobre toda a área de contato. A força normal sobre o elemento de área selecionado é dada por:

$$dN = \frac{P}{\pi D^2/4} r\,d\theta\,dr \qquad (a)$$

A força de atrito associada com essa força normal durante o movimento é:

$$df = \mu_d \frac{P}{\pi D^2/4} r\,d\theta\,dr \qquad (b)$$

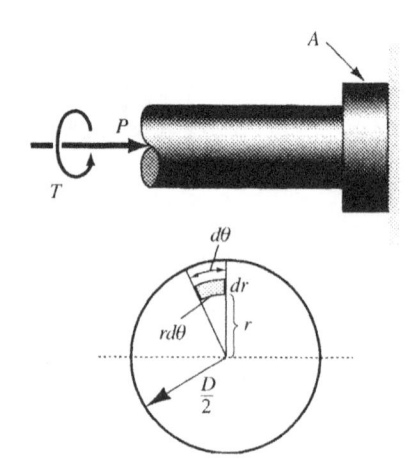

Figura 7.10: Mancal axial a seco.

O sentido de df é contrário ao movimento relativo entre as superfícies. O movimento relativo é a rotação de círculos concêntricos em relação à linha de centro, de modo que a direção da força df_1 (Figura 7.11) seja tangente ao círculo de raio r. A 180° da posição do elemento de área onde atua df_1, deve-se proceder a um cálculo similar para a força df_2, que também é tangente ao círculo de raio r, tendo o mesmo módulo de df_1 mas com sentido contrário. Duas forças iguais e com sentidos opostos formam um binário. Como a área inteira de contato pode ser decomposta dessa maneira, conclui-se que existem apenas binários no plano de contato. Considerando que os momentos de todas as forças infinitesimais são avaliados em relação ao centro do círculo, obtém-se a magnitude do momento total de atrito. Esse momento está direcionado ao longo do eixo. Primeiro, são analisados os elementos de área sobre o anel de raio r:

$$dM = \int_0^{2\pi} r\mu_d \frac{P}{\pi D^2/4} r\,d\theta\,dr \qquad (c)$$

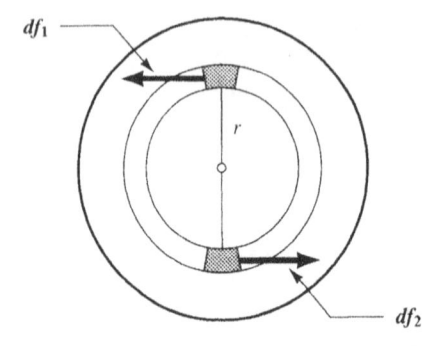

Figura 7.11: Binário gerado pelas forças de atrito.

Exemplo 7.5 (*continuação*)

Considerando que μ_d é constante e mantendo-se r invariável na integração da expressão do momento infinitesimal em relação a θ, tem-se:

$$dM = \mu_d \frac{P}{\pi D^2/4} 2\pi r^2 \, dr$$

Nessa expressão, são considerados todos os elementos de área sobre o anel de raio r. Para considerar todos os anéis da área de contato, efetua-se a integração em r de 0 a $D/2$. De maneira clara, chega-se à expressão do torque resistivo total M. Assim,

$$M = \mu_d \frac{8P}{D^2} \int_0^{D/2} r^2 \, dr = \frac{PD\mu_d}{3} \qquad \text{(d)}$$

Os três últimos passos mostrados na obtenção desta solução são etapas do processo de *integração múltipla*, assunto discutido no Capítulo 4.

7.6 Atrito em correias

Uma correia flexível envolve uma parcela de um disco, como ilustra a Figura 7.12, sendo que a parcela da correia em contato com o disco é descrita pelo ângulo β. O ângulo β é chamado *ângulo de abraçamento*. Suponha que o disco se encontra estacionário e que as tensões T_1 e T_2 são tais que o movimento é iminente entre a correia e o disco. Suponha ainda que o movimento iminente da correia relativo ao disco ocorra no sentido horário; portanto, a tração T_1 excede a tração T_2.

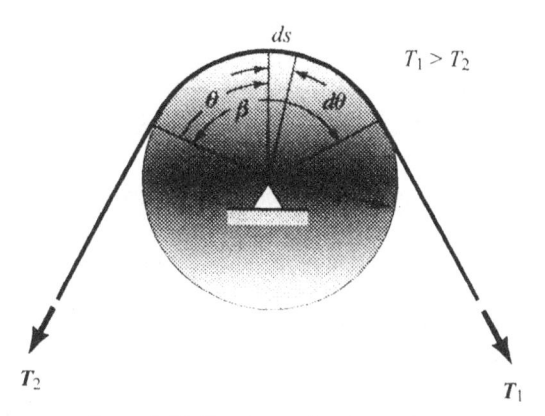

Figura 7.12: Correia envolvendo um disco.

Considere um segmento infinitesimal da correia como corpo livre. Esse segmento envolve um ângulo $d\theta$ no centro do disco, como ilustrado na Figura 7.13. Somando-se as componentes de força nas direções radial e transversal, as equações escalares de equilíbrio estático são obtidas da seguinte forma:

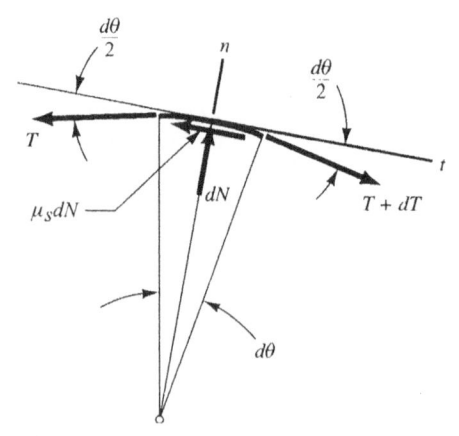

Figura 7.13: Diagrama de corpo livre de um segmento de correia; iminência de deslizamento.

$\sum F_t = 0$:

$$-T\cos\frac{d\theta}{2} + (T + dT)\cos\frac{d\theta}{2} - \mu_s dN = 0$$

portanto,

$$dT\cos\frac{d\theta}{2} = \mu_s dN$$

$\sum F_n = 0$:

$$-T\operatorname{sen}\frac{d\theta}{2} - (T + dT)\operatorname{sen}\frac{d\theta}{2} + dN = 0$$

portanto,

$$-2T\operatorname{sen}\frac{d\theta}{2} - dT\operatorname{sen}\frac{d\theta}{2} + dN = 0$$

O seno de um ângulo muito pequeno é aproximadamente igual ao valor do ângulo em radianos. Além disso, com o mesmo grau de exatidão, o cosseno de um ângulo pequeno é aproximadamente igual à unidade. (Para a verificação dessas relações trigonométricas, pode-se efetuar a expansão das funções seno e cosseno em série de potências, retendo-se apenas os primeiros termos dessas expansões.) As equações de equilíbrio anteriores, então, tornam-se:

$$dT = \mu_s dN \tag{7.2a}$$

$$-Td\theta - dT\frac{d\theta}{2} + dN = 0 \tag{7.2b}$$

A última equação envolve o produto de 2 termos infinitesimais. Essa quantidade pode ser considerada desprezível quando comparada a outros termos da equação com apenas um termo diferencial. Desse modo, essa equação pode ser reescrita como:

$$T\,d\theta = dN \tag{7.3}$$

As Equações 7.2a e 7.3 são combinadas para produzir uma equação relacionando T e θ. Eliminando-se dN nessas equações, tem-se:

$$dT = \mu_s T\,d\theta$$

portanto,

$$\frac{dT}{T} = \mu_s\,d\theta$$

Integrando-se ambos os lados em relação à parcela da correia em contato com o disco,

$$\int_{T_2}^{T_1} \frac{dT}{T} = \int_0^\beta \mu_s\,d\theta$$

obtém-se:

$$\ln \frac{T_1}{T_2} = \mu_s \beta$$

ou:

$$\frac{T_1}{T_2} = e^{\mu_s \beta} \tag{7.4}$$

Dessa maneira, estabelece-se uma relação entre as tensões em cada lado da correia na condição de iminência de movimento entre a correia e o disco. A mesma relação pode ser obtida para um *disco rotativo com deslizamento iminente* entre ele e a correia, *desprezando-se os efeitos da força centrífuga sobre a correia*. Além disso, empregando-se o coeficiente de atrito *dinâmico* na fórmula anterior, tem-se o caso da correia deslizando à velocidade constante sobre um disco ou rotativo ou estacionário (desprezando-se também os efeitos centrífugos sobre a correia). Assim, para todas essas situações, tem-se:

$$\frac{T_1}{T_2} = e^{\mu \beta} \tag{7.5}$$

em que o coeficiente de atrito apropriado deve ser empregado de acordo com o problema, e o ângulo β deve ser expresso em radianos. Note que *a razão entre as tensões depende somente do ângulo de abraçamento β e do coeficiente de atrito μ*. Desse modo, se o disco A for empurrado para a direita por uma força F, como mostra a Figura 7.14, as tensões irão aumentar. Mas, se β não for afetado pela ação desta força externa, a razão de T_1/T_2 para o deslizamento com velocidade constante ou para a iminência de deslizamento também não será afetada. Todavia, o torque desenvolvido pela correia sobre o disco, resultante do atrito, é afetado pela força F. O torque é facilmente determinado utilizando-se o corpo livre formado pelo disco e pela parcela da correia em contato, como ilustrado na Figura 7.14.

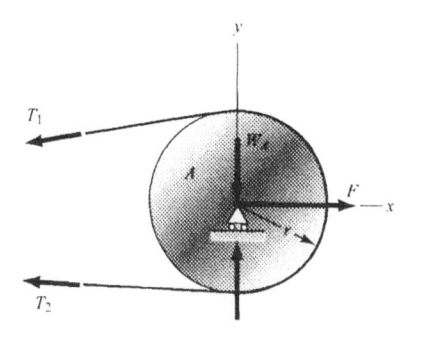

Figura 7.14: A força F afeta T_1 e T_2, mas não T_1/T_2.

Assim,

$$\text{torque} = T_1 r - T_2 r = (T_1 - T_2)r \tag{7.6}$$

Se o disco é empurrado para a direita sem alterar o ângulo da correia, pode-se constatar, por meio da Equação 7.5, que as tensões T_1 e T_2 devem aumentar na mesma proporção para manter a condição de iminência de deslizamento ou de deslizamento à velocidade constante. Se a razão de aumento da força for H, as novas tensões irão tornar-se HT_1 e HT_2, respectivamente. Substituindo-se esses valores na Equação 7.6, constata-se que o torque de atrito é também aumentado pelo mesmo fator:

$$\text{torque} = H(T_1 - T_2)r = H(\text{torque})_{\text{original}}$$

Efetuando o somatório das forças por meio do diagrama de corpo livre da Figura 7.14, é possível determinar a força F necessária para manter as tensões T_1 e T_2, da seguinte forma:

$$(T_1)_x + (T_2)_x = F \tag{7.7}$$

Na iminência de deslizamento ou no deslizamento à velocidade constante, a Equação 7.5 é válida e, conhecendo-se o valor de F na Equação 7.7, os valores de T_1 e T_2 podem ser determinados. Com a Equação 7.6, o torque que a correia pode desenvolver sobre o disco é determinado de maneira bem simples.

Desse modo, há 3 equações à disposição para os cálculos necessários. A geometria do problema fornece o ângulo de abraçamento e o valor do coeficiente de atrito deve ser conhecido para a solução do problema. Esses 2 parâmetros são utilizados na *primeira* equação (Equação 7.5) para a obtenção da *razão de tensões* nas condições de deslizamento iminente ou de deslizamento. Observe que, devido ao uso das equações de *equilíbrio* na derivação dessa equação, ambas as condições (iminência de deslizamento ou deslizamento) requerem que a correia esteja estacionária ou movendo-se à velocidade constante. Essas equações servem como ferramentas de trabalho para o engenheiro de projeto, particularmente aquelas associadas à condição de deslizamento eminente. Se a razão entre as tensões da correia for menor do que $e^{\mu\beta}$ e a correia não começar a escorregar, pode-se dizer que não haverá deslizamento até que essa razão de tensões seja superada[4]. Se a velocidade da correia for constante, a razão entre as tensões será igual a $e^{\mu\beta}$. Na *segunda* das 3 equações (Equação 7.6), o torque sobre o disco ou causado pelo disco é relacionado às tensões na correia por meio das considerações de equilíbrio. Por fim, a *terceira* equação (Equação 7.7), também derivada das equações de equilíbrio, fornece a força F requerida sobre o disco para o torque citado anteriormente. Note que é desejável obter-se uma razão de tensões próxima à condição do deslizamento iminente, pois isso representa uma força F menor; portanto, uma vida mais longa para a correia. Essa condição também redundará em um número menor de paradas para as linhas de montagem.

---

[4] Essa situação é similar à do exemplo do arrasto de um móvel sobre um piso qualquer. O móvel não sairá do lugar até que a força exercida ultrapasse o valor da força de atrito estático.

Exemplo 7.6

Um disco (veja a Figura 7.15) requer um torque de 200 N m para iniciar seu movimento de rotação. Considerando que o coeficiente de atrito estático μ_s entre a correia e o disco é 0,35, qual será o valor mínimo da força axial F sobre o disco, capaz de criar tensão suficiente na correia a ponto de iniciar o movimento de rotação?

Torque requerido = 200 N m
Raio = 250 mm

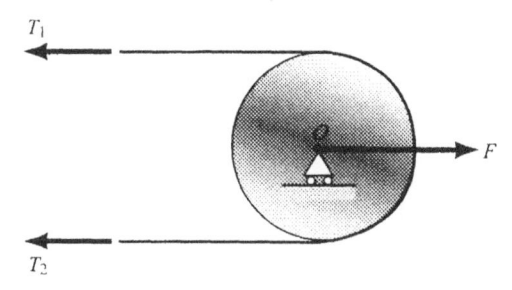

Figura 7.15: Disco acionado por correia.

O ângulo de abraçamento β é, evidentemente, igual a π *radianos*. *Para obter o valor mínimo da força F*, emprega-se a condição de deslizamento iminente entre a correia e o disco, assim,

$$\frac{T_1}{T_2} = e^{0,35\pi} = 3,00 \qquad (a)$$

Para a condição de início de rotação, tem-se:

$$\sum M_0 = \text{torque requerido} = 200 \text{ N m}$$

$$\therefore (T_1 - T_2)(0,25) = 200 \qquad (b)$$

Resolvendo as duas equações simultaneamente, obtém-se:

$$T_1 = 1.200 \text{ N} \qquad T_2 = 400 \text{ N}$$

Por fim, pode-se determinar o valor mínimo da força F para o problema somando-se as forças na direção x, da seguinte forma:

$$\sum F_x = 0:$$

$$F_{min} = 1.200 + 400 = 1.600 \text{ N}$$

Exemplo 7.7

Uma correia transportadora movimenta 10 caixas de 25 kg à velocidade constante, em uma montagem inclinada a 45° (Figura 7.16). O coeficiente de atrito dinâmico entre a correia e o assento da transportadora é de 0,05, e o coeficiente de atrito estático entre a polia motora e a correia é de 0,4. A polia conduzida é movida ao longo da direção da correia por um mecanismo, sendo que essa polia está sujeita a uma força F de 2,2 kN. Calcule a tensão máxima na correia e verifique se ocorre deslizamento na polia motora. Despreze o peso da correia.

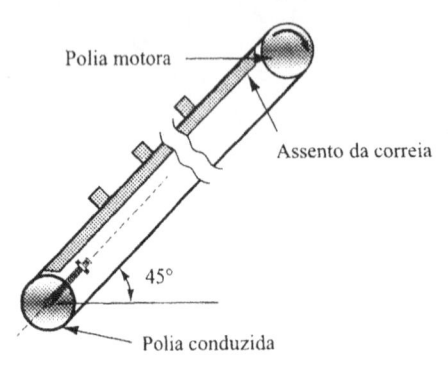

Figura 7.16: Correia transportadora.

A Figura 7.17 mostra os diagramas de corpo livre das várias partes da correia transportadora[5]. Analisa-se a porção da correia sobre a estrutura da transportadora. Pelas considerações de equilíbrio, efetuam-se os somatórios das forças nas direções normal e tangencial. Assim,

$\sum F_n = 0$:

$$N - (10)(25)(0{,}707) = 0$$

portanto,

$$N = 1{,}734 \text{ kN} \qquad (a)$$

$\sum F_t = 0$:

$$T_1 - T_3 - (10)(25)(0{,}707) - (0{,}05)(1{,}734) = 0$$

portanto,

$$T_1 - T_3 = 1{,}821 \text{ kN} \qquad (b)$$

---

5 Os pesos das polias são equilibrados pelas forças de reação sobre seus eixos e não são ilustrados na Figura 5.17.

Exemplo 7.7 (continuação)

Para a polia conduzida (sem torque resistivo ou aplicado), tem-se:

$\sum M_0 = 0$:

$$T_3 = T_2 \qquad (c)$$

$\sum F_t = 0$:

$$T_3 + T_2 = 2,2 \text{ kN} \qquad (d)$$

Pelas Equações c e d, conclui-se que:

$$T_2 = T_3 = 1,1 \text{ kN} \qquad (e)$$

Por meio da Equação b, obtém-se o máximo valor da tração T_1:

$$T_1 = T_3 + 1,821 = 2,921 \text{ kN} \qquad (f)$$

Por fim, a polia motora é analisada para verificação da ocorrência de deslizamento. Para a condição de deslizamento iminente, usando-se o valor de 1,1 kN para T_2, pode-se calcular T_1 da seguinte forma:

$$T_1 = T_2 e^{0,4\pi} = (1,1)(3,51) = 3,865 \text{ kN}$$

Evidentemente, como o valor de T_1 requerido é igual a 2,921 kN (veja a Equação f), não ocorre deslizamento na polia motora. Portanto, conclui-se que a máxima tração na correia é, na realidade, igual a 2,921 kN.

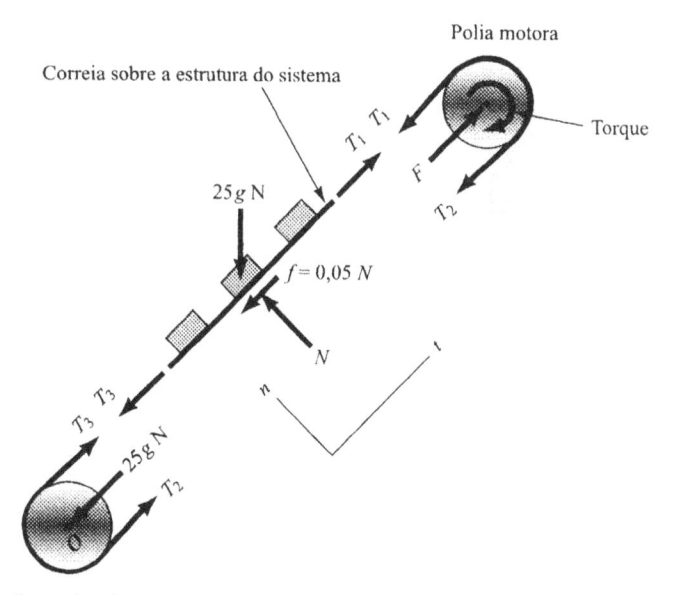

Figura 7.17: Diagramas de corpo livre das partes da correia transportadora.

Exemplo 7.8

Um motor elétrico, não ilustrado na Figura 7.18, aciona à velocidade constante uma polia B, que está conectada à polia A por meio de uma correia. A polia A está conectada a um compressor (também não ilustrado), que requer um torque de 700 N m para seu acionamento à velocidade constante ω_A. Considerando que μ_s para a polia e correia é de 0,4, qual o valor mínimo da força F requerido para impedir o deslizamento em qualquer local do sistema?

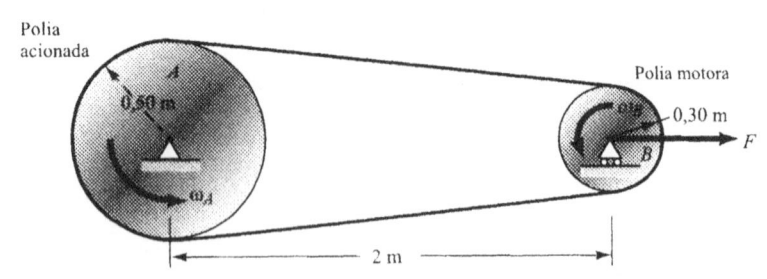

Figura 7.18: Compressor acionado por correia.

O primeiro passo da solução consiste na determinação dos ângulos de abraçamento β para ambas as polias. Com esse intuito, calcula-se inicialmente o valor de α (Figura 7.19). Note que os raios O_AD e O_BE, perpendiculares à linha DE, são, portanto, paralelos entre si. Traçando-se uma linha EC paralela a O_AO_B, mostra-se o ângulo α formado entre os lados do triângulo sombreado. Assim, escreve-se:

$$\alpha = \operatorname{sen}^{-1}\frac{CD}{CE} = \operatorname{sen}^{-1}\frac{r_A - r_B}{O_AO_B} = \operatorname{sen}^{-1}\frac{0{,}50 - 0{,}30}{2} = 5{,}74°$$

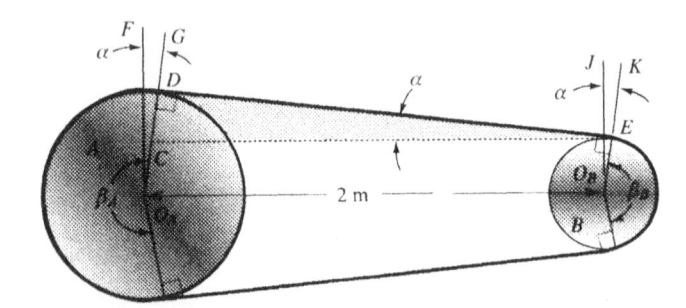

Figura 7.19: Determinação dos ângulos de abraçamento.

Observe, na Figura 7.19, que O_AF é perpendicular a CE e que O_AG é perpendicular a DE. Portanto, o ângulo entre O_AF e O_AG deve ser igual ao ângulo entre CE e DE. Esse ângulo é α. Evidentemente o ângulo entre O_BJ e O_BK é também o ângulo α. Os ângulos de abraçamento para as polias são expressos como:

$$\beta_A = 180° + 2(5{,}74) = 191{,}5°$$
$$\beta_B = 180° - 2(5{,}74) = 168{,}5°$$

Exemplo 7.8 (continuação)

Passa-se à análise da polia A, cujo corpo livre é ilustrado na Figura 7.20. Note que a força mínima corresponde à condição de deslizamento iminente. Dessa maneira, para essa condição em A, tem-se:

$$\frac{(T_1)_A}{(T_2)_A} = e^{\mu_s \beta_A} = e^{(0,4)[(191,5/360)2\pi]} = 3,81 \qquad (a)$$

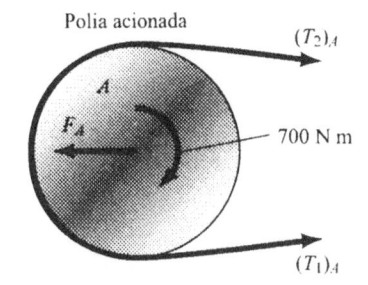

Figura 7.20: Diagrama de corpo livre da polia A.

Por meio do somatório de momentos em relação ao centro da polia, tem-se:

$$[(T_1)_A - (T_2)_A](0,50) - 700 = 0 \qquad (b)$$

portanto,

$$(T_1)_A - (T_2)_A = 1.400$$

Resolvendo as duas Equações a e b, obtém-se:

$$(T_1)_A = 1.898 \text{ N}; \qquad (T_2)_A = 498 \text{ N}$$

Pelas considerações de *equilíbrio*, a força F_A pode ser calculada:

$$(1.898 + 498) \cos 5,74° - F_A = 0 \qquad (c)$$

assim,

$$F_A = 2.384 \text{ N}$$

Analisa-se, agora, a polia B para a verificação da força mínima F_B que evita o deslizamento da correia em relação à polia durante sua operação. A Figura 7.21 mostra o diagrama de corpo livre da polia B. Para a condição de deslizamento iminente na polia B, tem-se:

$$\frac{(T_1)_B}{(T_2)_B} = e^{\mu_s \beta_B} = e^{(0,4)[(168,5/360)2\pi]} = 3,24 \qquad (d)$$

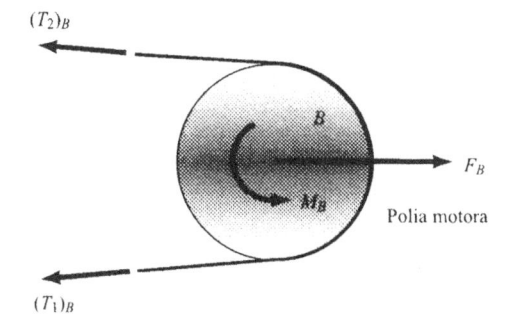

Figura 7.21: Diagrama de corpo livre da polia B.

Exemplo 7.8 (*continuação*)

O torque da polia B necessário para gerar um torque de 700 N m sobre a polia A é calculado da seguinte maneira[6]:

$$M_B = \frac{r_B}{r_A} M_A = \frac{0{,}30}{0{,}50} M_A = \frac{0{,}30}{0{,}50} (700)$$

então,

$$M_B = 420 \text{ N m}$$

Somando os momentos em relação ao centro da polia B, como pode ser visto na Figura 7.21, chega-se ao seguinte resultado:

$$-[(T_1)_B - (T_2)_B](0{,}30) + 420 = 0$$

A partir dessa expressão, obtém-se:

$$(T_1)_B - (T_2)_B = 1.400 \qquad (e)$$

Resolvendo as Equações d e e, tem-se:

$$(T_1)_B = 2.025 \text{ N}; \qquad (T_2)_B = 625 \text{ N}$$

Portanto, a força mínima F_B para a polia B é igual a:

$$F_B = (2.025 + 625) \cos 5{,}74° = 2{,}637 \text{ kN}$$

Observe que as razões entre as tensões na correia para o *deslizamento iminente* sobre os 2 cilindros são dadas por:

Cilindro acionado A $\quad \dfrac{T_1}{T_2} = 3{,}81 \qquad F_A = 2{,}384 \text{ kN}$

Cilindro motor B $\quad \dfrac{T_1}{T_2} = 3{,}24 \qquad F_B = 2{,}637 \text{ kN}$

Se for utilizada a condição de iminência de deslizamento para o cilindro acionado A, haverá uma condição de deslizamento para o cilindro B, o que não pode ocorrer. Portanto, se for utilizada a maior força, de 2,637 kN, o cilindro A estará confortavelmente sob a condição de deslizamento iminente. Assim, fica claro que o resultado ótimo para evitar o deslizamento iminente e *minimizar a tensão na correia*, maximizando-se, conseqüentemente, sua vida útil, é utilizar um valor de força um pouco acima de 2,637 kN. Este problema é um bom exercício da capacidade de julgamento e da experiência em engenharia.

---

[6] Note que a razão dos torques M_2/M_1 transmitidos entre polias ou engrenagens conectados será igual a r_2/r_1 ou D_2/D_1 das polias ou engrenagens. O leitor é capaz de verificar esse resultado?

Problemas

7.48 Determine o torque resistivo de atrito para o mancal axial a seco (sem óleo) concêntrico. O coeficiente de atrito é dado por μ_d.

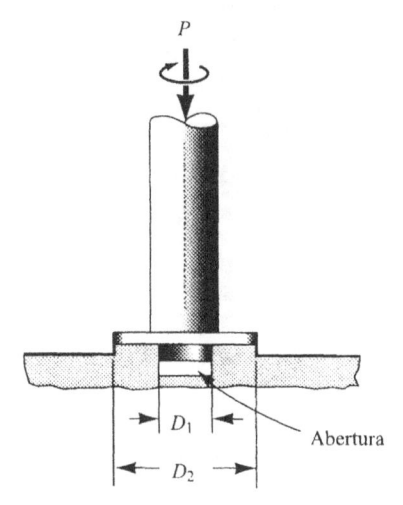

Figura P.7.48

7.49 Uma das faces de um mancal de escora a seco é ilustrada na Figura P.7.49. Quatro sapatas formam a superfície do mancal. Considerando que um eixo gera uma força axial de 100 N uniformemente distribuída sobre as sapatas, qual será o torque resistivo para um coeficiente de atrito dinâmico igual a 0,1?

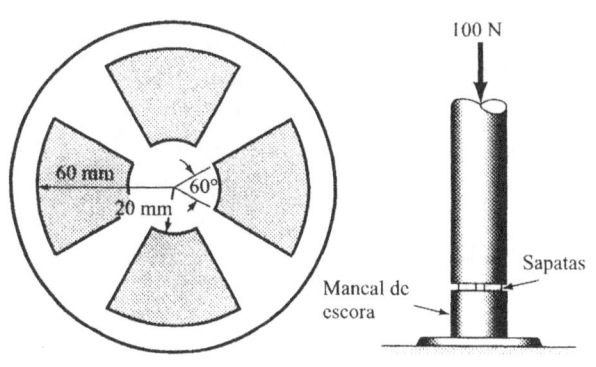

Figura P.7.49

7.50 No Exemplo 7.5, a distribuição de força normal sobre a superfície de contato não é uniforme, mas, devido ao desgaste, é inversamente proporcional ao raio r. Qual será, então, o torque resistivo M?

7.51 Calcule o torque de atrito necessário para girar um cone truncado. O cone tem base com diâmetro de 20 mm e um ângulo igual a 60°. A parte superior do cone, com altura de 3 mm, foi retirada. O coeficiente de atrito dinâmico é igual a 0,2.

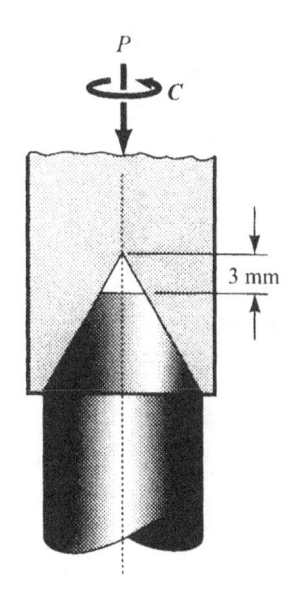

Figura P.7.51

7.52 Um bloco de 1 kN move-se na descendente sobre uma superfície inclinada. O bloco é articulado em relação ao plano em C, e em B, uma corda faz com que ele gire à velocidade de rotação constante em relação a C. Considerando que $\mu_d = 0,3$ e que a pressão de contato é uniforme ao longo da base do bloco, calcule T para a configuração ilustrada na Figura P.7.52.

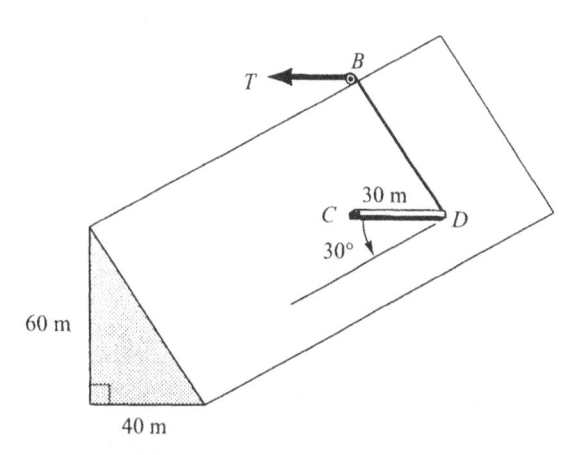

Figura P.7.52

7.53 Um mancal axial suporta uma força P de 1 kN. Dois anéis do sistema estão em contato com sua base. O anel maior tem uma pressão uniforme, que é metade da pressão uniforme do anel interno, e o eixo está girando a uma velocidade angular ω. Considerando que o coeficiente de atrito dinâmico μ_d é 0,3, qual será o torque resistivo gerado pelo mancal? Considere que P inclui os pesos do eixo e das sapatas.

mas proporcional ao quadrado do diâmetro externo de cada disco? O coeficiente de atrito estático entre as superfícies dos mancais e as placas A e B, assim como a base C, é igual a 0,2. A constante de proporcionalidade para a pressão é a *mesma* para os 3 discos. O eixo passa através de A e B, mas é soldado ao topo da superfície de C.

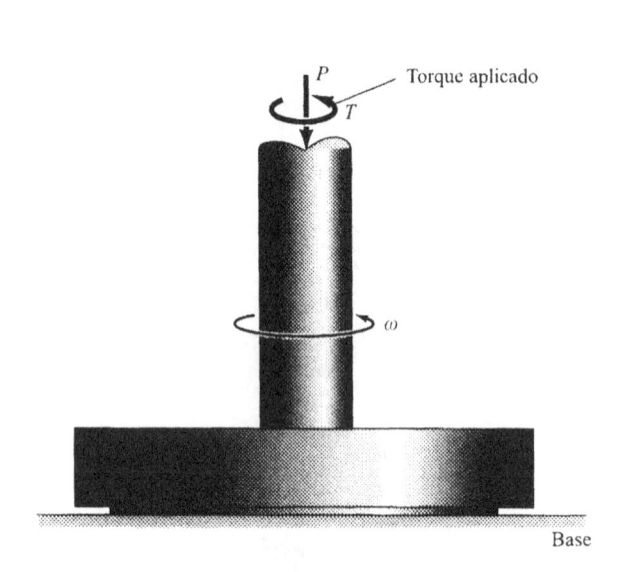

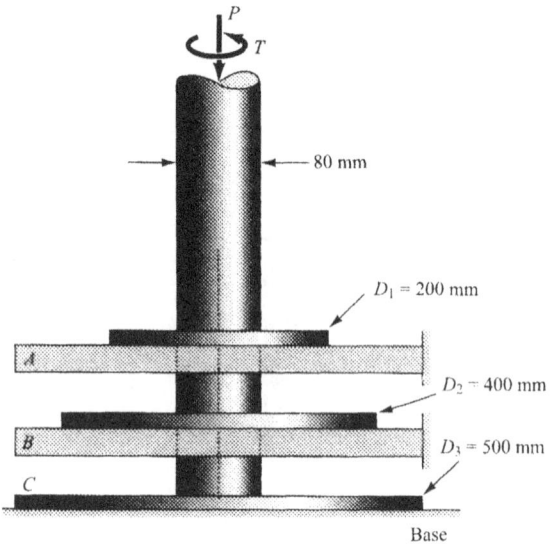

Figura P.7.54

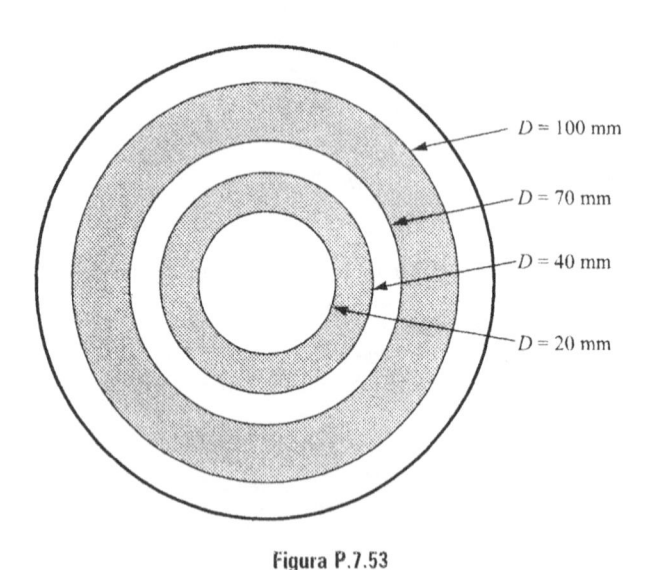

Figura P.7.53

7.55 Uma polia requer um torque de 200 N/m para iniciar sua rotação. Considerando que μ_s é igual a 0,25, qual é a força horizontal F *mínima* requerida para criar tensão suficiente na correia de modo que ela possa girar a polia?

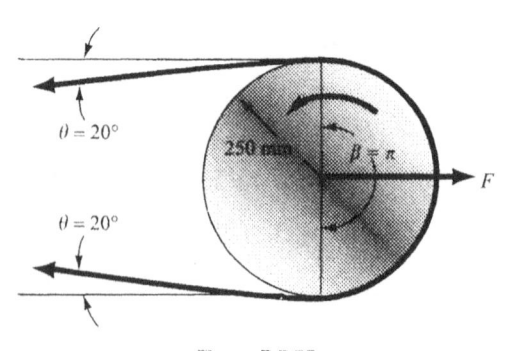

Figura P.7.55

7.54 Um eixo possui 3 superfícies de mancais axiais a seco atuando, respectivamente, sobre 3 superfícies rígidas estacionárias, que são as placas rígidas A e B e a base C. A carga total P advinda do eixo, a qual inclui os pesos de todas as partes, é igual a 6 kN. Qual é o torque T mínimo necessário para iniciar a rotação considerando que a pressão sobre cada superfície de contato dos discos é uniforme,

7.56 Considerando que, no Problema 7.55, $\theta = 0$ e a correia dá duas voltas e meia em torno da polia, qual é a força horizontal *mínima* F necessária para girar a polia?

7.57 Um pescador puxa com uma força de 100 N uma corda amarrada a uma lancha, com a intenção de pará-la. Qual o número *n* de voltas da corda ao redor da coluna de madeira necessário para tanto, considerando que a lancha desenvolve uma força de tração de 3,5 kN e o coeficiente de atrito estático entre a corda e a coluna é de 0,2?

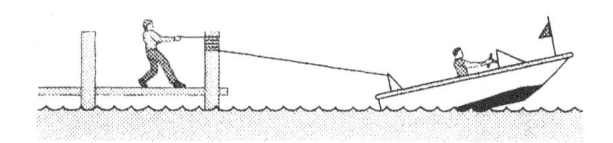

Figura P.7.57

7.58 Uma correia, que tem parte de seu comprimento sobre uma superfície plana, gira sobre a quarta parte de um disco. Uma carga *W* encontra-se sobre a parte horizontal da correia, que é suportada por uma mesa. Considerando que o coeficiente de atrito estático para todas as superfícies é de 0,3, calcule o peso *máximo W* que pode ser movido pela rotação do disco.

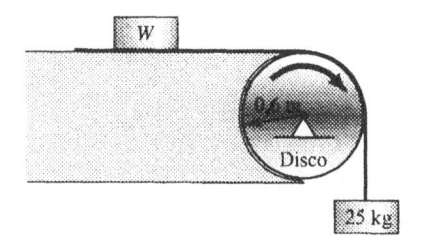

Figura P.7.58

7.59 Uma corda, que suporta um peso *E* de 200 N, passa por um disco e está conectada ao ponto *A*. O peso de *C* é de 50 N. Qual é o coeficiente de atrito estático *mínimo* entre a corda e o disco para manter o equilíbrio?

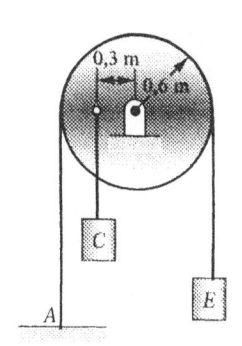

Figura P.7.59

7.60 Qual é o peso *máximo* que pode ser suportado pelo sistema na posição mostrada? Considere que a polia *B não pode* rodar, a barra *AC* está fixada ao cilindro *A*, que pesa 500 N, e que o coeficiente de atrito estático para todas as superfícies é de 0,3.

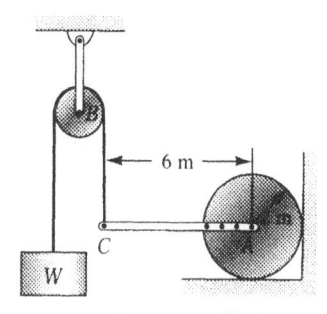

Figura P.7.60

7.61 Um alpinista de peso *W* encontra-se suspenso por uma corda e tem uma extremidade amarrada à sua cintura. A corda dá meia volta em torno da rocha, com $\mu_s = 0,2$, e é segura na outra extremidade pelas mãos do alpinista. Qual é a força *mínima* necessária, em termos de *W*, com que o alpinista deve puxar a corda para manter sua posição? Qual o valor da força mínima com que ele deve puxar a corda para ganhar altitude?

Figura P.7.61

7.62 A polia *B* é movida por um motor diesel e aciona uma polia *A* conectada a um gerador. Considerando que o torque que *A* deve transmitir ao gerador é de 500 N m, qual será o valor *mínimo* do coeficiente de atrito estático entre a correia e as polias para o caso em que a força *F* é igual a 2 kN?

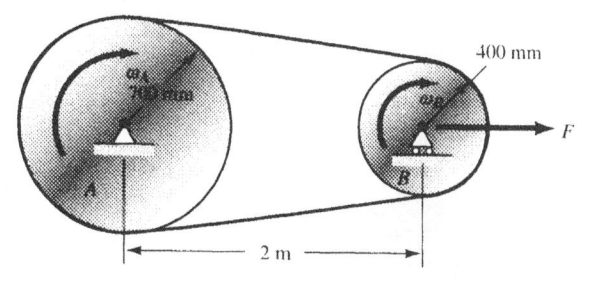

Figura P.7.62

7.63 Um freio de mão é mostrado na Figura P.7.63. Considerando que $\mu_d = 0{,}4$, qual será o torque resistivo quando o eixo estiver girando? Quais serão as forças de reação sobre a barra AB?

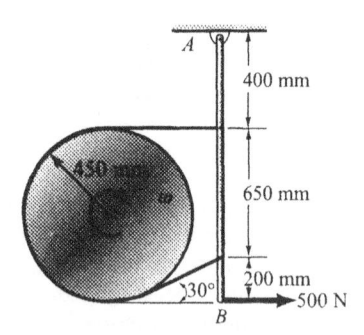

Figura P.7.63

7.64 Uma correia transportadora possui 2 polias motoras A e B. A polia A tem um ângulo de abraçamento de $330°$, enquanto B tem um ângulo de $180°$. Considerando que o coeficiente de atrito dinâmico entre a correia e sua base é igual a 0,1 e o peso total a ser transportado é de 10 kN, qual será o coeficiente de atrito estático *mínimo* entre a correia e as polias? Suponha que um quinto da carga esteja atuando entre as 2 polias durante a operação do sistema e que a tensão na parte frouxa da correia (parte inferior) seja de 2 kN. No lado esquerdo da correia transportadora, existe uma polia livre para girar. A solução deste problema deve ser obtida por tentativa e erro.

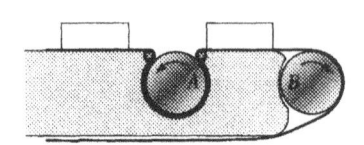

Figura P.7.64

7.65 Uma polia livre para girar é utilizada para aumentar o ângulo de abraçamento das polias mostradas. Considerando que a tensão na parte superior da correia é igual a 1 kN, determine o torque *máximo* que pode ser transmitido pelas polias para um coeficiente de atrito estático de 0,3.

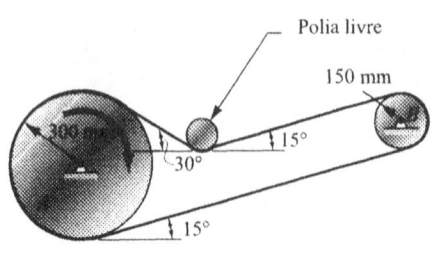

Figura P.7.65

7.66 (a) Qual é a força P necessária para gerar um torque resistivo de 65 N m sobre o disco rotativo? O coeficiente de atrito dinâmico μ_d é de 0,4.
(b) Utilizando a força P do item (a), qual deve ser o valor de μ_d para aumentar o torque resistivo em 10 N m?

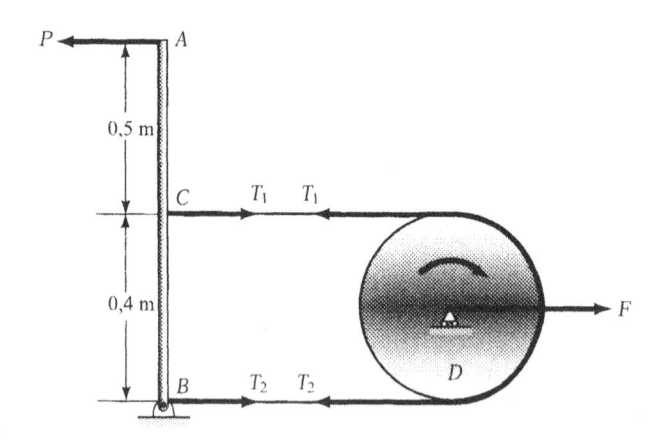

Figura P.7.66

7.67 Qual é o valor mínimo da força axial P para manter uma velocidade de rotação $\omega = 5$ rad/s do mancal axial a seco? A soma das forças da correia é igual a 200 N, e a superfície de contato entre a correia e o disco e entre o mancal e a base apresenta os coeficientes $\mu_s = 0{,}4$ e $\mu_d = 0{,}3$, respectivamente.

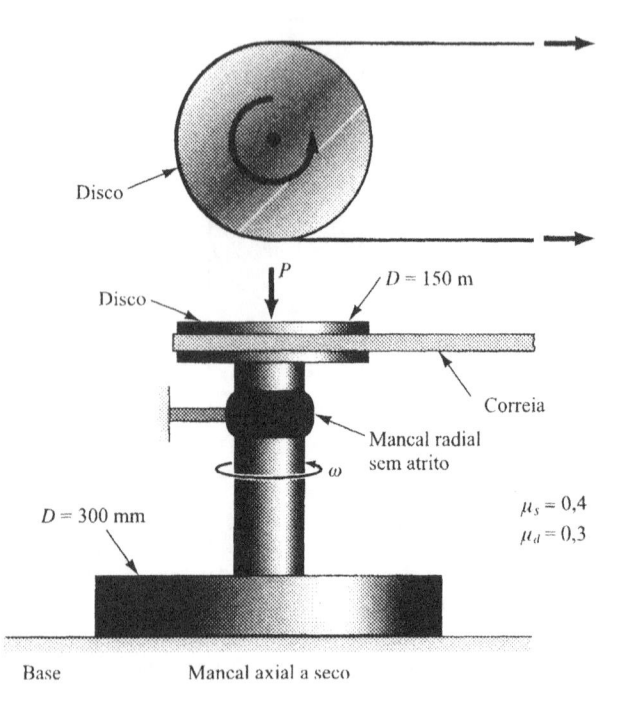

Figura P.7.67

7.68 A barra AB pesando 200 N é suportada por um cabo envolto em um semicilindro com coeficiente de atrito μ_s igual a 0,2. Um peso C de massa de 10 kg pode deslizar sobre a barra AB. Qual é o valor máximo de x, medido a partir da linha de centro de C, que pode ser atingido de modo que não ocorra deslizamento no cabo?

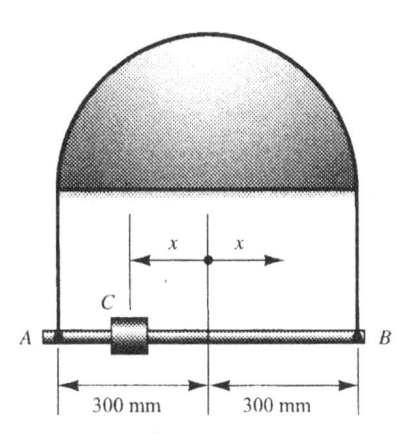

Figura P.7.68

7.69 O mecanismo de cabo ilustrado na Figura P. 7.69 é similar àquele utilizado para mover o ponteiro indicador de estações de rádios antigos. Considerando que o indicador trave, qual será a força gerada na base do indicador para liberá-lo, quando o torque requerido para girar o botão de sintonia do rádio for de 1 N m? Além disso, quais são as forças nas várias regiões do cabo? O coeficiente de atrito estático é igual a 0,15.

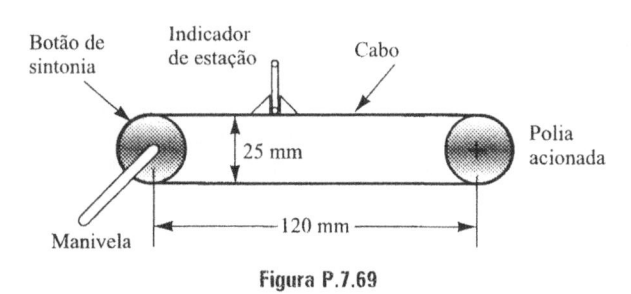

Figura P.7.69

7.70 Quais são os valores *mínimos* possíveis das componentes da força de reação para a polia B devida à ação da correia? O coeficiente de atrito estático entre a correia e a polia B é de 0,3 e entre a correia e a polia A é de 0,4. O torque que a correia transmite à polia A é igual a 200 N m.

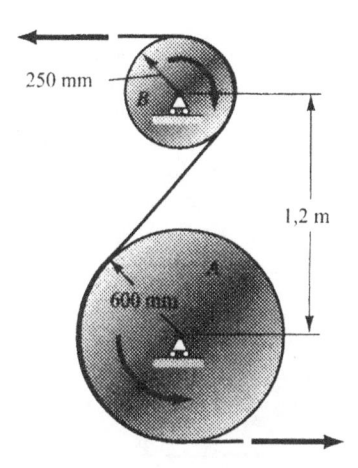

Figura P.7.70

7.71 A partir dos princípios fundamentais, demonstre que sobre um disco uma correia causa uma distribuição de força normal por unidade de comprimento, w, que é dada por:

$$w = \frac{T_2}{r} e^{\mu\theta}$$

Utilize a Figura P.7.71 na obtenção da expressão de w. (*Dica*: Inicie com a Equação 7.2a e use a Equação 7.4 para um ponto a qualquer.)

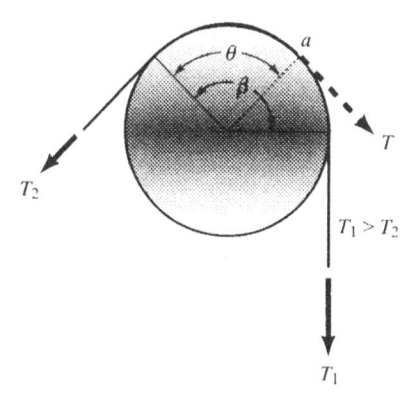

Figura P.7.71

7.72 Qual é a força F *mínima* necessária para que um disco A possa transmitir um torque de 500 N m, no sentido horário, sem deslizamento? O coeficiente de atrito, μ_s, entre A e a correia é 0,4. Qual é o valor *mínimo* do coeficiente de atrito estático entre o disco B e a correia para evitar o deslizamento?

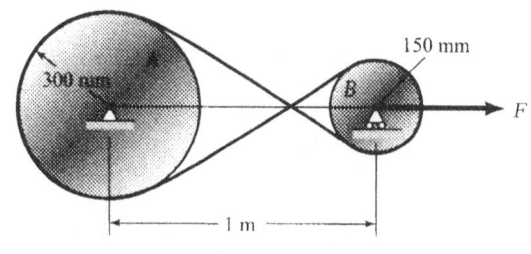

Figura P.7.72

7.73 Qual é o peso *mínimo* B que irá prevenir a rotação do disco A causada pelo corpo C, que pesa 500 N? O peso de A é igual a 100 N, e o coeficiente de atrito estático entre as correias e A é de 0,4 e entre A e as paredes é de 0,1. Despreze o atrito na polia G.

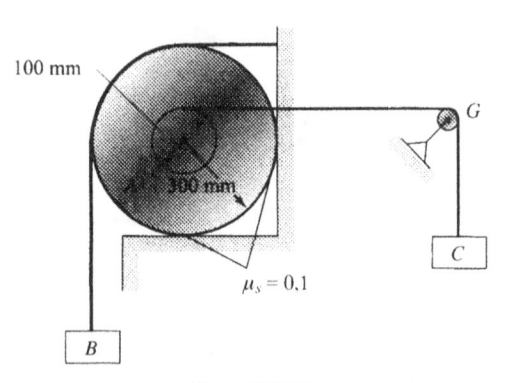

Figura P.7.73

7.74 Uma correia em V é ilustrada na Figura P.7.74. Demonstre que:

$$\frac{T_1}{T_2} = e^{\mu_s \beta / \text{sen}(\alpha/2)}$$

para a iminência de deslizamento. Use um procedimento análogo àquele utilizado para correias planas na Seção 7.6.

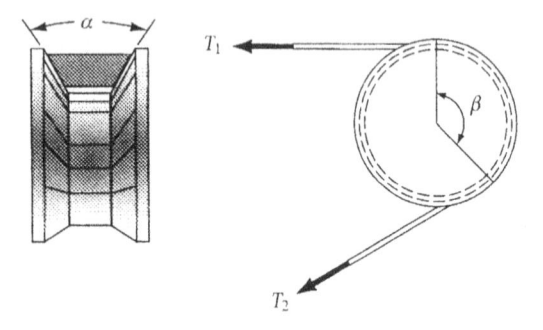

Figura P.7.74

7.75 Um motor elétrico aciona uma polia B, a qual aciona 3 correias em V que possuem a seção transversal ilustrada na Figura P.7.75. Essas correias em V, por sua vez, acionam um compressor por meio da polia A. Considerando que o torque necessário para acionar o compressor é igual a 1 k N m, qual é a força F *mínima* necessária para executar a tarefa? O coeficiente de atrito estático entre as correias e as polias é de 0,5. Antes de resolver, consulte o Problema 7.74.

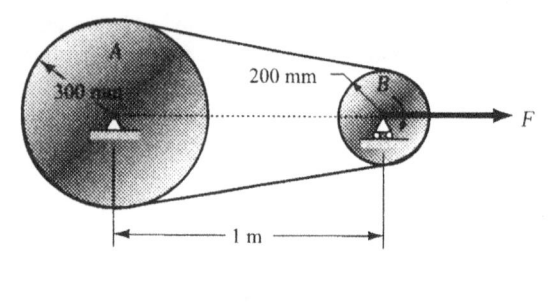

Figura P.7.75

7.76 Um disco de raio r é acionado por uma correia à velocidade constante ω rad/s. Qual é a relação entre T_1 e T_2 para a condição de deslizamento iminente entre o disco e a correia se as forças *centrífugas* forem consideradas na análise? A correia possui uma massa por unidade de comprimento igual a m kg/m. Lembre-se de que a força centrífuga de uma partícula de massa M é igual a $Mr\omega^2$, onde r é a distância medida a partir do eixo de rotação. Considere que a correia é fina quando comparada ao raio do disco. O resultado esperado é o seguinte:

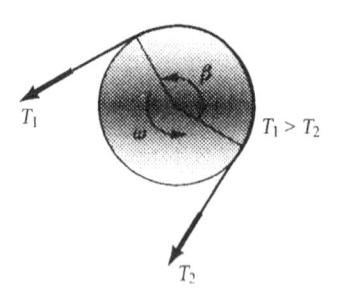

Figura P.7.76

$$\frac{T_1 - r^2\omega^2 m}{T_2 - r^2\omega^2 m} = e^{\mu_s \beta}$$

7.77 Uma polia A é acionada a uma velocidade ω de 100 rpm. Uma correia, que pesa 30 N m, é acionada pela polia. Se $T_2 = 200$ N, qual é a tensão T_1 *máxima* desprezando-se os efeitos centrífugos? Calcule o valor de T_1 considerando os efeitos centrífugos e forneça o erro percentual na análise que não considera esses efeitos. O coeficiente de atrito estático entre a correia e a polia é de 0,3. Antes de resolver, consulte o Problema 7.76.

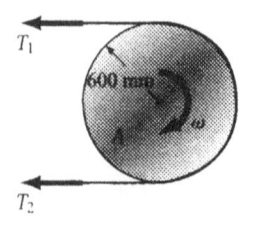

Figura P.7.77

7.7 O parafuso de rosca quadrada

Será analisada agora a ação de uma porca sobre um parafuso de rosca quadrada (Figura 7.22). Seja r o raio médio medido a partir da linha de centro do parafuso até o filete da rosca. O *passo*, p, é a distância ao longo do parafuso entre 2 filetes de rosca adjacentes. O *avanço*, L, é a distância que uma porca avança na direção do eixo do parafuso em uma volta. Para parafusos de rosca quadrada simples, L é igual a p. Para parafusos com roscas de múltiplas entradas, o avanço L é np, onde n é o número de filetes.

As forças são transmitidas do parafuso para a porca ao longo das várias voltas dos filetes da rosca e, por isso, tem-se uma distribuição de forças normal e de atrito. No entanto, devido à pequena largura da rosca, considera-se que a distribuição de forças está confinada a uma distância r da linha de centro do parafuso, formando assim uma tira "carregada", enrolada em torno da linha de centro do parafuso. A Figura 7.22 ilustra as forças infinitesimais normais e de atrito sobre uma parte infinitesimal dessa tira cortada do filete da rosca. A inclinação local tan α (α é o ângulo de inclinação do filete), quando se observa o parafuso radialmente, é determinada por meio do avanço, L. Assim,

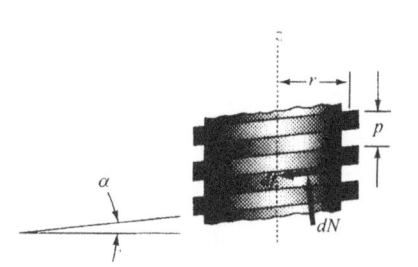

Figura 7.22: Parafuso de rosca quadrada.

$$\text{Inclinação} = \tan \alpha = \frac{L}{2\pi r} = \frac{np}{2\pi r}$$

Todos os elementos da distribuição de força têm a mesma inclinação (cosseno diretor) em relação à direção z. No somatório das forças nessa direção, considera-se que a distribuição de forças é substituída por uma força normal N e uma força de atrito f, nos planos inclinados ilustrados na Figura 7.23 em uma posição qualquer ao longo da rosca. E como os elementos dessa distribuição possuem o mesmo braço de alavanca em relação à linha de centro, além da mesma inclinação, podem-se utilizar as forças concentradas mencionadas na determinação dos momentos em relação à linha de centro do parafuso. Existe, então, uma "equivalência parcial" entre N e f e a distribuição de forças gerada pela rosca sobre o parafuso. As outras forças sobre o parafuso são a força axial P e o torque M_z colinear com P (Figura 7.23). Para o equilíbrio na condição de *movimento iminente* para levantar o parafuso, há as seguintes equações escalares[7]:

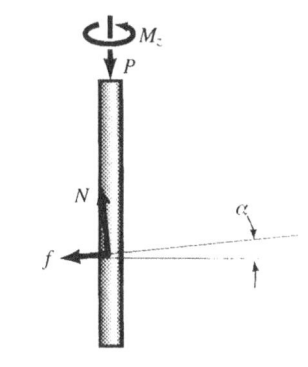

Figura 7.23: Diagrama de corpo livre.

$\sum F_z = 0$:

$$-P + N \cos \alpha - \mu_s N \,\text{sen}\, \alpha = 0 \qquad (a)$$

$\sum M_z = 0$:

$$-\mu_s N \cos \alpha r - N \,\text{sen}\, \alpha r + M_z = 0 \qquad (b)$$

---

[7] As equações também são aplicáveis para o caso de rotação estacionária da porca em relação ao parafuso, no qual se emprega o coeficiente de atrito dinâmico μ_d nas equações.

Essas equações podem ser utilizadas para eliminar a força N e obter uma relação entre P e M_z, que será de grande importância na prática. Obtém-se a expressão de N por meio da Equação a e substitui-se essa expressão na Equação b. O resultado é:

$$M_z = \frac{Pr(\mu_s \cos\alpha + \sen\alpha)}{\cos\alpha - \mu_s \sen\alpha} \tag{7.8}$$

Uma questão importante surge quando se emprega o conjunto parafuso e porca na função de macaco mecânico (parafuso de potência), para o levantamento de peso, como ilustrado na Figura 7.24. Uma vez que a carga P tenha sido erguida pelo momento M_z aplicado ao parafuso do macaco, o dispositivo conseguirá manter a carga na posição erguida quando o torque for retirado, ou o parafuso irá girar em sentido contrário e, conseqüentemente, abaixará a carga? Em outras palavras, esse dispositivo *será auto-retentor*? Para se analisar essa questão, retorna-se às equações de equilíbrio. Fazendo-se $M_z = 0$ e mudando-se o sentido das forças de atrito, obtém-se a condição de retorno iminente do parafuso (movimento de descida sob a ação da carga). Eliminando N nessas equações, tem-se:

$$\frac{Pr(-\mu_s \cos\alpha + \sen\alpha)}{\cos\alpha + \mu_s \sen\alpha} = 0$$

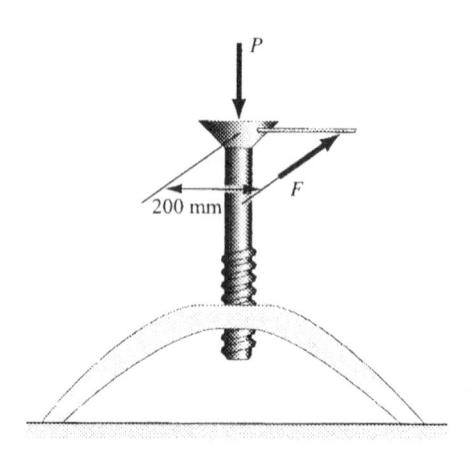

Figura 7.24: Parafuso de potência.

Isso requer que:

$$-\mu_s \cos\alpha + \sen\alpha = 0$$

portanto,

$$\mu_s = \tan\alpha \tag{7.9}$$

A conclusão é que, se o coeficiente de atrito μ_s for igual ou maior do que $\tan\alpha$, haverá uma condição de auto-retenção. Se μ_s for menor do que $\tan\alpha$, o parafuso irá retornar e não será capaz de suportar a carga P sem o torque externo apropriado.

Exemplo 7.9

Um parafuso de potência com rosca dupla, de diâmetro médio igual a 50 mm, é mostrado na Figura 7.24. O passo é de 5 mm. Considerando que uma força F de 180 N é aplicada sobre o dispositivo, qual o valor da carga W que pode ser erguida? Com essa carga sobre o dispositivo, o que acontecerá se a força aplicada F for retirada? Considere $\mu_s = 0,3$ para as superfícies em contato.

O torque aplicado M_z é expresso como:

$$M_z = (0,2)(180) = 36 \text{ N m} \quad (a)$$

O ângulo de inclinação α para o parafuso é dado por:

$$\tan \alpha = \frac{(2)(5)}{(2\pi)(25)} = 0,0637 \quad (b)$$

portanto,

$$\alpha = 3,64°$$

Empregando a Equação 7.8, determina-se o valor de P. Assim,

$$P = \frac{M_z(\cos \alpha - \mu_s \operatorname{sen} \alpha)}{r(\mu_s \cos \alpha + \operatorname{sen} \alpha)}$$

$$= \frac{(36 \times 10^3)[0,998 - (0,3)(0,0635)]}{25[(0,3)(0,998) + 0,0635]} = 3,88 \text{ kN} \quad (c)$$

A carga W será igual a 3,88 kN. O dispositivo será auto-retentor desde que μ_s exceda $\tan \alpha = 0,0637$.

$$\mu_s > \tan \alpha \quad \therefore \quad \textit{auto-retenção}$$

Para baixar a carga é requerido um torque reverso. Pode-se calcular esse torque empregando-se a Equação 7.8 com as forças de atrito invertidas. Assim,

$$(M_z)_{\text{descida}} = \frac{(3,88)(25)[-(0,3)(0,998) + 0,0635]}{0,998 + (0,3)(0,0635)} = -22,50 \text{ N m} \quad (d)$$

*7.8 Resistência ao rolamento

É analisado agora o caso de uma roda rígida que se move sobre uma superfície horizontal sem deslizamento, suportando uma carga W em seu centro. Como é necessária uma força horizontal P para manter o movimento uniforme, algum tipo de resistência deve estar presente. Pode-se avaliar essa resistência por meio do exame da deformação na região de contato, que é apresentada de maneira exagerada na Figura 7.25. Se a força P está na direção da linha de centro, como ilustrado, o sistema de força equivalente sobre a roda devido à região de contato deve ser uma força normal N, cuja linha de ação passa pelo centro do rolo. (Lembre-se do Capítulo 5, em que 3 forças não-paralelas devem ser concorrentes para

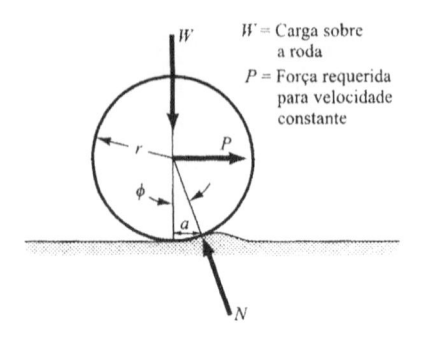

Figura 7.25: Modelo de resistência ao rolamento.

satisfazer as condições de equilíbrio.) Para o desenvolvimento de uma resistência ao movimento, evidentemente N deve estar orientada a um ângulo ϕ da direção vertical, como ilustrado na Figura 7.25. As equações de *equilíbrio* escalares tornam-se:

$$W = N \cos \phi; \qquad P = N \operatorname{sen} \phi$$

portanto,

$$\frac{P}{W} = \tan \phi \qquad (7.10)$$

Como a área de contato é pequena, note que ϕ é um ângulo pequeno e que $\tan \phi \approx \operatorname{sen} \phi$. Pela Figura 7.25, vê-se que $\operatorname{sen} \phi$ é igual a a/r. Portanto, pode-se dizer que:

$$\frac{P}{W} = \frac{a}{r} \qquad (7.11a)$$

Determinando-se P, obtém-se:

$$P = \frac{Wa}{r} \qquad (7.11b)$$

A distância a nessas equações é denominada *coeficiente de resistência ao rolamento*.

Coulomb sugeriu que, para cargas W *variáveis*, a razão P/W é constante para determinados materiais e uma dada geometria (r = constante). Analisando-se a Equação 7.11a, vê-se que a deve, então, ser constante para certa geometria. Coulomb também asseverou que, para raio *variável*, a razão P/W varia inversamente proporcional a r, isto é, quando o raio do cilindro aumenta, a resistência ao movimento uniforme para uma dada carga W diminui. Assim, analisando-se novamente a Equação 7.11a, conclui-se que, para determinados materiais, a é também constante para todos os tamanhos de rolos e cargas. Entretanto, outros pesquisadores têm contestado ambas as conclusões de Coulomb, em particular a última. Maiores estudos nessa área são necessários para trazer melhor compreensão sobre o fenômeno. Na falta de dados mais precisos, apresenta-se a seguinte lista de coeficientes de rolamento para uso nas aplicações de engenharia. Entretanto, deve-se enfatizar que não se pode esperar grande exatidão na análise utilizando-se as ferramentas aqui apresentadas.

Coeficientes de resistência ao rolamento	
	$a(\mu m)$
Aço em aço	180-380
Aço em madeira	1.520-2.540
Pneus em pavimento liso	510-760
Pneus em estrada de lama	1.010-1.520
Aço duro em aço duro	5-13

Exemplo 7.10

Qual é a resistência ao rolamento de um vagão de trem com carga de 900 kN? Considere que as rodas do trem têm um diâmetro de 760 mm e que o coeficiente de atrito de rolamento entre a roda e o trilho é igual a 25 μm. Compare esse coeficiente com o coeficiente de atrito de rolamento de um caminhão carregado, com a mesma carga, cujos pneus têm diâmetro de 1.200 mm. O coeficiente de atrito de rolamento a entre o caminhão e a estrada é de 640 μm.

Pode-se empregar diretamente a Equação 7.11b para a obtenção dos resultados desejados. Assim, para o vagão de trem, tem-se[8]:

$$P_1 = \frac{(900 \text{ kN})(25\ \mu\text{m})}{380 \text{ mm}} = 59,2 \text{ N} \quad \text{(a)}$$

Para o caminhão, obtém-se:

$$P_2 = \frac{(900 \text{ kN})(640\ \mu\text{m})}{600 \text{ mm}} = 960 \text{ N} \quad \text{(b)}$$

Pode-se constatar uma notável diferença entre os 2 veículos, com grande vantagem para o vagão de trem.

---

[8] O número de rodas n não entra nesses cálculos, pois a carga é dividida por n, para se obter a carga por pneu, e, então, é multiplicada por n para se obter a resistência total.

Problemas

7.78 Um grampo simples em forma de C é utilizado para manter duas partes metálicas juntas. O grampo tem um parafuso de rosca quadrada simples com passo de 300 mm e diâmetro médio de 20 mm. O coeficiente de atrito estático é de 0,3. Determine o torque considerando que uma carga compressiva de 5 kN é requerida sobre as partes. Supondo que a rosca seja dupla, qual será o torque requerido?

Figura P.7.78

7.79 O mastro de um barco a vela é seguro por cabos, como mostra a Figura P.7.79. Iatistas de competição são extremamente cuidadosos na aplicação da tensão apropriada nos cabos, que é realizada regulando o esticador na parte inferior dos cabos. Considerando que há uma tensão de 150 N no cabo, qual é o torque necessário para esticá-lo ainda mais girando-se o esticador? O passo do parafuso de rosca simples é de 1,5 mm, e seu diâmetro médio é igual a 8,0 mm. O coeficiente de atrito estático é de 0,2.

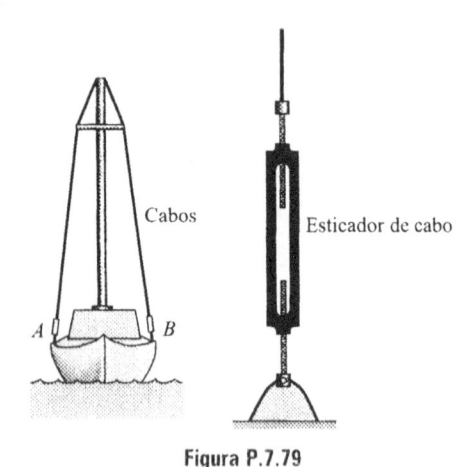

Figura P.7.79

7.80 Forças F de 200 N são aplicadas ao parafuso de potência mostrado na Figura P.7.80. O diâmetro da rosca é de 50 mm, e o passo é de 12 mm. O coeficiente de atrito estático para a rosca é igual a 0,05. O bloco de peso W e a placa circular não giram, sendo que o eixo deve girar em relação à placa. Considerando que o coeficiente de atrito estático entre a placa e o eixo parafusado é igual a 0,1, determine o peso W que pode ser erguido por esse sistema.

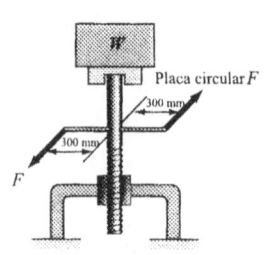

Figura P.7.80

7.81 Considere o freio ilustrado na Figura P.7.81. Uma força é desenvolvida nas sapatas de freio ao girar-se A, que tem um parafuso de rosca quadrada *direita* simples em B e uma rosca quadrada *esquerda* simples em C. O diâmetro médio da rosca é de 30 mm, e o passo é de 8 mm. Considerando que o coeficiente de atrito estático na rosca é igual a 0,1 e o coeficiente de atrito dinâmico nas sapatas de freio é igual a 0,4, qual é o torque resistivo gerado sobre a roda por um torque de 10 N aplicado em A?

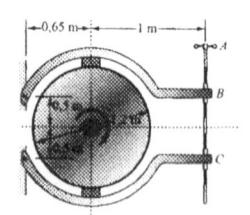

Figura P.7.81

7.82 Um parafuso de rosca triangular é mostrado na Figura P.7.82. De maneira similar ao desenvolvimento da formulação para parafusos de rosca quadrada da Seção 7.7, demonstre que:

$$M_z = \frac{rP(\mu_s \cos\alpha + \cos\theta \tan\alpha)}{\cos\theta - \mu_s \sen\alpha}$$

onde:

$$\cos\theta = \frac{1}{\sqrt{\tan^2\alpha + \tan^2\gamma + 1}}$$

e

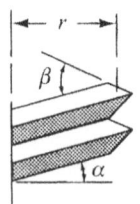

Figura P.7.82

$$\gamma = \beta - \alpha$$

7.83 Considere um parafuso de rosca simples com passo $p = 4,5$ mm e raio médio de 20 mm. Para um coeficiente de atrito $\mu_s = 0,3$, qual é o torque necessário sobre a porca para que ela gire com uma carga de 1 kN? Calcule para uma rosca quadrada e para uma rosca triangular com ângulo β igual a 30°. Antes de resolver, consulte o Problema 7.82.

7.84 Considerando que o coeficiente de atrito de rolamento de um cilindro sobre uma superfície plana é de 1,25 mm, para qual inclinação da superfície o cilindro, cujo raio $r = 300$ mm, irá rolar com velocidade uniforme?

7.85 Um veículo de 65 kN, projetado para expedições polares, encontra-se sobre uma superfície escorregadia de gelo, sendo que o coeficiente de atrito estático entre os pneus e o gelo é igual a 0,005. Considere, ainda, que o coeficiente de atrito de rolamento tem o valor de 0,8 mm. O veículo será capaz de se mover? O veículo possui tração nas 4 rodas.

7.86 No Problema 7.85, suponha que o veículo possua apenas tração traseira. Qual é o valor *mínimo* do coeficiente de atrito estático necessário entre os pneus e o solo para que o veículo possa se mover?

7.87 Um mancal de rolamento axial é mostrado suportando uma força P de 2,5 kN. Qual é o torque T necessário para girar o eixo A à velocidade constante, considerando que a única fonte de resistência ao movimento é o mancal? O coeficiente de resistência ao rolamento para as esferas e para as placas do mancal é igual a 12,7 μm. O raio médio

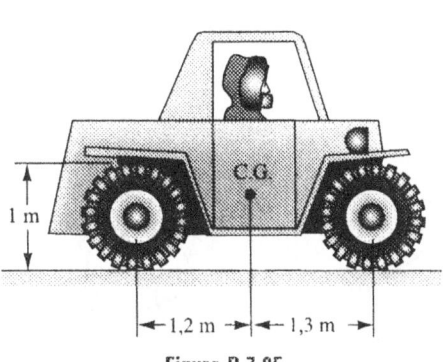

Figura P.7.85

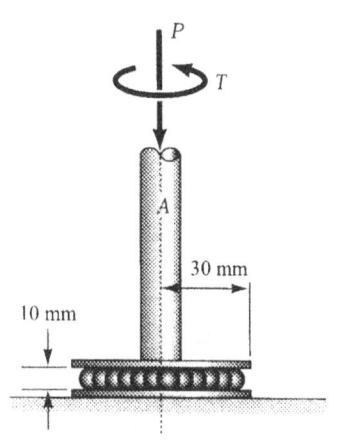

Figura P.7.87

7.9 Considerações finais

Neste capítulo, foram analisados os resultados de 2 estudos experimentais distintos: o primeiro foi o do deslizamento iminente ou do deslizamento de um corpo sobre um outro e o segundo foi o de um cilindro ou esfera rolando à velocidade constante sobre uma superfície plana. Sem qualquer explicação teórica aprofundada, os resultados desses experimentos devem ser empregados em situações similares à dos experimentos propriamente ditos.

No caso de um cilindro rolante, ambas, a resistência ao rolamento e a resistência ao deslizamento, estão presentes. Entretanto, no caso de um cilindro com aceleração de magnitude considerável, apenas o atrito ao deslizamento deve ser considerado. Sem aceleração sobre uma superfície horizontal, apenas a resistência ao rolamento deve ser considerada. A maioria dos casos práticos se encaixa nessas duas situações. Para acelerações muito pequenas, ambos os efeitos estão presentes e devem ser considerados na análise. Entretanto, pode-se esperar apenas uma aproximação grosseira em tais análises.

No próximo capítulo, a determinação de certas propriedades de superfícies planas será apresentada com o intuito de facilitar a análise de problemas da Mecânica que serão vistos posteriormente, nos quais essas propriedades são extremamente importantes. O estudo das propriedades de superfícies planas e de outros tópicos relacionados será o tema do Capítulo 8.

Problemas

7.88 Considerando que o coeficiente de atrito estático para todas as superfícies é de 0,35, determine a força F necessária para fazer o peso de 200 N mover-se para a direita.

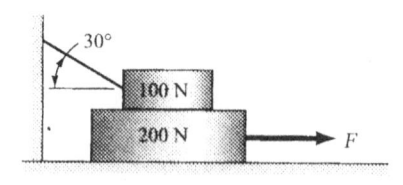

Figura P.7.88

7.89 Uma caixa carregada é ilustrada na Figura P.7.89. A caixa pesa 2,2 kN, tendo seu centro de gravidade coincidente com seu centro geométrico. A superfície de contato entre a caixa e o piso possui um coeficiente de atrito estático igual a 0,2. Considerando que $\theta = 90°$, demonstre que a caixa irá deslizar antes mesmo que a força T atinja um valor que provoque o seu tombamento. Supondo que um calço tenha sido colocado no piso em A para prevenir o deslizamento, o que pode levar ao tombamento da caixa, qual será a força horizontal *mínima* exercida sobre o calço?

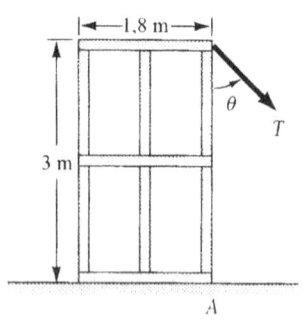

Figura P.7.89

7.90 No Problema 7.89, calcule os valores de θ e T para os quais o deslizamento e o tombamento da caixa possam ocorrer simultaneamente. Supondo que o ângulo θ do problema anterior seja menor do que o novo valor calculado de θ, será necessário o calço em A para prevenir o deslizamento?

7.91 Um mecanismo acionado por atrito é ilustrado na Figura P.7.91, onde A é o disco motor e B é o disco acionado. Considerando que a força F que empurra B em direção a A é igual a 150 N, qual é o *máximo* torque M_2 que pode ser desenvolvido? Para esse valor de torque, qual será o torque M_1 necessário para o disco A? O coeficiente de atrito estático entre A e B é igual a 0,7. Qual é a força vertical que a barra G deve suportar?

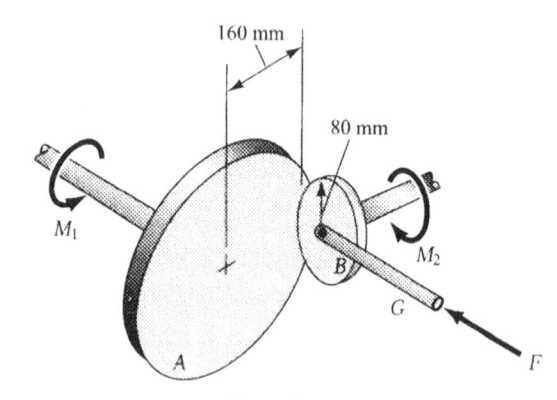

Figura P.7.91

7.92 Determine o peso do bloco A para a condição de movimento iminente para a direita. O coeficiente de atrito estático entre o cabo e as superfícies, sobre as quais ele está em contato, é de 0,2. O coeficiente de atrito estático entre o bloco A e a superfície é de 0,4. As 2 barras verticais são circulares com diâmetro de 250 mm.

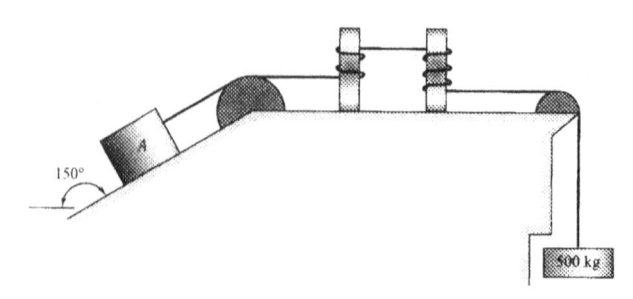

Figura P.7.92

7.93 Resolva o Problema 7.92 para a condição de deslizamento iminente do corpo A para a esquerda.

7.94 Um barco rebocador empurra uma barcaça para o interior de um ancoradouro. Considerando que a barcaça gira no sentido horário e toca as paredes do ancoradouro, qual a força que o rebocador deve desenvolver para movê-la à velocidade uniforme de 1 m/s em direção ao interior do ancoradouro? O coeficiente de atrito dinâmico entre a barcaça e as paredes é de 0,4. O arrasto da água é de 3 kN ao longo da linha de centro da barcaça.

7.96 Um tambor é acionado por um motor com uma capacidade máxima de torque de 700 N m. O coeficiente de atrito estático entre o tambor e a correia é de 0,4. Qual a força P que um operador deve exercer para parar o tambor considerando que ele gira (a) no sentido horário e (b) no sentido anti-horário? Quais são as forças na correia para ambos os casos?

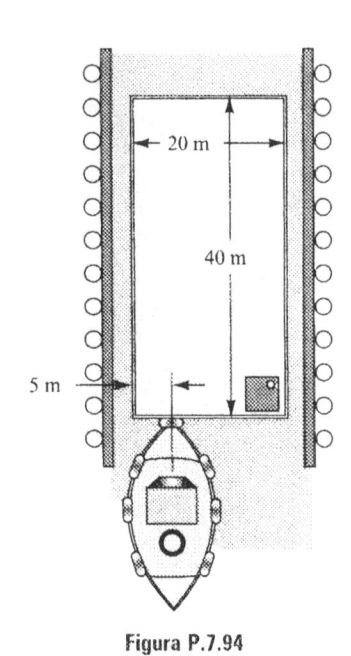

Figura P.7.94

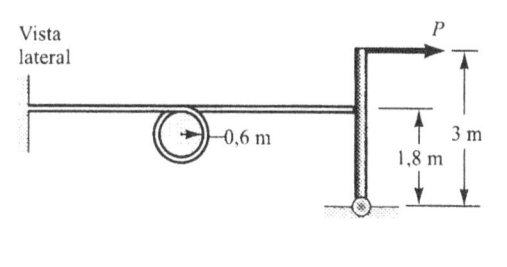

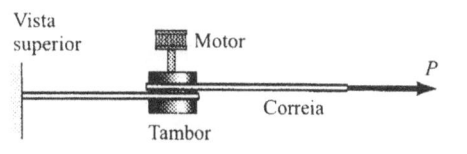

Figura P.7.96

7.95 Os coeficientes de atrito estático e dinâmico para a superfície superior A de contato do cilindro são $\mu_s = 0{,}4$ e $\mu_d = 0{,}3$. Para a superfície inferior B de contato esses coeficientes são $\mu_s = 0{,}1$ e $\mu_d = 0{,}08$. Qual é a força P mínima necessária para fazer o cilindro se mover?

7.97 As 4 polias ilustradas a seguir são empregadas para transmitir um torque da polia A para a polia D em uma máquina de escrever elétrica. Considerando que o coeficiente de atrito estático entre as correias e as polias é de 0,3, qual é o torque disponível na polia D se um torque de 1,1 N m é aplicado à entrada para o eixo da polia A? Quais são as forças nas correias?

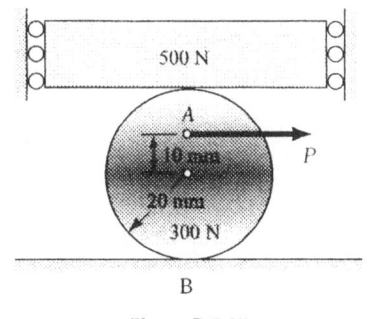

Figura P.7.95

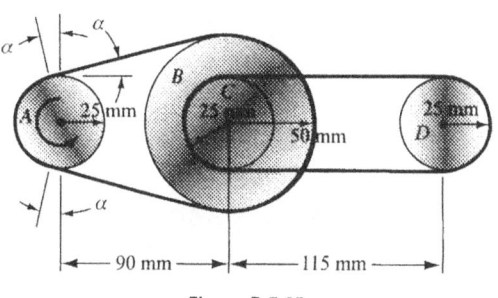

Figura P.7.97

7.98 O macaco ilustrado na Figura P.7.98 ergue a traseira de um veículo com $R = 7$ kN. Qual é o torque T necessário para essa operação? Note que A é meramente um mancal e que há uma rosca em B. O parafuso é de rosca simples com avanço de 3 mm e diâmetro médio de 20 mm. O coeficiente de atrito estático entre o parafuso e a rosca em B é de 0,3. Despreze o peso dos elementos e determine T para $\theta = 45°$ e $\theta = 60°$.

7.100 Um tarugo metálico retangular aquecido será laminado por meio de rolos cilíndricos. No momento em que o tarugo toca os rolos, ele é puxado através dos rolos pelo atrito. Qual a espessura t mínima do tarugo que pode ser atingida pelo processo em uma passagem? O coeficiente de atrito estático para o contato entre o tarugo e o cilindro é de 0,3. Os cilindros giram com velocidade angular ω.

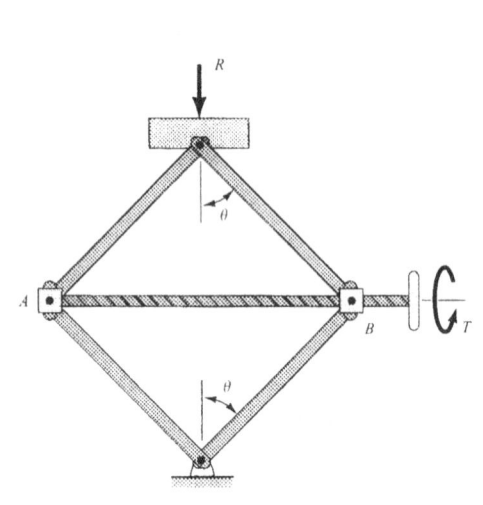

Figura P.7.98

Figura P.7.100

7.101 Uma embreagem cônica é ilustrada na Figura P.7.101. Considerando que as pressões sejam uniformes entre as superfícies de contato, calcule o torque *máximo* que pode ser transmitido. O coeficiente de atrito estático é de 0,30 e a força de ativação do mecanismo é igual a 450 N. (*Dica*: Suponha que o cone móvel transmita uma força axial de 450 N ao cone estacionário por meio da pressão, isto é, a componente da força de atrito sobre a superfície do cone normal à direção transversal é desprezada.)

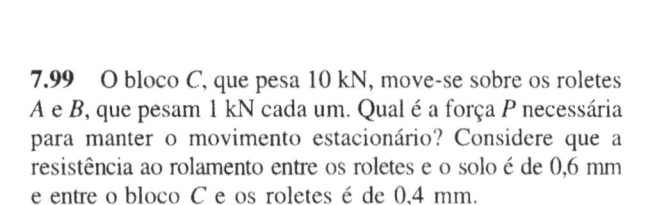

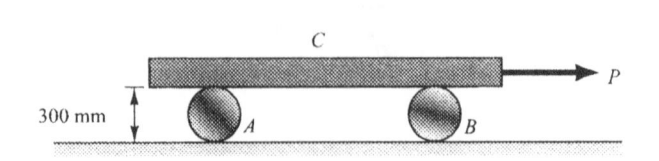

7.99 O bloco C, que pesa 10 kN, move-se sobre os roletes A e B, que pesam 1 kN cada um. Qual é a força P necessária para manter o movimento estacionário? Considere que a resistência ao rolamento entre os roletes e o solo é de 0,6 mm e entre o bloco C e os roletes é de 0,4 mm.

Figura P.7.99

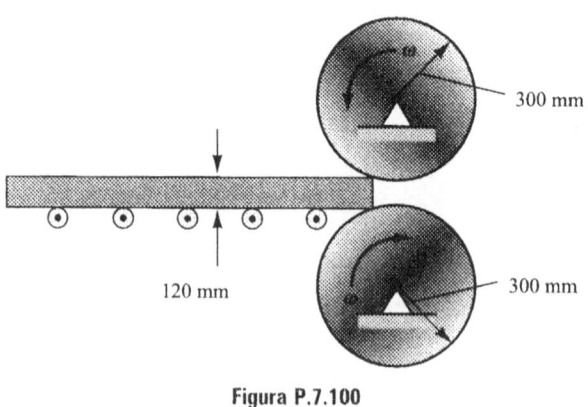

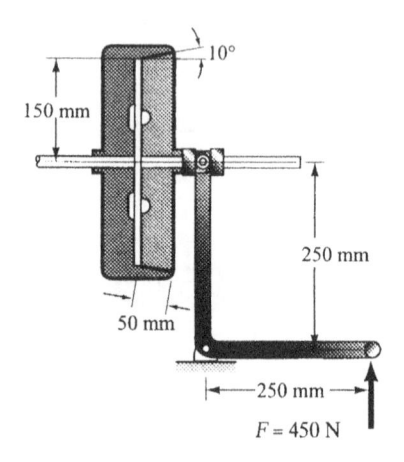

Figura P.7.101

7.102 Na Figura P.7.18, elimine as forças externas e o binário no ponto G e introduza uma força F de 6 kN nesse ponto, fazendo um ângulo α com a horizontal. Para a condição de deslizamento iminente no sentido descendente, qual deveria ser o valor de α?

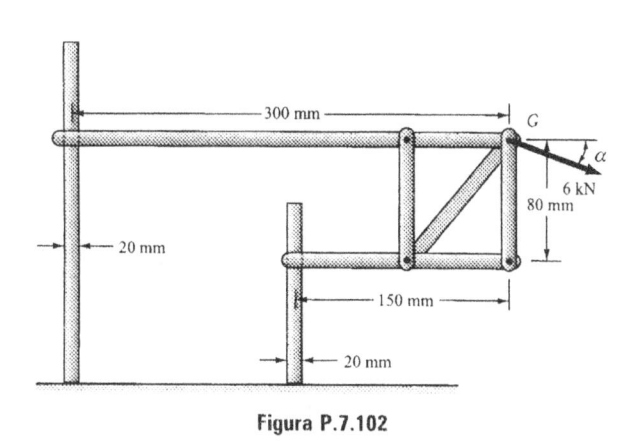

Figura P.7.104

Figura P.7.102

7.105 O eixo CD gira à velocidade angular constante sobre um conjunto de mancais radiais a seco (resultado de manutenção deficiente). Qual é o torque aproximado para manter o movimento angular para os seguintes parâmetros:

$M_A = 50$ kg $M_B = 80$ kg   Eixo $CD = 40$ kg $\mu_d = 0,2$

Antes de resolver, consulte o Problema 7.104.

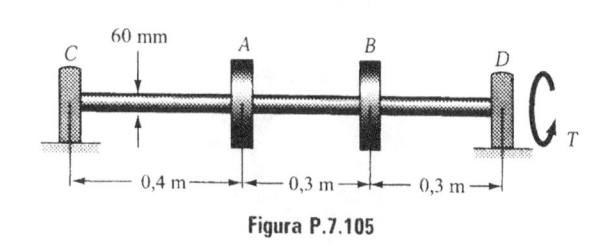

Figura P.7.105

7.103 No Problema 7.39, qual é o ângulo mínimo entre as ligações CD e ED para suportar um peso W qualquer considerando que o coeficiente de atrito estático é $\mu_s = 0,4$?

7.104 Um eixo AB gira à velocidade angular constante sobre um par de mancais radiais *a seco*. O peso total do eixo e do cilindro acoplado é W. Um torque T é necessário para manter o movimento angular estacionário. Há uma pequena folga entre o eixo e o mancal, resultando em um *contato pontual* entre esses corpos em alguma posição E, como ilustrado na Figura P.7.104. Obtenha um sistema bidimensional de forças atuando sobre o eixo movendo o peso W, a força de atrito total, a força normal total sobre a superfície do eixo e o torque para um plano normal à linha de centro do eixo, em uma posição localizada no centro do sistema. Observe esse sistema de forças ao longo da linha de centro.

(a) Pelas considerações de equilíbrio, qual é e onde está o vetor força resultante devido à força de atrito e à força normal sobre o eixo?

(b) Considerando que o ângulo ϕ na figura é muito pequeno e que o coeficiente de atrito dinâmico é μ_d, explique como pode ser escrita para o problema a seguinte equação aproximada:

$$T = W\mu_d r$$

onde r é o raio do eixo.

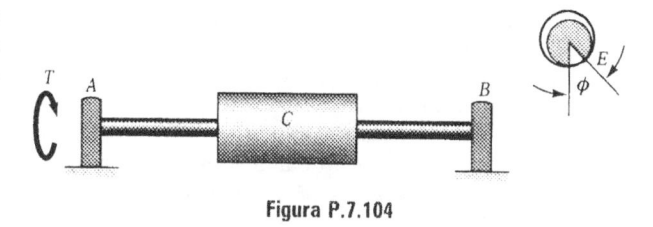

7.106 Duas barras leves idênticas são articuladas em B. A extremidade C da barra BC é articulada enquanto a extremidade A da barra AB repousa sobre um piso rugoso, que possui coeficiente de atrito $\mu_d = 0,5$ com a barra. A mola requer uma força de alongamento de 5 N/mm. Uma força é aplicada lentamente em B e, então, mantida constante quando atinge o valor $F = 300$ N. Qual é o ângulo θ quando o sistema pára de se mover? A mola encontra-se indeformada quando $\theta = 45°$. (*Dica*: Resolva a equação por tentativa e erro.)

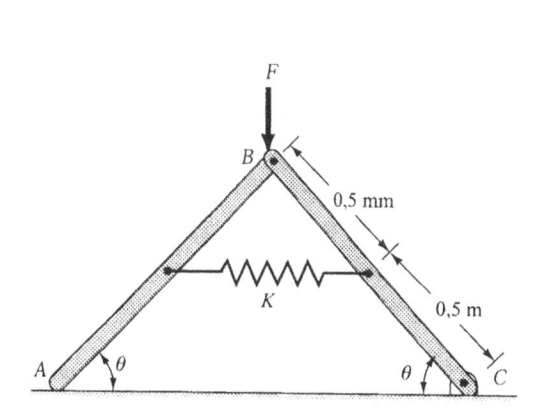

Figura P.7.106

7.107 Um dispositivo para lançamento de bolas de beisebol é ilustrado na Figura P.7.107. As 2 rodas são pneus de automóvel que giram à velocidade angular ω constante. A alimentação do dispositivo é efetuada colocando-se a bola em contato com os pneus. Qual é a separação d mínima entre os pneus, considerando que a bola é trazida para a passagem entre os pneus e, então, ejetada pelo outro lado? O coeficiente de atrito estático das superfícies de contato é 0,4.

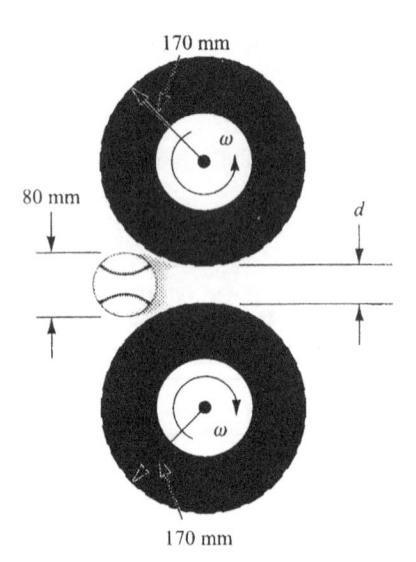

Figura P.7.107

7.108 Qual é o ângulo α máximo para o equilíbrio considerando que A tem massa de 50 kg? O coeficiente de atrito estático entre os suportes e a barra horizontal é igual a 0,3. Qual é a força em cada um dos membros de suporte?

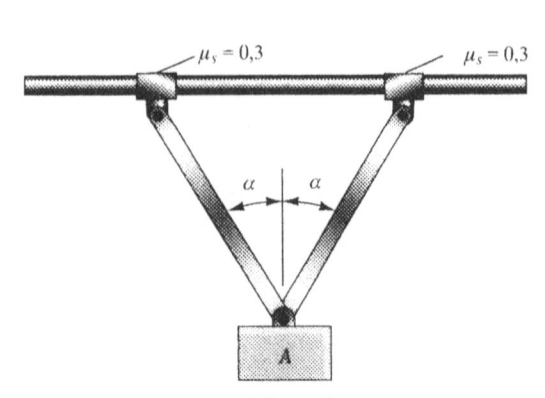

Figura P.7.108

7.109 Qual é o ângulo α máximo para o equilíbrio considerando que A pesa 1 kN e que μ_s entre os suportes e a viga curva é de 0,3? As barras têm comprimento de 1,3 m. A equação transcendental obtida deve ser resolvida por meio de tentativas.

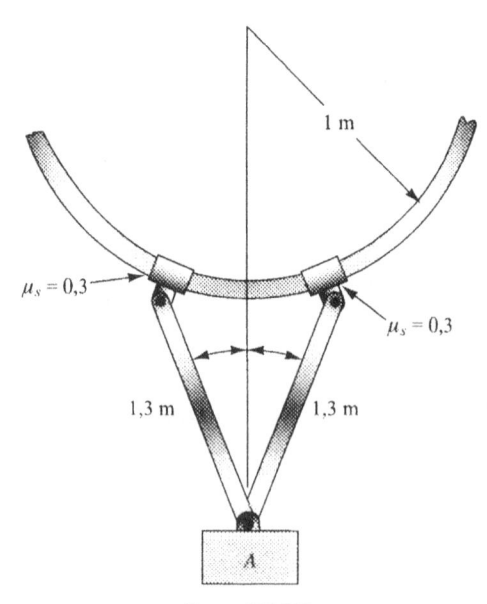

Figura P.7.109

7.110 Um caixote de 500 kN é descido lentamente em um poço de elevador, um pouco mais largo do que o caixote. A corda passa por uma polia e dá 2 voltas em um suporte vertical. Determine a tensão T necessária para a operação. O centro de gravidade do caixote coincide com seu centro geométrico. (*Dica*: O caixote irá girar de modo que ocorra fricção contra o poço nos pontos A e B.)

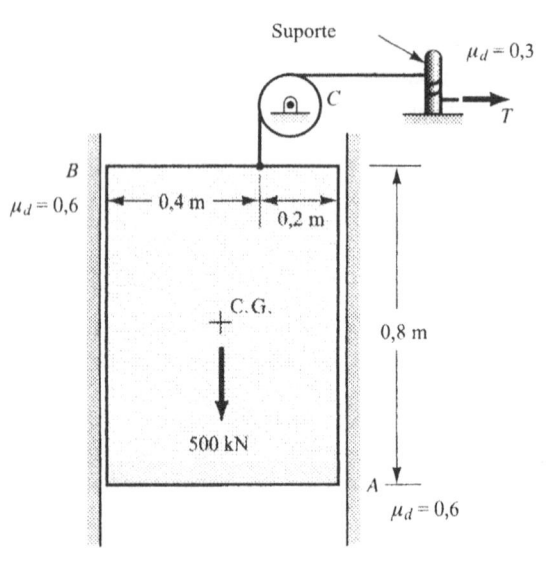

Figura P.7.110

7.111 Uma estaca triangular de largura de 300 mm é introduzida lentamente no solo por uma força P de 220 kN. Existe pressão nas superfícies laterais da estaca, que varia linearmente de 0, no ponto A, a p_0, no ponto B, como ilustrado na Figura P.7.111. Considerando que o coeficiente de atrito dinâmico entre a estaca e o solo é de 0,6, qual é a pressão p_0 máxima?

7.114 Qual é a carga *máxima* que pode ser erguida sem que os blocos A e B sejam movidos? O coeficiente de atrito estático para todas as superfícies de contato é de 0,3. O bloco A pesa 500 N e o bloco B pesa 700 N. Despreze o atrito nas polias.

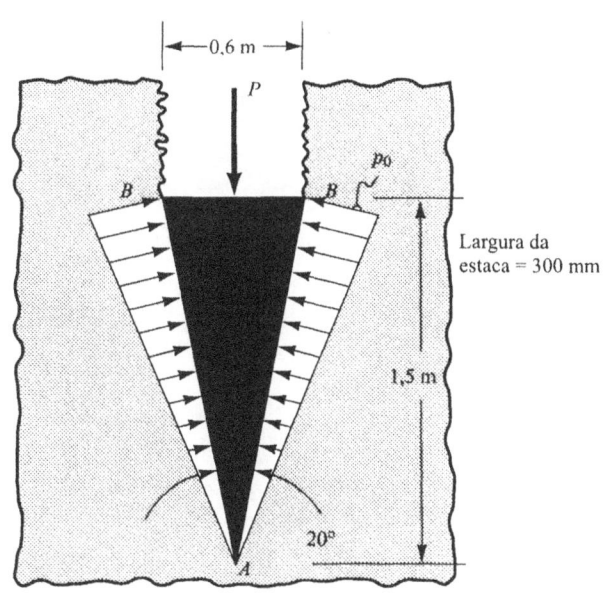

Figura P.7.111

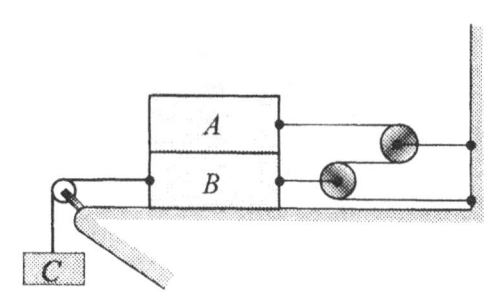

Figura P.7.114

7.115 Qual é a *mínima* força F para manter os cilindros, sendo que cada um deles pesa 500 N? Considere $\mu_s = 0{,}2$ para todas as superfícies de contato.

7.112 No Problema 7.27, qual o valor *máximo* de W_2 que poderia ser usado para iniciar o movimento do sistema para a esquerda? Todos os outros parâmetros são mantidos.

7.113 Um bloco repousa sobre uma superfície, onde há um coeficiente de atrito $\mu_s = 0{,}2$. Para que faixa de valores do ângulo β não haverá movimento do bloco para uma força de 150 N? (A solução da equação deverá ser obtida por meio de tentativas.)

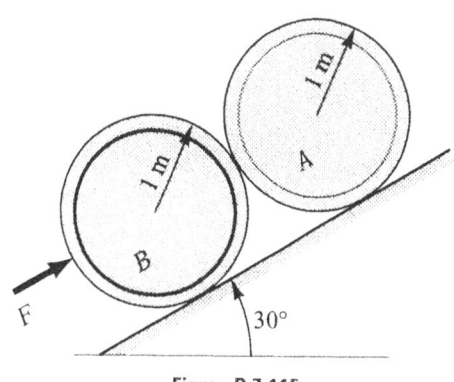

Figura P.7.115

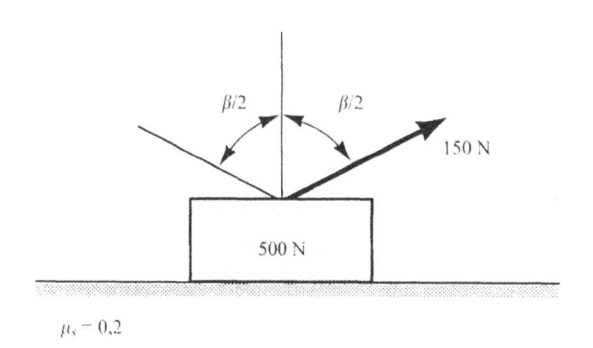

Figura P.7.113

7.116 Um compressor é ilustrado na Figura P.7.116. Considerando que a pressão no cilindro é de 1,4 MPa acima da atmosfera (pressão medida), qual é o *mínimo* torque T necessário para iniciar o movimento? Despreze o peso da manivela e da biela. O atrito deve ser considerado somente entre o pistão e as paredes do cilindro, onde o coeficiente de atrito $\mu_s = 0{,}15$.

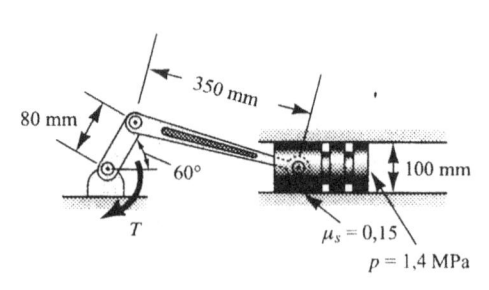

Figura P.7.116

7.117 Determine a tensão na corda considerando que o bloco 1 atinge o atrito máximo.

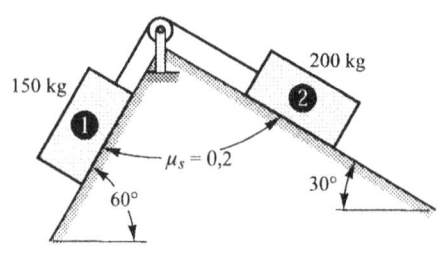

Figura P.7.117

Capítulo 8

Propriedades de Superfícies Planas

8.1 Introdução

Uma pessoa interessada em adquirir um lote de terra na cidade ou no campo deve, certamente, avaliar o seu tamanho, a sua forma e a sua localização. E, dependendo do comprador, poderão também ser avaliados os potenciais agrícola, geológico ou estético desse terreno. O tamanho de uma superfície (ou seja, a área), que já foi analisado nos capítulos anteriores, é um conceito bastante familiar ao leitor. Outras características não tão familiares, tais como forma e orientação, de uma superfície serão examinadas neste capítulo. Existe um grande número de propriedades que representam a forma e a disposição de uma superfície plana em relação a um sistema de referência. Certamente, essas propriedades não são de uso corriqueiro na corretagem de imóveis, mas sim em engenharia, em que uma variedade de descrições quantitativas de superfícies é necessária. Em geral, o estudo das propriedades de superfícies é restrito a superfícies planas.

8.2 Primeiro momento de inércia de área e o centróide

Uma superfície plana de área A e uma referência xy no plano dessa superfície são mostradas na Figura 8.1. O *primeiro momento de inércia da área A* em relação ao eixo x é definido como:

$$M_x = \int_A y\,dA \tag{8.1}$$

e o primeiro momento de inércia de área em relação ao eixo y é dado por:

$$M_y = \int_A x\,dA \tag{8.2}$$

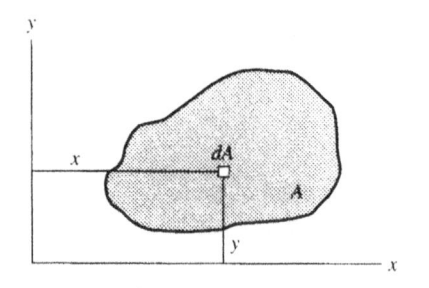

Figura 8.1: Área da superfície plana.

Essas duas grandezas dão uma idéia sobre a forma, o tamanho e a orientação da área, as quais podem ser utilizadas em muitos problemas de engenharia.

O leitor pode perceber a similaridade entre essas integrais e aquelas associadas ao cálculo dos momentos em relação aos eixos x e y devido a uma distribuição de forças paralelas orientada normalmente à área A na Figura 8.1. O momento de tal distribuição de força é equivalente, do ponto de vista da mecânica de corpos rígidos, ao momento da força resultante localizada em um ponto particular $\bar{x}, \bar{y}$. De maneira similar, a área A pode ser concentrada em uma posição x_c, y_c, chamada *centróide*[1], em que, para o cálculo dos primeiros momentos, essa área concentrada é equivalente à distribuição de área original (Figura 8.2). As coordenadas x_c e y_c são em geral chamadas *coordenadas centroidais*. Para o cálculo dessas coordenadas, os momentos da área distribuída são igualados ao momento da área concentrada em relação aos 2 eixos:

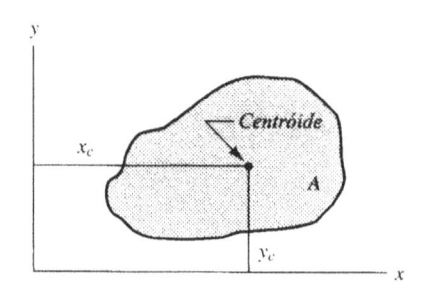

Figura 8.2: Coordenadas centroidais.

$$A y_c = \int_A y\, dA; \quad \text{portanto,} \quad y_c = \frac{\int_A y\, dA}{A} = \frac{M_x}{A} \qquad (8.3a)$$

$$A x_c = \int_A x\, dA, \quad \text{portanto,} \quad x_c = \frac{\int_A x\, dA}{A} = \frac{M_y}{A} \qquad (8.3b)$$

A localização do centróide de uma área é independente dos *eixos de referência* empregados. Portanto, o centróide é uma propriedade apenas da área. A demonstração dessa assertiva é pedida no Problema 8.1.

Se os eixos xy possuem sua origem no centróide, então esses eixos são denominados *eixos centroidais*. E fica claro que os primeiros momentos de inércia de área em relação aos eixos centroidais devem ser 0.

Por fim, deve-se observar que todos os eixos que passam pelo centróide de uma área são chamados *eixos centroidais* para essa área. Obviamente os primeiros momentos de inércia de uma área em relação a qualquer um de seus eixos centroidais devem ser 0. Isso é sempre verdade, pois a distância entre o centróide e o eixo centroidal, tomada sobre uma linha perpendicular a esse eixo, deve ser 0.

---

[1] O conceito de centróide pode ser empregado para qualquer grandeza geométrica. Nas seções seguintes, serão analisados os centróides de volumes e arcos.

Exemplo 8.1

A superfície plana, ilustrada na Figura 8.3, é delimitada pelo eixo x, pela curva $y^2 = 9x$ e por uma linha paralela ao eixo y. Quais são os primeiros momentos de inércia de área em relação aos eixos x e y e quais são as coordenadas centroidais?

Em primeiro lugar, os momentos M_x e M_y são calculados para essa área. Empregando-se elementos de área infinitesimal verticais (tiras verticais) de largura dx e altura y, sendo que $y = 3\sqrt{x}$, tem-se:

$$M_y = \int_0^3 x(y\,dx) = \int_0^3 x(3\sqrt{x})\,dx$$

$$= \left. \frac{3x^{5/2}}{\frac{5}{2}} \right|_0^3 = 18{,}706 \text{ m}^3$$

Para o cálculo de M_x, empregam-se elementos de área infinitesimal horizontais (tiras horizontais) de largura dy e altura $(10 - x)$, como ilustrado na Figura.8.3. Assim,

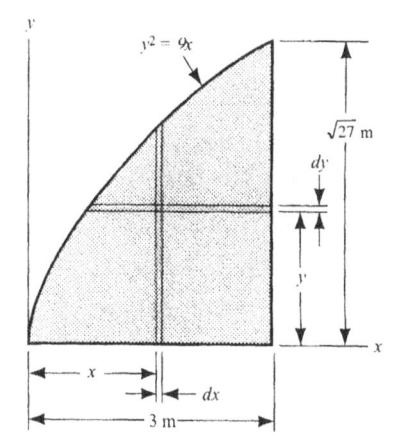

Figura 8.3: Determinação do centróide.

$$M_x = \int_0^{\sqrt{27}} y[(3-x)dy]$$

$$= \int_0^{\sqrt{27}} \left(3y - \frac{y^3}{9} \right) dy$$

$$= \left. \left(\frac{3}{2}y^2 - \frac{y^4}{36} \right) \right|_0^{\sqrt{27}} = 20{,}25 \text{ m}^3$$

As tiras verticais poderiam também ter sido empregadas para o cálculo de M_x, utilizando-se os seus centróides, como mostrado a seguir:

$$M_x = \int_0^3 \frac{y}{2}(y\,dx) = \int_0^3 \frac{9x}{2}\,dx$$

$$= (4{,}5) \left. \left(\frac{x^2}{2} \right) \right|_0^3 = 20{,}25 \text{ m}^3$$

Para o cálculo da posição do centróide (x_c, y_c), torna-se necessária a determinação da área A da superfície:

$$A = \int_0^3 y\,dx = \int_0^3 3\sqrt{x}\,dx = \left. \frac{3x^{3/2}}{\frac{3}{2}} \right|_0^3$$

$$= 10{,}392 \text{ m}^2$$

Exemplo 8.1 (*continuação*)

As coordenadas centroidais são, por definição, dadas por:

$$x_c = \frac{M_y}{A} = \frac{18{,}706}{10{,}392} = 1{,}80 \text{ m}$$

$$y_c = \frac{M_x}{A} = \frac{18{,}706}{10{,}392} = 1{,}95 \text{ m}$$

Para a obtenção do primeiro momento de inércia de área em relação a um eixo y', o qual está localizado a 5 m à esquerda do eixo y, simplesmente efetua-se o seguinte cálculo:

$$M_{y'} = (A)(x_c + 5) = 10{,}392(1{,}80 + 5) = 70{,}67 \text{ m}^3$$

Passa-se, então, à análise de uma área plana com um *eixo de simetria*, como a ilustrada na Figura 8.4, onde o eixo y é colinear com esse eixo de simetria. Para o cálculo de x_c para essa área, tem-se:

$$x_c = \frac{1}{A}\int_A x\, dA$$

No cálculo dessa integral, analisam-se elementos de área em pares simétricos em relação ao eixo de simetria, como os ilustrados na Figura 8.4, onde se apresenta um par de elementos de área que são imagens refletidas um do outro sobre o eixo y. O primeiro momento do par, em relação ao eixo de simetria, é obviamente 0. E como a área inteira é composta de tais pares, conclui-se que $x_c = 0$. Portanto, o centróide de uma área com um eixo de simetria deve estar localizado sobre esse eixo. O eixo de simetria é, então, um eixo centroidal, indicando que o primeiro momento de área deve ser 0 em relação a esse eixo. Com 2 eixos de simetria ortogonais, o centróide deve estar situado na interseção desses eixos. Assim, para áreas, como círculos e retângulos, o centróide é facilmente determinado por inspeção.

Em muitos problemas, a área de interesse é formada pela adição ou subtração de áreas familiares de simples geometria, cujos centróides podem ser determinados por inspeção, e por áreas regulares, como triângulos e setores de círculos, cujos centróides e áreas são dados em manuais e tabelas. As áreas formadas pela combinação de áreas simples são denominadas *áreas compostas*. (Por conveniência, uma lista de áreas familiares é apresentada no final deste livro.) Para tais problemas, pode-se escrever:

$$x_c = \frac{\sum_i A_i \bar{x}_i}{A}$$

$$y_c = \frac{\sum_i A_i \bar{y}_i}{A}$$

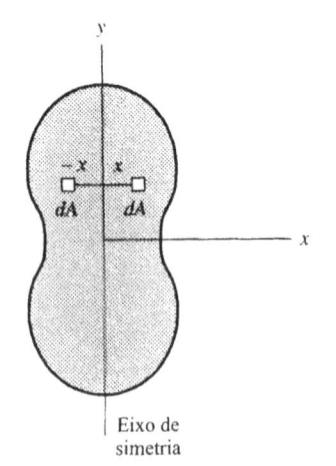

Figura 8.4: Área com um eixo de simetria.

em que $\bar{x}_i$ e $\bar{y}_i$ (com os sinais apropriados) são as coordenadas centroidais para a área A_i e onde A é a área total da área composta.

Exemplo 8.2

Determine o centróide da área sombreada ilustrada na Figura 8.5.

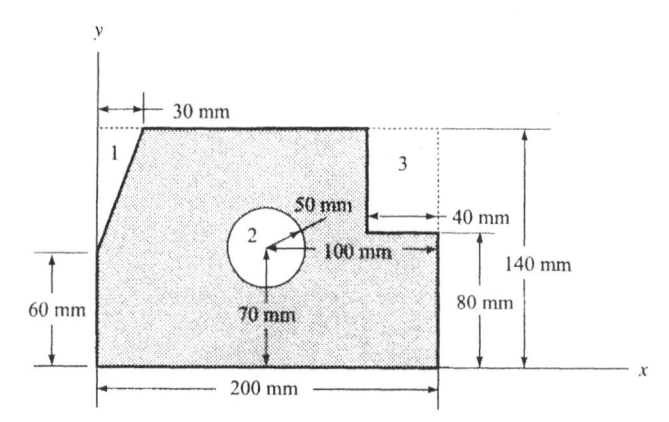

Figura 8.5: Área composta.

A figura geométrica plana pode ser dividida em 4 áreas separadas. Essas são o triângulo (1), o círculo (2) e o retângulo (3), que são cortadas do retângulo original de área 200 × 140 mm², que é designado por área (4). Em problemas de áreas compostas, o leitor deve formular a solução da maneira apresentada neste exemplo. Empregando-se a fórmula da posição do centróide de um triângulo retângulo, dada no final deste livro, tem-se:

A_i		$\bar{x}_i$	$A_i\bar{x}_i$	$\bar{y}_i$	$A_i\bar{y}_i$
$A_1 = -\frac{1}{2}(30)(80) =$	-1.200	10	-12.000	113,3	-136.000
$A_2 = -\pi 50^2 =$	-7.850	100	-785.000	70	-549.780
$A_3 = -(40)(60) =$	-2.400	180	-432.000	110	-264.000
$A_4 = (200)(140) =$	28.000	100	$2.800.000$	70	$1.960.000$
	$A = 16.550$ mm²		$\sum_i A_i\bar{x}_i =$ $1,571 \times 10^6$ mm³		$\sum_i A_i\bar{y}_i =$ $1,011 \times 10^6$ mm³

Portanto,

$$x_c = \frac{\sum A_i\bar{x}_i}{A} = \frac{1,571 \times 10^6}{16.550} = 94,9 \text{ mm}$$

$$y_c = \frac{\sum A_i\bar{y}_i}{A} = \frac{1,011 \times 10^6}{16.550} = 61,1 \text{ mm}$$

Esse exemplo ilustra como deve ser utilizada a abordagem de áreas compostas para a determinação do centróide de uma área formada por superfícies conhecidas.

Para encerrar esta seção, é analisada a aplicação do conceito de centróide na determinação da resultante de um carregamento distribuído. Assim, é estudado o carregamento distribuído $w(x)$ ilustrado na Figura 8.6. A força resultante F_R devida a esse carregamento, que também é ilustrada na figura, é dada por:

$$F_R = \int_0^L w(x)\, dx \qquad (8.4)$$

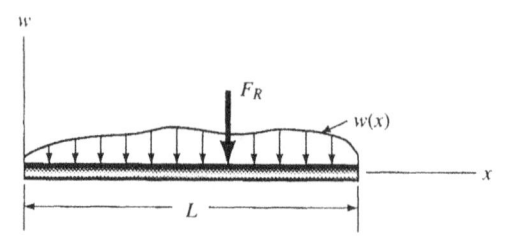

Figura 8.6: Carregamento distribuído $w(x)$ e sua força resultante F_R.

Da equação anterior, fica claro que a *força resultante é igual à área sob a curva do carregamento distribuído*. Para obter a posição da resultante mais simples para o carregamento, escreve-se:

$$F_R\, \bar{x} = \int_0^L x w(x)\, dx$$

portanto,

$$\bar{x} = \frac{\int_0^L x w(x)\, dx}{F_R} \qquad (8.5)$$

Esse resultado mostra que $\bar{x}$ é, na realidade, a coordenada centroidal da área compreendida pela curva do carregamento na referência xy. Portanto, a *força resultante mais simples de um carregamento distribuído atua no centróide da área sob a curva desse carregamento*. Desse modo, para o carregamento triangular, ilustrado na Figura 8.7, pode-se substituir o carregamento distribuído por uma força concentrada F igual a $\left(\frac{1}{2}\right)(w_0)(b-a)$ atuando em uma posição $\left(\frac{2}{3}\right)(b-a)$, que é medida a partir da extremidade esquerda do carregamento. (Caso seja necessário, o leitor poderá rever o Capítulo 4, no qual esse conceito foi apresentado.)

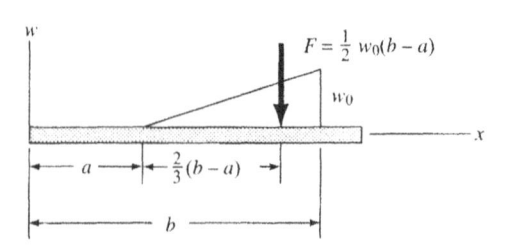

Figura 8.7: Carregamento triangular com a resultante de força mais simples.

Problemas

8.1 Demonstre que o centróide da área A é o mesmo ponto para os eixos xy e $x'y'$. Portanto, a posição do centróide de uma área é uma propriedade apenas da área.

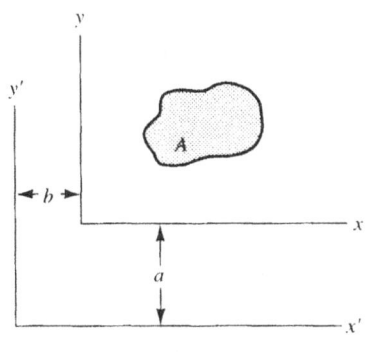

Figura P.8.1

8.2 Demonstre que o centróide do triângulo retângulo é $x_c = 2a/3$ e $y_c = b/3$.

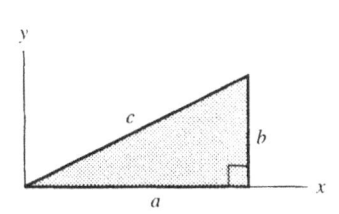

Figura P.8.2

8.3 Determine o centróide da área sob a semi-onda senoidal. Qual é o valor do primeiro momento de inércia de área em relação ao eixo A-A?

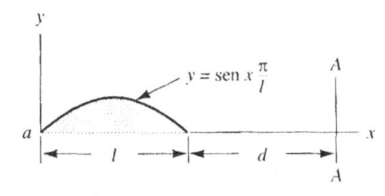

Figura P.8.3

8.4 Quais são os primeiros momentos de área em relação aos eixos x e y? O lado curvo da área é uma parábola. (*Dica*: A equação para a parábola é dada por $y = ax^2 + b$.)

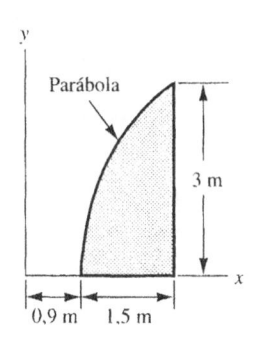

Figura P.8.4

8.5 Quais são as coordenadas centroidais da área sombreada? A borda curva da área é uma parábola. (*Dica*: A equação para a parábola é dada por $y = ax^2 + b$.)

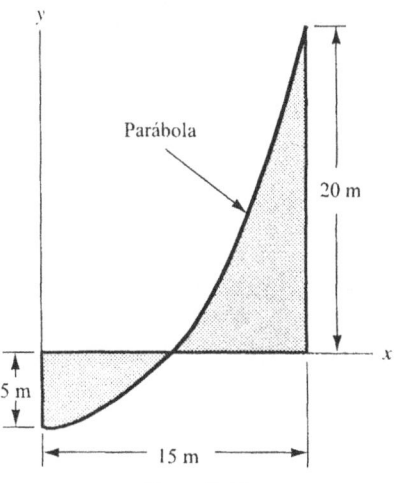

Figura P.8.5

8.6 Demonstre que o centróide da área de um semicírculo é o apresentado na Figura P.8.6.

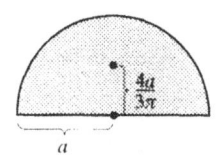

Figura P.8.6

8.7 Qual é o primeiro momento de inércia da área descrita pela parábola em relação ao eixo que passa pela origem e pelo ponto $r = 6i + 7j$ m? Considere que $l = 10$ m.

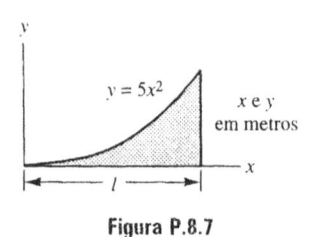

Figura P.8.7

8.8 Determine as coordenadas centroidais da área sombreada.

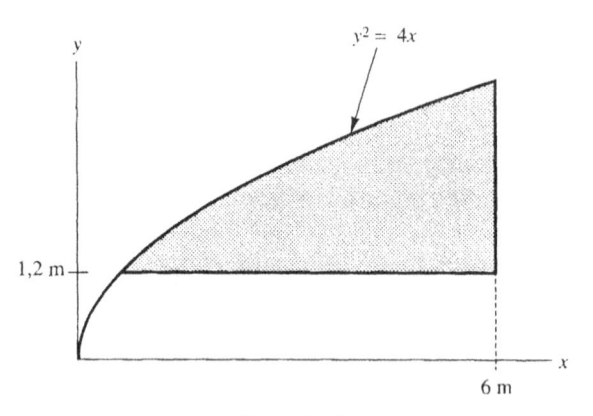

Figura P.8.8

8.9 Obtenha a expressão para o primeiro momento de área da área sombreada em função de y, b e h, para y variando desde o topo até a base do retângulo.

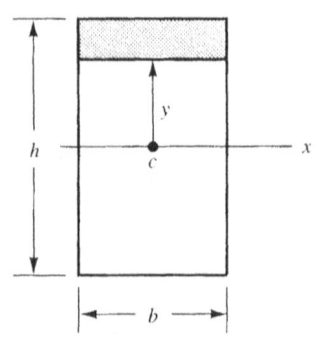

Figura P.8.9

8.10 Suponha que seja solicitada a localização *aproximada* do centróide para a área irregular mostrada. Como isso poderia ser feito utilizando-se apenas uma barra reta, uma régua e um lápis?

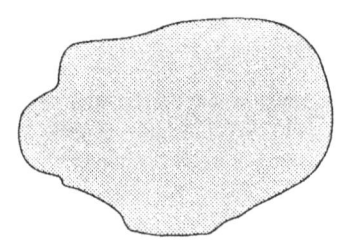

Figura P.8.10

8.11 Demonstre que o centróide do triângulo está em $x_c = (a + b)/3$ e $y_c = h/3$. (*Dica*: Dividir o triângulo em 2 triângulos retângulos, cujos centróides sejam os do Problema 8.2.)

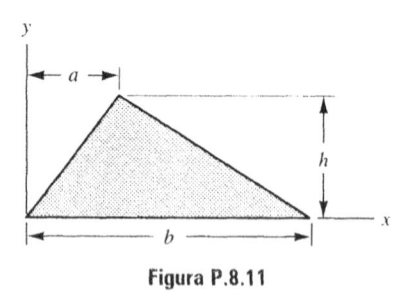

Figura P.8.11

8.12 Quais são as coordenadas centroidais para a área sombreada? A borda externa da área é um círculo de raio de 1 m.

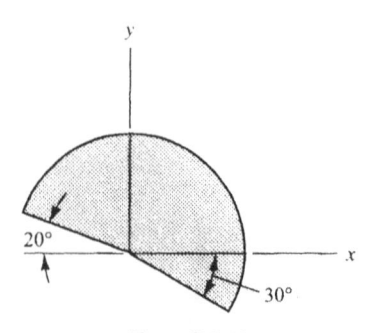

Figura P.8.12

8.13 Quais são as coordenadas do centróide da área sombreada? A parábola é dada como $y^2 = 2x$, sendo que x e y estão em milímetros.

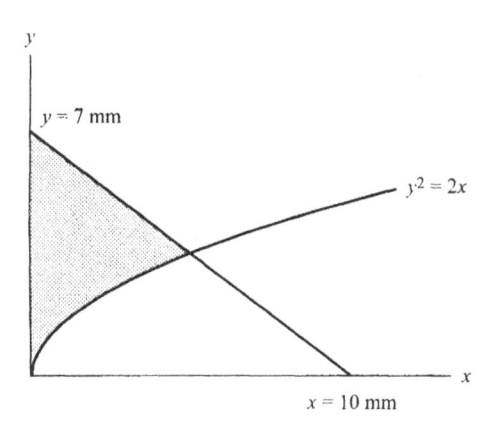

Figura P.8.13

8.14 Determine o centróide da área sombreada. A equação da curva é $y = 5x^2$, com x e y em milímetros. Qual é o primeiro momento de área em relação à linha AB?

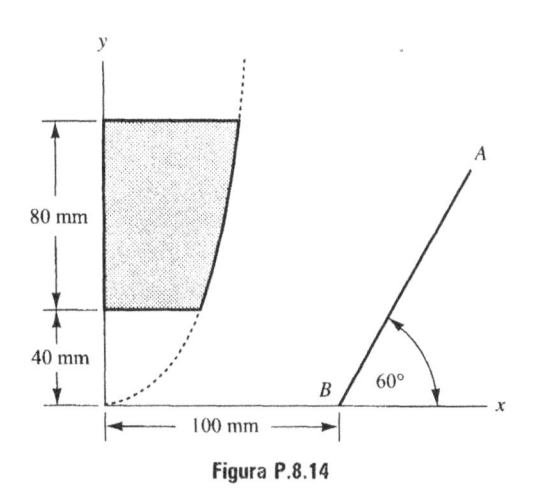

Figura P.8.14

8.15 Determine o centróide da área sombreada. Qual é o primeiro momento dessa área em relação à linha A-A? A borda superior da área é descrita pela parábola $y^2 = 50x$, com x e y dados em milímetros.

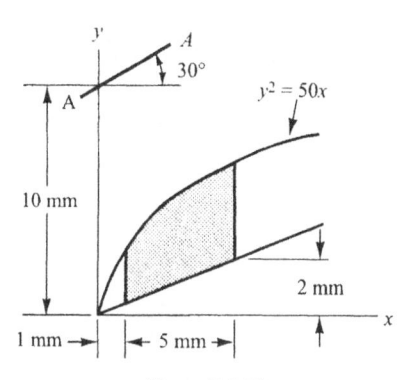

Figura P.8.15

No restante dos problemas desta seção, utilize as posições conhecidas dos centróides das áreas simples, apresentadas na tabela no final do livro.

8.16 Determine o centróide do componente empregado nas lâminas de escavadeiras.

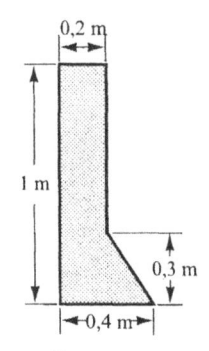

Figura P.8.16

8.17 No Exemplo 2.6, determine z_C para o centróide das faces triangulares da pirâmide e da área da base $ABCE$. A altura da pirâmide é de 90 m.

8.18 Um paralelogramo e uma elipse são cortados e retirados de uma placa retangular. Quais são as coordenadas centroidais da placa cortada? Qual é o valor de $M_{x'}$ para essa área?

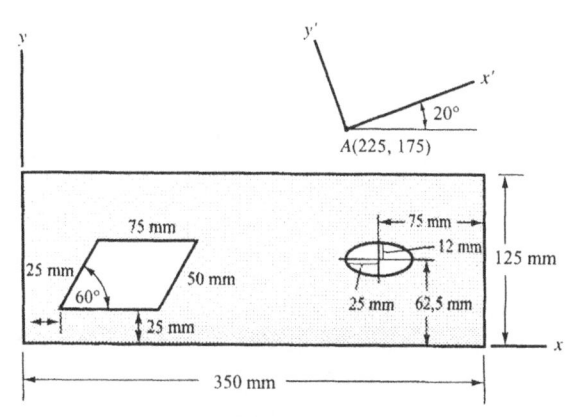

Figura P.8.18

8.19 Um eixo *mediano* divide uma superfície em 2 partes de mesma área, ou seja, esse eixo tem a mesma área de um lado e do outro. Determine a distância entre a linha mediana horizontal e um eixo centroidal paralelo a essa linha.

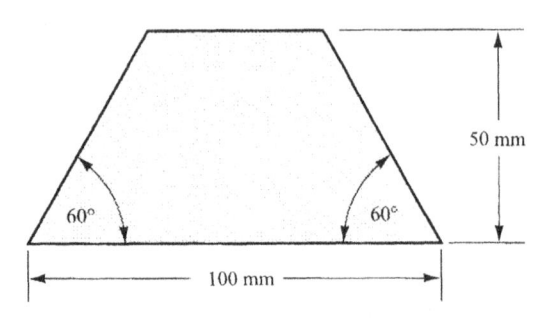

Figura P.8.19

8.20 Determine o centróide da placa de reforço utilizada em treliças.

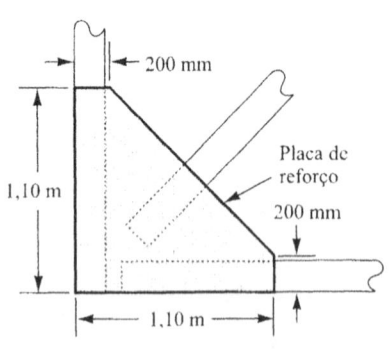

Figura P.8.20

8.21 Determine o centróide da área indicada.

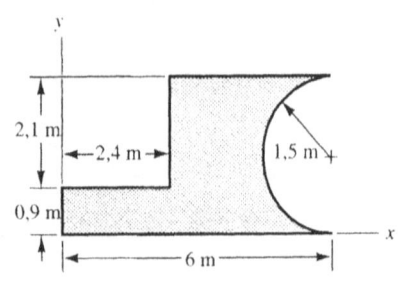

Figura P.8.21

8.22 Determine as coordenadas centroidais para a área sombreada ilustrada, fornecendo os resultados em metros. (*Dica*: Veja a Figura P.8.6.)

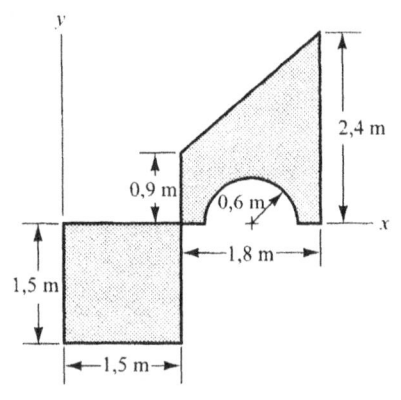

Figura P.8.22

8.23 Determine o centróide do basculante utilizado para transporte de cargas.

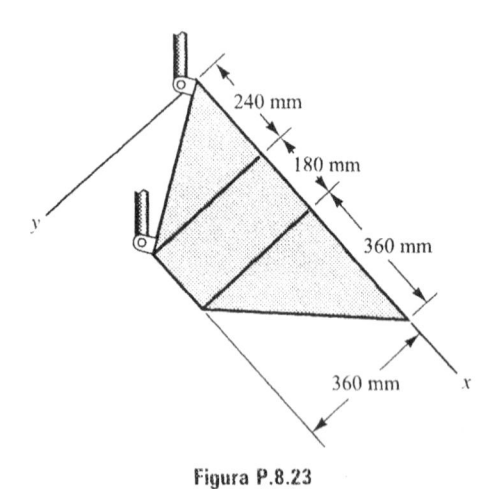

Figura P.8.23

8.24 Onde está localizado o centróide do estabilizador vertical de uma aeronave (toda a área)?

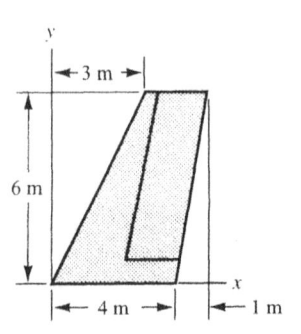

Figura P.8.24

8.25 Qual é o valor do primeiro momento de inércia da área sombreada em relação à diagonal *A-A*? (*Dica*: Considere a simetria.)

8.27 Uma viga de seção I é mostrada na figura com duas placas de reforço na parte superior. Em que altura a partir da base está localizado o centróide da viga?

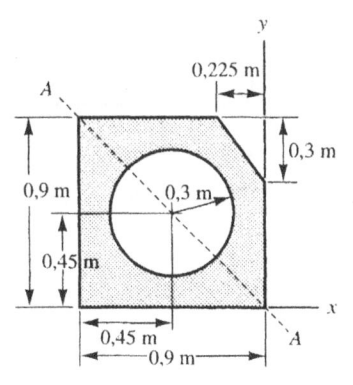

Figura P.8.25

Figura P.8.27

8.26 Uma viga de seção vazada, cujo corte da seção transversal é ilustrado na Figura P. 8.26, é montada com quatro cantoneiras de 120 mm por 120 mm, com espessura de 20 mm. Determine a distância vertical do centróide da seção transversal em relação à base.

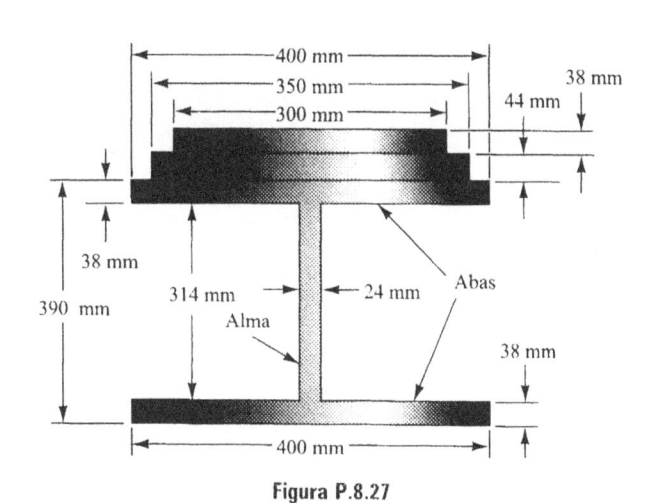

8.28 Calcule a posição do centróide da área sombreada. (*Dica*: Veja a Figura P.8.6.)

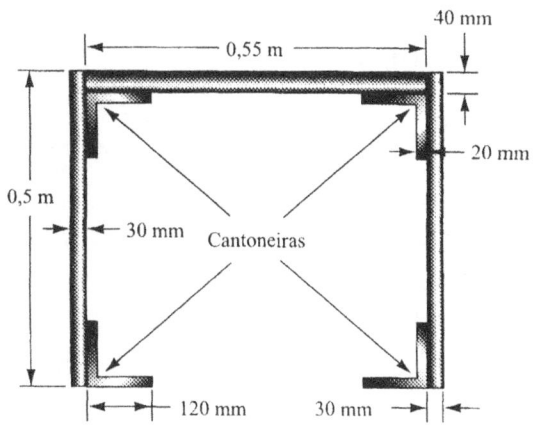

Figura P.8.26

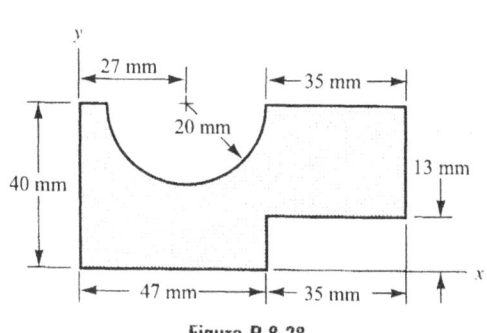

Figura P.8.28

8.29 Determine o centróide da tampa metálica de um ventilador centrífugo (área sombreada).

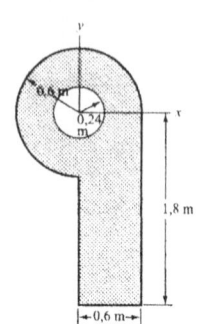

Figura P.8.29

8.30 Qual é a posição, medida a partir da extremidade esquerda, da força resultante mais simples devida ao carregamento distribuído mostrado na Figura P.8.30?

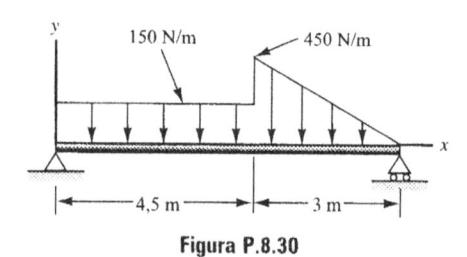

Figura P.8.30

8.3 Outros centros

Os conceitos de momentos de inércia e centróides são empregados na mecânica tanto para sólidos tridimensionais quanto para áreas planas. Assim, pode-se introduzir o conceito de primeiro momento de inércia de um volume, V, de um corpo (veja a Figura 8.8), em relação a um ponto O, onde está localizada a origem do sistema xyz. O *primeiro momento de inércia do volume V* em relação ao ponto O é dado por:

$$\text{Vetor momento de volume} \equiv \iiint_V \boldsymbol{r}\, dv \tag{8.6}$$

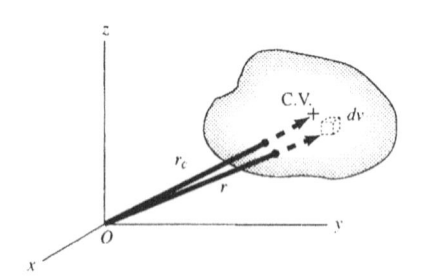

Figura 8.8: Centro de volume (C.V.) de um corpo.

O *centro de volume*, $\boldsymbol{r}_c$, é, pois, definido da seguinte maneira:

$$V\boldsymbol{r}_c = \iiint_V \boldsymbol{r}\, dv$$

portanto,

$$\boldsymbol{r}_c = \frac{1}{V} \iiint_V \boldsymbol{r}\, dv \tag{8.7}$$

Constata-se que o centro de volume é o ponto onde se poderia concentrar, de maneira hipotética, todo o volume do corpo, no intuito de calcular o primeiro momento de inércia de volume do corpo em relação a algum ponto O. As componentes da equação 8.7 fornecem as *distâncias centroidais* x_c, y_c e z_c do volume. Então, tem-se:

$$x_c = \frac{\iiint x\, dv}{\iiint dv}, \quad y_c = \frac{\iiint y\, dv}{\iiint dv}, \quad z_c = \frac{\iiint z\, dv}{\iiint dv} \tag{8.8}$$

A integral $\iiint x\, dv$, como pode ser observado, fornece o primeiro momento de volume em relação ao plano yz.

Se o elemento de volume dv for substituído por $dm = \rho\, dv$ na Equação 8.6, onde ρ é a densidade de massa, será obtido o *primeiro momento de massa* em relação a O. Isto é:

$$\text{Vetor momento de massa} = \iiint_V \mathbf{r}\, \rho\, dv \qquad (8.9)$$

O *centro de massa* $\mathbf{r}_c$ pode, então, ser dado pela seguinte expressão:

$$\mathbf{r}_c = \frac{1}{M} \iiint_V \mathbf{r}\, \rho\, dv \qquad (8.10)$$

onde M é a massa total do corpo. O centro de massa é o ponto no espaço onde se poderia concentrar, hipoteticamente, toda a massa do corpo, com o intuito de calcular o primeiro momento de inércia de massa do corpo em relação a um ponto O. Utilizando as componentes da Equação 8.10, pode-se escrever:

$$x_c = \frac{\iiint x\, \rho\, dv}{\iiint \rho\, dv}, \quad y_c = \frac{\iiint y\, \rho\, dv}{\iiint \rho\, dv}, \quad z_c = \frac{\iiint z\, \rho\, dv}{\iiint \rho\, dv}$$

No segundo volume do texto referente à dinâmica, será considerado o centro de massa de um sistema de n partículas (veja a Figura 8.9). Assim, pode-se escrever:

$$\left(\sum_{i=1}^{n} m_i\right) \mathbf{r}_c = \sum_{i=1}^{n} m_i \mathbf{r}_i$$

portanto,

$$\mathbf{r}_c = \frac{\sum_{i=1}^{n} m_i \mathbf{r}_i}{M} \qquad (8.11)$$

onde M é a massa total do sistema. Se as partículas possuem massa infinitesimal e constituem um corpo contínuo (continuum), então se utiliza a equação 8.10.

Por fim, se o elemento de volume dv é substituído por γdv, onde $\gamma = \rho g$ é o *peso específico*, chega-se ao conceito de *centro de gravidade*, apresentado no Capítulo 4. O centro de gravidade de um corpo, que vem sendo empregado em muitos cálculos efetuados até aqui, é o ponto onde se concentra o seu peso.

O leitor pode concluir a partir da Equação 8.10 que, se ρ é constante no domínio do corpo, o centro de massa coincide com o centro de volume. Além disso, se $\gamma\ (= \rho g)$ é constante no domínio do corpo, o centro de gravidade corresponde ao centro de volume do corpo. Se, por fim, ρ e γ são constantes no corpo, os 3 centros coincidem para esse corpo.

No exemplo seguinte, é ilustrado o cálculo do centro de volume. O cálculo do centro de massa segue procedimento similar. Centros de gravidade já foram calculados em alguns problemas do Capítulo 4.

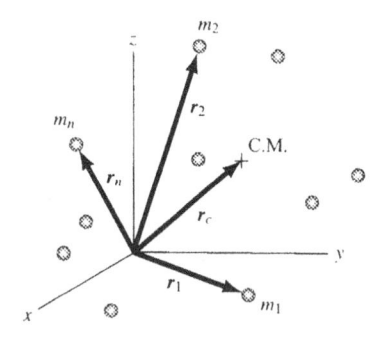

Figura 8.9: Sistema de n partículas onde está mostrado o centro de massa (C.M.).

Exemplo 8.3

Agora será analisado o volume obtido pela revolução da área apresentada na Figura 8.3 em relação ao eixo x. Esse volume é mostrado na Figura 8.10. O centróide desse volume, obviamente, deve estar localizado em algum ponto sobre o eixo x. Determine a distância centroidal x_c.

Utilizando r, θ e x como coordenadas (coordenadas cilíndricas), obtém-se, por meio de elementos de volume relativos a cortes de espessura dx, a seguinte expressão:

$$V = \int_0^3 (\pi r^2)\, dx = \int_0^3 (\pi)(9x)\, dx$$

onde r^2 é substituído por $9x$, de acordo com a equação do contorno da área geratriz do sólido. Efetuando a integração, obtém-se:

$$V = 9\pi \left. \frac{x^2}{2} \right|_0^3 = 127{,}23 \text{ m}^3$$

Agora, calcula-se x_c utilizando-se os mesmos cortes infinitesimais do corpo empregados no cálculo de V. O centróide de cada corte está na interseção do corte com o eixo x. Assim, tem-se:

$$x_c = \frac{1}{V} \int_0^3 x(\pi r^2\, dx) = \frac{1}{127{,}23} \int_0^3 x(\pi)(9x)\, dx$$

$$= \frac{9\pi}{127{,}23} \left. \frac{x^3}{3} \right|_0^3 = 2{,}0 \text{ m}$$

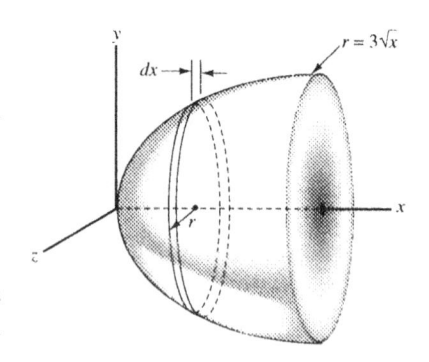

Figura 8.10: Corpo de revolução.

Muitos volumes são compostos por formas geométricas simples, cujos centros de volume são conhecidos por inspeção ou podem ser determinados diretamente de manuais (veja o final do livro). Tais volumes podem ser chamados de *volumes compostos*. Para encontrar o centróide de um desses volumes, utilizam-se os valores conhecidos dos centróides das partes que o integram. Assim, para x_c do corpo composto cujo volume total é V, tem-se:

$$x_c = \frac{\sum_i \bar{x}_i V_i}{V}$$

onde $\bar{x}_i$ é a coordenada x do centróide do i-ésimo corpo de volume V_i. De maneira similar, tem-se:

$$y_c = \frac{\sum_i \bar{y}_i V_i}{V}$$

$$z_c = \frac{\sum_i \bar{z}_i V_i}{V}$$

O próximo exemplo ilustra a aplicação dessas fórmulas.

Exemplo 8.4

Qual é a coordenada x_c do centro de volume do corpo de revolução mostrado na Figura 8.11? Observe que um cone é cortado do sólido em sua extremidade esquerda, e que a extremidade direita é uma região semi-esférica.

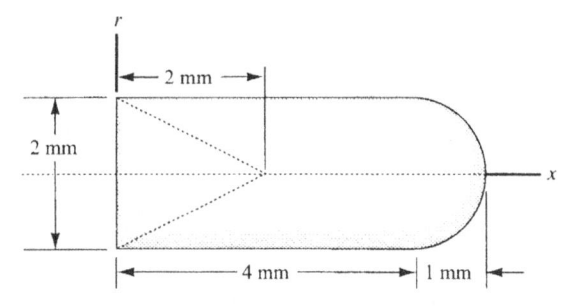

Figura 8.11: Volume composto.

Tem-se um corpo composto de 3 sólidos simples: um cone (corpo 1), um cilindro (corpo 2) e uma semi-esfera (corpo 3). Utilizando as fórmulas dadas nas páginas iniciais do livro, tem-se:

V_i (mm^3)	$\bar{x}_i$ (mm)	$V_i \bar{x}_i$ (mm^4)
1. $-\left(\frac{1}{3}\right)(\pi)(1^2)(2) = -2{,}09$	$\frac{2}{4}$	$-1{,}047$
2. $(\pi)(1^2)(4) = 12{,}57$	2	25,14
3. $\frac{2}{3}(\pi)(1^3) = 2{,}09$	$4 + \frac{3}{8}(1) = 4{,}38$	9,15
$V = 12{,}57$		$\sum_i V_i \bar{x}_i = 33{,}24$

portanto,

$$x_c = \frac{\sum_i V_i \bar{x}_i}{V} = \frac{33{,}24}{12{,}57} = 2{,}64 \text{ mm}$$

Alguns exemplos de sólidos tridimensionais foram apresentados para o cálculo do centro de volume, centro de massa e centro de gravidade de corpos compostos. Fica a cargo do leitor refazer esses exemplos com o intuito de reforçar seu entendimento sobre o assunto, trabalhando a partir dos princípios fundamentais sem a necessidade de exemplos adicionais. Entretanto, recomenda-se que seja empregado na determinação de propriedades de áreas e volumes a seguinte tabela:

Nº de Área, Volume, Massa ou Peso	**Valor** de Área, Volume, Massa ou Peso	$(r_c)_i$	$(r_c)_i \begin{Bmatrix} A_i \\ V_i \\ M_i \\ W_i \end{Bmatrix}$
1	•	•	•
2	•	•	•
•	•	•	•
•	•	•	•
•	•	•	•
•	•	•	•
•	•	•	•

$$\sum_i \begin{Bmatrix} A_i \\ V_i \\ M_i \\ W_i \end{Bmatrix} = \qquad \sum_i (r_c)_i \begin{Bmatrix} A_i \\ V_i \\ M_i \\ W_i \end{Bmatrix} =$$

Para finalizar esta seção, mostra-se que superfícies curvas e linhas também possuem centróides. Como na próxima seção será analisado o centróide de uma linha, apresenta-se aqui (veja a Figura 8.12), simplesmente:

$$x_c = \frac{\int x\, dl}{L} \qquad (8.12a)$$

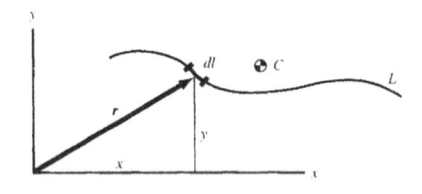

Figura 8.12: Centróide de uma linha curva.

$$y_c = \frac{\int y\, dl}{L} \qquad (8.12b)$$

onde L é o comprimento da linha. Note que o centróide C em geral não se encontra sobre a linha.

É analisada agora uma curva composta de curvas simples, sendo que os centróides dessas curvas individuais são conhecidos. Esse é o caso mostrado na Figura 8.13, cuja curva é formada de linhas retas. O segmento de linha L_1 possui centróide C_1 com coordenadas $\bar{x}_1$ e $\bar{y}_1$, como mostrado na figura. Pode-se escrever, para a curva composta:

$$x_c = \frac{\sum_i \bar{x}_i L_i}{L}$$

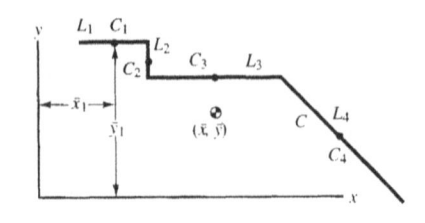

Figura 8.13: Centróide de uma linha composta.

$$y_c = \frac{\sum_i \bar{y}_i L_i}{L} \qquad (8.13)$$

*8.4 Teoremas de Pappus-Guldinus

Os teoremas de Pappus-Guldinus foram obtidos pela primeira vez por Pappus, aproximadamente no ano 300 d.C., e então reestruturados pelo matemático suíço Paul Guldinus, por volta de 1640. Esses teoremas versam sobre a relação de uma superfície de revolução com sua curva geratriz e a relação de um volume de revolução com sua área geratriz.

O primeiro desses teoremas pode ser expresso como:

Analisa-se uma curva geratriz coplanar e um eixo de revolução no plano dessa curva (veja a Figura 8.14). A curva geratriz pode tocar, mas não deve cruzar o eixo de revolução. A superfície de revolução, gerada pela revolução da curva em relação ao eixo mostrado, tem uma área igual ao produto do comprimento da curva geratriz versus a circunferência do círculo formado pelo centróide da curva geratriz, no processo de geração da superfície de revolução.

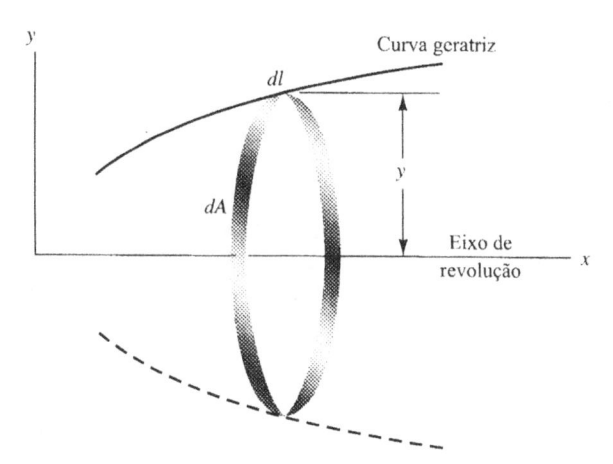

Figura 8.14: Curva geratriz coplanar.

Para demonstrar esse teorema, primeiro analisa-se o elemento dl da curva geratriz, que está ilustrado na Figura 8.14. Para uma revolução simples da curva geratriz em relação ao eixo x de revolução, o segmento de linha dl descreve uma área de:

$$dA = 2\pi y \, dl$$

Para a curva inteira, essa área torna-se a superfície de revolução dada por:

$$A = 2\pi \int y \, dl = 2\pi y_c L \qquad (8.14)$$

onde L é o comprimento da curva e y_c é a coordenada centroidal da curva. Mas $2\pi y_c$ é o comprimento circunferencial do círculo formado quando o centróide da curva gira em torno do eixo x. Conseqüentemente, o primeiro teorema fica assim demonstrado.

Uma outra maneira de interpretar a equação 8.14 é observando que a área do corpo de revolução é igual a 2π vezes o *primeiro momento de inércia* da curva geratriz em relação ao eixo de revolução. Se a curva geratriz for composta por curvas simples, L_i, cujos centróides sejam conhecidos, como aqueles mostrados na Figura 8.13, então a área A poderá ser expressa da seguinte forma:

$$A = 2\pi \left(\sum_i L_i \bar{y}_i \right) \quad (8.15)$$

onde $\bar{y}_i$ é a coordenada centroidal do i-ésimo segmento de linha L_i.

O segundo teorema pode ser escrito da seguinte forma:

Analisa-se uma superfície plana e um eixo de revolução coplanar à superfície, mas orientado de modo que o eixo não possua qualquer ponto de interseção com a superfície ou apenas intercepte essa superfície como uma reta tangente ao seu contorno. O volume do corpo de revolução, gerado pela rotação da superfície plana em relação ao eixo de revolução, é igual ao produto da área da superfície versus a circunferência do círculo formado pelo centróide da superfície plana durante o processo de geração do sólido de revolução.

Para provar o segundo teorema, analisa-se uma superfície plana A, que está ilustrada na Figura 8.15. O volume gerado pela revolução do elemento de área dA dessa superfície, em relação ao eixo x, é dado por:

$$dV = 2\pi y\, dA$$

O volume do corpo de revolução formado é, então, expresso como:

$$V = 2\pi \int_A y\, dA = 2\pi y_c A \quad (8.16)$$

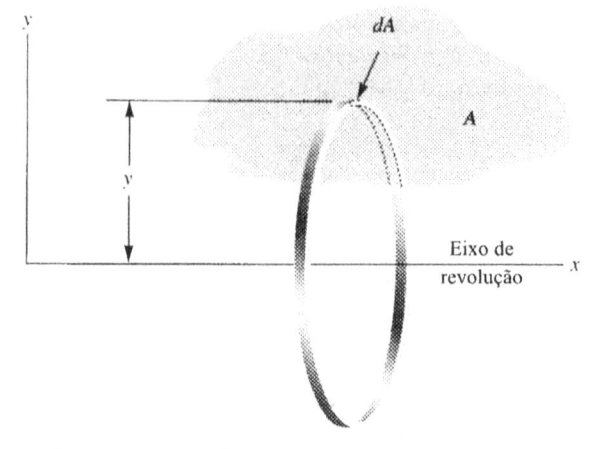

Figura 8.15: Superfície plana A coplanar com o plano xy.

Assim, o volume V é igual à área da superfície geratriz A *versus* o comprimento circunferencial do círculo de raio y_c. Por conseguinte, a prova[2] do segundo teorema está apresentada.

Uma outra forma de interpretar a Equação 8.16 é observar que o volume V é igual a 2π vezes o primeiro momento de inércia da área geratriz A em relação ao eixo de revolução. Se essa área A é composta por áreas simples A_i, pode-se escrever:

$$V = 2\pi \left(\sum_i A_i \bar{y}_i \right) \tag{8.17}$$

onde $\bar{y}_i$ é a coordenada centroidal da i-ésima área A_i.

Os exemplos seguintes ilustram o uso dos teoremas de Pappus e Guldinus. No estudo das propriedades de áreas, esses teoremas podem ser extremamente úteis. O leitor deve lembrar que se está efetuando a multiplicação de um comprimento (ou de uma área) da geratriz pela circunferência descrita pelo centróide dessa geratriz.

Exemplo 8.5

Determinar a área da superfície e o volume do tanque sendo puxado pelo caminhão, que está mostrado na Figura 8.16.

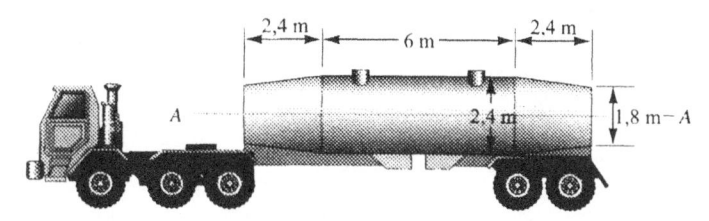

Figura 8.16: Caminhão-tanque.

Em primeiro lugar, determina-se a área da superfície analisando o primeiro momento de inércia de linha em relação à linha de centro A-A (veja a Figura 8.17) da curva geratriz da superfície de revolução.

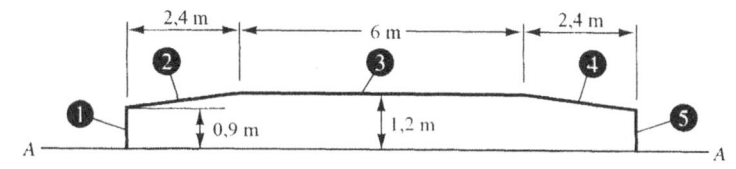

Figura 8.17: Curva geratriz da superfície de revolução.

---

[2] Deve ser apontado que o centróide de um volume de revolução não será coincidente com o centróide de uma seção transversal longitudinal tomada ao longo do eixo desse volume. Exemplo: um cone e sua seção longitudinal triangular.

Exemplo 8.5 (continuação)

Esta curva é um conjunto de 5 linhas retas, cujos centróides são determinados facilmente por inspeção. Assim, pode-se empregar a Equação 8.15. Para maior clareza na análise, utiliza-se o seguinte formato em coluna para os dados do problema:

L_i(m)	$\bar{y}_i$(m)	$L_i\,\bar{y}_i$ (m²)
1. 0,9	0,45	0,405
2. $\sqrt{2{,}4^2 + 0{,}3^2} = 2{,}42$	1,05	2,541
3. 6	1,2	7,2
4. 2,42	1,05	2,541
5. 0,9	0,45	0,405
		$\sum_i L_i\,\bar{y}_i = 13{,}092$

Portanto,

$$A = (2\pi)(13{,}092) = 82{,}26 \text{ m}^2$$

Para se obter o volume, a Figura 8.18 mostra a área geratriz do corpo de revolução. Observe que o corpo foi decomposto em áreas simples. Deve-se empregar a Equação 8.17 e, por conseguinte, torna-se necessário o cálculo do primeiro momento de inércia de área em relação ao eixo A-A das áreas. Novamente, emprega-se o seguinte formato em coluna para os dados do problema.

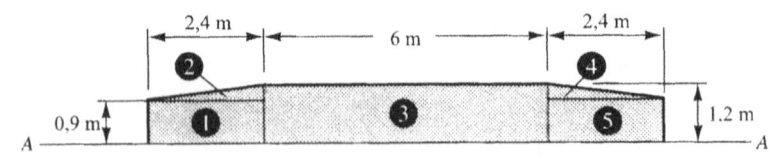

Figura 8.18: Área geratriz do corpo de revolução.

A_i(m²)	$\bar{y}_i$(m)	$A_i\,\bar{y}_i$ (m³)
1. 2,16	0,45	0,972
2. $\frac{1}{2}(2{,}4)(0{,}3) = 0{,}36$	$0{,}9 + \frac{0{,}3}{3} = 1$	0,36
3. 7,2	0,6	4,32
4. 0,36	1	0,36
5. 2,16	0,45	0,972
		$\sum_i A_i\,\bar{y}_i = 6{,}984$

Portanto,

$$V = 2\pi \sum_i A_i\,\bar{y}_i = (2\pi)(6{,}984) = 43{,}88 \text{ m}^3$$

Os teoremas de Pappus e Guldinus facilitam muito o cálculo da área e do volume do tanque.

Problemas

8.31 Considerando $r^2 = ax$ no corpo de revolução mostrado, calcule a distância centroidal x_c do corpo.

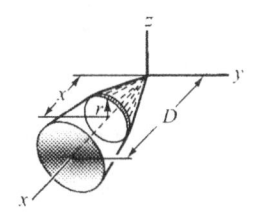

Figura P.8.31

8.32 Por meio de elementos de volume verticais, como ilustrado na Figura P.8.32, calcule as coordenadas centroidais x_c e y_c do corpo. Depois, utilizando elementos de volume horizontais, calcule z_c.

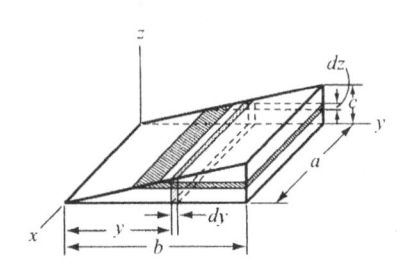

Figura P.8.32

8.33 Calcule o centro de volume de um cone circular de altura h e com raio da base igual a r.

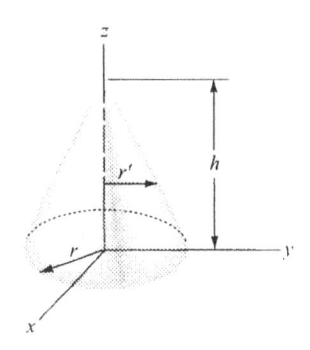

Figura P.8.33

8.34 Determine a posição do centro de massa da semi-esfera sólida com densidade de massa ρ uniforme e com raio a.

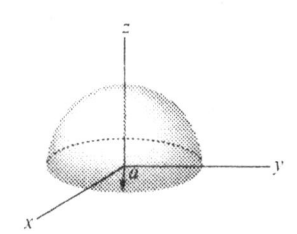

Figura P.8.34

8.35 Determine o centro de massa do parabolóide de revolução com densidade de massa ρ uniforme.

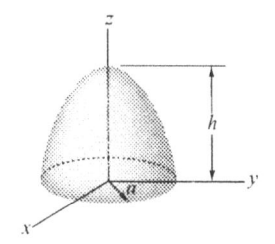

Figura P.8.35

8.36 Uma pequena bomba explodiu na posição O. Quatro pedaços dessa bomba espalharam-se em alta velocidade. No instante $t = 3$ s, os seguintes dados foram levantados:

	m (kg)	r (m)
1.	0,2	$2i + 3j + 4k$
2.	0,1	$4i + 4j - 6k$
3.	0,15	$-3i + 2j - 3k$
4.	0,22	$2i - 3j + 2k$

Qual será a posição do centro de massa?

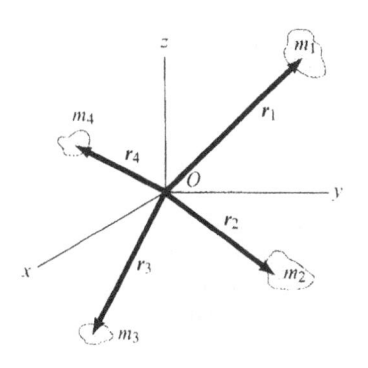

Figura P.8.36

8.37 Uma placa de espessura e densidade uniformes tem seu lado curvo na forma de uma hipérbole (xy = constante). Determine o centróide da superfície superior da placa. Encontre os centros de massa, de volume e de gravidade da placa.

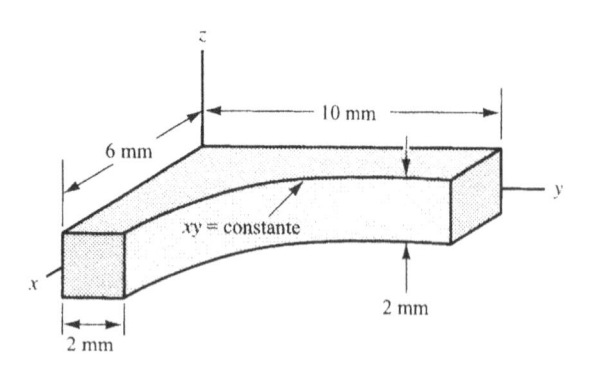

Figura P.8.37

Nos Problemas 8.38 a 8.46, use as fórmulas das tabelas para formas geométricas simples apresentadas no final do livro.

8.38 Onde o gancho deve puxar a viga de concreto não-prismática, de modo que a viga permaneça na horizontal quando erguida?

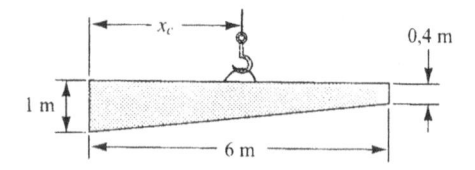

Figura P.8.38

8.39 Dois semicilindros são unidos rigidamente por meio de cola. O corpo A tem uma densidade uniforme de 670 kg/m^3, enquanto o corpo B tem densidade uniforme de 1,02 Mg/m^3. Determine:
(a) Centro de volume
(b) Centro de massa
(c) Centro de gravidade

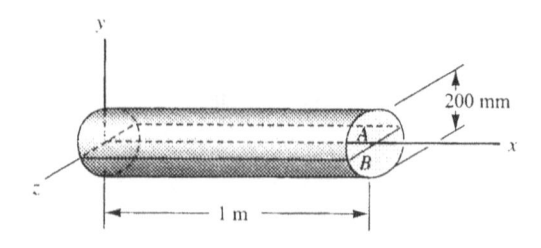

Figura P.8.39

8.40 Qual é o centróide do corpo ilustrado na Figura P.8.40? O corpo consiste em um cilindro A com 2 m de comprimento e 6 m de diâmetro, de um eixo B com 2 m de diâmetro e 8 m de comprimento, e de um bloco C com 4 m de comprimento e com altura e largura de 7 m. Considere ainda que o eixo x é uma linha de centro do conjunto, e a origem O é o centro geométrico do cilindro A.

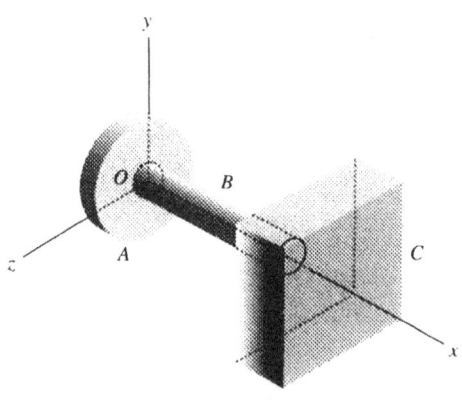

Figura P.8.40

8.41 Determine o centro de volume do conjunto cilindro-cone mostrado. Observe que há um furo cilíndrico de 4,8 m de comprimento e de 1,2 m de diâmetro no interior do corpo.

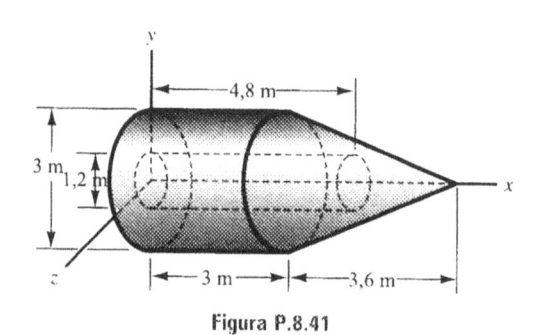

Figura P.8.41

8.42 O cilindro mostrado na Figura P.8.42 possui um corte na forma de cone em sua extremidade superior. Há um furo cilíndrico vazando o corpo sólido, cujo eixo corta transversalmente a linha de centro do cilindro. Na extremidade inferior do cilindro, há um outro corte na forma de semi-esfera. Determine o centro de gravidade do cilindro.

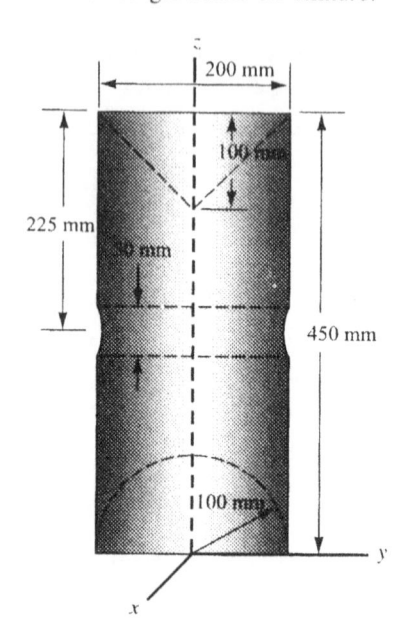

Figura P.8.42

8.43 Determine o centro de gravidade da estrutura de placa. O corte retangular está localizado no centro geométrico da superfície da placa no plano *xz*.

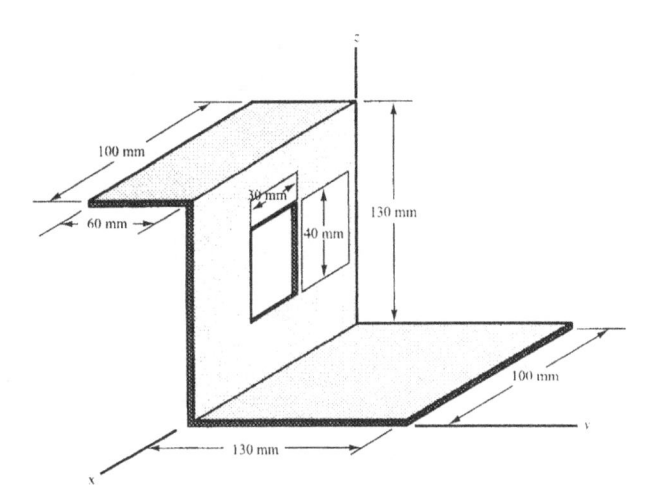

Figura P.8.43

8.44 Uma barra em *L* de alumínio, pesando 30 N/m, é encaixada em um cilindro plástico pesando 200 N, como mostrado na Figura P.8.44. Quais são os centros de volume, de massa e de gravidade do corpo composto?

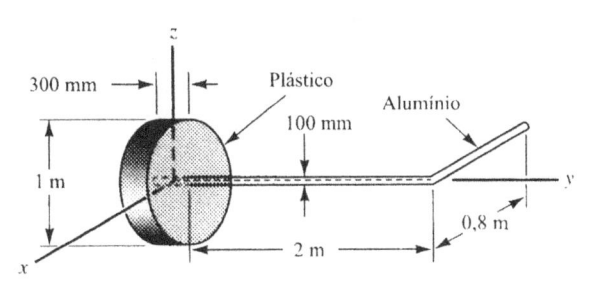

Figura P.8.44

8.45 Um cilindro de alumínio é encaixado em um bloco de latão. O latão pesa 43,2 kN/m^3 e o alumínio, 30 kN/m^3. Determine o centro de volume, o centro de massa e o centro de gravidade.

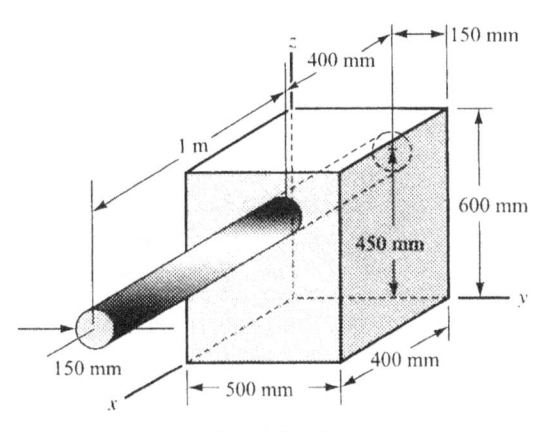

Figura P.8.45

8.46 Duas placas finas são soldadas uma à outra. Uma possui um furo circular com 200 mm de raio. Considerando que cada placa pesa 450 N/m^2, qual é a posição do centro de massa?

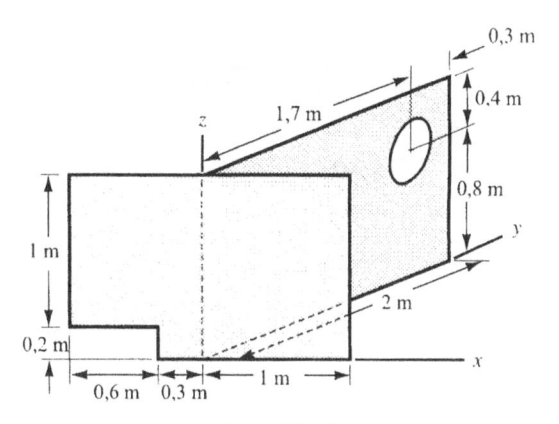

Figura P.8.46

8.47 Onde está localizado o centro de massa do arame contorcido, considerando que seu peso distribuído é igual a 10 N/m?

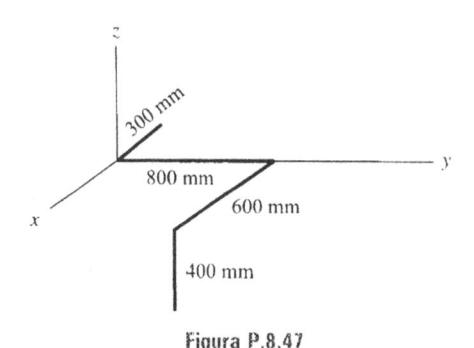

Figura P.8.47

8.48 Determine o centro de massa do arame, mostrado na Figura P.8.48, contido no plano *zy*. O arame pesa 15 N/m.

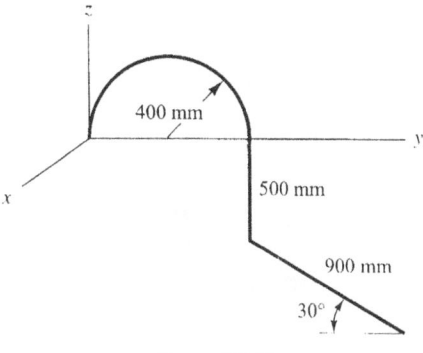

Figura P.8.48

8.49 No Problema 8.41, envolvendo um conjunto cilindro-cone de madeira com um furo cilíndrico, determine o centro de massa para o caso em que o cilindro possua densidade de 720 kg/m^3 e o cone tenha uma densidade de 480 kg/m^3.

8.50 O volume de um corpo elipsoidal de revolução é dado por $\frac{1}{6}\pi ab^2$. Considerando que a área de uma elipse é $\pi ab/4$, determine o centróide da área da semi-elipse.

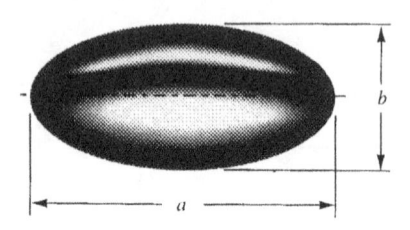

Figura P.8.50

8.51 Determine a coordenada centroidal y_c da área sombreada ilustrada na Figura P.8.51, empregando os teoremas de Pappus e Guldinus.

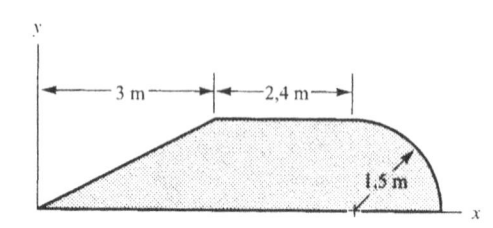

Figura P.8.51

8.52 A ferramenta de corte de um torno é programada para cortar ao longo da linha tracejada ilustrada na Figura P.8.52. Quais são o volume e a área do corpo de revolução gerado pelo torno?

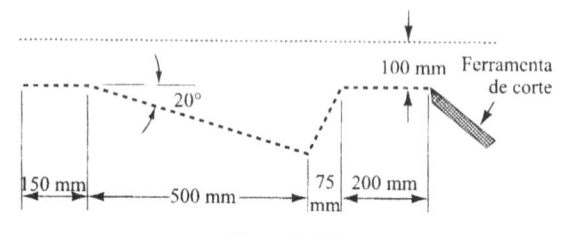

Figura P.8.52

8.53 Determine a área da superfície e o volume do tronco de cone.

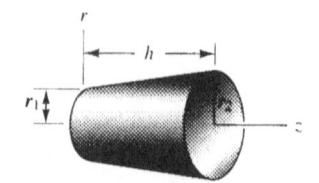

Figura P.8.53

8.54 Determine a área da superfície e o volume de uma cápsula espacial utilizada para o retorno à Terra de uma missão não tripulada a Marte. Aproxime o nariz redondo da cápsula a um nariz cônico, como o mostrado pela linha tracejada da Figura P.8.54.

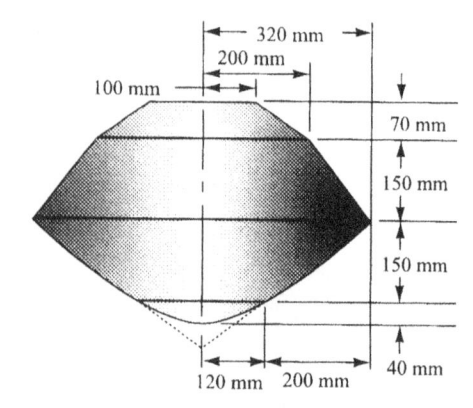

Figura P.8.54

8.55 Determine o volume e a área da superfície do foguete espacial Apollo utilizado para exploração lunar.

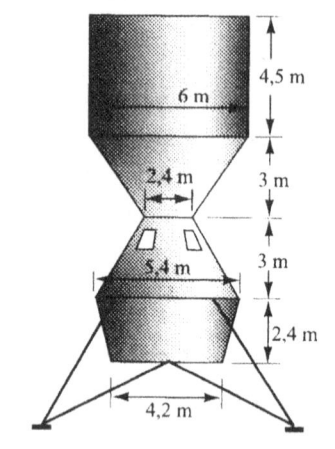

Figura P.8.55

8.56 Determine o centro de volume r_c do elemento de máquina mostrado.

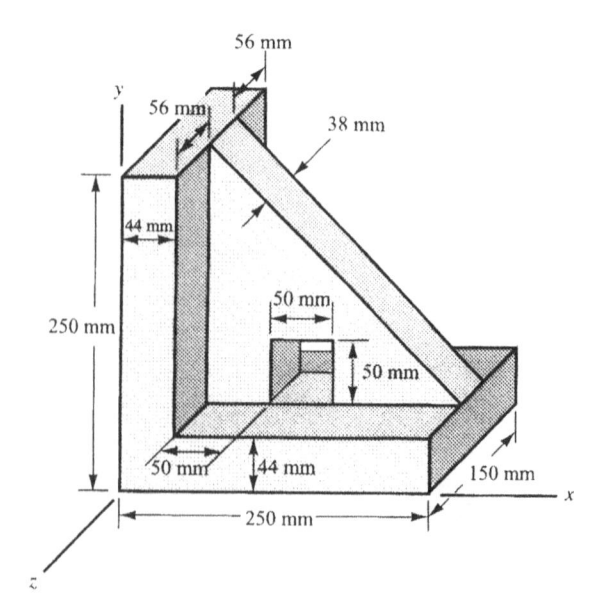

Figura P.8.56

8.5 Segundos momentos de inércia e o produto de inércia de área[3] de uma superfície plana

Outras propriedades de uma superfície plana são estudadas nesta seção. Os *segundos momentos de inércia* da área A em relação aos eixos x e y (Figura 8.19), representados por I_{xx} e I_{yy}, respectivamente, são definidos como:

$$I_{xx} = \int_A y^2 \, dA \qquad (8.18a)$$

$$I_{yy} = \int_A x^2 \, dA \qquad (8.18b)$$

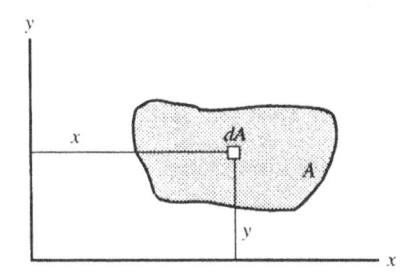

Figura 8.19: Superfície plana

O segundo momento de inércia de área não pode ser negativo, ao contrário do primeiro momento. Além disso, como a distância ao quadrado até o eixo é empregada, os elementos de área mais distantes do eixo contribuem em maior peso para o segundo momento de inércia de área.

Fazendo-se uma analogia com o centróide, toda a área pode ser concentrada em um único ponto (k_x, k_y) para a obtenção do segundo momento de inércia de área em relação a uma dada referência. Assim,

$$Ak_x^2 = I_{xx} = \int_A y^2 \, dA; \quad \text{portanto,} \quad k_x^2 = \frac{\int_A y^2 \, dA}{A}$$

$$Ak_y^2 = I_{yy} = \int_A x^2 \, dA; \quad \text{portanto,} \quad k_y^2 = \frac{\int_A x^2 \, dA}{A} \qquad (8.19)$$

As distâncias k_x e k_y são chamadas de *raios de giração*. Isso significa que *haverá uma posição que depende não apenas da forma da área, mas também da posição de referência adotada*. Essa situação é diferente do centróide, cuja localização é independente da posição de referência.

O *produto de inércia de área* relaciona uma área a um conjunto de eixos e é definido como:

$$I_{xy} = \int_A xy \, dA \qquad (8.20)$$

---

[3] As expressões *momento* e *produto de inércia* de área são geralmente empregadas em referência a segundo momento e produto de inércia de área, respectivamente. Todavia, essas expressões serão usadas no Capítulo 9 em conexão com as distribuições de massa.

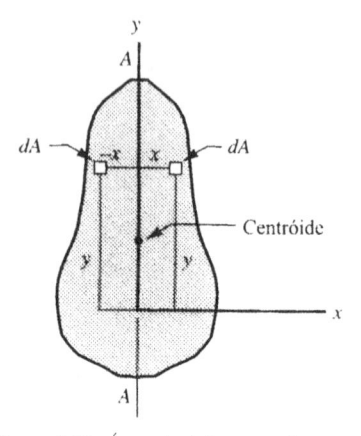

Figura 8.20: Área simétrica em relação ao eixo y.

Essa grandeza pode ser negativa.

Se a área em consideração tiver um eixo de simetria, o produto de inércia de área em relação a esse eixo e a qualquer eixo ortogonal a ele deverá ser 0. O leitor pode chegar a essa conclusão pela análise da área ilustrada na Figura 8.20, que é simétrica em relação ao eixo *A-A*. Observe que o centróide está em algum ponto ao longo desse eixo de simetria. (Por quê?) O eixo de simetria é mostrado como o eixo *y*, e um eixo *x* qualquer coplanar também é ilustrado na Figura 8.20. Também estão indicados nessa figura 2 elementos de área que são imagens espelhadas um do outro em relação ao eixo *y*. A contribuição ao produto de inércia de área de cada elemento de área é dada por *xy dA*, mas com sinais diferentes, de modo que o resultado final seja 0. Como toda a área pode ser considerada composta de tais pares, torna-se evidente que o produto de inércia de área para esses casos é 0. Isso *não deve* levar o leitor a concluir que uma área não-simétrica não possa ter produto de inércia de área igual a 0. A condição de áreas não-simétricas será avaliada posteriormente.

8.6 Teorema dos eixos paralelos

Agora será apresentado um teorema de grande aplicação no cálculo dos segundos momentos e dos produtos de inércia de área para superfícies que possam ser decompostas em partes simples (áreas compostas). Com esse teorema, podem-se calcular os segundos momentos e os produtos de inércia de área em relação a um eixo qualquer em termos dos segundos momentos e dos produtos de inércia de área calculados em relação a um conjunto de eixos paralelos passando pelo *centróide* da área em questão.

O eixo *x*, que está mostrado na Figura 8.21, é paralelo ao eixo *x'*, localizado a uma distância *d*, e passando pelo centróide da seção. O eixo *x'* é um *eixo centroidal*. O segundo momento de inércia de área em relação ao eixo *x* é expresso como:

$$I_{xx} = \int_A y^2 \, dA = \int_A (y' + d)^2 \, dA$$

onde a distância *y* foi substituída por $(y' + d)$. Efetuando a operação de integração da distância ao quadrado, obtém-se:

$$I_{xx} = \int_A y'^2 \, dA + 2d \int_A y' \, dA + Ad^2$$

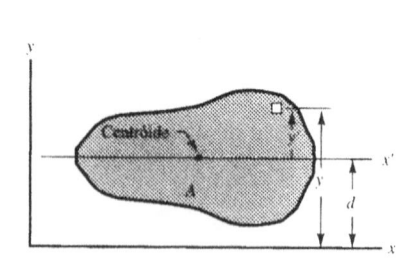

Figura 8.21: *x* e *x'* são eixos paralelos.

O primeiro termo no lado direito dessa expressão é por definição igual a $I_{x'x'}$. O segundo termo envolve o primeiro momento de inércia de área em relação ao eixo *x'*. Mas o eixo *x'* é um eixo centroidal e, portanto, o segundo termo é 0. Pode-se escrever o teorema dos eixos paralelos da seguinte forma:

$$I_{\text{qualquer eixo}} = I_{\text{eixo centroidal paralelo}} + Ad^2 \tag{8.21}$$

onde *d* é distância entre o eixo *x*, em relação ao qual *I* está sendo calculado, e o eixo centroidal paralelo.

Nas disciplinas de resistência dos materiais, que têm como pré-requisito a estática dos corpos rígidos, os segundos momentos de inércia de área em relação a eixos não-centroidais são muito comuns. As áreas envolvidas muitas vezes são complexas e difíceis de ser obtidas via integração. Assim, nos manuais de estruturas, as áreas de superfícies planas e os seus segundos momentos de inércia de área em relação aos eixos centroidais são listados para muitas configurações largamente utilizadas em engenharia, subentendendo-se que o projetista empregará o teorema dos eixos paralelos para eixos não-centroidais.

Será analisado agora o produto de inércia de área em relação a eixos não-centroidais empregando-se o teorema dos eixos paralelos. Desse modo, 2 referências são mostradas na Figura 8.22, uma (x', y') no centróide e outra (x, y) posicionada arbitrariamente, mas *paralela* em relação a (x', y'). Note que c e d são as *coordenadas* em relação aos eixos x e y, respectivamente, do centróide de A. Essas coordenadas devem, então, possuir sinais apropriados, dependendo do quadrante no qual o centróide de A se encontra em relação a x, y. O produto de inércia de área em relação aos eixos não-centroidais xy pode ser dado como:

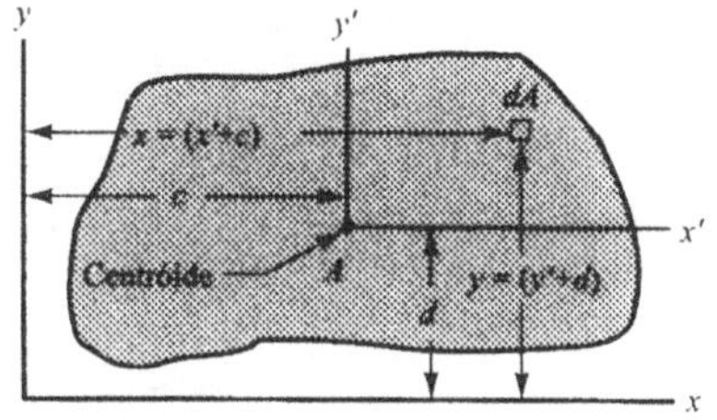

Figura 8.22: c e d medidos em relação a xy.

$$I_{xy} = \int_A xy\, dA = \int_A \{(x' + c)(y' + d)\, dA$$

Efetuando a multiplicação dos termos, obtém-se:

$$I_{xy} = \int_A x'y'\, dA + c\int_A y'\, dA + d\int_A x'\, dA + A\, dc$$

O primeiro termo no lado direito dessa expressão, claramente, representa $I_{x'y'}$, enquanto os 2 termos seguintes são 0, pois x' e y' são eixos centroidais. Assim, chega-se por meio do teorema dos eixos paralelos à seguinte forma para o produto de inércia de área:

$$I_{xy\text{ eixos quaisquer}} = I_{x'y'\text{ eixos centroidais paralelos}} + A\, dc \qquad (8.22)$$

É importante relembrar que c e d são as coordenadas do centróide medidas em relação aos eixos xy e devem ter sinais apropriados. Isso será mais bem analisado nos exemplos da seção seguinte.

8.7 Cálculo dos segundos momentos de inércia e produtos de inércia de área

Os exemplos resolvidos nesta seção mostram os procedimentos de cálculo dos segundos momentos de inércia e dos produtos de inércia de área.

Exemplo 8.6

Para o retângulo mostrado na Figura 8.23, calcule os segundos momentos e os produtos de inércia de área em relação aos eixos centroidais $x'y'$, assim como em relação aos eixos xy.

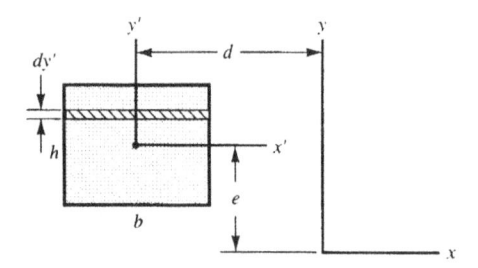

Figura 8.23: Retângulo: base b, altura h.

$\underline{I_{x'x'}, I_{y'y'}, I_{x'y'}}$. Para o cálculo de $I_{x'x'}$, utiliza-se um elemento de área horizontal de largura dy' localizado a uma distância y' do eixo x'. A área dA torna-se, então, igual a $b\,dy'$. Assim, tem-se:

$$I_{x'x'} = \int_{-h/2}^{+h/2} y'^2 b\,dy' = b\frac{y'^3}{3}\Big|_{-h/2}^{+h/2} = \frac{b}{3}\left(\frac{h^3}{8}+\frac{h^3}{8}\right) = \frac{1}{12}bh^3 \qquad (a)$$

Esse é um resultado bastante conhecido e deve ser memorizado, pois será utilizado com muita freqüência em engenharia. Ao descrever essa grandeza, diz-se que para um dado eixo o segundo momento de inércia de área é igual a $\frac{1}{12}$ da base b vezes a altura h ao cubo. O segundo momento de inércia de área em relação ao eixo y' pode ser expresso de imediato como:

$$I_{y'y'} = \frac{1}{12}hb^3 \qquad (b)$$

onde a base e a altura foram simplesmente trocadas de posição.

Devido à simetria da seção, observa-se que:

$$I_{x'y'} = 0 \qquad (c)$$

$\underline{I_{xx}, I_{yy}, I_{xy}}$. Empregando o teorema dos eixos paralelos, obtém-se:

$$I_{xx} = \frac{1}{12}bh^3 + bhe^2 \qquad (d)$$

$$I_{yy} = \frac{1}{12}hb^3 + bhd^2 \qquad (e)$$

No cálculo do produto de inércia de área, os sinais apropriados para as distâncias devem ser empregados com muito cuidado. Na verificação da derivação do teorema dos eixos paralelos, constata-se que as distâncias são medidas a partir dos eixos não-centroidais até o centróide C. Portanto, neste problema, as distâncias para a transferência são $(+e)$ e $(-d)$. Desse modo, o cálculo de I_{xy} torna-se:

$$I_{xy} = 0 + (bh)(+e)(-d) = -bhed \qquad (f)$$

que é uma quantidade negativa.

Exemplo 8.7

Quais são os valores de I_{xx}, I_{yy} e I_{xy} para a área sob a curva parabólica mostrada na Figura 8.24?

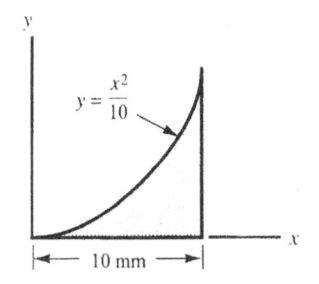

Para calcular I_{xx}, tiras infinitesimais horizontais de área com espessura dy devem ser utilizadas, como ilustrado na Figura 8.25. Pode-se dizer que para I_{xx}:

$$I_{xx} = \int_0^{10} y^2 [dy(10-x)]$$

mas

$$x = \sqrt{10}\, y^{1/2}$$

portanto,

$$I_{xx} = \int_0^{10} y^2 (10 - \sqrt{10}\, y^{1/2})\, dy$$

$$= \left[10 \cdot \frac{y^3}{3} - \sqrt{10}\, y^{7/2} \left(\frac{2}{7}\right) \right]_0^{10}$$

$$= \frac{10(10^3)}{3} - \sqrt{10}\,(10^{7/2}) \left(\frac{2}{7}\right) = 476{,}2 \text{ mm}^4$$

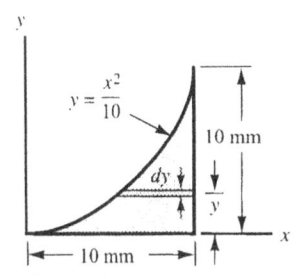

Para a determinação de I_{yy}, utilizam-se tiras infinitesimais verticais de área, como mostrado na Figura 8.26. Pode-se, então, escrever:

$$I_{yy} = \int_0^{10} x^2 (y\, dx) = \int_0^{10} \frac{x^4}{10}\, dx$$

$$= \left. \frac{x^5}{50} \right|_0^{10} = 2 \times 10^3 \text{ mm}^4$$

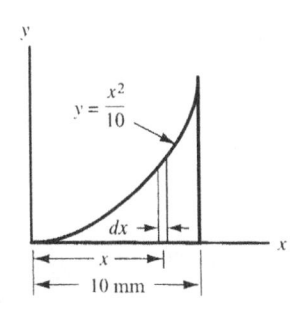

Por fim, para o cálculo de I_{xy}, emprega-se um elemento de área infinitesimal $dx\, dy$, como ilustrado na Figura 8.27. Aqui, deve-se efetuar uma integração múltipla[4]. Assim, tem-se:

$$I_{xy} = \int_0^{10} \int_{y=0}^{y=x^2/10} xy\, dy\, dx$$

Note que, mantendo-se x constante e variando y, de $y = 0$ até a curva $y = x^2/10$, cobre-se a tira vertical de área de espessura dx na posição x, como é ilustrado na Figura 8.26. Então, variando x de 0 a 10, cobre-se toda a área. Desse modo, efetua-se a integração primeiramente em relação a y, mantendo-se x constante. Assim,

$$I_{xy} = \int_0^{10} x \left(\frac{y^2}{2} \right) \bigg|_0^{x^2/10} dx = \int_0^{10} \frac{x^5}{200}\, dx$$

Em seguida, efetua-se a integração em relação a x e obtém-se:

$$I_{xy} = \left. \frac{x^6}{1.200} \right|_0^{10} = 833 \text{ mm}^4$$

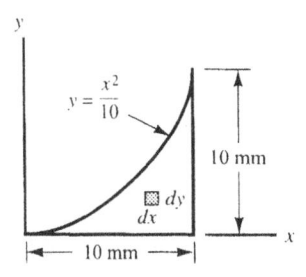

Figura 8.24: Área plana.

Figura 8.25: Tira horizontal de área.

Figura 8.26: Tira vertical de área.

Figura 8.27: Elemento de área para a integração múltipla.

---

[4] Essa integração múltipla envolve os contornos da área que requerem alguns limites para as variáveis, que são muitas vezes funções e não números.

Exemplo 8.8

Calcule o segundo momento de inércia de uma área circular em relação a uma linha diametral (Figura 8.28).

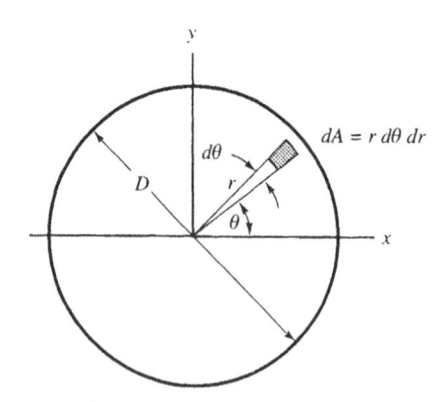

Figura 8.28: Área circular descrita por coordenadas polares.

Ao empregar as coordenadas polares, tem-se a seguinte expressão[5] para I_{xx}:

$$I_{xx} = \int_0^{D/2} \int_0^{2\pi} (r\,\text{sen}\,\theta)^2 r\, d\theta\, dr = \int_0^{D/2} \pi r^3\, dr$$

Completando a integração, tem-se:

$$I_{xx} = \left.\frac{r^4}{4}\pi\right|_0^{D/2} = \pi\frac{D^4}{64}$$

O produto de inércia de área I_{xy} deve ser 0, devido à simetria da área em relação aos eixos xy.

---

[5] A integral $\int_0^{2\pi} \text{sen}^2\theta\, d\theta$ pode ser determinada pelos métodos de substituição de variável ou da seguinte maneira: $\int_0^{2\pi} \text{sen}^2\theta\, d\theta$ é igual à área sob a curva mostrada, que é a metade da área do retângulo tracejado. Por isso, essa integral é igual a π.

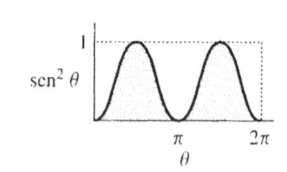

Nos exemplos estudados, os segundos momentos e os produtos de inércia de área foram calculados utilizando-se as ferramentas das disciplinas de cálculo. Muitos problemas de interesse envolvem uma área que pode ser subdividida em *componentes* de áreas mais simples. Esta denomina-se área composta. As expressões do segundo momento e do produto de inércia de área para determinados eixos centroidais podem ser encontradas em manuais de engenharia (consulte também o material ao final deste livro). Empregando essas fórmulas, combinadas com o teorema dos eixos paralelos, podem ser facilmente calculados os segundos momentos e os produtos de inércia de área, como foi efetuado anteriormente no cálculo dos primeiros momentos de inércia de área. O exemplo seguinte ilustra esse procedimento.

Exemplo 8.9

Determine o centróide da área da seção Z mostrada na Figura 8.29. Calcule, então, o segundo momento de inércia de área em relação aos eixos centroidais paralelos aos lados da seção Z. Para finalizar, calcule também o produto de inércia de área em relação a esses eixos centroidais.

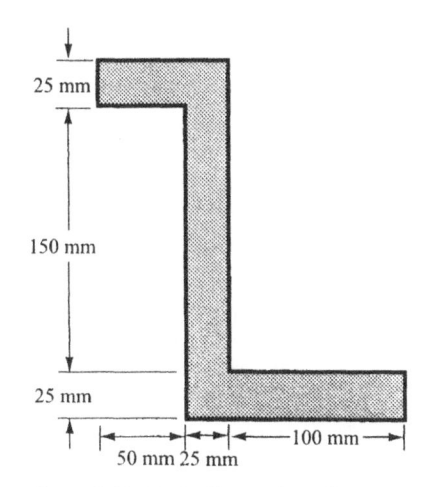

Figura 8.29: Seção Z com abas diferentes.

Em primeiro lugar, a seção Z é dividida em 3 áreas retangulares, como ilustrado na Figura 8.30. Um sistema de referência xy deve ser inserido nessa figura. Para calcular o centróide, procede-se da seguinte maneira:

A_i (mm^2)	$\bar{x}_i$ (mm)	$\bar{y}_i$ (mm)	$A_i\bar{x}_i$ (mm^3)	$A_i\bar{y}_i$ (mm^3)
1. (50)(25) = 1.250	25	187,5	$31,25 \times 10^3$	$234,375 \times 10^3$
2. (200)(25) = 5.000	62,5	100	$312,5 \times 10^3$	500×10^3
3. (100)(25) = 2.500	125	12,5	$312,5 \times 10^3$	$31,25 \times 10^3$
$\sum_i A_i = 8.750$			$\sum_i A_i\bar{x}_i = 656,25 \times 10^3$	$\sum_i A_i\bar{y}_i = 765,625 \times 10^3$

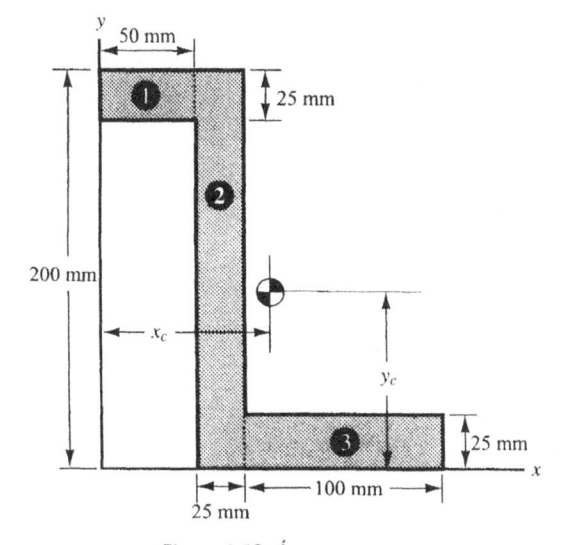

Figura 8.30: Área composta.

Exemplo 8.9 (*continuação*)

Portanto,

$$x_c = \frac{\sum_i A_i \bar{x}_i}{\sum_i A_i} = \frac{656{,}25}{8{,}75} = 75 \text{ mm}$$

$$y_c = \frac{\sum_i A_i \bar{y}_i}{\sum_i A_i} = \frac{765{,}625}{8{,}75} = 87{,}5 \text{ mm}$$

Os eixos centroidais $x_c y_c$ são ilustrados na Figura 8.31. Para determinar os valores de $I_{x_c x_c}$ e $I_{y_c y_c}$ emprega-se o teorema dos eixos paralelos e as fórmulas conhecidas $\frac{1}{12}bh^3$ e $\frac{1}{12}hb^3$ dos segundos momentos de inércia em relação aos eixos centroidais de um retângulo.

$$I_{x_c x_c} = \underbrace{\left[\left(\tfrac{1}{12}\right)(50)(25^3) + (50(25)(100)^2\right]}_{\text{①}} + \underbrace{\left[\left(\tfrac{1}{12}\right)(25)(200^3) + (200)(25)(12{,}5)^2\right]}_{\text{②}}$$

$$+ \underbrace{\left[\left(\tfrac{1}{12}\right)(100)(25^3) + (100)(25)(75)^2\right]}_{\text{③}} = 44{,}21 \times 10^6 \text{ mm}^4$$

$$I_{y_c y_c} = \underbrace{\left[\left(\tfrac{1}{12}\right)(25)(50^3) + (25)(50)(50)^2\right]}_{\text{①}} + \underbrace{\left[\left(\tfrac{1}{12}\right)(200)(25^3) + (200(25)(12{,}5)^2\right]}_{\text{②}}$$

$$+ \underbrace{\left[\left(\tfrac{1}{12}\right)(25)(100^3) + (25)(100)(50)^2\right]}_{\text{③}} = 12{,}76 \times 10^6 \text{ mm}^4$$

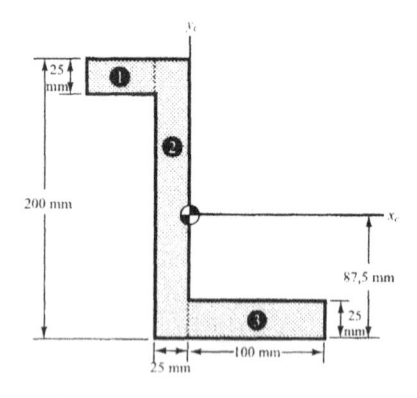

Figura 8.31: Eixos centroidais $x_c y_c$.

Por fim, calcula-se o produto de inércia de área $I_{x_c y_c}$. Deve-se tomar o máximo cuidado na utilização do teorema dos eixos paralelos nesse cálculo. Lembre-se de que $x_c y_c$ são eixos centroidais para toda a seção Z. Ao utilizar o teorema dos eixos paralelos para uma *subárea*, observe que $x_c y_c$ não são os eixos centroidais dessa subárea. Os eixos centroidais para as subáreas são os seus eixos de simetria. Em suma, os eixos $x_c y_c$ são os eixos de referência para o cálculo do produto de inércia de área para cada subárea. Portanto, pelo teorema dos eixos paralelos, as distâncias de transferência c e d são medidas a *partir dos eixos $x_c y_c$ até o centróide* de cada subárea. O sinal apropriado deve ser utilizado para as distâncias de transferência de cada subárea. Então, tem-se para $I_{x_c y_c}$:

$$I_{x_c y_c} = \underbrace{[0 + (50)(25)(-50)(100)]}_{\text{①}} + \underbrace{[0 + (25)(200)(-12{,}5)(12{,}5)]}_{\text{②}}$$

$$+ \underbrace{[0 + (100)(25)(50)(-75)]}_{\text{③}} = -16{,}41 \times 10^6 \text{ mm}^4$$

Problemas

8.57 Determine I_{xx}, I_{yy} e I_{xy} para o triângulo mostrado.

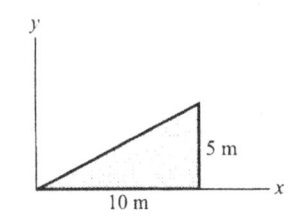

Figura P.8.57

8.58 Quais são os segundos momentos e os produtos de inércia de área para a elipse em relação aos eixos xy? (*Dica*: É possível efetuar o cálculo para um quadrante e, então, multiplicar os valores dos segundos momentos obtidos por 4?)

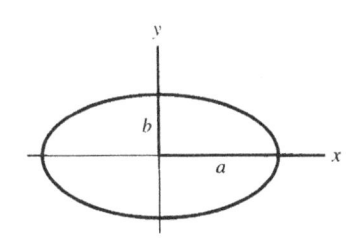

Figura P.8.58

8.59 Determine I_{xx} e I_{yy} para um quarto de círculo de raio igual a 5 m.

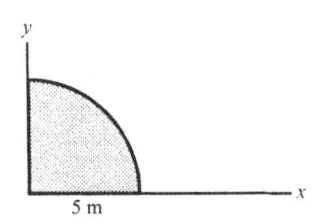

Figura P.8.59

8.60 Determine I_{xx}, I_{yy} e I_{xy} para a área sombreada.

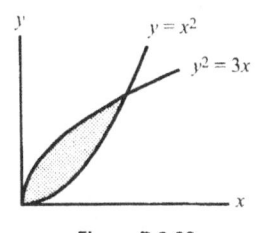

Figura P.8.60

8.61 Determine I_{yy} para a área sombreada. Calcule em primeiro lugar a constante c.

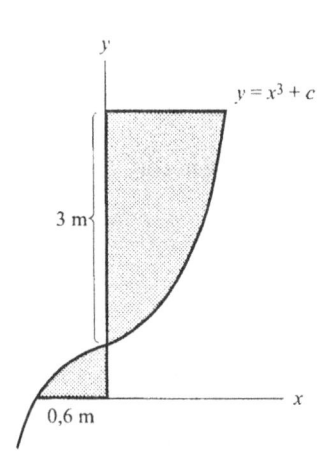

Figura P.8.61

8.62 Determine I_{yy} para a área compreendida entre as curvas:

$$y = 2\, \text{sen}\, x \text{ m}$$
$$y = \text{sen}\, 2x \text{ m}$$

para a região definida de $x = 0$ a $x = \pi$ m.

8.63 Determine I_{yy} para a área delimitada pelas curvas $y = \cos x$ e $y = \text{sen}\, x$ e as linhas $x = 0$ e $x = \pi/2$.

8.64 Demonstre que $I_{xx} = bh^3/12$, $I_{yy} = b^3h/12$ e $I_{xy} = b^2h^2/24$ para o triângulo retângulo mostrado na Figura P.8.64.

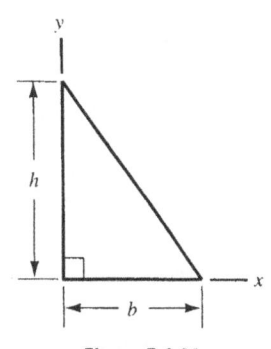

Figura P.8.64

8.65 Determine I_{xx}, I_{yy} e I_{xy} para a área sombreada.

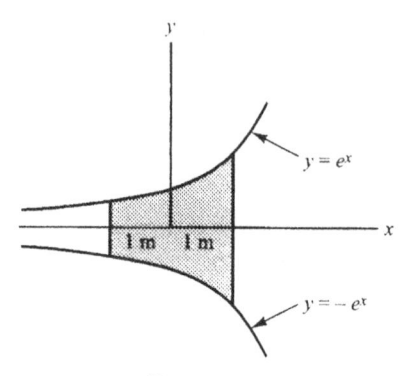

Figura P.8.65

8.66 Determine I_{xx}, I_{yy} e I_{xy} para a área do Problema 8.4. A equação da curva é dada por $y^2 = 20x - 60$.

8.67 Determine I_{xx}, I_{yy} e I_{xy} para a seção mostrada.

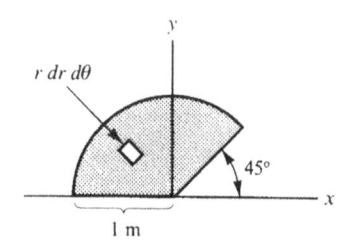

Figura P.8.67

8.68 Determine I_{xx} e I_{yy} para a área do Problema 8.5. A equação da parábola é $y = (x^2/9) - 5$. (*Dica*: A área de um elemento vertical na região abaixo do eixo x é $(0 - y)\, dx$.)

8.69 No Problema 8.68, determine I_{xy} empregando a integração múltipla.

8.70 Determine os segundos momentos de inércia de área em relação aos eixos xy para a área sombreada.

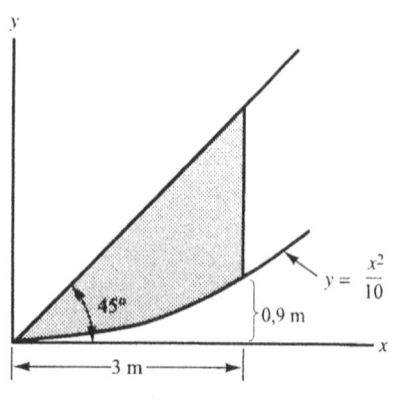

Figura P.8.70

8.71 Considerando que o segundo momento de inércia de área em relação ao eixo A-A tem um valor de 5 m^4, qual será o valor do segundo momento de inércia em relação a um eixo paralelo B-B, distante 0,9 m de A-A, de uma área de 1 m^2? O centróide dessa área está a 1,2 m de B-B.

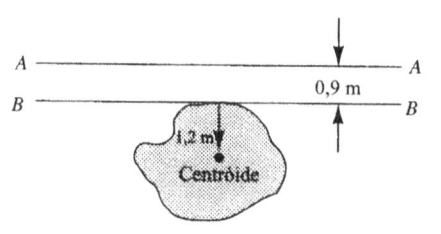

Figura P.8.71

8.72 Empregando os resultados do Problema 8.64, demonstre que $I_{x_c x_c} = bh^3/36$, $I_{y_c y_c} = hb^3/36$ e $I_{x_c y_c} = -b^2h^2/72$ para o triângulo retângulo mostrado na Figura P.8.72.

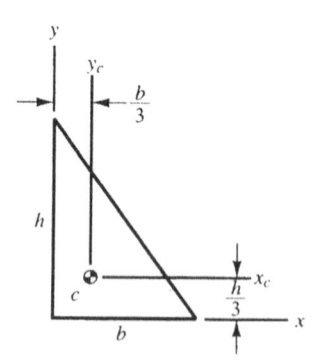

Figura P.8.72

8.73 Demonstre que $I_{xx} = bh^3/12$, $I_{yy} = (hb/12)(b^2 + ab + a^2)$ e $I_{xy} = (h^2b/24)(2a + b)$ para o triângulo da figura. (*Dica*: Dividir o triângulo em 2 triângulos retângulos para os quais os momentos de inércia sejam conhecidos (veja o Problema 8.72).)

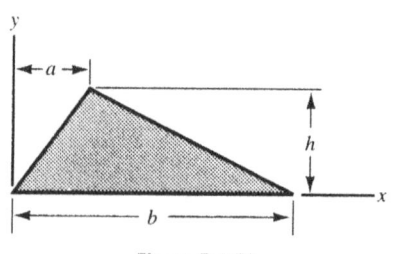

Figura P.8.73

8.74 No Problema 8.73, demonstre que $I_{x_c x_c} = bh^3/36$, $I_{y_c y_c} = (bh/36)(b^2 - ab + a^2)$ e $I_{x_c y_c} = (h^2 b/72)(2a - b)$ para o triângulo. (*Dica*: Use os resultados dos Problemas 8.11 e 8.73 e o teorema dos eixos paralelos.)

8.75 Determine I_{xx}, I_{yy} e I_{xy} para a seção extrudada. Desconsidere todos os cantos arredondados. Resolva este problema empregando 4 áreas. Verifique a solução utilizando 2 áreas.

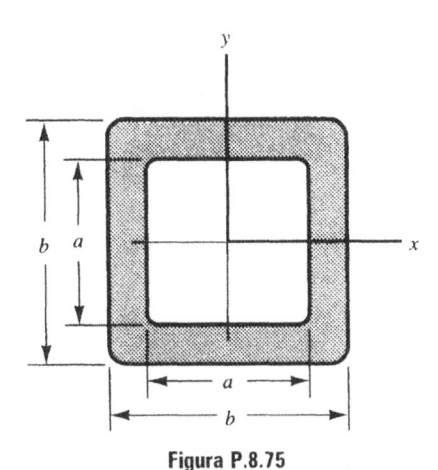

Figura P.8.75

8.76 Determine o segundo momento de inércia de área do retângulo (com um furo) em relação à sua base. Determine também o produto de inércia de área em relação à base e ao lado esquerdo.

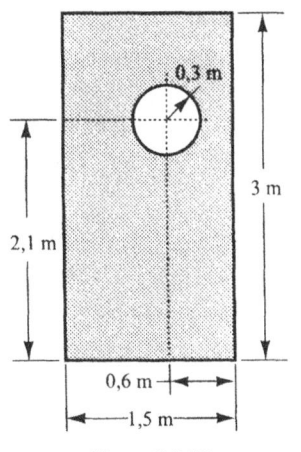

Figura P.8.76

8.77 Determine I_{xx}, I_{yy}, $I_{x_c x_c}$ e $I_{y_c y_c}$ para a seção estrutural mostrada. Desconsidere os cantos arredondados.

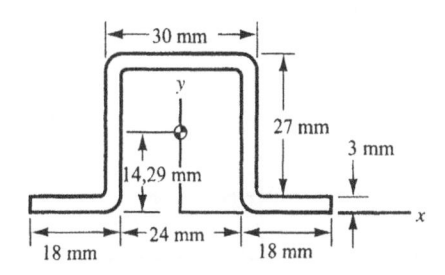

Figura P.8.77

8.78 Determine I_{xx}, I_{yy} e I_{xy} para o hexágono.

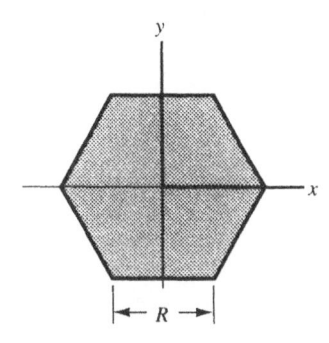

Figura P.8.78

8.79 A seção transversal de uma viga é composta por uma seção na forma de I e uma placa espessa soldada sobre ela. Determine os segundos momentos de inércia de área em relação aos eixos centroidais $x_c y_c$ da seção. Qual é o valor de $I_{x_c y_c}$? Apresente os resultados em milímetros.

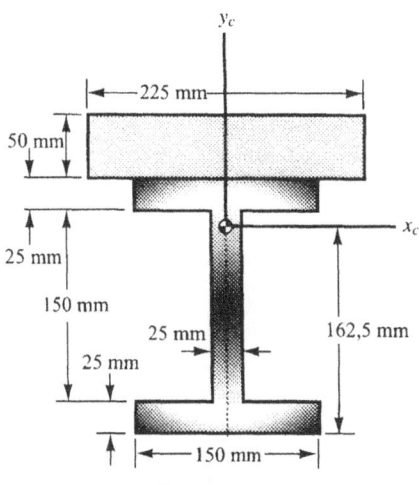

Figura P.8.79

8.80 Determine os segundos momentos de inércia de área da seção mostrada em relação aos eixos centroidais paralelos aos eixos x e y. Isto é, determine $I_{x_c x_c}$ e $I_{y_c y_c}$. Apresente os resultados em milímetros.

8.81 A figura P.8.81 apresenta a configuração de uma área plana.
(a) Determine os primeiros momentos de inércia de área em relação aos eixos x e y.
(b) Determine os segundos momentos de inércia de área em relação a esses eixos.
(c) Determine o produto de inércia de área em relação a esses eixos.
(d) Quais são os valores dos raios de giração, k_x e k_y, para essa área?

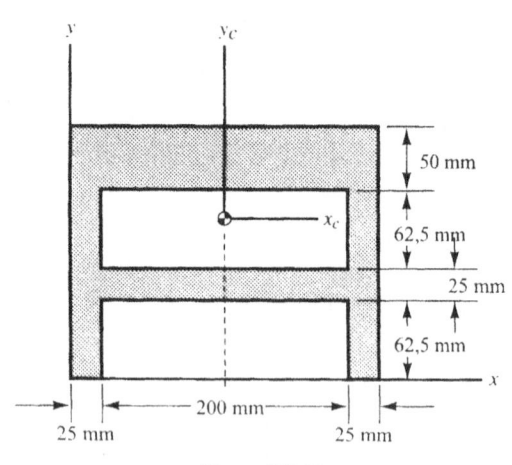

Figura P.8.80

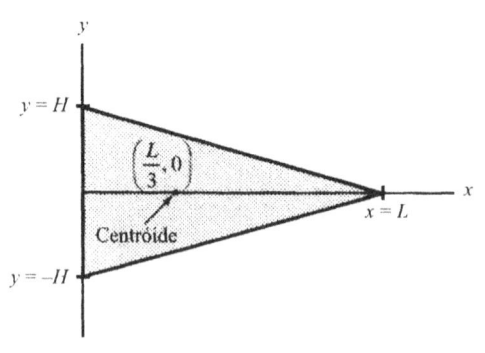

Figura P.8.81

8.8 Relação entre segundos momentos de inércia e produtos de inércia de área

O procedimento para a determinação dos segundos momentos de inércia e dos produtos de inércia de área em relação a um sistema de referência $x'y'$, que é obtido pela rotação do sistema xy, é discutido nesta seção. Ambos os sistemas têm a *mesma origem* e considera-se que os valores desses momentos e produtos de inércia de área em relação a xy sejam conhecidos. A referência $x'y'$ é girada de um ângulo α em relação a xy (o sentido anti-horário é considerado positivo), como mostrado na Figura 8.32.

Um passo preliminar no cálculo dessas propriedades da área consiste em obter-se a relação entre as coordenadas dos elementos de área dA para ambas as referências. Observando a Figura 8.32, obtém-se:

$$x' = x \cos \alpha + y \operatorname{sen} \alpha \quad (8.23a)$$

$$y' = -x \operatorname{sen} \alpha + y \cos \alpha \quad (8.23b)$$

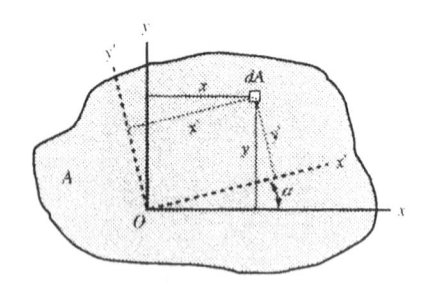

Figura 8.32: Rotação de eixos.

Por meio da relação apresentada na Equação 8.23b, é possível expressar $I_{x'x'}$ da seguinte forma:

$$I_{x'x'} = \int_A (y')^2 \, dA = \int_A (-x \operatorname{sen} \alpha + y \cos \alpha)^2 \, dA \quad (8.24)$$

Separando os termos desta expressão, tem-se:

$$I_{x'x'} = \operatorname{sen}^2 \alpha \int_A x^2 \, dA - 2 \operatorname{sen} \alpha \cos \alpha \int_A xy \, dA + \cos^2 \alpha \int_A y^2 \, dA$$

portanto,

$$I_{x'x'} = I_{yy} \operatorname{sen}^2 \alpha + I_{xx} \cos^2 \alpha - 2 I_{xy} \operatorname{sen} \alpha \cos \alpha \quad (8.25)$$

Uma forma mais usual de representação dessa relação pode ser obtida por meio das seguintes identidades trigonométricas:

$$\cos^2 \alpha = \frac{1}{2}(1 + \cos 2\alpha) \qquad (a)$$

$$\text{sen}^2 \alpha = \frac{1}{2}(1 - \cos 2\alpha) \qquad (b)$$

$$2 \text{ sen } \alpha \cos \alpha = \text{sen } 2\alpha \qquad (c)$$

Então, obtém-se[6]:

$$I_{x'x'} = \frac{I_{xx} + I_{yy}}{2} + \frac{I_{xx} - I_{yy}}{2} \cos 2\alpha - I_{xy} \text{ sen } 2\alpha \qquad (8.26)$$

Para a determinação de $I_{y'y'}$, torna-se necessário substituir α, nessa equação, por $(\alpha + \pi/2)$. Assim,

$$I_{y'y'} = \frac{I_{xx} + I_{yy}}{2} + \frac{I_{xx} - I_{yy}}{2} \cos (2\alpha + \pi) - I_{xy} \text{ sen } (2\alpha + \pi)$$

Por meio das relações $\cos (2\alpha + \pi) = -\cos 2\alpha$ e $\text{sen } (2\alpha + \pi) = -\text{sen } 2\alpha$, a equação anterior torna-se:

$$I_{y'y'} = \frac{I_{xx} + I_{yy}}{2} - \frac{I_{xx} - I_{yy}}{2} \cos 2\alpha + I_{xy} \text{ sen } 2\alpha \qquad (8.27)$$

O produto de inércia de área $I_{x'y'}$ pode ser calculado de maneira similar:

$$I_{x'y'} = \int_A x'y' \, dA = \int_A (x \cos \alpha + y \text{ sen } \alpha)(-x \text{ sen } \alpha + y \cos \alpha) \, dA$$

Essa expressão torna-se:

$$I_{x'y'} = \text{ sen } \alpha \cos \alpha (I_{xx} - I_{yy}) + (\cos^2 \alpha - \text{sen}^2 \alpha) I_{xy}$$

Por meio das relações trigonométricas apresentadas anteriormente, obtém-se:

$$I_{x'y'} = \frac{I_{xx} - I_{yy}}{2} \text{ sen } 2\alpha + I_{xy} \cos 2\alpha \qquad (8.28)$$

Dessa maneira, constata-se que, se as grandezas I_{xx}, I_{yy} e I_{xy} são conhecidas para uma referência xy no ponto O, os segundos momentos de inércia e os produtos de inércia de área em relação a qualquer conjunto de eixos com origem em O podem ser determinados. Além disso, se o teorema dos eixos paralelos for empregado, os segundos momentos de inércia e o produto de inércia de área em relação a *qualquer* referência no plano da área poderão ser calculados.

---

[6] As Equações 8.26, 8.27 e 8.28 são chamadas *equações de transformação* de coordenadas. Elas aparecerão no próximo capítulo e nos futuros cursos de mecânica dos sólidos, em que serão empregadas para outras variáveis. No restante deste capítulo, o leitor verá que muitas propriedades importantes do segundo momento de inércia e do produto de inércia de área são extraídas *diretamente* dessas equações de transformação. O Capítulo 9 fornecerá informação adicional sobre esse tópico.

Exemplo 8.10

Determine $I_{x'x'}$, $I_{y'y'}$ e $I_{x'y'}$ para a seção transversal da viga ilustrada na Figura 8.33. A origem do sistema $x'y'$ está localizada no centróide da seção.

Para tanto, analisam-se os 3 retângulos numerados, ilustrados na Figura 8.34. As dimensões desses retângulos são dadas a seguir:

Ret. (1) 100 mm × 40 mm (retângulo externo)

Ret. (2) 20 mm × 30 mm

Ret. (3) 20 mm × 30 mm

Em primeiro lugar, determinam-se os valores de I_{xx}, I_{yy} e I_{xy}. Assim,

$$I_{xx} = \left(\frac{1}{12}\right)(40)(100)^3 - 2\left[\frac{1}{12}(30)(20)^3 + (20)(30)(40)^2\right] = 1{,}373 \times 10^6 \text{ mm}^4$$

$$I_{yy} = \left(\frac{1}{12}\right)(100)(40)^3 - 2\left[\frac{1}{12}(20)(30)^3\right] = 0{,}443 \times 10^6 \text{ mm}^4$$

$$I_{xy} = 0 \text{ (simetria)}$$

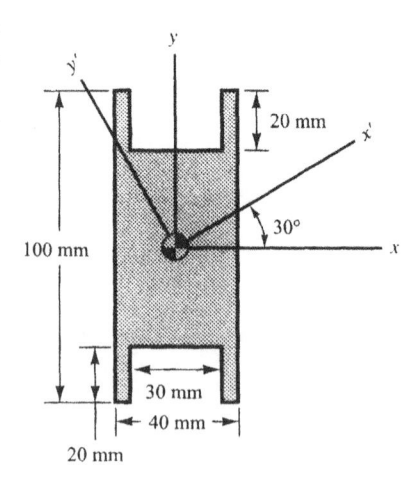

Figura 8.33: Uma área composta.

Dessa maneira, torna-se possível escrever as equações de transformação para as propriedades desejadas[7].

$$I_{x'x'} = \frac{1{,}373 \times 10^6 + 0{,}443 \times 10^6}{2} + \frac{1{,}373 \times 10^6 - 0{,}443 \times 10^6}{2} \cos 60° + 0$$

$$= 1{,}141 \times 10^6 \text{ mm}^4$$

$$I_{y'y'} = \frac{1{,}373 \times 10^6 + 0{,}443 \times 10^6}{2} - \frac{1{,}373 \times 10^6 - 0{,}443 \times 10^6}{2} \cos 60° + 0$$

$$= 0{,}676 \times 10^6 \text{ mm}^4$$

$$I_{x'y'} = \frac{1{,}373 \times 10^6 - 0{,}443 \times 10^6}{2} \sin 60° = 0{,}403 \times 10^6 \text{ mm}^4$$

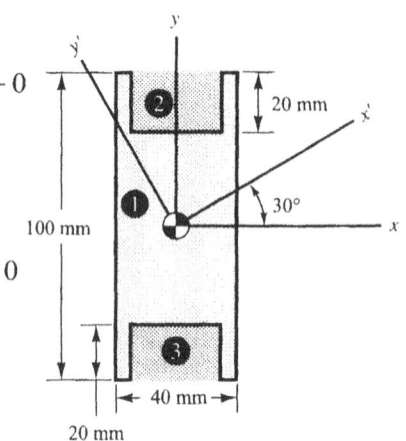

Figura 8.34: Área composta por 3 subáreas.

---

7 É importante notar que para se efetuar o cálculo de $I_{y'y'}$, a partir da expressão de $I_{x'x'}$, basta efetuar a troca de sinal do segundo e terceiro termos do lado direito da expressão de $I_{x'x'}$.

8.9 Momento polar de inércia de área

Na seção anterior, as expressões para o cálculo dos segundos momentos de inércia e do produto de inércia de área foram obtidas para *qualquer* referência em termos dos valores dessas grandezas em uma referência ortogonal com a mesma origem. Será mostrado nesta seção que a soma dos pares dos segundos momentos de inércia de área será constante para tais referências com a mesma origem. Desse modo, na Figura 8.35, tem-se uma referência associada ao ponto a. Somando I_{xx} e I_{yy}, tem-se:

$$I_{xx} + I_{yy} = \int_A y^2 \, dA + \int_A x^2 \, dA$$
$$= \int_A (x^2 + y^2) \, dA = \int_A r^2 \, dA$$

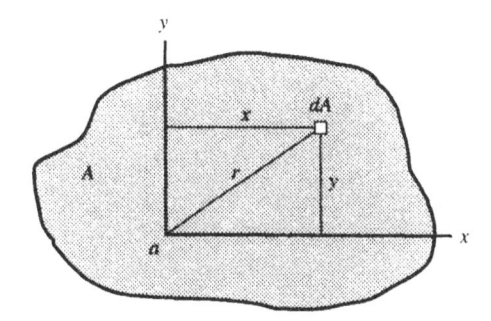

Figura 8.35: $J = I_{xx} + I_{yy}$.

Como r^2 é independente da orientação do sistema de coordenadas, a soma $I_{xx} + I_{yy}$ é independente da orientação do sistema de referência. Portanto, a soma dos segundos momentos de inércia de área em relação a eixos ortogonais é função apenas da posição da origem a desses eixos. Essa soma é denominada *momento polar de inércia de área*, J^8. A propriedade J pode ser considerada um campo escalar. Matematicamente, essa afirmação pode ser expressa como:

$$J = J(x', y') \tag{8.29}$$

onde x' e y' são as coordenadas medidas do ponto de interesse a partir de um sistema de referência apropriado $x'y'$.

Outra maneira de verificar que $(I_{xx} + I_{yy})$ não varia com a rotação dos eixos de referência é efetuar a soma das Equações de transformação 8.26 e 8.27. Esse grupo de termos é, dessa maneira, denominado *invariante*. De modo similar, pode-se mostrar que $(I_{xx}I_{yy} - I_{xy}^2)$ é também um invariante em relação à rotação dos eixos de referência.

---

[8] Utiliza-se com freqüência o símbolo I_p para o momento polar de inércia de área.

8.10 Eixos principais

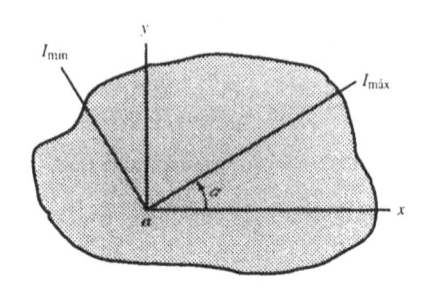

Figura 8.36: Eixos principais.

Algumas conclusões adicionais podem ser extraídas dos segundos momentos de inércia e do produto de inércia de área associados a um ponto de uma área. Na Figura 8.36, uma área é mostrada com uma referência xy que tem sua origem no ponto a. Considera-se que os valores de I_{xx}, I_{yy} e I_{xy} sejam conhecidos nessa referência. Pode-se perguntar qual deve ser o ângulo α do eixo em relação ao qual se encontra o valor *máximo* do segundo momento de inércia de área. Como a soma dos segundos momentos de inércia de área é constante para qualquer referência com origem em a, o valor *mínimo* do segundo momento de inércia de área deve então corresponder a um eixo perpendicular ao eixo com o valor máximo dessa grandeza. Uma vez que os segundos momentos de inércia de área são expressos pelas Equações 8.26 e 8.27 como função da variável α naquele ponto, os seus valores extremos podem ser facilmente determinados igualando-se a 0 a primeira derivada de $I_{x'x'}$ em relação a α. Assim,

$$\frac{\partial I_{x'x'}}{\partial \alpha} = (I_{xx} - I_{yy})(-\operatorname{sen} 2\alpha) - 2I_{xy} \cos 2\alpha = 0$$

Se o valor de α que satisfaz essa equação é representado por $\widetilde{\alpha}$, tem-se:

$$(I_{yy} - I_{xx}) \operatorname{sen} 2\widetilde{\alpha} - 2I_{xy} \cos 2\widetilde{\alpha} = 0$$

portanto,

$$\tan 2\widetilde{\alpha} = \frac{2I_{xy}}{I_{yy} - I_{xx}} \qquad (8.30)$$

Essa fórmula fornece o valor de $\widetilde{\alpha}$, que corresponde ao valor extremo de $I_{x'x'}$ (ou seja, um valor mínimo ou um valor máximo). Na realidade, existem 2 valores possíveis de $2\widetilde{\alpha}$, que estão separados entre si de π radianos, satisfazendo a equação anterior. Assim,

$$2\widetilde{\alpha} = \beta, \quad \text{onde } \beta = \tan^{-1} \frac{2I_{xy}}{I_{yy} - I_{xx}}$$

ou:

$$2\widetilde{\alpha} = \beta + \pi$$

Isso significa que há 2 valores de $\widetilde{\alpha}$, que são expressos como:

$$\widetilde{\alpha}_1 = \frac{\beta}{2}, \quad \widetilde{\alpha}_2 = \frac{\beta}{2} + \frac{\pi}{2}$$

Dessa maneira, existem 2 eixos ortogonais associados aos valores extremos do segundo momento de inércia de área no ponto a. Um desses eixos está associado ao máximo valor do segundo momento de inércia de área, enquanto o outro está associado ao mínimo valor dessa grandeza. Esses eixos são denominados *eixos principais*.

Substituindo a expressão de $\widetilde{\alpha}$ na Equação 8.28 para $I_{x'y'}$:

$$I_{x'y'} = \frac{I_{xx} - I_{yy}}{2} \operatorname{sen} 2\widetilde{\alpha} + I_{xy} \cos 2\widetilde{\alpha} \qquad (8.31)$$

Pode-se desenhar um triângulo retângulo com lados $2I_{xy}$ e $(I_{yy} - I_{xx})$ e com ângulo $2\widetilde{\alpha}$, tal que a Equação 8.30 seja satisfeita. Desse modo, obtêm-se de imediato as expressões para as funções seno e cosseno necessárias nessa última equação. Assim,

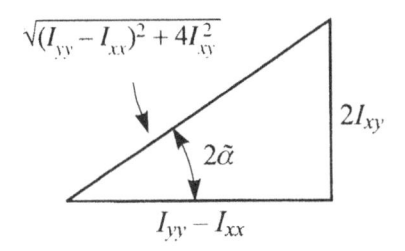

$$\operatorname{sen} 2\widetilde{\alpha} = \frac{2I_{xy}}{\sqrt{(I_{yy} - I_{xx})^2 + 4I_{xy}^2}}$$

$$\cos 2\widetilde{\alpha} = \frac{I_{yy} - I_{xx}}{\sqrt{(I_{yy} - I_{xx})^2 + 4I_{xy}^2}}$$

Essas expressões são substituídas na Equação 8.31 para se obter:

$$I_{x'y'} = -(I_{yy} - I_{xx}) \frac{I_{xy}}{[(I_{yy} - I_{xx})^2 + 4I_{xy}^2]^{1/2}} + I_{xy} \frac{I_{yy} - I_{xx}}{[(I_{yy} - I_{xx})^2 + 4I_{xy}^2]^{1/2}}$$

portanto,

$$I_{x'y'} = 0$$

Assim, pode-se concluir que o *produto de inércia de área correspondente aos eixos principais é 0*. Se for estabelecido que $I_{x'y'}$ é igual a 0 na Equação 8.28, pode-se demonstrar o inverso dessa conclusão, calculando o valor de α e comparando o resultado obtido com a Equação 8.30. Isto é, se o produto de inércia de área for 0 para um conjunto de eixos em um dado ponto, esses eixos deverão ser os eixos principais naquele ponto. Por isso, se um dos eixos de um conjunto de eixos é um eixo de simetria para a área, então esses eixos serão os eixos principais naquele ponto.

O conceito de eixos principais será tratado no capítulo seguinte quando for estudado o tensor de inércia. Assim, esse conceito não é restrito aos momentos de inércia de área, mas se aplica a uma gama de outras grandezas. Alguns tópicos apresentados neste capítulo serão vistos com maiores detalhes posteriormente.

Exemplo 8.11

Determine os segundos momentos de inércia de área principais no centróide da seção Z do Exemplo 8.9.

Algumas grandezas úteis calculadas nesse exemplo são repetidas aqui:

$$I_{x_c x_c} = 44,21 \times 10^6 \text{ mm}^4$$

$$I_{y_c y_c} = 12,76 \times 10^6 \text{ mm}^4$$

$$I_{x_c y_c} = -16,41 \times 10^6 \text{ mm}^4$$

Então, tem-se:

$$\tan 2\widetilde{\alpha} = \frac{2I_{x_c y_c}}{I_{y_c y_c} - I_{x_c x_c}} = \frac{(2)(-16,41)}{12,76 - 44,21} = 1,0436$$

$$2\widetilde{\alpha} = 46,22°; \quad 226,22°$$

Para $2\widetilde{\alpha} = 46,21°$:

$$I_1 = \left[\frac{44,21 + 12,76}{2} + \frac{44,21 - 12,76}{2} \cos(46,22°) - (-16,41) \operatorname{sen} 46,22°\right] 10^6$$

$$= (28,49 + 10,88 + 11,85) \, 10^6 = 51,22 \times 10^6 \text{ mm}^4$$

Para $2\widetilde{\alpha} = 226,22°$:

$$I_2 = (28,49 - 10,88 - 11,85) \, 10^6 = 5,76 \times 10^6 \text{ mm}^4$$

Para a verificação dos cálculos, compara-se a soma dos segundos momentos de inércia de área no ponto, que é invariante em relação à rotação dos eixos. Isso significa que:

$$I_{x_c x_c} + I_{y_c y_c} = I_1 + I_2$$

$$44,21 \times 10^6 + 12,76 \times 10^6 = 51,22 \times 10^6 + 5,76 \times 10^6$$

portanto,

$$56,97 \cong 56,98$$

Assim, confirma-se que os cálculos estão corretos.

Para finalizar esta seção, é importante salientar que existe um procedimento gráfico bastante popular, denominado *círculo de Mohr*, que pode ser empregado para relacionar os segundos momentos de inércia e os produtos de inércia de área em um ponto, para todos os possíveis eixos passando por esse ponto. Entretanto, neste texto são utilizadas somente as relações analíticas para essas grandezas em vez de sua representação gráfica por meio do círculo de Mohr. A construção do círculo de Mohr será vista nos cursos de resistência dos materiais em conjunto com os conceitos de tensões e deformações no estado plano[9].

---

[9] Veja I. H. Shames, *Introduction to solid mechanics*, 2. ed., Englewood Cliffs, N.J., Prentice-Hall, 1989.

Problemas

8.82 Sabe-se que a área A é igual a 10 m² e possui os seguintes valores para os segundos momentos de inércia e produto de inércia de área em relação aos eixos centroidais mostrados:

$$I_{xx} = 40 \text{ m}^4, \quad I_{yy} = 20 \text{ m}^4, \quad I_{xy} = -4 \text{ m}^4$$

Determine os momentos e os produtos de inércia de área em relação aos eixos $x'y'$ no ponto a.

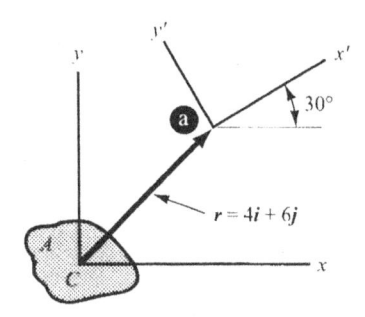

Figura P.8.82

8.83 A Figura P.8.83 mostra a seção transversal de uma viga. Calcule $I_{x'x'}$, $I_{y'y'}$ e $I_{x'y'}$ da maneira mais simples possível, sem a utilização das fórmulas conhecidas dessas grandezas para um triângulo.

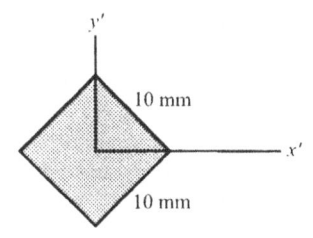

Figura P.8.83

8.84 Determine I_{xx}, I_{yy} e I_{xy} para o retângulo. Além disso, calcule o momento polar de inércia de área nos pontos a e b.

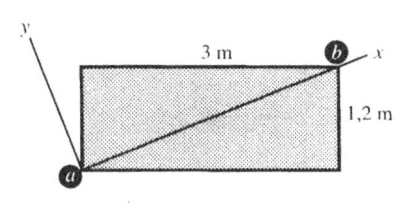

Figura P.8.84

8.85 Obtenha a expressão do momento polar de inércia de área do quadrado em função de x e y, que são as coordenadas dos pontos em relação aos quais essa grandeza é calculada.

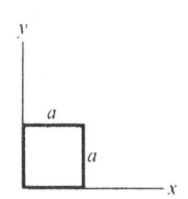

Figura P.8.85

8.86 Use as ferramentas das disciplinas de cálculo para demonstrar que o momento polar de inércia de uma área circular de raio r é dado por $\pi r^4/2$ em relação ao seu centro.

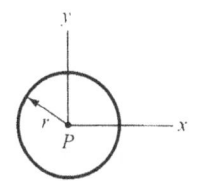

Figura P.8.86

8.87 Determine a direção dos eixos principais para seção mostrada em relação ao ponto A.

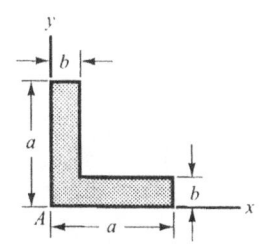

Figura P.8.87

8.88 Quais são os segundos momentos principais de inércia da área do Exemplo 8.7 em relação à origem do sistema?

8.89 Determine os segundos momentos principais de inércia de área mostrada em relação ao centróide.

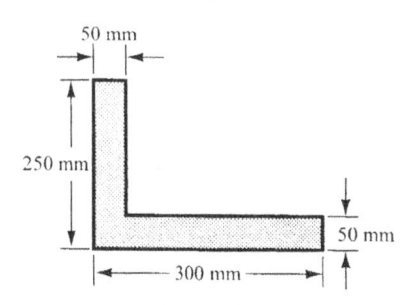

Figura P.8.89

8.90 Determine os segundos momentos principais de inércia de área em relação ao ponto A.

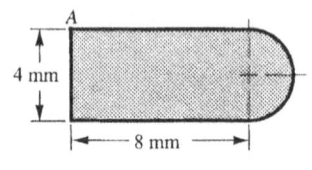

Figura P.8.90

8.91 Uma área retangular possui 2 orifícios circulares. Qual é o máximo valor do segundo momento de inércia de área em A? Qual é o máximo valor em B, que está eqüidistante dos dois orifícios?

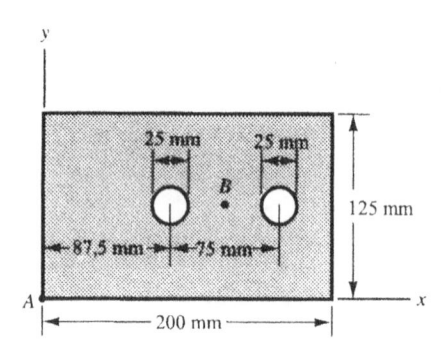

Figura P.8.91

8.92 Demonstre que os eixos para os quais o produto de inércia de área é um máximo estão inclinados em relação aos eixos xy de um ângulo α, de modo que:

$$\tan 2\alpha = \frac{I_{xx} - I_{yy}}{2I_{xy}}$$

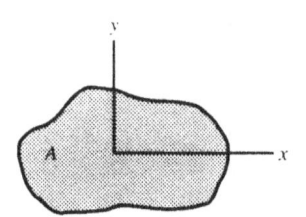

Figura P.8.92

8.93 Qual é o valor do ângulo α para os eixos principais em A?

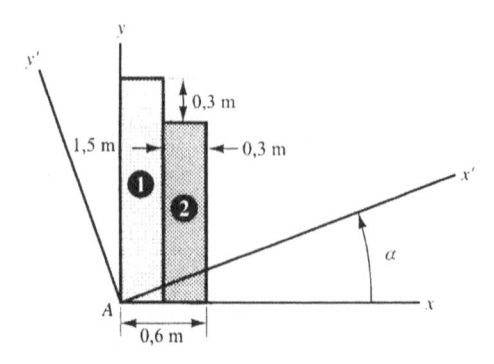

Figura P.8.93

8.94 Determine os segundos momentos de inércia de área em relação ao ponto A.

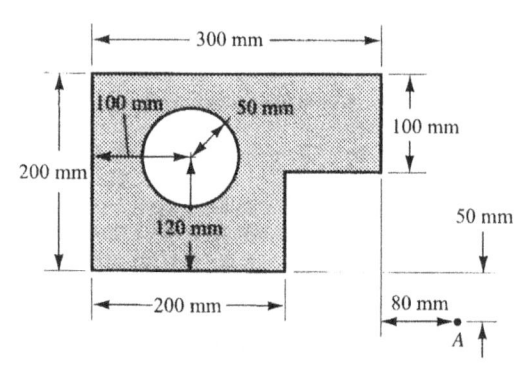

Figura P.8.94

8.95 (a) Determine I_{xx}, I_{yy} e I_{xy} para os eixos xy mostrados.
(b) Quais são os valores algébricos máximos e mínimos dos segundos momentos de inércia de área na posição A? Quais são as orientações dos eixos correspondentes? Qual é o produto de inércia de área para esses eixos?

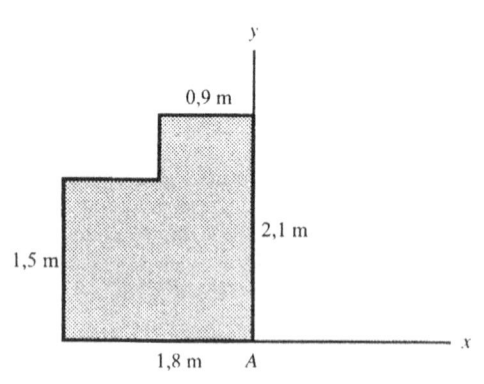

Figura P.8.95

8.96 (a) Determine as coordenadas centroidais em relação aos eixos xy.
(b) Encontre os eixos principais e os correspondentes valores máximos e mínimos dos segundos momentos de inércia de área em A.

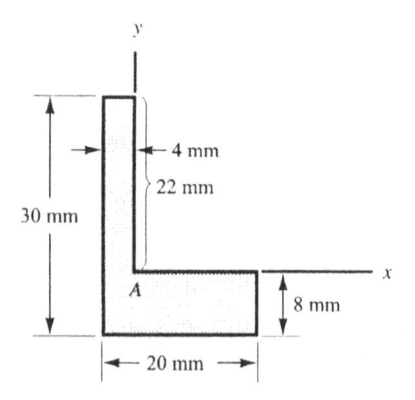

Figura P.8.96

8.11 Considerações finais

Neste capítulo, foram apresentados os conceitos do primeiro e segundo momentos de inércia de área e de produto de inércia de área para superfícies planas. Essas grandezas fornecem uma idéia sobre a distribuição de área em relação a um sistema de referência xy. O leitor certamente empregará com grande freqüência essas grandezas nos futuros cursos de resistência dos materiais.

Este capítulo também introduziu brevemente um conceito importante que será utilizado em futuras disciplinas da engenharia. Trata-se do tensor de inércia de segunda ordem, assunto a ser abordado no Capítulo 9, que é representado por uma matriz de 9 termos, no espaço tridimensional, que variam com a rotação dos eixos coordenados em um ponto. Equações de transformação em relação à rotação dos eixos de referência definem o tensor de inércia. Qualquer conjunto de 9 termos simétricos, que se transformam por meio de um mesmo tipo de equação, define um tensor de segunda ordem simétrico. Será visto no próximo capítulo que os segundos momentos de inércia e os produtos de inércia de *área* são uma simplificação do tensor de inércia para o espaço bidimensional. As Equações de transformação 8.26 a 8.28 são casos especiais das equações tridimensionais do tensor de inércia. Alguns resultados de suma importância podem ser extraídos dessas equações bidimensionais. Esses resultados incluem:

1. Propriedade da invariância em um ponto da soma $(I_{xx} + I_{yy})$ em relação à rotação dos eixos de referência.
2. Eixos principais e momentos principais de inércia de área em um ponto.
3. A existência de uma construção gráfica denominada círculo de Mohr, que representa as equações bidimensionais de transformação. Esse tópico foi omitido neste capítulo, mas será estudado nos futuros cursos de mecânica dos sólidos e resistência dos materiais na análise bidimensional de tensões e deformações. Nessas disciplinas, o uso do círculo de Mohr será de grande valia na descrição de outras grandezas.

No próximo capítulo, será mostrado que existem muitos conjuntos simétricos de 9 termos que são transformados do mesmo modo que os 9 termos do tensor de inércia. Por isso, esses conjuntos serão classificados como tensores de segunda ordem. A identificação desses conjuntos como tensores de segunda ordem fornecerá propriedades muito importantes para todos esses conjuntos, tais como as apresentadas na seção para momentos de inércia e produtos de inércia de área bidimensionais.

Uma discussão mais detalhada sobre tensores será apresentada na seção "Preparando o Futuro" do próximo capítulo.

Problemas

8.97 Determine a posição do centróide da área sombreada sob a curva $y = \text{sen}^2 x$ m. Encontre $M_{x'}$ e $M_{y'}$ para essa área.

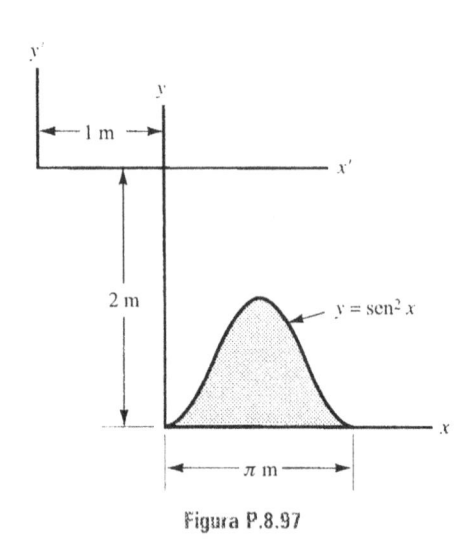

Figura P.8.97

8.98 Determine o centro do volume do corpo de revolução com uma cavidade cilíndrica.

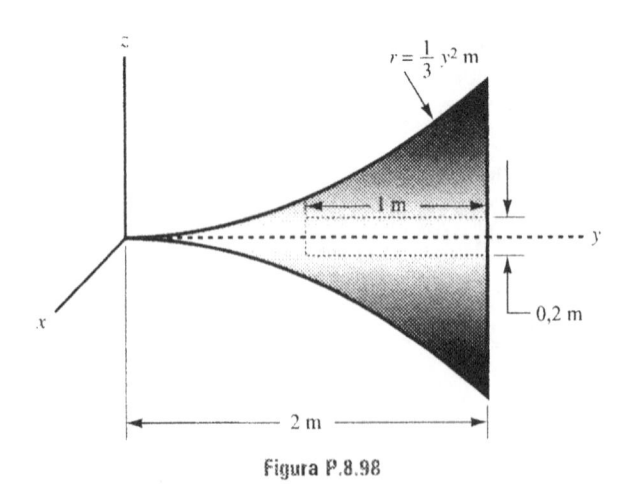

Figura P.8.98

8.99 Localize o centro de volume, o centro de massa e o centro de gravidade do conjunto formado pelo bloco de madeira retangular e pelo semicilindro plástico. A madeira pesa 300 kN/m³ e o plástico, 500 kN/m³.

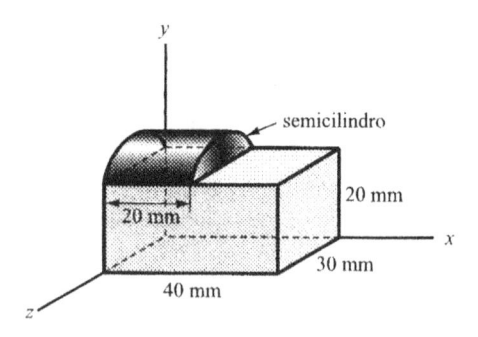

Figura P.8.99

8.100 Determine I_{xx}, I_{yy}, I_{xy}, $I_{x_c x_c}$, $I_{y_c y_c}$ e $I_{x_c y_c}$ para a seção transversal aberta.

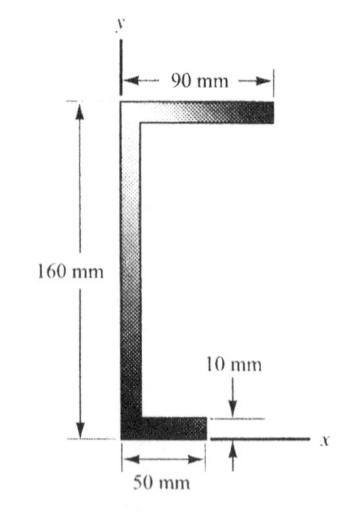

Figura P.8.100

8.101 Determine o centróide do semicone. Utilize a fórmula conhecida do volume de um semicone, que é dada por $V = (1/6)\pi r^2 h$.

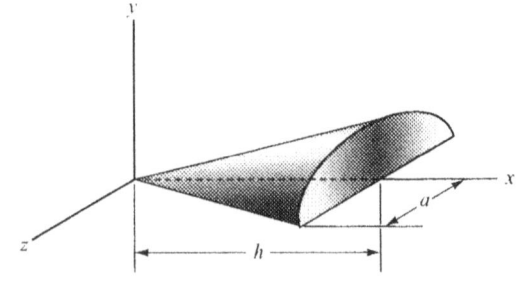

Figura P.8.101

8.102 Um semicorpo de revolução possui o plano xz como um plano de simetria. Determine as coordenadas centroidais. O raio de qualquer seção x varia com o quadrado de x.

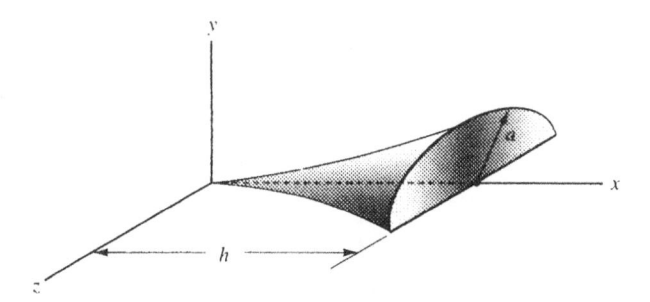

Figura P.8.102

8.103 (a) Determine I_{xx}, I_{yy} e I_{xy} para os eixos xy na posição A.
(b) Determine os segundos momentos principais de inércia de área no ponto A.

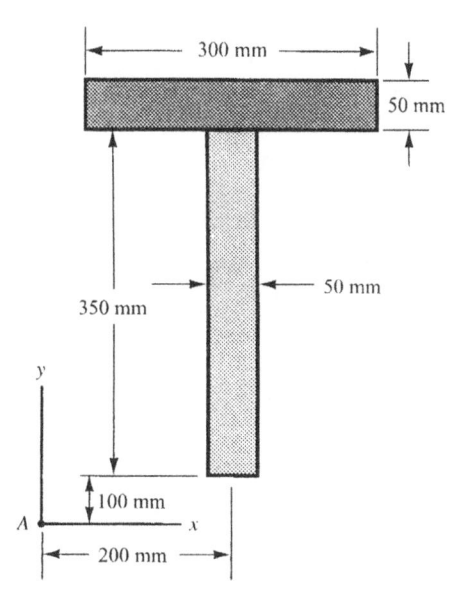

Figura P.8.103

8.104 Quais são as direções dos eixos principais no ponto A?

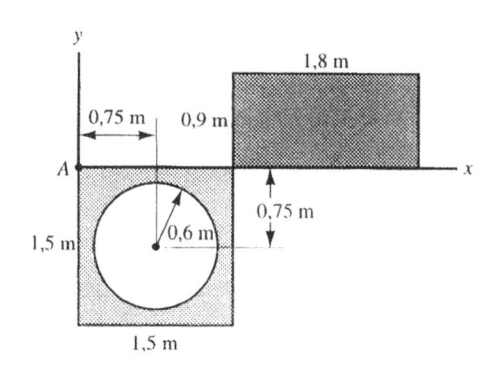

Figura P.8.104

8.105 Utilizando os teoremas de Pappus e Guldinus, determine o centróide da área de um quarto de círculo.

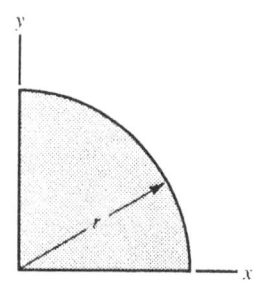

Figura P.8.105

8.106 Um tanque possui um domo semi-esférico em sua extremidade esquerda. Utilizando os teoremas de Pappus e Guldinus, calcule a superfície e o volume do tanque. Forneça os resultados em metros.

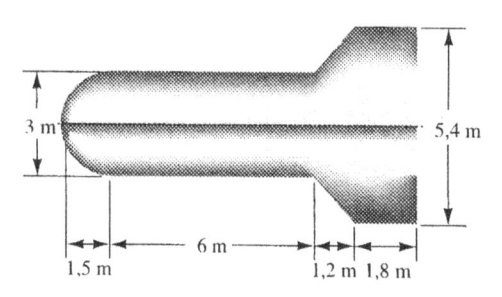

Figura P.8.106

8.107 Determine $I_{x'x'}$, $I_{y'y'}$ e $I_{x'y'}$ para a área retangular em relação ao conjunto de eixos $x'y'$ no ponto A.

Figura P.8.107

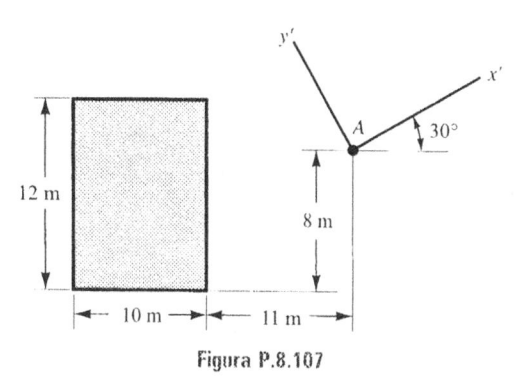

8.108 Determine o centróide da área, bem como os segundos momentos de inércia de área em relação aos eixos centroidais paralelos aos lados da área.

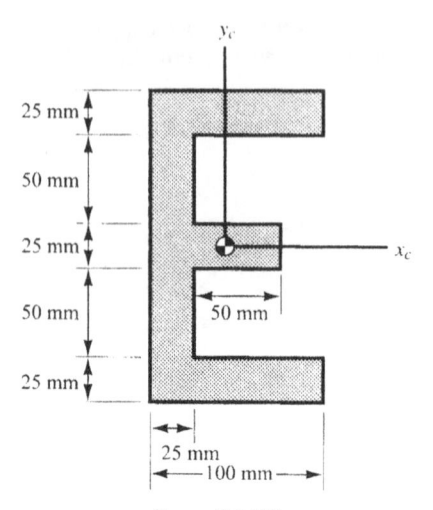

Figura P.8.108

8.109 Determine os segundos momentos principais de inércia de área em um ponto onde $I_{xy} = 125,39 \times 10^6$ mm^4, $I_{xx} = 46,25 \times 10^6$ mm^4 e $I_{yy} = 401,56 \times 10^6$ mm^4.

8.110 Encontre o momento polar de inércia de área em relação ao ponto O da área sombreada.

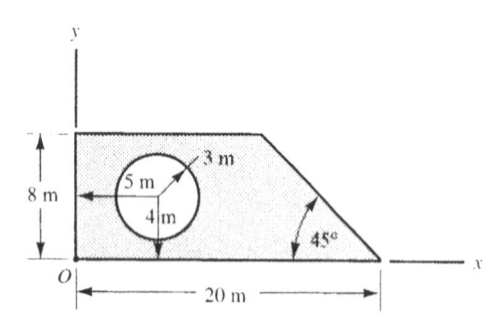

Figura P.8.110

8.111 (a) Quais são as coordenadas centroidais da área sombreada?
(b) Quais são os valores de $M_{x'}$ e $M_{y'}$ para os eixos $x'y'$ em A? (*Dica*: Use as fórmulas para o setor circular apresentadas no final deste livro.)

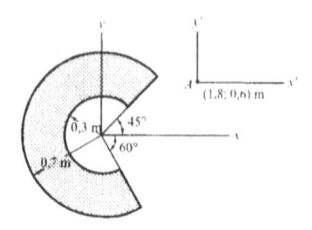

Figura P.8.111

8.112 Uma viga de seção transversal I é mostrada na Figura P.8.112. Para a mesa superior, qual é o primeiro momento de inércia da área sombreada em função de s, que é medido a partir de $s = 0$ na extremidade direita da mesa? Determine M_x para a área da seção acima da posição y mostrada na alma da viga. Considere que y se inicia em C e vai até o topo da alma.

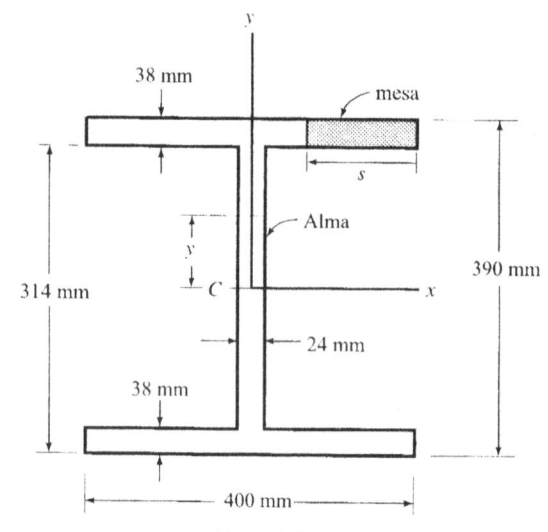

Figura P.8.112

8.113 Determine o centro de volume para o elemento mecânico com um furo circular.

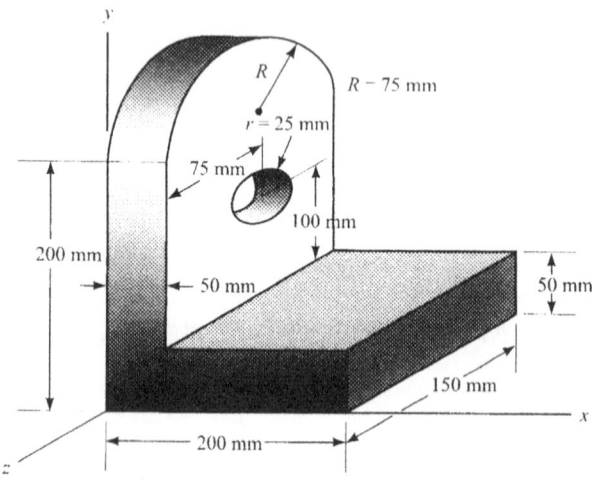

Figura P.8.113

Capítulo 9

Momentos e Produtos de Inércia de Massa[1]

9.1 Introdução

Algumas medidas da distribuição de massa de um corpo em relação a um sistema de referência são estudadas neste capítulo. Essas grandezas são fundamentais na dinâmica de corpos rígidos. Pelo fato de estarem fortemente relacionadas aos conceitos do segundo momento de inércia de área e do produto de inércia de área, essas grandezas serão apresentadas agora, antes mesmo da introdução à segunda parte do livro referente à dinâmica. Será apresentado ainda o conceito de tensor de inércia de segunda ordem, cujas componentes são as medidas da distribuição de massa – o segundo momento de inércia de massa e o produto de inércia de massa. A introdução ao conceito de tensor de segunda ordem abrirá caminhos para os futuros estudos sobre tensão e deformação, que serão realizados nas disciplinas de mecânica dos sólidos e resistência dos materiais.

9.2 Definição de grandezas associadas à massa de um corpo

Um conjunto de grandezas associadas à distribuição de massa de um corpo, em relação a um sistema de coordenadas cartesianas, é definido formalmente nesta seção. Com esse intuito, um corpo de massa M e uma referência xyz são apresentados na Figura 9.1. Tanto a referência como o corpo podem possuir qualquer movimento relativo entre eles. A análise que se segue aplica-se à orientação instantânea do sistema mostrada no instante t. Considera-se que o corpo seja um meio contínuo com distribuição

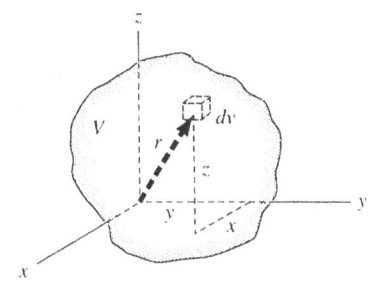

Figura 9.1: Corpo e sistema de referência no instante t.

---

[1] O estudo deste capítulo pode ser efetuado posteriormente, quando forem introduzidos os tópicos referentes à dinâmica. Nesse caso, este capítulo deverá ser estudado após o Capítulo 15.

contínua de partículas, sendo que cada partícula tenha uma massa de $\rho\ dv$. As seguintes definições são apresentadas:

$$I_{xx} = \iiint_V (y^2 + z^2)\rho\, dv \qquad (9.1a)$$

$$I_{yy} = \iiint_V (x^2 + z^2)\rho\, dv \qquad (9.1b)$$

$$I_{zz} = \iiint_V (x^2 + y^2)\rho\, dv \qquad (9.1c)$$

$$I_{xy} = \iiint_V xy\rho\, dv \qquad (9.1d)$$

$$I_{xz} = \iiint_V xz\rho\, dv \qquad (9.1e)$$

$$I_{yz} = \iiint_V yz\rho\, dv \qquad (9.1f)$$

Os termos I_{xx}, I_{yy} e I_{zz} denominam-se *momentos de inércia de massa* do corpo em relação aos eixos x, y e z, respectivamente[2]. Observe que nessas grandezas se efetua a integração dos elementos de massa $\rho\ dv$, *multiplicados pela distância ao quadrado*, obtida até o eixo de referência, em relação ao qual se está calculando o momento de inércia – essa distância é medida sobre a reta perpendicular ao eixo que passa pelo elemento de massa. Por conseqüência, se o corpo for observado ao longo do eixo x positivo da Figura 9.1, a vista obtida será a mostrada na Figura 9.2. A grandeza $y^2 + z^2$, utilizada na Equação 9.1a para I_{xx}, é obviamente d^2, que é a distância ao quadrado de dv até o eixo x (o eixo x é visto como um ponto na Figura 9.2). Os termos das Equações 9.1 com índices mesclados denominam-se *produtos de inércia de massa* em relação ao par de eixos indicados por esses índices. Pela definição do produto de inércia de massa, constata-se de forma clara que é possível trocar a posição desses índices, formando-se 3 produtos de inércia adicionais associados à mesma referência. Essas 3 grandezas adicionais, obtidas dessa maneira, são, todavia, iguais às grandezas correspondentes do conjunto original. Isto é:

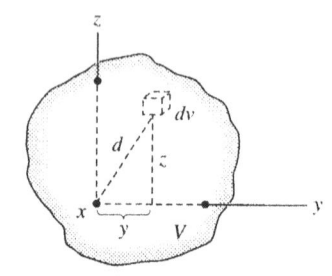

$$I_{xy} = I_{yx}, \qquad I_{xz} = I_{zx}, \qquad I_{yz} = I_{zy}$$

Figura 9.2: Vista do corpo ao longo do eixo x.

---

[2] A notação é a mesma utilizada para os segundos momentos de inércia de área (ou apenas momentos de inércia de área) e produtos de inércia de área. Trata-se de prática comum da mecânica. Não haverá confusão no uso dessas grandezas se for mantido em mente o contexto de sua aplicação.

Há 9 termos de inércia para um ponto de um corpo, obtidos em relação a uma dada referência passando por esse ponto. Os valores do conjunto de 6 grandezas independentes, para um determinado corpo, dependem da *posição* e da *inclinação* do sistema de referência em relação ao corpo. O leitor deve perceber que a referência pode ser estabelecida em qualquer lugar no espaço e *não necessariamente* no corpo rígido de interesse. Assim, haverá 9 termos de inércia para a referência *xyz* em um ponto *O* fora do corpo (veja a Figura 9.3), calculados de acordo com as Equações 9.1, sendo que o domínio de integração é o volume *V* do corpo. Esses 9 momentos e produtos de inércia de massa são componentes do tensor de inércia, que será analisado posteriormente.

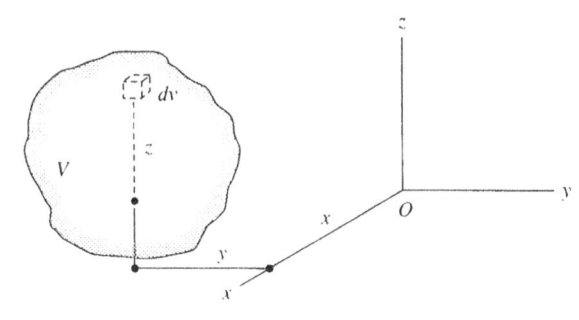

Figura 9.3: Origem do sistema *xyz* localizada fora do corpo.

A descrição das propriedades de inércia do corpo – os 9 momentos e produtos de inércia de massa – em relação à referência *xyz* em um ponto pode ser apresentada de maneira conveniente na forma de um arranjo matricial, que é dado da seguinte forma:

$$I_{ij} = \begin{pmatrix} I_{xx} & I_{xy} & I_{xz} \\ I_{yx} & I_{yy} & I_{yz} \\ I_{zx} & I_{zy} & I_{zz} \end{pmatrix}$$

Note que o primeiro subscrito indica a linha do arranjo, enquanto o segundo indica a coluna do arranjo. Além disso, a diagonal principal da matriz é composta pelos termos dos momentos de inércia de massa, enquanto os produtos de inércia de massa ocupam as diagonais secundárias. Os termos dos produtos de inércia são os mesmos em posições diametralmente opostas em relação à diagonal principal (por exemplo, $I_{xz} = I_{zx}$). Isso quer dizer que o arranjo matricial é *simétrico*.

Pode-se mostrar que a soma dos momentos de inércia de massa em relação a um conjunto de eixos ortogonais é independente da orientação desses eixos e dependente apenas da posição da origem desses eixos. É possível examinar a soma desses termos na seguinte expressão:

$$I_{xx} + I_{yy} + I_{zz} = \iiint_V (y^2 + z^2)\rho\, dv + \iiint_V (x^2 + z^2)\rho\, dv + \iiint_V (x^2 + y^2)\rho\, dv$$

Combinando e rearranjando essas integrais, obtém-se:

$$I_{xx} + I_{yy} + I_{zz} = \iiint_V 2(x^2 + y^2 + z^2)\rho\, dv = \iiint_V 2|\boldsymbol{r}|^2 \rho\, dv \qquad (9.2)$$

Além disso, a magnitude do vetor posição da partícula até a origem é independente da inclinação do sistema de referência com essa origem. Por isso, *a soma dos momentos de inércia de massa de um corpo em relação a um dado ponto no espaço obviamente é um invariante em relação à rotação dos eixos de referência.*

Ao observar as Equações 9.1, constata-se sem dificuldades que os momentos de inércia de massa devem ser sempre positivos, enquanto os produtos de inércia de massa podem ser positivos ou negativos. Um caso de interesse no cálculo dessas grandezas ocorre quando um dos planos coordenados é um *plano de simetria* para a distribuição de massa do corpo. Esse plano é mostrado como o plano zy na Figura 9.4 cortando o corpo em duas partes, as quais são imagens espelhadas uma da outra pela simetria. Para o cálculo de I_{xz}, cada metade do corpo contribuirá com a mesma quantidade, mas com sinais contrários. Essa conclusão pode ser verificada de imediato, observando o corpo ao longo do eixo y. O plano de simetria, então, apresenta-se como uma linha que coincide com o eixo z (veja a Figura 9.5). Pode-se analisar o corpo composto de pares de elementos de massa dm, os quais são imagens refletidas um do outro em relação ao plano de simetria. O produto de inércia I_{xz} para esse par é expresso como:

$$xz\, dm - xz\, dm = 0$$

Assim, pode-se concluir que:

$$I_{xz} = \underbrace{\int xz\, dm}_{\text{domínio direito}} - \underbrace{\int xz\, dm}_{\text{domínio esquerdo}} = 0$$

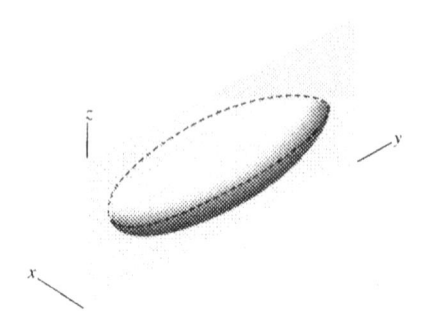

Figura 9.4: Plano de simetria zy.

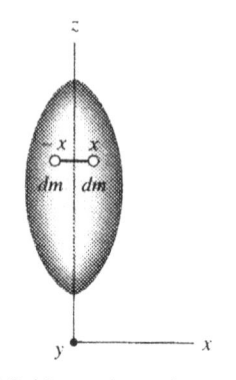

Figura 9.5: Vista ao longo do eixo y.

Essa conclusão também se aplica a I_{xy}. Pode-se dizer que $I_{xy} = I_{xz} = 0$. Mas, por meio da Figura 9.4, pode-se de imediato afirmar que o termo I_{zy} será positivo. Observe que os produtos de inércia possuindo x como índice são 0 e que o eixo coordenado x é normal ao plano de simetria. Assim, pode-se dizer que, *se 2 eixos formam um plano de simetria para a distribuição de massa de um corpo, os produtos de inércia, que possuem um índice associado à coordenada que é normal ao plano de simetria, serão 0.*

Analisa-se, na seqüência, um corpo de *revolução*. Faz-se com que o eixo z coincida com o eixo de simetria. Pode-se facilmente concluir, para a origem O do sistema xyz localizada em algum ponto sobre o eixo de simetria, que:

$$I_{xz} = I_{yz} = I_{xy} = 0$$
$$I_{xx} = I_{yy} = \text{constante}$$

para todos os possíveis eixos xy obtidos pela rotação do sistema em relação ao eixo z. O leitor seria capaz de justificar essas conclusões?

Por fim, definem-se os *raios de giração* de maneira análoga àquela utilizada para os segundos momentos de inércia de área, no Capítulo 8. Dessa maneira, tem-se:

$$I_{xx} = k_x^2 M$$
$$I_{yy} = k_y^2 M$$
$$I_{zz} = k_z^2 M$$

onde k_x, k_y e k_z são os raios de giração e M é a massa total.

Exemplo 9.1

Determine as 9 componentes do tensor de inércia de um corpo retangular de densidade uniforme ρ, em relação ao ponto O da referência xyz, cujos eixos coincidem com as arestas do bloco, como é ilustrado na Figura 9.6.

Primeiro, calcula-se I_{xx}. Empregando elementos de volume $dv = dx\, dy\, dz$, obtém-se por meio de integração múltipla:

$$I_{xx} = \int_0^a \int_0^b \int_0^c (y^2 + z^2)\rho\, dx\, dy\, dz$$
$$= \int_0^a \int_0^b (y^2 + z^2)\, c\rho\, dy\, dz = \int_0^a \left(\frac{b^3}{3} + z^2 b\right) c\rho\, dz \quad \text{(a)}$$
$$= \left(\frac{ab^3 c}{3} + \frac{a^3 bc}{3}\right)\rho = \frac{\rho V}{3}(b^2 + a^2)$$

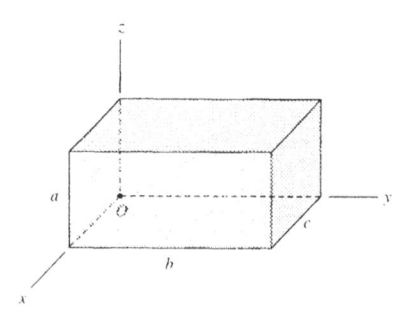

Figura 9.6: Determinação de I_{ij} em relação ao ponto O.

onde V é o volume do corpo. Note que o eixo x, em relação ao qual se calcula o momento de inércia de massa I_{xx}, é *normal* ao plano formado pelos lados a e b, isto é, pelos eixos z e y. De maneira similar, tem-se:

$$I_{yy} = \frac{\rho V}{3}(c^2 + a^2) \quad \text{(b)}$$

$$I_{zz} = \frac{\rho V}{3}(b^2 + c^2) \quad \text{(c)}$$

A seguir, calcula-se I_{xy}:

$$I_{xy} = \int_0^a \int_0^b \int_0^c xy\rho\, dx\, dy\, dz = \int_0^a \int_0^b \frac{c^2}{2} y\rho\, dy\, dz$$
$$= \int_0^a \frac{c^2 b^2}{4}\rho\, dz = \frac{ac^2 b^2}{4}\rho = \frac{\rho V}{4} cb \quad \text{(d)}$$

Observe que no cálculo de I_{xy} são utilizados os lados ao longo dos eixos x e y.

$$I_{xz} = \frac{\rho V}{4} ac \quad \text{(e)}$$

$$I_{yz} = \frac{\rho V}{4} ab \quad \text{(f)}$$

Desse modo, o tensor de inércia pode ser escrito como:

$$I_{ij} = \begin{pmatrix} \frac{\rho V}{3}(b^2 + a^2) & \frac{\rho V}{4} cb & \frac{\rho V}{4} ac \\ \frac{\rho V}{4} cb & \frac{\rho V}{3}(c^2 + a^2) & \frac{\rho V}{4} ab \\ \frac{\rho V}{4} ac & \frac{\rho V}{4} ab & \frac{\rho V}{3}(b^2 + c^2) \end{pmatrix} \quad \text{(g)}$$

Exemplo 9.2

Calcule as componentes do tensor de inércia em relação ao centro de uma esfera sólida de densidade uniforme ρ, como mostra a Figura 9.7.

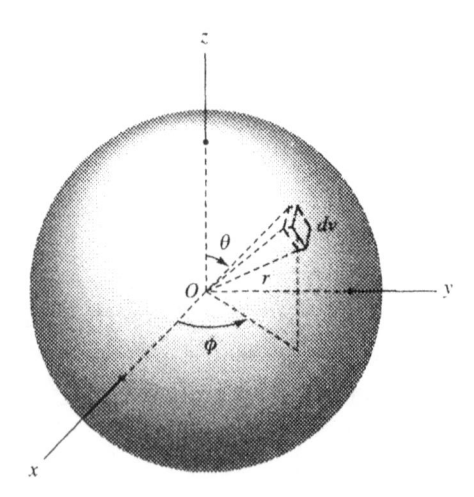

Figura 9.7: Determinação de I_{ij} no ponto O.

Primeiro, calcula-se I_{yy}. Empregando coordenadas esféricas[3], tem-se:

$$I_{yy} = \iiint_V (x^2 + z^2)\rho\, dv$$

$$= \int_0^R \int_0^{2\pi} \int_0^{\pi} [(r\,\text{sen}\,\theta \cos\phi)^2 + (r\cos\theta)^2]\rho(r^2\,\text{sen}\,\theta\, d\theta\, d\phi\, dr)$$

$$= \int_0^R \int_0^{2\pi} \int_0^{\pi} (r^4\,\text{sen}^3\theta \cos^2\phi)\rho\, d\theta\, d\phi\, dr$$

$$+ \int_0^R \int_0^{2\pi} \int_0^{\pi} (r^4 \cos^2\theta\,\text{sen}\,\theta)\rho\, d\theta\, d\phi\, dr$$

$$= \rho \int_0^R \int_0^{2\pi} (r^4 \cos^2\phi)\left(\int_0^{\pi} \text{sen}^3\theta\, d\theta\right) d\phi\, dr$$

$$+ \rho \int_0^R \int_0^{2\pi} r^4 \left(\int_0^{\pi} \cos^2\theta\,\text{sen}\,\theta\, d\theta\right) d\phi\, dr$$

Figura 9.8: $dv = (r\,\text{sen}\,\theta\, d\phi)(dr)(r\, d\theta) = r^2\,\text{sen}\,\theta\, d\theta\, d\phi\, dr$.

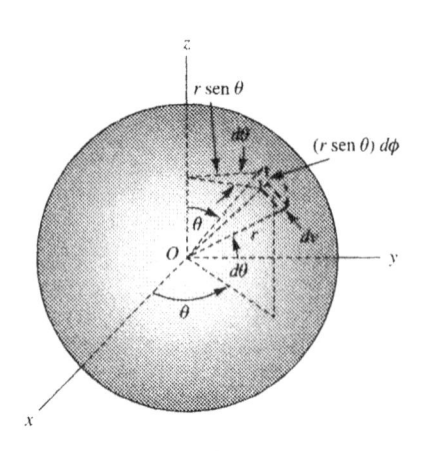

---

3 Para aqueles não familiarizados com o conceito de coordenadas esféricas, a Figura 9.8 mostra com mais detalhes o elemento de volume utilizado. O volume dv é simplesmente o produto dos 3 lados do elemento apresentado nessa figura.

Exemplo 9.2 (continuação)

Empregando as fórmulas de integração do Apêndice I, obtém-se:

$$I_{yy} = \rho \int_0^R \int_0^{2\pi} r^4 \cos^2\phi \left[-\frac{1}{3}\cos\theta(\operatorname{sen}^2\theta + 2) \right]\Big|_0^\pi d\phi\, dr$$

$$+ \rho \int_0^R \int_0^{2\pi} r^4 \left(-\frac{\cos^3\theta}{3} \right)\Big|_0^\pi d\phi\, dr$$

$$= \rho \int_0^R \int_0^{2\pi} r^4 \cos^2\phi\, \frac{4}{3}\, d\phi\, dr + \rho \int_0^R \int_0^{2\pi} (r^4)\frac{2}{3}\, d\phi\, dr$$

Integrando essa expressão em relação a ϕ, tem-se:

$$I_{yy} = \rho \int_0^R (r^4)(\tfrac{4}{3})(\pi)\, dr + \rho \int_0^R (r^4)(\tfrac{2}{3})(2\pi)\, dr$$

Por fim, obtém-se:

$$I_{yy} = \rho \frac{R^5}{5}\frac{4}{3}\pi + \rho \frac{R^5}{5}\frac{4}{3}\pi$$

$$\therefore I_{yy} = \frac{8}{15}\rho\pi R^5$$

mas

$$M = \rho\, \tfrac{4}{3}\pi R^3$$

portanto,

$$I_{yy} = \tfrac{2}{5} MR^2$$

Devido à simetria do corpo em relação ao ponto O, pode-se escrever:

$$I_{xx} = I_{zz} = \tfrac{2}{5} MR^2$$

Como os planos coordenados são planos de simetria para a distribuição de massa, os produtos de inércia de massa são 0. Dessa maneira, o tensor de inércia pode ser expresso como:

$$I_{ij} = \begin{pmatrix} \tfrac{2}{5} MR^2 & 0 & 0 \\ 0 & \tfrac{2}{5} MR^2 & 0 \\ 0 & 0 & \tfrac{2}{5} MR^2 \end{pmatrix}$$

9.3 Relação entre os momentos de inércia de massa e de área

O segundo momento de inércia de área e o produto de inércia de área, estudados no Capítulo 8, podem ser relacionados com o tensor de inércia. Para esse fim, analisa-se uma placa de espessura constante t e de densidade uniforme ρ (Figura 9.9). O sistema de referência selecionado é o plano xy, localizado no plano médio da placa. As componentes do tensor de inércia são expressas convenientemente como:

$$I_{xx} = \rho \iiint_V (y^2 + z^2)\, dv, \quad I_{xy} = \rho \iiint_V xy\, dv$$

$$I_{yy} = \rho \iiint_V (x^2 + z^2)\, dv, \quad I_{xz} = \rho \iiint_V xz\, dv \tag{9.3}$$

$$I_{zz} = \rho \iiint_V (x^2 + y^2)\, dv, \quad I_{yz} = \rho \iiint_V yz\, dv$$

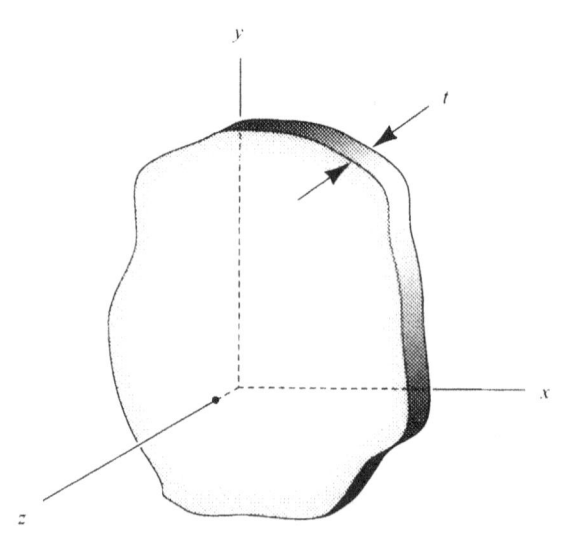

Figura 9.9: Placa de espessura t.

Considera-se que a espessura t seja *pequena* em comparação com as dimensões laterais da placa. Isso significa que a coordenada z é restrita a uma faixa de valores de pequena ordem de grandeza. Então, 2 simplificações podem ser efetuadas nas Equações 9.3. Primeiro, o valor de z pode ser considerado igual a 0 toda vez que ele aparecer no lado direito dessas equações. Segundo, dv deve ser expresso como:

$$dv = t\, dA$$

onde dA é um elemento de área sobre a *superfície* da placa, como mostrado pela Figura 9.10. Então, as Equações 9.3 tornam-se:

$$I_{xx} = \rho t \iint_A y^2 \, dA, \qquad I_{xy} = \rho t \iint_A xy \, dA$$

$$I_{yy} = \rho t \iint_A x^2 \, dA, \qquad I_{xz} = 0$$

$$I_{zz} = \rho t \iint_A (x^2 + y^2) \, dA, \qquad I_{yz} = 0$$

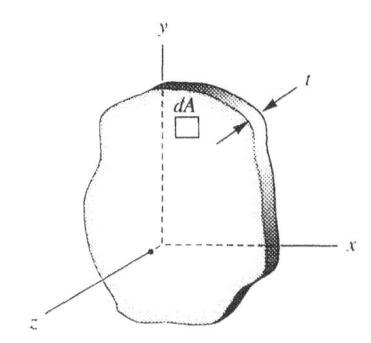

Figura 9.10: Elementos de volume $t\, dA$.

Observe, então, que as integrais nos lados direitos dessas equações representam os momentos e os produtos de inércia de *área*, que foram apresentados no Capítulo 8. Representando os momentos e os produtos de inércia de massa por um subscrito M e os momentos e os produtos de inércia de área por um subscrito A, as seguintes expressões podem ser escritas:

$$(I_{xx})_M = \rho t \, (I_{xx})_A$$

$$(I_{yy})_M = \rho t \, (I_{yy})_A$$

$$(I_{zz})_M = \rho t \, (I_{zz})_A$$

$$(I_{xy})_M = \rho t \, (I_{xy})_A$$

Assim, para uma placa fina com ρt constante ao longo de seu domínio, as componentes do tensor de inércia podem ser calculadas para a referência xyz (veja a Figura 9.9) utilizando-se os segundos momentos de área e os produtos de inércia de área da superfície da placa em relação aos eixos xy.

É importante frisar que ρt é a *massa por unidade de área* da placa. Pode-se imaginar que t tenda a 0 e que ρ simultaneamente tenda ao infinito, de modo que o produto ρt tenda à unidade no limite. O leitor poderia imaginar, neste caso, o corpo resultante como uma *área plana*. Por meio dessa abordagem, obtém-se então uma área plana a partir da placa que possui uma distribuição de massa especial. Isso explica por que utilizar a mesma notação para os momentos e produtos de inércia de massa e para os momentos e produtos de inércia de área. Entretanto, as unidades dessas grandezas são evidentemente diferentes. É analisado, a seguir, um problema de placa.

Exemplo 9.3

Determine as componentes do tensor de inércia para a placa fina (Figura 9.11) em relação ao eixos xyz. O peso da placa é igual a 2 mN/mm². A face superior da placa obedece à relação $y = 2\sqrt{x}$, com x e y dados em milímetros.

O produto ρt representa a massa por unidade de área:

$$\rho t = \frac{2 \times 10^{-3}}{9,81} = 0{,}204 \text{ g/mm}^2 \qquad (a)$$

Calculam-se então os momentos e os produtos de inércia de massa para a superfície da placa em relação aos eixos xy. Assim[4],

$$(I_{xx})_A = \int_0^{100} \int_{y=0}^{y=2\sqrt{x}} y^2 \, dy \, dx$$

$$= \int_0^{100} \frac{y^3}{3} \bigg|_0^{2\sqrt{x}} dx = \int_0^{100} \frac{8}{3} x^{3/2} \, dx$$

$$= \frac{8}{3} \cdot \frac{x^{5/2}}{\frac{5}{2}} \bigg|_0^{100} = \left(\tfrac{8}{3}\right)\left(\tfrac{2}{5}\right)(100^{5/2})$$

$$= 106{,}7 \times 10^3 \text{ mm}^4$$

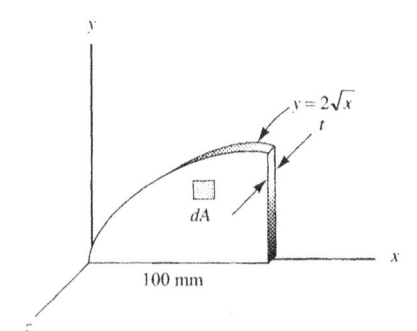

Figura 9.11: Placa de espessura t.

$$(I_{yy})_A = \int_0^{100} \int_{y=0}^{y=2\sqrt{x}} x^2 \, dy \, dx$$

$$= \int_0^{100} x^2 y \bigg|_0^{2\sqrt{x}} dx = \int_0^{100} x^2 (2\sqrt{x}) \, dx$$

$$= 2 \cdot \frac{x^{7/2}}{\frac{7}{2}} \bigg|_0^{100} = 2\left(\tfrac{2}{7}\right)(100^{7/2})$$

$$= 5{,}71 \times 10^6 \text{ mm}^4$$

$$(I_{xy})_A = \int_0^{100} \int_{y=0}^{y=2\sqrt{x}} xy \, dy \, dx$$

$$= \int_0^{100} x \cdot \frac{y^2}{2} \bigg|_0^{2\sqrt{x}} dx = \int_0^{100} 2x^2 \, dx$$

$$= 2\left(\frac{100^3}{3}\right) = 667 \times 10^3 \text{ mm}^4$$

---

[4] Observe que a integral múltipla possui um limite que é variável. Esse procedimento deve ficar claro a partir deste exemplo.

Exemplo 9.3 (continuação)

Empregando a Equação *a*, as componentes do tensor de inércia diferentes de 0 são expressas por:

$$(I_{xx})_M = (0,204 \times 10^{-3})(106,7 \times 10^3) = 21,76 \text{ kg mm}^2$$

$$(I_{yy})_M = (0,204 \times 10^{-3})(5,71 \times 10^6) = 1.165 \text{ kg mm}^2$$

$$(I_{xy})_M = (0,204 \times 10^{-3})(667 \times 10^3) = 136,1 \text{ kg mm}^2$$

Observe que as componentes do tensor de inércia não-nulas para a referência *xyz* da placa (veja a Figura 9.9) são *proporcionais* aos correspondentes momentos e produtos de inércia de área da superfície da placa. Isso significa que toda a formulação desenvolvida no Capítulo 8 se aplica às componentes do tensor de inércia não-nulas citadas anteriormente. Assim, para a rotação dos eixos em relação ao eixo *z* as equações de transformação do Capítulo 8 podem ser empregadas. Por isso, o conceito de *eixos principais* no plano médio da placa continua válido. Para esses eixos, o produto de inércia deve ser 0. Um eixo principal fornece o máximo momento de inércia dentre os valores calculados em relação a todos os eixos do plano médio da placa que passam pelo ponto. O outro eixo principal indica o mínimo valor do momento de inércia. Problemas pertinentes a esse tópico são propostos no final desta seção.

E os eixos principais para o tensor de inércia em um ponto de um corpo tridimensional? A Seção 9.7 mostra que geralmente há *3 eixos principais* para o tensor de inércia em um ponto. Esses eixos são *mutuamente ortogonais* e *os produtos de inércia valem 0 em relação a esses eixos no ponto*[5]. Além disso, um desses eixos indicará um máximo momento de inércia de massa, um segundo eixo indicará o valor mínimo do momento de inércia, enquanto um terceiro eixo indicará o valor intermediário dos momentos de inércia principais. A soma desses 3 momentos de inércia principais devem representar um valor que é comum a todos os conjuntos de eixos passando pelo ponto.

Se um conjunto de eixos *xyz* que passa por um ponto é tal que os planos *xy* e *xz* formam 2 *planos de simetria* para a distribuição de massa do corpo, então, como discutido previamente, os eixos *z* e *y* serão normais aos planos de simetria, implicando que $I_{xy} = I_{xz} = I_{yz} = 0$. Em conseqüência disso, todos os produtos de inércia serão 0. Isso também é válido para qualquer par de eixos *xyz* que formem 2 planos de simetria. Evidentemente, eixos que formam 2 planos de simetria devem ser eixos principais. Essa informação, muitas vezes, será suficiente para a identificação dos *eixos principais*. Por outro lado, analisa-se o caso em que há apenas *um plano de simetria* para a distribuição de massa do corpo em algum ponto *A*, sendo que este plano é formado pelos eixos *xy* que passam por *A*. Então, os produtos de inércia entre o eixo *z*, que é normal ao plano de simetria *xy*, e *qualquer eixo* no plano *xy* em *A* deve ser 0. Isso já foi discutido na seção anterior. O eixo *z* deve ser claramente um eixo principal nesse caso. Os outros 2 eixos principais devem estar no plano de simetria, mas geralmente não podem ser determinados por inspeção.

---

[5] O terceiro eixo principal para a placa em relação a um ponto sobre o plano médio é o eixo *z*, que é normal à placa. Note que $(I_{zz})_M$ deve sempre ser igual a $(I_{xx})_M + (I_{yy})_M$. Por quê?

Problemas

9.1 Uma barra esbelta, uniforme e homogênea de massa M é apresentada na Figura P.9.1. Determine I_{xx} e $I_{x'x'}$.

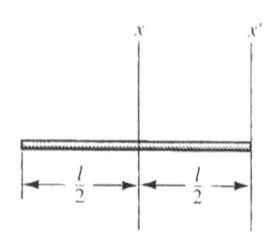

Figura P.9.1

9.2 Determine I_{xx} e $I_{x'x'}$ para a barra esbelta do Problema 9.1, supondo que a massa por unidade de comprimento na extremidade esquerda é de 7,5 kg/m e cresce linearmente ao longo de seu comprimento, de modo que assume um valor de 12 kg/m na extremidade direita. O comprimento da barra é de 6 m.

9.3 Calcule I_{yy} para o aro delgado homogêneo de massa M.

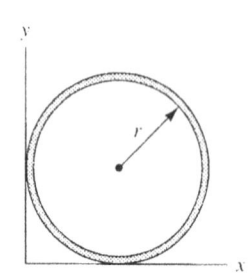

Figura P.9.3

9.4 Calcule I_{xx}, I_{yy}, I_{zz} e I_{xy} para o paralelepípedo homogêneo.

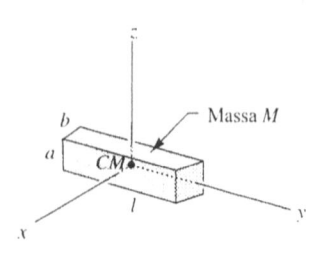

Figura P.9.4

9.5 Um arame na forma de uma parábola é mostrado na Figura P.9.5. A curva está contida no plano yz. Considerando que o peso do arame é de 0,3 N/m, quais são os valores de I_{yy} e I_{zz}? (*Dica*: Substitua ds ao longo do arame por $\sqrt{(dy/dz)^2 + 1}\, dz$.)

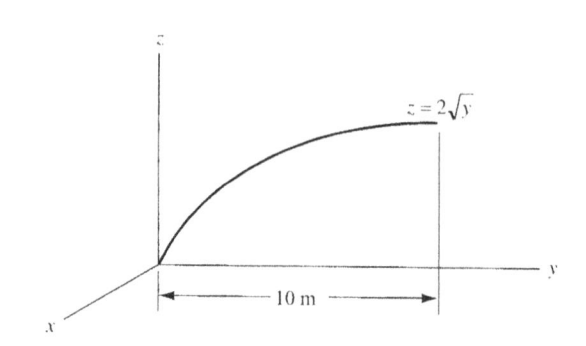

Figura P.9.5

9.6 Calcule o momento de inércia I_{BB} para o semicilindro mostrado na Figura P.9.6. O corpo homogêneo possui massa M.

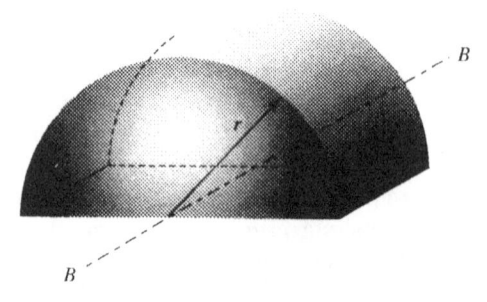

Figura P.9.6

9.7 Determine I_{zz} e I_{xx} para o cilindro homogêneo de massa M.

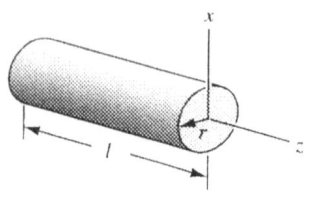

Figura P.9.7

9.8 No cilindro do Problema 9.7, a densidade é incrementada linearmente na direção z de um valor de 1 Mg/m³, na extremidade esquerda, a um valor de 1,8 Mg/m³, na extremidade direita. Considere que $r = 30$ mm e $l = 150$ mm. Determine I_{xx} e I_{zz}.

9.9 Demonstre que I_{zz} para o cone circular homogêneo é igual a $\frac{3}{10}MR^2$.

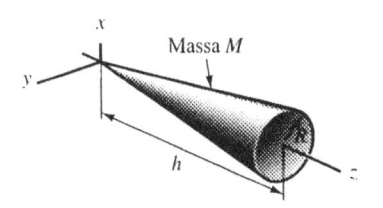

Figura P.9.9

9.10 No Problema 9.9, a densidade é incrementada proporcionalmente ao quadrado de z, na direção axial z, de um valor de 0,2 g/mm³, no vértice, a um valor de 0,4 g/mm³, na base. Considerando que $r = 20$ mm e o comprimento $h = 100$ mm, determine I_{zz}.

9.11 Um corpo de revolução é mostrado na Figura P.9.11. A distância radial r de seu contorno até o eixo x é dada por $r = 0,2x^2$ m. Qual é valor de I_{xx} para uma densidade uniforme de 1,6 Mg/m³?

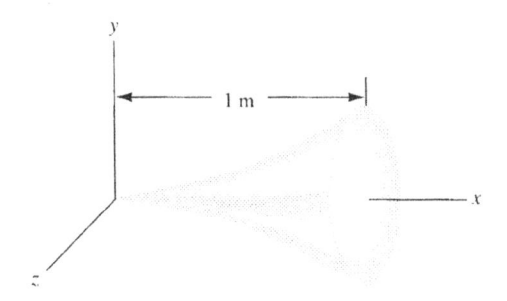

Figura P.9.11

9.12 Uma casca espessa hemisférica com um raio interno de 40 mm e um raio externo de 60 mm é mostrada na Figura P.9.12. Considerando que a densidade ρ é igual a 7 Mg/m³, qual será o valor de I_{yy}?

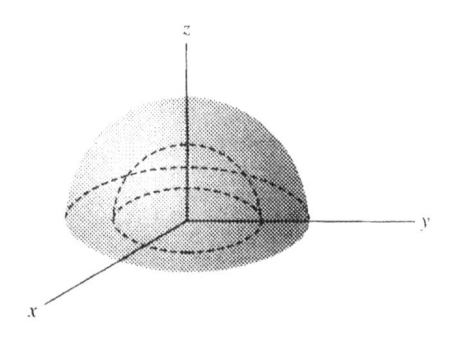

Figura P.9.12

9.13 Determine o momento de inércia de massa I_{xx} para uma placa muito fina, na forma de um quarto de círculo. A placa pesa 0,4 N. Qual é o segundo momento de inércia de área em relação ao eixo x? Qual é o produto de inércia? Os eixos encontram-se no plano médio da placa.

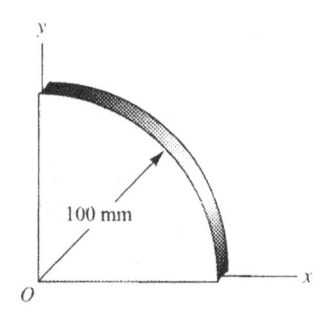

Figura P.9.13

9.14 Determine o segundo momento de inércia de área em relação ao eixo x para a superfície de uma placa bastante fina, mostrada na Figura P.9.14. Considerando que o peso da placa é de 0,02 N/mm², calcule os momentos de inércia de massa em relação aos eixos x e y. Qual é o momento de inércia de massa I_{yy}?

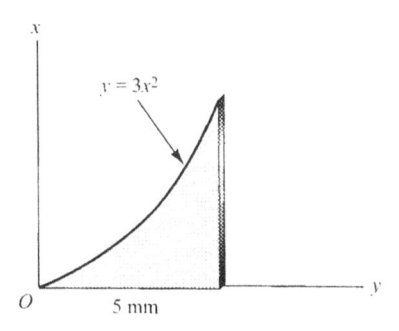

Figura P.9.14

9.15 Um tetraedro uniforme de massa M possui lados de comprimentos a, b e c, respectivamente, como mostrado na Figura P.9.15. Demonstre que $I_{yz} = \frac{1}{20}Mac$. (*Dica*: Faça z variar de 0 à superfície ABC, x variar de 0 à linha AB e, por fim, y variar de 0 a B. Observe que a equação da superfície plana é $z = \alpha x + \beta y + \gamma$, onde α, β e γ são constantes. A massa do tetraedro é dada por $\rho abc/6$. No processo de solução, escreva o termo $(1 - x/b - y/c)^2$ na forma $[(1 - y/c) - (x/b)]^2$, mantendo a parcela $(1 - y/c)$ intacta. Na integração, substitua y por $[-c(1 - y/c) + c]$ etc.).

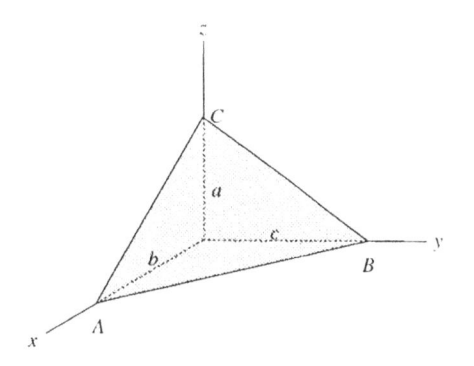

Figura P.9.15

9.16 No Problema 9.13, calcule os 3 momentos principais de inércia de massa em O. Utilize os seguintes resultados do Problema 9.13:

$$(I_{xx})_M = 101,9 \text{ kg mm}^2$$

$$(I_{xy})_M = 64,9 \text{ kg mm}^2$$

9.17 No Problema 9.14, calcule os valores dos 3 momentos principais de inércia de massa em O. Utilize os seguintes resultados do Problema 9.14:

$$(I_{xx})_M = 205 \text{ kg mm}^2$$

$$(I_{yy})_M = 3,82 \text{ kg mm}^2$$

$$(I_{xy})_M = 23,9 \text{ kg mm}^2$$

9.18 É possível identificar por simples inspeção qualquer um dos eixos principais de inércia passando pelo ponto A? E em B? Explique. A densidade do material é uniforme.

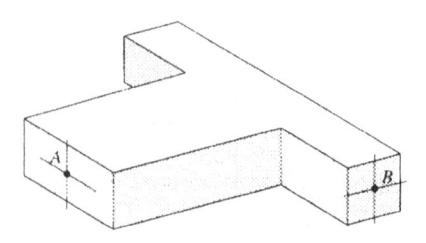

Figura P.9.18

9.19 Por inspeção, identifique tantos eixos principais de inércia quantos puder para os momentos de inércia de massa nas posições A, B e C. Justifique as respostas. A densidade do material é uniforme.

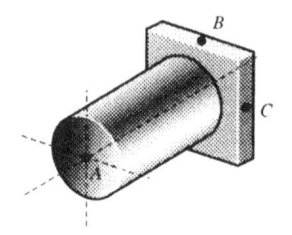

Figura P.9.19

9.4 Translação de eixos do sistema de coordenadas

Nesta seção, os momentos e produtos de inércia de massa são calculados em relação a um sistema de coordenadas xyz, que sofre uma translação (sem rotação) a partir de uma referência $x'y'z'$ no centro de massa (Figura 9.12), em relação à qual os termos de inércia são conhecidos. Primeiro, calcula-se o momento de inércia de massa I_{zz}.

Observando a Figura 9.12, é possível escrever:

$$r = r_c + r'$$

portanto,

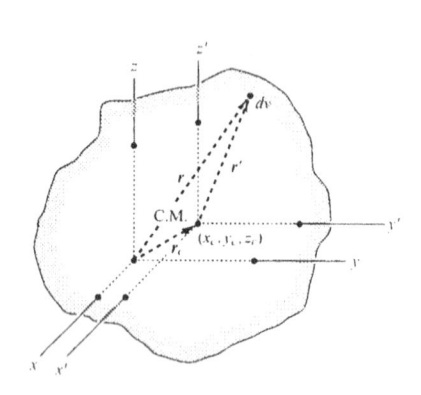

$$x = x_c + x'$$
$$y = y_c + y'$$
$$z = z_c + z'$$

Figura 9.12: Translação de xyz a partir de $x'y'z'$ localizado no C.M.

Pode-se, então, escrever a seguinte expressão para I_{zz}:

$$I_{zz} = \iiint_V (x^2 + y^2)\rho \, dv = \iiint_V [(x_c + x')^2 + (y_c + y')^2]\rho \, dv \quad (9.4)$$

Expandindo os termos ao quadrado e efetuando um rearranjo desses termos, tem-se:

$$I_{zz} = \iiint_V (x_c^2 + y_c^2)\rho \, dv + 2\iiint_V x_c x' \rho \, dv$$
$$+ 2\iiint_V y_c y' \rho \, dv + \iiint_V (x'^2 + y'^2)\rho \, dv \quad (9.5)$$

Note que as grandezas que contêm o subscrito c são constantes na integração e podem sair do integrando. Assim,

$$I_{zz} = M\left(x_c^2 + y_c^2\right) + 2x_c \iiint_V x' \, dm$$
$$+ 2y_c \iiint_V y' \, dm + \iiint_V \left(x'^2 + y'^2\right) \rho \, dv \qquad (9.6)$$

onde $\rho \, dv$ foi substituído por dm, e a integração $\iiint_V \rho \, dv$, na primeira integral, foi calculada no domínio de M, que é a massa total do corpo. A origem do sistema de referência $x'y'z'$, localizada no centro de massa, requer que os primeiros momentos de inércia de massa sejam nulos, ou seja, $\iiint x' \, dm = \iiint y' \, dm = \iiint z' \, dm = 0$. Os 2 termos intermediários no lado direito da Equação 9.6 se anulam. O último termo dessa equação representa $I_{z'z'}$. Assim, a relação desejada é expressa como:

$$I_{zz} = I_{z'z'} + M\left(x_c^2 + y_c^2\right) \qquad (9.7)$$

Observando o sólido da Figura 9.12, ao longo dos eixos z e z' (ou seja, de cima para baixo), obtém-se a vista mostrada na Figura 9.13. Nessa figura, pode-se ver que $y_c^2 + x_c^2 = d^2$, onde d é a distância entre o eixo z', que passa pelo centro de massa, e o eixo z, em relação ao qual se desejam calcular os momentos de inércia. O resultado da Equação 9.6 pode então ser reescrito como:

$$I_{zz} = I_{z'z'} + Md^2 \qquad (9.8)$$

Essa expressão pode ser generalizada no seguinte enunciado:

O momento de inércia de um corpo em relação a qualquer eixo é igual ao momento de inércia do corpo em relação a um eixo paralelo, que passa pelo centro de massa, mais a massa total multiplicada pela distância perpendicular entre os eixos ao quadrado.

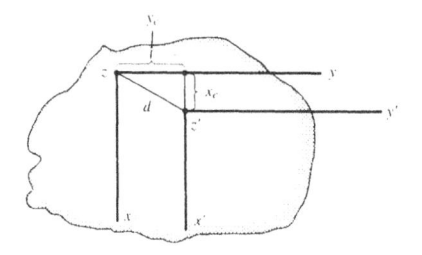

Figura 9.13: Vista obtida ao longo da direção z (de cima para baixo).

É deixado ao leitor mostrar que relações similares podem ser obtidas para os produtos de inércia de massa. Para I_{xy}, por exemplo, tem-se:

$$I_{xy} = I_{x'y'} + Mx_c y_c \qquad (9.9)$$

Aqui, deve-se ter grande cuidado com os sinais de x_c e y_c, que são medidos a partir da referência xyz. As Equações 9.8 e 9.9 consistem nos conhecidos *teoremas dos eixos paralelos*, análogos aos obtidos no Capítulo 8 para áreas de superfícies planas. Esses teoremas podem ser utilizados para corpos compostos de formas geométricas simples, que serão ilustrados nos exemplos seguintes.

Exemplo 9.4

Determine I_{xx} e I_{xy} para o corpo mostrado na Figura 9.14. Considere ρ constante para o corpo. Utilize as expressões para momentos e produtos de inércia de massa, em relação ao centro de massa, dadas na tabela apresentada nas primeiras páginas deste livro.

Primeiro, analisa-se o prisma retangular sólido com as dimensões externas mostradas na Figura 9.14. Desse prisma serão subtraídas as contribuições do cilindro e do bloco retangular retirados do sólido (representados pela linha tracejada na figura). Assim, tem-se para o prisma retangular sólido, que é chamado de corpo 1, a seguinte expressão para o momento de inércia de massa:

$$(I_{xx})_1 = (I_{xx})_C + Md^2 = \frac{1}{12}M(a^2 + b^2) + Md^2$$

$$= \frac{1}{12}[(\rho)(6)(2,4)(4,5)](2,4^2 + 4,5^2) + [(\rho)(6)(2,4)(4,5)](1,2^2 + 2,25^2)$$

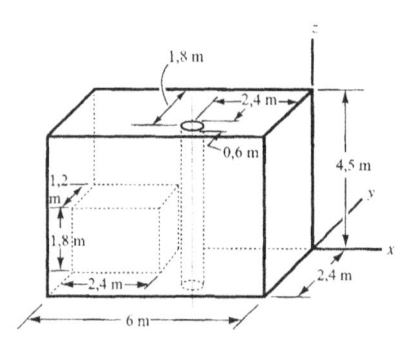

$$= 561,816\rho \qquad (a)$$

Figura 9.14: Determinação de I_{xx} e I_{xy}.

Dessa expressão, deve ser retirada a contribuição do cilindro, que é designado como corpo 2. Por meio das fórmulas dadas no livro, tem-se que:

$$(I_{xx})_2 = \frac{1}{12}M(3r^2 + h^2) + Md^2$$

$$= \frac{1}{12}[\rho\pi(0,3)^2(4,5)][3(0,3)^2 + 4,5^2] + [\rho\pi(0,3)^2(4,5)][1,8^2 + 2,25^2]$$

$$= 12,74r \qquad (b)$$

Por fim, elimina-se a contribuição do bloco retangular recortado (corpo 3), cujo momento de inércia de massa é dado por:

$$(I_{xx})_3 = \frac{1}{12}M(a^2 + b^2) + Md^2$$

$$= \frac{1}{12}[\rho(2,4)(1,8)(1,2)](1,2^2 + 1,8^2) + [\rho(2,4)(1,8)(1,2)](0,6^2 + 0,9^2)$$

$$= 8,087\rho \qquad (c)$$

A grandeza I_{xx} para o corpo sólido com as cavidades retangulares e cilíndricas é expressa por:

$$I_{xx} = (561,816 - 12,74 - 8,087)\rho$$

$$I_{xx} = 541\rho \qquad (d)$$

O mesmo procedimento é adotado para a determinação de I_{xy}. Assim, para o bloco inteiro, tem-se:

$$(I_{xy})_1 = (I_{xy})_C + Mx_C y_C$$

No centro de massa do bloco sólido, ambos os eixos $(x')_1$ e $(y')_1$ são normais ao plano de simetria. Desse modo, $(I_{xy})_C = 0$. Assim,

$$(I_{xy})_1 = 0 + [\rho(6)(2,4)(4,5)](-1,2)(-3)$$

$$= 233,28\rho \qquad (e)$$

Para o cilindro, nota-se que ambos os eixos $(x')_2$ e $(y')_2$ que passam pelo seu centro de massa são normais aos planos de simetria. Assim, pode-se escrever:

$$(I_{xy})_2 = 0 + [\rho(\pi)(0,3^2)(4,5)](-2,4)(-1,8)$$

$$= 5,50\rho \qquad (f)$$

Exemplo 9.4 (continuação)

Por fim, para o pequeno paralelepípedo retirado do sólido maior, observa-se que $(x')_3$ e $(y')_3$, que passam por seu centro de massa, são perpendiculares aos seus planos de simetria. Assim, tem-se:

$$(I_{xy})_3 = 0 + [\rho(2,4)(1,8)(1,2)](-0,6)(-4,8)$$
$$= 14,93\rho \tag{g}$$

O produto de inércia de massa I_{xy} para o sólido prismático com cavidades retangulares e cilíndricas é dado por:

$$I_{xy} = (233,28 - 5,50 - 14,93)\rho = 212,9\rho \tag{h}$$

Se ρ é dado em kg/m^3, os termos de inércia possuem unidades de kg m^2.

*9.5 Propriedades de transformação de momentos e produtos de inércia de massa

Suponha que os 6 termos independentes de inércia sejam conhecidos em relação à origem de um sistema de referência. Qual será o momento de inércia de massa para um eixo que passa pela origem do sistema de referência e que possua os cossenos diretores l, m e n em relação aos eixos desse sistema? O eixo, em relação ao qual se deseja determinar o momento de inércia de massa, é designado como kk na Figura 9.15.

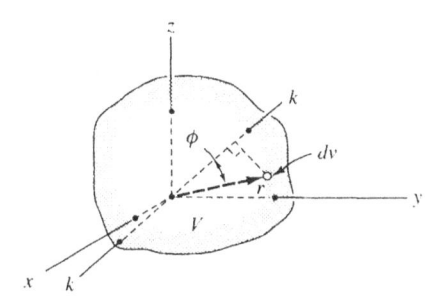

Figura 9.15: Determinação de I_{kk}.

Pela definição de momento de inércia de massa, pode-se dizer que:

$$I_{kk} = \iiint_V [|\mathbf{r}|(\operatorname{sen}\phi)]^2 \rho \, dv \tag{9.10}$$

onde ϕ é o ângulo entre kk e r. Deve-se obter uma forma mais prática para sen$^2 \phi$ analisando o triângulo retângulo formado pelo vetor posição r e o eixo kk. Esse triângulo é mostrado de maneira ampliada na Figura 9.16. O lado a do triângulo possui um comprimento que pode ser dado pelo produto escalar de r e o vetor unitário ϵ_k ao longo do eixo kk. Assim,

$$a = r \cdot \epsilon_k = (x\mathbf{i} + y\mathbf{j} + z\mathbf{k}) \cdot (l\mathbf{i} + m\mathbf{j} + n\mathbf{k}) \tag{9.11}$$

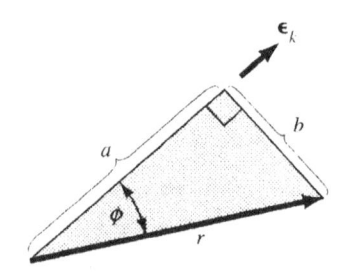

Figura 9.16: Triângulo retângulo formado por r e kk.

Dessa maneira,

$$a = lx + my + nz$$

Por meio do teorema de Pitágoras, o lado b pode ser dado por:

$$b^2 = |r|^2 - a^2 = (x^2 + y^2 + z^2)$$
$$- (l^2x^2 + m^2y^2 + n^2z^2 + 2lmxy + 2lnxz + 2mnyz)$$

O termo sen$^2 \phi$ pode, então, ser expresso como:

$$\text{sen}^2 \phi = \frac{b^2}{r^2} = \frac{(x^2 + y^2 + z^2) - (l^2x^2 + m^2y^2 + n^2z^2 + 2lmxy + 2lnxz + 2mnyz)}{x^2 + y^2 + z^2} \tag{9.12}$$

Substituindo essa expressão na Equação 9.10 e cancelando alguns termos, obtém-se:

$$I_{kk} = \iiint_V [(x^2 + y^2 + z^2)$$
$$- (l^2x^2 + m^2y^2 + n^2z^2 + 2lmxy + 2lnxz + 2mnyz)] \rho \, dv$$

Como $l^2 + m^2 + n^2 = 1$, é possível multiplicar o primeiro termo do lado direito da integral por esta soma:

$$I_{kk} = \iiint_V [(x^2 + y^2 + z^2)(l^2 + m^2 + n^2)$$
$$- (l^2x^2 + m^2y^2 + n^2z^2 + 2lmxy + 2lnxz + 2mnyz)] \rho \, dv$$

Por meio da multiplicação e de um rearranjo nos termos da expressão resultante, obtém-se a seguinte relação:

$$I_{kk} = l^2 \iiint_V (y^2 + z^2)\rho\, dv + m^2 \iiint_V (x^2 + z^2)\rho\, dv + n^2 \iiint_V (x^2 + y^2)\rho\, dv \\ - 2lm \iiint_V (xy)\rho\, dv - 2ln \iiint_V (xz)\rho\, dv - 2mm \iiint_V (yz)\rho\, dv$$

Utilizando as definições dos termos de inércia dadas pelas Equações 9.1, chega-se à equação de transformação desejada:

$$I_{kk} = l^2 I_{xx} + m^2 I_{yy} + n^2 I_{zz} - 2lm I_{xy} - 2ln I_{xz} - 2mn I_{yz} \qquad (9.13)$$

Essa expressão pode ser escrita em uma forma mais conhecida, a qual será vista em cursos avançados em mecânica. Note, em primeiro lugar, que l é o cosseno diretor entre o eixo k e o eixo x. É prática comum identificar esse cosseno diretor como a_{kx} em vez de l. Note, ainda, que os subscritos indicam os eixos envolvidos. De maneira similar, $m = a_{ky}$ e $n = a_{kz}$. Pode-se, então, reescrever a Equação 9.13 em forma matricial, onde $I_{xy} = I_{yx}$ etc.

$$I_{kk} = \begin{array}{lll} I_{xx} a_{kx}^2 & -I_{xy} a_{kx} a_{ky} & -I_{xz} a_{kx} a_{kz} \\ -I_{yx} a_{ky} a_{kx} & +I_{yy} a_{ky}^2 & -I_{yz} a_{ky} a_{kz} \\ -I_{zx} a_{kz} a_{kx} & -I_{zy} a_{kz} a_{ky} & +I_{zz} a_{kz}^2 \end{array} \qquad (9.14)$$

Essa expressão é facilmente construída escrevendo-se, primeiro, o arranjo matricial dos termos de inércia I_{ij} do lado direito da expressão e, então, inserindo os cossenos diretores associados a's, lembrando-se de colocar o sinal negativo para os termos não-diagonais.

A seguir, pode-se calcular o produto de inércia para um par de eixos mutuamente perpendiculares, Ok e Oq, ilustrados na Figura 9.17. Os cossenos diretores de Ok são definidos como l, m e n, enquanto os cossenos diretores de Oq são l', m' e n'. Como esses eixos perfazem um ângulo reto entre si, sabe-se que:

$$\boldsymbol{\epsilon}_k \cdot \boldsymbol{\epsilon}_q = 0$$

portanto,

$$ll' + mm' + nn' = 0 \qquad (9.15)$$

Observe que as coordenadas do elemento de massa $\rho\, dv$ ao longo dos eixos Ok e Oq são $\boldsymbol{r} \cdot \boldsymbol{\epsilon}_k$ e $\boldsymbol{r} \cdot \boldsymbol{\epsilon}_q$, respectivamente. Então, tem-se para I_{kq}:

$$I_{kq} = \iiint_V (\boldsymbol{r} \cdot \boldsymbol{\epsilon}_k)(\boldsymbol{r} \cdot \boldsymbol{\epsilon}_q)\rho\, dv$$

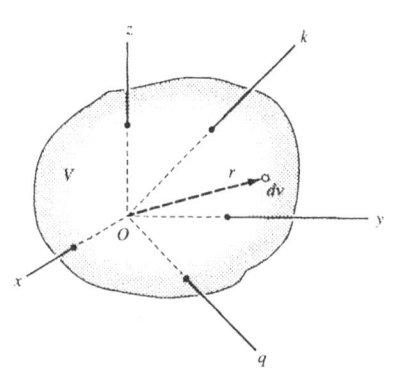

Figura 9.17: Determinação de I_{kq}.

Por meio das componentes xyz de $\boldsymbol{r}$ e dos vetores unitários, tem-se:

$$\equiv I_{kq} = \iiint_V [(x\boldsymbol{i} + y\boldsymbol{j} + z\boldsymbol{k}) \cdot (l\boldsymbol{i} + m\boldsymbol{j} + n\boldsymbol{k})] \\ \times [(x\boldsymbol{i} + y\boldsymbol{j} + z\boldsymbol{k}) \cdot (l'\boldsymbol{i} + m'\boldsymbol{j} + n'\boldsymbol{k})]\rho\, dv \qquad (9.16)$$

Efetuando os produtos escalares na expressão anterior, obtém-se a seguinte resultado:

$$I_{kq} = \iiint_V (xl + ym + zn)(xl' + ym' + zn')\rho\, dv$$

assim,

$$\begin{aligned}I_{kq} = \iiint_V (&x^2 ll' + y^2 mm' + z^2 nn' + xylm' + xzln' \\ &+ yxml' + yzmn' + zxnl' + zynm')\rho\, dv\end{aligned} \quad (9.17)$$

Observe pela Equação 9.15 que $(ll' + mm' + nn')$ é 0. Por conveniência, adiciona-se o termo $(-x^2 - y^2 - z^2)(ll' + mm' + nn')$ ao integrando dessa última expressão. Com as devidas simplificações, tem-se:

$$\begin{aligned}I_{kq} = \iiint_V (&-x^2 mm' - x^2 nn' - y^2 ll' - y^2 nn'\, z^2 ll' - z^2 mm' \\ &+ xylm' + xzln' + yxml' + yzmn' + zxnl' + zynm')\rho\, dv\end{aligned}$$

Arranjando os termos e colocando os cossenos diretores para fora das integrais, obtém-se:

$$\begin{aligned}I_{kq} = &-ll' \iiint_V (y^2 + z^2)\rho\, dv - mm' \iiint_V (x^2 + z^2)\rho\, dv \\ &- nn' \iiint_V (y^2 + x^2)\rho\, dv + (lm' + ml') \iiint_V xy\rho\, dv \\ &+ (ln' + nl') \iiint_V xz\rho\, dv + (mn' + nm') \iiint_V yz\rho\, dv\end{aligned} \quad (9.18)$$

Por meio das definições das Equações 9.1, pode-se escrever a equação para a transformação desejada:

$$\begin{aligned}I_{kq} = &-ll' I_{xx} - mm' I_{yy} - nn' I_{zz} + (lm' + ml')I_{xy} \\ &+ (ln' + nl') I_{xz} + (mn' + nm')I_{yz}\end{aligned} \quad (9.19)$$

Essa equação pode ser reescrita em uma forma mais simples e prática utilizando os cossenos diretores a's. Assim, notando que $l' = a_{qx}$ etc., obtém-se uma expressão similar à Equação 9.14:

$$\begin{aligned}-I_{kq} = &I_{xx}a_{kx}a_{qx} - I_{xy}a_{kx}a_{qy} - I_{xz}a_{kx}a_{qz} \\ &-I_{yx}a_{ky}a_{qx} + I_{yy}a_{ky}a_{qy} - I_{yz}a_{ky}a_{qz} \\ &-I_{zx}a_{kz}a_{qx} - I_{zy}a_{kz}a_{qy} + I_{zz}a^2_{kz}a_{qz}\end{aligned} \quad (9.20)$$

Mais uma vez é possível constatar que o lado direito dessa expressão pode ser facilmente construído escrevendo-se, primeiro, a matriz I_{ij} e, então, inserindo os a's com os subscritos associados, lembrando de colocar o sinal negativo nos termos não-diagonais.

Exemplo 9.5

Determine $I_{z'z'}$ e $I_{x'z'}$ para o cilindro sólido mostrado na Figura 9.18. A referência $x'y'z'$ é determinada pela rotação de 30° do sistema xyz em relação ao eixo y, como ilustrado na figura. A massa do cilindro é de 100 kg.

Primeiro, vê-se que é muito simples a obtenção das componentes do tensor de inércia em relação ao sistema xyz. Dessa maneira, por meio das fórmulas fornecidas pela tabela no final deste livro, tem-se:

$$I_{zz} = \frac{1}{2} Mr^2 = \frac{1}{2}(100)\left(\frac{1,3}{2}\right)^2 = 21,13 \text{ kg m}^2$$

$$I_{xx} = I_{yy} = \frac{1}{12} M(3r^2 + h^2)$$

$$= \frac{1}{12}(100)\left[(3)\left(\frac{1,3}{2}\right)^2 + 3^2\right]$$

$$= 85,56 \text{ kg m}^2$$

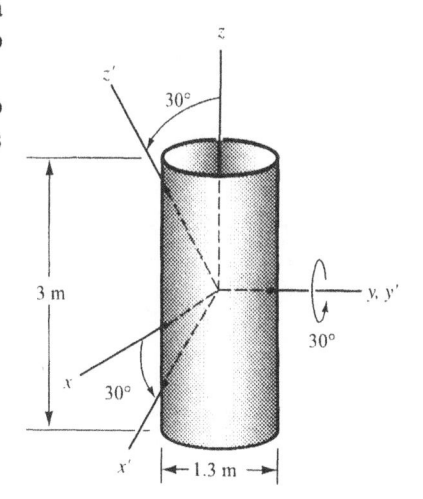

Figura 9.18: Determinação de $I_{z'z'}$ e $I_{x'z'}$.

Note que os planos definidos pelos eixos do sistema xyz são planos de simetria para o sólido e é possível concluir que:

$$I_{xz} = I_{yx} = I_{yz} = 0$$

Em um segundo passo, os cossenos diretores dos eixos x' e z' em relação ao sistema xyz são determinados. Assim,

Para o eixo z':

$$a_{z'x} = \cos 60° = 0,5$$
$$a_{z'y} = \cos 90° = 0$$
$$a_{z'z} = \cos 30° = 0,866$$

Para o eixo x':

$$a_{x'x} = \cos 30° = 0,866$$
$$a_{x'y} = \cos 90° = 0$$
$$a_{x'z} = \cos 120° = -0,5$$

Então, a Equação 9.14 é empregada para a obtenção de $I_{z'z'}$.

$$I_{z'z'} = (85,56)(0,5)^2 + (21,13)(0,866)^2$$
$$= 37,24 \text{ kg m}^2$$

Por fim, a Equação 9.20 é utilizada para o cálculo de $I_{x'z'}$.

$$-I_{x'z'} = (85,56)(0,5)(0,866) + (21,13)(0,866)(-0,5)$$

portanto,

$$I_{x'z'} = -27,90 \text{ kg m}^2$$

*9.6 Preparando o futuro: tensores

Expressões para os momentos de inércia de massa em relação a um eixo qualquer que passe por um ponto podem ser obtidas por meio da Equação 9.14. Por exemplo, pode-se determinar uma expressão para $I_{x'x'}$, por meio da Equação 9.14, considerando o eixo Ok, da Figura 9.17, como o eixo x' em O e empregando os cossenos diretores desse eixo $(a_{x'x}, a_{x'y}, a_{x'z})$ naquela equação. Uma expressão para $I_{y'y'}$ também pode ser obtida por meio daquela equação, considerando-se o eixo Ok como o eixo y' em O e empregando-se os cossenos diretores $(a_{y'x}, a_{y'y}, a_{y'z})$ desse eixo. Determina-se a expressão para $I_{z'z'}$ de maneira análoga. Desse modo, os momentos de inércia de massa para a referência $x'y'z'$ em O, rotacionada em relação ao sistema xyz, podem ser obtidos utilizando a Equação 9.14. Além disso, as expressões para os produtos de inércia de massa para um eixo qualquer que passe por um ponto do corpo podem ser determinadas por meio da Equação 9.20. É possível determinar a expressão para $I_{x'y'}$ em O, empregando a Equação 9.20, considerando os eixos Ok e Oq como os eixos x' e y', respectivamente, e empregando os respectivos cossenos diretores, sendo que $(a_{x'x}, a_{x'y}, a_{x'z})$ são os cossenos diretores para o eixo x' e $(a_{y'x}, a_{y'y}, a_{y'z})$ os cossenos diretores do eixo y'. Esse procedimento também pode ser utilizado na obtenção das expressões para $I_{x'z'}$ e $I_{y'z'}$. Dessa maneira, utilizando as Equações 9.14 e 9.20, podem-se determinar as expressões para os 9 termos de inércia para uma referência $x'y'z'$, que é obtida pela rotação da referência xyz em relação ao ponto O, em termos dos momentos e produtos de inércia conhecidos no ponto O em relação à referência xyz. Assim, uma vez que as 9 grandezas de inércia sejam conhecidas para uma referência em um ponto, elas poderão ser determinadas em relação a *qualquer* referência naquele ponto. Pode-se dizer que os termos de inércia são *transformados* de um conjunto de componentes no ponto O em relação à referência xyz para um outro conjunto de componentes em relação à referência $x'y'z'$ por meio da transformação das Equações 9.14 e 9.20.

É possível, então, definir o *tensor de segunda ordem* simétrico[6] como *o conjunto de 9 componentes* dado por:

$$\begin{pmatrix} A_{xx} & A_{xy} & A_{xz} \\ A_{yx} & A_{yy} & A_{yz} \\ A_{zx} & A_{zy} & A_{zz} \end{pmatrix}$$

que se transforma com a rotação de eixos de acordo com as equações seguintes. Para os termos diagonais, tem-se:

$$\begin{aligned} A_{kk} = &\, A_{xx}a_{kx}^2 & + A_{xy}a_{kx}a_{ky} & + A_{xz}a_{kx}a_{kz} \\ & + A_{yx}a_{ky}a_{kx} & + A_{yy}a_{ky}^2 & + A_{yz}a_{ky}a_{kz} \\ & + A_{zx}a_{kz}a_{kx} & + A_{zy}a_{kz}a_{ky} & + A_{zz}a_{kz}^2 \end{aligned} \quad (9.21)$$

Para os termos fora da diagonal, tem-se:

$$\begin{aligned} A_{kq} = &\, A_{xx}a_{kx}a_{qx} & + A_{xy}a_{kx}a_{qy} & + A_{xz}a_{kx}a_{kz} \\ & + A_{yx}a_{ky}a_{qx} & + A_{yy}a_{ky}a_{qy} & + A_{yz}a_{ky}a_{kz} \\ & + A_{zx}a_{kz}a_{qx} & + A_{zy}a_{kz}a_{qy} & + A_{xz}a_{kz}a_{qz} \end{aligned} \quad (9.22)$$

Comparando as Equações 9.21 e 9.22, respectivamente, com as Equações 9.14 e 9.20, pode-se constatar que o arranjo de termos:

---

6 O termo *simétrico* refere-se à condição $A_{12} = A_{21}$ etc., que é necessária para a forma da equação de transformação apresentada. Existem tensores de segunda ordem não-simétricos, que são menos comuns na engenharia e, por isso, não fazem parte do escopo deste capítulo.

$$I_{ij} = \begin{pmatrix} I_{xx} & -I_{xy} & -I_{xz} \\ -I_{yx} & I_{yy} & -I_{yz} \\ -I_{zx} & -I_{zy} & I_{zz} \end{pmatrix} \quad (9.23)$$

é um tensor de segunda ordem.

Pode-se observar que, devido à lei de transformação que identifica certas grandezas como tensores, existem características comuns muito importantes para essas grandezas que as diferem de outras. Assim, no estudo de diversos fenômenos em engenharia, física e matemática aplicada, torna-se necessário conhecer essas características de tensores de segunda ordem e compreendê-las de maneira clara e objetiva. Em cursos mais avançados na área da mecânica dos corpos deformáveis, o leitor se confrontará com os tensores de tensão e deformação.

Para explorar um pouco mais esse conceito, é ilustrado, na Figura 9.19, um paralelepípedo infinitesimal, que representa um ponto de um corpo, extraído de um corpo sólido sob carregamento. Nas 3 faces ortogonais são mostradas 9 componentes de intensidade de força (ou seja, força por unidade de área). As componentes cujos índices são iguais denominam-se *tensões normais*, enquanto as componentes com índices diferentes denominam-se *tensões de cisalhamento*. Conhecendo 9 componentes dessas tensões naquele ponto do corpo, pode-se prontamente encontrar as 3 componentes de tensão, 1 normal e 2 ortogonais de cisalhamento, sobre qualquer plano dentro do paralelepípedo retangular, ou seja, qualquer plano que passe por aquele ponto. Para o cálculo dessas tensões sobre um plano qualquer, conhecendo-se as tensões ilustradas na Figura 9.19, são usadas as *mesmas equações de transformação* dadas pelas Equações 9.21 e 9.22. Portanto, tensão é um *tensor de segunda ordem*.

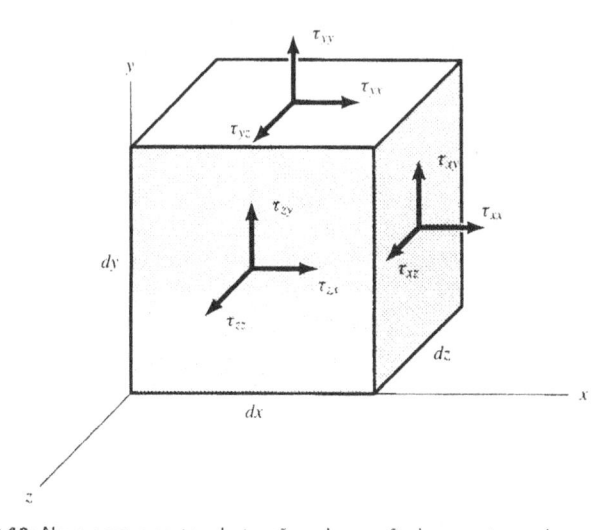

Figura 9.19: Nove componentes de tensão sobre os 3 planos ortogonais em um ponto.

A simplificação *bidimensional* de τ_{ij}, que envolve apenas as grandezas τ_{xx}, τ_{yy} e τ_{xy} ($= \tau_{yx}$) como as tensões não-nulas no ponto, é chamada *estado plano de tensão*. Isso pode ocorrer em uma placa fina carregada em seu plano de simetria, como ilustrado na Figura 9.20. O estado plano de tensão é análogo ao conceito de *segundos momentos de inércia e produtos de inércia de área*, que representam uma simplificação bidimensional do tensor de inércia. As componentes de tensão no estado plano e os segundos momentos e produtos de inércia de área têm as mesmas equações de transformação, que são as Equações 8.26, 8.27 e 8.28, onde τ_{xx}, τ_{yy}, τ_{xy} e $\tau_{x'y'}$ assumem o lugar dos termos I_{xx}, I_{yy}, $-I_{xy}$ e $-I_{x'y'}$, respectivamente.

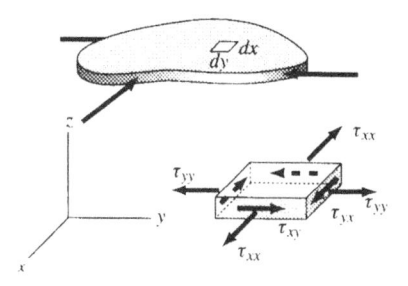

Figura 9.20: O caso do estado plano de tensão.

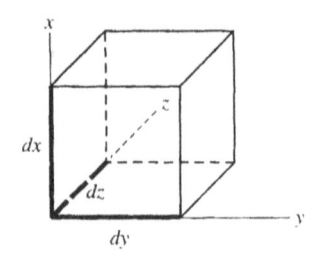

Figura 9.21: Um paralelepípedo infinitesimal com 3 arestas em destaque.

Na mecânica dos sólidos, também será visto que há 9 componentes ε_{ij} que descrevem a deformação em um ponto de um sólido sob carregamento. Assim, considere o paralelepípedo infinitesimal, extraído de um corpo sólido indeformado (sem carregamento), mostrado na Figura 9.21. Quando ocorre deformação devida à aplicação de um *carregamento* qualquer, há *deformações normais* ε_{xx}, ε_{yy} e ε_{zz} ao longo das direções das arestas do paralelepípedo, que fornecem as variações relativas de comprimento por unidade de comprimento original daquelas arestas. Além disso, quando o sólido sofre deformação em virtude do carregamento externo, existem 6 *componentes de deformação de cisalhamento* $\varepsilon_{xy} = \varepsilon_{yx}$, $\varepsilon_{xz} = \varepsilon_{zx}$, $\varepsilon_{yz} = \varepsilon_{zy}$ que fornecem as mudanças nos ângulos entre as arestas do paralelepípedo. Conhecendo essas 9 componentes de deformação, é possível determinar as deformações em relação a qualquer plano que passe pelo paralelepípedo. As deformações em relação a um plano qualquer no ponto podem ser obtidas por meio das Equações 9.21 e 9.22 e, assim, *deformação* também é um *tensor de segunda ordem*.

A simplificação bidimensional de ε_{ij}, onde apenas as componentes ε_{xx}, ε_{yy} e ε_{xy} ($= \varepsilon_{yx}$) são diferentes de 0, é denominada *estado plano de deformação* e representa as deformações em um corpo prismático com restrições em suas extremidades e sujeito a carregamento normal à sua linha de centro, como mostrado na Figura 9.22. Nesse caso, o carregamento não varia com z. Além disso, o corpo não pode estar sujeito à flexão. O estado plano de deformação é matematicamente análogo ao estado plano de tensão e ao conceito de segundos momentos e produtos de inércia de área. Todos esses 3 conceitos são simplificações bidimensionais de tensores de segunda ordem simétricos e possuem as *mesmas equações de transformação*, assim como outras propriedades matemáticas. Por fim, na teoria do eletromagnetismo e na física nuclear, o leitor poderá estudar o conceito de tensor quádruplo[7].

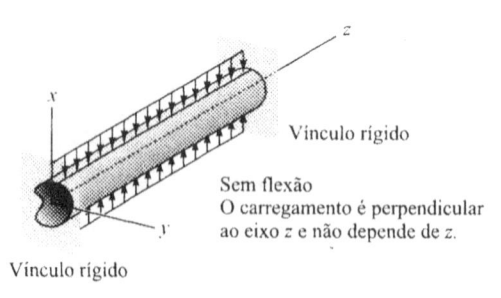

Figura 9.22: Exemplo de estado plano de deformação.

---

[7] Os vetores podem ser definidos em relação a uma nova referência em termos de suas componentes conhecidas na sua referência original no ponto. Assim, para uma direção n qualquer, tem-se para a componente A_n:

$$A_n = A_x a_{nx} + A_y a_{ny} + A_z a_{nz} \qquad (a)$$

Por meio da Equação a, as componentes do vetor A em relação a uma referência $x'y'z'$, que é obtida pela rotação da referência xyz, podem ser determinadas. Assim, todos os vetores devem se transformar de acordo com a Equação a em relação à rotação do sistema de referência em um ponto. O vetor, obviamente, analisado por esse ponto de vista, é um caso especial e simples de tensor de segunda ordem. Diz-se, então, que os vetores são *tensores de primeira ordem*.

Para grandezas escalares, não há variação no valor da grandeza quando ocorre rotação dos eixos do sistema de coordenadas. Assim,

$$T(x', y', z') = T(x, y, z) \qquad (b)$$

para uma referência $x'y'z'$ obtida pela rotação de xyz. Escalares são uma forma especial de tensor, quando analisados pelo ponto de vista da transformação. Na realidade, escalares denominam-se *tensores de ordem zero*.

Problemas

Nos problemas seguintes, use as fórmulas para momentos e produtos de inércia de massa em relação ao centro de massa apresentadas no final do livro.

9.20 Quais são os momentos de produtos de inércia do cilindro em relação aos eixos xyz e $x'y'z'$?

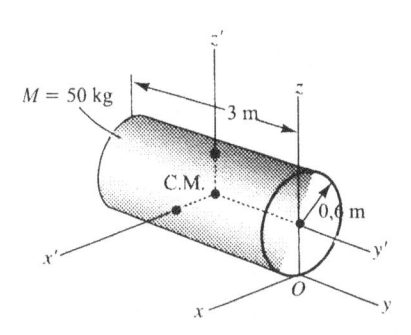

Figura P.9.20

9.21 Para o bloco uniforme, calcule o tensor de inércia no centro de massa, no ponto a e no ponto b, para eixos paralelos aos eixos da referência xyz. Considere a massa do bloco como M kg.

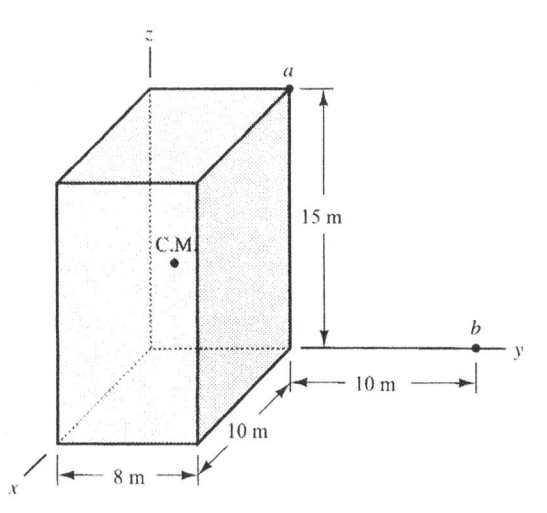

Figura P.9.21

9.22 Determine $I_{xx} + I_{yy} + I_{zz}$ em função de x, y e z para todos os pontos no interior de um paralelepípedo uniforme. Note que xyz tem origem no centro de massa e possui eixos paralelos às arestas do corpo.

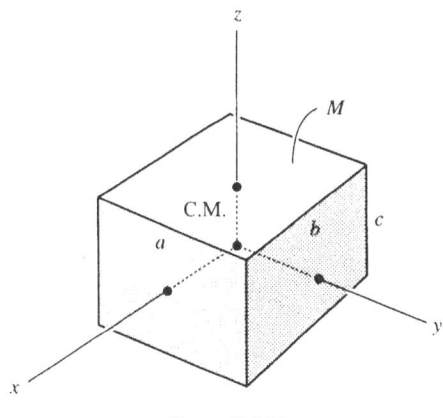

Figura P.9.22

9.23 Uma placa fina que pesa 100 N tem os seguintes momentos de inércia de massa em relação ao centro de massa O:

$$I_{xx} = 15 \text{ kg m}^2$$
$$I_{yy} = 13 \text{ kg m}^2$$
$$I_{xy} = -10 \text{ kg m}^2$$

Quais são os momentos de inércia $I_{x'x'}$, $I_{y'y'}$ e $I_{z'z'}$ para o ponto P tendo o seguinte vetor posição:

$$r = 0{,}5i + 0{,}2j + 0{,}6k \text{ m}?$$

Determine também $I_{x'z'}$ no ponto P.

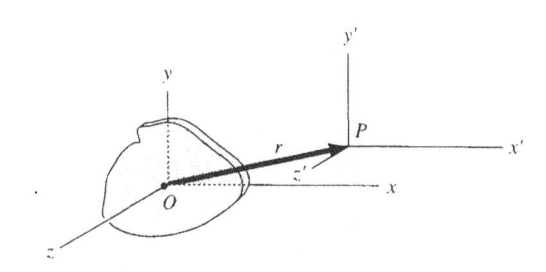

Figura P.9.23

9.24 Uma caixa pesa 20 kN e tem seu centro de massa no ponto:

$$r_c = 1,3i + 3j + 0,8k \text{ m}$$

Os seguintes valores de algumas grandezas de inércia na aresta A são conhecidos:

$$I_{x'x'} = 5,5 \text{ Mg m}^2$$
$$I_{x'y'} = -1,5 \text{ Mg m}^2$$

sendo que os eixos $x'y'z'$ são paralelos aos eixos xyz. No ponto B, determine $I_{x''x''}$ e $I_{x''y''}$ em relação aos eixos $x''y''z''$ paralelos aos eixos xyz.

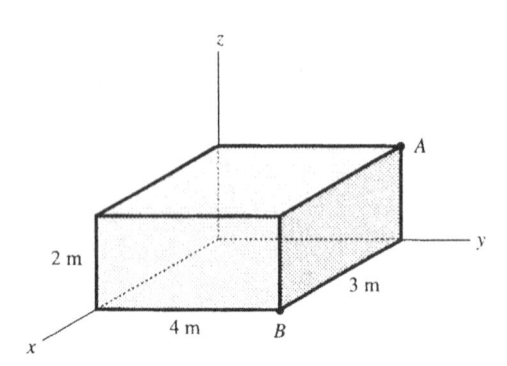

Figura P.9.24

9.25 Um invólucro cilíndrico pesa 500 N. Seu centro de massa está localizado em:

$$r_c = 0,6i + 0,7j + 2k \text{ m}$$

No ponto A, sabe-se que:

$$(I_{yy})_A = 85 \text{ kg m}^2$$
$$(I_{yz})_A = -22 \text{ kg m}^2$$

Determine I_{yy} e I_{zy} no ponto B.

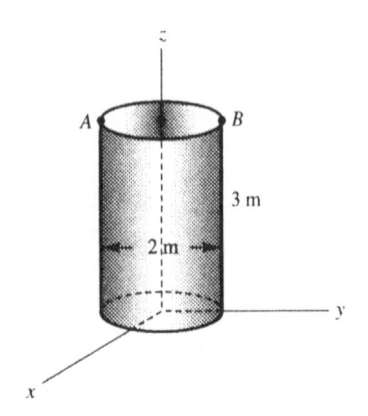

Figura P.9.25

9.26 Um bloco de densidade uniforme de 5 Mg/m³ possui um orifício de diâmetro de 40 mm. Quais são os momentos principais de inércia de massa no ponto A, que está localizado no centróide da face direita do bloco?

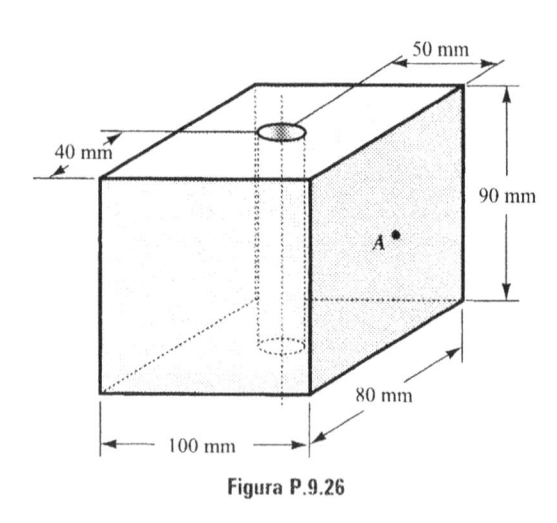

Figura P.9.26

9.27 Determine os momentos de inércia máximo e mínimo no ponto A. O bloco retangular pesa 20 N e o cone, 14 N.

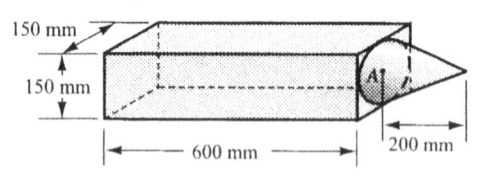

Figura P.9.27

9.28 As esferas sólidas C e D, que pesam 25 N cada uma e com raio de 50 mm, estão conectadas a uma barra sólida delgada que pesa 30 N. As esferas E e G, de peso igual a 20 N cada uma e com raio de 30 mm, estão conectadas a uma outra barra delgada pesando 20 N. As barras são conectadas uma à outra ortogonalmente. Quais são os momentos principais de inércia no ponto A?

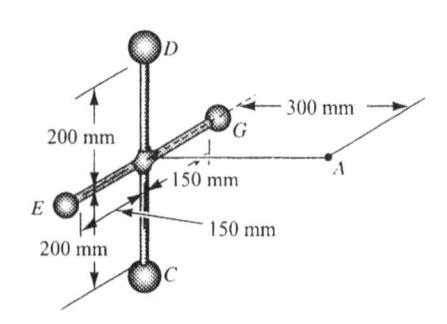

Figura P.9.28

9.29 O cilindro ilustrado na Figura P.9.29 possui uma cavidade cônica orientada ao longo do eixo A-A e uma cavidade cilíndrica orientada normalmente ao eixo A-A. Considerando que a densidade do material é igual a 7,2 Mg/m³, qual é o valor de I_{AA}?

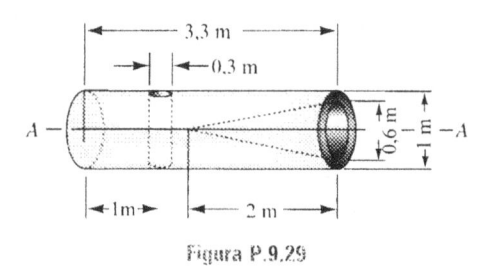

Figura P.9.29

9.30 Um volante de aço tem densidade de 7,85 Mg/m³. Qual é o momento de inércia em relação ao seu eixo geométrico? Qual é o raio de giração?

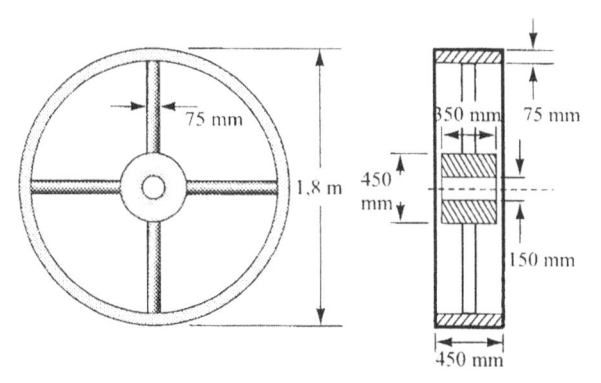

Figura P.9.30

9.31 Calcule I_{yy} e I_{xy} para o corpo sólido formado por um cilindro, que tem massa de 50 kg, e por uma barra quadrada com massa de 10 kg. A barra é conectada radialmente em relação ao cilindro. O eixo x passa pela parte inferior (fundo) da barra.

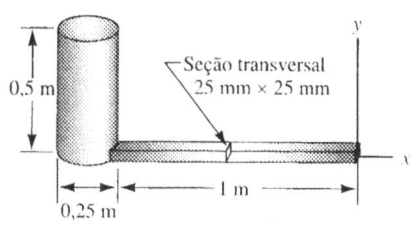

Figura P.9.31

9.32 Determine os momentos e os produtos de inércia em relação aos eixos xy. A densidade do corpo é igual a 7,85 Mg/m³.

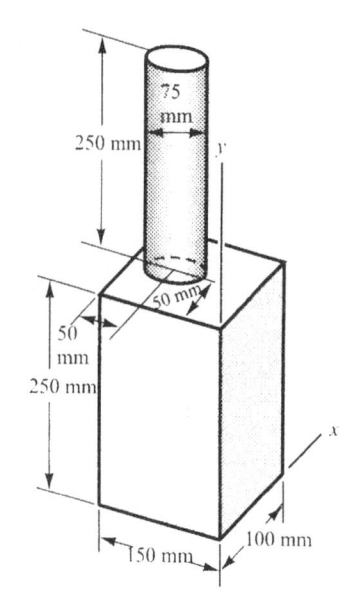

Figura P.9.32

9.33 Um disco A é montado em um eixo, sendo que sua normal está orientada a 10° da linha de centro do eixo. O disco possui diâmetro de 600 mm, espessura de 25 mm e peso de 50 kg. Calcule o momento de inércia do disco em relação à linha de centro do eixo.

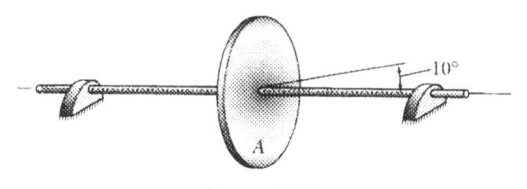

Figura P.9.33

9.34 Uma engrenagem B, com massa de 25 kg, gira em relação ao eixo C-C. Considerando que a barra A possui uma distribuição de massa de 7,5 kg/m, determine o momento de inércia de A e B em relação ao eixo C-C.

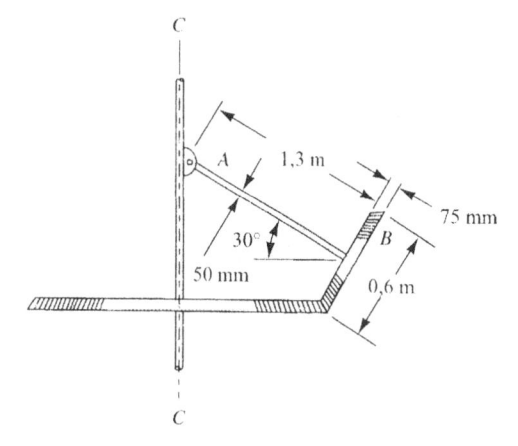

Figura P.9.34

9.35 Um bloco que pesa 100 N é ilustrado na Figura P.9.35. Determine o momento de inércia em relação à diagonal D-D.

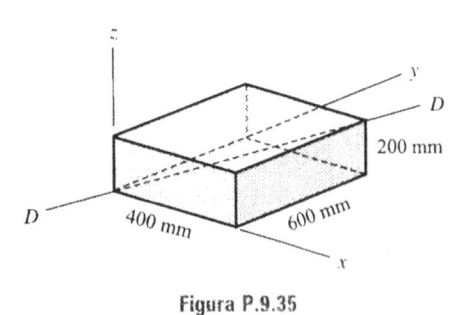

Figura P.9.35

9.36 Um esfera sólida A de diâmetro de 300 mm e peso de 450 N é conectada ao eixo B-B por meio de uma barra sólida de diâmetro de 25 mm, que possui uma distribuição de peso de 30 N/m. Determine $I_{z'z'}$ para a barra e a esfera.

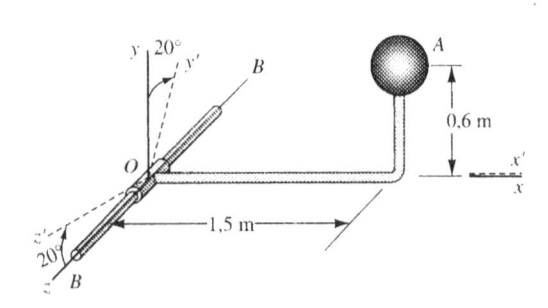

Figura P.9.36

9.37 No Problema 9.13, os seguintes resultados para a placa fina foram obtidos:

$$I_{xx} = I_{yy} = 101{,}9 \text{ mg m}^2$$

$$I_{xy} = 64{,}9 \text{ mg m}^2$$

Determine todas as componentes do tensor de inércia em relação a $x'y'z'$. Os eixos $x'y'$ estão contidos no plano médio da placa.

9.38 Uma barra contorcida pesa 0,1 N/mm. Qual é o valor de I_{nn} para:

$$\varepsilon_n = 0{,}3\mathbf{i} + 0{,}45\mathbf{j} + 0{,}841\mathbf{k} \; ?$$

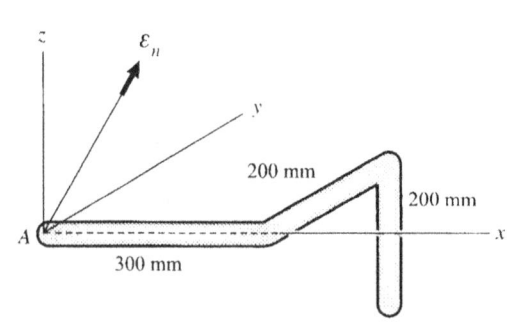

Figura P.9.38

9.39 Determine a matriz dos cossenos diretores dos eixos $x'y'z'$ em relação aos eixos xyz.

$$a_{ij} = \begin{pmatrix} a_{x'x} & a_{x'y} & a_{x'z} \\ a_{y'x} & a_{y'y} & a_{y'z} \\ a_{z'x} & a_{z'y} & a_{z'z} \end{pmatrix}$$

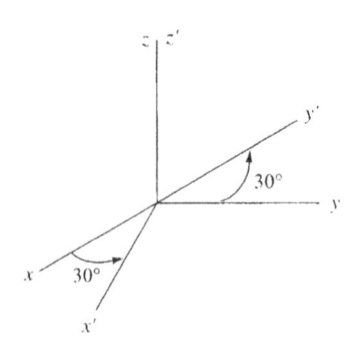

Figura P.9.39

9.40 Um bloco de densidade uniforme pesa 10 N. Determine $I_{y'z'}$.

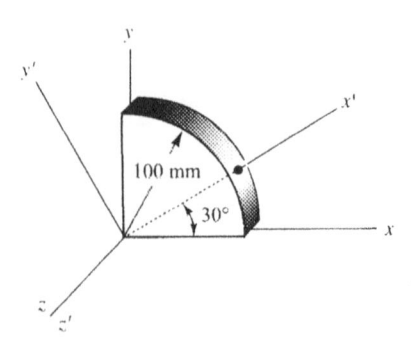

Figura P.9.37

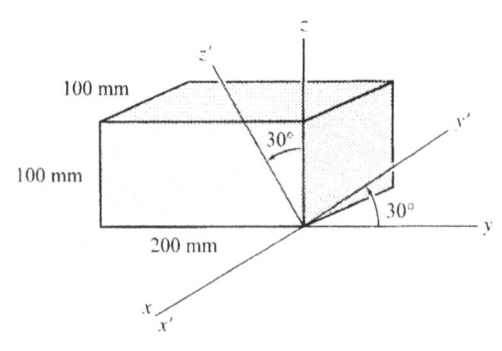

Figura P.9.40

9.41 Uma barra esbelta com comprimento de 300 mm e peso de 12 N encontra-se orientada em relação ao sistema $x'y'z'$, de forma que:

$$\varepsilon_n = 0,4i' + 0,3j' + 0,866k'$$

Qual é o valor de $I_{x'y'}$?

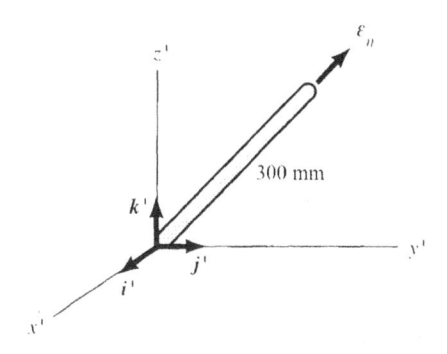

Figura P.9.41

9.42 Demonstre que a equação de transformação para as componentes do tensor de inércia em um ponto, em relação à rotação de eixos (Equações 9.14 e 9.20), pode ser expressa como:

$$I_{kq} = \sum_j \sum_i a_{ki} a_{qj} I_{ij}$$

onde k pode ser x', y' ou z' e q pode ser x', y' ou z'. Os índices i e j podem assumir os valores de x, y e z. Essa equação é uma forma compacta da definição de *tensores de segunda ordem*. Lembre-se de que no tensor de inércia deve haver um sinal negativo na frente de cada termo de produto de inércia (ou seja, $-I_{xy}$, $-I_{yz}$ etc.). (*Dica*: Faça $i = x$; então, efetue a soma em j; e, depois, faça $i = j$ e efetue novamente a soma em j; etc.)

9.43 No Problema 9.42, determine a expressão da equação de transformação para obter $I_{y'z'}$ em termos das componentes do tensor de inércia na referência xyz, sendo que $x'y'z'$ e xyz têm a mesma origem.

*9.7 O elipsóide de inércia e os momentos principais de inércia de massa

A Equação 9.14 fornece o momento de inércia de massa de um corpo em relação a um eixo k em termos dos cossenos diretores desse eixo, que são medidos a partir de uma referência ortogonal passando pelo ponto O, e das 6 componentes independentes de inércia em relação a essa referência. Deseja-se analisar a natureza da variação de I_{kk} em um ponto O do espaço quando a direção de k varia. (O eixo k e o corpo são mostrados na Figura 9.23, que é chamada de diagrama físico.) Para tanto, emprega-se uma representação geométrica do momento de inércia no ponto, cujo desenvolvimento é apresentado a seguir. Ao longo do eixo k, estabelece-se uma grandeza associada com a distância OA dada pela relação:

$$OA = \frac{d}{\sqrt{I_{kk}/M}} \qquad (9.24)$$

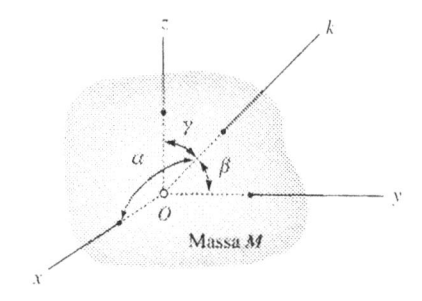

Figura 9.23: Diagrama físico.

onde d é uma constante qualquer, com dimensão de comprimento, que produzirá uma distância OA adimensional, o que pode ser verificado pelo leitor. O termo $\sqrt{I_{kk}/M}$ é o *raio de giração*. Para evitar confusão, essa operação é mostrada em um outro diagrama (Figura 9.24), chamado diagrama de inércia, onde os eixos ξ, η e ζ são *paralelos* aos eixos x, y e z do diagrama físico. Considerando todas as possíveis direções de k, observa-se que alguma superfície será formada em relação ao ponto O', sendo que essa superfície estará relacionada à forma do corpo por meio da Equação 9.14. A equação dessa superfície pode ser obtida de maneira rápida.

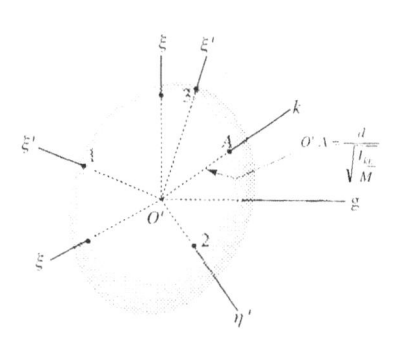

Figura 9.24: Diagrama de inércia

Suponha que ξ, η e ζ sejam as coordenadas do ponto A. Como a distância $O'A$ é paralela à linha k e, por isso, possui os co-senos diretores a_{kx}, a_{ky} e a_{kz}, pode-se escrever:

$$a_{kx} = \frac{\xi}{O'A} = \frac{\xi}{d\sqrt{M/I_{kk}}}$$

$$a_{ky} = \frac{\eta}{O'A} = \frac{\eta}{d\sqrt{M/I_{kk}}} \quad (9.25)$$

$$a_{kz} = \frac{\zeta}{O'A} = \frac{\zeta}{d\sqrt{M/I_{kk}}}$$

Então, são substituídos os cossenos diretores na Equação 9.13 empregando estas relações:

$$I_{kk} = \frac{\xi^2}{Md^2/I_{kk}} I_{xx} + \frac{\eta^2}{Md^2/I_{kk}} I_{yy} + \frac{\zeta^2}{Md^2/I_{kk}} I_{zz}$$
$$+ 2\frac{\xi\eta}{Md^2/I_{kk}}(-I_{xy}) + 2\frac{\xi\zeta}{Md^2/I_{kk}}(-I_{xz}) + 2\frac{\eta\zeta}{Md^2/I_{kk}}(-I_{yz}) \quad (9.26)$$

Pode-se ver que I_{kk} é cancelado nessa expressão, resultando em uma equação que envolve as coordenadas ξ, η e ζ da superfície e os termos de inércia do corpo. Rearranjando os termos, obtém-se:

$$\frac{\xi^2}{Md^2/I_{xx}} + \frac{\eta^2}{Md^2/I_{yy}} + \frac{\zeta^2}{Md^2/I_{zz}}$$
$$+ \frac{2\xi\eta}{Md^2}(-I_{xy}) + \frac{2\xi\zeta}{Md^2}(-I_{xz}) + \frac{2\eta\zeta}{Md^2}(-I_{yz}) = 1 \quad (9.27)$$

Dos conceitos de geometria analítica, constata-se que a superfície obtida é a de um elipsóide (veja a Figura 9.24), que é chamada *elipsóide de inércia*. A distância ao quadrado de O' até um ponto A qualquer no elipsóide é inversamente proporcional ao momento de inércia (veja a Equação 9.24) em relação a um eixo no corpo que passa por O com a mesma direção de $O'A$. Observa-se que o tensor de inércia para um ponto qualquer do corpo pode ser representado geometricamente por tal superfície de segunda ordem. Essa superfície pode ser vista como a seta utilizada para a representação gráfica de vetores. O tamanho, a forma e a inclinação do elipsóide variarão em cada ponto do espaço para um dado corpo. (Como todos os tensores de segunda ordem podem ser representados por superfícies de segunda ordem, em cursos avançados de elasticidade o leitor poderá encontrar os elipsóides de tensão e deformação)[8].

Um elipsóide possui 3 eixos ortogonais de simetria, que possuem um ponto comum em seu centro O' (veja a Figura 9.24). Nessa figura, esses eixos são $O'1$, $O'2$ e $O'3$. A forma e a inclinação do elipsóide de inércia dependem da distribuição de massa do corpo em relação à origem da referência xyz e não têm qualquer relação com a escolha da *orientação dessa referência xyz* (e, portanto, de $\xi\eta\zeta$) no ponto. Pode-se, então, ima-

---

[8] Consulte I. H. Shames, *Mechanics of deformable solids*, Nova York, Krieger Publishing Co., 1979.

ginar que a referência xyz (conseqüentemente, a referência $\xi\eta\zeta$) é escolhida com direções coincidentes com os eixos $O'1$, $O'2$ e $O'3$. Se tais referências são denominadas $x'y'z'$ e $\xi'\eta'\zeta'$, respectivamente, pela geometria analítica, a Equação 9.27 torna-se:

$$\frac{(\xi')^2}{Md^2/I_{x'x'}} + \frac{(\eta')^2}{Md^2/I_{y'y'}} + \frac{(\zeta')^2}{Md^2/I_{z'z'}} = 1 \qquad (9.28)$$

onde ξ', η' e ζ' são as coordenadas da superfície do elipsóide em relação à nova referência, e $I_{x'x'}$, $I_{y'y'}$ e $I_{z'z'}$ são os momentos de inércia de massa do corpo em relação aos novos eixos. Algumas conclusões importantes podem ser extraídas dessa construção geométrica e de suas equações. Um dos eixos de simetria do elipsóide é a maior distância entre a superfície do elipsóide e a origem, enquanto um outro eixo será a menor distância entre a superfície e a origem. Por meio da definição apresentada na Equação 9.24, pode-se concluir que o momento de inércia mínimo para o ponto O deve corresponder ao eixo do elipsóide com comprimento máximo e que o momento máximo deve corresponder ao eixo com comprimento mínimo. O terceiro eixo deve corresponder a um valor intermediário de momento de inércia, de modo que a soma desses 3 momentos de inércia deve ser igual à soma dos momentos de inércia do ponto O em relação ao eixos ortogonais, de acordo com a Equação 9.2. Além disso, a Equação 9.28 permite concluir que $I_{x'y'} = I_{y'z'} = I_{x'z'} = 0$. Ou seja, os produtos de inércia de massa em relação a esses eixos devem ser 0. Esses eixos, obviamente, são os *eixos principais* de inércia no ponto O.

Como as operações anteriores podem ser efetuadas para qualquer ponto no espaço para o corpo, pode-se concluir que:

Em cada ponto, existe um conjunto de eixos principais com os valores extremos dos momentos de inércia naquele ponto e com os produtos de inércia nulos[9]. A orientação desses eixos variará continuamente de um ponto a outro no espaço para dado corpo.

Todas as grandezas representadas por tensores de segunda ordem simétricos possuem as propriedades discutidas do tensor de inércia. Por meio da transformação da referência original para a referência dos eixos principais (referência principal), a forma de representação do tensor de inércia muda de:

$$\begin{pmatrix} I_{xx} & (-I_{xy}) & (-I_{xz}) \\ (-I_{yx}) & I_{yy} & (-I_{yz}) \\ (-I_{zx}) & (-I_{zy}) & I_{zz} \end{pmatrix} \text{ para } \begin{pmatrix} I_{x'x'} & 0 & 0 \\ 0 & I_{y'y'} & 0 \\ 0 & 0 & I_{z'z'} \end{pmatrix} \qquad (9.29)$$

Em linguagem matemática, o tensor foi "diagonalizado" por meio das operações precedentes.

---

9 Um procedimento geral para a determinação dos momentos principais de inércia é mostrado no Apêndice II.

9.8 Considerações finais

No início deste capítulo, as 9 componentes do tensor de inércia foram apresentadas. Em seguida, foi analisado o caso particular de placas muito finas nas quais os eixos xy formam o plano médio dessas placas. Constatou-se que os momentos e produtos de inércia de massa $(I_{xx})_M$, $(I_{yy})_M$ e $(I_{xy})_M$ para a placa são proporcionais, respectivamente, a $(I_{xx})_A$, $(I_{yy})_A$ e $(I_{xy})_A$, que são os segundos momentos e produtos de inércia de área da superfície da placa. Como resultado importante, introduziu-se o conceito de eixos principais para o tensor de inércia, estendendo-se o trabalho apresentado no Capítulo 8. Então, constatou-se que para esses eixos principais os produtos de inércia são 0. Conclui-se, ainda, que um eixo principal corresponde ao valor máximo do momento de inércia no ponto, enquanto um outro eixo principal corresponde ao mínimo momento de inércia naquele ponto. Foi observado que, para corpos com 2 planos ortogonais de simetria, os eixos principais em qualquer ponto sobre a linha de interseção desses planos devem estar orientados ao longo dessa linha e ao longo da direção normal a essa linha nos planos de simetria.

Os leitores que estudaram as seções marcadas com asterisco (da Seção 9.5 em diante) encontraram a extensão tridimensional do conceito de eixos principais de inércia apresentada no Capítulo 8. Uma conclusão importante é que as componentes do tensor de inércia mudam seus valores quando os eixos sofrem rotação em um ponto, exatamente da mesma maneira que ocorre com outras grandezas físicas representadas por 9 componentes. Essas grandezas são chamadas tensores de segunda ordem. Devido à existência de equação de transformação comum para essas grandezas, elas possuem muitas propriedades importantes idênticas, tais como os eixos principais. No curso de resistência dos materiais, o leitor irá aprender que tensão e deformação são tensores de segunda ordem que, conseqüentemente, também possuem eixos principais[10]. Também naquele curso, o leitor aprenderá que uma distribuição de tensão bidimensional, denominada *estado plano de tensão*, está relacionada ao tensor de tensão exatamente da mesma forma em que estão relacionados os momentos e produtos de inércia de área e o tensor de inércia. A mesma situação existe para a deformação. E, assim, há formulações similares para o estado plano de tensão e para o estado plano de deformação. Analisando as considerações matemáticas das Seções 9.5 a 9.7, o leitor encontrará importantes aspectos da resistência dos materiais, que serão vistos em disciplinas futuras.

No Capítulo 10, será introduzida uma outra abordagem para o estudo de equilíbrio de corpos. Essa abordagem é extremamente útil para determinadas classes de problemas da estática e, ao mesmo tempo, consiste na pedra fundamental de um grande número de técnicas avançadas para a análise de problemas de engenharia, as quais muitos estudantes terão a oportunidade de estudar posteriormente em seus cursos.

---

10 Veja I. H. Shames, *Introduction to solid mechanics*, 2. ed., Englewood Cliffs, New Jersey, Prentice-Hall, 1989.

Problemas

9.44 Determine I_{zz} para o sólido de revolução com densidade uniforme de 0,2 kg/mm³. A distância radial entre o eixo z e a superfície do corpo é dada por:

$$r^2 = -4z \text{ mm}^2$$

onde z é dado em milímetros. (*Dica*: Utilize a fórmula do momento de inércia de um disco, $\frac{1}{2}Mr^2$.)

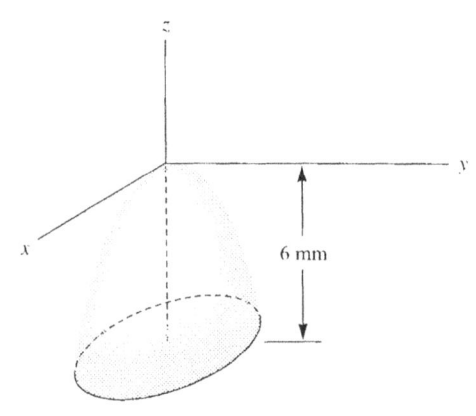

9.47 No Problema 9.46, quais são os eixos principais e os momentos principais de inércia de massa para o tensor de inércia em O?

9.48 Quais são os momentos principais de inércia de massa no ponto O? O bloco A pesa 15 N, a barra B pesa 6 N e a esfera C pesa 10 N. A densidade de cada corpo é uniforme e o diâmetro da esfera é de 50 mm.

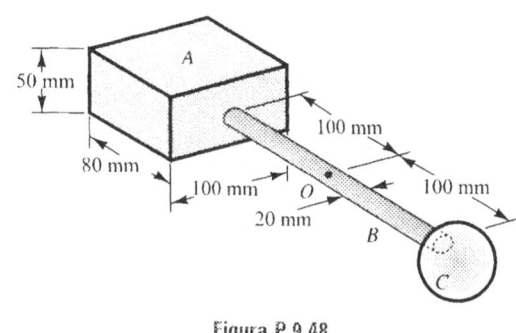

Figura P.9.44

Figura P.9.48

9.45 No Problema 9.44, determine I_{zz} por meio da integração múltipla sem empregar a fórmula do momento de inércia do disco.

9.46 Quais são as componentes do tensor de inércia para a placa fina em relação aos eixos xyz? A placa pesa 2 N.

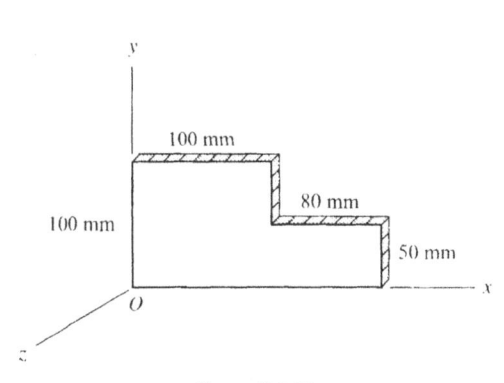

9.49 O bloco apresentado na Figura P.9.49 possui uma densidade de 15 kg/m³. Determine o momento de inércia em relação ao eixo AB.

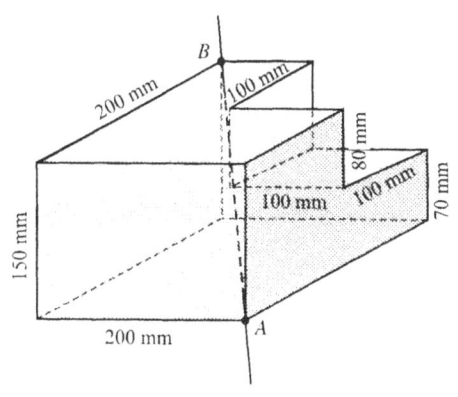

Figura P.9.46

Figura P.9.49

9.50 Uma caixa pesa 10 kN. O centro de massa da caixa está localizado em:

$$r_c = 0,4i + 0,3j + 0,6k \text{ m}$$

Considerando que no ponto A:

$$I_{yy} = 800 \text{ kg m}^2$$
$$I_{yz} = 500 \text{ kg m}^2$$

determine I_{yy} e I_{yz} no ponto B.

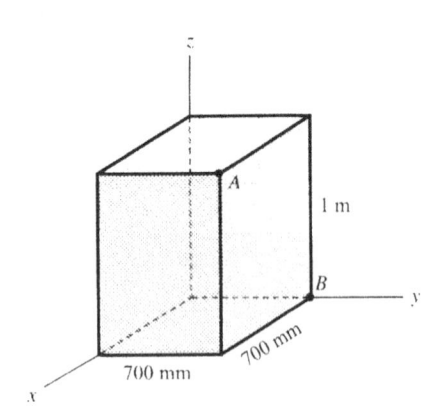

Figura P.9.50

9.51 Um semicilindro pesa 50 N. Quais são os momentos principais de inércia em O? Qual é o produto de inércia $I_{y'z'}$? Que conclusão pode ser tirada em relação aos eixos principais que passam pelo ponto O?

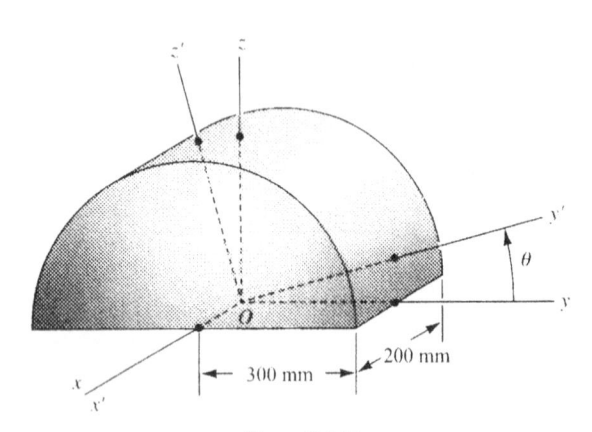

Figura P.9.51

9.52 Determine I_{yy} e I_{yz}. O diâmetro de A é de 0,3 m e o ponto B é o centro da face direita do bloco. Considere $\rho = \rho_0$ kg/m^3.

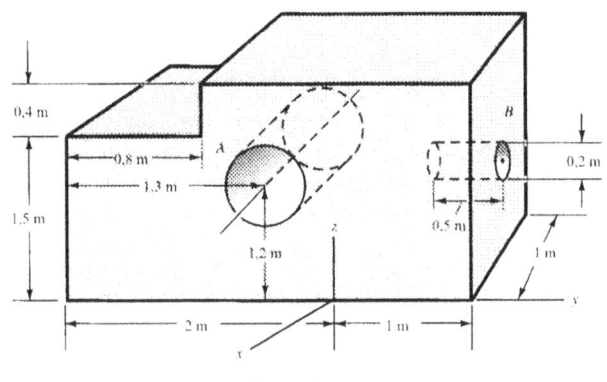

Figura P.9.52

9.53 Um corpo é composto de 2 blocos. Ambos os blocos têm densidade uniforme ρ igual a 10 kg/m^3.
(a) Determine os momentos de inércia de massa I_{yy} e I_{zz}.
(b) Determine o produto de inércia I_{xy}.
(c) O produto de inércia I_{yz} é ou não igual a 0? Por quê?

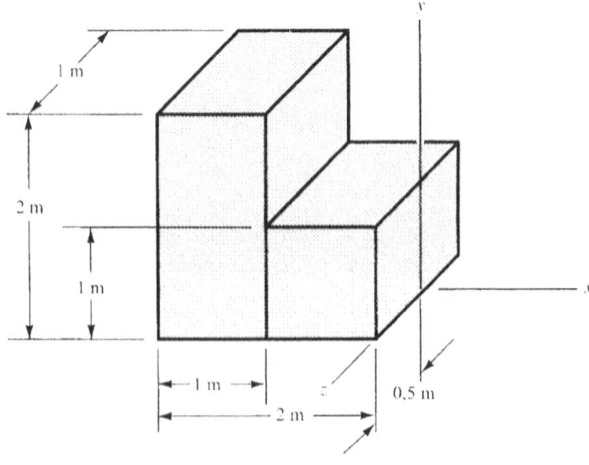

Figura P.9.53

Capítulo 10

*Métodos do Trabalho Virtual e da Energia Potencial Estacionária

10.1 Introdução

Nos estudos de estática desenvolvidos até aqui foram utilizados procedimentos de solução baseados no conceito de corpo livre, no qual o corpo é isolado e todas as forças que atuam sobre ele são mostradas. Dessa forma, as equações escalares ou vetoriais de equilíbrio são escritas com todas as forças que atuam no corpo. Neste capítulo, as equações de equilíbrio são obtidas por meio de um procedimento alternativo, denominado *método do trabalho virtual*. O *método da energia potencial estacionária*, que é derivado do método do trabalho virtual, também é apresentado. Esses métodos levam a equações de equilíbrio equivalentes àquelas obtidas nos capítulos anteriores. Além disso, as equações de equilíbrio obtidas por meio desse novo método incluem apenas determinadas forças que atuam sobre o corpo e, por isso, provêem um meio mais simples para a análise de problemas de engenharia.

Na verdade, aqui é apresentada apenas uma modesta introdução a uma vasta área das ciências da engenharia, denominada *mecânica variacional* ou *métodos de energia*, que possui aplicações extremamente importantes na mecânica dos sólidos rígidos e deformáveis. Estudos mais avançados na mecânica dos sólidos são em geral baseados nesta área[1].

Um conceito fundamental para os métodos de energia é o trabalho de uma força. Uma quantidade diferencial de trabalho dW_k devido a uma força F que atua sobre uma partícula é igual à componente dessa força na direção do movimento da partícula vezes o deslocamento diferencial da partícula:

$$dW_k = F \cdot dr \qquad (10.1)$$

O trabalho W_k sobre a partícula realizado pela força F, quando a partícula se move ao longo de uma trajetória (veja a Figura 10.1) do ponto 1 ao ponto 2, é, então, expresso por:

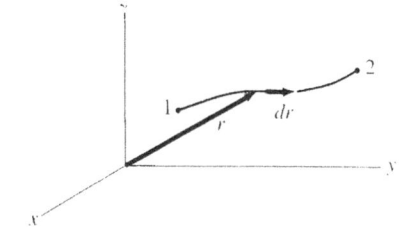

Figura 10.1: Trajetória de uma partícula sobre a qual F realiza um trabalho.

---

[1] Para uma idéia da aplicação dos métodos de energia em sólidos deformáveis, consulte I. H. Shames e C. Dym, *Energy and finite element methods in structural mechanics*, Taylor & Francis Publishers, 1985.

$$W_k = \int_{r_1}^{r_2} \mathbf{F} \cdot d\mathbf{r} \qquad (10.2)$$

Observe que o valor e a direção de **F** podem variar ao longo da trajetória. Esse fato deve ser levado em consideração no momento da integração. As seções seguintes explorarão com mais detalhes o conceito de trabalho[2].

Parte A: Método do trabalho virtual

10.2 Princípio do trabalho virtual para uma partícula

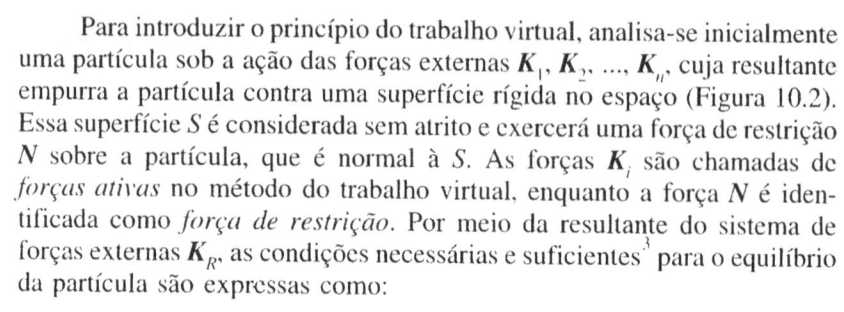

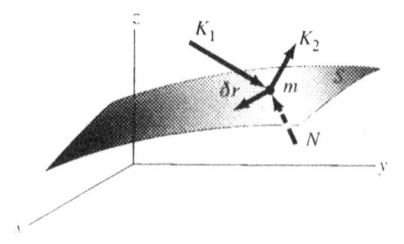

Figura 10.2: Uma partícula sobre uma superfície sem atrito.

Para introduzir o princípio do trabalho virtual, analisa-se inicialmente uma partícula sob a ação das forças externas $\mathbf{K}_1$, $\mathbf{K}_2$, ..., $\mathbf{K}_n$, cuja resultante empurra a partícula contra uma superfície rígida no espaço (Figura 10.2). Essa superfície S é considerada sem atrito e exercerá uma força de restrição N sobre a partícula, que é normal à S. As forças $\mathbf{K}_i$ são chamadas de *forças ativas* no método do trabalho virtual, enquanto a força N é identificada como *força de restrição*. Por meio da resultante do sistema de forças externas $\mathbf{K}_R$, as condições necessárias e suficientes[3] para o equilíbrio da partícula são expressas como:

$$\mathbf{K}_R + \mathbf{N} = \mathbf{0} \qquad (10.3)$$

É demonstrado, agora, que as condições necessárias e suficientes para o equilíbrio de uma partícula podem ser escritas em uma outra forma. Pode-se imaginar que um deslocamento infinitesimal hipotético qualquer, consistente com as restrições da partícula (ou seja, ao longo da superfície), é aplicado à partícula mantendo-se as forças $\mathbf{K}_R$ e $\mathbf{N}$ constantes. Esse deslocamento imaginário é denominado *deslocamento virtual* e é representado por δr, diferente de um deslocamento infinitesimal real dr, que pode fisicamente ocorrer durante um intervalo de tempo dt. Efetua-se então o produto escalar do vetor δr pelos vetores força na equação de equilíbrio:

$$\mathbf{K}_R \cdot \delta \mathbf{r} + \mathbf{N} \cdot \delta \mathbf{r} = 0 \qquad (10.4)$$

Como $\mathbf{N}$ é normal e δr é tangente à superfície, o produto escalar entre os dois deve ser 0, fazendo com que essa equação seja reescrita como:

$$\mathbf{K}_R \cdot \delta \mathbf{r} = 0 \qquad (10.5)$$

A expressão $\mathbf{K}_R \cdot \delta r$ denomina-se *trabalho virtual* do sistema de forças e é representada por δW_{Virt}. Assim, o trabalho virtual realizado pelas forças ativas sobre uma partícula, com restrições (ou vínculos) que não

---

2 O trabalho poderia ser definido como:

$$W_k = \int_{t_1}^{t_2} \mathbf{F} \cdot \mathbf{V} \, dt$$

onde $\mathbf{V}$ é a velocidade do ponto de aplicação da força. Quando a força atua sobre a partícula, essa equação torna-se $\int_{r_1}^{r_2} \mathbf{F} \cdot d\mathbf{r}$ (substituindo-se $\mathbf{V}dt$ por $d\mathbf{r}$), onde r é o vetor posição da partícula. Há ocasiões em que a força atua sobre partículas *movendo-se continuamente* ao longo do tempo. A formulação mais geral apresentada inicialmente pode ser empregada de modo mais efetivo nesses casos.

3 A condição de suficiência se aplica a uma partícula inicialmente estacionária.

possuem atrito, é *necessariamente* 0 para uma partícula em equilíbrio e para qualquer deslocamento virtual consistente com as restrições.

Pode-se, então, mostrar que esse enunciado é também suficiente para garantir o equilíbrio de partículas inicialmente em repouso (em relação a um sistema de referência inercial) no instante da aplicação das forças ativas. Para demonstrar essa assertiva, *considera-se que a Equação 10.5 permaneça válida, mas a partícula não esteja em equilíbrio*. Se a partícula não estiver em equilíbrio, ela deverá se mover na direção da resultante do sistema de forças que atua sobre ela. Suponha que *dr* represente o deslocamento inicial durante o intervalo de tempo *dt*. O trabalho realizado pelas forças deve ser maior que 0 para esse movimento. Como a força normal N não pode realizar trabalho para esse deslocamento, tem-se:

$$K_R \cdot dr > 0 \qquad (10.6)$$

Entretanto, pode-se escolher um *deslocamento virtual* δr para ser usado na Equação 10.5 que seja exatamente igual ao deslocamento real proposto *dr* e, considerando-se a condição de não-equilíbrio da partícula, chega-se a um resultado (Equação 10.6) que está em *contradição com a condição inicial conhecida* (Equação 10.5). Pode-se, então, concluir que a hipótese de que a partícula não está em equilíbrio é falsa. Por isso, a Equação 10.3 não somente constitui uma condição necessária de equilíbrio, mas também é uma condição suficiente para o equilíbrio de uma partícula inicialmente em repouso. Assim, a Equação 10.5 é completamente equivalente à equação de equilíbrio 10.3.

O princípio do trabalho virtual para uma partícula pode ser enunciado da seguinte forma:

A condição necessária e suficiente para o equilíbrio de uma partícula inicialmente estacionária com restrições sem atrito é que o trabalho virtual das forças para todos os deslocamentos consistentes com essas restrições seja zero[4].

O caso de uma partícula que não possui restrição de movimento é um exemplo especial da situação explicada no parágrafo anterior. Quando $N = 0$, a Equação 10.5 é aplicável para todos os deslocamentos infinitesimais e consiste em um critério de equilíbrio.

10.3 Princípio do trabalho virtual para corpos rígidos

Agora será analisado um corpo rígido em equilíbrio sob a ação de forças ativas K_i e sujeito a restrições sem atrito (Figura 10.3). As forças de restrição N_i surgem do contato direto entre o corpo em análise com

Figura 10.3: Corpo rígido sob a ação de forças ativas e forças de restrição ideais.

---
4 Esse teste não funciona no caso de uma partícula em movimento. Considere uma partícula restringida a mover-se em uma trajetória circular no plano horizontal, como mostrado na figura. A partícula move-se com velocidade constante. Não há forças ativas que atuam no sistema, e as restrições não têm atrito. O trabalho para um deslocamento virtual consistente com as restrições em um instante *t* qualquer fornece um resultado nulo. Entretanto, a partícula não se encontra em equilíbrio, pois, é claro, existe uma aceleração radial direcionada para o centro de curvatura no instante *t*. Portanto, a condição de suficiência deve ficar restrita a partículas que estejam inicialmente estacionárias.

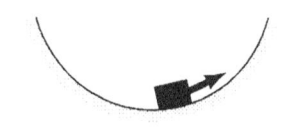

outros corpos imóveis (neste caso as forças de restrição são orientadas ao longo da normal à superfície de contato) ou do contato com outros corpos estacionários por meio de conexões, como articulações e juntas esféricas. Considera-se que o corpo rígido é formado pelo agrupamento de partículas elementares na análise a ser apresentada.

Primeiro, analisa-se uma partícula de massa m_i do corpo. Cargas ativas, forças externas de restrição e forças de interação de outras partículas podem atuar sobre essa partícula. As forças advindas de outras partículas são as forças internas S_i, que mantêm a coesão e rigidez do corpo. Por meio das resultantes das várias forças que atuam sobre a partícula, pode-se, pela lei de Newton, estabelecer a condição necessária e suficiente[5] para o equilíbrio da i-ésima partícula como:

$$(K_R)_i + (N_R)_i + (S_R)_i = 0 \qquad (10.7)$$

Então, um deslocamento virtual δr_i é dado à partícula, consistente com as restrições externas do corpo e com a condição de corpo rígido. Efetuando os produtos escalares dos vetores força na equação anterior por δr_i, tem-se:

$$(K_R)_i \cdot \delta r_i + (N_R)_i \cdot \delta r_i + (S_R)_i \cdot \delta r_i = 0 \qquad (10.8)$$

Naturalmente que $(N_R)_i \cdot \delta r_i$ deve ser 0, pois δr_i é normal a N_i, quando a restrição advém do contato direto com outros corpos imóveis, ou porque $\delta r_i = 0$, quando a restrição advém de um vínculo, do tipo articulação ou junta esférica, com outros corpos imóveis. Somando as Equações 10.8 resultantes de todas as partículas do corpo, obtém-se, para n partículas, a seguinte expressão:

$$\sum_{i=1}^{n}(K_R)_i \cdot \delta r_i + \sum_{i=1}^{n}(S_R)_i \cdot \delta r_i = 0 \qquad (10.9)$$

Agora efetua-se uma análise mais detalhada das forças internas do corpo para se mostrar que o segundo termo do lado esquerdo da Equação 10.9 é 0. A força interna sobre a partícula m_i devida a m_j deve ser igual e contrária à força sobre a partícula m_j devida à partícula m_i, de acordo com a terceira lei de Newton. As forças internas sobre essas partículas são representadas por S_{ij} e S_{ji} na Figura 10.4. O primeiro subscrito identifica a partícula sobre a qual a força atua, enquanto o segundo subscrito identifica a partícula que exerce essa força. Pode-se, então, escrever:

$$S_{ij} = -S_{ji} \qquad (10.10)$$

Qualquer movimento virtual dado a um par de partículas deve manter a distância entre elas constante. Esse requisito advém da condição de corpo rígido e será verdadeiro:

1. Se ambas as partículas sofrerem o mesmo deslocamento δR.
2. Se as partículas sofrerem rotação de $\delta\phi$ uma em relação à outra[6].

Pode-se analisar, agora, o caso geral em que ambos os movimentos estão presentes: isto é, tanto a massa m_i quanto a massa m_j sofrem um deslocamento virtual δR e, além disso, a partícula m_j gira de algum ângulo $\delta\phi$ relativamente a m_i (Figura 10.4). O trabalho realizado durante a rotação

---

5 O requisito de suficiência se aplica de novo a uma partícula inicialmente estacionária.
6 Os deslocamentos virtuais δr_i de cada uma dessas 2 partículas devem ser o resultado da superposição de δR e $\delta\phi$.

deve ser nulo, pois a força S_{ij} faz ângulo reto com a direção do movimento da massa m_j. Além disso, o trabalho realizado sobre cada partícula durante o deslocamento idêntico de ambas as massas deve ser igual em valor mas com sinal contrário, pois as forças opostas e de mesmo módulo movem-se de deslocamentos iguais. O efeito mútuo de todas as partículas do corpo segue a maneira aqui descrita. Assim, conclui-se que o trabalho interno realizado pelas forças internas do corpo rígido durante um deslocamento virtual é 0. Por isso, uma condição *necessária* para o equilíbrio é dada por:

$$\sum_{i=1}^{n}(\boldsymbol{K}_R)_i \cdot \delta\boldsymbol{r}_i = \delta W_{\text{Virt}} = 0 \qquad (10.11)$$

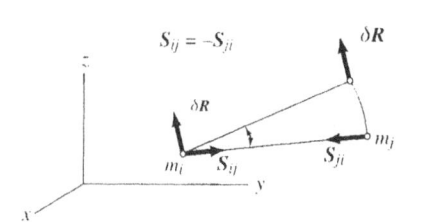

Figura 10.4. Duas partículas de um corpo rígido sofrendo um deslocamento δR e uma rotação $\delta\phi$.

Dessa maneira, *o trabalho virtual realizado pelas forças ativas sobre um corpo rígido com restrições sem atrito, para deslocamentos virtuais consistentes com essas restrições, é 0 se o corpo estiver em equilíbrio.*

Pode-se provar com facilidade que a Equação 10.11 é uma condição suficiente para o equilíbrio de um corpo rígido inicialmente estacionário empregando-se o mesmo raciocínio utilizado no caso de uma partícula. *Primeiro, considera-se que a Equação 10.11 é válida para um corpo rígido.* Se o corpo não estiver em equilíbrio, ele deverá iniciar algum tipo de movimento. Supõe-se que cada partícula m_i move-se uma distância dr_i, consistente com as restrições, sob a ação das forças. O trabalho realizado sobre a partícula m_i é dado por:

$$(\boldsymbol{K}_R)_i \cdot d\boldsymbol{r}_i + (\boldsymbol{N}_R)_i \cdot d\boldsymbol{r}_i + (\boldsymbol{S}_R)_i \cdot d\boldsymbol{r}_i > 0 \qquad (10.12)$$

Mas $(\boldsymbol{N}_R)_i \cdot d\boldsymbol{r}_i$ é necessariamente 0 por causa da natureza das restrições. Quando se efetua a soma dos termos das Equações 10.12 para todas as partículas, $\sum_i (\boldsymbol{S}_R)_i \cdot d\boldsymbol{r}_i$ deve também ser 0 devido à condição de corpo rígido. Portanto, pode-se asseverar que a suposição de não-equilíbrio leva à seguinte desigualdade:

$$\sum_{i=1}^{n}(\boldsymbol{K}_R)_i \cdot d\boldsymbol{r}_i > 0 \qquad (10.13)$$

Entretanto, como é possível predizer um deslocamento virtual δr_i igual a dr_i para cada partícula a ser utilizado na Equação 10.11, chega-se a uma contradição entre essa equação e a Equação 10.13. Como foi considerado que a Equação 10.11 é válida, conclui-se que a suposição de não-equilíbrio do corpo, que levou à Equação 10.13, deve ser inválida. Ou seja, o corpo deve estar em equilíbrio. Esse raciocínio prova a condição de suficiência para o princípio do trabalho virtual no caso de um corpo rígido, com restrições ideais, que se encontra inicialmente estacionário no momento da aplicação das forças ativas.

Pode-se então partir para a análise de *vários* corpos rígidos móveis interconectados por meio de articulações e juntas esféricas ou que estejam em contato direto sem atrito uns com os outros (Figura 10.5). Alguns desses corpos são também idealmente restringidos por corpos rígidos imóveis. De novo, examina-se o sistema de partículas m_i que forma os vários corpos rígidos. A única força nova a ser considerada nesse sistema é a força no ponto de conexão entre corpos. A força sobre uma partícula do corpo *A* será igual e oposta à força sobre a partícula correspondente do corpo

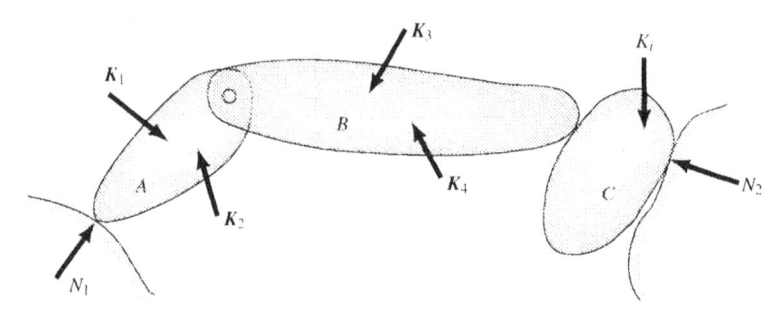

Figura 10.5: Sistema de corpos rígidos com restrições ideais e sujeitos às forças K_i.

B no ponto de contato, e assim por diante. Mas, pelo fato de os pares de partículas contíguas terem o mesmo deslocamento virtual, obviamente o trabalho virtual em todos os pontos de conexão entre corpos será 0 para qualquer deslocamento virtual consistente com as restrições. Assim, por meio do mesmo raciocínio utilizado anteriormente, pode-se dizer que, *para um sistema de corpos rígidos inicialmente estacionários, a condição necessária e suficiente de equilíbrio é que o trabalho virtual das forças ativas seja 0 para todos os deslocamentos virtuais possíveis consistentes com as restrições.* Pode-se, então, utilizar a seguinte equação, em vez da equação de equilíbrio de forças:

$$\sum_{i}^{n}(K_R)_i \cdot \delta r_i = \delta W'_{\text{virt}} = 0 \qquad (10.14)$$

onde $(K_R)_i$ são as forças ativas sobre o sistema de corpos rígidos e δr_i são os movimentos dos pontos de aplicação dessas forças quando o sistema sofre um deslocamento virtual consistente com as restrições.

10.4 Graus de liberdade e solução de problemas

Na seção anterior, as equações suficientes para o equilíbrio de sistemas de corpos inicialmente estacionários foram desenvolvidas por meio do conceito de trabalho virtual para deslocamentos virtuais consistentes com as restrições. Essas equações não envolvem as forças de reação entre corpos ou as forças de conexão nos vínculos. O método do trabalho virtual é extremamente útil para problemas em que as forças de reação ou de conexão entre corpos não sejam de interesse. Assim, podem-se calcular tantas forças ativas desconhecidas quantas forem as equações *independentes* obtidas pelos deslocamentos virtuais. Então, o principal passo na solução é conhecer as equações independentes que podem ser escritas para o sistema a partir dos deslocamentos virtuais.

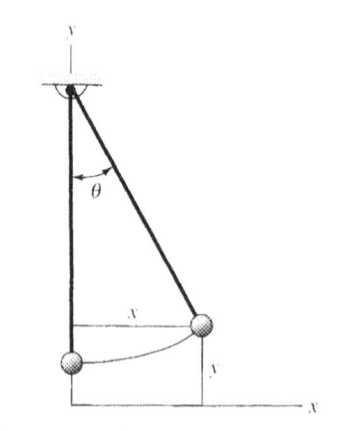

Figura 10.6: Pêndulo simples.

Com esse intuito, apresenta-se a definição de graus de liberdade. *O número de graus de liberdade de um sistema é o número de coordenadas generalizadas[7] requeridas para especificar completamente a configuração*

---

[7] *Coordenadas generalizadas* é qualquer conjunto de *variáveis independentes* que podem especificar completamente a configuração do sistema. As coordenadas generalizadas podem incluir quaisquer coordenadas, como as cartesianas ou as cilíndricas. Neste texto serão analisados problemas em que as coordenadas usuais servem como coordenadas generalizadas.

do sistema. Desse modo, o pêndulo simples da Figura 10.6, que pode mover-se somente no plano, necessita de apenas uma coordenada *independente* θ para sua descrição. Assim, esse sistema possui apenas um grau de liberdade. O leitor pode fazer a seguinte pergunta: se a massa do pêndulo puder ser especificada pelas coordenadas x e y, então haverá 2 graus de liberdade? A resposta é não, pois quando se especifica uma das coordenadas x ou y, a outra coordenada pode ser *determinada* desde que a haste do pêndulo seja inextensível. Ou seja, o movimento do pêndulo descreve um arco de círculo, como mostrado na Figura 10.6. Na Figura 10.7, o arranjo biela e pistão, o mecanismo de 4 barras[8] e o balanço requerem apenas uma coordenada e, por isso, possuem apenas 1 grau de liberdade. Por outro lado, o pêndulo duplo tem 2 graus de liberdade, e uma partícula no espaço possui 3 graus de liberdade. O número de graus de liberdade pode usualmente ser determinado por inspeção.

Como cada grau de liberdade representa uma coordenada independente, para um sistema de n graus de liberdade, podem-se instituir n deslocamentos virtuais únicos, variando-se cada coordenada separadamente. Esse procedimento fornecerá, então, n equações de equilíbrio independentes, a partir das quais as n incógnitas associadas às forças ativas podem ser determinadas. Diversos problemas serão analisados para ilustrar a aplicação do método do trabalho virtual e suas vantagens.

Antes da apresentação dos exemplos, mostra-se que um torque M sofrendo um deslocamento virtual $\delta\phi$, em radianos, realiza um trabalho virtual $\delta W'_k$ igual a:

$$\delta W'_k = M \cdot \delta\phi \qquad (10.15)$$

A prova dessa expressão é solicitada no Problema 10.30.

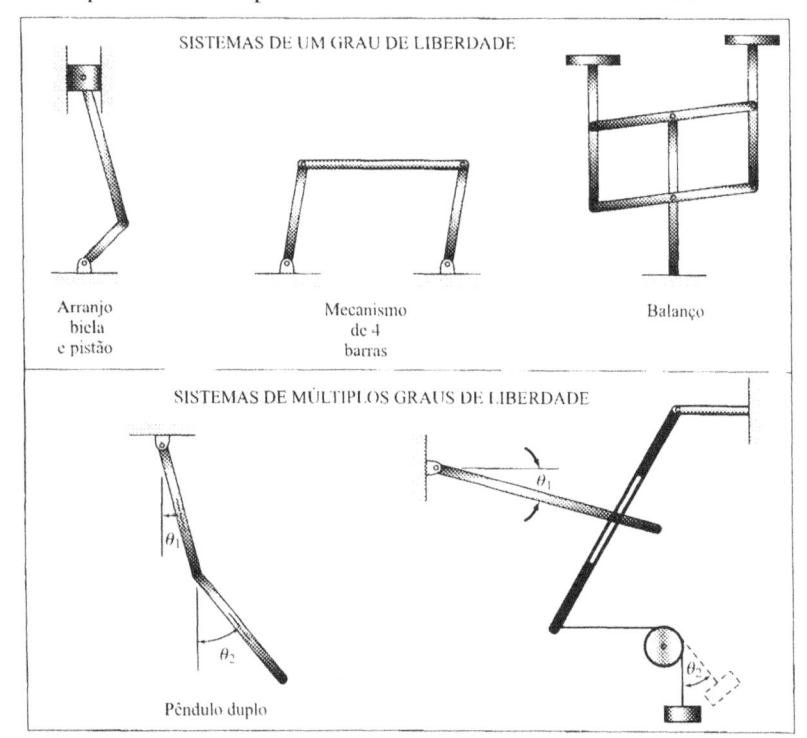

Figura 10.7: Vários sistemas que ilustram o conceito de graus de liberdade.

---

8 A quarta barra é a base.

Exemplo 10.1

Um dispositivo compactador de sucata metálica é mostrado na Figura 10.8. Uma força horizontal P é exercida sobre a junta B. O pistão em C comprime a sucata. Para uma dada força P e um dado ângulo θ, qual é a força F desenvolvida sobre a sucata metálica pelo pistão C? Despreze o atrito entre o pistão e a parede do cilindro e considere as articulações como juntas ideais.

Por inspeção, constata-se que apenas a coordenada θ é capaz de descrever a configuração do sistema. O dispositivo, portanto, tem apenas 1 grau de liberdade. O peso dos membros é desprezado e, por isso, há somente 2 forças ativas presentes, P e F. Ao considerar-se um deslocamento virtual $\delta\theta$, apenas as grandezas de interesse estarão envolvidas no princípio do trabalho virtual, que são P, F e θ^9. Então, inicialmente, calcula-se o trabalho virtual das forças ativas.

Força P. O deslocamento virtual $\delta\theta$ é tal que a força P tem um movimento na direção horizontal de ($l\,\delta\theta \cos \theta$), que pode ser deduzido a partir da Figura 10.9 por meio de relações trigonométricas simples. Há uma outra maneira de deduzir esse movimento horizontal, a qual, algumas vezes, é mais desejável. Por meio de um sistema de coordenadas xy em A, como ilustrado nas Figuras 10.8 e 10.9, pode-se obter a posição da junta B como:

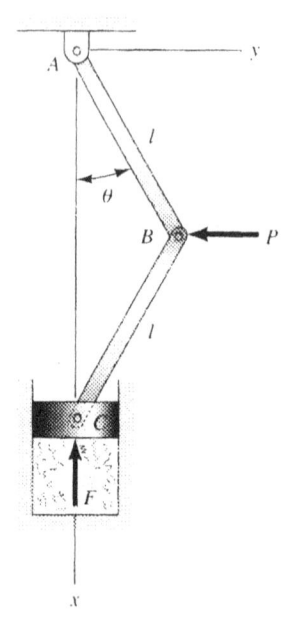

$$y_B = l \, \text{sen}\, \theta \qquad (a)$$

Figura 10.8: Dispositivo compactador

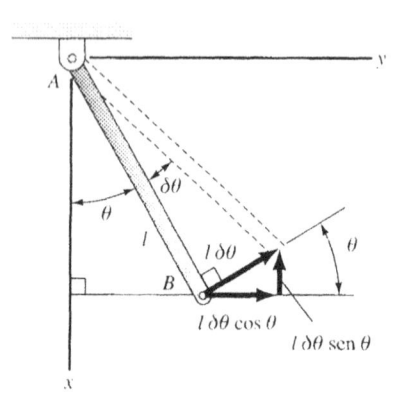

Figura 10.9: Movimento virtual da barra AB.

---

9 Se o diagrama de corpo livre fosse utilizado no problema, as componentes de força em A e C deveriam entrar nas equações e, assim, o sistema teria de ser dividido em partes na solução. Para que o leitor tenha uma idéia da vantagem do método do trabalho virtual para esse problema simples, basta escrever as equações do problema por meio de diagramas de corpo livre.

Exemplo 10.1 (continuação)

Escreve-se agora a forma diferencial de ambos os lados dessa expressão para a obtenção de:

$$dy_B = l \cos \theta \, d\theta \tag{b}$$

Uma diferencial da grandeza A, definida como dA, é muito similar à variação δA desta grandeza. A forma diferencial dA pode realmente ocorrer no processo. A variação δ ocorre apenas na imaginação do engenheiro. Apesar disso, a relação entre as diferenciais de grandezas físicas deve ser a mesma relação entre as variações dessas grandezas. Desse modo, pode-se escrever a seguinte expressão a partir da Equação b:

$$\delta y_B = l \cos \theta \, \delta\theta \tag{c}$$

Note que o mesmo movimento horizontal de B para $\delta\theta$ é obtido por meio das relações trigonométricas da Figura 10.9.

Para a variação $\delta\theta$ escolhida, a força P atua no sentido oposto de δy_B e, assim, o trabalho virtual realizado pela força P é negativo. Dessa maneira, tem-se:

$$\delta(W_{\text{Virt}})_P = -Pl \cos \theta \, \delta\theta \tag{d}$$

Força F. Por meio da abordagem diferencial, pode-se obter o deslocamento virtual do pistão C. Assim,

$$x_C = l \cos \theta + l \cos \theta = 2l \cos \theta$$
$$dx_C = -2l \, \text{sen} \, \theta \, d\theta$$

portanto,

$$\delta x_C = -2l \, \text{sen} \, \theta \, \delta\theta \tag{e}$$

Como a força F atua na mesma direção de δx_C, o trabalho virtual dessa força deve ser positivo. Desse modo, tem-se:

$$\delta(W_{\text{Virt}})_F = F(2l \, \text{sen} \, \theta) \, \delta\theta \tag{f}$$

Pode-se empregar o princípio do trabalho virtual, que é suficiente para garantir o equilíbrio do sistema. Assim, pode-se escrever:

$$-Pl \cos \theta \, \delta\theta + F(2l \, \text{sen} \, \theta) \, \delta\theta = 0 \tag{g}$$

Cancelando $l \, \delta\theta$, obtém-se a seguinte expressão para F:

$$F = \frac{P}{2 \tan \theta}$$

Para qualquer par de valores P e θ, pode-se determinar a quantidade da força compressiva que o compactador pode desenvolver.

Exemplo 10.2

Uma plataforma de levantamento hidráulica para caminhões é apresentada na Figura 10.10a. Essa figura mostra somente um lado do sistema – o outro lado é idêntico. Considerando que o diâmetro do pistão do cilindro hidráulico é igual a 100 mm, qual a pressão p necessária para suportar uma carga W de 22 kN quando $\theta = 60°$? Os seguintes dados sobre o sistema são fornecidos:

$$l = 600 \text{ mm}$$

$$d = 1,5 \text{ m}$$

$$e = 250 \text{ mm}$$

O pino A está localizado no centro da barra.

Trata-se de um sistema de um grau de liberdade definido pelo ângulo θ. As forças ativas que realizam trabalho durante um deslocamento virtual $\delta\theta$ são o peso W e a força advinda do cilindro hidráulico. Assim, os movimentos virtuais da plataforma E e da junta A do cilindro hidráulico devem ser determinados. Empregando-se a referência xy:

$$y_E = 2l \, \text{sen} \, \theta$$

portanto,

$$\delta y_E = 2l \cos \theta \, \delta\theta \tag{a}$$

Para a força hidráulica, deseja-se conhecer o movimento do pino A na direção do eixo da bomba, que pode ser escrito como $\delta\eta$, onde η é mostrado na Figura 10.10a. Por meio da Figura 10.10b, pode-se escrever para η a seguinte expressão;

$$\begin{aligned}\eta^2 &= \overline{AC}^2 + \overline{CB}^2 \\ &= [l \, \text{sen} \, \theta - e]^2 + (d - l \cos \theta)^2\end{aligned} \tag{b}$$

Assim, tem-se:

$$2\eta \, \delta\eta = 2(l \, \text{sen} \, \theta - e)(l \cos \theta)\delta\theta + 2(d - l \cos \theta)(l \, \text{sen} \, \theta)\delta\theta \tag{c}$$

Isolando $\delta\eta$, obtém-se:

$$\begin{aligned}\delta\eta &= \frac{l}{\eta}[(l \, \text{sen} \, \theta - e)\cos \theta + (d - l \cos \theta)\text{sen} \, \theta]\delta\theta \\ &= \frac{l}{\eta}(l \, \text{sen} \, \theta \cos \theta - e \cos \theta + d \, \text{sen} \, \theta - l \, \text{sen} \, \theta \cos \theta)\delta\theta \\ &= \frac{l}{\eta}(d \, \text{sen} \, \theta - e \cos \theta)\delta\theta\end{aligned} \tag{d}$$

O princípio do trabalho virtual é então aplicado sobre o sistema para garantir sua condição de equilíbrio. Dessa maneira, por meio da análise de um lado do sistema com metade da carga, tem-se:

$$-\frac{W}{2}(\delta y_E) + \left[p \, \frac{\pi(0,1^2)}{4}\right]\delta\eta = 0$$

Exemplo 10.2 (continuação)

portanto,

$$-(11 \times 10^3)(2l \cos\theta\, \delta\theta) + p\left(\frac{0{,}01\pi}{4}\right)\left[\frac{l}{\eta}(d\,\text{sen}\,\theta - e\cos\theta)\right]\delta\theta = 0 \quad (e)$$

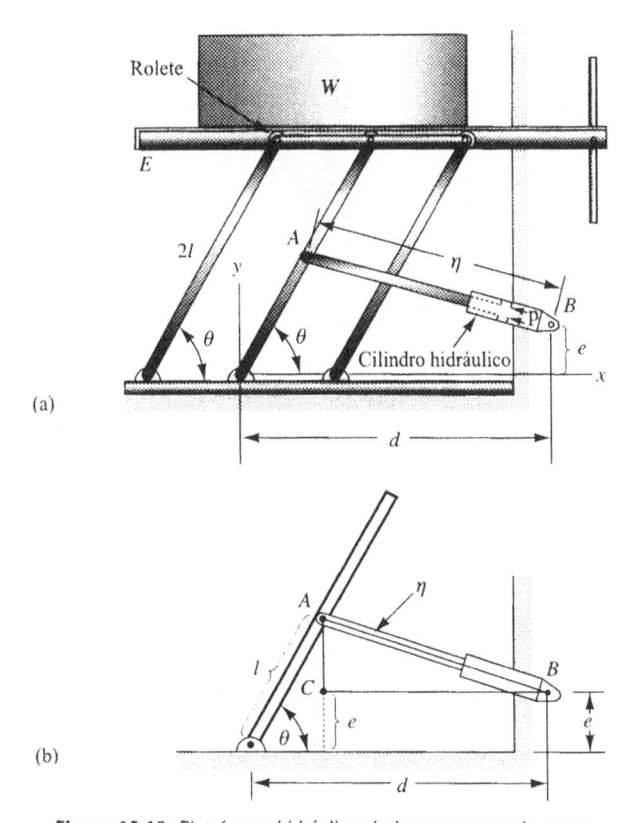

Figura 10.10: Plataforma hidráulica de levantamento de carga.

O valor de η na configuração de interesse pode ser determinado por meio da Equação b. Assim,

$$\eta^2 = [(0{,}6)(0{,}866) - 0{,}25]^2 + [1{,}5 - (0{,}6)(0{,}5)]^2$$

portanto,

$$\eta = 1{,}23 \text{ m}$$

Por meio da Equação e, cancelando o termo $\delta\theta$, pode-se determinar o valor de p para o equilíbrio:

$$-\left(11 \times 10^3\right)(2)(0{,}6)(0{,}5) + p\left(\frac{0{,}01\pi}{4}\right)\left\{\frac{0{,}6}{1{,}23}[(1{,}5)(0{,}866) - (0{,}25)(0{,}5)]\right\} = 0$$

portanto,

$$p = 1{,}467 \text{ MPa} \quad (f)$$

Em alguns dos problemas propostos, será analisada a cinemática elementar de um cilindro que rola sem deslizamento (veja a Figura 10.11). Revisando-se alguns conceitos elementares de física, pode-se verificar que o cilindro na realidade está girando em relação a um ponto de contato A. Se o cilindro gira de um ângulo $\delta\theta$, então a translação de seu centro é dada por $\delta C = - r\,\delta\theta$. Mais à frente, neste capítulo, será vista com maiores detalhes a cinemática de corpos rígidos.

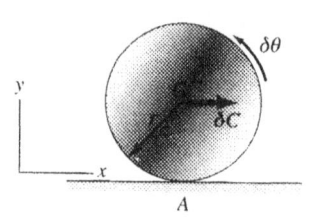

Figura 10.11: Cilindro rolando sem deslizamento.

Neste final de seção, deve-se ressaltar que o método do trabalho virtual não é restrito a sistemas ideais. E mais: deslocamentos virtuais que *violem* uma ou mais restrições são possíveis. Então, pode-se efetuar a análise do movimento de um corpo considerando-se as forças de atrito que realizam trabalho como forças ativas. Onde uma restrição é violada, considera-se a correspondente força, ou torque, devido à restrição como ativa. O método do trabalho virtual geralmente não oferece qualquer vantagem em situações em que exista atrito e em que as restrições sejam violadas. Além disso, as extensões do trabalho virtual para outras teorias úteis em mecânica são restritas fundamentalmente a sistemas ideais. Desse modo, analisam-se aqui somente sistemas ideais e consideram-se apenas deslocamentos virtuais que não violam as restrições impostas ao sistema.

10.5 Preparando o futuro: sólidos deformáveis

O conceito de deslocamento virtual é novamente analisado nesta seção. Sabe-se que *dr representa uma pequena variação nas coordenadas espaciais de uma partícula qualquer sem violação de suas restrições.* A variação nas coordenadas espaciais não está relacionada com a variação no tempo. (Tal relação poderia existir por meio das leis de Newton na análise de problemas da mecânica.) Isso é ilustrado na Figura 10.12, em que se tem um deslocamento virtual δr do ponto $P(x, y, z)$ ao ponto P', que tem coordenadas $(x + \delta x)$, $(y + \delta y)$ e $(z + \delta z)$. O vetor posição P' é denominado vetor *posição variado* $\tilde{r}$. Então, pode-se escrever:

$$\delta r = \tilde{r} - r \qquad (10.16)$$

Pode-se considerar δ nessa expressão como um *operador* que atua sobre r de modo que seja gerado o vetor diferença entre r e o vetor posição variado $\tilde{r}$.

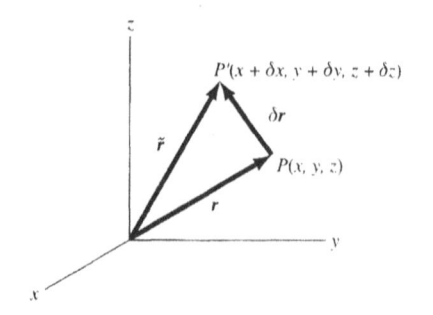

Figura 10.12: Vetor deslocamento virtual

Além disso, introduz-se o conceito da função variada $\tilde{G}$ para uma dada função $G(x, y, z)$ da seguinte forma:

$$\tilde{G} = G(x+\delta x, y+\delta y, z+\delta z) \qquad (10.17)$$

onde δx, δy e δz são componentes de $\delta \boldsymbol{r}$[10]. A variação de G, representada por δG, é definida como:

$$\delta G = \tilde{G} - G \qquad (10.18)$$

Em um corpo deformável em equilíbrio estático, o movimento de cada ponto no corpo está associado com a deformação, descrito pelo *campo de deslocamentos* $\boldsymbol{u}(x, y, z)$. Especificamente, quando as coordenadas de um ponto determinado do corpo, em sua configuração indeformada (sem carregamento), são substituídas na função vetorial $\boldsymbol{u}(x, y, z)$, que descreve o campo de deslocamentos desse corpo, obtém-se o deslocamento daquele ponto devido à deformação do corpo.

O conceito de deslocamento virtual de um ponto pode ser estendido para o conceito de campo de deslocamentos virtuais, que é uma função vetorial unívoca e contínua representando o *movimento hipotético de um corpo deformável consistente com as restrições existentes*. A análise se restringe a campos de deslocamentos virtuais que resultam em deformações infinitesimais[11]. Um campo de deslocamentos virtuais é mostrado de maneira exagerada na Figura 10.13, em que pode ser constatado que as restrições não estão sendo violadas. Deve ficar claro que um campo de deslocamentos virtuais pode ser convenientemente estabelecido por meio do operador variacional δ. Assim, $\delta\boldsymbol{u}$ pode ser considerado um campo de deslocamento virtual de uma dada configuração do corpo para uma configuração variada; as restrições existentes são levadas em consideração no momento de se efetuar a variação do campo.

Então, o conceito de *trabalho virtual* pode ser estendido para o caso de corpos deformáveis. Calcula-se o trabalho das forças *externas* durante um deslocamento virtual do corpo, mantendo-se essas forças externas constantes durante a aplicação desse deslocamento virtual. Se o corpo estiver sujeito a uma distribuição de forças de corpo $\boldsymbol{B}(x, y, z)$ e a uma distribuição de forças de superfície $\boldsymbol{T}(x, y, z)$, então o trabalho virtual, representado por δW_{Virt}, poderá ser expresso como:

$$\delta W_{\text{Virt}} = \iiint_V \boldsymbol{B} \cdot \delta\boldsymbol{u}\, dv + \oiint_S \boldsymbol{T} \cdot \delta\boldsymbol{u}\, dA \qquad (10.19)$$

Para corpos rígidos, *o trabalho virtual tem de ser 0 para que haja equilíbrio. Para corpos deformáveis, essa condição porém não é verdadeira.* Ao contrário, para o equilíbrio, o trabalho virtual externo δW_{Virt}, dado pela Equação 10.19, deve ser igual ao trabalho virtual *interno*, que deve ser 0 para corpos rígidos, mas não necessariamente 0 para corpos

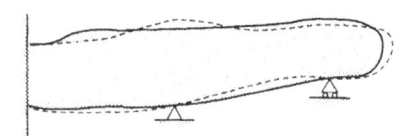

Figura 10.13: Campo de deslocamentos virtuais consistentes com as restrições.

---

10 As variações nas coordenadas x, y e z não estão vinculadas ao tempo por meio das leis básicas da física, como seria o caso se G representasse alguma grandeza física em algum problema real.
11 Esta restrição pode ser relaxada. Isto é, pode-se trabalhar com campos de deslocamentos virtuais associados com deformações finitas e desenvolver a formulação apropriada do princípio do trabalho virtual. Contudo, isso levaria a um tópico fora do escopo deste livro.

deformáveis. Nos cursos de mecânica dos sólidos, o leitor aprenderá que o trabalho interno para um corpo deformável é dado por $\iiint_V \sum_i \sum_j \tau_{ij} \delta\varepsilon_{ij}\, dv$, onde os índices i e j podem ser x, y e z, formando termos no integrando tais como $\tau_{xx}\delta\varepsilon_{xx}$, $\tau_{xy}\delta\varepsilon_{xy}$ etc. (9 componentes). A satisfação da condição de que o trabalho virtual das forças externas deve ser igual ao trabalho virtual das forças internas é condição necessária e suficiente para o equilíbrio estático de um corpo sólido deformável. Essa condição pode ser utilizada no lugar das equações clássicas de equilíbrio[12]. Por que se deseja utilizar esse procedimento? Na realidade, como citado na seção "Preparando o Futuro" do capítulo sobre mecânica estrutural, alguns tipos de problemas podem ser resolvidos com facilidade por meio do trabalho virtual e dos teoremas derivados do trabalho virtual, problemas estes que teriam soluções muito trabalhosas por meio das equações de equilíbrio. Um exemplo importante é a solução de problemas indeterminados de treliças. O leitor se deparará com esses problemas nos cursos avançados de estruturas.

O trabalho virtual e os 2 teoremas dele derivados são chamados *métodos de energia do deslocamento* pelo fato de utilizarem o deslocamento virtual[13]. Existem também outras 3 formulações bastante úteis em mecânica, que são análogas aos 3 métodos de energia do deslocamento, chamadas *métodos de energia da força*, nos quais são aplicadas variações hipotéticas nas forças em vez de variações no campo de deslocamentos.

Antes de dar prosseguimento ao assunto, o autor gostaria de compartilhar alguns pensamentos filosóficos com o leitor. Nos experimentos científicos em laboratório, geralmente são provocadas pequenas alterações físicas em um sistema e observa-se cuidadosamente o seu comportamento com o intuito de compreender os fenômenos naturais envolvidos. Talvez essa abordagem científica esteja sendo imitada aqui no estudo da mecânica. Ou seja, são instituídas "perturbações" matemáticas no sistema e avaliam-se os resultados a fim de se compreenderem de maneira analítica certas respostas vitais desse sistema. Assim, institui-se a perturbação matemática do campo de deslocamento virtual para se chegar a conclusões bastante úteis, que formam a base de grande parte da mecânica estrutural. Campos de força variados também poderiam ser instituídos como perturbações mecânicas no sistema, que levariam a conclusões relevantes sobre o comportamento desse sistema.

---

[12] Assim, a equação do trabalho virtual é:
$$\iiint_V \boldsymbol{B} \cdot \delta\boldsymbol{u}\, dv + \oiint_S \boldsymbol{T} \cdot \delta\boldsymbol{u}\, dA = \iiint_V \sum_i \sum_j \tau_{ij}\delta\varepsilon_{ij}dv$$

[13] O segundo método de energia do deslocamento é chamado *método da energia potencial total*. O princípio desse método foi brevemente discutido na Seção 6.5, "Preparando o Futuro", na determinação das deflexões nas juntas de treliças simples. O caso especial desse princípio para campos de forças conservativas que atuam sobre partículas e corpos rígidos é discutido na Parte B deste capítulo. O terceiro método de energia do deslocamento derivado do segundo é o *primeiro teorema de Castigliano*.
O desenvolvimento pormenorizado desses 6 princípios, com muitas aplicações, pode ser visto em I. H. Shames, *Introduction to solid mechanics*, 2. ed., Englewood Cliffs, N.J., Prentice-Hall, Inc., Capítulos 18 e 19. Uma boa compreensão desses 6 princípios é de fundamental importância para os cursos mais avançados de mecânica estrutural e projeto mecânico.

Problemas

10.1 Quantos graus de liberdade possuem os seguintes sistemas? Quais coordenadas podem ser utilizadas para definir a configuração do sistema?
(a) Um corpo rígido sem restrições no espaço.
(b) Um corpo rígido restringido a mover-se sobre uma superfície plana.
(c) A prancha AB na parte a da Figura P.10.1.
(d) Os corpos esféricos mostrados na parte b da Figura P.10.1 podem deslizar ao longo do eixo C-C, que por sua vez gira em torno do eixo E-E. O eixo C-C pode também deslizar ao longo de E-E. A barra giratória E-E está sobre uma plataforma rotativa. Forneça o número de graus de liberdade e as coordenadas para uma esfera, para o eixo C-C e para a barra E-E.

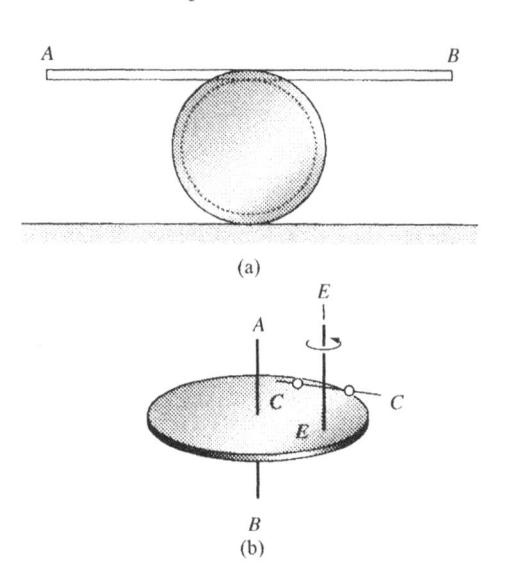

Figura P.10.1

10.2 O braço de um portão de estacionamento pesa 150 N. Devido ao perfil afilado desse braço, pode-se considerar que o seu peso está concentrado em um ponto a 1,25 m do pivô. Qual é a força gerada pelo solenóide para erguer o portão? Qual é força no solenóide supondo que um contrapeso de 300 N é colocado a 0,25 m à esquerda do pivô?

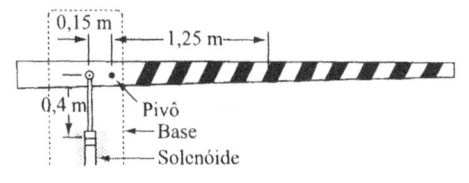

Figura P.10.2

10.3 Qual é o maior comprimento de um tubo de 6 kN/m de peso, que pode ser erguido pelo trator de 54 kN sem tombamento?

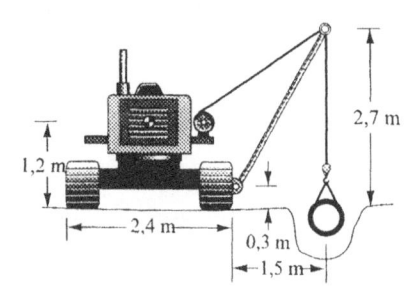

Figura P.10.3

10.4 Considerando $W_1 = 100$ N e $W_2 = 150$ N, determine o ângulo θ para o equilíbrio.

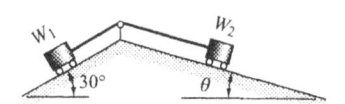

Figura P.10.4

10.5 Uma polia tripla e uma polia dupla pesam 150 N e 100 N, respectivamente. Qual a força necessária na corda para erguer um motor de 3,5 kN?

Figura P.10.5

10.6 Qual o peso W que pode ser erguido pelo sistema de levantamento, na posição mostrada, se a tensão no cabo é T?

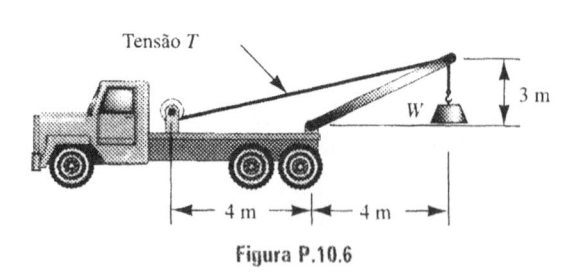

Figura P.10.6

10.7 Uma pequena grua possui capacidade de carga de 20 kN. Qual é o máximo valor de tensão no cabo?

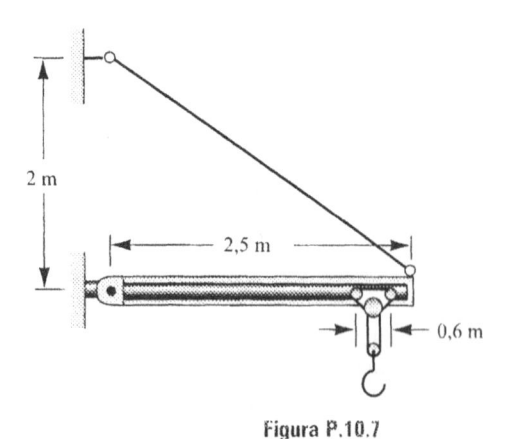

Figura P.10.7

10.8 Considerando $W = 1.000$ N e $P = 300$ N, determine o ângulo θ para o equilíbrio.

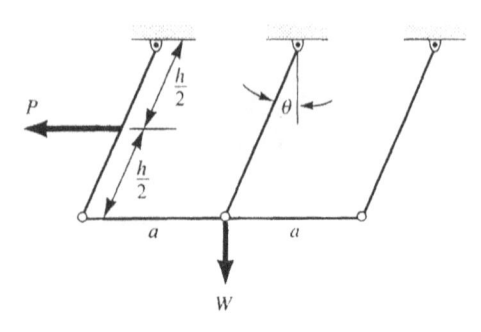

Figura P.10.8

10.9 Qual é a tensão nos cabos de um portão móvel, com largura de 3 m, comprimento de 3,6 m e peso de 27 kN, quando o portão é erguido? E quando o portão está a 45° do solo?

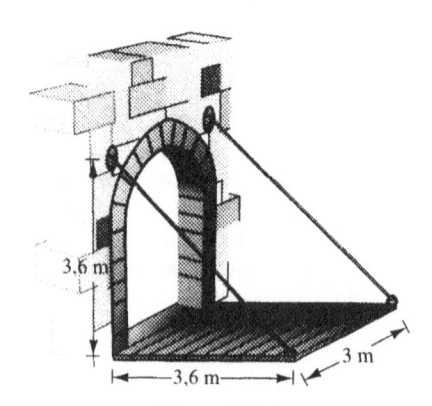

Figura P.10.9

10.10 Desprezando o atrito nos contatos, determine a magnitude de P para o equilíbrio.

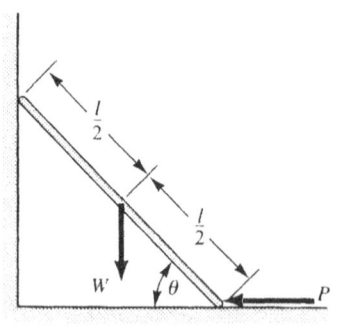

Figura P.10.10

10.11 Um triturador de pedra é mostrado em funcionamento. Considerando $p_1 = 350$ kPa e $p_2 = 700$ kPa, qual a força sobre a pedra na configuração mostrada? O diâmetro dos pistões é de 100 mm.

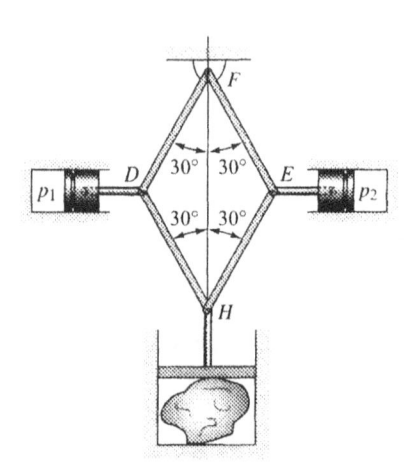

Figura P.10.11

10.12 Um torque de 27 N m é aplicado em um macaco mecânico. Considerando que o atrito é desprezível, qual o valor de peso que pode ser mantido em equilíbrio? O passo das roscas do parafuso é de 7,5 mm. Todas as barras possuem o comprimento de 300 mm.

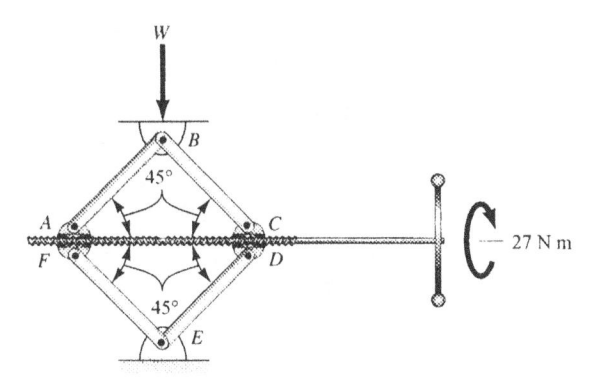

Figura P.10.12

10.13 Um caminhão ergue uma carga de 20 kN até que esta esteja nivelada com o piso de uma aeronave. Qual é a força necessária desenvolvida pelo cilindro hidráulico para manter essa posição da carga?

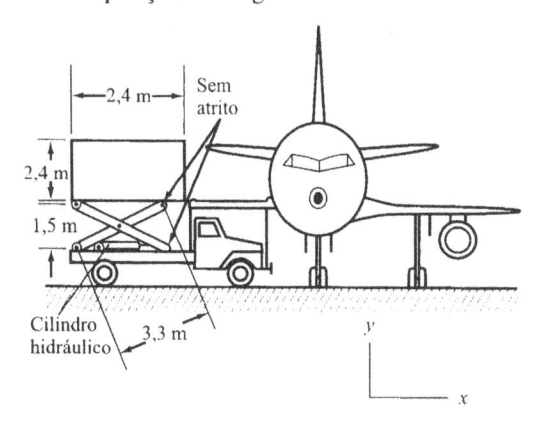

Figura P.10.13

10.14 Quais são as tensões nos cabos quando os braços da escavadeira estão na posição ilustrada pela Figura P.10.14? O braço AC pesa 13 kN, o braço DF, 11 kN e a pá carregada, 9 kN.

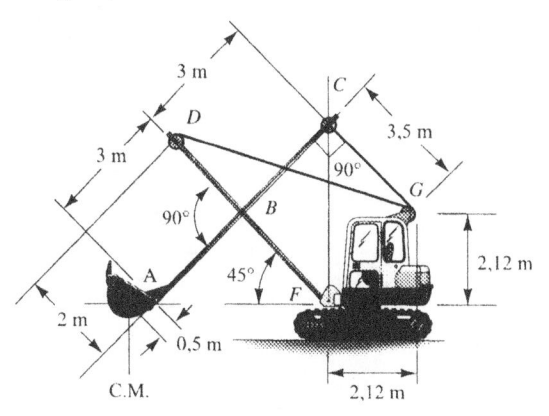

Figura P.10.14

10.15 Uma comporta com acionamento hidráulico, utilizada em um túnel de água de 2 m² de uma represa, é mantida em sua posição pela viga vertical AC. Qual é a força gerada pelo cilindro hidráulico considerando que a densidade da água é de 1 Mg/m³?

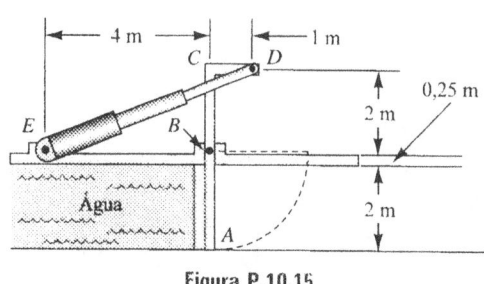

Figura P.10.15

10.16 Determine o ângulo β para o equilíbrio do sistema em termos dos parâmetros ilustrados na Figura P.10.16. Despreze o atrito e o peso da viga.

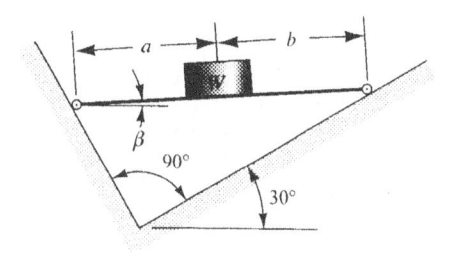

Figura P.10.16

10.17 Resolva o Problema 5.54 por meio do método do trabalho virtual.

10.18 Solucione o Problema 5.55 por meio do método do trabalho virtual.

10.19 Qual a relação entre P, Q e θ para o equilíbrio?

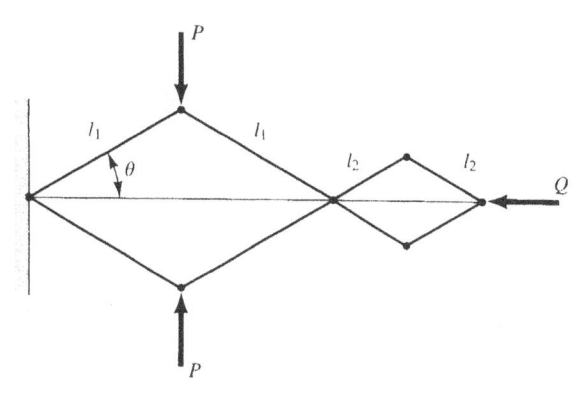

Figura P.10.19

10.20 Uma máquina de encadernação é mostrada com o peso Q das folhas igual a 0,2 N. A máquina repousa sobre uma superfície lisa e pode, por isso, deslizar sobre essa superfície sem atrito. Qual a força P necessária para manter o sistema em equilíbrio na posição mostrada?

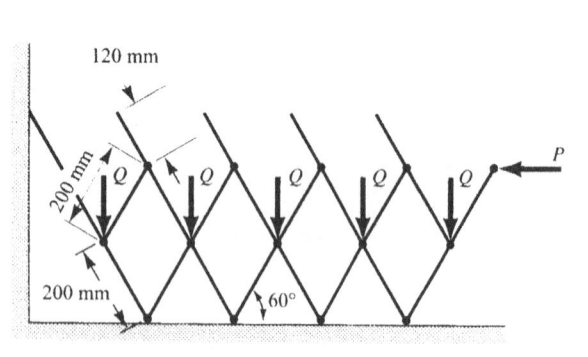

Figura P.10.20

10.21 Um cilindro com ressalto, que pesa 24 kN, está conectado a um veículo A, que pesa 1,4 kN, e a uma polia B, que pesa 0,24 kN. A polia B suporta um peso C. Qual é o valor do peso C para o equilíbrio? Despreze o atrito.

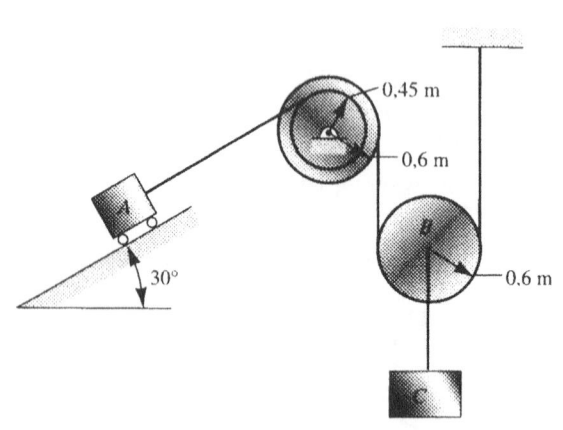

Figura P.10.21

10.22 Resolva a primeira parte do Problema 5.70 por meio do método do trabalho virtual.

10.23 Calcule o peso W que pode ser erguido pelo sistema de *polias diferenciais* sujeito a uma força aplicada F. Despreze o peso da polia inferior.

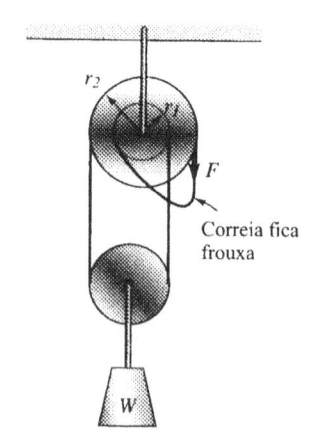

Figura P.10.23

10.24. A pressão p, que aciona um pistão com diâmetro de 100 mm, é igual a 1 MPa. Na configuração ilustrada, qual o valor do peso W que o sistema pode suportar se o atrito for desprezado?

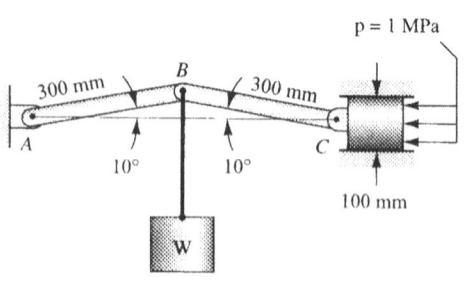

Figura P.10.24

10.25 Os blocos A e B pesam 200 N e 150 N, respectivamente. Eles estão conectados entre si por meio de uma corda. Em que posição θ haverá equilíbrio? O atrito pode ser desprezado.

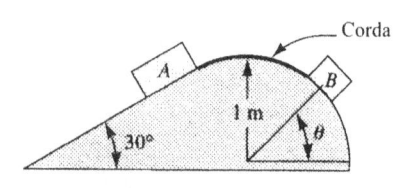

Figura P.10.25

10.26 Considerando que A pesa 500 N e B pesa 100 N, determine o peso de C para o equilíbrio.

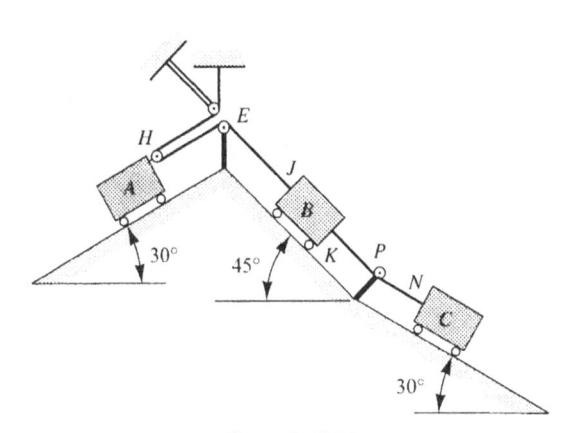

Figura P.10.26

10.27 Um dispositivo imprime uma imagem em D sobre um bloco de metal. Considerando que uma força de 200 N é exercida pelo operador, qual é a força em D sobre o bloco? Os comprimentos AB e BC são iguais a 150 mm.

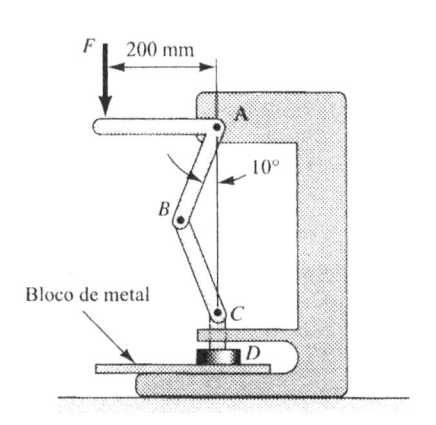

Figura P.10.27

10.28 Um sistema de suporte mantém uma carga de 500 N. Sem a carga, $\theta = 45°$ e a mola encontra-se não comprimida. Considerando que a constante de mola K é igual a 10 kN/m, qual o deslocamento d que a carga de 500 N provocará sobre a plataforma superior? Suponha que a carga seja aplicada lentamente. Despreze todos os outros pesos. $DB = BE = AB = CB = 400$ mm. (*Nota*: A força na mola é igual a K vezes a sua deformação.)

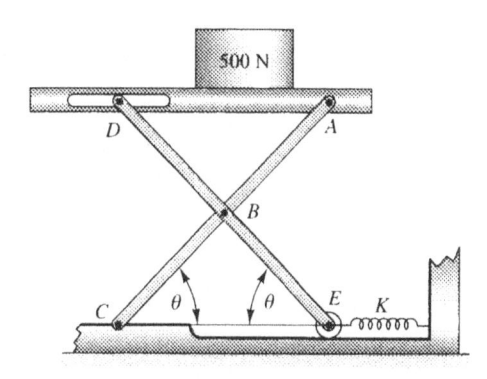

Figura P.10.28

10.29 A barra ABC é conectada por meio de um pino e de uma guia a uma bucha que pode deslizar sobre uma barra vertical. Antes de o peso W de 100 N ser aplicado em C, a barra encontra-se inclinada a um ângulo de 45°. Considerando que a constante K da mola é de 8 kN/m, qual é o ângulo θ para o equilíbrio? O comprimento de AB é de 300 mm e o comprimento de BC é de 200 mm quando $\theta = 45°$. Despreze o atrito e todos os outros pesos. (*Nota*: A força gerada pela mola é igual a K vezes a sua deformação.)

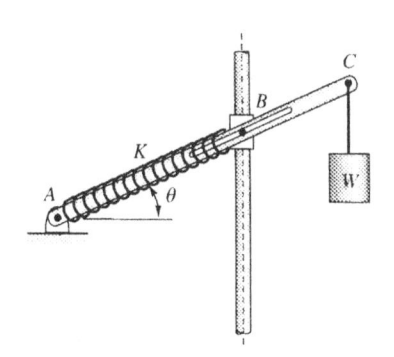

Figura P.10.29

10.30 Demonstre que o trabalho virtual de um momento M durante uma rotação $\delta\phi$ é dado por:

$$\delta°W = M \cdot \delta\phi$$

(*Dica*: Decomponha M em suas componentes normal e colinear a $\delta\phi$.)

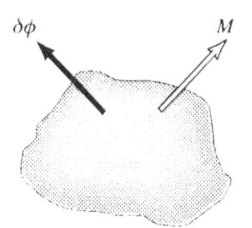

Figura P.10.30

Parte B: Método da energia potencial total

10.6 Sistemas conservativos

Nesta seção, a análise está restrita a certos tipos de forças ativas. Essa restrição permite o desenvolvimento de algumas relações adicionais bastante úteis na mecânica.

Analisa-se, primeiro, um corpo sob a ação da força de gravidade $\mathcal{W}$, que neste caso é uma força ativa, movendo-se ao longo de uma trajetória sem atrito da posição 1 à posição 2, como é ilustrado na Figura 10.14. O trabalho realizado pela força de gravidade, $\mathcal{W}_{1-2}$, é então expresso como:

$$\mathcal{W}_{1-2} = \int_1^2 \mathbf{F} \cdot d\mathbf{r} = \int_1^2 (-\mathcal{W}\mathbf{j}) \cdot d\mathbf{r} = -\mathcal{W}\int_1^2 dy \qquad (10.20)$$

$$= -\mathcal{W}(y_2 - y_1) = \mathcal{W}(y_1 - y_2)$$

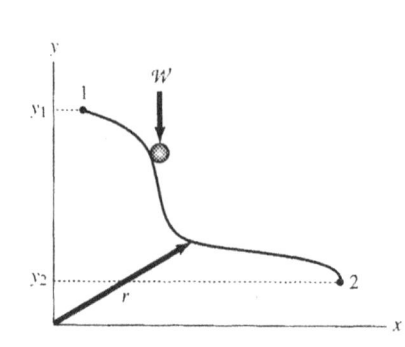

Figura 10.14: Uma partícula movendo-se ao longo de uma trajetória sem atrito.

Note que o trabalho realizado não depende da trajetória percorrida pela partícula, mas apenas das posições inicial e final ao longo da trajetória. *Campos de força que são funções da posição e cujo trabalho, como no caso da força de gravidade, independe da trajetória são chamados campos de força conservativos.* Em geral, pode-se dizer que para um campo de força conservativo $\mathbf{F}(x, y, z)$, ao longo de uma trajetória entre as posições 1 e 2, o trabalho realizado é análogo ao apresentado pela Equação 10.20. Ou seja,

$$\mathcal{W}_{1-2} = \int_1^2 \mathbf{F} \cdot d\mathbf{r} = V_1(x, y, z) - V_2(x, y, z) \qquad (10.21)$$

onde V, uma função escalar calculada nos pontos extremos, é chamada *função energia potencial*[14]. Pode-se reescrever a equação anterior da seguinte forma:

$$-\int_1^2 \mathbf{F} \cdot d\mathbf{r} = V_2(x, y, z) - V_1(x, y, z) = \Delta V \qquad (10.22)$$

A partir dessa equação, pode-se dizer que a *variação na energia potencial* ΔV (que é dada pelo V final menos o V inicial) associada a um campo de força é o valor negativo do *trabalho realizado por essa força ao mover-se da posição 1 para a posição 2 ao longo de qualquer trajetória.* Para qualquer *trajetória* fechada, o trabalho realizado pelo campo de força $\mathbf{F}$ conservativo é, então, expresso como:

$$\oint \mathbf{F} \cdot d\mathbf{r} = 0 \qquad (10.23)$$

De que maneira a função energia potencial V está relacionada com $\mathbf{F}$? Para responder a essa questão, considera-se um segmento infinitesimal $d\mathbf{r}$ qualquer da trajetória iniciando-se no ponto 1. Pode-se, então, reescrever a Equação 10.2 como:

$$\mathbf{F} \cdot d\mathbf{r} = -dV \qquad (10.24)$$

$$\therefore F_x dx + F_y dy + F_z dz = -\left(\frac{\partial V}{\partial x}dx + \frac{\partial V}{\partial y}dy + \frac{\partial V}{\partial z}dz\right) \qquad (10.25)$$

---

[14] Na análise deve-se deixar claro se V se refere à energia potencial, à velocidade ou ao volume. V também é representada como *E.P.*

Dessa equação, como escolhe-se um *dr* qualquer, pode-se concluir que:

$$F_x = -\frac{\partial V}{\partial x}; F_y = -\frac{\partial V}{\partial y}; F_z = -\frac{\partial V}{\partial z} \qquad (10.26)$$

Ou, escrevendo-se na forma vetorial,

$$\begin{aligned}\boldsymbol{F} &= -\left(\frac{\partial V}{\partial x}\boldsymbol{i} + \frac{\partial V}{\partial y}\boldsymbol{j} + \frac{\partial V}{\partial z}\boldsymbol{k}\right) = -\left(\frac{\partial}{\partial x}\boldsymbol{i} + \frac{\partial}{\partial y}\boldsymbol{j} + \frac{\partial}{\partial z}\boldsymbol{k}\right)V \\ &= -\mathbf{grad}\ V = -\nabla V\end{aligned} \qquad (10.27)$$

Esse operador é chamado operador *gradiente* e pode ser escrito, em coordenadas cartesianas, da seguinte forma:

$$\mathbf{grad} \equiv \nabla \equiv \frac{\partial}{\partial x}\boldsymbol{i} + \frac{\partial}{\partial y}\boldsymbol{j} + \frac{\partial}{\partial z}\boldsymbol{k} \qquad (10.28)$$

De maneira alternativa, *um campo de força conservativo deve ser uma função da posição e pode ser expresso como o gradiente de uma função escalar.* O inverso dessa afirmação também é válido. Ou seja, *se um campo de força é função da posição e pode ser escrito como o gradiente de um campo escalar, então ele deve ser um campo de força conservativo.* Dois campos de forças típicos são descritos a seguir.

Campo de força constante. Se o campo de força é constante em todas as posições, então ele pode sempre ser expresso como o gradiente de uma função escalar V na forma $V = -(ax + by + cz)$, onde a, b e c são constantes. O campo de forças constantes pode, então, ser escrito como $\boldsymbol{F} = a\boldsymbol{i} + b\boldsymbol{j} + c\boldsymbol{k}$.

Nas mudanças de posições dos corpos próximos à Terra (uma situação muito comum na prática), o campo de força gravitacional sobre uma partícula de massa m é considerado um campo de força constante dado por $-mg\boldsymbol{k}$. Assim, as constantes do campo de força genérico, tratado no parágrafo anterior, são $a = b = 0$ e $c = -mg$. Obviamente $V \equiv E.P. \equiv mgz$ para este caso.

Força proporcional aos deslocamentos lineares. Considere um corpo que pode se mover somente ao longo de uma linha reta. Ao longo dessa linha, desenvolve-se uma força que é diretamente proporcional ao deslocamento do corpo a partir de algum ponto sobre essa linha. Se a linha for o eixo x, obtém-se a seguinte expressão para essa força:

$$\boldsymbol{F} = -Kx\boldsymbol{i} \qquad (10.29)$$

onde x é o deslocamento a partir do ponto. A constante K é um número positivo, e o sinal negativo, nessa equação, indica que um deslocamento positivo x causa uma força negativa, que tem sentido vindo do ponto para a origem. Um deslocamento na direção negativa a partir da origem (x negativo) significa que a força é positiva e tem sentido coincidente com o eixo x positivo. Assim, ela é uma força *restauradora* em relação à origem. Um exemplo é a força resultante da extensão de uma mola linear (Figura 10.15). A força que uma mola exerce é diretamente proporcional à quantidade de alongamento ou compressão na direção x em relação ao comprimento indeformado da mola. O movimento é medido a partir da origem do eixo x. A constante K nessa situação é chamada *constante de mola*. A variação na energia potencial, devido aos deslocamentos a partir da origem até alguma posição x, portanto, é expressa como:

$$E.P. = \frac{Kx^2}{2} \qquad (10.30)$$

desde que $-\nabla\left(\dfrac{Kx^2}{2}\right) = -Kx\boldsymbol{i}$.

A *variação* na energia potencial é definida como o valor negativo do trabalho realizado por uma força conservativa quando o sistema vai de uma posição à outra. É claro que a variação da energia potencial é *igual* ao trabalho realizado pela *reação* à força conservativa durante esse deslocamento. No caso da mola, a força de reação seria a força *externa* que atua sobre a mola no ponto A (Figura 10.15). Durante a extensão ou compressão da mola a partir de sua configuração indeformada, essa força externa deve realizar um trabalho positivo. Esse trabalho, como discutido anteriormente, deve ser igual à variação da energia potencial. Esse trabalho realizado pela força externa sobre a mola (ou a variação na energia potencial da mola) é a medida da energia *armazenada* nela. Ou seja, quando a mola retorna à sua posição original, ela realiza um trabalho positivo *sobre* o meio externo em A, desde que o movimento de retorno seja lento o bastante para que não haja oscilações.

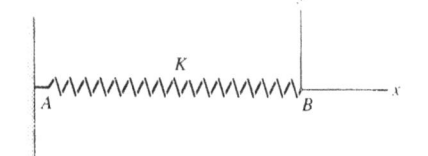

Figura 10.15: Mola linear.

10.7 Condição de equilíbrio para um sistema conservativo

Analisa-se um sistema de corpos rígidos com restrições ideais e sob a ação de forças ativas conservativas. Para um deslocamento virtual a partir da configuração de equilíbrio, o trabalho virtual realizado pelas forças ativas, mantidas constantes durante o deslocamento virtual, deve ser 0. Mostra-se que a condição de equilíbrio para o sistema pode ser estabelecida de uma outra forma.

Especificamente, suponha que haja n forças conservativas que atuam sobre o sistema de corpos. O incremento de trabalho para um movimento real infinitesimal do sistema pode ser dado como:

$$dW = \sum_{p=1}^{n} \boldsymbol{F}_p \cdot d\boldsymbol{r}_p$$

$$= \sum_{p=1}^{n}\left[-\left(\frac{\partial V_p}{\partial x_p}\boldsymbol{i} + \frac{\partial V_p}{\partial y_p}\boldsymbol{j} + \frac{\partial V_p}{\partial z_p}\boldsymbol{k}\right)\right]\cdot(dx_p\boldsymbol{i} + dy_p\boldsymbol{j} + dz_p\boldsymbol{k})$$

$$= \sum_{p=1}^{n}\left[-\left(\frac{\partial V_p}{\partial x_p}dx_p + \frac{\partial V_p}{\partial y_p}dy_p + \frac{\partial V_p}{\partial z_p}dz_p\right)\right]$$

$$= -\sum_{p=1}^{n}dV_p - d\left(\sum_{p=1}^{n}V_p\right) = -dV$$

onde V sem subscritos refere-se à energia potencial *total*. Tratando-se $\delta\boldsymbol{r}_p$ da mesma forma que $d\boldsymbol{r}_p$ nessas equações, pode-se expressar o trabalho virtual δW_{Virt} como:

$$\delta \mathcal{W}_{\text{Virt}} = \sum_{p=1}^{n} \boldsymbol{F}_p \cdot \delta \boldsymbol{r}_p$$

$$= \sum_{p=1}^{n} \left[-\left(\frac{\partial V_p}{\partial x_p} \boldsymbol{i} + \frac{\partial V_p}{\partial y_p} \boldsymbol{j} + \frac{\partial V_p}{\partial z_p} \boldsymbol{k} \right) \right] \cdot (\delta x_p \boldsymbol{i} + \delta y_p \boldsymbol{j} + \delta z_p \boldsymbol{k})$$

$$= \sum_{p=1}^{n} \left[-\left(\frac{\partial V_p}{\partial x_p} \delta x_p + \frac{\partial V_p}{\partial y_p} \delta y_p + \frac{\partial V_p}{\partial z_p} \partial z_p \right) \right]$$

$$= -\sum_{p=1}^{n} \delta V_p - \delta \left(\sum_{p=1}^{n} V_p \right) = -\delta V$$

Mas, para o equilíbrio tem-se que $\delta \mathcal{W}_{\text{Virt}} = 0$. Essa condição de equilíbrio pode, então, ser reescrita como:

$$\delta V = 0 \qquad (10.31)$$

Matematicamente, essa expressão significa que *a energia potencial tem um valor estacionário ou um valor extremo na configuração de equilíbrio*. Ou seja, *a variação de V é 0 na configuração de equilíbrio*[15]. Por isso, tem-se um outro critério que pode ser empregado na solução de problemas de equilíbrio de sistemas de forças conservativas com restrições ideais.

Na solução de problemas, a energia potencial é determinada por meio de um conjunto de coordenadas independentes. Então, efetua-se a variação, δ, da energia potencial. Por exemplo, se V for uma função das variáveis independentes $q_1, q_2, ..., q_n$, ou seja, o sistema tem n graus de liberdade, a variação de V torna-se:

$$\delta V = \frac{\partial V}{\partial q_1} \delta q_1 + \frac{\partial V}{\partial q_2} \delta q_2 + \cdots + \frac{\partial V}{\partial q_n} \delta q_n \qquad (10.32)$$

Para o equilíbrio, essa variação deve ser igual a 0 de acordo com a Equação 10.31. Para que o lado direito da Equação 10.32 seja 0, o coeficiente de cada δq_i deverá ser 0, pois o termos δq_i são independentes uns dos outros. Assim,

$$\begin{aligned} \frac{\partial V}{\partial q_1} &= 0 \\ \frac{\partial V}{\partial q_2} &= 0 \\ &\vdots \\ \frac{\partial V}{\partial q_n} &= 0 \end{aligned} \qquad (10.33)$$

Obtêm-se, assim, n equações independentes, as quais permitem o cálculo de n incógnitas. Esse procedimento é ilustrado nos exemplos seguintes.

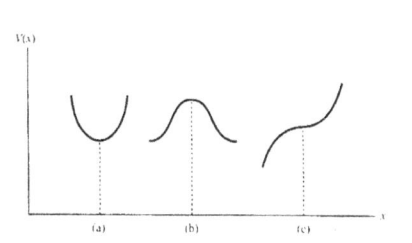

Figura 10.16: Pontos estacionários ou extremos.

---

15 Para entender melhor isso, considera-se V uma função de apenas uma variável, x. Um valor *estacionário* (ou, pode-se dizer, um extremo) pode ser um mínimo local (*a* na Figura 10.16), um máximo (*b* na figura) ou um ponto de inflexão (*c* na figura). Observe que, nesses pontos, associada ao movimento diferencial δx, existe uma variação de primeira ordem nula em V (ou seja, $\delta V = 0$).

Exemplo 10.3

Um bloco de peso W N é colocado lentamente sobre uma mola cuja constante é K N/m (veja a Figura 10.17). Determine o quanto a mola é comprimida na configuração de equilíbrio.

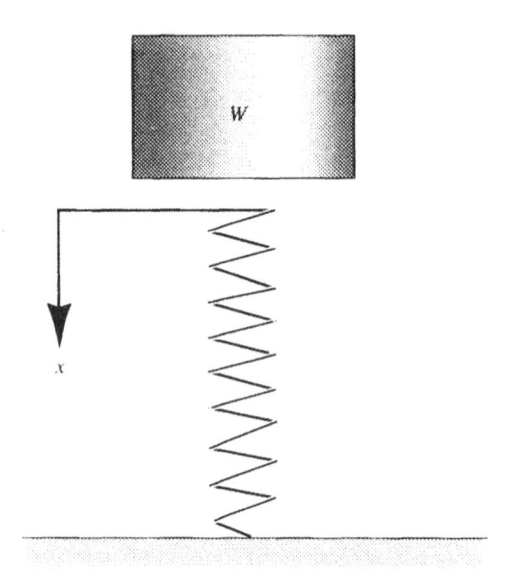

Figura 10.17: Massa colocada sobre uma mola linear.

Este problema simples poderia ser resolvido utilizando-se a definição de constante de mola. Entretanto, tira-se vantagem de sua simplicidade para ilustrar os conceitos de trabalho e de energia. Note que atuam sobre o bloco somente forças conservativas, ou seja, o peso e a força da mola. Por meio da posição indeformada da mola como referência para a energia potencial e medindo-se x a partir dessa posição, a energia potencial do sistema pode ser escrita como:

$$V = -Wx + \frac{1}{2} Kx^2$$

Por isso, para o equilíbrio desse sistema de um grau de liberdade, tem-se:

$$\frac{dV}{dx} = -W + Kx = 0$$

O valor de x é, então, dado por:

$$x = \frac{W}{K}$$

Exemplo 10.4

O mecanismo mostrado na Figura 10.18 é constituído de 2 pesos W, 4 barras articuladas de comprimento a e 1 mola K conectando as barras. A mola pode mover-se sobre uma barra vertical estacionária e ela se encontra indeformada para $\theta = 45°$. Considerando que não há atrito no sistema e os pesos das barras articuladas são desprezíveis, quais são as configurações de equilíbrio para o sistema?

Apenas forças conservativas realizam trabalho sobre o sistema e, consequentemente, o princípio da energia potencial estacionária pode ser usado como condição de equilíbrio. A energia potencial deve ser obtida em função de θ (o sistema possui um grau de liberdade). A configuração $\theta = 45°$ é empregada como referência para o cálculo da energia potencial. Observando a Figura 10.19, pode-se escrever:

$$V = -2Wd + \frac{1}{2}K(2d)^2 \quad \text{(a)}$$

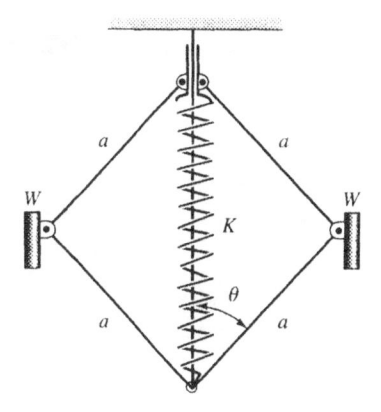

Figura 10.18: Um mecanismo.

A distância d pode ser obtida da seguinte forma (veja a Figura 10.19):

$$d = a\cos 45° - a\cos\theta \quad \text{(b)}$$

Assim, a Equação a torna-se:

$$V = -2Wa(\cos 45° - \cos\theta) + \frac{1}{2}K4a^2(\cos 45° - \cos\theta)^2$$

A seguinte condição é requerida para o equilíbrio:

$$\frac{dV}{d\theta} = 0 = -2Wa\,\text{sen}\,\theta + 4Ka^2(\cos 45° - \cos\theta)(\text{sen}\,\theta). \quad \text{(c)}$$

Assim, pode-se escrever:

$$\text{sen}\,\theta\left[-W - 2Ka\left(\cos\theta - \frac{1}{\sqrt{2}}\right)\right] = 0 \quad \text{(d)}$$

Essa equação pode ser satisfeita para 2 condições. Primeiro, sen $\theta = 0$ é uma solução, de modo que $\theta_1 = 0$ é uma configuração de equilíbrio (essa solução pode não ser mecanicamente viável). É claro que a outra solução pode ser obtida igualando-se o termo entre colchetes da Equação d a 0.

$$-W - 2Ka\left(\cos\theta - \frac{1}{\sqrt{2}}\right) = 0$$

portanto,

$$\cos\theta = \frac{1}{\sqrt{2}} - \frac{W}{2Ka} \quad \text{(e)}$$

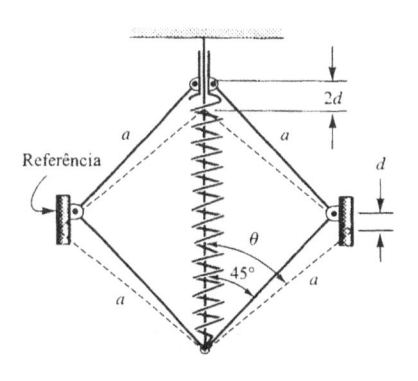

Figura 10.19: Movimento do mecanismo é determinado por θ.

As soluções para θ são as seguintes:

$$\begin{aligned}\theta_1 &= 0 \\ \theta_2 &= \cos^{-1}\left(\frac{1}{\sqrt{2}} - \frac{W}{2Ka}\right)\end{aligned} \quad \text{(f)}$$

Há 2 configurações de equilíbrio possíveis para o sistema.

Problemas

10.31 Um bloco de 50 kg é colocado cuidadosamente sobre uma mola não-linear. A força para deformar a mola de uma distância x mm é proporcional ao quadrado de x. Além disso, sabe-se que uma força de 5 N deforma a mola em 1 mm. Por meio do princípio da energia potencial estacionária, qual será a compressão da mola? Verifique o resultado utilizando o cálculo simples baseado no comportamento da mola.

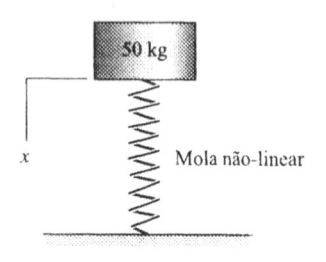

Figura P.10.31

10.32 Um cilindro com 0,6 m de raio enrola uma corda leve e inextensível, que está conectada a um bloco B de 450 N localizado sobre uma superfície inclinada a 30°. O cilindro A está conectado a uma *mola torcional*. Essa mola linear restauradora requer um torque de 1,4 kN m para uma rotação de 1 rad. Considerando que B está conectado a A quando a mola torcional se encontra indeformada e move-se lentamente descendo a rampa, qual a distância d que ele percorrerá até atingir uma configuração de equilíbrio? Empregue o método da energia potencial estacionária e verifique o resultado por meio de princípios elementares da mecânica.

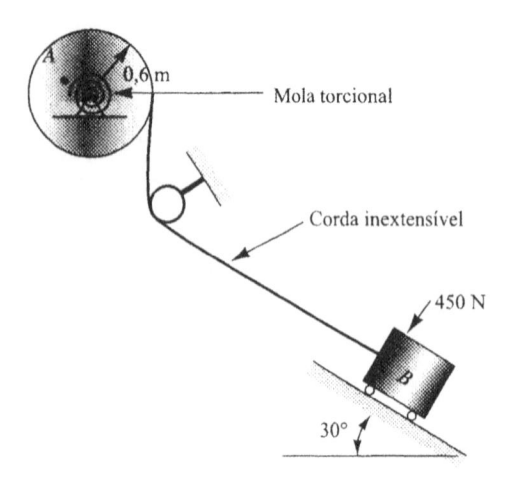

Figura P.10.32

10.33 Determine as configurações de equilíbrio do sistema. As barras são idênticas e cada uma delas tem peso W, comprimento de 3 m e massa de 25 kg. A mola encontra-se indeformada quando as barras estão na horizontal e a constante de mola é igual a 1,5 kN/m.

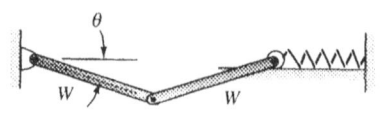

Figura P.10.33

10.34 As molas do mecanismo encontram-se indeformadas quando $\theta = \theta_0$. Demonstre que $\theta = 25,90°$ quando o peso W é adicionado ao sistema. Considere $W = 500$ N, $a = 0,3$ m, $K_1 = 1$ N/mm, $K_2 = 2$ N/mm e $\theta_0 = 45°$. Despreze os pesos dos membros.

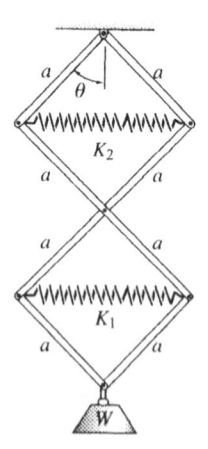

Figura P.10.34

10.35 A que altura h o corpo A deve estar para atingir o equilíbrio? Despreze o atrito. (*Dica*: Qual a relação diferencial entre θ e l que define as posições dos blocos ao longo da superfície? Efetue a integração para obter a relação desejada.)

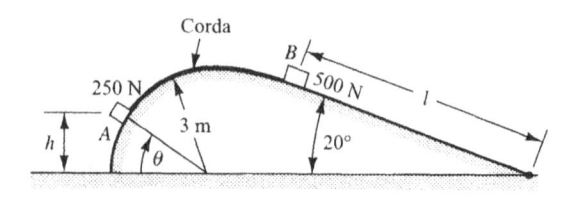

Figura P.10.35

10.36 Demonstre que a posição de equilíbrio é dada por $\theta = 77,3°$ para a barra AB de 20 kg. Despreze o atrito.

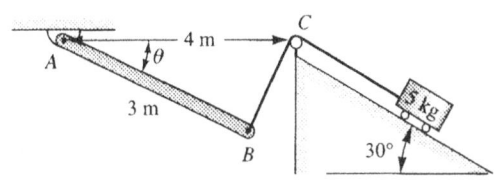

Figura P.10.36

10.37 Uma barra BC com comprimento de 4,5 m e peso de 2 kN é posicionada contra uma mola (a qual possui uma constante de mola de 1,8 N/mm) e paredes lisas. A barra se move para a sua posição de repouso. Considerando que a extremidade da mola está 1,5 m distante da parede vertical quando ela se encontra indeformada, demonstre, por intermédio dos métodos de energia, que a mola sofrerá uma compressão de 0,27 m.

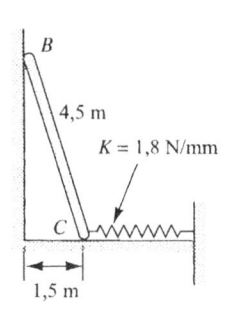

Figura P.10.37

10.38 Duas barras leves, AB e BC, suportam uma carga de 500 N. A extremidade A da barra AB é articulada, enquanto a extremidade C se encontra sobre um rolete. Uma mola cuja constante é igual a 1.000 N/m é conectada entre A e C. A mola encontra-se indeformada quando $\theta = 45°$. Demonstre que a força na mola é igual a 1.066 N quando o sistema suporta a carga de 500 N.

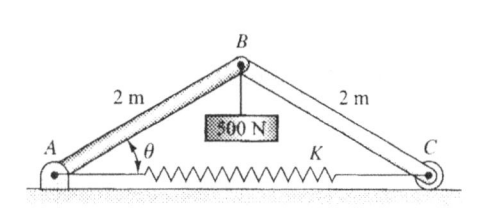

Figura P.10.38

10.39 Refaça o Problema 10.28 por meio do método da energia potencial total.

10.40 Solucione o Problema 10.29 por meio do método da energia potencial total.

10.41 Resolva o Problema 10.25 por meio do método da energia potencial total. (*Dica*: Considere o comprimento de corda sobre uma superfície circular. Use a parte superior da superfície como referência.)

10.42 Considerando que o membro AB tem 3 m de comprimento e o membro BC tem 3,9 m, demonstre que o ângulo θ correspondente ao equilíbrio é igual a 34,5°, sendo a constante de mola K igual a 1,8 N/mm. Despreze o peso dos membros e o atrito. Considere $\theta = 30°$ para a configuração na qual a mola se encontra indeformada.

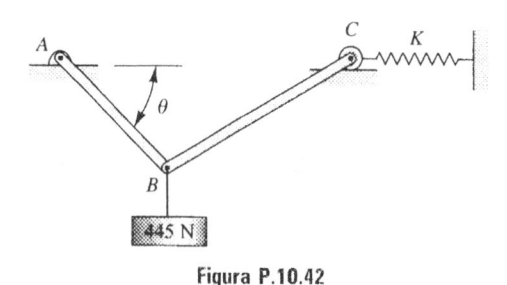

Figura P.10.42

10.43 A suspensão, mostrada na Figura P.10.43, basicamente é a combinação de uma mola e de uma barra de torção. A mola tem uma constante de mola de 150 N/mm. A barra de torção tem sua extremidade mostrada em A e possui resistência torcional à rotação da barra AB de 5 kNm/rad. Considerando que o carregamento na vertical é 0, a mola vertical tem comprimento de 450 mm e a barra AB está na horizontal, qual é o ângulo α quando a suspensão suporta um peso de 5 kN? A barra AB tem comprimento de 400 mm.

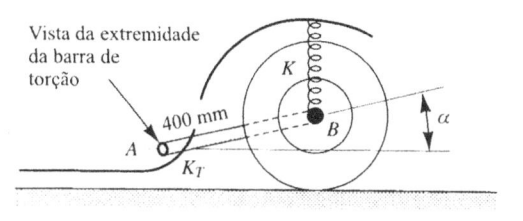

Figura P.10.43

10.44 Duas barras leves AB e CB são articuladas em B e passam através dos mancais sem atrito D e E. Esses mancais estão conectados ao meio exterior por meio de articulações e são livres para girar. As molas, cada uma com uma constante de $K = 800$ N/m, suportam as barras como ilustrado na Figura P.10.44. As molas encontram-se indeformadas quando $\theta = 45°$. Demonstre que a deflexão de B é igual a 0,44 m quando uma carga de 500 N é aplicada lentamente ao pino B. As barras têm 1 m de comprimento e cada mola tem comprimento livre de 250 mm. Despreze os pesos das barras. As barras são soldadas a pequenas placas em A e C.

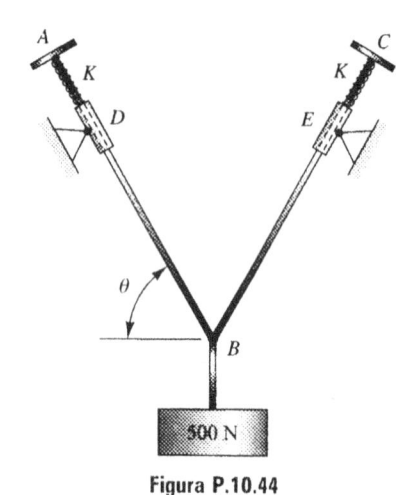

Figura P.10.44

10.45 Resolva o Problema 10.26 por meio do método da energia potencial total. (*Dica*: Use E como referência para o cálculo dos comprimentos EJ, KP e PN em termos do comprimento HE.)

10.46 Uma tira elástica tem comprimento livre de 1 m. Ao ser aplicada uma força de 30 N, a tira esticará 0,8 m em comprimento. Qual a deflexão a que uma carga de 10 N aplicada lentamente no meio da tira irá provocar? Considere que existe uma relação linear entre a força e a elongação da tira, tal como no caso de uma mola linear. (*Dica*: Se apenas metade da tira for utilizada na solução, a "constante de mola" terá 2 vezes o valor da constante associada à tira inteira.)

10.47 No Problema 10.46, a tira é primeiramente esticada e, então, amarrada aos suportes A e B, de modo que haja uma tensão inicial na tira de 15 N. Qual será então a deflexão a causada pela força de 10 N?

10.48 Uma tira de borracha de 0,7 m de comprimento é esticada para conexão aos pontos A e B. Desse modo, uma força de tração de 40 N é desenvolvida na tira. Então, um peso de 20 N é aplicado sobre a tira no ponto C. Determine a distância a que o ponto C baixará se o peso de 20 N puder se mover apenas na vertical ao longo de uma barra vertical sem atrito. (*Dica*: A "constante de mola" associada a uma parte da tira será maior do que a constante associada à tira inteira.)

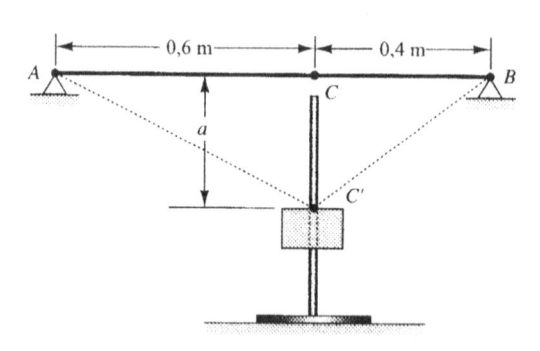

Figura P.10.48

10.49 A mola que conecta os corpos A e B possui uma constante K igual a 3 N/mm. O comprimento livre da mola é de 450 mm. Considerando que o corpo A pesa 60 N e o corpo B pesa 90 N, qual será o comprimento deformado da mola para o equilíbrio? (*Dica*: V será uma função de 2 variáveis.)

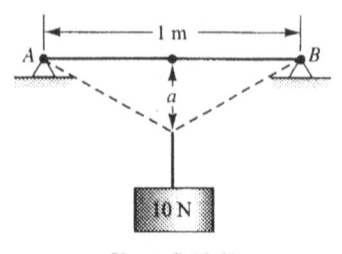

Figura P.10.46

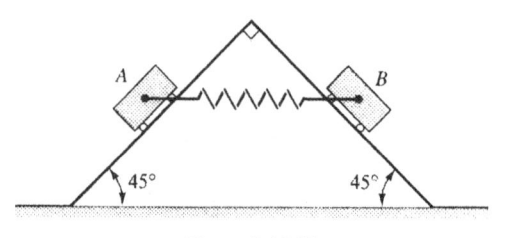

Figura P.10.49

10.8 Estabilidade

Considere um cilindro em repouso sobre várias superfícies (Figura 10.20). Se o atrito for desprezado, a única força ativa será a força da gravidade. Por isso, os cilindros são sistemas conservativos, para os quais a Equação 10.31 é válida. Para que o contato entre o cilindro e as superfícies seja mantido, o único deslocamento virtual compatível é aquele ao longo da trajetória descrita pelo cilindro. Para cada caso, dy/dx é 0. Assim, para um deslocamento virtual infinitesimal, a variação de primeira ordem da elevação do cilindro é 0. Portanto, pela análise de variação de primeira ordem, a variação da energia potencial é 0. Os corpos, dessa maneira, estão em *equilíbrio*, de acordo com os conceitos apresentados na seção anterior. Entretanto, diferenças físicas existem entre os estados de equilíbrio dos 4 casos mostrados.

Caso A. O equilíbrio neste caso é considerado *estável*. Quando o corpo sofre um deslocamento a partir de sua configuração de equilíbrio, as forças tendem a fazer o corpo retornar à sua posição de equilíbrio. Note que a energia potencial é *mínima* para esta condição.

Caso B. O equilíbrio neste caso é considerado *instável*. Para um deslocamento a partir da configuração de equilíbrio, as forças fazem com que o corpo se afaste de sua posição de equilíbrio. A energia potencial é *máxima* para esta condição.

Caso C. O equilíbrio neste caso é considerado *neutro*. Qualquer deslocamento fará com que o corpo ocupe uma outra configuração de equilíbrio. A energia potencial é constante para todas as posições de equilíbrio possíveis do corpo.

Caso D. Este estado de equilíbrio é considerado *instável*, pois qualquer deslocamento para a esquerda da configuração de equilíbrio resultará no afastamento do corpo desta posição.

Pode-se perguntar como é possível verificar se um sistema é estável ou instável em uma configuração de equilíbrio empregando-se algum outro procedimento além da simples inspeção? Analisa-se, novamente, a situação na qual a energia potencial é função apenas de uma coordenada espacial x. Isto é, $V = V(x)$. A expressão da energia potencial pode ser expandida por meio da série de Maclaurin em torno de sua posição de equilíbrio[16]. Assim,

$$V = V_{eq} + \left(\frac{dV}{dx}\right)_{eq} x + \frac{1}{2!}\left(\frac{d^2V}{d^2x}\right)_{eq} x^2 + \cdots \qquad (10.34)$$

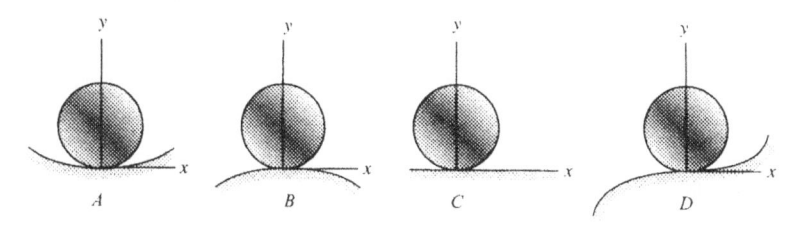

Figura 10.20: Diferentes configurações de equilíbrio.

---

16 Note que, em uma série de Maclaurin, os coeficientes da variável independente x são calculados para $x = 0$, que é uma posição de equilíbrio. Essa posição é representada pelo subscrito eq.

Aplicando a Equação 10.33 a uma variável, tem-se $(dV/dx)_{eq} = 0$ na configuração de equilíbrio. Dessa maneira, a equação anterior pode ser reescrita na seguinte forma:

$$V - V_{eq} = \Delta V = \frac{1}{2!}\left(\frac{d^2V}{dx^2}\right)_{eq} x^2 + \frac{1}{3!}\left(\frac{d^3V}{dx^3}\right)_{eq} x^3 + \cdots \qquad (10.35)$$

Para x bem pequeno, que aqui pode ser chamado de x_0, o sinal de ΔV será determinado pelo sinal do primeiro termo da série, $\left(\frac{1}{2!} d^2V/dx^2\right)_{eq} x^2$.[17] Por essa razão, esse termo é chamado de termo dominante da série. Conseqüentemente, o sinal de $(d^2V/dx^2)_{eq}$ é vital para a determinação do sinal de ΔV. Se $(d^2V/dx^2)_{eq}$ for positivo, então ΔV será positivo para qualquer valor de x menor que x_0. Isso significa que V é um mínimo local na configuração de equilíbrio, o que pode ser deduzido a partir da Figura 10.20a, que indica uma posição de *equilíbrio estável*[18]. Se $(d^2V/dx^2)_{eq}$ for negativo, então V será um máximo local na configuração de equilíbrio e, pela análise da Figura 10.20, tem-se uma posição de *equilíbrio instável*. Por fim, se $(d^2V/dx^2)_{eq}$ for 0, será preciso investigar a derivada de ordem mais alta na expansão, e assim por diante.

Para os casos nos quais a energia potencial é função de muitas variáveis, a determinação do tipo de equilíbrio do sistema é mais complexa. Por exemplo, se a função V for dada em termos de x e y, o seguinte procedimento deverá ser empregado.

Para uma posição de energia potencial mínima, ou seja, para a estabilidade, tem-se:

$$\frac{\partial V}{\partial x} = \frac{\partial V}{\partial y} = 0 \qquad (10.36a)$$

$$\left(\frac{\partial^2 V}{\partial x \partial y}\right)^2 - \frac{\partial^2 V}{\partial x^2}\frac{\partial^2 V}{\partial y^2} < 0 \qquad (10.36b)$$

$$\frac{\partial^2 V}{\partial x^2} + \frac{\partial^2 V}{\partial y^2} > 0 \qquad (10.36c)$$

Para uma posição de energia potencial máxima e, conseqüentemente, para a instabilidade, tem-se:

$$\frac{\partial V}{\partial x} = \frac{\partial V}{\partial y} < 0 \qquad (10.37a)$$

$$\left(\frac{\partial^2 V}{\partial x \partial y}\right)^2 - \frac{\partial^2 V}{\partial x^2}\frac{\partial^2 V}{\partial y^2} < 0 \qquad (10.37b)$$

$$\frac{\partial^2 V}{\partial x^2} + \frac{\partial^2 V}{\partial y^2} < 0 \qquad (10.37c)$$

Esses critérios tornam-se mais complexos à medida que o número de variáveis independentes cresce.

---

17 Quando x se torna menor do que a unidade, x^2 se torna muito maior que x^3 e que x elevado a potências maiores. Por isso, dependendo dos valores das derivadas de V no equilíbrio, há um valor de x, digamos x_0, para o qual o primeiro termo da série é maior que a soma de todos os outros termos da série de $x < x_0$.

18 Ou seja, se o corpo for deslocado de uma distância $x < x_0$, ele retornará à sua posição de equilíbrio quando solto.

Exemplo 10.5

Uma placa espessa, cuja borda inferior é um arco circular de raio R, é mostrada na Figura 10.21. O centro de gravidade da placa está localizado a uma distância h acima do solo quando a placa se encontra na posição mostrada pela figura. Qual deve ser a relação entre h e R para o equilíbrio estável?

A placa possui um grau de liberdade sob a ação da gravidade, e o ângulo θ (Figura 10.22) é utilizado como coordenada independente. A energia potencial V do sistema pode ser determinada em relação ao solo como função de θ, da seguinte forma (Figura 10.23):

$$V = W[R - (R-h)\cos\theta] \qquad (a)$$

onde W é o peso da placa. Evidentemente, $\theta = 0$ é uma posição de equilíbrio pois:

$$\left(\frac{dV}{d\theta}\right)_{\theta=0} = [W(R-h)\operatorname{sen}\theta]_{\theta=0} = 0 \qquad (b)$$

Então, efetua-se a análise do termo $d^2V/d\theta^2$ em $\theta = 0$. Tem-se:

$$\left(\frac{d^2V}{d\theta^2}\right)_{\theta=0} = W(R-h) \qquad (c)$$

Dessa forma, quando $R > h$, $(d^2V/d\theta^2)_{\theta=0}$ será positivo. Dessa maneira, essa é a condição necessária para o equilíbrio estável. Assim, para o equilíbrio estável, $R > h$.

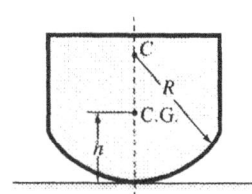

Figura 10.21: Placa com lado inferior circular

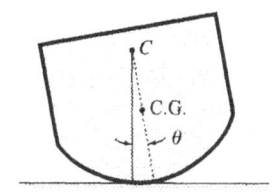

Figura 10.22: Um grau de liberdade

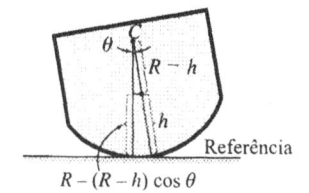

Figura 10.23: Posição do C.G.

*10.9 Preparando o futuro – mais sobre a energia potencial total

Quando existem apenas forças conservativas atuando sobre partículas e corpos rígidos, as condições necessárias e suficientes de equilíbrio podem ser estabelecidas por intermédio do cálculo dos valores extremos da energia potencial V associada a essas forças. Assim, pode-se estabelecer:

$$\delta V = 0$$

para satisfazer o equilíbrio. Essa condição foi derivada do método do trabalho virtual apresentado anteriormente neste capítulo. Pode-se obter uma formulação similar para o caso de um corpo elástico (não necessariamente elástico linear) que permita assegurar o equilíbrio desse corpo. Esse princípio mais geral é derivado do princípio do trabalho virtual mostrado na Seção 10.5. Aqui, deve-se efetuar o cálculo dos extremos de uma função mais complexa que V. Essa expressão é representada por π, que não tem qualquer relação com o valor de 3,1416... A expressão π é chamada de *funcional*, no qual a substituição de uma função, como $y(x)$, resultará em um número (um escalar). Um exemplo simples de funcional I é dado a seguir:

$$I = \int_{x_1}^{x_2} F\left(x, y, \frac{dy}{dx}\right) dx$$

onde F é uma função de x (a variável independente), y e dy/dx. Substituindo uma função $y(x)$ em F e efetuando a integração entre os limites definidos da integral, chega-se a um valor para I. Os funcionais permeiam a mecânica e muitas outras áreas de conhecimento. Um passo vital no processo é determinar a função $y(x)$ que fornecerá um extremo ao funcional I. Esta é conhecida como *função extrema*. O cálculo empregado para a determinação dessa função é denominado *cálculo das variações*. O funcional particular para o método da energia potencial total é dado como:

$$\pi = -\iiint_V \boldsymbol{B} \cdot \boldsymbol{u} \, dv - \oiint_S T \cdot \boldsymbol{u} \, dA + U$$

Nesse caso, a função com a qual se chega ao extremo do funcional π é dada por $\boldsymbol{u}(x, y, z)$, e as variáveis independentes são x, y e z. A expressão U é a energia de deformação que será estudada nos cursos de mecânica dos sólidos e foi apresentada anteriormente, na Seção 10.5, como $\iiint_V \sum_i \sum_j \tau_{ij} \delta \varepsilon_{ij} \, dv$. O princípio da energia potencial total para o caso de corpos elásticos é escrito da seguinte forma:

$$\delta \pi = 0$$

Essa equação, que aparenta ser bastante simples, é em geral considerada *a equação mais poderosa da mecânica dos sólidos*.

Esta é apenas uma breve e simples apresentação dos conceitos básicos de uma área bastante ampla de estudos, conhecida como métodos variacionais. Alguns elementos dessa área são encontrados nos estudos desenvolvidos neste livro. Por exemplo, o método de energia potencial total por si só tem as seguintes aplicações:

1. Exerce um papel importante na *teoria da otimização*.
2. Pode ser empregado eficientemente para a obtenção das *equações governantes* e das *condições de contorno* em muitas áreas de grande importância na mecânica, como na teoria de placas, na teoria da estabilidade elástica, na dinâmica de placas e vigas, na teoria da torção etc.
3. Um grande número de métodos de aproximação para problemas da mecânica pode ser desenvolvido a partir do método de energia potencial total. O mais proeminente desses métodos é o método de *elementos finitos*.

Essa é obviamente uma lista[19] notável de aplicações.

---

19 O leitor pode encontrar maiores detalhes dos assuntos tratados na seção "Preparando o Futuro" deste capítulo em I. H. Shames, *Introduction to solid mechanics*, 2. ed., Englewood Cliffs, N.J., Prentice-Hall, Inc., 1989. Alunos familiarizados com noções introdutórias de mecânica dos sólidos têm condição de estudar esses assuntos sem grandes dificuldades. O autor tem utilizado esse material em cursos de terceiro ano de engenharia. Veja os Capítulos 18 e 19.

Problemas

10.50 Uma barra AB encontra-se conectada ao solo por intermédio de uma junta esférica sem atrito em A. A barra repousa sobre os lados do furo da placa horizontal, como mostrado na Figura P.10.50. O quadrado *abcd* tem seu centro cruzando com a linha reta vertical que passa pelo ponto A. A curva *efg* é um semicírculo. Sem recorrer a cálculos matemáticos, identifique as posições sobre os lados do furo onde o equilíbrio é possível para a barra AB. Descreva a natureza do equilíbrio e forneça os argumentos que sustentam sua resposta. Despreze o atrito no problema.

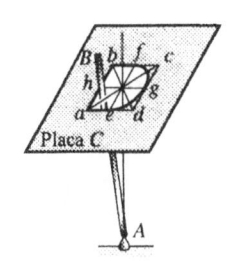

Figura P.10.50

10.51 No Problema 10.50, demonstre matematicamente que a posição *h* é uma posição de equilíbrio instável da barra.

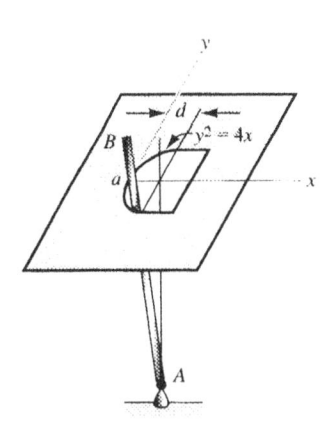

Figura P.10.52

10.53 Considere que a energia potencial de um sistema é expressa como: $V = 8x^3 + 6x^2 - 7x$. Quais são as posições de equilíbrio? Demonstre se essas posições são estáveis ou não.

10.54 Uma seção de um cilindro é livre para rolar sobre uma superfície horizontal. Considerando que ρ da parcela triangular do cilindro vale 2,88 Mg/m^3 e da parcela semicircular é igual a 1,60 Mg/m^3, a configuração mostrada na Figura P.10.54 estará em equilíbrio estável?

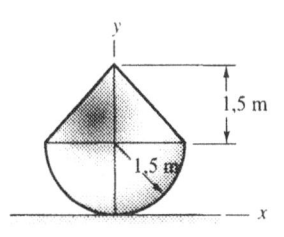

Figura P.10.54

10.55 Um sistema de molas e corpos rígidos AB e BC sofre a ação do peso W por meio de uma articulação em A. Considerando que K é 50 N/mm, qual é a faixa de valores para W para a qual o sistema tenha uma configuração de equilíbrio instável quando as barras AB e BC estiverem colineares? Despreze os pesos das barras.

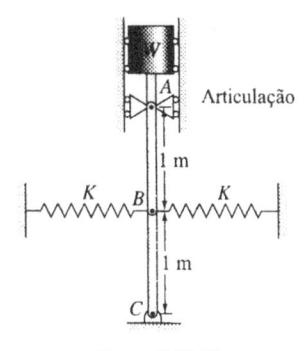

Figura P.10.55

10.56 Um peso W é soldado a uma barra leve AB. Em B existe uma mola de torção que necessita de 680 N m para girar 1 rad. A mola de torção é linear e restauradora e é análoga à mola linear de translação. Considerando que a mola de torção se encontra livre quando a barra está em posição vertical, qual é o maior valor de W para o qual há equilíbrio estável na direção vertical?

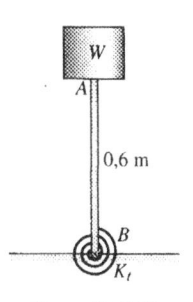

Figura P.10.56

10.57 Uma barra leve AB é articulada a um bloco de peso W em A. Em A também há 2 molas idênticas de constante K. Demonstre que, para W menor que $2Kl$, haverá equilíbrio estável na posição vertical e que, para $W > 2Kl$, haverá equilíbrio instável. O valor $W = 2Kl$ é denominado *carga crítica* por razões que se explicam no Problema 10.58.

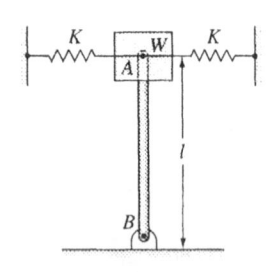

Figura P.10.57

10.58 No Problema 10.57, aplique uma força transversal F ao corpo A, como mostrado na Figura P.10.58. Calcule a deflexão horizontal δ do ponto A para a posição de equilíbrio empregando os conceitos de estática vistos nos capítulos anteriores. Então, demonstre que, quando $W = 2Kl$ (ou seja, o peso crítico), a deflexão δ cresce indefinidamente. Isso mostra que, mesmo que $W < 2Kl$ e que haja equilíbrio estável para $F = 0$, as deflexões crescem progressivamente à medida que o peso W tende ao seu valor crítico e que uma pequena carga lateral F é introduzida no sistema. O estudo da estabilidade da configuração de equilíbrio é uma área muito importante da mecânica. Os alunos verão mais sobre esse tópico nos cursos de resistência dos materiais.

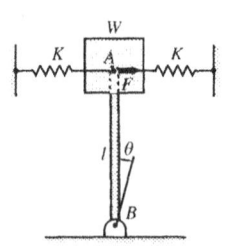

Figura P.10.58

10.59 Os cilindros A e B possuem seções transversais semicirculares. O cilindro A suporta um sólido retangular mostrado na Figura 10.59 como C. Considerando que $\rho_A = 1.600$ kg/m^3 e $\rho_C = 800$ kg/m^3, verifique se o sistema mostrado está em equilíbrio estável. (*Dica*: Utilize o ponto O ao calcular V.)

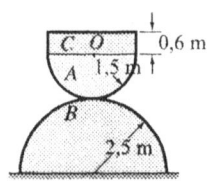

Figura P.10.59

10.10 Considerações finais

Neste capítulo, foi apresentada uma abordagem para análise de problemas da mecânica que difere radicalmente dos métodos vetoriais vistos nos capítulos anteriores. Naqueles capítulos, o diagrama de corpo livre era construído com o intuito de se obterem as equações de equilíbrio por meio de todas as forças que atuam sobre o corpo. Essa abordagem em geral é chamada *mecânica vetorial*. Neste capítulo, a configuração de equilíbrio é matematicamente comparada a configurações admissíveis vizinhas a ela. A configuração de equilíbrio é aquela para a qual o trabalho virtual é 0 no caso de um deslocamento virtual. Ou, de maneira equivalente, para forças ativas conservativas, a configuração de equilíbrio é a configuração de energia potencial estacionária (na realidade, mínima) quando comparada às configurações admissíveis em sua vizinhança. Tal abordagem denomina-se *mecânica variacional*. A abordagem da mecânica variacional é ainda estranha ao leitor neste estágio de seu curso e muito mais matemática do que a abordagem da mecânica vetorial.

A transição de uma abordagem mais física, que é a mecânica vetorial, para uma abordagem mais matemática, que é a mecânica variacional, ocorre em muitas áreas da engenharia. Métodos e técnicas variacionais são largamente utilizados no estudo de placas e cascas, elasticidade, mecânica quântica, mecânica celeste, termodinâmica estatística e teoria eletromagnética. Esses métodos são, portanto, muito importantes em estudos mais avançados nas ciências da engenharia, na física e na matemática aplicada.

Problemas

10.60 Em qual posição o operador de um guindaste deve colocar o contrapeso de 50 kN quando ergue uma carga de 10 kN?

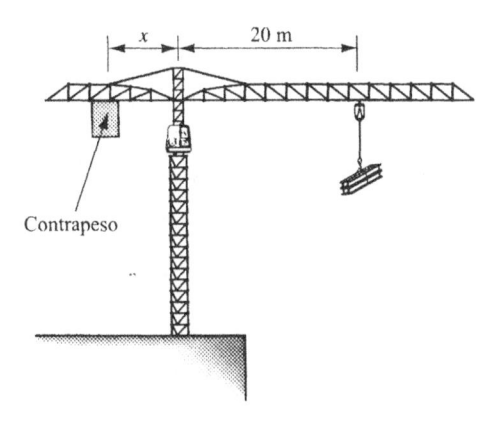

Figura P.10.60

10.61 Qual é a relação entre P e Q para o equilíbrio?

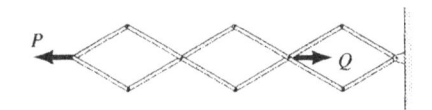

Figura P.10.61

10.62 Um torque de 70 N m é aplicado a uma prensa. O passo do parafuso é de 12 mm. Considerando que o atrito no parafuso pode ser desprezado e que o parafuso pode girar sem qualquer resistência em uma placa de base A, qual é a força P imposta pela placa da base sobre o corpo B?

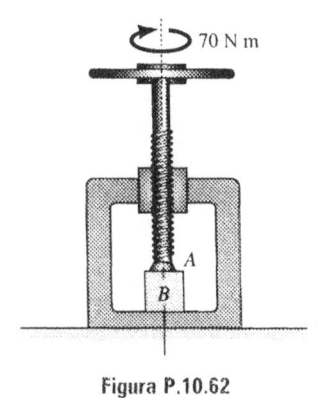

Figura P.10.62

10.63 A mola apresentada na Figura P.10.63 encontra-se indeformada quando $\theta = 3°$. Para qualquer posição do pêndulo, a mola permanece na horizontal. Considerando que a constante da mola é igual a 9 N/mm, em que posição o sistema estará em equilíbrio?

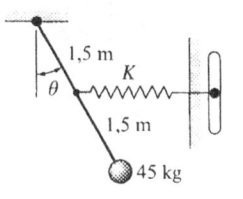

Figura P.10.63

10.64 Considerando que as molas se encontram indeformadas quando $\theta = \theta_0$, determine o ângulo θ quando o peso W é adicionado ao sistema. Use o método da energia potencial estacionária.

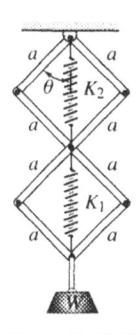

Figura P.10.64

10.65 Uma massa M de 20 kg desliza sem atrito ao longo de uma barra vertical. Duas molas internas K_1 de constante igual a 2 N/mm e uma mola externa K_2 de constante igual a 3 N/mm restringem o movimento do peso W. Considerando que todas as molas se encontram indeformadas quando $\theta = 30°$, demonstre que a configuração de equilíbrio corresponde a $\theta = 27,8°$.

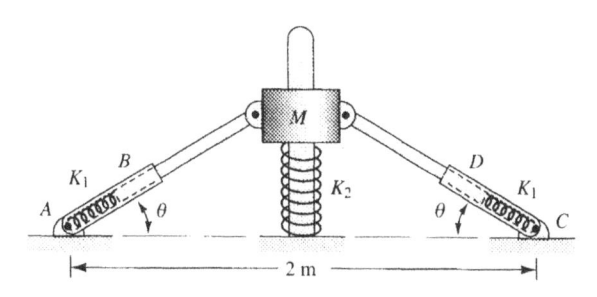

Figura P.10.65

10.66 Quando a barra AB está na posição vertical, a mola conectada ao disco por meio de uma corda flexível encontra-se indeformada. Determine todos os possíveis ângulos θ para o equilíbrio. Mostre quais são as posições de equilíbrio estáveis e instáveis. A mola tem uma constante igual a 1,4 N/mm.

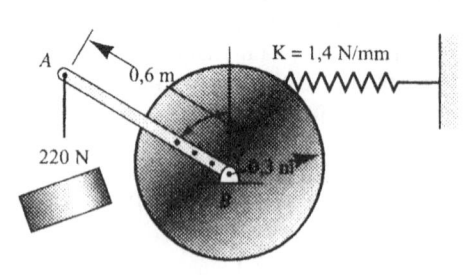

Figura P.10.66

10.67 Duas barras idênticas são articuladas em suas extremidades A, B e C. Em B, existe uma mola de torção que requer 500 N m/rad para rotação. Qual é o peso W máximo que cada barra pode ter para a condição de equilíbrio estável, quando essas barras estiverem colineares?

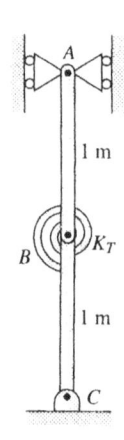

Figura P.10.67

10.68 Um corpo sólido retangular de altura h repousa sobre um cilindro de seção semicircular. Estabeleça os critérios para o equilíbrio estável e instável em termos de h e R para a posição mostrada.

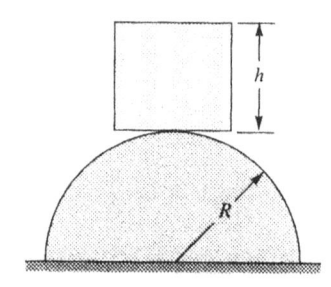

Figura P.10.68

Apêndice I

Fórmulas de Integração

1. $\int \dfrac{x\,dx}{a+bx} = \dfrac{1}{b^2}[a+bx - a\ln(a+bx)]$

2. $\int \dfrac{dx}{a^2 - x^2} = \dfrac{1}{2a}\ln\left(\dfrac{a+x}{a-x}\right)$

3. $\int \sqrt{x^2 \pm a^2}\,dx = \dfrac{1}{2}\left[x\sqrt{x^2 \pm a^2} \pm a^2\ln(x+\sqrt{x^2 \pm a^2})\right]$

4. $\int \sqrt{a^2 - x^2}\,dx = \dfrac{1}{2}\left(x\sqrt{a^2 - x^2} + a^2\,\mathrm{sen}^{-1}\dfrac{x}{a}\right)$

5. $\int x\sqrt{a^2 - x^2}\,dx = -\dfrac{1}{3}\sqrt{(a^2 - x^2)^3}$

6. $\int x\sqrt{a+bx}\,dx = -\dfrac{2(2a - 3bx)\sqrt{(a+bx)^3}}{15b^2}$

7. $\int x^2\sqrt{a^2 - x^2}\,dx = -\dfrac{x}{4}\sqrt{(a^2 - x^2)^3} + \dfrac{a^2}{8}\left(x\sqrt{a^2 - x^2} + a^2\,\mathrm{sen}^{-1}\dfrac{x}{a}\right)$

8. $\int x^2\sqrt{a^2 \pm x^2}\,dx = \dfrac{x}{4}\sqrt{(x^2 \pm a^2)^3} \pm \dfrac{a^2}{8}x\sqrt{x^2 \pm a^2} - \dfrac{a^2}{8}\ln(x+\sqrt{x^2 \pm a^2})$

9. $\int \dfrac{dx}{\sqrt{a^2 - x^2}} = \mathrm{sen}^{-1}\dfrac{x}{a}$

10. $\int \dfrac{dx}{\sqrt{x^2 + a^2}} = \ln(x+\sqrt{x^2+a^2}) = \mathrm{senh}^{-1}\dfrac{x}{a}$

11. $\int x^m e^{ax}\,dx = \dfrac{x^m e^{ax}}{a} - \dfrac{m}{a}\int x^{m-1} e^{ax}\,dx$

12. $\int x^m \ln x\,dx = x^{m+1}\left(\dfrac{\ln x}{m+1} - \dfrac{1}{(m+1)^2}\right)$

13. $\displaystyle\int \operatorname{sen}^2 \theta \, d\theta = \frac{1}{2}\theta - \frac{1}{4}\operatorname{sen} 2\theta$

14. $\displaystyle\int \cos^2 \theta \, d\theta = \frac{1}{2}\theta + \frac{1}{4}\operatorname{sen} 2\theta$

15. $\displaystyle\int \operatorname{sen}^3 \theta \, d\theta = -\frac{1}{3}\cos\theta(\operatorname{sen}^2\theta + 2)$

16. $\displaystyle\int \cos^m \theta \operatorname{sen} \theta \, d\theta = -\frac{\cos^{m+1}\theta}{m+1}$

17. $\displaystyle\int \operatorname{sen}^m \theta \cos \theta \, d\theta = -\frac{\operatorname{sen}^{m+1}\theta}{m+1}$

18. $\displaystyle\int \operatorname{sen}^m \theta \, d\theta = -\frac{\operatorname{sen}^{m-1}\theta \cos\theta}{m} + \frac{m-1}{m}\int \operatorname{sen}^{m-2}\theta \, d\theta$

19. $\displaystyle\int \theta^2 \operatorname{sen} \theta \, d\theta = 2\theta \operatorname{sen}\theta - (\theta^2 - 2)\cos\theta$

20. $\displaystyle\int \theta^2 \cos \theta \, d\theta = 2\theta \cos\theta + (\theta^2 - 2)\operatorname{sen}\theta$

21. $\displaystyle\int \theta \operatorname{sen}^2 \theta \, d\theta = \frac{1}{4}\left[\operatorname{sen}\theta(\operatorname{sen}\theta - 2\theta\cos\theta) + \theta^2\right]$

22. $\displaystyle\int \operatorname{sen} m\theta \cos m\theta \, d\theta = -\frac{1}{4m}\cos 2m\theta$

23. $\displaystyle\int \frac{d\theta}{(a + b\cos\theta)^2}$
$= \dfrac{1}{(a^2 - b^2)}\left(\dfrac{-b\operatorname{sen}\theta}{a + b\cos\theta} + \dfrac{2a}{\sqrt{a^2 - b^2}}\tan^{-1}\dfrac{\sqrt{a^2 - b^2}\tan\dfrac{\theta}{2}}{a + b}\right)$

24. $\displaystyle\int \theta \operatorname{sen}\theta \, d\theta = \operatorname{sen}\theta - \theta\cos\theta$

25. $\displaystyle\int \theta \cos\theta \, d\theta = \cos\theta + \theta\operatorname{sen}\theta$

Apêndice II

Cálculo dos Momentos Principais de Inércia

Será analisado agora o problema do cálculo dos momentos principais de inércia e das direções dos eixos principais quando não há planos de simetria. Infelizmente, um aprofundamento no estudo da determinação dos momentos e eixos principais de inércia está além do escopo deste texto. Entretanto, o material apresentado é suficiente para o cálculo dos momentos principais de inércia e das direções de seus respectivos eixos.

O procedimento a ser apresentado está baseado no cálculo dos valores extremos do momento de inércia de massa em um ponto, onde as componentes do tensor de inércia são conhecidas em relação à referência xyz. Isso é feito por meio da variação dos cossenos diretores l, m e n de um eixo k qualquer, de modo que se obtenha o valor extremo de I_{kk}, cuja expressão é dada pela Equação 9.13. Dessa maneira, a diferencial de I_{kk} é igualada a 0 da seguinte forma:

$$dI_{kk} = 2lI_{xx}\,dl + 2mI_{yy}\,dm + 2nI_{zz}\,dn$$
$$-2lI_{xy}\,dm - 2mI_{xy}\,dl - 2lI_{xz}\,dn \quad\quad (II.1)$$
$$-2nI_{xz}\,dl - 2mI_{yz}\,dn - 2nI_{yz}\,dm = 0$$

Agrupando os termos em evidência e cancelando o fator 2, obtém-se:

$$(lI_{xx} - mI_{xy} - nI_{zz})\,dl + (lI_{xy} + mI_{yy} - nI_{yz})dm$$
$$+ (lI_{xz} - mI_{yz} + nI_{zz})dn = 0 \quad\quad (II.2)$$

Se as diferenciais dl, dm e dn fossem *independentes*, seria possível efetuar a igualdade de seus respectivos coeficientes a 0 para satisfazer essa equação. Entretanto, elas não são independentes, pois a equação:

$$l^2 + m^2 + n^2 = 1 \quad\quad (II.3)$$

deve ser sempre satisfeita. Assim, as diferenciais dos cossenos diretores devem se relacionar como[1]:

$$l\,dl + m\,dm + n\,dn = 0 \tag{II.4}$$

Pode-se, naturalmente, considerar quaisquer 2 das diferenciais como independentes. A terceira é estabelecida de acordo com esta última equação.

O conceito de *multiplicador de Lagrange* λ é introduzido com o intuito de facilitar o processo de extremização. Esse multiplicador é uma constante qualquer nas etapas de cálculo. Multiplicando-se a Equação II.4 por λ e subtraindo esse produto da Equação II.2, a seguinte expressão pode ser obtida:

$$\left[(I_{xx}-\lambda)l - I_{xy}m - I_{xz}n\right]dl + \left[-I_{xy}l + (I_{yy}-\lambda)m - I_{yz}n\right]dm$$
$$+ \left[-I_{xz}l - I_{yz}m + (I_{zz}-\lambda)n\right]dn = 0 \tag{II.5}$$

Na seqüência, os cossenos diretores m e n são considerados variáveis independentes e o valor de l é avaliado de modo que o coeficiente de dl seja 0. Isto é:

$$(I_{xx}-\lambda)l - I_{xy}m - I_{xz}n = 0 \tag{II.6}$$

Com o primeiro termo da Equação II.5 expresso dessa maneira, restam as outras 2 diferenciais, dm e dn, que são independentes. Assim, os coeficientes dessas diferenciais podem ser igualados a 0 a fim de satisfazer a Equação II.5. Desse modo, 2 equações adicionais, além da Equação II.6, são obtidas:

$$-I_{xy}l + (I_{yy}-\lambda)m - I_{yz}n = 0$$
$$-I_{xz}l - I_{yz}m + (I_{zz}-\lambda)n = 0 \tag{II.7}$$

Uma condição necessária para a solução do sistema de equações formado pelas Equações II.6 e II.7 para os cossenos diretores l, m e n, que não viola a Equação II.3[2], é que o determinante da matriz formada pelos coeficientes dessas variáveis seja 0. Isto é:

$$\begin{vmatrix} (I_{xx}-\lambda) & -I_{xy} & -I_{xz} \\ -I_{xy} & (I_{yy}-\lambda) & -I_{yz} \\ -I_{xy} & -I_{xy} & (I_{zz}-\lambda) \end{vmatrix} = 0 \tag{II.8}$$

Esse determinante resulta em uma equação cúbica para a qual existem 3 raízes reais para λ. Substituindo-se essas raízes em 2 das 3 equações dadas pelas Equações II.6 e II.7 e mantendo-se a condição expressa pela Equação II.3, os 3 cossenos diretores associados a cada raiz podem ser calculados. Esses cossenos diretores representam os eixos principais medidos em relação a *xyz*. Os momentos principais de inércia poderiam ser obtidos por meio da substituição do conjunto de cossenos diretores associados às direções principais na Equação 9.13 e calculando-se o valor de I_{kk}. No entanto, esse procedimento não é necessário, pois os 3 multiplicadores de Lagrange já calculados são os momentos principais de inércia.

---

1 A determinação dos valores extremos de I_{kk} é efetuada na presença de uma equação de restrição.
2 Esta equação elimina a possibilidade de uma solução trivial $l = m = n = 0$.

Respostas

2.2. $F = 38,5$ N a $66,6°$ do eixo x.
2.4. $L = 2,75$ km.
2.6. $B = 17,32$ N $\quad \alpha = 60°$.
2.8. $F_A = 100$ N a $-120°$ da horizontal.
$F_B = 76,53$ N a $-67,5°$ da horizontal.
$F_C = 76,53$ N a $-22,5°$ da horizontal.
2.10. $F = 846$ N a $17,68°$ da horizontal.
2.12. $T_{AC} = 767,2$ N $\alpha = 36,8°$.
2.14. $F = 1,206$ kN.
2.16. $F = 137,5$ N a $43,34°$ da direção do eixo x.
2.18. $F = 1,209$ kN a $3,07°$ da direção do eixo x.
2.22. $F_{rasgo} = 182$ N; $F_{vertical} = 408$ N.
2.24. $F_{BC} = 0,630F$ $\quad F_{vert} = 0,590F$.
2.26. $12,10$ kN $\quad 3,62$ KN.
2.28. $F_{AC} = 707$ N $\quad \alpha = 90°$.
2.30. $F = 0,216i + 1,968j + 3,151k$ kN.
2.32. $F = 37,4$ N $\quad l = 0,267 \quad m = 0,535 \quad n = -0,802$.
2.34. $F_1 + F_2 = 0,919i - 1,581j - 0,836k$ kN.
2.36. $F_x = 400$ N $\quad F_y = -1.007$ N.
2.40. $F = 25,7i + 24,7j + 16k$ N.
2.42. $A = \pm 5\sqrt{2}i \pm 5\sqrt{2}k$.
2.44. $f = 0,465i + 0,814j + 0,349k$.
$F = 46,5i + 81,4j + 34,9k$ N.
2.46. $-164 \quad -0,465 \quad -10,5$.
2.48. $D = 10i - 0,769j - 3,77k$.
2.52. $83,6$ mm.
2.54. $37,05$ N.
2.56. $A = 2,5$ N $\quad \alpha = 45,7°$.
2.58. $-6,75$ m^2 $\quad 95,94°$.
2.60. $-28,83$ N.
2.62. $47,51°$.
2.64. $(18i + 20j - 42k) \quad 47$.
2.68. $0,804i + 0,465j + 0,372k$.
2.70. 640 m^2.
2.74. $-29,6$.
2.76. (a) $-43i + 49j + 2k$.
(b) -136.
(c) -136.

2.78. $L_{DT} = 596,5$ km $\quad L_{TC} = 1.102,1$ km
$258,6$ km maior.
2.80. $F_x = 57,1$ N $\quad F_y = 342,8$ N $\quad F_z = 971,4$ N.
2.82. $F = 231,3$ N.
2.84. 44 J.
2.86. $112,4° \quad -190,7$ N.
2.88. $35,7$ kN.
2.90. $19,87$ m.
2.92. $F = -8,01K$ pN.
2.94. 251 m^2.
2.96. $18,21$ m $(l, m, n) = (0,5145, 0,6860, 0,5145)$.
2.98. $T_{AB} = 500$ N $\quad T_{AC} = 866$ N $\quad \alpha = 30°$.
2.100. $15,90°$.

3.2. $4i - 16j - 3k$ m.
3.4. $6i + 7,16j + 7,598k$ m.
3.6. $-1.067,4$ N m $\quad 1.959,3$ N m.
3.8. $\pm 2\sqrt{2z}j + zk$.
3.10. $-18,03$ N m $\quad -6,82$ N m.
3.12. $13,8$ m.
3.14. $-257,5k$ N m.
3.16. $17,89$ kN m $\quad 8,94$ kN m $\quad 0$.
3.18. $180i - 50k$ kN m.
$30i + 75j - 50k$ kN m.
$-1.551,8i + 75j + 389,4k$ kN m.
3.20. $-84i + 94j - 46k$ N m.
3.22. $M_A = \dfrac{10}{\sqrt{3}}ak - \dfrac{10}{\sqrt{3}}aj$ N m.
$M_D = 0$ N m.
$M_I = -\dfrac{10}{\sqrt{3}}ai + \dfrac{10}{\sqrt{3}}aj$ N m.
etc.
3.24. $(3,638F_{BA} + 4,288F_{CD} - 5)i +$
$(1,455F_{BA} - 2,573F_{CD})j +$
$(-1,455F_{BA} + 2,573F_{CD})k$ kN m.
3.26. $1,3296F$ N m.
3.28. $22,295$ N m $\quad M_D = -30i + 100j - 36k$ N m.
3.30. $-731,1$ N $\quad 196,5$ N m.

3.32. 8,658 kN m.

3.34. − 113,5 kN m   − 117,5 kN m.

3.38. 390 N m   780 N m   1,56 kN m.

3.40. 175 N.

3.42. − 9,816k kN m   14,049k kN m.

3.44. $M_A = M_P = -261i - 261j$ N m.

3.46. 567 N m.

3.48. $C = 140i + 70j - 328,2k$ N m.

3.50. − 1.857 N m.

3.52. $M_P = 48i - 36j - 225,6k$ N m.
$M_E = -146,9$ N m.

3.54. $M = 414,7$ N/m a 68,2° da horizontal.

3.56. $C = 35,35i + 22,36j + 80,07k$ N m.

3.58. 162 N m   216 N m   270 N.

3.60. 1,75 kN m.

3.62. 408,4 N m.

3.64. 1,592 kN m.

3.66. − 0,63k kN m   − 1,68k kN m.

3.68. $10,6i + 4,5j - 5,0k$ km.
12,55 km.

3.70. − 27,2 N m.

3.72. 277,6 N m.

4.2. $F = 15$ kN $C = 30$ kN m (anti-horário).

4.4. $F = 150$ N $C = 187,5$ N m.

4.6. $M_A = 8k$ kN m $F_A = F_B = -10j$ kN.
$M_B = 22,72k$ kN m.

4.8. Mover a força de 1.000 N de 1,5 m para a esquerda.

4.10. $F_A = -200j - 150k$ N.
$C_A = 34,0i + 26,0k$ N m

4.12. $F = 20i - 60j + 30k$ N.
$C_A = 900i - 680j + 760k$ N m.

4.14. 12,375 m da origem.

4.16. $F = -44,567i - 33,425j - 22,283k$ N.
$C = -31,007i - 160,46j + 302,71k$ kN m.

4.18. $F_R = -1,021i + 1,021j + 2,041k$ kN m.
$C_A = 10,206i + 2,541j + 4,082k$ N m.
$C_B = 2,541j - 1,021k$ N m.

4.20. $F_R = 400i - 1.900j + 600k$ N.
$C_R = 24,2i + 2,0j - 3,3k$ kN m.

4.22. $F_R = -50k$ kN $C_R = 7,5i + 50j$ kN m.

4.24. $F_1 = 107,5$ N $F_2 = 70,3$ N $F_3 = 142,2$ N.

4.26. $F = 9i - 2j$ kN.
$\bar{x} = -35$ mm.

4.28. $F_R = 400i - 1.600j$ N.
$C_R = -1,8i - 2,4j - 12,6k$ kN m.

4.30. $F_R = 39,44i + 74,7j$ N.
$\bar{x} = 0,669$ m.

4.32. $F_R = -100k$ N $\bar{x} = 2,5$ m $\bar{y} = 2,2$ m.
$F_R = 0$ $C_R = 280i + 450j$ N m.

4.34. $F_R = 0$ $C_k = 8,6i + 9,6j$ N m.

4.36. $F_R = 353,5i - 653,5j$ N $\bar{x} = 9,2739$ m.

4.38. $F_R = 193,5$ kN $\bar{x} = 6,928$ m.

4.42. $F = 13,31k$ kN.

4.44. $\bar{x} = 259,3$ mm $\bar{y} = \bar{z} = 0$.

4.48. $\bar{x} = 0,289$ $\bar{y} = 0,400$.

4.50. 10,81 m.

4.52. $\bar{x} = 0,418$ m $\bar{y} = 2,377$ m.

4.54. $\bar{x} = 0,210$ m $\bar{y} = 75,6$ mm.

4.56. $\bar{y} = 3,808$ m.

4.58. $F = -37,5k$ kN $\bar{x} = 0,844$ m $\bar{y} = 1,067$ m (a origem está no canto esquerdo inferior frontal da carga).
peso original = 90 kN.
peso perdido = 52,5 kN.

4.60. $F_R = -475,48k$ kN $\bar{x} = -1,126$ m (em frente do C.G. do trailer).
$F_R = -367,86k$ kN $\bar{x} = -2,182$ m.

4.62. $W = 0,02739\gamma$ $x_c = 0,2042$ m $y_c = 0,1$ m
$z_c = -0,1968$ m.

4.64. $F_R = 10,32 \times 10^6$ N $\bar{x} = 6,1$ m $\bar{y} = 3,79$ m.

4.66. $F_R = 262$ N.

4.68. 4,025 N m   596,3 N m.

4.70. $p_a = 78,64$ kPa.

4.72. $F = 266,76$ kN   3,112 m.

4.74. $F = 37,19$ kN   0,785 m.

4.76. $F = 16,97$ GN   24,04 m a partir da base ao longo da superfície inclinada.

4.78. $F = 66,6$ GN.
a $\frac{40}{3}$ m da base.

4.80. $\bar{x} = 6,38$ m $\bar{y} = 1,40$ m.

4.82. $x_c = 74,4$ mm.

4.84. $F = -400j$ kN $M_{\text{faixa externa}} = -900k$ kN m
$M_{\text{faixa interna}} = -300k$ N m.

4.86. 1,415 MN   1,915 m a partir do início da carga.

4.88. $F_R = 4,698i - 10,09j$ kN.
$M_R = -3i + 3,2316k$ kN m.

4.90. $r' = 17,57x^2 - 7,027x + 0,7026$.

4.92. $l = 3,51$ m.

4.94. $F = 9,9$ kN $\bar{x} = 1,23$ m.
4.96. $-217,2$ N m.
4.98. $F_R = 500i - 1.220j$ N.
$C_R = 240i - 2.190k$ N m.
4.100. $F_R = 261,65$ kN.
$\bar{x} = 1,181$ m do canto esquerdo inferior.
4.102. $\bar{x} = 0,36$ m $\bar{y} = 0,338$ m $\bar{z} = \frac{t}{2}$ m.
4.104. $\bar{y} = 0,387$ m.
4.106. $-6,925$ kN $\bar{x} = 6,03$ m.
4.108. $\bar{x} = 10,94$ m $\bar{y} = 12,67$ m.
4.110. 485,397 kN a 1,636 m abaixo do topo da comporta.
132,381 kN a 1 m abaixo do topo da comporta.
4.112. $\bar{x} = 4,98$ m $\bar{y} = 2,65$ m.

5.18. $T_{BC} = 262,8$ N $T_{BA} = 371,8$ N.
5.20. $T_{AB} = 1,097$ kN $T_{BD} = 1,078$ kN
$T_{BC} = 0,625$ kN.
5.22. 117,7 N 158,5 N 113,9 mm.
5.24. 671 N, 447 N, 1.000 N.
5.26. 409,8 N m.
5.28. $A_x = 4,233$ kN $A_y = 3,14$ KN
$B_x = 4,233$ kN $B_y = -1,84$ kN.
5.30. $A_x = 2$ kN $A_y = 6,97$ kN
$M_A = 62,36$ kN m $B = 530,4$ N.
5.32. $A_x = 8,00$ kN $A_y = -12,50$ kN
$B_x = -8,00$ kN $B_y = 22,5$ kN.
5.34. $F_{BD} = 2,27$ kN $F_{BC} = 1,05$ kN
$F_{AB} = 1,84$ kN.
5.36. $T_A = 125,0$ N $f = 125$ N.
5.38. $T = 117,4$ N $\alpha = 79,8°$.
5.40. $A_x = 433$ N $A_y = 790$ N $M_A = 1,167$ kN/m.
5.42. $A_x = 200$ N $A_y = 3,464$ kN
$M_A = 1,192$ kN m.
5.44. $A_x = 9,736$ kN $A_y = -2,67$ kN
$B_x = -9,736$ kN $B_y = 6,67$ kN.
5.46. $\alpha = 17,46°$.
5.48. 77,1 N m.
5.50. $\beta = \tan^{-1}\left[\dfrac{\dfrac{W_2}{\tan\alpha_1} - \dfrac{W_1}{\tan\alpha_2}}{W_1 + W_2}\right]$.
5.52. $A_x = 408$ N $A_y = -258$ N $G_x = -749,5$ N
$G_y = 583$ N.

5.54. $T = 20$ N m.
5.56. $T_{AB} = 40,5$ kN $T_{BC} = 39,3$ kN.
5.58. 321,9 N 1,99 kN.
5.60. 4 m.
5.62. $F = \dfrac{W}{2}\dfrac{r_1 - r_2}{r_2}$.
5.64. $R_x = 0$ $R_y = 261,6$ kN $M_B = 202,3$ kN m.
5.66. $R_x = 0$ $R_y = 5,98$ kN $M = 17,86$ kN m.
5.68. $R_C = 4,525$ kN $M_C = 13,635$ kN m
$R_D = 1,325$ kN $M_D = 3,75$ kN m.
5.70. 1,215 kN 972 N.
5.72. $W_{máx} = 25$ kN $B_y = 107,7$ kN
$A_y = 17,3$ kN $C_y = 17,3$ kN
$M_C = 103,8$ kN m $D_y = 17,3$ kN
$M_D = 259,5$ kN m
5.74. 172,2 kN (2 suportes) 244,2 kN
$M = 206$ kN m.
5.76. $F_1 = 293$ N $F_2 = 52,37$ N $F_3 = 254,3$ N.
5.78. $A = -2.200j + 675k$ N
$M_A = 3,544i - 12,02k$ kN m
$B = -2,2j$ kN
$M_B = -12,02k$ kN m.
5.80. $F = 257,1$ N $A_y = 720,4$ N
$B_y = 418,5$ N $B_z = 100$ N $A_z = 80$ N.
5.82. $A_x = 0$ $A_y = 50$ N $A_z = 100$ N
$M_x = -200$ N m
$M_y = -220$ N m $M_z = 110$ N m.
5.84. $B_y = 13,4$ kN $B_z = 117,9$ kN $C_z = 74,2$ kN.
5.86. 1 m $A_z = 225$ N $B_z = 225$ N.
5.88. $P = 134,6$ N $A_z = 100$ N $A_y = -30,0$ N.
5.92. 49,06 kN.
5.94. 319,9 kN.
5.96. $F_{EC} = 4,36$ kN $A_x = 0,800$ kN $A_y = 196,7$ kN.
5.98. $B_x = 165,9$ N $B_y = 206,3$ N $F_{CB} = 208,8$ N.
5.100. $C_x = 1,94$ kN $C_y = 4,06$ kN/m $_C = 6,15$ kN m.
5.102. $T_1 = 209$ N $T_2 = 202$ N $F = 286$ N.
5.104. $A = 42,59$ kN $C = 26,10$ kN $D = 26,10$ kN
$G = H = 29,98$ kN $F = 42,57$ kN.
5.106. 1,154 kN.
5.108. 9,418 MPa.
5.110. $\tau = (67,098 - 63,765z - \dfrac{10}{3}z^3)$ kPa.
5.112. $\tau_{zz} = 1,36$ N/mm^2.
5.114. $G_x = 3,38$ kN $G_y = 3,10$ kN.
5.116. $F_x = A_x = 3,95$ kN $F_y = A_y = 2,45$ kN.

5.118. $R_1 = 41$ kN $R_2 = 88$ kN $R_3 = 141$ kN.
5.120. $F_{CD} = 7{,}34$ kN $F_{EF} = 22{,}18$ kN.
5.122. $A_x = 64{,}5$ N $A_y = 690{,}1$ N.
5.124. $T_E = 1{,}688$ kN $T_D = 2{,}840$ kN.
5.126. $T = 188{,}5$ N.
5.128. $C_x = -1{,}329$ kN $C_y = -0{,}751$ kN
$C_z = -2{,}379$ kN $D_x = -1{,}329$ kN
$D_z = -1{,}477$ kN.
5.130. $T = 10{,}41$ kN $H = 14{,}72$ kN $V = 14{,}72$ kN
$T = 5{,}63$ kN $H = 10{,}41$ kN $V = 25{,}12$ kN.
5.132. $T_{DB} = 1{,}414$ kN $T_{AC} = 1{,}155$ kN
$T_{EC} = 1{,}578$ kN.
5.134. $T_R = 1{,}928$ N $T_P = 709$ N $T_A = 2.129$ N
$T_D = 1.012$ N $l = 0{,}0828$ $m = 0{,}728$ $n = 0{,}618$.
5.136. $F_{AB} = 39{,}24$ kN $E_x = 24{,}53$ kN
$E_y = 33{,}98$ kN $M_E = 7{,}36$ kN m.
5.138. $A_x = -3{,}984$ kN $A_y = -7{,}80$ kN $B_x = 3{,}984$ kN
$B_y = 4{,}80$ kN.
5.140. $A_x = -925$ N $A_y = 150$ N.
5.142. 63,75 kN m.
5.144. $F = 996{,}7$ N.
5.146. $A_y = B_y = 18{,}17$ kN $A_x = 63{,}66$ kN.
5.148. $C_x = 2{,}7$ kN $C_y = 0$ $C_z = -1{,}44$ kN
$F_D = 4{,}65$ kN $F_A = 1{,}41$ kN.
5.150. $p = 1.467$ kPa.
5.152. $A = 2{,}167i - 2{,}667j - 0{,}1k$ kN $E = 1{,}2$ kN.
$H = -2{,}167i + 2{,}167j - 2{,}6k$ kN $K = 0$.
5.154. $A_x = -126{,}0$ N $A_y = -441{,}0$ N
$B_x = -315$ N $B_y = 0$.
5.156. $f = 15{,}08$ kN.
5.158. $A_x = 0$ $A_y = 9{,}124$ kN $C_y = B_y = 14{,}42$ kN
$D_y = 9{,}124$ kN.
Força no cilindro = 46,13 kN.
5.160. $T_{EF} = 1{,}174$ kN.
5.162. $A_x = 13{,}99$ kN $A_y = 5{,}549$ kN
$M_A = 13{,}55$ kN/m $B = 2{,}887$ kN.

6.2. $EF = 10{,}00$ kN T $AF = 24{,}04$ kN T
$BC = 13{,}34$ kN C   etc.
6.4. $DE = 79{,}46$ kN C $DH = 37{,}46$ kN T
$HG = 79{,}46$ kN T   etc.
6.6. $AB = DE = 26{,}8$ kN C $GC = CF = 3{,}39$ kN C
$AG = FE = 19$ kN T $BC = CD = 20$ kN C
$BG = DF = 3{,}14$ kN T $GF = 21{,}36$ kN C.
6.8. $AB = 2{,}829$ kN C
$AC = CE = 2$ kN T
$EB = 0$
$BD = 2$ kN C
$DF = 2{,}827$ kN C.
6.10. $AB = 26{,}33$ kN C
$AC = 18{,}61$ kN T
$BC = 10{,}93$ kN T
$CD = 0$.
6.12. $AB = 353{,}5$ kN C
$AL = 250$ kN T
$LK = 250$ kN T
$LB = 100$ kN T
$BC = 316{,}2$ kN T
$BK = 70{,}8$ kN T.
6.14. $JI = 25$ kN T $BH = 8{,}64$ kN C
$AJ = 31{,}25$ kN C $BC = 50$ kN C
$IH = 56{,}25$ kN T $CD = 50$ kN C
$BJ = 6{,}25$ kN T $HC = 0$
etc.
6.16. $CD = 2{,}86$ kN C
$AC = BC = AD = 0$
$BD = 5{,}68$ kN T
as outras são nulas.
6.18. $AC = 14{,}14$ kN T
$CD = 14$ kN T
$DE = 2$ kN C
$AD = 24{,}5$ kN C
as outras são nulas.
6.20. $F_{AB} = 106{,}24$ kN C $F_{BC} = 141{,}57$ kN T
$F_{DC} = 5{,}4$ kN C $F_{DF} = 100{,}09$ kN C.
6.22. $DC = 6{,}01$ kN T $DE = 0$.
6.24. $GF = 21{,}3$ kN T.
6.26. $BF = 0$ $AB = 258$ kN T.
6.28. $BC = 115{,}5$ kN T $BK = 57{,}7$ kN C
$DE = 77{,}0$ kN T $DI = 38{,}50$ kN T
$EF = 38{,}50$ kN T.
6.30. $DG = 90$ kN C $DF = 56{,}6$ kN C
$AB = 127{,}3$ kN T $AC = 90$ kN C
$CB = 50$ kN C $CD = 90$ kN C.
6.32. $FH = HE = 18{,}87$ kN T $FE = 10$ kN C
$FC = 0$.
6.34. $FI = 2{,}742$ kN C $EF = 2{,}453$ kN C
$DH = 5{,}484$ kN T.
6.36. $F_{LC} = 312{,}5$ kN C $F_{KL} = 562{,}5$ kN T
$F_{HG} = 312{,}5$ kN T $F_{FG} = 187{,}5$ kN C.
6.38. $M = -2x + 4$ kN m
$M = -0{,}25x^2$ kN m.
6.40. $V = -3{,}688$ kN $M = 5{,}531$ kN m
$V = 1{,}313$ kN $M = 10{,}406$ kN m
$V = 1{,}313$ kN $M = 1{,}969$ kN m.
6.42. $0 < s < 4{,}243$ $V = -0{,}167$ kN $H = -0{,}167$ kN

$M = 50,17s$ N/m
$\underline{4,243 < s \leq 8,743}$ $V = -0,236$ kN $H = 0$
$M = 0,236s - 0,294$ kN m
etc.

6.44. $\underline{0 \leq x < 10}$ $H = 0$ $V_x = 0$ $V_y = -20s$
$M_y = 0$ $M_z = 0$ $M_x = -10s^2$
$\underline{10 < s < 20}$ $H = 0$ $V_y = 200$ N $V_z = 0$
$M_x = 1$ kN/m $M_z = 200(s-10)$ $M_y = 0$
$\underline{20 < s < 30}$ $H = 200$ N $V_z = -1$ kN
$V_y = 0$ $M_y = 0$ $M_x = -1,0s + 21$ kN m
$M_z = 2$ kN/m.

6.46. $0 < q < \frac{\pi}{4}$ $V = -70,7 \text{ sen } \theta$ N
$H = -70,7 \cos \theta$ N
$M = 424 - 424 \cos \theta$ N m
$\frac{\pi}{4} < \theta < \frac{\pi}{2}$ $V = 29,3 \text{ sen } \theta$ N
$H = 29,3 \cos \theta$ N
$M = 176 \cos \theta$ N m

6.48. Seção AB $H = 0$ $V_x = 0$
$V_z = 0,169s - 0,976$ kN $M_y = 0,383$ kN m
$M_z = 0$
$M_x = -0,0846s^2 + 0,976s - 2,044$ kN m
Seção BC $V = -0,4841 + 0,0840s$ kN
$H = 0,8472 - 0,1469s$ kN
$M_{x'} \equiv$ (momento axial) $= -0,0659$ kN m
$M_{z'} \equiv$ (momento de flexão) $= -0,1152$ k N m
Seção CD $V_z = -0,976 + 0,169s$ kN
$M_y \equiv$ (momento axial) $\cong 0$
$M_x = -2,8146 + 0,976s - 0,0846s^2$ kN m.

6.50. $\underline{0 < x < 2}$
$V = M = 0$
$\underline{2 < x \leq 4}$
$V = 2$ kN
$M = -2x + 4$ kN m
$\underline{4 \leq x < 10}$
$M = -0,25x^2$ kN m.

6.52. $\underline{0 < x < 3}$
$V = -3,688$ kN
$M = 3,688x$ kN m
$\underline{3 < x < 7,5}$
$V = 1,313$ kN
$M = -1,313x + 15$ kN m
$\underline{7,6 < x < 12}$
$V = 1,313$ kN
$M = -1,313x + 15,75$ kN m.

6.54. $\underline{0 < x \leq 5}$
$V = -1,333$ N
$M = 1,333x$ N m
$\underline{5 \leq x \leq 15}$
$V = -20x^2 + 600x - 3.833$ N
$M = 1.333x - 200 (x - 5)^2 +$

$\frac{20}{3} (x - 9)^3$ N m
$\underline{15 \leq x < 25}$
$V = 667$ N
$M = 667x + 16.660$ N m.

6.56. -500 N/m.

6.58. $M_{máx} = -5,334$ kN m.

6.60. $M_{máx} = -7,965$ kN m.

6.62. $\underline{0 < x < 3}$
$V = -60 + 5x^2$ N
$M = 60x - \frac{5}{3}x^3$ N m
$\underline{3 < x < 6}$
$V = -60 + 5x^2$ N
$M = 60x - \frac{5}{3}x^3 - 5.000$ N m
$\underline{6 < x < 11}$
$V = -1$ kN
$M = 1,0x - 16$ kN m
$M_{máx} = 5$ kN m.

6.64. $\underline{0 < x < 5}$
$V = 0,596x^{3/2}$ kN
$M = -0,238x^{5/2}$ kN m
$\underline{5 < x < 10}$
$V = 6,66 - 3(x - 5) + \frac{3}{10} (x - 5)^2$ kN
$M = -6,66x + 19,99 + \frac{3}{2} (x - 5)^2 - \frac{1}{10} (x - 5)^3$
$M_{máx} = -22,6$ kN/m.

6.66. Comprimento $= 68,85$ m $T_{máx} = 2,546$ kN.

6.68. $T_{máx} = 76,90$ kN $L = 24,45$ m.

6.70. $T_{máx} = 35,2$ kN.

6.72. $T_{máx} = 507,1$ N $h = 23,84$ m.

6.74. Elevação em $B = 17,84$ m.
61,68 m de corrente.

6.76. $A_x = 675$ N $B_x = 675$ N $A_y = 650$ N
$B_y = 500$ N
$T_{AC} = 937,1$ N $\alpha = 43,92°$.

6.78. $BC = 45,3$ kN C
$DC = 32$ kN C
$DE = 32$ kN C
$BA = 45,3$ kN T
$DB = BE = AE = 0$.

6.80. $AE = 6,25$ kN T
$AD = 6,25$ kN T
$ED = 5,14$ kN C
$CE = 5,30$ kN C
$CA = 5,30$ kN C
$CD = 7,50$ kN T.

6.82. $\underline{0 \leq x < 3}$
$V = 10x$ N

$M = -\dfrac{10x^2}{2}$ N m

$3 < x < 9$
$V = 10x - 19,44$ N
$M = -\dfrac{10x^2}{2} + 19,44(x-3)$ N m

$9 \le x < 12$
$V = 70,6$ N
$M = -90(x - 4,5) + 19,44(x - 3) + 500$ N/m.

6.84. $0 \le x < 3$
$V = M = 0$
$3 < x < 6$
$V = -2,6$ kN
$M = 2,6(x - 3)$ kN m
$6 < x < 12$
$V = 1,4$ kN
$M = 2,6(x - 3) - 4(x - 6)$ kN m.
$12 < x < 16,5$
$V = 0$
$M = -0,6$ kN m.

6.86. $y = h(1 - \cos\dfrac{\pi x}{l})$.

6.88. $DE = 10,93$ kN T $CE = 8$ kN C
$DC = 0$ $BD = 10,93$ kN T $BA = 4$ kN T.

6.90. $3 < x \le 6$
$V = 1,110$ kN
$M = -1,110x + 50$ kN m
$6 \le x \le 14$
$V = 1,110 + \dfrac{(x - 6)^2}{20}$ kN
$M = 50 - 1,110x - \dfrac{(x - 6)^3}{60}$ kN m
$14 \le x < 20$
$V = 4,31$ kN
$M = 86,27 - 4,31x$ kN m.

7.4. 2,944 kN.

7.6. 755,4 N   695,0 N.

7.8. $\mu_s = 0,322$.

7.10. $F = 52,76$ N.

7.14. $(\mu_s)_{máx} = 0,25$.

7.16. No início $F = 18,14$ kN
Na iminência $F = 19,33$ kN.

7.18. $P = 733,6$ N.

7.20. $f = 115,5$ N
$\mu_{mín} = 0,578$.

7.24. C move-se 1,5 m para a esquerda.

7.26. $T = 182$ N m.

7.28. 750 N (sentido horário)
50 N (sentido anti-horário).

7.30. $F = 196,7$ N.

7.34. $147,06$ N $< W_1 < 302,94$ N.
$W_1 = 225$ N (sem atrito).

7.36. $\mu_{mín} = 0,224$.

7.38. $\alpha_{mín} = 28,0°$.

7.40. 1,428 m.

7.42. 1,691 m.

7.44. 1,233 kN.

7.46. $W_2 = 7,245$ N $\mu_{mín} = 0,0279$.

7.48. $T = \dfrac{P\mu}{3}\left[\dfrac{D_2^3 - D_1^3}{D_2^2 - D_1^2}\right]$.

7.50. $T = \dfrac{PD\mu_d}{4}$.

7.52. $T = 320$ N.

7.54. $T = 188,6$ N m.

7.56. 832 N.

7.58. 1,31 kN.

7.60. 136,8 N.

7.62. $\mu_s = 0,260$.

7.64. $\mu_s = 0,048$.

7.66. $P = 202$ N $\mu_d = 0,556$.

7.68. $x = 277$ mm.

7.70. $F_x = 256$ N $F_y = 150,4$ N.

7.72. $F_{mín} = 2,21$ kN $\mu_s = 0,4$.

7.78. 17,64 N/m   20,40 N m.

7.80. $W = 24,80$ kN.

7.84. 0,2387°.

7.86. $\mu_s = 0,00308$.

7.88. $F = 128,2$ N.

7.90. $\theta = 30,96°$ $T = 1,283$ kN.

7.92. 7,11 N.

7.94. 3.333 N.

7.96. $P = 61,7$ N (horário) $P = 761,7$ N (anti-horário).

7.98. 40,7 N/m.

7.100. 94,7 mm.

7.102. 35,55° em relação à horizontal.

7.106. $\theta = 41,9°$.

7.108. 256 N.

7.110. 10,02 kN.

7.112. $W_2 = 429,18$ N.

7.114. $W_c = 810$ N.

7.116. $T = 877$ N m.

RESPOSTAS 457

8.4. $M_x = 3{,}375$ m³ $M_y = 5{,}4$ m³.

8.8. $\bar{x} = 4{,}018$ m $\bar{y} = 2{,}633$ m.

8.12. $x_c = 0{,}1691$ m $y_c = 0{,}363$ m.

8.14. $x_c = 2{,}02$ mm $y_c = 83{,}6$ mm.

8.16. $x_c = 0{,}1217$ m $y_c = 0{,}4478$ m.

8.18. $x_c = 180{,}83$ mm $y_c = 63{,}80$ mm
$M_z = 3{,}536 \times 10^6$ mm³.

8.20. $x_c = y_c = 242{,}22$ mm.

8.22. $x_c = 1{,}689$ m $y_c = 0{,}169$ m.

8.24. $x_c = 2{,}889$ m $y_c = 2{,}667$ m.

8.26. $y_c = 315{,}7$ mm.

8.28. $x_c = 40{,}1$ mm $y_c = 19{,}51$ mm.

8.30. $\bar{x} = 3{,}875$ m.

8.32. $x_c = \frac{a}{2}$ $y_c = \frac{2}{3}b$ $z_c = \frac{4}{3}c$.

8.34. $\bar{z} = \frac{3}{8}a$.

8.36. $r_c = 1{,}179i + 0{,}955j + 0{,}284k$ m.

8.38. $x_c = 2{,}571$ m.

8.40. $\bar{x} = 8{,}22$ m $\bar{y} = \bar{z} = 0$.

8.42. $x_c = y_c = 0$ $z_c = 242{,}3$ m.

8.44. Centro de volume $\bar{x} = -9{,}75$ mm
$\bar{y} = 122{,}55$ mm $\bar{z} = 0$
Centro de massa e gravidade
$\bar{x} = -32{,}76$ mm $\bar{y} = 447$ mm $\bar{z} = 0$.

8.46. $\bar{x} = 41{,}95$ mm $\bar{y} = 493$ mm $\bar{z} = 608$ mm.

8.48. $r_c = -0{,}742j - 0{,}1720k$ m.

8.50. $y_c = \frac{2}{3}\left(\frac{b}{\pi}\right)$.

8.52. $A = 1{,}0947 \times 10^6$ mm² $V = 81{,}8825 \times 10^6$ mm³.

8.54. $A = 0{,}8624$ m² $V = 0{,}06329$ m³.

8.56. $r_c = 84{,}85i + 86{,}12j - 75k$ mm.

8.58. $I_{xx} = \frac{ab^3\pi}{4}$.

8.60. $I_{xx} = 1{,}113$ unidade⁴ $I_{yy} = 0{,}535$ unidade⁴
$I_{xy} = 0{,}750$ unidade⁴.

8.62. $I_{yy} = \frac{5}{2}\pi^2 - 8$ m⁴.

8.66. $I_{xx} = 5{,}403$ m⁴ $I_{yy} = 10{,}182$ m⁴.
$I_{xy} = 6{,}413$ m⁴.

8.68. $I_{xx} = 4{,}54 \times 10^3$ m⁴ $I_{yy} = 11{,}25 \times 10^3$ m⁴.

8.70. $I_{xx} = 6{,}646$ m⁴ $I_{yy} = 15{,}39$ m⁴.
$I_{xy} = 9{,}52$ m⁴.

8.76. $I_{xx} = 12{,}247$ m⁴ $I_{xy} = 4{,}528$ m⁴.

8.78. $I_{xx} = \frac{5\sqrt{3}}{16}R^4$ $I_{yy} = \sqrt{3}R^4\left(\frac{5}{16}\right)$ $I_{xy} = 0$.

8.80. $I_{x_c x_c} = 79{,}427 \times 10^6$ mm⁴
$I_{y_c y_c} = 177{,}083 \times 10^6$ mm⁴.

8.82. $I_{x'x'} = 140{,}6$ m⁴ $I_{y'y'} = 439$ m⁴
$I_{x'y'} = 213$ m⁴.

8.84. $I_{xx} = 0{,}745$ m⁴ $I_{yy} = 11{,}783$ m⁴
$I_{xy} = -0{,}782$ m⁴ $J_p = 12{,}528$ m⁴.

8.88. $109{,}2$ mm⁴ $2{,}367 \times 10^3$ mm⁴.

8.90. $1{,}299 \times 10^3$ mm⁴ $79{,}1$ mm⁴.

8.94. $I_1 = 3{,}781 \times 10^9$ mm⁴ $I_2 = 255{,}7 \times 10^6$ mm⁴.

8.96. $\bar{x} = 3{,}16$ mm $\bar{y} = 1{,}323$ mm.
$I_1 = 21{,}1 \times 10^3$ mm⁴
$I_2 = 8{,}0675 \times 10^3$ mm⁴.

8.98. $y_c = 1{,}671$ m.

8.100. $I_{xx} = 32{,}9 \times 10^6$ mm⁴ $I_{x_c x_c} = 9{,}85 \times 10^6$ mm⁴
$I_{yy} = 2{,}89 \times 10^6$ mm⁴ $I_{y_c y_c} = 1{,}607 \times 10^6$ mm⁴
$I_{xy} = 6{,}90 \times 10^6$ mm⁴ $I_{x_c y_c} = 1{,}457 \times 10^6$ mm⁴.

8.102. $x_c = \frac{5}{6}h$ $y_c = \frac{20}{21\pi}a$ $z_c = 0$.

8.104. $6{,}75°$ $96{,}75°$.

8.106. $A = 151{,}24$ m² $V = 113$ m³.

8.108. $x_c = 37{,}5$ mm $I_{x_c x_c} = 32{,}520 \times 10^6$ mm⁴
$I_{y_c y_c} = 7{,}520 \times 10^6$ mm⁴ $I_{x_c y_c} = 0$.

8.110. $12{,}708 \times 10^3$ m⁴.

8.112. $M_z = 6{,}688 \times 10^3 s$ mm³
$M_x = 2{,}9710 \times 10^6 - 12y^2$

9.2. $175{,}5$ kg m² 621 kg m².

9.4. $I_{yy} = \frac{1}{12}M(a^2 + b^2)$ $I_{zz} = \frac{1}{12}M(b^2 + l^2)$
$I_{xx} = \frac{1}{12}M(a^2 + l^2)$.

9.6. $\frac{1}{2}Mr^2$.

9.8. $26{,}7$ g m²
395 g m².

9.10. $1{,}723$ g m².

9.12. $3{,}959$ g m².

9.14. $I_{xx} = 100{,}4 \times 10^3$ mm⁴.
$I_{yy} = 1{,}875 \times 10^3$ mm⁴
$I_{xy} = 11{,}72 \times 10^3$ mm⁴
$(I_{xx})_M = 205$ kg mm²
$(I_{yy})_M = 3{,}82$ kg mm²
$(I_{xy})_M = 23{,}9$ kg mm².

9.16. $37{,}0$ kg mm² $166{,}8$ kg mm² $203{,}8$ kg mm².

9.20. $I_{y'y'} = 9$ kg m² $I_{z'z'} = I_{x'x'} = 42$ kg m²
$I_{xx} = 172{,}5$ kg m² $I_{yy} = 27$ kg m²
$I_{zz} = 154{,}5$ kg m².

9.22. $I_{xx} + I_{yy} + I_{zz} = \frac{M}{6}(a^2 + b^2 + c^2) + 2M(x^2 + y^2 + z^2)$

9.24. $I_{x''x''} = 3{,}870$ Mg m^2
$I_{y''y''} = 4{,}615$ Mg m^2.

9.26. 12,58 g m^2 12,39 g m^2 3,91 g m^2.

9.28. 1,650 kg m^2 1,438 kg m^2 0,513 kg m^2.

9.30. $k = 762$ mm $I = 1{,}106$ Mg m^2.

9.32. $I_{xx} = 2{,}429$ kg m^2 $I_{yy} = 433$ g m^2
$I_{xy} = 347$ g m^2.

9.34. $I_{cc} = 37{,}81$ kg m^2.

9.36. 124,53 kg m^2.

9.38. 0,524 kg m^2.

9.40. $-6{,}96$ g m^2.

9.44. 362 kg mm^2.

9.46. $(I_{xx})_M = 0{,}534$ g m^2
$(I_{yy})_M = 1{,}659$ g m^2
$(I_{zz})_M = 2{,}19$ g m^2
$(I_{xy})_M = 0{,}568$ g m^2
$(I_{xz})_M = (I_{yz})_M = 0$.

9.48. 49,3 g m^2 1,87 g m^2 50,3 g m^2.

9.50. 1.075 Kg m^2 92,35 kg m^2.

9.52. $I_{yy} = 7{,}58\,\rho_0$ kg m^2 $I_{yz} = -1{,}789\,\rho_0$ kg m^2.

10.2. $S = 1{,}25$ kN
$S = 750$ N.

10.4. $\theta = 19{,}48°$.

10.6. $W = 0{,}351\,T$.

10.8. $\theta = 8{,}53°$.

10.10. $P = (W/2)\cot\theta$.

10.12. 11,31 kN.

10.14. $T_{CE} = 7{,}42$ kN
$T_{DE} = 28{,}8$ kN.

10.16. $\tan\beta = \frac{1}{\sqrt{3}}[(a-3b)/(b+a)]$.

10.18. $T' = 40$ N m.

10.20. $P = 54{,}5$ mN.

10.22. $W = 1{,}215$ N.

10.24. $W = 2{,}77$ kN.

10.26. $C = 108{,}6$ N.

10.28. $d = 72{,}0$ mm.

10.32. $d = 57{,}9$ mm.

10.34. 25,9°.

10.36. 77,3°.

10.38. 1,066 kN.

10.40. $\theta = 19{,}22°$.

10.42. 34,5°.

10.44. 0,440 m.

10.46. $a = 0{,}358$ m.

10.48. $a = 0{,}1126$ m.

10.52. Quando $d > 2$, equilíbrio é estável.
Quando $d < 2$, equilíbrio é instável.

10.56. $W_{\text{máx}} = 1{,}133$ kN.

10.60. $x = 4$ m.

10.61. $Q = 3P$.

10.62. $P = 36{,}65$ kN.

10.63. $\theta = 27{,}75°$.

10.64. $\cos\theta = \dfrac{\cos\theta_0(aK_1 + aK_2) + W}{aK_1 + aK_2}$.

10.66. $\theta = 0$ (instável)
$\theta = 28{,}1°$ (estável).

10.67. $W_{\text{máx}} = 1$ kN.

10.68. $R > (h/2)$ para equilíbrio estável
$R < (h/2)$ para equilíbrio instável.

Anexo

Equivalência Entre Algumas Unidades	
Comprimento	1 m ≡ 3,281 ft ≡ 39,37 in 1 mi ≡ 5.280 ft ≡ 1,609 km 1 km ≡ 0,6214 mi
Tempo	1 h ≡ 60 min ≡ 3.600 s
Massa	1 kg ≡ 2,2046 lbm ≡ 0,068521 slug 1 oz ≡ 28,35 g
Força	1 N ≡ 0,2248 lbf 1 dina ≡ 10 μN
Velocidade	1 mi/h ≡ 1,609 km/h ≡ 1,467 ft/s 1 km/h ≡ 0,6214 mi/h 1 knot ≡ 1,152 mi/h ≡ 1,853 km/h ≡ 1,689 ft/s
Energia	1 J ≡ 1 N–m 1 Btu ≡ 778,16 ft.lbf ≡ 1,055 kJ 1 Watt–hora ≡ 2,778×10^{-4} J
Volume	1 gal ≡ 0,16054 ft^3 ≡ 0,004561 m^3 1 litro ≡ 0,03531 ft^3 ≡ 0,2642 gal
Potência	1 W ≡ 1 J/s 1 hp ≡ 550 ft.lb/s ≡ 0,7068 Btu/s ≡ 746 W

Prefixos de Unidades no S.I.			
Fator de Multiplicação	Prefixo	Símbolo	Termo
1.000.000.000.000 = 10^{12}	tera	T	um trilhão
1.000.000.000 = 10^9	giga	G	um bilhão
1.000.000 = 10^6	mega	M	um milhão
1.000 = 10^3	quilo	k	um mil
100 = 10^2	hecta	h	uma centena
10 = 10	deca	da	dez
0,1 = 10^{-1}	deci	d	um décimo
0,01 = 10^{-2}	centi	c	um centésimo
0,001 = 10^{-3}	mili	m	um milésimo
0,000001 = 10^{-6}	micro	μ	um milionésimo
0,000000001 = 10^{-9}	nano	n	um bilionésimo
0,000000000001 = 10^{-12}	pico	p	um trilionésimo

PROPRIEDADES DE VÁRIOS SÓLIDOS HOMOGÊNEOS

Prisma retangular

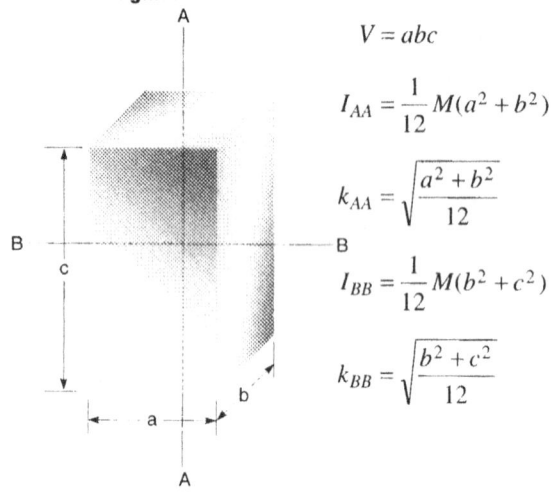

$$V = abc$$

$$I_{AA} = \frac{1}{12} M(a^2 + b^2)$$

$$k_{AA} = \sqrt{\frac{a^2 + b^2}{12}}$$

$$I_{BB} = \frac{1}{12} M(b^2 + c^2)$$

$$k_{BB} = \sqrt{\frac{b^2 + c^2}{12}}$$

Esfera

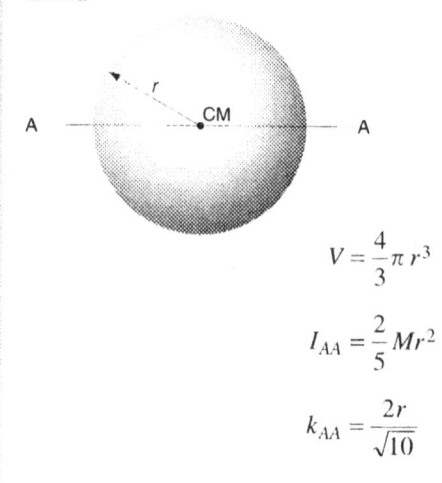

$$V = \frac{4}{3} \pi r^3$$

$$I_{AA} = \frac{2}{5} M r^2$$

$$k_{AA} = \frac{2r}{\sqrt{10}}$$

Cilindro circular reto

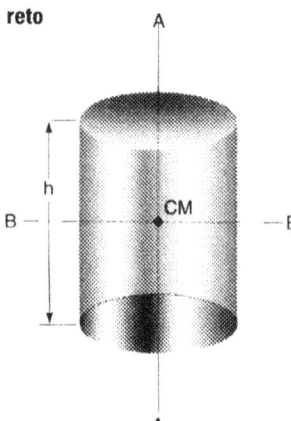

$$V = \pi r^2 h$$

$$I_{AA} = \frac{1}{2} M r^2$$

$$k_{AA} = \frac{r}{\sqrt{2}}$$

$$I_{BB} = \frac{1}{12} M(3r^2 + h^2)$$

$$k_{BB} = \sqrt{\frac{3r^2 + h^2}{12}}$$

Cone circular reto

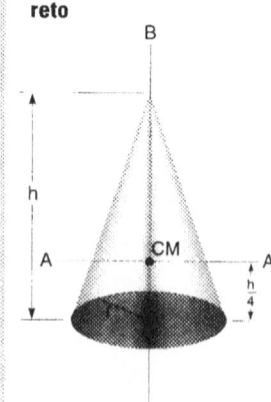

$$V = \frac{1}{3} \nu r^2 h$$

$$I_{AA} = \frac{3}{20} M \left(r^2 + \frac{h^2}{4} \right)$$

$$k_{AA} = \sqrt{\frac{3}{80}(4r^2 + h^2)}$$

$$I_{BB} = \frac{3}{10} M r^2$$

$$k_{BB} = \frac{3r}{\sqrt{30}}$$

Barra esbelta

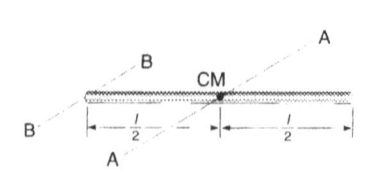

$$I_{AA} = \frac{1}{12} M l^2$$

$$k_{AA} = \frac{l}{\sqrt{12}}$$

$$I_{BB} = \frac{1}{3} M l^2$$

$$k_{BB} = \frac{l}{\sqrt{3}}$$

Semicilindro circular

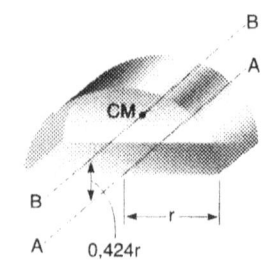

$$I_{AA} = \frac{1}{2} M r^2$$

$$I_{BB} = 0{,}320 \, M r^2$$

Disco delgado

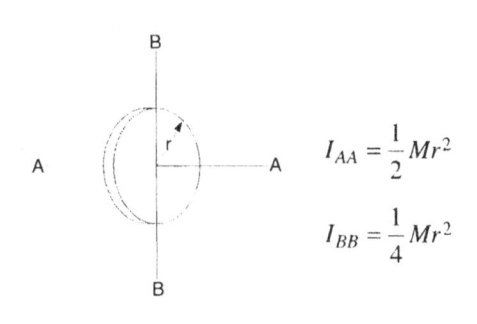

$$I_{AA} = \frac{1}{2}Mr^2$$

$$I_{BB} = \frac{1}{4}Mr^2$$

Cilindro de parede fina

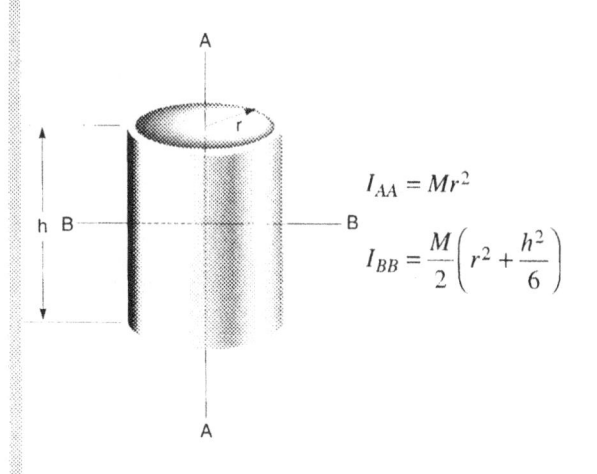

$$I_{AA} = Mr^2$$

$$I_{BB} = \frac{M}{2}\left(r^2 + \frac{h^2}{6}\right)$$

Placa fina retangular

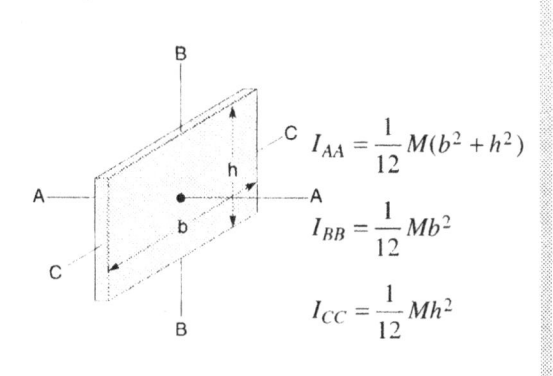

$$I_{AA} = \frac{1}{12}M(b^2 + h^2)$$

$$I_{BB} = \frac{1}{12}Mb^2$$

$$I_{CC} = \frac{1}{12}Mh^2$$

Semicilindro delgado

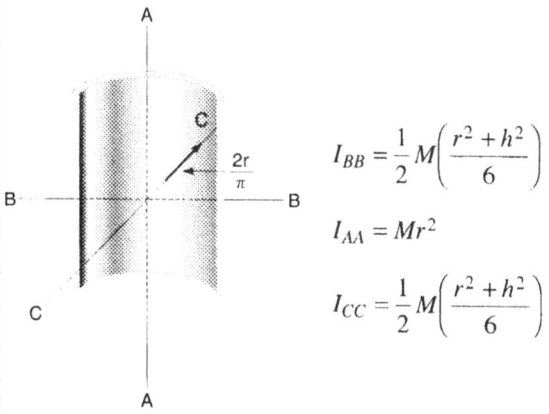

$$I_{BB} = \frac{1}{2}M\left(\frac{r^2 + h^2}{6}\right)$$

$$I_{AA} = Mr^2$$

$$I_{CC} = \frac{1}{2}M\left(\frac{r^2 + h^2}{6}\right)$$

Semi-esfera

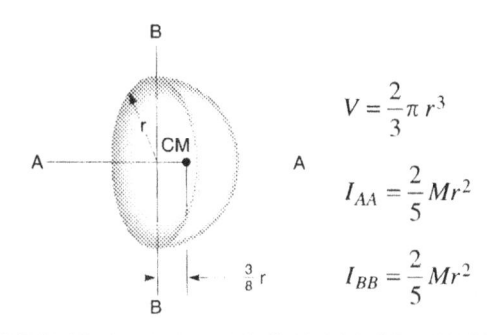

$$V = \frac{2}{3}\pi r^3$$

$$I_{AA} = \frac{2}{5}Mr^2$$

$$I_{BB} = \frac{2}{5}Mr^2$$

PROPRIEDADES DE ÁREAS

Retângulo

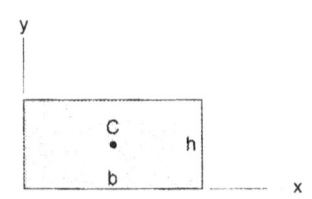

$A = bh$

$x_c = \dfrac{b}{2}$

$y_c = \dfrac{h}{2}$

$(I_{xx})_c = \dfrac{1}{12}bh^3$

$(I_{yy})_c = \dfrac{1}{12}hb^3$

$(I_{xy})_c = 0$

$J_c = \dfrac{1}{12}bh(b^2 + h^2)$

Círculo

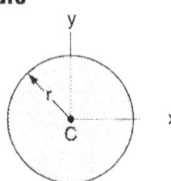

$A = \nu r^2$

$x_c = 0$

$y_c = 0$

$(I_{xx})_c = \dfrac{1}{4}\nu r^4$

$(I_{yy})_c = \dfrac{1}{4}\nu r^4$

$J_c = \dfrac{1}{2}\nu r^4$

Semicírculo

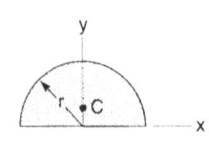

$A = \dfrac{\nu r^2}{2}$

$x_c = 0$

$y_c = 0{,}424\, r$

$(I_{xx})_c = 0{,}00686\, d^4$

$(I_{yy})_c = \dfrac{1}{8}\nu r^4$

Quarto de círculo

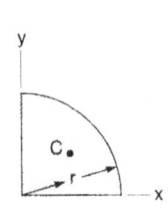

$A = \dfrac{\nu r^2}{4}$

$x_c = \dfrac{4r}{3\nu}$

$y_c = \dfrac{4r}{3\nu}$

$(I_{xx})_c = 0{,}0549\, r^4$

$(I_{yy})_c = 0{,}0549\, r^4$

Elipse

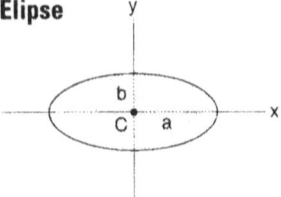

$A = \nu ab$

$(I_{xx})_c = \dfrac{\nu ab^3}{4}$

$(I_{yy})_c = \dfrac{\nu ab^3}{4}$

Triângulo

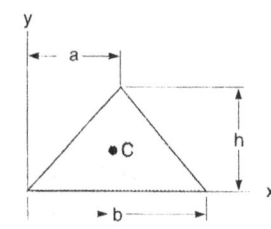

$A = \dfrac{1}{2}bh$ $\qquad (I_{xx})_c = \dfrac{bh^3}{36}$

$x_c = \dfrac{1}{3}(a+b)$ $\qquad (I_{yy})_c = \dfrac{bh}{36}(b^2 - ab + a^2)$

$y_c = \dfrac{1}{3}h$ $\qquad (I_{xy})_c = \dfrac{bh^2}{72}(2a - b)$

Paralelograma

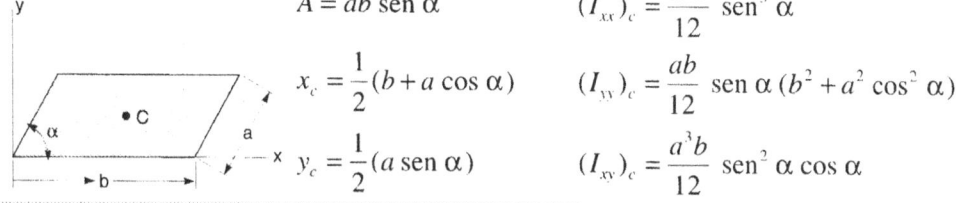

$A = ab\,\text{sen}\,\alpha$ $\qquad (I_{xx})_c = \dfrac{a^3 b}{12}\text{sen}^3\,\alpha$

$x_c = \dfrac{1}{2}(b + a\cos\alpha)$ $\qquad (I_{yy})_c = \dfrac{ab}{12}\text{sen}\,\alpha\,(b^2 + a^2 \cos^2\alpha)$

$y_c = \dfrac{1}{2}(a\,\text{sen}\,\alpha)$ $\qquad (I_{xy})_c = \dfrac{a^3 b}{12}\text{sen}^2\,\alpha\,\cos\alpha$

Setor de círculo

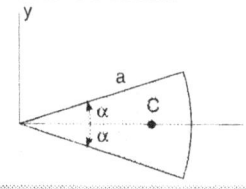

$A = a^2 \alpha$ $\qquad (I_{xx})_c = \dfrac{a^4}{4}\left(\alpha - \dfrac{\text{sen}\,2\alpha}{2}\right)$

$x_c = \dfrac{2}{3}\dfrac{a}{\alpha}\text{sen}\,\alpha$ $\qquad I_{yy} = \dfrac{a^4}{4}\left(\alpha + \dfrac{\text{sen}\,2\alpha}{2}\right)$

$y_c = 0$ $\qquad (I_{xy})_c = 0$

Segmento de círculo

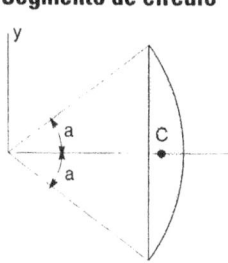

$A = a^2\left(\alpha - \dfrac{\text{sen}\,2\alpha}{2}\right)$ $\qquad (I_{xx})_c = \dfrac{a^4}{4}\left(\alpha - \dfrac{\text{sen}\,2\alpha}{2}\right)\left[1 - \dfrac{2\,\text{sen}^3\,\alpha\,\cos\alpha}{3\left(\alpha - \dfrac{\text{sen}\,2\alpha}{2}\right)}\right]$

$x_c = \dfrac{2}{2}a\,\dfrac{\text{sen}^3\,\alpha}{\alpha - \dfrac{\text{sen}\,2\alpha}{2}}$ $\qquad I_{yy} = \dfrac{a^4}{4}\left(\alpha - \dfrac{\text{sen}\,2\alpha}{2}\right)\left[1 + \dfrac{2\,\text{sen}^3\,\alpha\,\cos\alpha}{3\left(\alpha - \dfrac{\text{sen}\,2\alpha}{2}\right)}\right]$

$y_c = 0$ $\qquad (I_{xy})_c = 0$

Índice Remissivo

A
Ação saca-rolha, 110
Adição de vetores, 22-25
Ângulo de abraçamento, 303
Ângulo de repouso, 290
Áreas compostas, 332
    segundos momentos e produtos de inércia de área, 358-360
Áreas planas, raios de giração, 353
Arquimedes, 1
Atração gravitacional, 19
Atrito de Coulomb:
    definição de, 279
    leis de, 280-281
Atrito em correias, 299-302
    efeitos centrífugos, 314
Atrito:
    Coulomb, 279
        atrito em correias, 299-301
        coeficientes de atrito, 280
        deslizamento iminente, 280
        leis de, 280-281
        problemas de contato complexos, 297
        problemas de contato simples, 282-283
    definição, 279
    lubrificação, 279

B
Bowden, F. P., 279

C
Cabos, 264
    Coplanares, 264-265, 268-269
Cálculo das variações, 442
Caminho aleatório, 58
Campo de deslocamento, 423
Campos de forças conservativas, 431
Campos escalares, 115
Campos vetoriais, 115
Centro de gravidade, 116, 341
Centro de massa, 341
Centro de pressão, 127-128
Centro de volume, 340
Centróide:
    coordenadas, 330
    de área, 330
    de volume, 340-341
Círculo de Mohr, 370
Coeficiente de atrito dinâmico, 281
Coeficiente de atrito estático, 281
Coeficiente de resistência ao rolamento, 318
    tabela de valores, 318
Coeficiente de viscosidade, 20
Coeficientes de atrito, 280
    tabela de valores, 281
Componentes escalares, 28-31
    ortogonal, 29-30
    retangular, 29-30
Comprimento, 2
Constante de mola, 432
Constante gravitacional, 19
Continuum (meio contínuo), 10
Coordenadas generalizadas, 416
Corpo rígido, 11
Corpos compostos, 125, 342
Correia em V, 314
Correntes, 264
Cossenos diretores, 30
Curva catenária, 271

D
Decomposição de vetores, 28-30
Deformação plana, 399
Deslizamento iminente, 280
Deslocamento virtual, 412
Diagrama de corpo livre, 150-152
Dimensões:
    comprimento, 2
    força, 7
    fundamentos, 2-3
    lei da homogeneidade dimensional, 6-7
    massa, 3
    primárias, 2
    secundárias, 2, 5
    tempo, 2-3
Direções cardeais, 26
Dym, C.L., 411

E
Efeitos relativísticos, 18
Einstein, Albert, 1
Eixos principais:

de área, 368-369
de massa, 387, 405-407
Elementos finitos, 442
Elipsóide de inércia, 405-407
Embreagem, 324
Energia potencial total, 241
Energia potencial, 386
  Mola linear, 388
Equação de Schrödinger, 18
Equações de equilíbrio:
  caso geral, 185
  força paralelas, 181
  forças concorrentes, 163-164
  forças coplanares, 168
  resumo de casos, 181
Equações de transformação:
  para momentos de inércia, 393-396
  para produtos de inércia, 393-396
Equilíbrio estável, 439
  requisitos para, 439-440
Equilíbrio instável, 440
Equilíbrio neutro, 439
Equilíbrio:
  condições necessárias e suficientes, 160
  de forças concorrentes, 163-164
  de forças conservativas, 430-431
  de forças coplanares, 168
  de forças paralelas, 181
  equações gerais, 160-162
  estável, 439
  instável, 439
  método da energia potencial total, 432-433
  neutro, 439
Escalares, 13
  tensores de ordem zero, 400
Escavadeira, 204, 216
Estabilidade, 439-441
Estática, 17-18
Estruturas de barras, 153

F
Força axial, 245
  convenção de sinal, 246, 247
Força cortante:
  convenção de sinais, 247
  deflexão, 245
  diagramas, 259-261
Força de corpo, 115
Força de restrição, 412
Força pontual, 11
Forças ativas, 412
Forças de superfície, 115

Forças:
  ativas, 412
  conservativas, 430-431
  de corpo, 115
  de restrição, 412
  de superfície, 115
  distribuição coplanar paralela de, 131
  distribuição paralela de, 137-138
  distribuídas, 115-116
  translação de, 92-93
Função energia potencial, 430
Funcional, 241

G
Graus de liberdade, 416-417
Gravidade:
  lei de atração, 18-19

H
Homogeneidade dimensional, 6-7

I
Idealizações da Mecânica, 10-11
Igualdade de vetores, 15, 16
Integração múltipla, 124
Intensidade de carregamento, 116

L
Lei comutativa, 14
  para o produto escalar, 40
Lei da atração gravitacional, 18-19
Lei da viscosidade de Newton, 20
Lei distributiva:
  para o produto escalar, 40
  para o produto vetorial, 45-46
Lei do paralelogramo, 13, 19
Lei dos cossenos, 23
Lei dos senos, 23
Leis de Newton, 7
Linha de ação, 15
Lubrificação, 279

M
Massa, unidades de, 8
Mecânica variacional, 411, 444
Mecânica vetorial, 444
Mecânica, leis da, 16-19
Mecanismo de esferas rotativas, 206
Membros de duas forças, 197-198
  de treliças, 222
Método da energia potencial total, 432-433
Método das seções, 236-237

Método dos nós, 223-224
Métodos de energia, 411-424
Metro, 2
Mola torcional, 436
Momento de flexão:
 convenções de sinais, 247
 definição de, 245
 diagramas, 259-261
Momento de inércia de área, 329-330
 de massa (ver Momentos de inércia de massa)
Momento de torção, 246
Momento de um binário, 75-77
 como um vetor livre, 77
Momento de uma força:
 em relação a um eixo, 67-71
 em relação a um ponto, 60-62
Momento polar de inércia, 367
Momentos de inércia de massa, 377-379
 eixos principais, 387, 407-408
 invariante de, 379
 relação com os momentos de inércia de área, 385
 rotação de eixos, 393-396
 teorema dos eixos paralelos, 391
Momentos principais de inércia, de massa, 387, 405-407
Momentos, 75-77
 adição de, 78-80
 momento de, 75-77
 momento em relação a uma linha, 80

N
Newton, Isaac, 1

O
Operação Associativa, 22

P
Parafuso de rosca quadrada, 315
 auto-travamento, 316
 avanço, 315
 passo, 315
Partícula, 11-12
Peso específico, 117, 341
Peso, 9
Placa de fixação para treliças, 219, 222
Plano de tensão, 399
Polígono de forças, 166
Polígono de vetores, 25
Pontos extremos, 433
Primeira lei de Newton, 17-18
Primeiro momento de inércia de área, 329-330
Primeiro momento de inércia de massa, 341
Primeiro momento de inércia:
 com eixo de simetria, 332
 de áreas compostas, 332
Primeiro momento de volume, 340-341
Princípio do trabalho virtual (ver Trabalho virtual)
Problemas estaticamente indeterminados, definição de, 202-203
Problemas estaticamente indeterminados:
 definição de, 202-203
 externos, 203
 internos, 203
Produto de inércia de massa, 378-396
 com plano de simetria, 380-381
 relação com o produto de inércia de área, 384-385
 rotação de eixos, 393-396
 teorema dos eixos paralelos, 391
Produto escalar triplo, 49-50
Produto escalar, 39-41
Produto vetorial triplo, 48
Produto vetorial, 45-47
Produtos de área, 333
 áreas compostas, 358-360
 cálculo de, 355-360
 rotação de eixos, 364-365
Propriedades de áreas, eixos principais, 368-370
Propriedades de superfícies, 329

R
Raio de giração, 353
 de massa, 380
Referência inercial, 17
Referência:
 da mão direita, 46
 inercial, 17
Resistência ao rolamento, 317-318
Resultante:
 definição de, 100-101
 geral, 101
 mais simples:
  caso geral, 110
  sistema coplanar, 104-105
  sistema paralelo, 108
Rotação, finita, 13-14

S
Segmento de linha direcional, 12
Segunda lei de Newton, 17-18
Segundo momento de inércia de área, 353
 áreas compostas, 358-360
 cálculo de, 355-358
 eixos principais, 368-370
 rotação de eixos, 364-365
Série de MacLaurin, 439
Shames, I. H., 370, 406, 408, 411, 442

Sistemas de forças distribuídas, 115-116
Sólidos deformáveis:
   campo de deslocamentos, 423
   trabalho virtual, 423
Stevinius, S., 19
Subtração de vetores, 22, 25
Superfícies planas:
   centróide, 330
   primeiro momento, 329-332
   segundo momento, 353-354

T
Tensão de cisalhamento, 399
Tensão plana, 399, 408
Tensão, 399
Tensores, 398-401
   simetria de, 398
Tensores de ordem zero, 400
Tensores de primeira ordem, 400
Tensores de segunda ordem, 398-400
Teorema das três forças, 198
Teoremas de Pappus-Guldinus, 345-346
Teoremas de Pappus-Guldinus, 345-348
Teoremas dos eixos paralelos:
   para momento de inércia de massa, 391
   para o segundo momento de inércia de área, 354
   para produto de inércia de área, 355
   para produto de inércia de massa, 391
Teoria de otimização, 442
Terceira lei de Newton, 18
Toerema de Varignon, 62
Trabalho virtual:
   de corpos rígidos, 413-415
   de uma partícula, 412-413
   deslocamento virtual, 412
   forças ativas, 412
Treliça apenas rígida, 222
Treliça de Fink, 233
Treliça de Pratt, 233
Treliça muito rígida, 222
Treliça:
   apenas rígida, 222
   definição de, 219
   espacial, 222
   Fink, 233
   idealização de, 221
   método das seções, 223-224
   método dos nós, 223-224
   muito rígida, 222
   placas de fixação, 221
   plana, 219
   Pratt, 233
   simples, 222
Treliças simples, 222

U
Unidade Pascal, 129
Unidades:
   Americana, 2
   libra-massa, 4, 8
   metro, 2
   mudança de, 5-6
   newton, 9
   quilograma, 3-4, 9
   S.I., 2
   sistemas de unidade, 4
   slug, 8

V
Velocidade, 12
Vetor deslocamento, 12-13
Vetor posição, 59
Vetor vinculado, 16
Vetores deslizantes, 16
Vetores livres, 16
Vetores unitários, 31-32
   componentes ortogonais de, 41
   em coordenadas cilíndricas, 39
   em coordenadas retangulares, 32
Vetores, 12
   adição de, 22, 25
   componentes escalares, 30
   decomposição de, 28-29
   deslizantes, 16
   deslocamento, 12-13
   equivalência de, 15-16
   forças concorrentes, 61-62
   igualdade de, 15-16
   livres, 16
   módulo de, 21
   momento de, 60-71
   posição, 59-60
   produto escalar triplo, 49-50
   produto escalar, 39-41
   produto vetorial triplo, 48
   produto vetorial, 45-47
   subtração de, 22, 25
   unitário, 31-32
   vetores força:
      equivalência de corpo rígido, 91-92
   vinculados, 16
Viga:
   definição de, 245
   equações diferenciais de equilíbrio, 257-258
   forças internas, 245-247
Viscosidade, coeficiente de, 20
Volume de controle, 156